★ 执业兽医资格考试推荐用书 ★

2022年
执业兽医资格考试
综合模拟题及考前冲刺

孙卫东　主编

化学工业出版社

·北京·

图书在版编目（CIP）数据

2022年执业兽医资格考试综合模拟题及考前冲刺/孙卫东主编．—北京：化学工业出版社，2022.4
（执业兽医资格考试丛书）
ISBN 978-7-122-40657-6

Ⅰ.①2… Ⅱ.①孙… Ⅲ.①兽医学-资格考试-习题集 Ⅳ.①S85-44

中国版本图书馆CIP数据核字（2022）第016976号

责任编辑：邵桂林　　　　　　　　　　装帧设计：韩　飞
责任校对：杜杏然

出版发行：化学工业出版社（北京市东城区青年湖南街13号　邮政编码100011）
印　　装：三河市双峰印刷装订有限公司
787mm×1092mm　1/16　印张19　字数570千字　2022年5月北京第1版第1次印刷

购书咨询：010-64518888　　　　　　　售后服务：010-64518899
网　　址：http://www.cip.com.cn
凡购买本书，如有缺损质量问题，本社销售中心负责调换。

定　　价：69.00元　　　　　　　　　　　　　　　　　　　　　　版权所有　违者必究

编写人员名单

主　　编　孙卫东
副 主 编　张源淑　王丽平　刘家国　邓益锋　卞建春
　　　　　　张克春
编写人员（按姓氏笔画排列）
　　　　　　王　权　　王先炜　　王丽平　　王希春　　王金勇
　　　　　　王德云　　卞建春　　邓益锋　　邢玉娟　　吕英军
　　　　　　向瑞平　　刘永旺　　刘家国　　孙卫东　　苏　娟
　　　　　　何成华　　余祖功　　宋小凯　　张　华　　张克春
　　　　　　张　炜　　张源淑　　陈　甫　　陈玉库　　杨晓静
　　　　　　武彩红　　周振雷　　周　斌　　费荣梅　　钱存忠
　　　　　　倪迎冬　　徐立新　　郭小权　　崔锦鹏　　黄国庆
　　　　　　程龙飞　　谭　勋　　潘家强　　潘翠玲　　魏战勇

前　言

执业兽医资格考试是对兽医从业人员的一种准入考试，与执业医师考试、司法考试和注册会计师考试并列"四大国考"。其考试制度是在我国推进兽医管理体制改革大背景下确立的，是提高兽医素质，规范执业兽医管理，适应新时期兽医工作需要的重要举措。

执业兽医资格考试由农业农村部组织，全国统一大纲、统一命题、统一考试，原则上每年举行一次，具体考试时间由全国执业兽医资格考试委员会确定，并提前 3 个月向社会公布。考试分兽医综合知识考试和临床技能考试两部分（2009—2021 年全国执业兽医资格考试只考查兽医综合知识部分）。兽医综合知识考试包括 4 个科目，即基础科目、预防科目、临床科目、综合应用科目，内容涉及兽医医学的 14 门专业课程以及与兽医相关的法律法规等。

2009 年 10 月 17 日执业兽医资格考试在广西、吉林、河南、重庆、宁夏 5 省（自治区、直辖市）开展试点工作，自 2010 年起执业兽医资格考试开始全国性统一考试。根据全国执业兽医资格考试委员会确定的 2009 年、2010 年执业兽医资格考试成绩合格分数线分别为 240 分和 230 分，执业兽医师通过率分别约为 6.4% 和 12.1%。较低的通过率与该考试总体特点（题量大、涉及学科多、动物种类广泛、知识覆盖面广），考生临床实践技能不足、复习不够系统有关。

为了帮助考生系统复习，夯实基础，顺利通过全国执业兽医资格考试，我们组织了以南京农业大学各学科具有多年教学和临床实践经验的专家教授为基础，同时还邀请浙江大学、华南农业大学、扬州大学、江西农业大学、青岛农业大学、河南农业大学、安徽农业大学、江苏畜牧兽医职业技术学院、郑州牧业工程高等专科学校、河北工业大学农学院、上海兽医研究所、福建省农业科学院畜牧兽医研究所、上海奶牛研究所相关学科的具有多年教学和临床实践经验的专家教授，形成了每门课程由 2～5 人组成的专家组，基于对 2009—2021 年全国执业兽医资格考试大纲，2009—2021 年执业兽医资格考试应试指南的 197 个单元、813 个细目、2469 个要点，在对历年全国执业兽医资格考试试卷的综合分析前提下，吸收读者对《2021 年全国执业兽医资格考试综合模拟题及考前冲刺》一书提出的宝贵意见和建议，针对历年考试题目的出题特点、大纲内容的变化规律，对原书内容作了一定的修改和补充，编写成《2022 年执业兽医资格考试综合模拟题及考前冲刺》一书。

书中内容涉及国内外执业兽医资格考试简介、执业兽医资格考试各门专业课程的综合练习题、执业兽医资格考试综合模拟试题三个方面。在各门专业课程的综合练习题章节中加强了重点环节的考查，强化了重点和难点的实际演练，有助于考生系统复习时边检测、边消化，达到熟悉和适应执业兽医资格考试的目的。在执业兽医资格考试综合模拟试题章节中，针对考生临床实践较少或临床中接触的动物较单一，考试容易失分的实际情况，对大纲中涉及不同动物的重点内容精心编写了大量的病例，弥补现有复习资料这方面的不足，主要是想通过模拟测试，查遗补漏、巩固前期复习成果，达到拓展病例分析思路，迅速正确答题，顺利通过考试的目的。本书可供参加全国执业兽医资格考试的考生使用，也可作为大专院校相关学科老师和学生的参考资料。

在编写本书时，虽然百般努力，力求广采博取，但由于水平所限，仍难免挂一漏万。在此，笔者除向为本书提供资料、支持本书编写的同仁深表感谢外，还望各位前辈、广大考生和同行们对不妥之处给予指出，以便以后有重印或再版机会时予以修订补充。

孙卫东

2022 年 4 月于南京农业大学

目 录

第一章 执业兽医资格考试简介 ... 1
第一节 国外执业兽医资格考试简介 ... 1
第二节 我国执业兽医资格考试简介 ... 2

第二章 执业兽医资格考试相关说明及题型示例与解题技巧 ... 5
第一节 执业兽医资格考试相关事项说明 ... 5
第二节 执业兽医资格考试题型示例与解题技巧 ... 6

第三章 执业兽医资格考试基础兽医学部分综合练习题及参考答案 ... 10
第一节 动物解剖学与组织胚胎学 ... 10
第二节 动物生理学 ... 21
第三节 动物生物化学 ... 29
第四节 兽医病理学 ... 48
第五节 兽医药理学 ... 63
第六节 执业兽医资格考试法律法规 ... 76

第四章 执业兽医资格考试预防兽医学部分综合练习题及参考答案 ... 83
第一节 兽医微生物学和免疫学 ... 83
第二节 兽医传染病学 ... 95
第三节 兽医寄生虫学 ... 108
第四节 兽医公共卫生学 ... 120

第五章 执业兽医资格考试临床兽医学部分综合练习题及参考答案 ... 124
第一节 兽医临床诊断学 ... 124
第二节 兽医内科学 ... 140
第三节 兽医外科学与手术学 ... 156
第四节 兽医产科学 ... 171
第五节 中兽医学 ... 179

第六章 执业兽医资格考试综合模拟试题及参考答案 ... 197
第一节 基础科目执业兽医资格考试四套模拟试题 ... 197
第二节 预防科目执业兽医资格考试四套模拟试题 ... 219
第三节 临床科目执业兽医资格考试四套模拟试题 ... 241

第四节 综合科目执业兽医资格考试四套模拟试题 ……………………………………… 263

附录

Ⅰ. 全国执业兽医资格考试委员会公告 …………………………………………… 289
Ⅱ. 执业兽医资格考试报名申请表 …………………………………………………… 292
Ⅲ. 大学生在校证明 …………………………………………………………………… 293
Ⅳ. 执业兽医资格考试答题卡 ………………………………………………………… 294

参考文献

………………………………………………………………………………………… 295

第一章 执业兽医资格考试简介

兽医工作是公共卫生工作的重要组成部分,是保持经济社会全面、协调、可持续发展的一项基础性工作。执业兽医制度,是指国家对从事动物疫病诊断、治疗和动物保健等经营活动的兽医人员实行执业资格认可的制度。实行执业兽医制度是国际通行做法,是实现全面防疫、群防群控的基本保证,也是兽医职业化发展、行业化管理的具体要求,世界动物卫生组织(office international des épizooties, OIE)已将执业兽医体系作为评估一个国家动物疫病防控水平的重要内容。建立健全执业兽医制度是规范我国兽医管理体制,逐步建立起与国际接轨的兽医管理体制的需要,在保障畜牧业健康稳定发展和维护公共卫生安全等方面具有十分重要的意义。

第一节 国外执业兽医资格考试简介

实行执业兽医资格考试是世界上多数国家和地区通行的做法,许多发达国家和地区已将执业兽医资格考试作为一项制度长期执行,有专门的机构、专门的人员负责考试工作的定期开展。如1954年美国首次实施兽医的国家考试,到20世纪60年代中期,美国绝大部分州要求兽医执业注册时必须通过国家兽医资格考试。经过50多年的发展,通过美国执业兽医资格考试已成为美国、加拿大等北美洲国家兽医从业注册的一个必要条件。

一、国外执业兽医资格考试的管理机构

英、美、澳、日、以等国都实行了全国统一的执业兽医资格制度,与其相对应的是在国家层面上建立的考试管理机构。目前世界上主要有两类兽医执业资格考试管理机构。①由国家行政部门管理的机构承担,具体的又可以细分为两种:一是由行政部门的外延机构承担,如英国的英国皇家兽医协会(royal veterinary college society, RVCS);二是由行政部门委托的机构承担,如日本的农林省委托的兽医协会、以色列的考试委员会。②由从国家兽医协会中剥离出来的独立机构承担,提供标准的考试(决定考试内容和方式),如美国和加拿大的国家兽医考试理事会(national board veterinary medical examination, NBVME)。

二、国外获得执业兽医资格考试的基本要求

英、美、澳等国均对兽医教育机构进行认证,并存在互认机制。其对报考对象的设定多以认证兽医学校作为分水岭,对于认证兽医学校毕业生和非认证兽医学校毕业生的要求有所区别。

目前,国外对毕业于兽医教育机构人员的认证认可大体分两种。①国家承认认证兽医学校所举办的毕业考试,不论该学校是本国的还是通过互认机制认可的别国的学校,通过学校毕业考试的学生即可直接申请执业许可证,无需额外参加国家举办的统一考试,英、德、澳目前就采用这种方式。②实行全国统考,要求认证的兽医学校毕业生(本国和国外)必须参加全国统一的理论水平考试,如美国、加拿大要求毕业生应通过北美兽医许可考试(north American veterinary licensing examination, NAVLE)方可以申请执业许可证。

各国对非认证兽医学校毕业生的要求则很相似,可谓是层层选拔,非常严格。通过此种选拔筛选可以保障本国的执业兽医始终处于一个较高的水平。考试一般可以分为四

个步骤。①提交考试申请及提供学历证书；②提交语言水平证明；③理论水平考试；④临床技能考核。美国为此设置了专门的教育委员会外国兽医学生考试项目（education commission for foreign veterinary graduates，ECFVG），用来对非认证兽医学校毕业生进行考核。考生可根据所选择的执业地点的要求选择参加其中一个项目。美国大部分州要求外国学生参加 ECFVG 的考试。根据 ECFVG 的要求，考生应先提出考试申请并提交学历证明，然后参加英语能力考试，如托福或雅思考试，当符合规定的英语能力的要求后（托福 213 分、作文 4.0 分、口语 50 分或者雅思 6.5 分），接着是参加 NAVLE 考试，最后是参加为时 3 天半的临床操作考核（clinical proficiency examination，CPE），或者在认证兽医学校完成为期 1 年的临床培训。需要指出的是，这四步是一环接一环，不得省略或调乱次序，而且要在规定的期限内完成，否则之前的考试成绩作废。

三、国外执业兽医资格考试的考试时间和内容

目前由美国国家兽医资格考试委员会组织的执业兽医资格考试，每年举行 2 次；英国执业兽医资格考试由国家兽医执业管理机构承担，每年举行 1 次；日本兽医师资格考试由兽医协会负责，每年 3 月底举办 1 次。执业兽医资格考试内容包括理论考试和临床操作考核。该考试具有涉及动物种类多、涉及内容广泛、题量大的特点，考核的知识和技能涵盖兽医科学和兽医临床操作的方方面面，只有具备牢固的理论知识，并能熟练操作的兽医才能通过考试。

1. 理论考试

国外的理论考试一般以选择题的形式来考，大概有 300 多道题，如美国 NAVLE 就含有 360 道临床相关单选题，而澳大利亚的理论考试考题共有 3 卷，每卷 100 道选择题。内容主要体现在：①涉及动物种类广泛；②考查内容全面。如澳大利亚的理论考试，卷一考查与伴侣动物有关的临床医学和外科学，内容涉及消化、呼吸、分泌、皮肤等 9 个系统以及放射线照相术、麻醉学及猪、狗、马的繁殖等；卷二考查与农场动物有关的临床医学，内容涉及上述 9 个系统以及农场动物外科学、繁殖学、群体疾病学、流行病学等；卷三为公共卫生和病理学，内容涉及公共卫生（人畜共患病和食品卫生）、微生物与寄生虫病学，以及消化系统、泌尿系统、生殖系统、神经系统的特殊病理学、传染病学和寄生虫病学。日本兽医师资格考试的主要内容包括生物化学、生理学、药理学、毒理学、微生物学、病理学、寄生虫学、传染病学、内科学、营养学、外科学、临床繁殖学、放射线学、家畜卫生学、公众卫生学、实验动物学和鱼病学 17 门课程。

2. 临床操作考核

国外临床考试均为面对面考试，考生须在一到多名考官面前进行临床操作或口述回答问题。其题量大可通过考试时间来反映，像美国的 CPE 为期 3.5 天，共分为 7 个部分；澳大利亚的考试为期 4~5 天，共有 12 部分，每部分考试时间长度为 1~2 小时。考试的内容也涉及各种动物的外科、内科、产科等临床操作，涵盖各种日常兽医活动内容，包括资料收集和分析，临床治疗（用药、治疗技术、药物法规），疫病控制计划，兽医服务的法规以及报告的书写和证书的开处，专业行为、交流和执业管理等。

四、兽医执业资格考试资格证的核发

国外用通过执业兽医资格考试来评价兽医专业人员掌握的理论水平和实际动手操作能力，只有考试合格并取得执业兽医资格证的方可执业。值得注意的是，美国各个州都有自己的关于在本州行医（兽医）的法律，基本上所有的州都要求兽医学院的毕业生在毕业后必须接受国家统一考试。而且考试成绩必须过线达到要求方能取得在本州行医的资格，否则任何人不得从事兽医临床或有关动物诊疗的工作。

第二节　我国执业兽医资格考试简介

一、我国建立执业兽医考试制度的意义

执业兽医资格考试制度的建立和维护是政府监管和社会自我管理分工合作的结果。实行执业兽医考试制度的意义主要在于：①规范兽医执业行为，提高执业兽医的业务素质、技术技能和职业道德；②构建新型基层动物防疫体系，切实加强动物疫病防控工作，建立动物疫病长效

防控机制，及时有效的控制和扑灭重大动物疫病，解决由于基层队伍建设薄弱、经费投入不足所造成的问题和与基层动物防疫、检疫等任务的矛盾；③控制人畜共患病，保障人们的身体健康；④提高动物产品的质量，增强市场竞争力；⑤维护兽医行业合格经营者的合法权益和经济利益；⑥提高兽医行业入行门槛，降低因从业人员素质低下带来的公共安全风险系数；⑦使我国的兽医制度与经济全球化相适应，促进国际合作和交流。

二、我国执业兽医资格考试制度的发展历程

1904年在原直隶省保定成立洋马医学堂，启动了我国现代兽医学人才培养和专业教育的发展计划。然而，多年来由于我国畜牧业发展水平低下，人们对兽医的认识往往局限于"赤脚兽医"的概念，兽医工作环境艰苦、收入低、社会地位不高，导致许多兽医人才不愿意从事实际的临床兽医工作，兽医队伍不稳定，无法开展兽医行业准入考试制度。改革开放以来，随着农村产业结构的调整、人民生活水平的不断提高、对畜禽及其产品的安全问题的关注，畜牧业工作的重点已由计划经济时期抓生产保供给，转移到市场经济条件下抓卫生保安全上来，兽医的地位和作用日渐突出，兽医工作的重要性逐渐被人们认识，兽医的社会地位和经济地位逐步提高，兽医从业人员数量逐步上升，我国开始了国际有关执业兽医制度的调研工作。1997年7月3日全国人民代表大会常务委员会审议并通过《中华人民共和国动物防疫法》，随后部分省市先后发布了地方法规、政府或部门规章，为推行执业兽医资格认证制度进行了有益的尝试，如1997年河北省人民政府颁布了《河北省动物诊疗管理办法》，1999年11月25日辽宁省人大颁布了《辽宁省兽医管理条例》。

进入21世纪，国际上疯牛病、禽流感、口蹄疫、二噁英、O_{157}大肠杆菌中毒等兽医卫生事件频繁发生，引起全社会的广泛关注，控制消灭动物疫病，确保动物健康及动物产品安全已经成为全世界兽医工作者面临的共同任务。我国是世界贸易组织（world trade organization，WTO）成员国，并已恢复了在世界卫生组织（OIE）的合法权益，我国的兽医工作理应更多地融入国际社会，积极借鉴发达国家的经验，自觉地按照国际通行的标准、准则办事。2001年北京市出台了《关于加强我市动物诊疗机构和从业兽医管理的通知》，在全国率先实行兽医执业准入制度；2003年起上海市在畜牧兽医行业也开始严格实行兽医执业资格考试制度，天津市畜牧局颁布了《天津市宠物医师管理办法》；2004年长春市人大常委会发布修订的《长春市动物诊疗机构管理条例》，为执业兽医资格认证制度的推行积累了宝贵的经验。2005年国务院下发了《关于推进兽医管理体制改革的若干意见》（国发〔2005〕15号），对兽医管理体制改革做出总体部署，明确指出"参照国际通行做法，逐步推行官方兽医制度，逐步实行执业兽医制度"。随后，农业部开始了执业兽医资格考试、考务相关内容的调研，着手制定执业兽医资格考试大纲等。2008年1月1日实施的新修订的《中华人民共和国动物防疫法》规定国家实行执业兽医资格考试制度，确定了我国执业兽医资格考试制度的法律地位。明确从事动物疫病诊断、治疗和动物保健等经营活动的兽医人员，必须经培训、考试，取得执业兽医资格。2009年1月1日起《执业兽医管理办法》实施。2009年年初农业部成立了全国执业兽医资格考试委员会，审议通过了《2009年度全国执业兽医资格考试大纲》，编写了《执业兽医资格考试应试指南》。2009年5月18日农业部发布了《全国执业兽医资格考试委员会公告第1号》，明确了报名、考试、考试成绩与资格授予、考试复习与辅导等要求。2009年5月23日，经国务院同意，民政部批准筹建中国兽医协会（Chinese veterinary medical association，CVMA），并与当年10月28日举行中国兽医协会成立大会。2009年10月17日我国在河南、吉林、广西、重庆和宁夏启动了全国执业兽医资格考试试点工作，标志着我国执业兽医资格考试制度的建立和初步实施。2010年5月28日全国执业兽医资格考试委员会发布了《全国执业兽医资格考试委员会公告第4号》，自2010年起执业兽医资格考试将在全国31个省、直辖市和自治区全面展开，标志着我国执业兽医资格考试制度的全面实施。2017年6月12日公布的执业兽医资格考试管理办法（新），从2017年7月1日起施行。该管理办法增加了第六章临床技能考试，对临床技能考试试题、考试形式、临床技能现场考试作出了规定。临床技能现场考试由临床技能现场考试机构具体实施，同时对临床技能现场考试机构、考官、测评笔录、考试结果及其他资料等作出了原则性的安排。

三、我国执业兽医资格考试制度简介

1. 我国执业兽医资格考试的管理机构

我国组织管理执业兽医资格考试的机构分为四级。一级为全国执业兽医资格考试委员会和农业部执业兽医管理办公室,全国执业兽医资格考试委员会负责审定考试科目、考试大纲、考试试题,对考试工作进行监督、指导和确定合格标准;农业农村部执业兽医管理办公室承担考试委员会的日常工作,负责拟订考试科目、编写考试大纲、建立考试题库、组织考试命题,并提出考试合格标准建议等。二级为中国动物疫病预防控制中心,具体负责执业兽医资格考试技术性工作。三级为各省、自治区、直辖市设立的考区,负责本行政区域内执业兽医资格考试工作。四级为考区在市(地区、州、盟)人民政府(行政公署)所在地设立的考点,负责受理考生报名、收取考试费用、核发准考证、组织实施考试等。

2. 我国获得执业兽医资格考试的基本要求

根据执业兽医管理办法,满足下列条件的可以报名参加执业兽医资格考试。①具有国务院教育行政部门认可的兽医/动物医学、畜牧兽医、中兽医(民族兽医)和水产养殖专业大学专科以上学历的人员。②2009年1月1日前,不具有兽医、畜牧兽医、中兽医(民族兽医)和水产养殖专业大学专科以上学历,但具有兽医师以上专业技术职称的人员。③兽医、畜牧兽医、中兽医(民族兽医)和水产养殖专业应届大学专科以上毕业生。其中,兽医、动物医学包括动物医学、兽医、兽药、动物卫生检疫、动物疫病防治等专业,畜牧兽医不包括畜牧专业。报名人员包括拟在我国动物诊疗机构从事动物诊疗和动物保健的兽医人员,规模饲养场、养殖小区的兽医人员,生产和销售兽药、兽医生物制品的兽医人员,兽医行政主管部门、动物卫生监督机构、动物疫病预防控制机构和兽医教育科研单位兽医人员等。

3. 我国执业兽医资格考试的考试时间和内容

执业兽医资格考试原则上每年举行1次,具体考试时间由全国执业兽医资格考试委员会确定,并提前3个月向社会公布,一般为每年10月的第二个星期六。

执业兽医包括执业兽医师和执业助理兽医师,两者均采用同一考试大纲、同一考试内容、同一考试时间,只是考试合格分数线不同,执业兽医师的合格线高于执业助理兽医师的。执业兽医资格考试内容包括兽医综合知识和临床技能两部分,2009—2021年只开展了兽医综合知识考试,该考试采用了闭卷、笔试的方式进行。考试总时间为6小时,总题量400道,总分400分(每题1分);分为基础科目和预防科目(上午卷)、临床科目和综合应用(下午卷)2张试卷,每张试卷考试时间均为3小时,试题量均为200题,满分均为200分。试题题型包括A1、B1、A2和A3/A4几种题型,均为五选一选择题。考试内容涉及基础科目(动物解剖学与组织胚胎学、动物生理学、动物生物化学、兽医病理学、兽医药理学、兽医相关法律法规)、预防科目(兽医微生物与免疫学、兽医传染病学、兽医寄生虫学、兽医公共卫生学)、临床科目(兽医临床诊断学、兽医内科学、兽医外科与外科手术学、兽医产科学、中兽医学)及综合应用(包括猪、牛、羊、鸡、犬、猫和其他动物疫病的临床诊断和治疗)。

4. 我国执业兽医资格考试合格线的设定及成绩查询

执业兽医资格考试合格线由全国执业兽医资格考试委员会确定,并向社会公告。考生可在参加考试年度的年底登录农业农村部指定的网址〔中国兽医网(www.cadc.gov.cn)〕查询考试成绩。

第二章 执业兽医资格考试相关说明及题型示例与解题技巧

第一节 执业兽医资格考试相关事项说明

一、考试性质

全国执业兽医资格考试是行业准入考试,是评价申请执业兽医资格者是否具备从事兽医工作所必需的专业知识与技能的考试。2007 年 8 月 31 日颁布的《中华人民共和国动物防疫法》确定了我国执业兽医资格考试的法律地位。《中华人民共和国动物防疫法》规定,国家实行执业兽医资格考试制度,考试合格的,由国务院兽医主管部门颁发执业兽医资格证书;从事动物诊疗的,应凭执业兽医资格证书向当地县级人民政府兽医主管部门申请注册;经注册的执业兽医,方可从事动物诊疗、开具兽药处方等活动,本资格全国范围内有效。根据《中华人民共和国动物防疫法》,农业农村部制定了《执业兽医管理办法》,自 2009 年 1 月 1 日起施行。

二、考试方式

执业兽医资格考试包括兽医综合知识考试和临床技能考试两部分,考试由农业部组织,全国统一大纲、统一命题、统一考试。2009—2021 年全国执业兽医资格考试只考兽医综合知识部分采用闭卷、笔试的方式。

三、考试级别

执业兽医分为执业兽医师和执业助理兽医师两类。执业兽医师和执业助理兽医师采用同一大纲、同一试卷、同一评分标准进行考试。在考生试卷评分工作结束后,由全国执业兽医资格考试委员会根据考试情况,分别划定执业兽医师和执业助理兽医师的合格分数线,并及时向社会公布。

四、考试时间

具体考试时间由全国执业兽医资格考试委员会确定,并提前 3 个月向社会公布,原则上每年举行一次。请考生密切关注每年 5 月发布的全国执业兽医资格考试委员会公告,一般为每年 10 月的第二个星期六。

五、考试内容及方案

考试范围请参考全国执业兽医资格考试委员会每年审定颁布的执业兽医资格考试大纲,2009—2021 年考试简要内容及方案见下表。

执业兽医资格考试内容及方案

科目类别	分值	科目名称	2009 年比例	2010—2021 年比例
基础科目	100	动物解剖学、组织学与胚胎学	20%	20%
		动物生理学	13%	13%
		动物生物化学	12%	12%
		兽医病理学	20%	20%
		兽医药理学	15%	15%
		兽医法律法规	20%	20%

续表

科目类别	分值	科目名称	2009年比例	2010—2020年比例
预防科目	100	兽医微生物学与免疫学	35%	35%
		兽医传染病学	30%	30%
		兽医寄生虫学	25%	25%
		兽医公共卫生学	10%	10%
临床科目	100	兽医临床诊断学	20%	20%
		兽医内科学	20%	20%
		兽医外科学与手术学	30%	30%
		兽医产科学	15%	15%
		中兽医学	15%	15%
综合应用科目	100	猪疾病	20%	20%
		牛羊疾病	25%	25%
		鸡疾病	20%	20%
		犬猫疾病	30%	25%
		其他动物疾病	5%	10%

六、执业兽医资格考试题量、题型和考试日程表

2009—2021年执业兽医资格考试包括基础、预防、临床和综合应用4个科目。每个科目100道题，每科100分，总分400分。执业兽医资格考试全部采用从五个备选答案中选出一个最佳答案的选择题模式。上午进行基础、预防两个科目笔试；下午进行临床、综合应用两个科目笔试。上、下午考试时间各3小时，考试时间共计6个小时。

七、考试注意事项

由于执业兽医资格考试全部采用机读式答题卡的方式评定成绩，故请所有考生在考试时做好必要的准备（如2B铅笔、软橡皮、钢笔或签字笔等）和训练（正确填涂答题卡、答题卡上所涂题号必须与试卷上所答题号相符等）。在答题过程中不要在答题卡上信息点以外的部位做任何标记，不要使答题卡出现折、卷、脏、皱、破，否则会影响考试成绩。

八、报名资格、报名时间及地点、报名程序、《执业兽医资格考试报名申请表》填写说明、准考证的使用等

请参考《执业兽医资格考试考生指导手册》《执业兽医资格考试宣传手册》《全国执业兽医资格考试考务管理手册》等，具体内容请关注中国兽医网（http：//www.cadc.gov.cn）、中国执业兽医网（http：//www.zgzysy.com）、中国兽医协会网站（www.cvma.org.cn）。

第二节 执业兽医资格考试题型示例与解题技巧

执业兽医资格考试全部采用从五个备选答案中选出一个最佳答案的选择题模式，试题主要有A型和B型2大类，包括A1、A2、A3、A4、B1五种题型，各类选择题均由题干和选项两部分组成。题干是试题的主体，可由短语、问句或一段不完全的陈述句组成，也可由一段病历、图表、照片或其他临床资料来表示；选项由可供选择的词组或短句组成，也称备选答案。现将各种题型简要介绍如下。

一、A1题型

每道试题由一个题干和五个备选答案组成。A、B、C、D和E五个备选答案中只有一个是最佳答案，其余均不完全正确或不正确，答题时要求选出正确的那个答案，并在答题卡上将相应题号的字母所属的方框涂黑。注意：题干有时用否定的叙述方式，否定词用黑体或下划线标出，以提醒应试者。

（一）题例

1. 畜禽机体结构和功能的基本单位是
   A. 细胞　B. 组织　C. 器官
   D. 系统　E. 体系
   答题纸/卡上—1. [A] B C D E

2. 超氧化物歧化酶的主要功能是清除体内的
   A. 酶　B. 自由基　C. 维生素E
   D. 维生素B　E. 葡萄糖

答题纸/卡上— 2. A [B] C D E

3. 《中华人民共和国动物防疫法》调整的动物疫病**不包括**
 A. 禽霍乱　　B. 白肌病　　C. 鸡白痢
 D. 禽结核病　　E. 鸡新城疫
 答题纸/卡上— 3. A [B] C D E

4. 下列疾病的炎症过程中红、肿、热、痛、功能障碍表现比较明显的是
 A. 疖、痈　　B. 慢性皮炎　　C. 急性胃炎　　D. 慢性阑尾炎　　E. 皮肤结核
 答题纸/卡上— 4. [A] B C D E

5. 猫自身合成不够，而必须从食物中获取的是
 A. 维生素C　　B. 叶酸　　C. 牛磺酸
 D. 维生素B_1　　E. 维生素B_2
 答题纸/卡上— 5. A B [C] D E

6. 犬的正常体温范围是
 A. 36.5～38.0℃　　B. 37.0～38.0℃
 C. 36.5～38.5℃　　D. 37.5～39.0℃
 E. 38.5～39.0℃
 答题纸/卡上— 6. A B C [D] E

7. 鸭传染性浆膜炎的病原为
 A. 沙门氏菌　　B. 鸭支原体　　C. 大肠杆菌　　D. 鸭疫里氏杆菌　　E. 多杀性巴氏杆菌
 答题纸/卡上— 7. A B C [D] E

8. 既能发汗解表，又能宣肺平喘的药是
 A. 杏仁　　B. 麻黄　　C. 葶苈子
 D. 前胡　　E. 桂枝
 答题纸/卡上— 8. A [B] C D E

 (二) 题型特点与解题技巧
 这类题为单项选择题，属于最佳选择题类型，题目所涉及的内容主要是一些基本概念、基本常识、基本生理参数、基本操作时操作部位的划定、病原（因）、发病或中毒机理、防治基本原则等。答题时应将所有备选答案看完，然后找出最佳的那个答案，排除似乎有道理而实际不恰当的答案。

二、A2题型
 每道试题由一个叙述性的主题作为题干和五个备选答案组成。A、B、C、D和E五个备选答案中只有一个是最佳答案，其余均不完全正确或不正确，答题时要求选出正确的那个答案，并在答题卡上将相应题号的字母所属的方框涂黑。

 (一) 题例
1. 某猪场猪发病，体温升高，精神不振。舌、唇、齿龈、腭黏膜和鼻盘上出现水疱和糜烂。蹄冠、蹄叉、蹄踵部位红肿、敏感，随后出现水疱和糜烂。母猪乳房和乳头可见水疱和糜烂。吮乳仔猪表现急性胃肠炎、腹泻及心肌炎，死亡率达60%。该病最可能是
 A. 猪痘　　B. 猪皮炎肾病综合征
 C. 口蹄疫　　D. 猪脑心肌炎
 E. 金黄色葡萄球菌感染
 答题纸/卡上— 1. A B [C] D E

2. 藏獒，7月龄，雄性，以肉食为主，生长发育快。4月龄起走路后躯摇摆明显，之后，不愿起立，运动拘谨。你认为首先应该做临床检查是
 A. 血常规检查　　B. 粪便检查　　C. X光片检查　　D. B超检查　　E. 血液生化检查
 答题纸/卡上— 2. A B [C] D E

3. 某奶牛场部分奶牛产犊1周后，只采食少量粗饲料，病初粪干，后腹泻，迅速消瘦，乳汁呈浅黄色，易起泡沫；奶、尿液和呼出气有烂苹果味。病牛血液生化检测可能出现
 A. 血糖含量升高　　B. 血酮含量升高
 C. 血酮含量降低　　D. 血清尿酸含量升高
 E. 血清非蛋白氮含量升高
 答题纸/卡上— 3. A [B] C D E

4. 某5000只蛋鸡群185日龄时发病，3天内波及全群。病鸡鼻孔内有分泌物，咳嗽，有时咳血痰，气喘。病死率为6%。剖检可见喉头和气管黏膜肿胀、潮红、有出血斑，附着淡黄色凝固物、黏膜腐烂。气管内有多量带血分泌物或条状血块。该病初步诊断为
 A. 禽流感　　B. 鸡伤寒　　C. 传染性鼻炎　　D. 传染性喉气管炎　　E. 鸡产蛋下降综合征
 答题纸/卡上— 4. A B C [D] E

5. 马，枣红色，4岁，营养中等。就诊当天早晨突然发病，证见寒唇似笑，不时前蹄刨地，回头观腹，起卧打滚，间歇性肠音增强，如同雷鸣，有时排出稀软甚至水样粪便，耳鼻四肢不温，口色青白，口津滑利，脉象沉迟。该病可确诊为

A. 风寒感冒　　B. 脾虚泄泻　　C. 湿热泄泻　　D. 冷痛　　E. 寒秘

答题纸/卡上—5. A B C D̄ E

（二）题型特点与解题技巧

这类题为单项选择题，属于病历摘要型（或其他主题）最佳选择题。题目所涉及的内容主要是一些疾病的特征性临床症状、病理变化、实验室检验结果、临床检查结构的描述等。答题时应对题干中给出的各种条件（尤其是典型症状、剖检变化、特异性检查指标等）进行全面分析、准确判断，从而找出最佳的正确答案。

三、A3 题型

每个问题均由五个备选答案组成，需要选择一个最佳答案，其余的供选答案可以部分正确，也可以是错误，但是只能有一个最佳的答案，并在答题卡上将相应题号的字母所属的方框涂黑。不止一个的相关问题，有时也可以用否定的叙述方式，同样否定词用黑体或下划线标出，以提醒应试者。

（一）题例

（1~3题共用以下题干）一奶牛，因发热、食欲减退乃至不食、咳嗽、流脓性鼻液，已发病3天而就治。3天来每日体温最低为40℃上下，最高40.8℃，用青霉素治疗效果不明显。入院后查体温40.1℃，肺部闻及明显的支气管呼吸音和湿性啰音。

1. 最可能的诊断是

A. 肺结核　　B. 肺癌　　C. 胸膜炎　　D. 大叶性肺炎　　E. 自发性气胸合并感染

答题纸/卡上—1. A B C D̄ E

2. 该病牛肺部叩诊可能出现

A. 清音　　B. 金属音　　C. 浊音　　D. 鼓音　　E. 过清音

答题纸/卡上—2. A B C̄ D E

3. 如要进一步确诊，最必要的检查内容是

A. 血象检查　　B. 心电图检查　　C. 血清 AST 检测　　D. 电解质检查　　E. 血糖检测

答题纸/卡上—3. Ā B C D E

（4、5题共用以下题干）一猎犬，雄性，8月龄，体重30kg。饮食欲良好，精神正常，起立或上楼梯困难，不愿起卧，运步时后躯摇摆。

4. 最可能的诊断是

A. 髋关节脱位　　B. 股骨颈骨折　　C. 髋关节发育不良　　D. 膝盖骨撕脱　　E. 髋臼骨折

答题纸/卡上—4. A B C̄ D E

5. 为进一步确诊，首先应选择的检查方法是

A. 血常规检查　　B. B超检查　　C. X线检查　　D. 肌电图检查　　E. 脊髓造影

答题纸/卡上—5. A B C̄ D E

（二）题型特点与解题技巧

这类题为单项选择题，属于病历组型最佳选择题。题目的结构是开始叙述一个以患病动物为中心的临床情景，然后提出3个左右相关的问题，每个问题均与开始的临床情景有关，都是一个单句型的最佳选择题，但测试要点不同，且问题之间相互独立。在每个问题间，病情没有进展，子试题也不提供新的病情进展信息。答题时应根据提出的问题，仔细分析题干中所给出的条件，找出最佳的正确答案。

四、A4 题型

由五个备选答案组成。值得注意的是 A4 题型选择题的每一个问题均需选择一个最佳的回答，其余的供选择答案可以部分正确，也可以错误，但只能有一个最佳的答案，并在答题卡上将相应题号的字母所属的方框涂黑。不止一个的相关问题，有时也可以用否定的叙述方式，同样否定词用黑体或下划线标出，以提醒应试者。

（一）题例

（1~4题共用以下题干）梅雨季节（气温22~25℃），2000只3周龄艾维因肉鸡群突发食欲减退，被毛蓬乱，精神沉郁，呆立一隅，冠及可视黏膜苍白。排水样稀便并快速消瘦，进而粪便带血。日死亡率5%~10%。

1. 对该群鸡病的诊断首先需进行的检查是

A. 病毒分离鉴定　　B. 细菌学检查　　C. 血液学检查　　D. 免疫学检测　　E. 临床剖检

答题纸/卡上—1. A B C D Ē

2. 如检查发现肠管壁增厚，内容物主要是血液和凝血块，有的有干酪样物与血液混杂。盲肠显著肿胀、呈棕红色。其他组织器官未见明显异常等病理现象，你认为还要做的检查是

A. 血红蛋白含量检测　　B. 饲料铁、钴含量检测　　C. 粪便内病原检查　　D. 脑组织电镜检查　　E. 心肌纤维病理检查

答题纸/卡上— 2. A B [C] D E

3. 如果该病例是鸡球虫病，最恰当的药物及用药途径是
   A. 青霉素水溶液途径　　B. 链霉素肌内注射
   C. 青霉素和氨丙林水溶液饮服　　D. 青霉素和蒽诺沙星饮服　　E. 氨丙林水溶液饮服

答题纸/卡上— 3. A B C D [E]

4. 下列哪种方法更有助于对球虫病的快速确诊
   A. 饲养场取陈旧粪样检查　　B. 饲养场取新鲜粪样检查　　C. 现有的粪样重复检查　　D. 现有的粪样置于温箱内孵化1周后再检查　　E. 重新剖杀取粪样检查

答题纸/卡上— 4. [A] B C D E

（二）题型特点与解题技巧

这类题为单项选择题，属于病历串型最佳选择题。试题的形式是开始叙述一个以单一病患动物为中心的临床情景，然后提出3～6个相关的问题，问题之间也是相互独立的。当病情逐渐展开时，可逐步增加新的信息。有时陈述了一些次要的或有前提的假设信息，这些信息与病例中叙述的具体病患动物并不一定有联系。提供信息的顺序对回答问题是非常重要的（如第4小题的答案选择A而不是B，是因为第3小题已经提到了用药治疗的情况，若选用经过球虫药治疗鸡群的新鲜粪便进行球虫病的确诊则有可能产生错误的诊断）。每个问题均与开始的临床情景有关，又与随后新增加的信息有关。答题时应根据提出的问题，仔细分析题干和前面问题所给出的信息，一定要以试题提供的信息为基础找出最佳的正确答案。

五、B1题型

以下提供若干组考题，每组考题共用在考题前列出的A、B、C、D、E五个备选答案。请从中选择一个与问题关系最密切的答案，并在答题卡上将相应题号的相应字母所属的方框涂黑。

（一）题例

（1、2题共用下列备选答案）
A. 阈刺激　　B. 阈强度　　C. 阈电位　　D. 锋电位　　E. 后去极化

1. 衡量组织兴奋性高低的常用指标是

答题纸/卡上— 1. A [B] C D E

2. 使得组织产生兴奋激动的是

答题纸/卡上— 2. [A] B C D E

（3、4题共用下列备选答案）
A. 恢复胆碱酯酶活力　　B. 对抗毒蕈碱样症状　　C. 加速COHb解离　　D. 促进脑细胞代谢　　E. 恢复乳酸脱氢酶活性

3. 抢救有机磷中毒时，使用阿托品的目的是

答题纸/卡上— 3. A [B] C D E

4. 抢救有机磷中毒时，使用解磷定的目的是

答题纸/卡上— 4. [A] B C D E

（5～7题共用下列备选答案）
A. 空气飞沫传播　　B. 水、食物传播　　C. 虫媒传播　　D. 体液传播　　E. 接触性传播

5. 禽流感的主要传播途径

答题纸/卡上— 5. [A] B C D E

6. 猪流行性乙型脑业（流行性乙脑）的主要传播途径

答题纸/卡上— 6. A B [C] D E

7. 犬细小病毒的主要传播途径

答题纸/卡上— 7. A B C D [E]

（8～10题共用下列备选答案）
A. 黄连解毒汤　　B. 白虎汤　　C. 麻黄汤　　D. 犀角地黄汤　　E. 茵陈蒿汤

8. 风寒表实证选用

答题纸/卡上— 8. A B [C] D E

9. 阳明经证或气分实热选用

答题纸/卡上— 9. A [B] C D E

10. 热入血分选用

答题纸/卡上— 10. A B C [D] E

（二）题型特点与解题技巧

这类题也是单项选择题，属于标准配伍题。B1题型开始给出5个备选答案，每个备选答案的性质相同，不会造成同一组试题中，某几个答案针对某道子试题，而另外几个答案针对另一道子试题的现象。之后给出2～6个题干构成一组试题，要求从5个备选答案中为这些题干选择一个与其关系最密切的答案。答题时应注意每个备选答案可以被选1次、2次或多次，也可以不选用。

第三章 执业兽医资格考试基础兽医学部分综合练习题及参考答案

第一节 动物解剖学与组织胚胎学

一、A1 题型

题型说明：为单项选择题，属于最佳选择题类型。每道试题由一个题干和五个备选答案组成。A、B、C、D 和 E 五个备选答案中只有一个是最佳答案，其余均不完全正确或不正确，答题时要求选出正确的那个答案。

1. 可将畜体分成背腹两部的切面是
   A. 矢状面　B. 正中矢状面　C. 额切面　D. 横切面　E. 斜切面

2. 构成硬腭的骨骼是
   A. 切齿骨的腭突、上颌骨的腭突和腭骨的水平部　B. 下颌骨、上颌骨的腭突和腭骨的水平部　C. 额骨、上颌骨的腭突和腭骨的水平部　D. 切齿骨的腭突、下颌骨和腭骨的水平部　E. 切齿骨的腭突、上颌骨的腭突和额骨

3. 颈椎中只用一个结构即可表明是第 6 颈椎的是
   A. 有横突孔　B. 横突分支　C. 棘突高大　D. 横突腹侧支呈板状　E. 有椎体后肋凹

4. 颈椎中只用一个结构即可表明是第 2 颈椎的是
   A. 有横突孔　B. 横突分支　C. 棘突高大　D. 横突腹侧支呈板状　E. 有齿突

5. 髋骨由（　）块骨愈合而成。
   A. 1　B. 2　C. 3　D. 4　E. 5

6. 髋臼由下列哪些骨愈合而成
   A. 荐骨、髂骨和耻骨　B. 髂骨、耻骨和坐骨　C. 耻骨、髂骨和坐骨　D. 耻骨、坐骨和股骨　E. 股骨、髂骨和坐骨

7. 牛的胸椎数目为（　）个

   A. 7　B. 13　C. 14　D. 16　E. 18

8. 牛的股骨不具有
   A. 大转子　B. 小转子　C. 第三转子　D. 股骨内、外侧髁　E. 股骨滑车

9. 牛股膝关节特有的结构是
   A. 关节面和关节软骨　B. 膝韧带　C. 侧副韧带　D. 关节囊　E. 关节腔

10. 组成肘关节的骨骼是
    A. 指骨和掌骨　B. 掌骨和腕骨　C. 肩胛骨和肱骨　D. 肱骨和前臂骨　E. 前臂骨和腕骨

11. 关节的基造有
    A. 关节面和关节软骨、关节囊、关节腔　B. 关节面和关节软骨、关节囊、韧带　C. 关节盘、关节面和关节软骨、关节囊　D. 关节唇、关节囊、关节腔　E. 关节囊、关节腔、韧带

12. 有助于维持关节稳定性的结构是
    A. 关节面　B. 关节软骨　C. 关节囊　D. 关节腔　E. 关节盘

13. 关于椎间盘的描述，正确的是
    A. 是纤维软骨构成的关节盘　B. 是透明软骨构成的关节盘　C. 是纤维软骨环　D. 是透明软骨环　E. 以上都不正确

14. 构成颈静脉沟的肌肉是
    A. 斜方肌和夹肌　B. 斜方肌和臂头肌　C. 臂头肌和胸头肌　D. 臂头肌和肩胛横突肌　E. 胸头肌和肩胛横突肌

15. 牛腕桡侧伸肌下端附着于
    A. 掌骨近端内侧　B. 掌骨远端外侧　C. 掌骨近端外侧　D. 掌骨近端后方

E. 掌骨远端内侧

16. 位于气管腹侧，扁平带状，向前分为两支，可向后牵引舌和喉协助吞咽的肌肉是
   A. 腹侧锯肌   B. 肩胛横突肌   C. 胸骨甲状舌骨肌   D. 肩胛舌骨肌
   E. 臂头肌

17. 以下是吸气肌的是
   A. 肋间外肌、后背侧锯肌   B. 肋间内肌、后背侧锯肌   C. 肋间外肌、前背侧锯肌   D. 前背侧锯肌、肋间内肌
   E. 肋间内肌、肋间外肌

18. 腹腔侧壁肌肉的腱膜在腹中线相互交织，形成
   A. 腹白线   B. 白带   C. 腱鞘
   D. 腹股沟管   E. 腹膜

19. 能伸展肩关节的肌肉是
   A. 冈上肌   B. 冈下肌   C. 三角肌
   D. 肩胛下肌   E. 大圆肌

20. 在兽医临床治疗中有许多给药方式，如颈静脉注射、腹腔注射、肌内注射、口服等。牛臀部肌内注射时，注射部位深面的肌肉是
   A. 臀浅肌   B. 臀中肌   C. 臀深肌
   D. 臀肌面   E. 髂腰肌

21. 能伸肘关节的肌肉是
   A. 臂三头肌、臂二头肌   B. 臂二头肌、臂肌   C. 前臂筋膜张肌、臂肌
   D. 臂三头肌、前臂筋膜张肌   E. 前臂筋膜张肌、臂二头肌

22. 下列肌肉中属于膝关节的主要伸肌是
   A. 股二头肌   B. 股四头肌   C. 腘肌
   D. 臀中肌   E. 阔筋膜张肌

23. 膈的外周为（   ），附着于体壁
   A. 腱质部   B. 腰部   C. 肌质部
   D. 肋部   E. 胸骨部

24. 膈上有3个裂孔，供脉管、神经和食管通行，自上而下第3个裂孔为
   A. 食管裂孔   B. 主动脉裂孔   C. 腔静脉孔   D. 网膜孔   E. 腹腔口

25. 网膜是指
   A. 联系胃与其他脏器的腹膜褶   B. 联系肠与腹腔顶的腹膜褶   C. 联系肝与膈的腹膜褶   D. 联系膀胱与盆壁的腹膜褶   E. 联系子宫与腹壁的腹膜褶

26. 具有齿枕（垫）的家畜是
   A. 马   B. 牛   C. 猪   D. 犬
   E. 猫

27. 具有鼻唇镜的家畜是
   A. 牛   B. 羊   C. 马   D. 猪
   E. 犬

28. 具有胃憩室的家畜是
   A. 牛   B. 马   C. 猪   D. 羊
   E. 犬

29. 升结肠形成结肠圆锥的家畜是
   A. 兔   B. 犬   C. 猪   D. 马
   E. 牛

30. 具有吻镜（吻突）的家畜是
   A. 牛   B. 马   C. 猪   D. 羊
   E. 犬

31. 关于牛鼻咽部下面哪项描述是**错误的**
   A. 位于软腭背侧   B. 两侧有咽鼓管咽口   C. 前界是鼻后孔   D. 位于口咽部背侧   E. 与口咽部无明显分界

32. 关于牛口咽部下面哪项描述是**错误的**
   A. 两侧有腭扁桃体   B. 背侧为鼻咽部   C. 背侧为软腭   D. 腹侧是舌根   E. 以上都正确

33. 咽鼓管在鼻咽部膨大形成喉囊的家畜是
   A. 牛   B. 马   C. 猪   D. 羊
   E. 犬

34. 食管在颈部和胸部的走行是
   A. 颈前部位于气管背侧、颈中部位于气管右侧、胸段位于气管背侧
   B. 颈前部位于气管左侧、颈中部位于气管背侧、胸段位于气管右侧
   C. 颈前部位于气管背侧、颈中部位于气管右侧侧、胸段位于气管左侧
   D. 颈前部位于气管背侧、颈中部位于气管左侧、胸段位于气管左侧
   E. 颈前部位于气管背侧、颈中部位于气管左侧、胸段位于气管背侧

35. 根据胃的类型，常见动物可分为复胃动物和单胃动物。马、猪和犬均属于单胃动物，按照何种依据，又可将马和猪两种动物与犬区分开来
   A. 按贲门腺   B. 按胃底腺   C. 按幽门腺   D. 按分有腺部和无腺部
   E. 以上均不对

36. 大肠分为盲肠、结肠和直肠，结肠又分为升结肠、横结肠、降结肠和乙状结肠。常见动物的大肠，相互之间形态差异较大，主要变化出现在
   A. 盲肠   B. 升结肠   C. 横结肠
   D. 降结肠   E. 乙状结肠

37. 位于牛羊腹腔左半边的器官有
    A. 肝　　B. 胰　　C. 瘤胃　　D. 皱胃
    E. 盲肠
38. 牛的结肠在系膜内是
    A. 直管状　　B. V形弯曲　　C. 螺旋状
    D. 圆盘状　　E. 结肠圆锥
39. 牛的瘤胃**不**具有的结构有
    A. 贲门　　B. 腹囊　　C. 左纵沟
    D. 右纵沟　　E. 幽门
40. 牛肝位于
    A. 左季肋部　　B. 左髂部　　C. 右季肋部　　D. 右髂部　　E. 剑突软骨部
41. 牛羊终生都**不**具有的齿是
    A. 下切齿　　B. 犬齿和上切齿
    C. 前臼齿　　D. 后臼齿　　E. 上切齿
42. 瘤胃紧靠左侧腹壁的是
    A. 左纵沟　　B. 右纵沟　　C. 前沟
    D. 后沟　　E. 冠状沟
43. 消化道和呼吸道共同的器官是
    A. 口腔　　B. 咽　　C. 食道
    D. 气管　　E. 鼻后孔
44. 牛肝分叶以（　　）以左为肝左叶
    A. 胆囊窝　　B. 肝门　　C. 冠状韧带
    D. 圆韧带　　E. 镰状韧带
45. 下列结构中**不**属于肺的是
    A. 前叶　　B. 中叶　　C. 后叶
    D. 尾叶　　E. 副叶
46. 肺底缘在临诊上有重要意义，牛的肺底缘是
    A. 从第6肋骨和肋软骨交界处至第11肋骨上端　　B. 从第5肋间隙下端至第13肋骨上端　　C. 从第6肋骨和肋软骨交界处至第12肋骨上端　　D. 从第7肋骨和肋软骨交界处至第11肋骨上端
    E. 从第7肋骨和肋软骨交界处至第12肋骨上端
47. 胸膜脏层与胸膜壁层之间的腔隙称（　　）
    A. 胸腔　　B. 胸廓　　C. 胸膜囊
    D. 胸膜腔　　E. 纵隔
48. 位于膈腹腔面的浆膜为
    A. 腹膜壁层　　B. 胸膜壁层　　C. 胸膜脏层　　D. 腹膜脏层　　E. 黏膜
49. 下列软骨中成对的是
    A. 会厌软骨　　B. 勺状软骨　　C. 甲状软骨　　D. 环状软骨　　E. 气管软骨
50. 在鼻前庭背侧皮下有鼻憩室的是
    A. 猪　　B. 马　　C. 牛　　D. 羊
    E. 犬
51. 牛肾为
    A. 有沟的多乳头肾　　B. 光滑的多乳头肾　　C. 光滑的单乳头肾　　D. 有沟的单乳头肾　　E. 复肾
52. 给公牛和猪导尿带来困难的是
    A. 尿道下憩室　　B. 黏膜襞　　C. 阴茎球　　D. 球海绵体　　E. 尿道海绵体
53. 具有子宫阜的家畜是
    A. 兔　　B. 犬　　C. 猪　　D. 马
    E. 牛
54. 下列腺体中属于副性腺的是
    A. 甲状腺　　B. 甲状旁腺　　C. 精囊腺　　D. 肾上腺　　E. 松果体
55. 具有子宫颈枕的家畜是
    A. 牛　　B. 羊　　C. 猪　　D. 马
    E. 犬
56. 卵子受精的部位是
    A. 输卵管壶腹部　　B. 输卵管漏斗
    C. 输卵管峡部　　D. 输卵管子宫部
    E. 子宫
57. 输精管末端开口于
    A. 膀胱颈　　B. 尿道内口腹侧
    C. 精阜　　D. 阴茎头　　E. 尿道峡
58. 猪的卵巢呈
    A. 圆形　　B. 椭圆形　　C. 桑葚状
    D. 豆形　　E. 心形
59. 阴茎头扭转呈螺旋状的家畜是
    A. 牛　　B. 猪　　C. 马　　D. 犬
    E. 羊
60. 输精管的末端**不**形成输精管壶腹的家畜是
    A. 牛　　B. 羊　　C. 猪　　D. 马
    E. 犬
61. 子宫角呈绵羊角状的家畜是
    A. 牛　　B. 羊　　C. 猪　　D. 马
    E. 犬
62. 猪关闭子宫颈口的结构是
    A. 阴道穹窿　　B. 子宫颈枕　　C. 子宫帆　　D. 子宫颈阴道部　　E. 子宫颈阴道前部
63. 猪的子宫**不**具有的特点是
    A. 有二个子宫角　　B. 子宫角长形似小肠　　C. 子宫角黏膜有子宫阜　　D. 形成子宫颈阴道部　　E. 子宫颈管内有圆形隆起互相嵌合
64. 阴茎**不**具有乙状弯曲和阴茎骨的家畜是
    A. 牛　　B. 羊　　C. 猪　　D. 马

E. 犬

65. 具有调节阴囊内温度的结构是
    A. 肉膜、精索外筋膜   B. 提睾肌、精索内筋膜   C. 精索外筋膜、鞘膜
    D. 肉膜、提睾肌   E. 提睾肌、鞘膜

66. 位于左心室的出口是
    A. 左房室口   B. 主动脉口   C. 肺干口   D. 卵圆孔   E. 冠状窦

67. 供应前肢的动脉主干是
    A. 臂头干   B. 腋动脉   C. 双颈干
    D. 髂内动脉   E. 髂外动脉

68. 犬前肢注射常用的静脉是
    A. 颈外静脉   B. 颈内静脉   C. 头静脉   D. 臂静脉   E. 隐静脉

69. 位于左房室口的瓣膜是
    A. 二尖瓣   B. 三尖瓣   C. 主动脉瓣
    D. 肺干瓣   E. 冠状窦瓣

70. 猪和犬的左锁骨下动脉是从（   ）分出的
    A. 臂头干   B. 主动脉弓   C. 颈总动脉   D. 腋动脉   E. 双颈干

71. 防止右心室血液逆流的是
    A. 二尖瓣   B. 三尖瓣   C. 肺干瓣
    D. 动脉导管   E. 卵圆窝

72. 胎儿的脐静脉在肝内的小分支（   ），与后腔静脉相连
    A. 门静脉   B. 肝静脉   C. 静脉导管   D. 中央静脉   E. 小叶间静脉

73. 雌性动物腹腔内有成对的器官，如肾、肾上腺、卵巢和输卵管等，也有不成对的器官，如消化管、肝、脾等。器官的不同腹主动脉（主动脉腹部）发出的分支也不一样。不成对的动脉有
    A. 腹主动脉、肠系膜前动脉、肠系膜后动脉   B. 肾上腺动脉、腹腔动脉、肠系膜前动脉、肠系膜后动脉   C. 肾上腺动脉、腹主动脉、肠系膜前动脉、肠系膜后动脉   D. 腹腔动脉、肠系膜前动脉、肠系膜后动脉   E. 腹腔动脉、肠系膜前动脉、肠系膜后动脉、肾动脉

74. 供应牛子宫的血管来自
    A. 卵巢动脉、脐动脉和阴道动脉
    B. 卵巢动脉、髂外动脉和阴道动脉
    C. 卵巢动脉和肠系膜后动脉
    D. 脐动脉和臀后动脉
    E. 阴道动脉和臀前动脉

75. 分布于牛乳房的动脉是
    A. 阴部内动脉、阴道动脉   B. 阴部内动脉、脐动脉   C. 阴道动脉、臀后动脉   D. 脐动脉和臀后动脉   E. 阴部内动脉、阴部腹壁干

76. 腹腔内器官血液供应由主动脉腹部（腹主动脉）分支分布。空肠的血液供应来自
    A. 腹主动脉   B. 腹腔动脉   C. 肠系膜后动脉   D. 肠系膜前动脉   E. 肾动脉

77. 腹腔内器官血液供应由主动脉腹部（腹主动脉）分支分布。回肠的血液供应来自
    A. 腹主动脉   B. 腹腔动脉   C. 肠系膜后动脉   D. 肠系膜前动脉   E. 肾动脉

78. 位于家畜胎儿盆腔内的脐动脉是由（   ）分出的
    A. 髂外动脉   B. 髂内动脉   C. 荐中动脉   D. 尾中动脉   E. 阴部内动脉

79. 位于下颌骨支后内侧，胸头肌和颌下腺之间的淋巴结是
    A. 腮腺淋巴结   B. 下颌淋巴结   C. 咽后外侧淋巴结   D. 咽后内侧淋巴结   E. 颈深前淋巴结

80. 位于牛肩胛横突肌深面的淋巴结是
    A. 颈深淋巴结   B. 颈浅淋巴结   C. 腋淋巴结   D. 下颌淋巴结   E. 咽后外侧淋巴结

81. 全身最大的淋巴管是
    A. 输入淋巴管   B. 输出淋巴管   C. 淋巴干   D. 胸导管   E. 右淋巴导管

82. 位于乳房基部后上方的淋巴结是
    A. 腘淋巴结   B. 腹股沟浅淋巴结   C. 颌下淋巴结   D. 髂下淋巴结   E. 股前淋巴结

83. 眼的折光系统包括
    A. 角膜、巩膜、晶状体和玻璃体
    B. 角膜、虹膜、晶状体和玻璃体
    C. 角膜、房水、晶状体和玻璃体
    D. 角膜、脉络膜、晶状体和玻璃体
    E. 角膜、视网膜、晶状体和玻璃体

84. 脊髓麻醉是将麻醉剂注入
    A. 蛛网膜下腔   B. 硬膜外腔   C. 硬膜下腔   D. 脊蛛网膜   E. 脊硬膜

85. 位于牛羊下颌骨后缘，耳根前下方的腺体是
    A. 舌下腺   B. 颌下腺   C. 腮腺

D. 胰腺　　E. 壁内腺

86. 灰质侧角主要存在于脊髓的
    A. 颈段　　B. 胸段　　C. 腰段
    D. 颈段和胸段　　E. 胸段和腰段

87. 由混合神经组成的脑神经有
    A. 滑车神经　　B. 外展神经　　C. 副神经　　D. 舌下神经　　E. 三叉神经

88. 脑神经中沿食管走向腹腔的是
    A. 副神经　　B. 迷走神经　　C. 舌下神经　　D. 滑车神经　　E. 外展神经

89. 位于荐段脊髓灰质外侧柱内的神经元是
    A. 交感节前神经元　　B. 交感节后神经元　　C. 副交感节前神经元　　D. 副交感节后神经元　　E. 运动神经元

90. 中脑背侧面的结构是
    A. 菱形窝　　B. 大脑脚　　C. 四叠体
    D. 前丘　　E. 后丘

91. 植物性神经系统的皮下中枢是
    A. 丘脑下部　　B. 大脑　　C. 中脑
    D. 脑桥　　E. 延髓

92. 脊硬膜与蛛网膜之间形成的腔称
    A. 硬膜外腔　　B. 硬膜下腔　　C. 蛛网膜下腔　　D. 中央管　　E. 网膜腔

93. 支配臂二头肌的是
    A. 腋神经　　B. 肌皮神经　　C. 桡神经
    D. 尺神经　　E. 正中神经

94. 指背侧第2总神经来自
    A. 腋神经　　B. 肌皮神经　　C. 桡神经
    D. 尺神经　　E. 正中神经

95. 分布到股部皮肤的是
    A. 髂腹下神经　　B. 髂腹股沟神经
    C. 生殖股神经　　D. 股神经
    E. 股外侧皮神经

96. 属于植物性神经的是
    A. 视神经　　B. 肋间神经　　C. 内脏大神经　　D. 坐骨神经　　E. 臂神经丛

97. 薄、楔束的功能是
    A. 传导躯干部意识性本体感觉，第二级神经元胞体位于延髓　　B. 传导躯干部非意识性本体感觉，第二级神经元胞体位于延髓　　C. 传导躯干部意识性本体感觉，第二级神经元胞体位于丘脑　　D. 传导躯干部非意识性本体感觉，第二级神经元胞体位于丘脑　　E. 传导躯干部意识性本体感觉，第二级神经元胞体位于脊髓

98. 家禽体内性成熟后逐渐退化并消失的器官是

    A. 脾　　B. 淋巴结　　C. 盲肠扁桃体
    D. 腔上囊　　E. 甲状旁腺

99. 禽类的发声器官是
    A. 声带　　B. 声襞　　C. 声门
    D. 鸣管　　E. 鸣泡

100. 禽类口腔内具有的结构是
    A. 硬腭　　B. 软腭　　C. 唇　　D. 齿
    E. 味觉乳头

101. 家禽的卵黄囊憩室常作为（　　）的分界
    A. 十二指肠和空肠　　B. 空肠和回肠
    C. 回肠和盲肠　　D. 盲肠和直肠
    E. 回肠和直肠

102. 家禽的输尿管开口于
    A. 粪道　　B. 泄殖道　　C. 肛道
    D. 膀胱　　E. 直肠

103. 有两条盲肠的畜禽是
    A. 猪　　B. 鸡　　C. 马　　D. 犬
    E. 牛

104. 内皮指的是哪处的上皮
    A. 循环系统官腔面　　B. 器官的表面
    C. 肾小管细段　　D. 肺泡　　E. 胸膜和腹膜

105. 间皮分布于
    A. 心血管内表面　　B. 淋巴管内表面
    C. 肾小管细段　　D. 肺泡　　E. 器官的表面

106. 正常猪的小肠上皮为
    A. 单层扁平上皮　　B. 单层柱状上皮
    C. 复层扁平上皮　　D. 变移上皮
    E. 假复层柱状纤毛上皮

107. 正常猪的气管上皮为
    A. 单层扁平上皮　　B. 单层柱状上皮
    C. 复层扁平上皮　　D. 变移上皮
    E. 假复层柱状纤毛上皮

108. 动物细胞的DNA的复制在细胞分裂的哪一个时期进行
    A. G1期　　B. G2期　　C. S期
    D. M期　　E. G1期和G2期

109. 关于细胞膜的结构描述哪一个是**不正确**的
    A. 细胞膜由脂质双分子层构成　　B. 膜上面镶嵌有蛋白质　　C. 胆固醇参与细胞膜的构成　　D. 细胞膜两侧是疏水的
    E. 细胞膜膜脂具有流动性

110. 线粒体在透射电镜下观察，以下描述哪个是正确的

A. 由单层单位膜构成　　B. 由双层单位膜构成　　C. 由多层单位膜构成
D. 只有蛋白质构成，没有膜参与
E. 往往和内质网相连

111. 粗面内质网和滑面内质网的区别在于
A. 粗面内质网上有核糖体附着　　B. 粗面内质网上有微体附着　　C. 粗面内质网上有核线粒体附着　　D. 粗面内质网上有中心体附着　　E. 都没有任何颗粒附着，但膜排列结构不一样

112. 动物细胞内，DNA 主要存在于
A. 核膜　　B. 染色质　　C. 核仁
D. 细胞质　　E. 细胞膜

113. 核仁的结构下面哪个描述是**错误**的
A. 核仁位于细胞核　　B. 是核糖体 RNA 合成的场所　　C. 是核糖体蛋白质合成的场所　　D. 是核糖体组装的场所　　E. 在细胞分裂期，核仁消失

114. 分泌免疫球蛋白的细胞，细胞里面一般哪种细胞器发达
A. 线粒体　　B. 微体　　C. 溶酶体
D. 粗面内质网　　E. 滑面内质网

115. 有关溶酶体的描述，哪种是**错误**的
A. 由单层单位膜构成　　B. 内含多种酸性水解酶　　C. 具有自主分裂的能力
D. 可以和自身衰老的线粒体融合
E. 由高尔基体产生

116. 以下哪一层**不是**表皮的结构
A. 基底层　　B. 棘层　　C. 颗粒层
D. 网状层　　E. 角质层

117. 皮脂腺为哪种类型的腺体
A. 全浆分泌　　B. 局浆分泌　　C. 顶浆分泌　　D. 局浆和顶浆分泌都有
E. 全浆和顶浆分泌都有

118. 下列哪个部分的上皮由单层柱状上皮构成
A. 瘤胃　　B. 网胃　　C. 瓣胃
D. 皱胃　　E. 食管

119. 胃底腺中，哪种细胞**不存在**
A. 主细胞　　B. 壁细胞　　C. 黏液细胞　　D. 内分泌细胞　　E. 杯状细胞

120. 分泌胃蛋白酶原的细胞是
A. 主细胞　　B. 壁细胞　　C. 黏液细胞　　D. 内分泌细胞　　E. 杯状细胞

121. 关于胃的组织结构描述，哪种是**不正确**的
A. 胃底腺开口于胃小凹　　B. 胃底腺为管状腺体　　C. 肌层由平滑肌成
D. 胃的上皮都是单层柱状上皮
E. 壁细胞分泌盐酸，又称盐酸细胞

122. 有关空肠的结构的描述，哪种是**不正确**的
A. 有皱襞　　B. 有绒毛　　C. 上皮有杯状细胞　　D. 有孤立的淋巴小结
E. 肠腺位于黏膜下层

123. 具有集合淋巴小结的是哪段肠
A. 十二指肠　　B. 空肠　　C. 回肠
D. 盲肠　　E. 直肠

124. 狄氏间隙位于肝的哪个区域
A. 内皮细胞和肝细胞之间　　B. 肝细胞和肝细胞间　　C. 内皮细胞和内皮细胞之间　　D. 肝门管区　　E. 中央静脉区

125. 肝门管区中，由单层立方上皮构成管壁，是哪种结构
A. 小叶间动脉　　B. 小叶间静脉
C. 小叶间胆管　　D. 小叶下静脉
E. 胆小管

126. 分泌胰岛素的是哪种细胞
A. A 细胞　　B. B 细胞　　C. D 细胞
D. PP 细胞　　E. 泡心细胞

127. 输送胰液的管道中，**不包括**哪个结构
A. 闰管　　B. 纹管　　C. 小叶内导管
D. 小叶间导管　　E. 胰管

128. 有关胆小管的描述，哪个是**不正确**的
A. 胆小管的管壁由肝细胞膜构成
B. 胆小管又为毛细胆管　　C. 胆小管的两侧的紧密连接可以防止胆汁流入血液
D. 胆小管是肝细胞分泌胆汁的地方
E. 胆小管直接与小叶间胆管相连

129. 肺的导气部的末端是哪种结构
A. 小支气管　　B. 细支气管　　C. 终末细支气管　　D. 呼吸性细支气管
E. 肺泡管

130. 软骨片减少至消失，平滑肌相对增多，出现明显皱襞的是哪种支气管
A. 小支气管　　B. 细支气管　　C. 终末细支气管　　D. 呼吸性细支气管
E. 肺泡管

131. 肺泡表面活性物质由哪种细胞分泌
A. Ⅰ型肺泡上皮细胞　　B. Ⅱ型肺泡上皮细胞　　C. 肺巨噬细胞　　D. 内皮细胞　　E. 肥大细胞

132. 气管和肺内各级小支气管的管壁为

A. 复层扁平上皮　　B. 复层柱状上皮
C. 单层扁平上皮　　D. 单层柱状上皮
E. 假复层柱状纤毛上皮

133. 肺小叶的描述，哪个是正确的
A. 细支气管和其所分支形成的肺组织构成肺小叶　　B. 终末细支气管和其分支构成肺小叶　　C. 小支气管和其分支构成肺小叶　　D. 呼吸性细支气管和其分支构成肺小叶　　E. 肺小叶和其他肺小叶有肺泡孔相连

134. 以下哪个结构，**不包括**在肾单位概念里面
A. 肾小体　　B. 近端小管　　C. 细段
D. 远端小管　　E. 集合小管

135. 有关肾小体的描述，哪个是**错误**的
A. 肾小体的血管球，由入球小动脉和出球小静脉相连　　B. 毛细血管属于有孔型　　C. 肾小囊的壁层为单层扁平上皮
D. 肾小囊的脏层为足细胞　　E. 肾小体滤过产生的为原尿

136. 肾小囊的脏层为一层紧贴毛细血管球的细胞，细胞具有初级和次级突起，这种细胞称作
A. 周细胞　　B. 球内系膜细胞
C. 球外系膜细胞　　D. 球旁细胞
E. 足细胞

137. 肾小体存在于下列哪种结构中
A. 只存在于皮质迷路　　B. 只存在于髓放线　　C. 只存在于髓质　　D. 皮质和髓质都有　　E. 皮质迷路和髓放线都有

138. 滤过膜，也叫血尿屏障，是血液滤过形成原尿的结构，下列哪些结构是血液依次滤过的
A. 连续毛细血管内皮，基膜，肾小囊
B. 有孔毛细血管，基膜，足细胞间裂隙
C. 有孔毛细血管，足细胞，基膜
D. 足细胞，基膜，有孔毛细血管内皮
E. 基膜，肾小囊，连续毛细血管内皮

139. 近端小管和哪种结构直接相连
A. 远端小管　　B. 肾小囊的壁层
C. 肾小囊的脏层　　D. 集合小管
E. 输尿管

140. 肾皮质的肾小叶，完整应该包括哪些结构
A. 所有的皮质迷路　　B. 皮质迷路两侧的髓放线　　C. 髓放线和周围的皮质迷路　　D. 髓放线和周围的皮质，髓质　　E. 以上都不对

141. 肾皮质中，能够分泌肾素的是哪种细胞
A. 球旁细胞　　B. 致密斑　　C. 球外系膜细胞　　D. 足细胞　　E. 内皮细胞

142. 刷状缘位于肾的哪个结构中
A. 肾小囊　　B. 近端小管　　C. 细段
D. 远端小管　　E. 集合管

143. 有关肾小管的描述，下列哪个是**不正确**的
A. 近端小管表面有刷状缘　　B. 远端小管细胞质嗜酸性强，染色比近段小管深　　C. 近段小管管腔比远端小管细
D. 远端小管在血管极一侧，形成致密斑
E. 在皮质迷路中，近端小管长度长于远端小管

144. 在睾丸头部，白膜的结缔组织伸入实质形成
A. 睾丸纵隔　　B. 睾丸小隔　　C. 睾丸网　　D. 睾丸小叶　　E. 睾丸间质

145. 睾丸中，精子产生的部位是
A. 直精小管　　B. 曲精小管　　C. 睾丸网　　D. 睾丸输出小管　　E. 睾丸间质

146. 雄激素由哪种细胞分泌
A. 睾丸间质细胞　　B. 精原细胞
C. 支持细胞　　D. 附睾上皮细胞
E. 初级精母细胞

147. 在血睾屏障中，起重要作用的是
A. 支持细胞之间的紧密连接　　B. 支持细胞之间的缝隙连接　　C. 精原细胞之间的胞质桥　　D. 睾丸间质细胞
E. 精原细胞和支持细胞之间的连接

148. 由初级精母细胞变成精子细胞的过程称为
A. 繁殖期　　B. 生长期　　C. 成熟期
D. 成形期　　E. 以上都不是

149. 动脉周围淋巴鞘出现在哪个淋巴器官
A. 胸腺　　B. 脾　　C. 淋巴结
D. 腔上囊　　E. 扁桃体

150. 脾首先捕获抗原和引起免疫应答的重要部位是哪个区域
A. 被膜　　B. 动脉周围淋巴鞘
C. 脾小结　　D. 边缘区　　E. 红髓

151. 呈圆形或卵圆形，在抗原刺激下增多，主要是B淋巴细胞构成的是下面哪个结构

A. 淋巴小结　　B. 副皮质区　　C. 皮质淋巴窦　　D. 髓索　　E. 髓窦

152. 在淋巴结内，淋巴细胞由血液进入淋巴组织的通道是
    A. 毛细淋巴管　　B. 毛细血管
    C. 毛细血管后微静脉　　D. 微动脉
    E. 淋巴管

153. 胸腺小体由哪种细胞构成
    A. T淋巴细胞　　B. B淋巴细胞
    C. 上皮性网状细胞　　D. 巨噬细胞
    E. 成纤维细胞

154. 哪种动物的淋巴结的髓质在皮质外面，称皮髓倒置
    A. 成年猪　　B. 仔猪　　C. 成年犬
    D. 幼犬　　E. 羊

155. 以下哪种关于淋巴细胞再循环的描述是正确的
    A. 淋巴细胞可以进出淋巴管并循环全身
    B. 淋巴细胞可以进出血管并通过血液循环
    C. 淋巴组织内的淋巴细胞通过淋巴管进入血液，血液循环中的淋巴细胞通过毛细血管后微静脉进入淋巴组织
    D. 淋巴组织内的淋巴细胞通过毛细血管进入血液，淋巴液中的淋巴细胞通过毛细淋巴管进入淋巴组织
    E. 以上都不对

156. 淋巴结在免疫反应中的变化，以下哪个描述是**错误**的
    A. 体液免疫应答时，淋巴小结增多
    B. 体液免疫时，髓索内浆细胞增多
    C. 细胞免疫时，副皮质区增大
    D. 细胞免疫时，淋巴窦增大
    E. 免疫反应剧烈时，淋巴结肿大

157. 内分泌腺组织的特点描述，哪个是**错误**的
    A. 腺细胞排列成团，索，或滤泡状
    B. 没有导管　　C. 毛细血管丰富
    D. 分泌物作用于周围细胞或通过血液作用于远处细胞　　E. 与外分泌一样，也有局浆，顶浆和全浆分泌3种方式

158. 胚胎发育早期的过程中，哪个顺序是正确的
    A. 受精，卵裂，囊胚，原肠胚　　B. 受精，卵裂，原肠胚，囊胚　　C. 受精，囊胚，卵裂，原肠胚　　D. 受精，原肠胚，卵裂，囊胚　　E. 囊胚，受精，卵裂，原肠胚

159. 哪个结构，**不是**由中胚层发育来的

A. 肌肉组织　　B. 结缔组织
C. 心血管内皮　　D. 泌尿生殖器官大部分
E. 肝细胞

160. 哺乳动物没有哪种胎膜
    A. 卵黄囊　　B. 卵白囊　　C. 尿囊
    D. 羊膜　　E. 绒毛膜

161. 犬猫的胎盘是
    A. 上皮绒毛膜胎盘　　B. 结缔绒毛膜胎盘　　C. 内皮绒毛膜胎盘　　D. 血绒毛膜胎盘　　E. 以上都不对

162. 以下哪种组织**不属于**四种基本组织
    A. 上皮组织　　B. 结缔组织　　C. 骨组织　　D. 肌肉组织　　E. 神经组织

163. 给马钉蹄铁的标志位置是
    A. 蹄壁　　B. 蹄球　　C. 蹄叉
    D. 蹄白线　　E. 蹄真皮

164. 雌性家禽生殖系统的特点是
    A. 卵巢不发达　　B. 输卵管不发达
    C. 卵巢特别发达　　D. 左侧的卵巢和输卵管退化　　E. 右侧的卵巢和输卵管退化

165. 胰腺的内分泌部含有多种细胞，其中能分泌胰岛素的细胞是
    A. A细胞　　B. B细胞　　C. C细胞
    D. D细胞　　E. PP细胞

166. 肾脏的组织结构中，能重吸收原尿中全部的葡萄糖、氨基酸以及大量水分的部位是
    A. 近曲小管　　B. 细段　　C. 远曲小管曲部　　D. 远曲小管直部　　E. 集合管

167. 某种幼龄动物的淋巴组织切片上观察到"皮质在中央，髓质在周围"，则该器官最有可能取材于
    A. 马　　B. 牛　　C. 兔　　D. 犬
    E. 猪

168. 阴茎头较膨大，尿道突细长的家畜是
    A. 牛　　B. 猪　　C. 马　　D. 犬
    E. 羊

二、B1 题型

题型说明：也是单项选择题，属于标准配伍题。B1题型开始给出5个备选答案，之后给出2~6个题干构成一组试题，要求从5个备选答案中为这些题干选择一个与其关系最密切的答案。在这一组试题中，每个备选答案可以被选1次、2次和多次，也可以不选用。

（1~3小题共用下列备选答案）

A. 尺骨　B. 腕骨　C. 桡骨
D. 肩胛骨　E. 肱骨
1. 骨内侧面有锯肌面的是
2. 骨体内侧中部有一卵圆形的粗面称大圆机粗隆
3. （　）的肘突深入鹰嘴窝，构成肘关节
   （4~6 小题共用下列备选答案）
   A. 髂骨　B. 耻骨　C. 坐骨
   D. 股骨　E. 腓骨
4. 参与构成闭孔内侧缘的是
5. 构成骨盆底壁后部的是
6. 骨体退化，仅保留两端的是
   （7~9 题共用下列备选答案）
   A. 荐髂关节　B. 髋关节　C. 膝关节　D. 跗关节　E. 趾关节
7. 具有关节盘的关节是
8. 具有囊内韧带的是
9. 几乎不具活动性的是
   （10~12 题共用下列备选答案）
   A. 腹内斜肌　B. 腹外斜肌　C. 腹直肌　D. 腹横肌　E. 腹白线
10. 位于腹底壁的肌肉是
11. 腱膜在髋结节和耻骨之间特别厚，称腹股沟韧带的是
12. 位于腹侧壁最内层的是
    （13~15 题共用下列备选答案）
    A. 斜方肌　B. 臂头肌　C. 肩胛横突肌　D. 背阔肌　E. 胸肌
13. 以上肩带肌位于腹侧的是
14. 深面有颈浅淋巴结的是
15. 构成颈静脉沟下界的是
    （16~18 题共用下列备选答案）
    A. 臂二头肌　B. 臂肌　C. 臂三头肌　D. 前臂筋膜张肌　E. 肘肌
16. 位于肱骨前面，呈纺锤形，主要作用是屈肘关节的是
17. 位于肩胛骨和肱骨的夹角内，主要是伸肘关节的是
18. 位于臂肌沟，屈肘关节的是
    （19~21 题共用下列备选答案）
    A. 股二头肌　B. 股薄肌　C. 腘肌　D. 臀中肌　E. 阔筋膜张肌
19. 上述肌肉中属于膝关节的主要伸肌是
20. 上述肌肉中属于髋关节的主要伸肌是
21. 上述肌肉中属于膝关节的主要屈肌是
    （22~24 题共用下列备选答案）
    A. 2(0033/4033)　B. 2(3142/3143)
    C. 2(3143/3143)　D. 2(3133/3133)
    E. 2(2033/1023)
22. 牛的恒齿式是
23. 马的恒齿式是
24. 犬的恒齿式是
    （25~28 题共用下列备选答案）
    A. 马　B. 牛　C. 羊　D. 猪
    E. 犬
25. 无胆囊的家畜是
26. 结肠呈双层马蹄形排列的家畜是
27. 结肠在结肠系膜中盘曲成螺旋形的家畜是
28. 结肠肠系膜中盘曲呈圆盘状的家畜是
    （29~31 题共用下列备选答案）
    A. 瘤胃　B. 网胃　C. 瓣胃　D. 皱胃　E. 百叶胃
29. 黏膜呈棕褐色或棕黄色，表面有片状乳头并夹杂有锥状乳头的是
30. 有蜂巢胃之称的是
31. 黏膜光滑、柔软，在胃底和大部分胃体形成 12~14 片螺旋形大皱褶的是
    （32~34 题共用下列备选答案）
    A. 会厌软骨　B. 勺状软骨　C. 甲状软骨　D. 环状软骨　E. 气管软骨
32. 向腹侧伸出声带突的是
33. 构成喉口的活瓣，吞咽时尖端向舌根翻转的是
34. 软骨中腹侧面后部有突起称喉结的是
    （35~37 题共用下列备选答案）
    A. 气管　B. 气管支气管　C. 肺叶支气管　D. 肺段支气管　E. 呼吸性细支气管
35. 反刍动物和猪的气管在分支处之前，右侧先分出
36. 主支气管的第一级分支称
37. 开始有呼吸机能时称为
    （38~40 题共用下列备选答案）
    A. 终隐窝　B. 肾乳头　C. 肾大盏　D. 肾小盏　E. 肾盂
38. 牛的输尿管在肾内分为两个
39. 猪的输尿管在肾内膨大为漏斗状的
40. 马的肾盂向两端延伸形成
    （41~43 题共用下列备选答案）
    A. 输卵管　B. 输卵管漏斗部　C. 输卵管壶腹　D. 输卵管峡部　E. 输卵管子宫部
41. （　）的中央有与腹膜腔相通的输卵管腹腔口

42. （　　）是精子和卵子结合发生受精的场所
43. （　　）以子宫口与子宫角相通
   (44~46题共用下列备选答案)
   A. 睾丸　B. 附睾　C. 输精管
   D. 精索　E. 副性腺
44. 产生精子和分泌雄性激素的器官是
45. 储存精子和精子成熟的是
46. 其分泌物能稀释精子、营养精子和改善阴道环境的是
   (47~49题共用下列备选答案)
   A. 白膜　B. 睾丸小隔　C. 睾丸网
   D. 睾丸输出管　E. 输精管
47. 从睾丸头端沿纵轴伸向尾端形成睾丸纵隔的是
48. 将睾丸实质分成许多睾丸小叶的是
49. 从睾丸头端走出进入附睾头的是
   (50~52题共用下列备选答案)
   A. 内侧面　B. 外侧面　C. 底面
   D. 背侧缘　E. 腹侧缘
50. 肺门位于肺的
51. 心切迹位于肺的
52. 与膈相邻的面是
   (53~55题共用下列备选答案)
   A. 二尖瓣　B. 三尖瓣　C. 肺干瓣
   D. 动脉导管　E. 卵圆孔
53. 防止左心室血液逆流的是
54. 在心上仅在胚胎期可见的是
55. 成年后称为动脉间韧带的是
   (56~58题共用下列备选答案)
   A. 锁骨下动脉　B. 臂头干　C. 臂动脉　D. 正中动脉　E. 腋动脉
56. 位于家畜肩部的动脉称为
57. 位于家畜胸腔内供应头颈部和前肢血液的动脉称为
58. 位于家畜胸腔内供应前肢血液的动脉称为
   (59~61题共用下列备选答案)
   A. 腹腔动脉　B. 髂外动脉　C. 髂内动脉　D. 肠系膜前动脉　E. 荐中动脉
59. 位于家畜盆腔内供应后肢血液的动脉称为
60. 位于家畜腹腔内供应肝脏血液的动脉称为
61. 阴部内动脉是（　　）的延续干
   (62~64题共用下列备选答案)
   A. 腋动脉　B. 臂动脉　C. 尺侧副动脉　D. 正中动脉　E. 肘横动脉
62. 前肢动脉的主干是
63. 分布于臂三头肌及腕和指曲肌的动脉是
64. 分布于腕和指伸肌的动脉是
   (65~67题共用下列备选答案)
   A. 髂外动脉　B. 阴部腹壁干
   C. 旋股内侧动脉　D. 旋股外侧动脉
   E. 股动脉
65. 后肢的动脉主干是
66. 分布于股四头肌的动脉是
67. 以上动脉中分布于腹壁、阴囊阴唇和乳房的是
   (68~70题共用下列备选答案)
   A. 脐带　B. 卵圆孔　C. 动脉导管
   D. 动脉韧带　E. 卵圆窝
68. 胎儿借（　　）从胎盘获取营养物质
69. 使胎儿左右心房相通的结构是
70. 使胎儿右心房的血液由肺动脉流入主动脉的结构是
   (71~73题共用下列备选答案)
   A. 颈浅淋巴结　B. 腘淋巴结
   C. 髂下淋巴结　D. 腹股沟浅淋巴结
   E. 股淋巴结
71. 位于臂头肌和肩胛横突肌深面的淋巴结是
72. 位于臀股二头肌与半腱肌之间，腓肠肌外侧头起始部的脂肪中的淋巴结是
73. 位于阔筋膜张肌前缘的膝褶中的淋巴结是
   (74~76题共用下列备选答案)
   A. 腋神经　B. 肌皮神经　C. 桡神经　D. 尺神经　E. 正中神经
74. 支配臂三头肌的是
75. 有分支分布到皮肤的是
76. 指背侧第4总神经来自
   (77~79题共用下列备选答案)
   A. 侧脑室　B. 第三脑室　C. 中脑导水管　D. 第四脑室　E. 中央管
77. 位于大脑半球内的脑室称为
78. 环绕丘脑中间块周围的脑室称为
79. 位于延髓和小脑之间的脑室称为
   (80~82题共用下列备选答案)
   A. 动眼神经　B. 三叉神经　C. 面神经　D. 舌咽神经　E. 迷走神经
80. （　　）为第3对脑神经，内含副交感纤维，支配睫状肌和瞳孔括约肌
81. （　　）为第9对脑神经，内含副交感纤维，支配腮腺
82. （　　）为第10对脑神经，内含副交感纤维，支配胸腹腔内脏器官
   (83~86题共用下列备选答案)
   A. 垂体　B. 松果体　C. 甲状腺

D. 甲状旁腺　　E. 肾上腺
83. (　　) 呈暗红色，猪的左右腺叶与腺峡合成一整块，形如贝壳，位于前6~8气管环腹侧
84. (　　) 位于肾的前内侧，左右各一，牛右侧的呈心形，左侧的呈肾形
85. (　　) 位于颅底蝶鞍的垂体窝内，借漏斗与下丘脑相连
86. (　　) 红褐色卵圆形小体，位于四叠体与丘脑之间，以脚连于丘脑上部

(87~89题共用下列备选答案)
A. 输精管壶腹（腺）　　B. 尿道腺
C. 前列腺　　D. 精囊腺
E. 尿道球腺

87. 牛输精管的末段膨大形成
88. 犬只有一种副性腺，为
89. 猪精囊腺和尿道球腺都非常发达，腺体呈柱状的称

(90~93题共用下列备选答案)
A. 脾　　B. 腔上囊（泄殖腔囊，法氏囊）　　C. 淋巴结　　D. 扁桃体
E. 胸腺

90. 禽类特有的淋巴器官是
91. 位于鸡腺胃右侧、呈圆形的褐红色器官是
92. 哺乳动物口、鼻腔内的一些淋巴器官常称为
93. 鸡体内**不存在**的淋巴器官是

(94~96题共用下列备选答案)
A. 有沟多乳头肾　　B. 平滑多乳头肾
C. 平滑单乳头肾　　D. 有沟单乳头肾
E. 复肾

94. 鲸肾脏的大体解剖结构表明其肾脏类型为
95. 牛肾脏的大体解剖结构表明其肾脏类型为
96. 马肾脏的大体解剖结构表明其肾脏类型为

(97、98题共用下列备选答案)
A. 鸣管　　B. 鸣囊　　C. 鸣膜
D. 鸣骨　　E. 鸣泡

97. 禽类的发音器官是
98. 禽类的发音器官鸣管是由数个气管环以及一块(　　)组成

动物解剖学与组织胚胎学参考答案

一、A1 题型

1	C	2	A	3	D	4	E	5	C	6	C	7	B	8	C	9	B	10	D
11	A	12	D	13	A	14	C	15	A	16	C	17	C	18	C	19	A	20	B
21	D	22	B	23	C	24	C	25	A	26	B	27	C	28	C	29	C	30	C
31	E	32	E	33	E	34	C	35	D	36	D	37	B	38	C	39	E	40	C
41	B	42	A	43	D	44	D	45	C	46	D	47	D	48	C	49	C	50	B
51	C	52	B	53	E	54	C	55	C	56	A	57	C	58	C	59	B	60	C
61	A	62	B	63	D	64	D	65	D	66	C	67	B	68	D	69	A	70	B
71	B	72	C	73	C	74	A	75	E	76	D	77	C	78	B	79	C	80	B
81	D	82	B	83	C	84	C	85	B	86	C	87	E	88	E	89	C	90	C
91	A	92	A	93	B	94	B	95	C	96	C	97	C	98	D	99	D	100	A
101	D	102	B	103	B	104	A	105	C	106	C	107	B	108	C	109	D	110	B
111	A	112	A	113	C	114	C	115	C	116	C	117	C	118	C	119	E	120	C
121	D	122	B	123	C	124	A	125	D	126	C	127	A	128	C	129	C	130	C
131	B	132	C	133	A	134	E	135	A	136	C	137	C	138	C	139	C	140	C
141	B	142	C	143	B	144	A	145	B	146	A	147	C	148	C	149	C	150	D
151	A	152	C	153	C	154	C	155	C	156	C	157	C	158	C	159	C	160	B
161	C	162	C	163	B	164	C	165	B	166	C	167	C	168	E				

二、B1 题型

1	D	2	E	3	A	4	B	5	C	6	C	7	B	8	B	9	A	10	C
11	B	12	D	13	E	14	C	15	D	16	C	17	C	18	B	19	A	20	D
21	C	22	A	23	D	24	B	25	A	26	D	27	B	28	D	29	C	30	D
31	D	32	C	33	B	34	C	35	C	36	D	37	C	38	C	39	E	40	A
41	B	42	C	43	E	44	B	45	B	46	B	47	A	48	C	49	C	50	C
51	E	52	C	53	C	54	C	55	C	56	C	57	A	58	A	59	B	60	C
61	C	62	C	63	C	64	C	65	D	66	C	67	C	68	B	69	B	70	C
71	A	72	B	73	C	74	E	75	E	76	D	77	C	78	D	79	D	80	C
81	D	82	B	83	C	84	C	85	C	86	B	87	C	88	C	89	C	90	B
91	A	92	C	93	C	94	E	95	A	96	C	97	C	98	D				

第二节 动物生理学

一、A1 题型

题型说明：为单项选择题，属于最佳选择题类型。每道试题由一个题干和五个备选答案组成。A、B、C、D 和 E 五个备选答案中只有一个是最佳答案，其余均不完全正确或不正确，答题时要求选出正确的那个答案。

1. 神经调节的基本方式是
   A. 反射   B. 反应   C. 适应   D. 正反馈调节   E. 负反馈调节
2. 可兴奋细胞兴奋时，共有的特征是产生
   A. 收缩反应   B. 分泌   C. 神经
   D. 反射活动   E. 电位变化
3. 机体的内环境指的是
   A. 细胞内液   B. 细胞外液   C. 组织液   D. 循环血液   E. 淋巴液
4. 继发性主动转运的特点是
   A. 顺电-化学梯度   B. 能量依靠存在于胞外 Na^+ 的势能   C. 不需要细胞代谢提供能量   D. 不需要载体   E. 能量直接来自 ATP
5. 血浆晶体渗透压的形成主要决定于血浆中的
   A. 各种正离子   B. 各种负离子
   C. Na^+ 和 Cl^- D. 氨基酸和葡萄糖
   E. 血浆白蛋白
6. 血浆中有强大抗凝作用的是
   A. 白蛋白   B. 肝素   C. 球蛋白
   D. 葡萄糖   E. Ca^{2+}
7. 下列关于血小板作用正确的是
   A. 运输激素   B. 使血液呈红色
   C. 缓冲 pH   D. 为凝血过程提供磷脂表面   E. 参与机体的免疫作用
8. 哺乳动物心脏正常起搏点位于
   A. 窦房结   B. 心房   C. 房室交界区
   D. 心室末梢浦肯野氏纤维网   E. 心室
9. 平均动脉压等于
   A. 舒张压＋收缩压/2   B. 舒张压＋收缩压/3   C. 舒张压＋脉搏压/2   D. 舒张压＋脉搏压/3   E. （舒张压＋收缩压）/2
10. 最基本的心血管中枢在
    A. 延髓   B. 脑干   C. 小脑
    D. 大脑皮层   E. 脊髓
11. 临床上常用做强心药的是
    A. 肾上腺素   B. 抗利尿激素   C. 去甲肾上腺素   D. 心钠素   E. 乙酰胆碱
12. 心血管反射调节中，下列哪些区域的感受器主要参与调节压力感受性反射
    A. 主动脉体和颈动脉体   B. 延髓
    C. 主动脉弓和颈动脉窦   D. 下丘脑
    E. 以上答案都不对
13. 关于心肌细胞，下列**不正确**的是
    A. 普通心肌细胞具有传导性   B. 有效不应期比较长   C. P细胞可自动去极化   D. 正常情况下不发生强直收缩   E. 普通心肌细胞没有兴奋性
14. 血浆中起关键作用的缓冲对是
    A. $KHCO_3/H_2CO_3$
    B. $NaHCO_3/H_2CO_3$
    C. K_2HPO_4/KH_2PO_4
    D. Na_2HPO_4/NaH_2PO_4
    E. 血红蛋白钾盐/血红蛋白
15. 胸膜腔内压的数值是
    A. 大气压-非弹性阻力   B. 大气压-弹性阻力   C. 大气压-肺表面张力
    D. 大气压-肺回缩力   E. 大气压
16. 唾液含的消化酶主要是
    A. 核糖核酸酶   B. 蛋白酶   C. ATP酶   D. 脂肪酶   E. 淀粉酶
17. 常用的等渗溶液包括
    A. 0.9％NaCl 溶液＋5％葡萄糖溶液
    B. 0.7％NaCl 溶液＋5％葡萄糖溶液
    C. 0.9％NaCl 溶液＋10％葡萄糖溶液
    D. 0.9％NaCl 溶液＋5％尿素
    E. 0.7％NaCl 溶液＋5％尿素
18. 下列对胆汁的描述，**错误**的是
    A. 由肝细胞分泌   B. 含有胆色素
    C. 含有胆盐   D. 含有消化酶
    E. 能帮助脂肪吸收
19. 下列哪种维生素的吸收与内因子有关
    A. 维生素 B_1 B. 维生素 B_{12} C. 维生素 C   D. 维生素 A   E. 维生素 D
20. 消化管壁平滑肌的生理特性**不包括**
    A. 对电刺激敏感   B. 有自动节律性
    C. 对某些化学物质和激素敏感   D. 温度下降可使其活动改变   E. 收缩缓慢
21. 正常情况下，下列哪种微生物在瘤胃内不

容易繁殖
    A. 蛋白质合成菌   B. 蛋白质分解菌
    C. 沙门氏菌   D. 纤维素分解菌
    E. 维生素合成菌
22. 小肠的运动形式**不包括**
    A. 容受性舒张   B. 紧张性收缩
    C. 分节运动   D. 蠕动   E. 蠕动冲
23. 非战栗产热的热量主要由以下哪个因素产生
    A. 褐色脂肪组织   B. 白色脂肪组织
    C. 骨骼肌收缩   D. 血管平滑肌收缩
    E. 呼吸肌收缩
24. 下列哪种情况下氧离曲线右移
    A. 血液中二氧化碳分压降低   B. H^+ 浓度下降   C. 温度升高   D. 血液中pH值升高   E. 血液中氧气分压升高
25. 以下哪个**不属于**瘤胃微生物生活的内环境
    A. 高度厌氧环境   B. 温度一般略高于体温   C. pH 一般在 5.5~7.5 之间
    D. 渗透压与血浆相近   E. 含水量较少
26. 消化能力最强的消化液是
    A. 唾液   B. 胃液   C. 胰液
    D. 胆汁   E. 大肠液
27. 下列关于 Ca^{2+} 在小肠吸收**错误**的是
    A. 机体缺 Ca^{2+} 或对 Ca^{2+} 的需要增加时吸收增加
    B. 胃酸及维生素C抑制 Ca^{2+} 的吸收
    C. 只有离子状态的 Ca^{2+} 才能被吸收
    D. 维生素D可促进 Ca^{2+} 的吸收
    E. 主要在十二指肠和空肠前段吸收
28. 糖类、蛋白质和脂肪的消化产物被吸收的主要部位是
    A. 十二指肠   B. 空肠   C. 回肠
    D. 十二指肠+空肠   E. 空肠+回肠
29. 下列各种物质能作为机体直接供能物质的是
    A. 蛋白质   B. 脂肪   C. 三磷酸腺苷
    D. 氨基酸   E. 维生素A
30. 当外界温度等于或高于机体皮肤温度时，机体的散热形式是
    A. 辐射散热   B. 传导散热   C. 对流散热   D. 蒸发散热   E. 以上均不会发生
31. 调节红细胞生成的体液物质是
    A. 促红细胞生成素   B. 雌激素
    C. 甲状腺激素   D. 胰岛素   E. 睾酮
32. 红细胞比容概念正确的是
    A. 红细胞与血小板的容积百分比
    B. 红细胞与血浆容积之比   C. 红细胞与血管容积之比   D. 红细胞与白细胞之比   E. 红细胞与全血的容积百分比
33. 家畜患有胸部疾病时，它的呼吸类型主要表现为
    A. 胸式呼吸   B. 腹式呼吸   C. 胸腹式呼吸   D. 主要经口呼吸   E. 以上都不对
34. 关于肺牵张反射的叙述，**错误**的是
    A. 肺泡内有感受器   B. 传入神经是迷走神经   C. 使呼气加强   D. 肺充气或扩张时抑制吸气   E. 其生理学意义是防止吸气过度
35. 在下列心肌细胞中，兴奋性传导最慢的是
    A. 心房肌   B. 心室肌   C. 浦肯野纤维   D. 窦房结   E. 房室交界
36. 呼吸的基本节律产生于
    A. 延髓   B. 脑桥   C. 中桥
    D. 丘脑   E. 大脑皮层
37. 下列关于肺表面活性物质的描述，**错误**的是
    A. 主要成分是二棕榈酰卵磷脂
    B. 主要作用是降低肺泡表面张力
    C. 降低液体在肺泡内的积聚
    D. 使肺扩张时弹性阻力加大
    E. 维持肺泡容积的相对稳定
38. 细胞膜电位变为外负内正的状态称为
    A. 极化   B. 超极化   C. 去极化
    D. 反极化   E. 复极化
39. 某动物的心率为75次/分钟，该动物的心动周期为
    A. 0.5秒   B. 0.6秒   C. 0.7秒
    D. 0.8秒   E. 0.9秒
40. 心肌不会出现强直收缩，其原因是
    A. 心肌是功能上的合胞体   B. 心肌肌浆网不发达，Ca^{2+} 储存少   C. 心肌的有效不应期特别长   D. 心肌有自动节律性   E. 心肌呈"全或无"收缩
41. 肺活量等于
    A. 潮气量+补呼气量   B. 潮气量+补吸气量   C. 潮气量+补吸气量+补呼气量   D. 肺容量−补吸气量   E. 潮气量
42. 氧离曲线是
    A. PO_2 与血氧容量间关系的曲线
    B. PO_2 与血氧含量间关系的曲线

C. PO_2 与 PCO_2 间关系的曲线
D. PO_2 与血液 pH 值间关系的曲线
E. PO_2 与血氧饱和度间关系的曲线

43. 下列**不属于**胃肠激素的是
    A. 胃泌素   B. 胆囊收缩素   C. 肾上腺素   D. 促胰液素   E. 生长抑素

44. 胃不被自身分泌的盐酸和酶损伤的主要原因是
    A. 上皮细胞膜游离面很厚   B. 胃上皮有多层   C. 上皮细胞的结构与肠部的不同，有抗酸和抗酶分解的作用
    D. 胃分泌的黏液和碳酸氢盐构成了一道屏障   E. 以上答案均不对

45. 以下测定动物基础代谢率**错误的**是
    A. 清醒   B. 静卧   C. 外界环境温度适宜   D. 动物采食后   E. 肌肉处于安静状态

46. 正常心电图 QRS 波代表
    A. 心房兴奋过程   B. 心室兴奋过程
    C. 心室复极化过程   D. 心房开始兴奋到心室开始兴奋之间的时间   E. 心室开始兴奋到心室全部复极化完了之间的时间

47. （　）具有感受小管液中 NaCl 含量变化的作用，并将信息传递至近球细胞，调节肾素的释放
    A. 近球细胞   B. 致密斑细胞
    C. 间质细胞   D. 内皮细胞
    E. 系膜细胞

48. 对原尿中大部分物质而言，重吸收的主要部位是
    A. 近曲小管   B. 远曲小管   C. 髓袢降支   D. 髓袢升支   E. 集合管

49. 大量饮用清水后引起尿量增多的主要原因是
    A. 血浆胶体渗透压升高   B. 肾小球毛细血管血压下降   C. 囊内压增高
    D. 滤过膜通透性减小   E. 晶体渗透压下降

50. 静脉注射 20% 的甘露醇溶液后可出现
    A. 肾球囊腔内压升高   B. 肾小球毛细血管血压下降   C. 平均动脉压降低
    D. 小管液中晶体渗透压升高   E. 血浆晶体渗透压降低

51. 肾维持机体水平衡的功能主要是通过对下列哪一项的调节实现的
    A. 肾小球的滤过量   B. 近端小管对水的重吸收量   C. 远曲小管和集合管对水的重吸收量   D. 肾小管的分泌功能
    E. 髓袢降支粗段对水的重吸收量

52. 合成抗利尿激素的部位是
    A. 肾脏   B. 神经垂体   C. 腺垂体
    D. 下丘脑视上核和室旁核   E. 大脑皮质

53. 下述哪一项与肾脏的排泄功能**无关**
    A. 分泌促红细胞生成素   B. 维持机体水和渗透压平衡   C. 维持机体酸碱平衡

54. 动脉血压波动于 80～180mmHg 范围时，肾血流量仍保持相对恒定，这是由于
    A. 肾脏的自身调节   B. 神经调节
    C. 体液调节   D. 神经和体液共同调节
    E. 神经、体液和自身调节同时起作用

55. 骨骼肌收缩和舒张的基本功能单位是
    A. 肌原纤维   B. 粗肌丝   C. 肌纤维
    D. 细肌丝   E. 肌小节

56. 骨骼肌收缩受（　）的直接支配
    A. 交感神经   B. 副交感神经   C. 运动神经   D. 迷走神经   E. 以上都不是

57. 神经-肌肉接头的处的化学递质是
    A. 肾上腺素   B. 去甲肾上腺素
    C. γ-氨基丁酸   D. 乙酰胆碱
    E. 5-羟色胺

58. 下列哪组蛋白属于骨骼肌中的调控蛋白
    A. 肌球蛋白和肌动蛋白   B. 肌动蛋白和肌钙蛋白   C. 肌球蛋白和原肌球蛋白   D. 原肌球蛋白和肌钙蛋白
    E. 肌动蛋白和原肌球蛋白

59. 骨骼肌细胞中横管系统的功能是
    A. Ca^{2+} 的储存量   B. 营养物质进出肌细胞的通道   C. 将兴奋传向肌细胞深处   D. 控制 Na^+ 进出肌细胞   E. 肌小节的滑行

60. 骨骼肌细胞中纵管系统和终末池的功能是
    A. Ca^{2+} 的储存量   B. 营养物质进出肌细胞的通道   C. 将兴奋传向肌细胞深处   D. 控制 Na^+ 进出肌细胞   E. 肌小节的滑行

61. 运动神经兴奋时，哪种离子进入轴突末梢参与囊泡神经递质的释放
    A. Ca^{2+} B. Cl^- C. Na^+
    D. K^+ E. Mg^{2+}

62. 当连续刺激的时距短于单收缩的收缩期

时，骨骼肌出现
A. 一次单收缩　　B. 一连串单收缩
C. 完全强直收缩　D. 不完全强直收缩
E. 无收缩反应

63. 下述在神经-肌肉接头处兴奋传递的特点中，**错误的**是
A. 不受环境因素影响　B. 时间延搁
C. 化学传递　D. 单向传导　E. 1:1联系

64. 在完整机体中，骨骼肌的收缩一般属于
A. 等张收缩　B. 等长收缩　C. 等张收缩+等长收缩　D. 单收缩　E. 以上都不是

65. 下列关于单个骨骼肌的叙述，正确的是
A. 具有膜内正膜外负的静息电位
B. 正常时可接受一个以上运动神经元的支配　C. 电兴奋可通过纵管系统传向肌细胞深部　D. 细胞内不贮存 Ca^{2+}
E. 以上都不正确

66. 反射活动"后放"作用的结构基础是中枢神经元之间的哪种联系方式
A. 单纯式　B. 聚合式　C. 辐射式
D. 环式　E. 链锁式

67. 被称为"生命中枢"的神经部位是
A. 下丘脑　B. 大脑　C. 小脑
D. 延髓　E. 脊髓

68. 下列关于反射的论述，**错误的**是
A. 是神经调节基本方式
B. 可以通过体液调节进行
C. 完成反射所需要的结构为反射弧
D. 是通过闭合回路完成的
E. 同一刺激引起的反射效应应该相同

69. 脊髓灰质炎患者发生机体肌肉萎缩的主要原因是
A. 病毒对患者肌肉的直接侵害
B. 患肢肌肉血液供应明显减少
C. 失去支配神经的营养性作用
D. 失去高位中枢对脊髓的控制
E. 神经-肌肉接头处神经递质的缺失

70. 交感神经兴奋可引起
A. 瞳孔缩小　B. 逼尿肌收缩　C. 消化道蠕动增强　D. 汗腺分泌　E. 心脏收缩力量减弱

71. 神经兴奋时，首先产生扩布性动作电位的部位是
A. 树突　B. 胞体　C. 轴丘
D. 树突始段　E. 神经纤维末梢

72. 哺乳动物神经细胞间信息传递主要靠
A. 单纯扩散　B. 化学突触　C. 电突触　D. 非突触性化学传递　E. 主动转运

73. 中枢神经系统内，化学传递的特征**不包括**
A. 单向传递　B. 中枢延搁　C. 兴奋节律不变　D. 易受药物等因素的影响
E. 神经递质的介导

74. 维持躯体姿势最基本的反射是
A. 肌紧张　B. 腱反射　C. 屈肌反射
D. 对侧伸肌反射　E. 对侧屈肌反射

75. 出现大脑僵直是由于
A. 切断大部分脑干网状结构抑制区
B. 切断网状结构和皮层运动区的联系
C. 切断大部分脑干网状结构易化区
D. 切断网状结构和小脑的联系
E. 切断网状结构和桥脑的联系

76. 副交感神经兴奋时，可引起
A. 瞳孔散大　B. 汗腺分泌　C. 胰岛素分泌　D. 糖原分解加强　E. 竖毛肌收缩

77. 交感神经节前纤维释放的递质是
A. 乙酰胆碱　B. 去甲肾上腺素
C. 肾上腺素　D. 5-羟色胺
E. 多巴胺

78. 下列关于副交感神经系统的功能特点，其中**错误的**是
A. 作用较广泛　B. 作用较局限
C. 储存能量、加强排泄　D. 促进消化吸收　E. 机体安静时活动较强

79. 对牵张反射的叙述，下列哪一项是**错误**的
A. 感受器位于肌梭　B. 基本中枢位于脊髓　C. 是维持姿势的基本反射
D. 脊髓被横断后，牵张反射增强
E. 反射引起的是受牵拉的同块肌肉收缩

80. 兴奋性突触后电位是指在突触后膜上发生的电位变化为
A. 极化　B. 去极化　C. 后电位
D. 复极化　E. 超极化

81. 关于非特异性投射系统的叙述，下列哪一项是正确的
A. 由丘脑向大脑皮层投射具有点对点的投射关系　B. 起特定感觉　C. 维持大脑觉醒状态　D. 是所有感觉的上行传导道　E. 维持睡眠状态

82. 去甲肾上腺素可被下列哪种酶灭活
A. 蛋白水解酶　B. 单胺氧化酶

C. 过氧化物酶　　D. 胆碱酯酶
E. 过氧化氢酶
83. 类固醇激素作用机制的**错误描述**是
   A. 启动 DNA 转录，促进 mRNA 形成
   B. 诱导新蛋白质生成　C. 直接作用于细胞膜受体　D. 减少新蛋白质的生成
   E. 作用于细胞核受体
84. 影响神经系统发育的最重要激素是
   A. 生长激素　B. 胰岛素　C. 降钙素
   D. 甲状腺激素　E. 肾上腺素
85. 下列激素中**不属于**含 N 元素类激素的是
   A. 生长激素　B. 胰岛素　C. 雌二醇
   D. 促肾上腺皮质激素　E. 肾上腺素
86. 下丘脑 GnRH 的释放属于细胞间信息传递的哪种方式
   A. 远距分泌　B. 旁分泌　C. 神经内分泌　D. 神经分泌　E. 自身分泌
87. 下丘脑与腺垂体的功能联系是
   A. 视上核-垂体束　B. 室旁核-垂体束
   C. 垂体门脉系统　D. 交感神经
   E. 副交感神经
88. 下列关于激素的叙述正确的是
   A. 可向细胞提供能量　B. 改变细胞内原有生化反应　C. 仅仅起到"信使"作用　D. 都通过调控基因发挥作用
   E. 以上都不正确
89. 下列物质中，**不属于**激素的是
   A. 孕酮　B. 肝素　C. 促红细胞生长素　D. 促胰液素　E. 维生素 D_3
90. 下列哪种物质属于第一信使
   A. CAMP　B. CGMP　C. ATP
   D. 激素　E. 磷酸肌醇
91. 胰岛素对脂肪代谢的影响是
   A. 促进脂肪合成，抑制脂肪分解
   B. 抑制脂肪合成　C. 促进脂肪氧化
   D. 促进脂肪分解　E. 以上都不正确
92. 切除肾上腺引起动物死亡的原因主要是由于缺乏
   A. 肾上腺素　B. 去甲肾上腺素
   C. 糖皮质激素　D. 醛固酮和糖皮质激素　E. 盐皮质激素
93. 下列哪种激素**不是**下丘脑调节肽
   A. TRH　B. CRH　C. SS
   D. TSH　E. GnRH
94. 促进雌性动物青春期乳腺发育的主要激素是
   A. 雌激素　B. 生长素　C. 催乳素

D. 甲状腺激素　E. 肾上腺素
95. 下丘脑 GnRH 的释放属于细胞间信息传递的哪种方式
   A. 远距分泌　B. 旁分泌　C. 神经内分泌　D. 神经分泌　E. 自身分泌
96. 第二信使 CAMP 在细胞内促进蛋白质磷酸化的酶是
   A. PLC　B. PKA　C. PKC
   D. PKG　E. 以上均不正确
97. 激素原是指
   A. 构成激素的原始材料　B. 未被肝脏灭活的激素　C. 肽类激素的前身物质
   D. 胺类激素　E. 构成酶的底物
98. 下列激素中，**不影响**糖代谢的是
   A. GH　B. Insulin　C. Glucogan
   D. parathyroid hormone E（PTH）
   E. T3/T4
99. 下列对激素描述中**错误的**是
   A. 在血液中含量极微但却有高度生物活性　B. 正常情况下在血液中浓度相当稳定　C. 激素过多或过少可出现疾病
   D. 激素本身可给靶细胞提供能量
   E. 一般通过特异性的受体发挥生物学效应
100. 关于糖皮质激素分泌的调节，下述**错误的**是
   A. 长期服用皮质醇可使 ACTH 分泌增多
   B. ACTH 是糖皮质激素的促激素
   C. 应激反应中，糖皮质激素分泌增多
   D. 糖皮质激素在午夜分泌量最低
   E. 糖皮质激素主要由肾上腺皮质球状带分泌
101. 下列关于催产素的叙述，哪一项是**错误的**
   A. 由下丘脑合成　B. 由神经垂体释放　C. 促进妊娠子宫收缩　D. 促进妊娠期乳腺生长发育　E. 促进哺乳期乳腺排乳
102. 乳的排出有一定的次序，其前后顺序为
   A. 乳池乳，反射乳，残留乳　B. 残留乳，乳池乳，反射乳　C. 反射乳，乳池乳，残留乳　D. 残留乳，反射乳，乳池乳　E. 以上都不正确
103. 促卵泡激素的主要生理作用是
   A. 刺激黄体生长　B. 促进黄体分泌
   C. 刺激乳腺发育　D. 刺激精子生成
   E. 抑制排卵

104. 生精细胞的减数分裂和分化必须依赖于两种激素的双重调节，这两种激素是
    A. LH 和 FSH   B. 睾酮和 LH
    C. 睾酮和 FSH   D. LH 和 GnRH
    E. 以上都不正确
105. 家禽的就巢性受神经内分泌控制，起关键作用的是
    A. FSH   B. LH   C. PRL
    D. GnRH   E. E2
106. 褪黑素的化学性质是
    A. 蛋白质   B. 肽类   C. 类固醇
    D. 胺类   E. 氨基酸衍生物
107. 关于催乳素的说法错误的是
    A. 使乳腺肌上皮细胞收缩   B. 是射乳反射的传出信息之一   C. 使子宫平滑肌收缩   D. 加速脂肪的合成
    E. 在腺垂体合成与分泌
108. 哺乳动物血液的 pH 值一般稳定在
    A. 6.55～7.00   B. 6.90～7.80
    C. 7.00～7.45   D. 6.55～7.55
    E. 7.35～7.45
109. 肺牵张反射的传入神经位于（ ）内
    A. 交感神经   B. 迷走神经   C. 膈神经   D. 肋间神经   E. 窦神经
110. 激活胰蛋白酶原的物质是
    A. 肠激酶   B. HCl   C. 糜蛋白酶
    D. 胆酸盐   E. 羧肽酶
111. 胆汁对消化道起重要作用的成分是
    A. 胆酸盐   B. 胆绿素   C. 胆固醇
    D. 胆红素   E. 胆色素
112. 支配消化道的交感神经末梢释放的神经递质是
    A. 乙酰胆碱   B. 去甲肾上腺素
    C. 多巴胺   D. 肾上腺素
    E. γ-氨基丁酸
113. 大量饮水后，尿液增多的主要原因是
    A. ADH 分泌减少   B. 肾小球滤过作用增强   C. 醛固酮分泌减少
    D. 血浆晶体渗透压升高   E. 血浆胶体渗透压升高
114. 渗透性利尿的作用机制是
    A. 肾小球滤过率增加   B. 远曲小管和集合管对水的通透性降低   C. 血浆晶体渗透压升高   D. 血浆胶体渗透压升高   E. 小管内溶质浓度升高
115. 睾丸间质细胞的生理功能是
    A. 生精作用   B. 分泌雄激素
    C. 形成血-睾屏障的主要细胞   D. 支持和营养生殖细胞的作用   E. 分泌雄激素结合蛋白
116. 睾丸支持细胞的功能是
    A. 生精作用   B. 分泌雄激素
    C. 维持性欲   D. 支持和营养生殖细胞的作用   E. 分泌雄激素结合蛋白

二、B1 题型

题型说明：也是单项选择题，属于标准配伍题。B1 题型开始给出 5 个备选答案，之后给出 2～6 个题干构成一组试题，要求从 5 个备选答案中为这些题干选择一个与其关系最密切的答案。在这一组试题中，每个备选答案可以被选 1 次、2 次和多次，也可以不选用。

（1、2 题共用下列备选答案）
    A. 极化   B. 去极化   C. 超极化
    D. 锋电位   E. 阈电位
1. 可兴奋细胞安静时膜电位状态是
2. 产生动作电位时的膜电位是
    （3、4 题共用下列备选答案）
    A. 胃腺的主细胞   B. 胃腺的黏液细胞
    C. 胃腺的壁细胞   D. 幽门腺的 G 细胞
    E. 胰腺 A 细胞
3. 胃酸是由哪种细胞分泌的？
4. 胃蛋白酶原主要由哪种细胞分泌的？
    （5～7 题共用下列备选答案）
    A. Na^+ B. K^+ C. Ca^{2+}
    D. Cl^- E. Mg^{2+}
5. 静息电位是哪种离子的平衡电位
6. 骨骼肌细胞在受到一次阈刺激时，产生动作电位，主要是由于细胞膜上哪种离子通道的大量开放
7. 在骨骼肌兴奋-收缩偶联中，肌浆网释放的离子是
    （8～10 题共用下列备选答案）
    A. 胃泌素   B. 胰泌素   C. 胆囊收缩素   D. 生长抑素   E. P 物质
8. 酸性食糜进入小肠后引起胰液大量分泌的主要机制是小肠黏膜分泌的
9. 能够直接促进胰液中胰酶大量分泌的是
10. 能够促进胃酸分泌的是
    （11～13 题共用下列备选答案）
    A. 室旁核和视上核   B. 脊髓
    C. 下丘脑腹内侧核   D. 下丘脑腹外侧核   E. 延髓
11. 动物的采食调控中，摄食中枢位于

12. 被称为动物"生命中枢"的部位是
13. 抗利尿激素分泌的部位是
    （14～16题共用下列备选答案）
    A. 肾球囊　　B. 近球小管　　C. 远球小管　　D. 集合管　　E. 髓袢
14. 重吸收葡萄糖最主要的部位是
15. 重吸收 Na^+ 最强的部位是
16. 小管液浓缩和稀释的过程主要发生于
    （17～19题共用下列备选答案）
    A. 尿素　　B. 肌酐　　C. 钠离子
    D. 葡萄糖　　E. 钾离子
17. 在生理浓度下，能被肾小管（主要在近曲小管）全部重吸收的物质是
18. 肾小管重吸收过程中，与 Na^+ 协同转运的物质是
19. （　　）在髓袢和集合管之间的再循环，参与内髓部高渗梯度的维持
    （20～22题共用下列备选答案）
    A. 肾素　　B. 血管紧张素　　C. 醛固酮　　D. 血管升压素　　E. 心房钠尿肽
20. 以上物质中**不属于**激素的是
21. 血浆晶体渗透压升高时，可引起（　　）分泌增多，导致尿液浓缩和尿量减少
22. 血钾浓度升高和血钠浓度降低可直接刺激肾上腺皮质球状带（　　）分泌增多，从而维持血钾和血钠浓度的平衡
    （23～25题共用下列备选答案）
    A. 肌球蛋白　　B. 肌钙蛋白　　C. 原肌球蛋白　　D. 肌动蛋白　　E. 肌红蛋白
23. 不属于肌丝蛋白质的是
24. 细肌丝的结构蛋白质是
25. 和肌球蛋白一同被称为收缩蛋白质的是
    （26、27题共用下列备选答案）
    A. 磷酸二酯酶　　B. ATP酶　　C. 腺苷酸环化酶　　D. 胆碱酯酶　　E. 脂肪酶
26. 神经肌肉接头中，清除乙酰胆碱的酶是
27. 横桥具有（　　）的作用，可以分解 ATP 获得能量，为横桥扭动和做功提供能量
    （28～31题共用下列备选答案）
    A. M受体　　B. N受体　　C. α受体　　D. β受体　　E. $α_1$受体
28. 神经肌肉接头中，当 Ach 通过间隙扩散至终板膜时，便与膜上的（　　）型 Ach 受体结合
29. 心交感神经节后神经元末梢释放去甲肾上腺素，作用于心肌细胞膜的（　　）受体，从而增强心肌的收缩能力
30. 能被阿托品阻断的受体是
31. α-银环蛇毒是（　　）型 Ach 受体通道的特异性阻断剂
    （32～35题共用下列备选答案）
    A. Na^+　　B. K^+　　C. Mg^{2+}
    D. Cl^-　　E. Ca^{2+}
32. 神经冲动抵达末梢时，引起递质释放主要依赖哪种离子的作用
33. 兴奋性突触后电位的产生，是由于突触后膜提高了对（　　）离子通透性，使突触后膜出现局部去极化
34. 抑制性突触后电位的产生主要是由于突触后膜对（　　）离子通透性增加所致
35. 醛固酮的分泌对血液中（　　）浓度升高十分敏感，仅增加 0.5～1.0mmol/L 时就能引起醛固酮分泌
    （36～40题共用下列备选答案）
    A. 小脑　　B. 大脑　　C. 延髓　　D. 脊髓　　E. 下丘脑
36. 机体水代谢调节中枢位于
37. 最基本的心血管中枢位于
38. 膝反射的中枢是
39. （　　）皮层运动区、感觉区、联络区之间的联合活动参与运动计划的形成和运动程序的编制
40. 协调随意运动是（　　）后叶中间带的重要功能
    （41～45题共用下列备选答案）
    A. 交感神经　　B. 副交感神经　　C. 运动神经　　D. 传入神经　　E. 传出神经
41. （　　）的节前纤维起源于胸．腰段脊髓灰质侧角细胞
42. （　　）发源于脑干和荐段脊髓
43. （　　）从中枢发出后，在到达效应器之前不需要更换神经元
44. 当动物遇到各种紧急情况时，（　　）系统的活动明显增强
45. 机体在安静时，（　　）系统的活动明显增强，常伴有胰岛素的分泌
    （46～51题共用下列备选答案）
    A. 生长激素　　B. 胰岛素　　C. 甲状腺激素　　D. 降钙素　　E. 皮质醇
46. 以上**不属于**含氮激素的是
47. 幼儿期缺乏（　　）易导致呆小症

48. （　　）缺乏易造成侏儒症
49. （　　）可提高基础代谢率，具有明显的增加产热作用
50. 成年人（　　）分泌过多会导致肢端肥大症
51. （　　）促进组织对葡萄糖的摄取和利用，从而降低血糖

（52～56题共用下列备选答案）
A. 甲状腺激素　　B. 甲状旁腺激素
C. 生长激素　　　D. 胰岛素
E. 雌二醇

52. 以上（　　）没有促进蛋白质合成的作用
53. 血糖浓度降低时（　　）分泌减少
54. 升高血钙、降低血磷的激素是
55. 属于甾体类激素的是
56. 由垂体腺细胞合成的激素是

（57、58题共用下列备选答案）
A. 褪黑素　　　　B. 卵泡刺激素
C. 黄体生成素　　D. 促甲状腺激素
E. 促肾上腺皮质激素

57. 直接刺激黄体分泌孕酮的激素是
58. 延缓性成熟的是

（59～61题共用下列备选答案）
A. 甲状腺激素　　B. 甲状旁腺激素
C. 生长激素　　　D. 胰岛素
E. 雄激素

59. 对红细胞生成具有直接和间接调节作用的是
60. 以上（　　）没有促进蛋白质合成的作用
61. 由胆固醇作为前体物质合成的是

（62、63题共用下列备选答案）
A. 胸腺　　B. 甲状旁腺　　C. 肾上腺皮质　　D. 肾上腺髓质　　E. 松果体

62. 产生肾上腺素的内分泌腺是
63. 褪黑素由（　　）产生的

（64～66题共用下列备选答案）
A. 胰岛A细胞　　B. 胰岛B细胞
C. 胰岛D细胞　　D. 胰岛PP细胞
E. 胰岛D_1细胞

64. 产生生长抑素的是
65. 胰岛素是由（　　）产生的
66. 胰高血糖素是由（　　）产生的

（67～70题共用下列备选答案）
A. 内分泌　　B. 旁分泌　　C. 自分泌
D. 神经内分泌　　E. 外分泌

67. 胰岛腺细胞分泌生长抑素调节其临近细胞功能，属于
68. 抗利尿激素调节远曲小管和集合管上皮细胞对水的通透性，属于
69. 胰腺分泌胰蛋白酶参与小肠内蛋白质的消化，属于
70. 胰岛分泌胰岛素调节血糖稳态，属于

（71～73题共用下列备选答案）
A. 催乳素　　B. 催产素　　C. 孕酮
D. 雌激素　　E. 糖皮质激素

71. 胎儿体内（　　）激素分泌的提高在分泌启动中起重要作用
72. 子宫中的交感神经纤维能提高子宫肌肉对（　　）的敏感性以促进子宫收缩
73. （　　）为泌乳启动所必需的激素

动物生理学参考答案

一、A1题型

1	A	2	E	3	B	4	B	5	C	6	B	7	D	8	A	9	D	10	A
11	A	12	C	13	E	14	B	15	D	16	E	17	A	18	D	19	D	20	D
21	C	22	A	23	A	24	C	25	E	26	C	27	B	28	D	29	C	30	D
31	A	32	E	33	D	34	B	35	E	36	A	37	D	38	C	39	D	40	C
41	C	42	E	43	C	44	B	45	C	46	B	47	B	48	A	49	C	50	D
51	A	52	D	53	C	54	C	55	B	56	A	57	C	58	B	59	C	60	C
61	A	62	C	63	C	64	C	65	B	66	C	67	D	68	B	69	C	70	C
71	C	72	B	73	C	74	C	75	C	76	A	77	C	78	B	79	D	80	C
81	B	82	B	83	B	84	B	85	D	86	D	87	B	88	C	89	B	90	D
91	A	92	B	93	C	94	C	95	C	96	B	97	B	98	D	99	B	100	B
101	D	102	A	103	C	104	C	105	D	106	E	107	D	108	B	109	B	110	A
111	A	112	B	113	C	114	C	115	D	116	D										

二、B1题型

1	A	2	D	3	C	4	B	5	A	6	A	7	C	8	B	9	C	10	A
11	D	12	E	13	C	14	B	15	B	16	E	17	C	18	D	19	A	20	A

续表

21	D	22	C	23	E	24	D	25	D	26	D	27	B	28	B	29	D	30	A
31	B	32	E	33	A	34	D	35	B	36	E	37	C	38	D	39	B	40	D
41	A	42	B	43	C	44	A	45	D	46	E	47	C	48	A	49	C	50	A
51	B	52	B	53	D	54	B	55	E	56	C	57	C	58	D	59	E	60	B
61	E	62	D	63	E	64	C	65	B	66	A	67	C	68	D	69	E	70	A
71	E	72	B	73	A														

第三节　动物生物化学

一、A1 题型

题型说明：为单项选择题，属于最佳选择题类型。每道试题由一个题干和五个备选答案组成。A、B、C、D 和 E 五个备选答案中只有一个是最佳答案，其余均不完全正确或不正确，答题时要求选出正确的那个答案。

1. 动物体内组成的化学元素中，下列所占比例最多的是
   A. 碳　　B. 氯　　C. 钠　　D. 氢
   E. 铜

2. 通常来说，组成动物蛋白质的氨基酸有
   A. 4 种　　B. 22 种　　C. 20 种
   D. 19 种　　E. 10 种

3. 下列除哪个外，均属于参与生物体组成的生物大分子
   A. 蛋白质　　B. 核酸　　C. 多糖
   D. 脂肪　　E. 甘油

4. 组成蛋白质的基本结构单位是
   A. 氨基酸　　B. 葡萄糖酸　　C. 脂肪酸
   D. 核苷酸　　E. 磷酸

5. 维持蛋白质二级结构稳定的主要因素是
   A. 疏水力　　B. 氢键　　C. 色散力
   D. 范德华作用力　　E. 盐键

6. 下列不属于蛋白质二级结构的是
   A. α-螺旋　　B. β-折叠　　C. 右手双螺旋　　D. β-转角　　E. 无规卷曲

7. 蛋白质变性是由于各种理化因素的作用，使蛋白质分子的
   A. 一级结构改变　　B. 空间结构破坏
   C. 氨基酸序列改变　　D. 辅基脱落
   E. 肽键断裂

8. 下列不能引起蛋白质变性的因素是
   A. 紫外线　　B. 加热　　C. 酒精
   D. 剧烈的振荡　　E. 冷冻

9. 下列有关蛋白质变性的描述，正确的是
   A. 蛋白质变性由肽键断裂而引起
   B. 蛋白质变性都是不可逆的　　C. 蛋白质变性其溶解度增加　　D. 蛋白质变性与溶液 pH 值无关　　E. 蛋白质变性可使其生物学活性丧失

10. 下列碱基中，不出现在 RNA 中的是
    A. T　　B. G　　C. A
    D. C　　E. U

11. T_m 值是指
    A. 50% 的 DNA 变性时的温度
    B. 100% 的 DNA 变性时的温度
    C. 相变温度　　D. 米氏常数
    E. DNA 在水中的溶解度

12. 生物膜的结构特点不包括
    A. 膜的运动性　　B. 完全由脂质双层分子构成　　C. 膜的流动性与相变
    D. 膜上的蛋白和脂质存在相互的作用
    E. 脂双层存在不对称性

13. 不属于物质跨膜转运的形式的是
    A. 简单扩散　　B. 促进扩散　　C. 主动运输　　D. 信号肽引导　　E. 脂蛋白转运

14. 酶的催化特点不具有
    A. 高效性　　B. 多功能性　　C. 可调节性　　D. 酶蛋白易变性　　E. 专一性

15. 酶的活性中心只包括
    A. 催化基团　　B. 催化基团和结合基团
    C. 结合基团　　D. 催化基团和非必需基团　　E. 结合基团和非必需基团

16. 有机磷杀虫剂对胆碱酯酶的抑制作用属于
    A. 可逆性抑制作用　　B. 非竞争抑制作用　　C. 反竞争抑制作用　　D. 竞争抑制作用　　E. 不可逆性抑制作用

17. 磺胺类药物的类似物是
    A. 四氢叶酸　　B. 二氢叶酸　　C. 对氨基苯甲酸　　D. 叶酸　　E. 维生素 B_{12}

18. 对酶的活性中心描述不正确的是
    A. 能与底物结合并催化其转化成产物
    B. 酶的必需基团集团是活性中心
    C. 包括结合集团和催化集团　　D. 一些极性氨基酸（His、Cys、Lys）往往发挥

重要的作用　E. 和酶活性密切相关
19. 酶促反应中决定酶专一性的部分是
    A. 酶蛋白　B. 底物　C. 辅酶或辅基
    D. 催化基团　E. 辅基
20. 核酶的化学本质是
    A. 蛋白质　B. 核酸　C. 糖蛋白
    D. 脂类　E. DNA
21. 辅酶生物素的主要功能是
    A. 传递氢　B. 参与体内甲基的转运
    C. 转氨基　D. 是体内多种羧化酶的辅酶　E. 酰基转移酶的辅酶
22. 酶原是酶的（　）前体
    A. 有活性　B. 无活性　C. 提高活性
    D. 降低活性　E. 以上都是
23. 在脊椎动物体内能合成的多糖是
    A. 纤维素　B. 壳多糖　C. 淀粉
    D. 糖原　E. 蔗糖
24. 一摩尔的葡萄糖经有氧氧化产生 ATP 的数目与其无氧分解相比接近
    A. 10∶1　B. 15∶1　C. 20∶1
    D. 25∶1　E. 30∶1
25. 正常情况下，大脑获得能量的主要途径是
    A. 葡萄糖经糖酵解氧化　B. 脂肪酸氧化　C. 糖的有氧氧化　D. 磷酸戊糖途径　E. 蛋白质代谢
26. 反刍动物血液内的葡萄糖的主要来源是
    A. 从消化道吸收进来　B. 由脂肪转变而来　C. 由糖原分解而来　D. 糖异生作用　E. 由蛋白质转变而来
27. 糖的有氧氧化的最终产物是
    A. CO_2+H_2O+ATP　B. 乳酸
    C. 丙酮酸　D. 乙酰CoA
    E. 以上都是
28. 动物体内 ATP 最主要的来源是
    A. 糖酵解　B. 糖的有氧氧化　C. 磷酸戊糖途径　D. 糖原分解　E. 糖的异生作用
29. 在无氧条件下，下列哪一种化合物会在哺乳动物肌肉组织中积累
    A. 丙酮酸　B. 乙醇　C. 乳酸
    D. CO_2　E. 乙酸
30. 哺乳动物体内三羧酸循环是在细胞的什么部位进行的
    A. 线粒体基质　B. 胞液中　C. 内质网膜上　D. 细胞核内　E. 以上都不是
31. 对磷酸戊糖途径的叙述，正确的是

A. 为核酸合成提供了核苷　B. 是体内供能的主要途径　C. 在无氧条件下进行的反应　D. 脱氢酶的辅酶是 $NADP^+$
E. 整个反应是可逆的
32. 一次三羧酸循环产生出的还原型辅酶和辅基有
    A. 3mol $NADH+H^+$ 和 1mol $FADH_2$
    B. 3mol $NADH+H^+$ 和 2mol $FADH_2$
    C. 2mol $FADH_2$ 和 2mol $NADH+H^+$
    D. 4mol $NADH+H^+$　E. 4mol $FADH_2$
33. 细胞色素指的是
    A. 细胞中的有色物质　B. 血红素的衍生物　C. 以铁卟啉为辅基的电子传递蛋白　D. 含有铁硫中心的电子传递蛋白　E. 线粒体内膜上的基粒
34. 对于生物氧化描述**不正确**的是
    A. 营养物质在体内分解，消耗氧气，生产二氧化碳、水和能量的过程　B. 生物氧化包括药物和毒物在体内的氧化分解过程　C. 生物氧化过程中产生的能量是逐步释放的　D. 生物氧化的过程有一系列的酶参与　E. 生物氧化发生在线粒体内
35. 长链脂肪酸酶复合体包含有
    A. 3个酶　B. 5个酶　C. 3个酶和 ACP　D. 7个酶和 ACP　E. 5个酶和 CoA
36. 酮体指的是
    A. 乙酰乙酸，β-酮丁酸和丙酮酸
    B. 乙酰乙酸，β-酮丁酸和丙酮
    C. 乙酰乙酸，β-羟丁酸和丙酮
    D. 乙酰乙酰 CoA，β-酮丁酸和丙酮酸
    E. 乙酰乙酰 CoA，β-羟丁酸和丙酮
37. 血液中转运外源甘油三酯的脂蛋白是
    A. 血浆白（清）蛋白　B. CM
    C. VLDL　D. HDL　E. LDL
38. 负责脂肪动员的酶是
    A. 激素敏感脂肪酶　B. 脂蛋白脂肪酶　C. 磷脂酶　D. 硫酯酶　E. 脂酰基转移酶
39. 下列递氢体中，为脂肪酸合成提供氢的是
    A. NADP　B. FADH2　C. FAD
    D. NADPH　E. NADH
40. 下列关于胆固醇的说法哪个**不正确**
    A. 胆固醇最早从胆石中分离而得名
    B. 胆固醇在体内合成的酶系位于胞液
    C. 胆固醇在体内合成的原料是乙酰

CoA D. 肾脏是体内胆固醇合成的主要场所 E. 动物细胞膜内的胆固醇对维持膜的功能有重要的意义

41. 胆固醇是下列哪种激素的前体分子
    A. 胰岛素 B. 性激素 C. 黑色素
    D. 肾上腺素 E. 甲状腺素

42. 卵磷脂中含有的含氮化合物是
    A. 磷酸吡哆醛 B. 胆胺 C. 胆碱
    D. 谷氨酰胺 E. 胆固醇

43. 氨基酸的一般分解代谢指的是
    A. 氨基酸的氧化脱氨 B. 氨基酸的脱氨与脱羧 C. 联合脱氨 D. 排氨
    E. 转氨基

44. 转氨酶的辅酶是
    A. 四氢叶酸 B. FAD
    C. TPP D. 磷酸吡哆醛
    E. 辅酶 B_{12}

45. 参与联合脱氨基作用的酶是
    A. L-谷氨酸脱氢酶 B. L-氨基酸氧化酶 C. 谷氨酰胺酶 D. 柠檬酸合酶
    E. 氨甲酰磷酸合成酶

46. 参与尿素循环的氨基酸是
    A. 组氨酸 B. 鸟氨酸 C. 甲硫氨酸
    D. 色氨酸 E. 赖氨酸

47. 人类和灵长类嘌呤代谢终产物是
    A. 尿酸 B. 尿囊酸 C. 尿囊素
    D. 尿素 E. 以上都不是

48. 关于必需氨基酸的说法哪个正确
    A. 必须利用机体的氮源来合成的氨基酸
    B. 长期缺乏不会对机体的代谢产生影响
    C. 必需氨基酸对反刍动物更为重要
    D. 在动物体内不能合成或在不能足量合成的氨基酸 E. 天冬氨酸是必需氨基酸

49. 下列氨基酸中哪个是**非必需氨基酸**
    A. 色氨酸 B. 丙氨酸 C. 赖氨酸
    D. 异亮氨酸 E. 苯丙氨酸

50. 氨基酸脱下的氨基通常以哪种化合物的形式暂存和运输
    A. 尿素 B. 酪氨酸 C. 谷氨酰胺
    D. 天冬酰胺 E. 氨甲酰磷酸

51. 嘌呤核苷酸和嘧啶核苷酸从头合成的共同原料是
    A. 氨基甲酰磷酸 B. 天冬氨酸
    C. 谷氨酸 D. 甘氨酸 E. 以上都是

52. 糖类、脂类、氨基酸氧化分解时，进入三羧酸循环的共同的2C物质是
    A. 草酰乙酸 B. 乙酸 C. 丙酮酸

D. 乙酰 CoA E. 以上都不是

53. 长期饥饿时，大脑的能量来源主要是
    A. 酮体 B. 糖原 C. 甘油
    D. 葡萄糖 E. 氨基酸

54. 在胞浆内**不能**进行下列哪种代谢反应
    A. 脂肪酸合成 B. 糖原合成与分解
    C. 磷酸戊糖途径 D. 糖酵解
    E. 脂肪酸 β-氧化

55. 下列关于糖、脂、氨基酸代谢相互关系的叙述，**错误的**是
    A. 乙酰 CoA 是糖、脂、氨基酸分解代谢共同的中间代谢物 B. 三羧酸循环是糖、脂、氨基酸分解代谢的最终归宿
    C. 当摄入糖超过机体消耗时，多余的糖可转化成脂肪 D. 当大量摄入脂类时，其中的奇数脂肪酸可以经糖异生途径生成糖 E. 糖、脂不能转变成蛋白质

56. "中心法则"是指
    A. 神经传导的中枢在大脑 B. 遗传过程中所有的信息都集中于某个中心点
    C. 遗传信息的传递方向和方式 D. 血液都流向心脏 E. 适者生存的自然法则

57. 大肠杆菌 DNA 复制过程中链延伸的主要酶是
    A. DNA 聚合酶 I B. DNA 聚合酶 II
    C. DNA 聚合酶 III D. T4 DNA 聚合酶
    E. DNA 拓扑异构酶

58. 冈崎片段是
    A. 遗传分子转录后加工形成的 B. 半不连续复制的产物 C. 不对称转录产生的 D. 蛋白质的修饰 E. 前导链的一部分

59. 需要以 RNA 为引物的过程是
    A. 复制 B. 转录 C. 转录后的加工
    D. 蛋白质的修饰 E. 翻译

60. 下列关于真核细胞 DNA 复制的叙述哪些是**错误的**
    A. 是半保留式复制 B. 有多个复制叉
    C. 反转录的方式 D. 有几种不同的 DNA 聚合酶 E. 真核 DNA 聚合酶不表现核酸酶活性

61. 转录是指
    A. DNA 的自我复制过程 B. RNA 的自我复制过程 C. 以 DNA 为模板合成 RNA 的过程 D. 以 RNA 为模板合成 DNA 的过程 E. 细胞内蛋白质的生成

过程

62. 在酶的分类命名中，RNA聚合酶属于
    A. 合成酶   B. 转移酶   C. 裂解酶
    D. 水解酶   E. 氧化还原酶

63. RNA聚合酶生物合成的底物是
    A. NTP   B. dNTP   C. NAD
    D. dNMP   E. NMP

64. 绝大多数真核生物mRNA5′端有
    A. poly(A)尾巴结构   B. 帽子结构
    C. 起始密码   D. 终止密码   E. 以上都不是

65. 以下对真核生物mRNA的转录后加工的描述错误的是
    A. mRNA前体需在3′端加多聚U尾巴结构
    B. mRNA前体需在5′端加m7GpppNmp帽子结构   C. mRNA前体需进行剪接作用，剪去内含子   D. mRNA前体需进行甲基化修饰   E. mRNA前体剪接后需进行连接作用

66. 断裂基因的本义是指
    A. 基因由许多独立的片段组成   B. 组成基因的片段分布于细胞的不同部位
    C. 真核生物有多条染色体   D. 外显子和内含子相间排列真核基因   E. 原核生物的基因组基因

67. 端粒酶是一种
    A. 蛋白质   B. RNA分子   C. 由蛋白质和RNA组成的复合物   D. DNA分子   E. 由蛋白质和DNA组成的复合物

68. 蛋白质生物合成的方向是
    A. 从C端到N端   B. 从N端到C端
    C. 定点双向进行   D. 从C端和N端同时进行   E. 半不连续合成

69. 蛋白质生物合成用到的能量分子包括
    A. ATP   B. GTP   C. ATP和GTP
    D. CTP   E. UTP

70. 关于遗传密码的描述正确的是
    A. 共有64个密码子对应相应的氨基酸
    B. DNA或mRNA中的核苷酸序列和多肽链中的氨基酸序列的对应关系
    C. 遗传密码是隐藏在DNA分子内的一段特异的双链结构
    D. 遗传密码是核酸中能被特异的酶识别加工的序列   E. 以上说法都不正确

71. DNA分子上能被依赖于DNA的RNA聚合酶特异识别的部位叫
    A. 增强子   B. 操纵子   C. 启动子
    D. 终止子   E. 衰减子

72. 基因组是
    A. 真核生物指一套染色体所携带的所有基因的数目   B. 一个二倍体细胞中的染色体数   C. 遗传单位   D. 生物体的一个特定细胞内所有基因的分子总量
    E. 以上都对

73. 聚合酶链式反应可表示为
    A. PEC   B. PER   C. PDR
    D. BCR   E. PCR

74. 在实验室中常用的催化聚合酶链式反应的酶是
    A. RNA聚合酶   B. DNA聚合酶
    C. Taq DNA聚合酶   D. 限制性核酸内切酶   E. 拓扑异构酶

75. 聚合酶链式反应的特点不包括
    A. 只需微量模板   B. 只需数小时
    C. 扩增产物量大   D. 底物必须标记
    E. 属于体外扩增

76. 用分子杂交的原理检测DNA的技术是
    A. Waston发明的   B. Crick发明的
    C. Waston和Crick发明的   D. Sanger发明的   E. Southern发明的

77. 有关分子杂交的描述不正确的是
    A. 必须是相同来源的核酸分子之间才能进行杂交   B. 可以是DNA与DNA杂交
    C. 可以是DNA与RNA杂交   D. 可以是RNA与RNA杂交   E. 可以是相同来源的核酸分子之间杂交

78. 存在于细胞外液中的主要阳离子是
    A. K^+ B. Na^+ C. Mg^{2+}
    D. Ca^{2+} E. Cu^+

79. 影响水在细胞内外扩散的主要因素是
    A. 晶体渗透压   B. 胶体渗透压
    C. 水静压   D. 细胞内外水的容量
    E. 细胞膜的通透性

80. 细胞内液的主要阳离子是
    A. K^+ B. Na^+ C. Mg^{2+}
    D. Ca^{2+} E. Cu^+

81. 血液的正常pH值是
    A. 7.0左右   B. 7.4左右   C. 8.0左右   E. 低于7.0   D. 高于8.0

82. 铁在血浆中被运输的存在形式是
    A. 与血浆清蛋白结合   B. 与血浆球蛋白结合   C. 与血浆铜蓝蛋白结合
    D. 与转铁蛋白结合   E. 与血红蛋白

结合

83. 血浆与血清的区别主要是在血清成分中**不含**
    A. 糖类　　B. 脂肪酸　　C. 维生素
    D. 纤维蛋白原　　E. 免疫球蛋白

84. 成熟红细胞中 NADH$^+$H$^+$ 的主要来源是
    A. 糖酵解途径　　B. 磷酸戊糖途径
    C. 糖醛酸循环途径　　D. 2,3-二磷酸甘油酸支路　　E. 脂肪酸β-氧化

85. 成熟红细胞内磷酸戊糖途径所产生的 NADPH 的主要功能是
    A. 合成膜上胆固醇　　B. 促进脂肪合成
    C. 保护细胞及血红蛋白不受各种氧化剂的氧化　　D. 维持氧化性谷胱甘肽的水平　　E. 提供能量

86. 成熟红细胞的主要供能代谢途径是
    A. 有氧氧化　　B. 糖酵解　　C. 磷酸戊糖途径　　D. 糖原分解　　E. 脂肪酸氧化分解

87. 下列直接参与血红素合成的氨基酸是
    A. 谷氨酸　　B. 天冬氨酸　　C. 组氨酸
    D. 丙氨酸　　E. 甘氨酸

88. 结合胆红素是指
    A. 胆红素与血浆中清蛋白结合　　B. 胆红素与血浆中球蛋白结合　　C. 胆红素与组氨酸结合　　D. 胆红素与肝脏中A蛋白结合　　E. 胆红素与葡萄糖醛酸结合

89. 肝脏进行生物转化时,活性硫酸的供体是
    A. 硫酸　　B. PAPS（3′-磷酸腺苷-5′-磷酸硫酸）　　C. 半胱氨酸　　D. 牛磺酸
    E. 葡萄糖醛酸

90. 在肌肉中作为能量储备物质的是
    A. ATP　　B. GTP　　C. UTP
    D. 磷酸肌酸　　E. 肌酸

91. 分子结构中含有特殊的羟脯氨酸和羟赖氨酸残基的蛋白质是
    A. 血红蛋白　　B. 肌红蛋白　　C. 血清蛋白　　D. 血浆蛋白　　E. 胶原蛋白

92. 结缔组织基质中的主要糖成分是
    A. 糖胺聚糖　　B. 壳多糖　　C. 葡萄糖
    D. 乳糖　　E. 糖原

93. 肝脏是代谢的主要组织之一,下列哪种物质**不是**在肝脏中合成
    A. 尿素　　B. 脂肪酸　　C. 糖原
    D. 酮体　　E. 免疫球蛋白

94. 生物转化过程最重要的方式是
    A. 使毒物的毒性降低　　B. 使药物失效
    C. 使生物活性物质活性失活　　D. 使非营养物质的水溶性减少　　E. 使非营养物质的水溶性或极性增强,利于排泄

95. 生物转化中参与氧化反应作重要的酶是
    A. 水解酶　　B. 加双氧酶　　C. 加单氧酶　　D. 醇脱氢酶　　E. 胺氧化酶

96. 胆红素在血液中主要与哪一种血浆蛋白结合而运输
    A. α1-球蛋白　　B. α2-球蛋白
    C. β-球蛋白　　D. γ-球蛋白
    E. 清蛋白

97. 脑中氨的主要去路是
    A. 扩散入血　　B. 合成谷氨酰胺
    C. 合成嘌呤　　D. 合成嘧啶
    E. 合成尿素

98. 骨骼肌中的调节蛋白质指
    A. 肌钙蛋白　　B. 肌凝蛋白　　C. 肌动蛋白　　D. 原肌凝蛋白　　E. 肌钙蛋白和原肌凝蛋白

99. 氰化物中毒是由于抑制了下列哪种细胞色素
    A. Cyt a　　B. Cyt aa$_3$　　C. Cyt b
    D. Cyt c　　E. Cyt c$_1$

100. 原核细胞中新生肽链的 N-末端氨基酸是（　　）
    A. Met　　B. Phe　　C. fMet　　D. Ser
    E. 任何氨基酸

二、A2 题型

题型说明：每道试题由一个叙述性的简要主题作为题干和五个备选答案组成。A、B、C、D 和 E 五个备选答案中只有一个是最佳答案。

1. 三大营养物质（多糖、蛋白、脂）在体内的合成过程中,我们往往发现用于合成生物大分子的单体要和一种高能分子结合,变成该单体的活化形式,然后该活化形式在酶的作用下发生缩合反应,例如糖原的合成中葡萄糖和 UTP 结合生成 UDPG。那么在蛋白质的合成过程中,哪种分子发挥了类似的作用
    A. ATP　　B. GTP　　C. UTP
    D. TTP　　E. CTP

2. 构成生命物质的元素约有 30 种。根据含量,主要有氢、氧、碳和氮,其次是硫和磷,还有钾、钠、钙、氯、镁、铁、铜等,都是生命活动所必需的。它们之间除了共价键以外,还有一些可逆的非共价相互作

用发挥了重要的作用,这些非共价作用力**不包括**
A. 氢键　　B. 离子键　　C. 范德瓦尔力
D. 疏水力　　E. 二硫键

3. 生物机体中蛋白质、核酸等这些巨大的分子称为生物大分子。它们的共同特点都是通过单体互相缩合、脱水形成线性的多聚体,即大分子。如动物肝脏和肌肉中的糖原(动物淀粉)大分子就是把葡萄糖单体以同样的糖苷键连接成的葡萄糖多聚体。核酸则是以(　　)为单体通过肽键连接的多聚体
A. 葡萄糖　　B. 氨基酸　　C. 脂肪酸
D. 核苷酸　　E. 甘油

4. 氨基酸分子既含有酸性的羧基(—COOH),又含有碱性的氨基(—NH$_2$)。前者能提供质子变成—COO$^-$;后者能接受质子变成—NH$_4^+$。有的氨基酸还有可解离的侧链基团。因此,氨基酸是两性电解质。其解离状态与溶液的pH值有直接关系,当pH值等于pI时,蛋白质
A. 带正电荷　　B. 带负电荷　　C. 所带电荷不确定　　D. 所带正、负电荷相等
E. 在电场中产生电泳现象

5. 氨基酸是两性电解质。其解离状态与溶液的pH值有直接关系,当氨基酸在溶液中所带正、负电荷数相等(即净电荷为零)时,溶液的pH值称为该氨基酸的
A. pI　　B. 最适pH　　C. 最适酸度
D. 最适解离态　　E. 以上都是

6. 除肽键外,蛋白质中还含有其他类型的共价键,例如,蛋白质分子中的两个半胱氨酸可通过其巯基(—SH)形成
A. 二硫键　　B. 非共价键　　C. 疏水键
D. 离子键　　E. 不能形成任何作用

7. 蛋白质分子是结构极其复杂的生物大分子。有的蛋白质分子只包含一条多肽链,有的则包含数条多肽链。通常将蛋白质的结构划分为几个层次,有一种结构层次出现在一条多肽链的内部,是多肽链局部的所有原子及原子团形成的有规律的构象,该构象一般成球状结构,执行一定的功能,该结构是
A. 结构域　　B. 超二级结构　　C. 二级结构　　D. 三级结构　　E. 四级结构

8. 近年来的研究表明,一些简单的蛋白质无需能量的输入或其他蛋白质的帮助就能折叠成天然构象;但大多数情况下,新合成的蛋白质需要其他蛋白质的帮助才能形成正确的构象。新生肽链折叠成天然构象往往是在被称为(　　)的一类蛋白质的帮助下完成的
A. 泛素　　B. 分子伴侣　　C. ATP
D. 辅酶　　E. 辅基

9. 很多蛋白质在水中能够形成稳定的溶液,这和蛋白质的理化性质有关,原因在于在蛋白质表面带有一定的电荷和蛋白质表面能形成维持其稳定的水膜,有时一些中性盐能够破坏这样的稳定因素,使蛋白质相互聚合沉淀达到分离蛋白的目的,这种蛋白分离的方法叫作
A. 盐析法　　B. 等电点沉淀法　　C. 盐溶法　　D. 电泳法　　E. 层析法

10. 蛋白质分子的直径在1~100nm之间,不能通过半透膜,而无机盐等小分子化合物能自由通过半透膜。利用这一特性,将蛋白质与小分子化合物的溶液装入用半透膜制成的透析袋中并密封,然后将透析袋放在流水或缓冲液中,则小分子化合物穿过半透膜,而蛋白质仍留在透析袋里。这就是实验室最常用的
A. 沉淀法　　B. 盐析法　　C. 盐溶法
D. 透析法　　E. 层析法

11. 蛋白质不能吸收可见光,但能吸收一定波长范围内的紫外光。大多数蛋白质在280nm波长附近有一个吸收峰,这主要与蛋白质中(　　)的紫外吸收有关。因此,可以利用紫外吸收法,根据蛋白质溶液在280nm波长的吸收值测定蛋白质浓度
A. 碱性氨基酸　　B. 酸性氨基酸
C. 含硫氨基酸　　D. 芳香族氨基酸
E. 以上都是

12. 有时小分子的物质可以和寡聚蛋白的某个亚基结合,然后通过一系列的变化引起整个蛋白功能发生改变,例如,血红蛋白在与氧结合的过程中就能发生这样的一种现象,结果使其在氧的运输过程中发挥重要的作用
A. 变性作用　　B. 变构作用　　C. 共价修饰　　D. 激活作用　　E. 抑制作用

13. 有一种生物大分子,其主要特征为,由两股脱氧的多核苷酸链以相反的方向(即一条由5′→3′,另一条由3′→5′)围绕着同一个中心轴,以右手旋转方式形成双螺

旋，并且在螺旋的内部嘌呤和嘧啶碱基之间总是以 A═T、G≡C 配对结合。这种生物大分子是
A. tRNA   B. rRNA   C. DNA
D. 蛋白质   E. 糖原

14. 除了腺嘌呤、鸟嘌呤、胞嘧啶、尿嘧啶和胸腺嘧啶等基本的碱基外，核酸中还有一些含量甚少的碱基，如 5-甲基胞嘧啶、5,6-二氢尿嘧啶、7-甲基鸟嘌呤、N^6-甲基腺嘌呤等碱基，称为稀有碱基，这些碱基在核酸上形成的主要方式是
A. 基本碱基在核酸形成后化学修饰产生
B. 突变产生   C. 编码产生   D. 直接合成   E. 以上都不对

15. 核酸的一级结构是由许多核苷酸或脱氧核苷酸线型连接而成的，没有分枝，化学键单一。核酸中蕴含的生物信息靠的是这些核苷的排列组合形成的，那么核苷酸之间形成的化学键是
A. 3′,5′-磷酸二酯键   B. 氢键
C. 离子键   D. 二硫键   E. 疏水键

16. RNA 存在于各种生物的细胞中，依不同的功能和性质，主要包括三类：转移 RNA、核糖体 RNA 和（　　）。它们都参与蛋白质的生物合成
A. DNA   B. 小核 RNA
C. 干扰 RNA   D. 核不均一 RNA
E. 信使 RNA

17. 核酸的变性是指配对的碱基之间的氢键断裂，双股螺旋结构分开，成为两条单链的 DNA 分子。变性后的 DNA，由于螺旋内部碱基的暴露使其在 260nm 处的紫外光吸收值升高，并且其生物学活性丧失。这种现象称为
A. 增色效应   B. 减色效应   C. 光吸收   D. 复性   E. 没有特定的概念

18. DNA 加热变性过程是在一个狭窄的温度范围内迅速发展的，它有点像晶体的熔融。通常将 50% 的 DNA 分子发生变性时的温度称为
A. 溶解温度   B. 变性温度   C. 最适温度   D. T_m E. 以上是

19. 物质的过膜运输是膜的重要生物学功能之一。小分子和离子的运输主要有三种方式。一是顺浓度梯度的简单扩散；二是顺浓度梯度并且依赖于通道或载体的促进扩散；三是逆浓度梯度并且需要膜上特异的

结构参与，消耗 ATP 的
A. 主动运输作用   B. 被动运输作用
C. 外排作用   D. 内吞作用
E. 吞噬作用

20. 结合酶中，其基本成分除蛋白质部分外，还含有对热稳定的非蛋白质的有机小分子以及金属离子。蛋白质部分称为酶蛋白，有机小分子和金属离子称为辅助因子。酶蛋白与辅助因子单独存在时，都没有催化活性，只有两者结合成完整的分子时，才具有活性。这种完整的酶分子称作
A. 单纯酶   B. 辅酶   C. 不完全酶
D. 酶蛋白   E. 全酶

21. 维生素通常按其溶解性不同分为脂溶性维生素和水溶性维生素两大类。水溶性维生素包括 B 族维生素和维生素 C。B 族维生素几乎都是辅酶的组成成分，参与体内的代谢过程。如
A. 辅酶 A 含尼克酰胺   B. FAD 含吡哆醛   C. FMN 含硫胺素   D. NAD^+ 含尼克酰胺   E. TPP^+ 含生物素

22. 在酶分子上，并不是所有氨基酸残基，而只是少数氨基酸残基与酶的催化活性有关。在这些氨基酸残基的侧链基团中，与酶活性密切相关的基团称为酶的
A. 必需基团   B. 非必需基团   C. 结合基团   D. 活性基团   E. 催化基团

23. 通常情况下，我们说酶的化学本质是蛋白质，作为一类特殊的生物活性分子，其活性受各种理化因素的影响；而酶促反应动力学研究酶促反应速度的规律及酶促反应速度的各种因素。下列因素哪个会影响酶促化学反应速度
A. 底物浓度   B. 酶浓度   C. 抑制剂激活剂   D. 温度   E. 上述都可以

24. 酶的催化活性受多方面的调控，有多种调节方式。如变构调节、共价修饰调节等，有些酶以酶原的形式存在，其对酶活的调节是通过（　　）实现的
A. 变构作用   B. 共价修饰作用
C. 反馈作用   D. 在一定条件下激活才表现活性   E. 非竞争性抑制

25. 糖普遍存在于动物组织中，是动物生命活动中的主要的能源物质、结构物质和功能物质。动物体内最主要的单糖是
A. 葡萄糖   B. 糖原   C. 乳糖
D. 糖蛋白   E. 糖脂

26. 血糖通常指血液中的葡萄糖。血糖在体内是相对恒定的，受多种因素控制。调节血糖浓度的主要激素有胰岛素、肾上腺素、糖皮质激素等，除（　　）可降低血糖外，其他激素均可使血糖浓度升高
A. 胰岛素　　B. 肾上腺素　　C. 胰高血糖素　　D. 糖皮质激素　　E. 甲状腺素

27. 血糖浓度相对恒定是其来源和去路相平衡的结果，即进入血中的葡萄糖量与从血中移去的葡萄糖量基本相等。下列除哪个外，都可以作为血糖的来源
A. 肠道吸收后经门静脉进入血液
B. 肝糖原逐渐分解为葡萄糖进入血液
C. 某些有机酸、丙酸、甘油等通过肝糖异生作用转变成葡萄糖或糖原
D. 生糖氨基酸转变成葡萄糖或糖原
E. 糖尿中重吸收

28. 在有氧情况下，丙酮酸在丙酮酸脱氢酶复合体的催化下，进入线粒体中氧化脱羧生成乙酰CoA，后者再经三羧酸循环氧化成水和二氧化碳。丙酮酸脱氢酶复合体是由丙酮酸脱氢酶E_1、二氢硫辛酸转乙酰基酶E_2和二氢硫辛酸脱氢酶E_3 3种酶和几个辅酶在空间上高度组合形成。参加此酶复合体的辅酶不包括下列哪种物质
A. 硫胺素焦磷酸（TPP）　　B. 硫辛酸
C. FAD　　D. NAD^+　　E. 生物素

29. 呼吸链是指排列在线粒体内膜上的一个有多种脱氢酶以及氢和电子传递体组成的电子传递系统。下列化合物中，除（　　）外，都是呼吸链的组成成分
A. COQ　　B. 生物素　　C. FeS
D. NAD^+　　E. CytC1

30. 脂类是机体内的一类重要的生物分子，包括脂肪和类脂。脂肪由甘油的三个羟基与三个脂肪酸缩合而成，又称甘油三酯，是重要的能量储存物质。类脂对于动物同样十分重要，下列描述不是类脂在体内的主要生理学功能的选项是
A. 一些类脂参与细胞膜的组成　　B. 长期饥饿时动员产生能量ATP　　C. 在体内可以转化成包括性激素在内的生物活性物质　　D. 一些代谢的中间产物参与细胞的信号转导　　E. 以上说法都不正确

31. 禁食、饥饿或交感神经兴奋时，肾上腺素、去甲肾上腺素和胰高血糖素分泌增加，激活激素敏感脂肪酶，在激素敏感脂肪酶作用下，储存在脂肪细胞中的脂肪被水解为游离脂肪酸和甘油并释放入血液，被其他组织氧化利用，这一过程称为
A. 脂肪动员　　B. 脂肪氧化　　C. 脂肪合成　　D. 脂肪转移　　E. 脂肪转化

32. 脂肪酸分解的β-氧化过程是可以产生大量的能量。胞液中的脂肪酸，需先活化为脂酰CoA，然后由转运至线粒体中进行，在线粒体内发生的这一过程由大量的酶参与，下列不属于β-氧化过程中位于线粒体内的酶的是
A. 脂酰CoA合成酶　　B. 脂酰CoA脱氢酶　　C. 烯酯酰CoA水合酶　　D. β-羟脂酰CoA脱氢酶　　E. β-酮脂酰CoA硫解酶

33. 含磷酸的类脂称为磷脂。动物体内有甘油磷脂和鞘磷脂两类，并以甘油磷脂为多，如卵磷脂、脑磷脂、丝氨酸磷脂和肌醇磷脂等。脑磷脂中含有的含氮化合物是
A. 谷氨酸　　B. 谷氨酰胺　　C. 磷酸吡哆醛　　D. 胆胺　　E. 胆碱

34. 血脂是指血浆中所含的脂质，包括甘油三酯、磷脂、胆固醇及其酯以及游离脂肪酸。脂类不溶于水，不能以游离的形式运输，而必须以某种方式与蛋白质结合起来才能在血浆中运转。游离脂肪酸和血浆清蛋白结合形成可溶性复合体运输，其余的脂类都是以（　　）的形式运输
A. 血浆脂蛋白　　B. 谷氨酰胺　　C. 糖蛋白　　D. 血浆球蛋白　　E. 糖脂

35. 动物合成其组织蛋白质时，所有的20种氨基酸都是不可缺少的。其中一部分氨基酸在动物体内不能合成，或合成太慢，远不能满足动物需要，因而必须由饲料供给，被称为必需氨基酸。下列所列氨基酸中，哪个属于必需氨基酸
A. 甘氨酸　　B. 谷氨酰胺　　C. 天冬氨酸　　D. 精氨酸　　E. 亮氨酸

36. 体内氨基酸的主要去向是（　　）。其次可转变成嘌呤、嘧啶、卟啉和儿茶酚胺类激素等多种含氮生理活性物质。多余的氨基酸也能用于分解供能。
A. 合成蛋白质和多肽　　B. 合成葡萄糖　　C. 合成尿素　　D. 合成核酸　　E. 合成脂肪

37. 体内脱氨基作用的一个主要产物是氨。过高的氨浓度对于动物是有毒性的。氨基酸

脱下的氨基通常要转变成无毒的形式储存和运输。它是

A. 谷氨酸　　B. 谷氨酰胺　　C. 尿素
D. 谷胱甘肽　　E. 甘氨酸

38. 体内大多数氨基酸（赖氨酸、脯氨酸、羟脯氨酸除外）都参与转氨基过程，并存在多种转氨酶。转氨酶的辅酶是

A. FAD　　B. NAD^+　　C. 生物素
D. 磷酸吡哆醛　　E. TPP^+

39. 氨基酸除了参与蛋白质的组成外，个别氨基酸还有许多其他的重要作用。如甘氨酸、精氨酸和甲硫氨酸参与肌酸、肌酐等的生物合成。丝氨酸、色氨酸、甘氨酸、组氨酸和甲硫氨酸是甲基的供体。酪氨酸等芳香族氨基酸是下列哪种激素的前体。

A. 胰岛素　　B. 胰高血糖素　　C. 雌二醇
D. 甲状腺素　　E. 孕酮

40. 动物机体的物质代谢通过细胞水平、激素水平和整体水平三个层次上进行。细胞水平调节方式之一是利用动物细胞的膜结构把细胞分为许多区域（酶的区室化），保证代谢途径的定向和有序，也使合成途径和分解途径彼此独立、分开进行。如糖、脂的氧化分解都发生在线粒体内，而在胞液中则不能进行下列哪种代谢反应

A. 糖原的合成与分解　　B. 三羧酸循环
C. 脂肪酸合成　　D. 糖酵解　　E. 磷酸戊糖途径

41. 乙酰CoA在糖、脂代谢中非常重要，下面代谢反应除哪个外，都与其有关

A. 异生成葡萄糖　　B. 酮体的生成
C. 脂肪酸合成　　D. 胆固醇合成
E. 糖的有氧氧化

42. 下列关于DNA复制特点的叙述哪一项是**错误的**

A. RNA与DNA链共价相连　　B. 新生DNA链沿$5'→3'$方向合成　　C. DNA链的合成是不连续的　　D. 复制多数是定点双向进行的　　E. DNA在一条母链上沿$5'→3'$方向合成，而在另一条母链上则沿$3'→5'$方向合成

43. DNA按半保留方式复制。如果一个完全放射标记的双链DNA分子，放在不含有放射标记物的溶液中，进行两轮复制，所产生的四个DNA分子的放射活性将会怎样

A. 半数分子没有放射性　　B. 所有分子均有放射性　　C. 半数分子有放射性　　D. 一个分子的两条链均有放射性　　E. 四个分子均无放射性

44. DNA的复制过程是一个高度忠实的过程，一系列的措施确保母代将遗传信息准确的传递给子代，除严格的碱基互补原则，DNA聚合酶的校读功能外，机体还会对发生损伤的DNA进行修复，下列**不属于**DNA的修复过程是

A. 光复活　　B. 切除修复　　C. 重组修复　　D. SOS修复　　E. 紫外修复

45. 某些病毒的遗传物质是RNA（RNA病毒），它们的RNA也通过复制传递给下一代。这些RNA病毒有反转录酶，在反转录酶的作用下，可以RNA指导合成DNA，即遗传信息也可以从RNA传递给DNA。这一过程称为

A. 复制　　B. 转录　　C. 反转录
D. 翻译　　E. 突变

46. 转录过程由RNA聚合酶催化。原核生物的RNA聚合酶只有1种，共包含有$α_2ββ'σ$ 5个亚基。与转录启动有关的亚基是

A. α　　B. β　　C. β'　　D. σ
E. $α_2ββ'$

47. 所有的RNA（tRNA，mRNA和rRNA），无论原核生物还是真核生物，转录后首先得到的是其较大的前体分子，都要经过剪接和修饰才能转变为成熟的有功能的RNA。如绝大多数真核生物转录后，都需在其mRNA 5'端加上一个

A. poly(A)尾巴结构　　B. 帽子结构
C. 起始密码　　D. 终止密码
E. 内含子

48. 转录起始于DNA模板上的特定部位，该部位称为转录起始位点，能够被RNA聚合酶识别，从而调控转录的过程的一段特殊序列称为启动子，下列关于启动子的说法**不正确的**是

A. 启动子是一段特定的DNA序列
B. 启动子有强有弱　　C. 启动子不一定位于转录起始位点的前方　　D. 启动子有时可以缺失　　E. 启动子到终止子间的DNA序列称为一个转录单位

49. mRNA以密码的形式参与蛋白质的生物合成。在翻译过程中，由tRNA分子来阅读这些密码子。每种tRNA都特异地携带一种氨基酸，并利用其反密码子根据碱基配对的原则来识别mRNA上的密码子。下列

与 mRNA 的 5'-ACG-3'密码子相应的反密码子是
  A. 5'-UGC-3'   B. 5'-TGC-3'
  C. 5'-CGU-3'   D. 5'-CGT-3'
  E. 以上都不对

50. DNA 重组过程中所使用的酶类统称为工具酶，限制性核酸内切酶（限制酶），是一类能识别双链 DNA 分子中某种特定核苷酸序列，并由此切割 DNA 双链结构的核酸酶，下列有关限制酶的叙述，除哪个外，都是正确的
  A. 是外切酶而不是内切酶   B. 在特异序列（识别位点）对 DNA 进行切割
  C. 同一种限制酶切割 DNA 时留下的末端序列总是相同的   D. 此类酶主要是从原核生物中分离纯化的   E. 一些限制酶在识别位点内不同的点切割双链 DNA，产生黏性末端

51. 动物体内的含水总量保持相对恒定，这种动态平衡称为水平衡。维持体内的水平衡主要依靠
  A. 体内代谢水的产生量   B. 饲料中水的含量   C. 饮水量   D. 血浆晶体渗透压   E. 血浆胶体渗透压

52. 动物体内水和 Na^+、K^+的代谢过程与体液组分及容量密切相关，因此机体通过各种途径对水和 Na^+、K^+在体液中的分布进行调节，各体液调节因素作用的主要靶器官是
  A. 肝脏   B. 肾脏   C. 心脏
  D. 小肠   E. 胃

53. 动物体内无机盐以钙、磷含量最多，它们约占机体总灰分的 70%以上。它们主要分布在
  A. 血液中   B. 细胞外液中   C. 细胞内液中   D. 骨骼中   E. 肌肉中

54. 大脑主要是利用血液提供的葡萄糖供能，但大脑中储存的葡萄糖和糖原很少。在血糖降低时，还可被大脑利用供能的主要物质是
  A. 酮体   B. 脂肪酸   C. 胆固醇
  D. 糖原   E. 乳酸

三、A3/A4 题型

题型说明：2～3 个相关的问题，每个问题均与开始的题干有关。每个问题均有 5 个备选答案，需要选择一个最佳答案。

(1～3 题共用以下题干)

生物机体中蛋白质、核酸等这些巨大的分子称为生物大分子。它们的共同特点都是通过单体互相缩合、脱水形成线性的多聚体，即大分子，这些生物大分子在机体内发挥重要的功能。

1. 有一种生物大分子在动物体内主要存在于肝脏和肌肉中，在短暂饥饿时或应激时被动员，确保机体的能量供应，这种大分子是
  A. 糖原   B. 蛋白质   C. 核酸
  D. 脂肪   E. 类脂

2. 它是遗传信息的承载者，存在于细胞核和胞液中，这种物质是
  A. 糖原   B. 蛋白质   C. 核酸
  D. 脂肪   E. 类脂

3. 该类分子是生物体内功能的执行者，是"中心法则"的末端分子，这种分子式
  A. 糖原   B. 蛋白质   C. 核酸
  D. 脂肪   E. 类脂

(4～6 题共用以下题干)

蛋白质是大分子，大小在胶体溶液的颗粒直径范围之内。许多水分子在球蛋白分子的周围形成一层水化层（水膜）。由于水化层的分隔作用，使许多球蛋白分子不能互相结合，而是均匀地分散在水溶液中，形成亲水性胶体溶液。

4. 如果向上述溶液中加入少量的中性盐，会增加蛋白质分子表面的电荷，增强蛋白质分子与水分子的作用，从而使蛋白质在水溶液中的溶解度增大，这种现象称为
  A. 盐溶   B. 盐促溶   C. 盐增溶现象
  D. 蛋白质溶解   E. 丁达尔现象

5. 在高浓度的盐溶液中，无机盐离子从蛋白质分子的水膜中夺取水分子，破坏水膜，使蛋白质分子相互结合而发生沉淀。这种现象称为
  A. 盐沉淀   B. 盐析   C. 盐促沉淀
  D. 盐性沉淀   E. 盐析出

6. 通过上述处理得到的蛋白质，为了去除盐分，可以采用
  A. 离子交换层析   B. 亲和层析
  C. 电泳   D. 透析   E. PAGE

(7～9 题共用以下题干)

蛋白质是生物大分子，特定的空间结构对蛋白质的生物活性至关重要。蛋白质的化学结构包括氨基酸组成、氨基酸顺序及原子、官能团的空间排布，我们在研究蛋白质的过程中发现蛋白质有明显的结构层次。

7. 多肽链上氨基酸的排列顺序指的是
   A. 蛋白质的一级结构   B. 蛋白质的二级结构   C. 蛋白质结构域   D. 三级结构   E. 蛋白质四级结构
8. 在球状蛋白的内部的一些紧密的、相对独立的区域是
   A. 蛋白质结构域   B. 蛋白质的二级结构   C. 超二级结构   D. 三级结构   E. 蛋白质四级结构
9. 多肽链中所有的原子核集团在三维空间的排布是
   A. 一级结构   B. 二级结构   C. 三级结构   D. 结构域   E. 超二级结构

（10、11题共用以下题干）
在其他因素，如酶浓度、pH值、温度等不变的情况下，底物浓度的变化与酶促反应速度之间呈矩形双曲线关系，称米氏曲线。

10. 当反应速度为最大反应速度一半时，所对应的底物浓度即是
    A. V_m B. $1/2V_m$ C. K_m D. $1/2S$ E. V
11. K_m数值越大，说明酶与底物间的亲和力
    A. 越大   B. 越小   C. 不变   D. 没有关系   E. 不确定

（12~14题共用以下题干）
酶对底物的专一性是酶的主要特性之一，也称为酶的特异性。酶对底物的特异性又可分为以下几种。

12. 如果一种酶只作用于一种底物，发生一定的反应，并产生特定的产物，称为
    A. 绝对专一性   B. 相对专一性   C. 立体异构专一性   D. 以上都是   E. 以上都不是
13. 如脂肪酶不仅水解脂肪，也能水解简单的酯类；磷酸酯酶对一般的磷酸酯的水解反应都有作用。这种不太严格的专一性属于
    A. 绝对专一性   B. 相对专一性   C. 立体异构专一性   D. 以上都是   E. 以上都不是
14. 如果酶对底物的立体构型的特异要求，如L-乳酸脱氢酶的底物只能是L-型乳酸，而不能是D-型乳酸。属于
    A. 绝对专一性   B. 相对专一性   C. 立体异构专一性   D. 以上都是   E. 以上都不是

（15~17题共用以下题干）
维生素是维持机体正常功能所必需的一类营养素，都是低分子有机化合物。它们不能在人和动物体内合成，或者所合成的量难以满足机体的需要，因此必须由食物供给。

15. 现已知大多数维生素（特别是B族维生素）是许多酶的辅酶或辅基的成分。如硫胺素（维生素B_1）在体内转化成TPP，TPP是下列（　　）的辅酶
    A. 柠檬酸合酶   B. 丙酮酸激酶   C. 丙酮酸羧化酶   D. 谷草转氨酶   E. 丙酮酸脱氢酶系
16. 当维生素B_1缺乏时，由于TPP合成不足，丙酮酸的氧化脱羧发生障碍，导致糖的氧化利用受阻。易引起
    A. 脚气病   B. 皮肤粗糙   C. 恶性贫血   D. 脱发   E. 软骨病
17. 维生素（特别是B族维生素）作为许多酶的辅酶或辅基的成分，在代谢中发挥了重要的作用。如磷酸吡哆醛的主要功能是在氨基酸代谢中
    A. 传递氢   B. 传递电子   C. 传递氨基   D. 传递一碳基团   E. 传递氧

（18~20题共用以下题干）
酶的活性是可以被调控的，调控有几种不同的方式。

18. 如酶活性的调节由代谢途径的终产物或中间产物对催化途径起始阶段的反应或途径分支点上反应的关键酶进行的调节（激活或抑制），称为
    A. 反馈控制   B. 共价调节   C. 变构调节   D. 非竞争抑制   E. 竞争性抑制
19. 如这种作用使途径关键酶的活性增强，即被激活，为
    A. 反馈控制   B. 共价调节   C. 正反馈   D. 负反馈   E. 以上都不是
20. 如这种作用使途径关键酶的活性降低，即被抑制，为
    A. 反馈控制   B. 共价调节   C. 正反馈   D. 负反馈   E. 以上都不是

（21~23题共用以下题干）
酶是细胞的组成成分，和体内其他物质一样，在不断地进行新陈代谢，酶的催化活性和酶的含量也受多方面的调控。例如，酶的生物合成的诱导和阻遏、激活物和抑制物的调节作用等，这些调控作用保证了酶在体内的新陈代谢中发挥其恰如其分的催化作用，使生命活动中的种种化学反应都能够有条不紊、协调一致

地进行。

21. 如生物体内的一些代谢物（如酶催化的底物、代谢中间物、代谢终产物等），通过与酶分子的调节部位进行非共价可逆地结合，改变酶分子构象，进而改变酶的活性。称为
   A. 反馈调节　　B. 共价修饰调节
   C. 都不是　　　D. 酶含量的调节
   E. 变构调节

22. 有些酶分子上的某些氨基酸残基的基团，在另一组酶的催化下发生可逆的共价修饰，从而引起酶活性的改变。这种调节称为
   A. 变构调节　　B. 共价修饰调节
   C. 反馈调节　　D. 酶含量的调节
   E. 非竞争性抑制

23. 由代谢途径的终产物或中间产物对催化途径起始阶段的反应或途径分支点上反应的关键酶进行的调节（激活或抑制），称为
   A. 反馈控制　B. 共价调节　C. 变构调节　D. 非竞争抑制　E. 以上都不是

（24～26题共用以下题干）
糖是动物机体主要的能源物质、结构物质和功能物质，动物所需能量的70%来自葡萄糖的分解代谢。

24. 糖的消化吸收和糖的异生作用是动物体内糖的来源，（　　）是糖在体内的运输形式
   A. 葡萄糖　　B. 糖原　　C. 血糖
   D. 氧化分解　E. 糖异生

25. （　　）是糖在动物体内的储存方式
   A. 合成糖原　B. 血糖　C. 氧化分解　D. 糖异生　E. 以上都不是

26. （　　）是糖供给机体能量的代谢途径，糖在体内也可转变为其他非糖物质。
   A. 合成糖原　B. 血糖　C. 氧化分解　D. 糖异生　E. 以上都不是

（27～29题共用以下题干）
糖代谢包括分解代谢和合成代谢两个方面。糖的合成代谢途径有糖原合成、糖异生等。糖的分解代谢是体内获得能量的主要方式，有以下几条途径。

27. 当动物在缺氧或剧烈运动时，氧的供应不能满足肌肉将葡萄糖完全氧化的需求。葡萄糖生成乳酸并释放能量，这个通路为
   A. 糖异生　　B. 糖原分解　　C. 糖的有氧氧化　D. 糖的无氧氧化　E. 磷酸戊糖途径

28. 体内绝大多数细胞都通过葡萄糖彻底氧化生成水和二氧化碳，获得能量，这个通路为
   A. 糖的无氧氧化　B. 糖原分解
   C. 糖的有氧氧化　D. 糖异生
   E. 磷酸戊糖途径

29. 另一条通路通过分解产生还原辅酶NADPH+H$^+$，为脂类合成旺盛的脂肪组织、哺乳期乳腺、肾上腺皮质、睾丸等组织中生物合成反应的重要供氢体，或为合成核苷酸提供原料核糖-5-磷酸的，此一糖的分解氧化通路称为
   A. 糖的无氧氧化　B. 糖原分解
   C. 糖的有氧氧化　D. 糖异生
   E. 磷酸戊糖途径

（30～32题共用以下题干）
三羧酸循环以乙酰CoA与草酰乙酸缩合成含有三个羧基的柠檬酸开始，故称为三羧酸循环。

30. 三羧酸循环中发生了唯一底物水平磷酸化，催化该步反应的酶是
   A. 柠檬酸合酶　　B. 异柠檬酸脱氢酶
   C. 琥珀酰CoA合成酶　D. 苹果酸脱氢酶　　E. 延胡索酸酶

31. 三羧酸循环中发生了2次脱羧反应，产生了2分子CO_2，下列哪个化合物前后各放出1分子CO_2
   A. 乙酰CoA　B. 柠檬酸　C. 琥珀酰CoA　D. 苹果酸　E. α-酮戊二酸

32. 三羧酸循环是不可逆的，原因在于有3处不可逆反应，下面所列中哪一个属于三羧酸循环中催化不可逆反应的酶
   A. 丙酮酸脱氢酶　B. 延胡索酸酶
   C. 苹果酸脱氢酶　D. α-酮戊二酸脱氢酶系　E. 琥珀酸脱氢酶

（33～35题共用以下题干）
生物氧化是指营养物质，例如糖、脂肪和蛋白质在体内分解，消耗氧气，生成CO_2和H_2O的同时产生能量的过程。生物氧化的产物包括CO_2、H_2O和能量（ATP）。

33. CO_2的生成主要是在各种脱羧酶或脱氢酶的催化下，以（　　）的形式进行的。
   A. 氧化　　B. 脱羧　　C. 脱氢
   D. 脱氢基　E. C+O_2生成

34. H_2O的生成主要是底物在各种（　　）

的催化下脱下氢，脱下的氢通过 NAD⁺ 和 FAD 的携带，经过由各种递氢体和电子传递体的顺次传递，即呼吸链的传递，最终与 O_2 结合而生成的。

A. 脱氢酶　　B. 氧化酶　　C. 脱羧酶
D. 脱氨酶　　E. 转甲基酶

35. 生物氧化中 ATP 的生成有两种方式：底物水平磷酸化和（　　）。后者是 ATP 生成的主要方式。

A. 氧化磷酸化　　B. 底物水平磷酸化
C. 氧化反应　　D. 磷酸化反应
E. 转甲基反应

（36～38 题共用以下题干）

分布在线粒体内上的不需氧脱氢酶、递氢体和电子传递体可以组成四种复合物，形成了两条既有联系又互相独立的呼吸链——NADH 呼吸链和 FADH 呼吸链。

36. 以下哪个成分**不是**不需氧脱氢酶

A. 3-磷酸甘油醛脱氢酶　　B. 柠檬酸脱氢酶　　C. 琥珀酸脱氢酶　　D. 细胞色素 c 氧化酶　　E. L-谷氨酸脱氢酶

37. 以下哪个成分**不是**呼吸链的组成

A. 细胞色素 b　　B. CoA　　C. CoQ
D. 细胞色素 a　　E. 铁硫中心

38. 以下哪一种电子传递方向是**错误的**

A. FMN——CoQ　　B. 细胞色素 aa_3——O_2
C. 细胞色素 c——细胞色素 c_1
D. 细胞色素 b——细胞色素 c_1
E. 琥珀酸——FAD

（39～41 题共用以下题干）

营养物质分解过程中产生的部分能量主要以各种高能化合物的形式被储存起来。在这些高能化合物中，ATP 的作用最重要。

39. 如营养物质在代谢过程中经过脱氢、脱羧、分子重排和烯醇化反应，产生高能磷酸基团或高能键，随后直接将高能磷酸基团转移给 ADP 生成 ATP，为

A. 底物水平磷酸化　　B. 氧化磷酸化
C. 氧化反应　　D. 磷酸化反应
E. 脱氢反应

40. 如底物脱下的氢经呼吸链的氧化作用与 ADP 的磷酸化作用通过能量相偶联生成 ATP 的方式，为

A. 底物水平磷酸化　　B. 氧化磷酸化
C. 解偶联作用　　D. NAD⁺
E. 生物素

41. 呼吸链氧化反应和磷酸化反应偶联的次数可以用 P/O 值来测定。以琥珀酸脱氢酶为首的呼吸链的 P/O 为 1.5；以 NADH 为首的呼吸链的 P/O 为

A. 2.5　　B. 1.5　　C. 2　　D. 3
E. 4

（42～44 题共用以下题干）

信号转导是动物体对代谢调节的重要方式，关于信号转导：

42. 信号分子是引起信号转导的"发动机"，下列物质**不是**常见的信号分子的是

A. 多聚赖氨酸　　B. 激素　　C. 药物
D. 神经递质　　E. 生长因子

43. 能够识别信号分子并与之结合的生物大分子称为

A. 受体　　B. 配体　　C. 激素
D. 信号蛋白　　E. 以上都不是

44. 肾上腺素激活的信号通路在机体应对逆境的过程中发挥重要的作用，下列名词**不属于**该系统的是

A. GTP 结合蛋白　　B. G 蛋白偶联受体
C. 蛋白激酶 A　　D. 酪氨酸激酶受体
E. 腺苷酸环化酶

（45～47 题共用以下题干）

酮体包括三种酸性有机小分子，是脂肪酸分解的特殊中间产物，溶于水，分子小，能通过肌肉毛细血管壁和血脑屏障，是肝脏输出能源的一种形式，是易于被肌肉和脑组织利用的能源物质。

45. 下列**不属于**酮体的化合物是

A. 丙酮酸　　B. 乙酰乙酸　　C. β-羟丁酸　　D. 丙酮　　E. β-酮丁酸

46. 酮体生成的原料是脂肪酸 β-氧化产生的

A. 乙酰 CoA　　B. 脂肪酸　　C. 脂酰 CoA　　D. 丙酰 CoA　　E. 琥珀酰 CoA

47. 在正常情况下，由于肝脏中产生酮体的速度和肝外组织分解酮体的速度处于动态平衡中，因此血液中酮体含量很少。但血液中酮体产生过多机体来不及利用会产生酮病，造成酮病的原因是

A. 吃得太多　　B. 持续的低血糖（饥饿或废食）导致脂肪大量动员　　C. 脱氨酶活性抬高　　D. 转氨作用旺盛
E. 以上都不是

（48～50 题共用以下题干）

胆固醇是一种以环戊烷多氢菲为母核的固醇类化合物，动物机体的几乎所有组织都可以合成胆固醇，其中肝是合成胆固醇的主要场所。

48. 在动物体内，胆固醇来源主要是
    A. 来自鸡蛋等动物性食品   B. 在肾脏中由乙酰CoA合成   C. 氨基酸在体内的转化产物   D. 在肝脏中由乙酰CoA合成   E. 脂肪代谢的中间产物

49. 胆固醇合成通路的主要调节部位是（　　）所催化的反应
    A. HMG-COA还原酶   B. HMG-COA合成酶   C. 乙酰CoA羧化酶   D. 乙酰CoA合成酶   E. HMG-COA裂解酶

50. 在机体内胆固醇的生物转变**不包括**
    A. 转化成醛固酮、皮质醇等肾上腺类固醇激素   B. 转化成胆酸和脱氧胆酸等   C. 转变成维生素D_3 D. 转变成雌二醇、孕酮、睾酮等性激素   E. 合成葡萄糖

（51～53题共用以下题干）
  在酶的催化下，氨基酸脱去氨基的作用，称为脱氨基作用。脱氨基作用是机体氨基酸分解代谢的主要途径。

51. 下面对于脱氨后产物描述**不正确**的是
    A. 产生的NH_3不能用于氨基酸的合成
    B. 有的α-酮酸在体内可以转化成糖
    C. 脱氨后产生α-酮酸和NH_3
    D. NH_3可以和谷氨酸结合变成无毒的形式
    E. NH_3可以参与嘌呤的合成

52. 脱氨基作用的形式包括
    A. 氧化脱氨基作用   B. 转氨基作用   C. 联合脱氨基作用   D. 嘌呤核苷酸循环   E. 以上都是

53. 大多数氨基酸在体内脱氨基采取什么样的方式
    A. 氧化脱氨基作用   B. 转氨基作用   C. 联合脱氨基作用   D. 脱羧基作用   E. 以上都是

（54～56题共用以下题干）
  在哺乳动物体内氨的主要去路是合成尿素排出体外。尿素是肝脏中由尿素循环中一系列酶催化形成的。合成的尿素被排泄进入血流，再被肾脏分离，从尿中排出。

54. 1932年，H. Krebs和他的学生K. Henseleit根据一系列实验首次提出。因从鸟氨酸开始，又称为
    A. 鸟氨酸循环   B. 三羧酸循环   C. 柠檬酸循环   D. Kreb循环   E. 乳酸循环

55. 尿素分子中的2个N原子，一个来自游离的氨，一个由（　　）提供
    A. 天冬氨酸   B. 鸟氨酸   C. 瓜氨酸   D. 谷氨酸   E. 赖氨酸

56. 尿素循环对于哺乳动物有十分重要的生理意义。形成1mol尿素，不仅可以解除氨对动物机体的毒性，也可以降低体内由于（　　）溶于血液所产生的酸性
    A. NH_3 B. CO_2 C. H_2O D. CO   E. CH_4

（57～59题共用以下题干）
  生物体内许多重要的生物活性物质是由氨基酸衍生而来。

57. 苯丙氨酸、（　　）等氨基酸是甲状腺激素、肾上腺素和去甲肾上腺素等激素的前体。色氨酸还是动物体内合成少量维生素B_5的原料
    A. 色氨酸   B. 丝氨酸   C. 甘氨酸   D. 组氨酸   E. 酪氨酸

58. 甘氨酸，精氨酸和（　　）参与肌酸、磷酸肌酸等的生物合成。肌酸和磷酸肌酸在储存和转移磷酸键能中起作用，是能量储存、利用的重要化合物
    A. 色氨酸   B. 丝氨酸   C. 甘氨酸   D. 甲硫氨酸   E. 酪氨酸

59. 半胱氨酸，甘氨酸和（　　）通过"γ-谷氨酰基循环"合成谷胱甘肽。还原型的谷胱甘肽在细胞中的主要功能是保护含有功能疏基的酶和使蛋白质不易被氧化，保持红细胞膜的完整性等
    A. 色氨酸   B. 丝氨酸   C. 甘氨酸   D. 谷氨酸   E. 酪氨酸

（60～62题共用以下题干）
  DNA双螺旋结构模型的阐明，标志着生命科学研究进入了分子生物学时代，具有重大而深远的意义。

60. 该结构模型1953年是由
    A. Waston提出的所有生物的DNA都是双链的   B. Crick提出的   C. Krebs提出的   D. Waston和Crick共同提出的   E. Waston，Crick和Krebs三人共同提出的

61. 该结构模型认为
    A. 所有生物的DNA都是双链的
    B. 少数生物的DNA是双链的
    C. DNA有两条反向平行的多核苷酸链组成   D. DNA中的两条链互相缠绕在一起   E. DNA中的两条多核苷酸链也可

以正向平行

62. 该结构模型是
    A. DNA 半保留复制的结构基础   B. 转录的结构基础   C. DNA 按 $5'\rightarrow 3'$ 方向合成的保证   D. RNA 准确合成的保证
    E. 与遗传信息准确传递无关

（63～65 题共用以下题干）

遗传信息按 DNA→RNA→蛋白质的方向传递，这就是分子遗传学的中心法则。

63. 通过（　　）以亲代 DNA 分子为模板合成两个完全相同的子代 DNA 分子，使遗传信息经亲本，完整准确地传给子代
    A. 复制   B. 转录   C. 反转录
    D. 翻译   E. 转运

64. 生命有机体要将遗传信息传递给子代，并在子代中表现出生命活动的特征，只进行 DNA 的复制是不够的，还必须通过（　　），以 DNA 为模板，指导合成了 RNA，将遗传信息转抄给 RNA
    A. 复制   B. 转录   C. 反转录
    D. 翻译   E. 转录后加工

65. 拿到此遗传信息的 RNA，通过（　　）指导合成蛋白质
    A. 复制   B. 转录   C. 反转录
    D. 翻译   E. 信号肽学说

（66～68 题共用以下题干）

某些病毒的遗传物质是 RNA（RNA 病毒），这些 RNA 病毒在反转录酶的作用下，以 RNA 指导合成 DNA，即遗传信息也可以从 RNA 传递给 DNA。

66. 这一过程称为
    A. 复制   B. 转录   C. 反转录
    D. 翻译   E. 突变

67. 一些 RNA 病毒在反转录酶催化下以其 RNA 为模板，以 dNTP 为底物，催化合成一股与模板 RNA 互补的 DNA 链，此 DNA 链称为
    A. RNA   B. cDNA   C. DNA
    D. HnRNA   E. mtDNA

68. 反转录酶是一类
    A. DNA 指导的 RNA 聚合酶   B. DNA 指导的 DNA 聚合酶   C. RNA 指导的 DNA 聚合酶   D. RNA 指导的 RNA 聚合酶   E. DNA 连接酶

（69～71 题共用以下题干）

遗传学实验已经证实，DNA 是生物遗传信息的携带者，并且可以进行自我复制，也正因为如此，才保证了在细胞分裂时，亲代细胞的遗传信息正确无误地传递到两个子代细胞中。复制是一个由酶催化进行的复杂的 DNA 的生物合成过程。

69. 复制是（　　），即其中一条链是连续的，另一条链则是不连续的
    A. 半保留的   B. 不对称的   C. 半连续的   D. 全保留的   E. 不连续的

70. 复制可以是单向的或是双向的，以双向复制较为常见。两条 DNA 链的合成均是从
    A. $5'\rightarrow 3'$ 方向进行   B. $3'\rightarrow 5'$ 方向进行
    C. 任意方向   D. 一条是 $5'\rightarrow 3'$ 方向进行；另一条是 $3'\rightarrow 5'$ 方向进行   E. 都不是

71. 在开始复制时，需要先合成一段 RNA 片段，称为
    A. 前导链   B. DNA 引物   C. cDNA
    D. 冈崎片段   E. RNA 引物

（72～74 题共用以下题干）

转录是在 RNA 聚合酶的作用下，以 DNA 为模板合成 RNA 的过程。转录是基因表达的第一步，也是最关键的一步。

72. DNA 中的两条链互相缠绕在一起的，RNA 聚合酶只其中的一条链为模板合成 RNA，因此 RNA 的转录
    A. 是不对称的   B. 是对称的
    C. 是半保留的   D. 是全保留的
    E. 是不连续的

73. 转录的酶是 RNA 聚合酶，原核 RNA 聚合酶包含有 $\alpha_2\beta\beta'\sigma$ 5 个亚基。其核心酶的组成是
    A. $\alpha_2\beta\beta'$ B. $\alpha_2\beta\beta'\omega$ C. σ
    D. $\alpha_2\beta\beta'\sigma$ E. $\alpha\alpha\beta$

74. 转录起始于 DNA 模板上的特定部位，该部位称为（　　）。转录的终止序列称为终止子。
    A. 顺反子   B. 终止子   C. 转座子
    D. 启动子   E. 增强子

（75～77 题共用以下题干）

在细胞质中，以 mRNA 为模板，在核糖体、tRNA 和多种蛋白因子的共同作用下，将 mRNA 中由核苷酸顺序决定的遗传信息转变成由 20 种氨基酸组成的蛋白质的过程，称为翻译。翻译的过程是非常复杂的，是由许多因子参与的复杂体系共同作用的。

75. 首先，蛋白质生物合成所需的能量来自
    A. ATP   B. GTP   C. ATP 和 GTP

D. CTP   E. GTP

76. 蛋白质生物合成中多肽的氨基酸排列顺序取决于
 A. 相应 tRNA 的专一性   B. 相应氨酰-tRNA 合成酶的专一性   C. 相应 mRNA 中核苷酸的排列顺序   D. 相应 tRNA 上的反密码子   E. 以上都是

77. 蛋白质生物合成的方向必须是
 A. 从 C 端到 N 端   B. 从 N 端到 C 端   C. 从 N 端和 C 端同时进行   D. 定点双向进行   E. 定点单向进行

(78、79 题共用以下题干)
核酸分子杂交技术是 1986 年由 Roy Britten 发明的。其原理是，带有互补的特定核苷酸序列的单链 DNA 或 RNA，当它们在一起温浴时，其相应的同源区段将会退火形成双链结构。依据这个原理，建立了几种重要的分子杂交技术。

78. 其中以检测被转移 DNA 片段中特异的基因的杂交技术，称为
 A. Northern-blot   B. Southern-blot   C. PCR   D. Western-blot   E. 原位杂交

79. 以检测被转移 RNA 片段中特异的 RNA 的杂交技术，称为
 A. Southern-blot   B. Northern-blot   C. PCR   D. Western-blot   E. 以上都是

(80~82 题共用以下题干)
体液是指存在于动物体内的水和溶解于水中的各种电解质、低分子有机化合物和大分子的蛋白质等组成的一种液体。体液分布于机体各部分。体液在体内可划分为两个分区，即细胞内液和细胞外液，它们是以细胞膜隔开的。

80. 细胞外液是指存在于细胞外的液体，如下列属于细胞外液的是
 A. 消化液   B. 脑脊液   C. 泪液   D. 淋巴液   E. 以上都是

81. 细胞外液含量最多的阳离子是（   ），阴离子则以 Cl^- 和 HCO_3^- 为主要成分
 A. Na^+ B. K^+ C. Mg^{2+} D. Fe^{2+} E. Mn^{2+}

82. 细胞内液是指细胞内的液体。细胞内液中含量最多的阳离子是（   ），阴离子则以蛋白质为主
 A. Na^+ B. K^+ C. Mg^{2+} D. Fe^{2+} E. Cu^+

(83、84 题共用以下题干)
动物机体是通过体液的缓冲体系、由肺呼出二氧化碳和由肾排出酸性或碱性物质来调节体液的酸碱平衡。

83. 在血液的各种缓冲体系中缓冲能力最大的是
 A. 碳酸氢盐缓冲体系   B. 磷酸盐缓冲体系   C. 血浆蛋白体系   D. 血红蛋白体系   E. 氧合血红蛋白体系

84. 肺和肾调节体液酸碱平衡的作用，主要是调节血液中
 A. 血浆蛋白质的浓度   B. 脱氧血红蛋白的浓度   C. 氧合血红蛋白的浓度   D. 碳酸和碳酸氢盐的浓度   E. 磷酸二氢钾和磷酸氢二钾的浓度

(85~87 题共用以下题干)
哺乳动物成熟的红细胞没有核、线粒体、内质网及高尔基体，缺乏完整的三羧酸循环酶系，也没有细胞色素电子传递系统。

85. 正常情况下红细胞耗氧量甚低，葡萄糖的代谢绝大部分是通过（   ），此外还有小部分通过磷酸戊糖途径、2,3-二磷酸甘油酸支路及糖醛酸循环
 A. 糖酵解   B. 脂肪酸氧化   C. 三羧酸循环   D. 糖原分解   E. 以上都对

86. 糖氧化产生的 ATP 主要用于
 A. 维持细胞膜上的钠钾泵的运行
 B. 用于膜脂与血浆脂的交换以更新膜脂
 C. 少量 ATP 用于合成脱氢酶的辅酶
 D. 供给能量   E. 以上都是

87. 鸟类的红细胞有核等结构，它与一般细胞相似，主要通过（   ）取得能量
 A. 糖酵解   B. 脂肪酸氧化   C. 糖的有氧氧化   D. 糖原分解   E. 糖的异生途径

(88~90 题共用以下题干)
生物转化是指机体通过化学反应使各种非营养物质的水溶性（或）极性增，有利于随尿或胆汁排出体外，或改变其毒性、药理作用的转变过程。主要在肝脏中进行。包括第一相和第二相反应。

88. 第一相反应是氧化、还原、水解反应，一般使作用物上的非极性基团转化为极性基团，改变原有的功能基，使其
 A. 极性增强   B. 脂肪酸氧化   C. 非极性增强   D. 极性减弱   E. 以上都不是

89. 第二相反应是各种结合反应，可使一些不被氧化的物质或虽被氧化还原，但其水溶性仍然较小的物质改变，使其（ ），容易通过胆管或肾脏排泄出去
    A. 极性减弱   B. 水溶性减小   C. 非极性增强   D. 水溶性增强   E. 以上都不是

90. 用来结合的物质主要有葡萄糖醛酸、硫酸、甘氨酸、乙酰CoA等，以（ ）结合最为重要。一般有解毒作用
    A. 葡萄糖醛酸   B. 硫酸   C. 甘氨酸   D. 乙酰CoA   E. 以上都不是

（91～93题共用以下题干）
肝脏、肌肉、神经和结缔组织等在动物体内有重要的代谢功能。肝脏几乎参加了体内所有的代谢过程，有"机体的化工厂"之称谓。

91. 在糖代谢中的，肝脏不仅有非常活跃的糖的有氧及无氧的分解代谢，肝脏也通过肝糖原分解、肝糖原合成和（ ）维持血糖的稳定
    A. 糖酵解   B. 脂肪酸氧化   C. 糖异生作用   D. 磷酸戊糖途径   E. 三羧酸循环

92. 肝脏是蛋白质代谢最活跃的器官之一，其蛋白质的更新速度也最快。它不但合成本身的蛋白质，还合成大量血浆蛋白质，只能在肝脏中合成的血浆蛋白质有全部（ ）、纤维蛋白原和凝血酶原
    A. 清蛋白   B. 球蛋白   C. 凝血因子   D. 血浆脂蛋白   E. 以上都不是

93. 肝脏在脂类代谢中的作用同样非常重要。肝脏是脂肪酸β-氧化的主要场所。不完全β-氧化产生的酮体，可以为肝外组织提供容易氧化供能的原料。对于禽类，肝脏是合成（ ）的主要场所
    A. 葡萄糖   B. 脂肪   C. 蛋白质   D. 胆固醇   E. 氨基酸

（94～96题共用以下题干）
血浆中含有大量的脂质，多是不容易水的，但在正常的血液中我们并没有见大量的脂析出，说明有物质帮助它们转运。

94. 在血液中除游离的脂肪酸和清蛋白结合转运外，其他都以一种形式转运，这种形式是
    A. 血清白蛋白   B. 载脂蛋白   C. 血浆蛋白   D. 甘油三酯   E. 磷脂

95. 我们可以把该类物质按密度分为4类，不属于这种分类的是
    A. 乳糜   B. 极低密度脂蛋白   C. 低密度脂蛋白   D. 高密脂蛋白   E. β-脂蛋白

96. 被誉为胆固醇的"清扫机"的是
    A. 乳糜   B. 极低密度脂蛋白   C. 低密度脂蛋白   D. 高密脂蛋白   E. β-脂蛋白

（97～99题共用以下题干）
在葡萄糖的有氧氧化过程中和脂肪酸的β-氧化过程中都生成一个同样的2C代谢中间产物，然后进入三羧酸循环被彻底分解为二氧化碳和水。

97. 这个物质是
    A. 磷酸二羟丙酮   B. 丙酮酸   C. 乙酰CoA   D. 磷脂酸   E. 草酰乙酸

98. 葡萄糖的供给不足时，由这个物质可以在肝脏中产生
    A. 胆固醇   B. 酮体   C. 磷脂   D. 乳酸   E. 葡萄糖

99. 葡萄糖供给过多时，由这个物质可以合成
    A. 糖原   B. 脂肪酸，进而合成甘油三酯   C. 丙酮酸   D. 草酰乙酸   E. 3-磷酸甘油

（100～102题共用以下题干）
尿素循环，也称鸟氨酸-精氨酸循环。首先是在线粒体内合成的氨甲酰磷酸向鸟氨酸转氨甲酰基生成瓜氨酸。瓜氨酸离开线粒体转入胞液。在胞液中，由瓜氨酸与天冬氨酸反应形成精氨酸代琥珀酸。接着，精氨酸代琥珀酸裂解产生精氨酸，在由后者生成尿素和鸟氨酸，再进入新一轮的循环。

100. 生成的尿素分子上两个氨基分别来自
    A. 氨甲酰磷酸和鸟氨酸   B. 自由氨和天冬氨酸   C. 精氨酸和琥珀酸   D. 氨甲酰磷酸和天冬氨酸   E. 精氨酸代琥珀酸和瓜氨酸

101. 循环中需要消耗2 mol ATP的是
    A. 线粒体内合成氨甲酰磷酸的反应   B. 瓜氨酸离开线粒体转入胞液   C. 精氨酸代琥珀酸裂解产生出精氨酸的反应   D. 精氨酸生成尿素与鸟氨酸的反应   E. 由瓜氨酸与天冬氨酸合成精氨酸代琥珀酸的反应

102. 合成尿素最主要的生理意义在于
    A. 清除有毒害的氨   B. 清除过多的

二氧化碳　　C. 合成精氨酸　　D. 防止酸中毒　　E. 合成瓜氨酸

（103~107题共用以下题干）

蛋白质的生物合成即翻译是在细胞质中，以mRNA为模板，在tRNA、氨酰基-tRNA合成酶、核糖体以及许多蛋白质因子和能量物质的共同作用下，将储存在mRNA核苷酸序列中的遗传信息转变成由20种氨基酸组成的蛋白质过程。

103. 原核生物蛋白质合成起始时，模板mRNA首先结合于核糖体上的位点是
 A. 30S亚基的蛋白　　B. 30S亚基的16S rRNA　　C. 50S亚基中的一种rRNA　　D. 50S亚基的蛋白　　E. 60S亚基的rRNA

104. tRNA的作用是
 A. 把一个氨基酸连到另一个氨基酸上　　B. 将mRNA连到rRNA上　　C. 增加氨基酸的有效浓度　　D. 携带氨基酸参与蛋白质合成　　E. 识别反密码子

105. 蛋白质生物合成中多肽的氨基酸排列顺序取决于
 A. 相应tRNA的专一性　　B. 相应氨酰tRNA合成酶的专一性　　C. 相应mRNA中核苷酸排列顺序　　D. 相应tRNA上的反密码子　　E. 由氨基酸自行排列

106. 蛋白质翻译的终止信号是由
 A. tRNA识别　　B. 转肽酶识别　　C. 延长因子识别　　D. mRNA识别　　E. 释放因子识别

107. 以下有关核糖体的论述**不正确**的是
 A. 核糖体是蛋白质合成的场所
 B. 核糖体小亚基参与翻译起始复合物的形成，确定mRNA的解读框架
 C. 核糖体大亚基含有肽基转移酶活性
 D. 核糖体是储藏核糖核酸的细胞器
 E. 核糖体大、小亚基可以多次参与蛋白质合成

（108~110题共用以下题干）

每个肌原纤维由一系列的重复单位——肌小节所组成。肌小节是肌原纤维的基本收缩单位，每个肌小节由许多粗丝和细丝重叠排列组成。

108. 粗丝的主要成分是
 A. 肌球蛋白　　B. 肌动蛋白　　C. 肌钙蛋白　　D. G-肌动蛋白　　E. F-肌动蛋白

109. 参与肌肉收缩的肌球蛋白具有一些重要的性质，但**不具备**下列哪种性质
 A. 能自动聚合形成丝　　B. 尾部聚合形成粗丝的主轴　　C. 能与细丝联结　　D. 连于Z线　　E. 有ATP酶活性

110. 肌肉收缩的力量来自肌球蛋白、肌动蛋白和ATP之间的相互作用，能与ATP结合的是
 A. 肌球蛋白　　B. 肌动蛋白　　C. 肌动球蛋白　　D. 肌钙蛋白　　E. 原肌球蛋白

四、B1题型

题型说明：属于标准配伍单项选择题。开始给出5个备选答案，之后2~6个题干构成一组试题，要求从5个备选答案中为这些题干选择一个与其关系最密切的答案。在这一组试题中，每个备选答案可以被选1次、2次和多次，也可以不选用。

（1~3题共用下列备选答案）
 A. 蛋白质　　B. DNA　　C. tRNA　　D. 磷脂　　E. 糖原

1. 能和生物碱发生沉淀反应的是
2. 参与蛋白质生物合成转运氨基酸的是
3. 组成生物膜主要骨架的是

（4~6题共用下列备选答案）
 A. mRNA　　B. DNA　　C. ATP　　D. cAMP　　E. RNA

4. 为蛋白质合成携带遗传密码的是
5. 可以作为第二信使的是
6. 被称为通用能量货币的是

（7~9题共用下列备选答案）
 A. mRNA　　B. DNA　　C. tRNA　　D. rRNA　　E. hnRNA

7. 蛋白质合成时能够识别遗传密码的是
8. 转录后mRNA的前体分子的是
9. 为蛋白质合成提供场所的是

（10~12题共用下列备选答案）
 A. 葡萄糖　　B. 血糖　　C. 糖原　　D. 脂肪　　E. 淀粉

10. 血液中重要的单糖是
11. 糖的暂时储存形式是
12. 植物中的多糖称为

（13~15题共用下列备选答案）
 A. 三羧酸循环　　B. 柠檬酸-丙酮酸循环　　C. 乳酸循环　　D. 尿素循环　　E. 肉碱转移系统

13. 脂酰 CoA 从胞液转入线粒体通过
14. 各种营养物质分解代谢的共同途径是
15. 可为脂肪酸从头合成提供 NADPH＋H$^+$ 的是

    (16～18 题共用下列备选答案)
    A. 糖的无氧氧化（糖酵解） B. 糖异生作用 C. 磷酸戊糖途径 D. 乳酸循环 E. 糖的有氧氧化

16. 将乳酸再利用的途径是
17. 终产物是乳酸的途径是
18. 可为核酸合成提供核糖的是

    (19～21 题共用下列备选答案)
    A. 同工酶 B. 单体酶 C. 寡聚酶 D. 简单酶 E. 结合酶

19. 如蛋白酶、淀粉酶等消化酶。基本组成仅是蛋白质的酶是
20. 如乳酸脱氢酶同工酶等。由几个至几十个亚基组成的酶是
21. 需酶蛋白和辅因子共同组成的酶是

    (22～24 题共用下列备选答案)
    A. 酶的共价调节 B. 变构调节 C. 反馈调节 D. 多酶复合体 E. 激素调节

22. 通过使途径中的关键酶构象变化进行调节的是
23. 酶分子上的某些氨基酸基团，在另一组酶的催化下发生可逆的共价修饰，从而引起酶活性的改变的调节是
24. 多个功能上相关的酶彼此嵌合，使反应高速定向的调节是

    (25～27 题共用下列备选答案)
    A. 丙酮酸 B. 乙酰 CoA C. 草酰乙酸 D. 3-磷酸甘油 E. 丙二酸单酰 CoA

25. 肪酸从头合成 2C 单位的供体是
26. 三羧酸循环的中间物是
27. 可以直接用于合成甘油三酯的前体分子是

    (28～30 题共用下列备选答案)
    A. 载脂蛋白 B. 脂酰基载体蛋白（ACP） C. 高密度脂蛋白 D. 非血红素铁蛋白 E. G 蛋白

28. 与细胞信号传导中介作用的是
29. 以作为呼吸链成分的是
30. 誉为胆固醇的"清扫机"的是

    (31～33 题共用下列备选答案)
    A. 亮氨酸 B. 丙氨酸 C. 酪氨酸 D. 天冬氨酸 E. 甘氨酸

31. 属于必需氨基酸的是
32. 参与肾上腺素合成的是
33. 参与嘌呤合成的是

    (34～36 题共用下列备选答案)
    A. 磷酸化酶 B. 磷酸酶 C. 磷脂酶 D. 蛋白激酶 E. 腺苷酸环化酶

34. 糖原分解的酶是
35. 催化转移 ATP 磷酰基的酶是
36. 催化底物脱磷酸的酶是

    (37～39 题共用下列备选答案)
    A. 复制原点 B. 前导链 C. 编码链 D. 基因表达 E. 氨基酸活化

37. DNA 开始复制的部位是
38. 转录和翻译称为
39. 转录时，与模板链互补的 DNA 的另一条链是

    (40～42 题共用下列备选答案)
    A. Na$^+$ B. Mg^{2+} C. Fe^{2+} D. Ca^{2+} E. K$^+$

40. 主要存在于细胞外液中的是
41. 主要存在于骨骼中的是
42. 与血红蛋白结合在一起存在的是

动物生物化学参考答案

一、A1 题型

1	A	2	C	3	E	4	A	5	B	6	C	7	B	8	E	9	E	10	A
11	A	12	B	13	E	14	B	15	B	16	E	17	C	18	B	19	A	20	B
21	D	22	B	23	D	24	B	25	C	26	D	27	A	28	B	29	C	30	A
31	D	32	A	33	C	34	C	35	D	36	B	37	C	38	A	39	D	40	D
41	B	42	C	43	B	44	D	45	A	46	B	47	B	48	D	49	B	50	C
51	B	52	C	53	A	54	B	55	E	56	C	57	C	58	B	59	D	60	E
61	C	62	B	63	B	64	B	65	A	66	B	67	C	68	B	69	C	70	D
71	D	72	C	73	C	74	C	75	D	76	B	77	A	78	B	79	B	80	A
81	B	82	B	83	B	84	C	85	C	86	B	87	B	88	C	89	B	90	D
91	E	92	C	93	C	94	E	95	E	96	C	97	B	98	B	99	B	100	C

二、A2 题型

1	B	2	E	3	D	4	D	5	A	6	A	7	A	8	B	9	A	10	D
11	B	12	B	13	C	14	A	15	A	16	E	17	D	18	D	19	A	20	E
21	D	22	A	23	E	24	D	25	A	26	A	27	E	28	E	29	B	30	B
31	A	32	A	33	D	34	A	35	E	36	A	37	A	38	D	39	D	40	D
41	B	42	A	43	A	44	D	45	C	46	A	47	A	48	D	49	D	50	A
51	C	52	B	53	D	54	A												

三、A3/ A4 题型

1	A	2	C	3	B	4	A	5	B	6	D	7	A	8	C	9	C	10	C
11	B	12	D	13	A	14	C	15	E	16	A	17	C	18	A	19	C	20	D
21	E	22	A	23	A	24	C	25	A	26	C	27	D	28	D	29	E	30	C
31	E	32	D	33	D	34	D	35	D	36	D	37	D	38	C	39	D	40	B
41	A	42	D	43	D	44	D	45	D	46	A	47	D	48	D	49	D	50	E
51	A	52	E	53	C	54	D	55	A	56	B	57	D	58	D	59	D	60	D
61	C	62	A	63	A	64	D	65	D	66	C	67	A	68	D	69	D	70	A
71	E	72	A	73	A	74	D	75	C	76	D	77	A	78	D	79	D	80	E
81	A	82	A	83	A	84	D	85	A	86	A	87	D	88	D	89	D	90	A
91	C	92	A	93	A	94	D	95	E	96	D	97	D	98	D	99	C	100	B
101	A	102	A	103	A	104	D	105	C	106	E	107	A	108	A	109	E	110	D

四、B1 题型

1	A	2	C	3	D	4	A	5	D	6	C	7	A	8	E	9	D	10	A
11	C	12	E	13	E	14	C	15	B	16	D	17	A	18	C	19	D	20	C
21	E	22	D	23	A	24	D	25	B	26	A	27	C	28	D	29	D	30	C
31	A	32	C	33	C	34	D	35	D	36	B	37	D	38	A	39	C	40	A
41	D	42	C																

第四节 兽医病理学

一、A1 题型

题型说明：为单项选择题，属于最佳选择题类型。每道试题由一个题干和五个备选答案组成。A、B、C、D 和 E 五个备选答案中只有一个是最佳答案，其余均不完全正确或不正确，答题时要求选出正确的那个答案。

1. 贯穿于疾病发展过程的始终是
   A. 致病因素作用于机体过程　B. 机体的代偿过程　C. 损伤与抗损伤的斗争过程　D. 炎症过程　E. 以上都不是
2. 一般疾病过程中，决定着疾病发展的是
   A. 外界致病因素　B. 损伤与抗损伤的对比关系　C. 机体内部因素　D. 治疗方法　E. 以上都是
3. 关于疾病的概念，以下正确的是
   A. 疾病的发生需要内外因的相互作用　B. 机体"自稳态"发生破坏　C. 疾病是机体感到不适　D. 以上都是　E. 以上都不是
4. 以下疾患容易发展为恶病质的是
   A. 慢性胃炎　B. 肿瘤　C. 维生素缺乏症　D. 急性肠炎　E. 食盐中毒
5. 一般临床症状出现的阶段属于
   A. 转归期　B. 潜伏期　C. 症状明显期　D. 前驱期　E. 以上都不是
6. 临床死亡的主要特征为
   A. 生命进入不可逆阶段　B. 心跳减慢，呼吸减慢，反射活动不消失　C. 体温下降，血压下降　D. 心跳减慢，呼吸时断时续，反射活动基本消失　E. 心跳、呼吸停止，反射活动完全消失
7. 病因学是研究下列哪方面的科学
   A. 发展原因　B. 病理变化及其发病机理　C. 发病条件　D. 疾病转归　E. 发病过程
8. 高温、紫外线等因素属于
   A. 生物性致病因素　B. 物理性致病因素　C. 化学性致病因素　D. 机械性致病因素　E. 营养性致病因素
9. 下列因素中，属于物理性致病因素的是
   A. 病毒　B. 辐射　C. 农药　D. 细菌　E. 寄生虫

10. 下列致病因素，属生物性致病因素的是
    A. 高温   B. 重金属中毒   C. 病毒感染   D. 农药中毒   E. 以上都不是
11. 有机磷中毒属于
    A. 生物性致病因素   B. 物理性致病因素   C. 化学性致病因素   D. 机械性致病因素   E. 营养性致病因素
12. 辐射、高温因素属于
    A. 生物性致病因素   B. 物理性致病因素   C. 化学性致病因素   D. 机械性致病因素   E. 营养性致病因素
13. 透明变性又称为
    A. 细胞肿胀   B. 脂肪变性   C. 玻璃样变性   D. 淀粉样变性   E. 颗粒变性
14. 心力衰竭细胞见于
    A. 心肌间   B. 肺泡腔   C. 血液中   D. 心包液   E. 窦状隙
15. 构成血栓头部的主要成分是
    A. 红细胞   B. 血小板   C. 中性粒细胞   D. 淋巴细胞   E. 纤维蛋白
16. 淀粉样变性常见于
    A. 肺脏   B. 肝脏   C. 心肌   D. 脑   E. 胃肠
17. 槟榔肝的镜检变化主要有
    A. 肝细胞淀粉样变性   B. 肝细胞坏死   C. 肝细胞脂肪变性   D. 间质结缔组织增生   E. 小胆管增生
18. 与肝脏脂肪变性有关的病变是
    A. 肝脏变硬   B. 肝脏缩小   C. 肝脏呈红黄色   D. 肝细胞内有包涵体   E. 肝脏内有大量结缔组织增生
19. 槟榔肝的发生原因是
    A. 中央静脉淤血   B. 脂肪变性   C. 颗粒变性   D. 中央静脉淤血和脂肪变性   E. 中央静脉淤血和颗粒变性
20. 虎斑心形成主要是因为
    A. 颗粒变性   B. 脂肪变性   C. 坏死   D. 空泡变性   E. 淀粉样变性
21. 气球样变属于以下的哪种损伤
    A. 萎缩   B. 变性   C. 出血   D. 坏死   E. 色素沉积
22. 颗粒变性又称
    A. 水泡变性   B. 淀粉变性   C. 实质变性   D. 脂肪变性   E. 黏液样变性
23. "虎斑心"是指心肌细胞发生
    A. 淤血   B. 坏死   C. 变性   D. 黏液变性   E. 钙化
24. 淀粉样变性常见于
    A. 肾脏   B. 肝脏   C. 胃肠   D. 骨骼肌   E. 心肌
25. 关于脂肪变性的病理本质，下列正确的是
    A. 眼观病变时颜色苍白，体积增大   B. 眼观病变是颜色暗红，体积增大   C. 在细胞内出现大小不等的空泡，细胞核被挤向一边   D. 细胞内有多量脂肪滴   E. 以上都不是
26. 下列既可以发生于实质细胞、又可以发生于间质变性的是
    A. 玻璃变性   B. 颗粒变性   C. 水泡变性   D. 脂肪变性   E. 以上都不是
27. 机体内物质代谢发生障碍，HE染色时在细胞内出现大小不等的空泡，细胞核被挤向一边是
    A. 脂肪变性   B. 颗粒变性   C. 水泡变性   D. 淀粉样变性   E. 玻璃样变性
28. "火腿脾"的病理本质是
    A. 颗粒变性   B. 脂肪变性   C. 淀粉样变性   D. 玻璃样变性   E. 以上都不是
29. 血栓形成与以下哪项最密切
    A. 血管内膜损伤   B. 血管中膜损伤   C. 血管外膜损伤   D. 血小板损伤   E. 白细胞减少
30. 下列再生能力最强的细胞是
    A. 造血细胞   B. 心肌细胞   C. 肝细胞   D. 血管内皮细胞   E. 骨细胞
31. 肾淤血一般主要原因是
    A. 左心衰   B. 右心衰   C. 肝炎   D. 肾炎   E. 肺炎
32. 左心衰竭可引起
    A. 肺淤血   B. 肝淤血   C. 胃肠淤血   D. 脾淤血   E. 肾淤血
33. 眼结膜潮红是（　）时出现的现象
    A. 贫血   B. 充血   C. 黄染   D. 淤血   E. 出血
34. 淤血组织器官的颜色常呈
    A. 鲜红   B. 暗红   C. 黑红   D. 灰黄   E. 黄色
35. 淤血不会引起下列哪种现象
    A. 水肿   B. 细胞缺氧   C. 局部血液循环得到改善   D. 细胞坏死   E. 组织变性

36. 由于小动脉扩张而使流入局部组织或器官中的血量增多的现象，称
    A. 淤血   B. 充血   C. 梗死
    D. 贫血   E. 栓塞
37. 局部组织器官发生充血，其体积常
    A. 略缩小   B. 略肿大   C. 无变化
    D. 明显肿大   E. 明显缩小
38. 常采用透热疗法或涂擦刺激剂治疗一些慢性病，是为了使局部发生
    A. 淤血，血量增多   B. 充血，使局部血液循环得到改善   C. 出血，供给更多的血细胞   D. 形成血栓   E. 提供更多的热量
39. 当作用于长期受压迫组织器官上的压力突然解除，该组织器官会发生
    A. 贫血后充血   B. 神经性充血
    C. 侧枝充血   D. 炎性充血   E. 水肿
40. 局部组织器官病变以颜色暗红和温度偏冷为特征，与病变相关的是
    A. 动脉性充血   B. 静脉性充血
    C. 毛细血管出血   D. 破裂性出血
    E. 主动性充血
41. 慢性肝淤血表现为
    A. 肝体积缩小，变硬，表面有许多小结节   B. 肝体积缩小，变软，被膜皱缩，切面土黄色   C. 肝体积增大，表面光滑，切面有槟榔样花纹   D. 肝体积增大，质软，色黄，有油腻感   E. 肝体积缩小，表面光滑，切面有槟榔样花纹
42. 当牛，羊瘤胃臌气，马胃扩张以及腹腔大量积液时进行胃或腹腔穿刺治疗，如果放气或放水速度过快可引起腹部的充血属于
    A. 神经性充血   B. 侧枝性充血
    C. 主动性充血   D. 遗传性充血
    E. 贫血后充血
43. 炎症初期局部发红是由（   ）造成的
    A. 充血   B. 淤血   C. 贫血
    D. 出血   E. 坏死
44. 右心衰竭引起淤血的器官主要有
    A. 肺，脑及肾   B. 肺，肝及胃肠道
    C. 肺，肾及胃肠道   D. 肾，肺及胃肠道   E. 肝，脾及胃肠道
45. 急性炎症时局部组织出现肿胀的原因主要是
    A. 组织增生   B. 蛋白渗出   C. 静脉阻塞   D. 血细胞的渗出   E. 淤血
46. 由于心脏或血管壁破裂而引起的出血称为
    A. 血肿   B. 漏出性出血   C. 破裂性出血   D. 淤血   E. 充血
47. 皮肤，黏膜，浆膜等等出血点，出血斑是
    A. 毛细血管出血   B. 淤血   C. 充血
    D. 血栓   E. 缺血
48. 肉芽组织的新生毛细血管通透性高，因此易发生
    A. 充血   B. 梗死   C. 淤血
    D. 坏死   E. 出血
49. 渗出性出血的主要原因是
    A. 血管壁通透性升高   B. 血管壁通透性降低   C. 血管破裂   D. 血流加快
    E. 血流变慢
50. 急性大出血初期机体血液总量急速减少引起
    A. 正色素性贫血   B. 低色素性贫血
    C. 高色素性贫血   D. 混合型贫血
    E. 以上都不是
51. 血栓头部的主要成分是
    A. 血小板   B. 红细胞   C. 白细胞
    D. 淋巴细胞   E. 纤维蛋白
52. 下列**不属于**血栓形成条件的是
    A. 血流加快   B. 血流变慢   C. 血管内膜损伤   D. 血液凝固性升高
    E. 纤维蛋白原增多
53. 与血栓形成无关的因素是
    A. 纤维蛋白溶解产物减少   B. 血管中膜损伤   C. 纤维蛋白溶解产物增多
    D. 血小板数目增多   E. 血液凝固性增高
54. 栓子的运行途径一般是
    A. 顺血流运行   B. 逆血流运行
    C. 逆压力运行   D. 顺压力运行
    E. 形成不运行
55. 疣状心内膜炎的早期疣状赘生物是
    A. 混合血栓   B. 白色血栓   C. 红色血栓   D. 静脉血栓   E. 微血栓
56. 血栓形成的过程中最先黏附于受损的血管内膜上的是
    A. 血小板   B. 红细胞   C. 白细胞
    D. 纤维蛋白   E. 中性料细胞
57. 由血小板析出、粘集而成的血栓称为析出性血栓，常在血栓的头部，常称为
    A. 红色血栓   B. 白色血栓   C. 血栓形成   D. 栓塞   E. 透明血栓

58. 门静脉内的栓子会引起（　　）的栓塞
　　A. 胃　　B. 肝　　C. 肠　　D. 肾
　　E. 肺

59. 在活体的心脏或血管内，血液发生凝固，或某些有形成分析出而形成固态物质的过程为
　　A. 血栓形成　　B. 白色血栓　　C. 红色血栓　　D. 栓塞　　E. 梗死

60. 下列物质进入血管后形成栓塞可能性几乎为零的是
　　A. 坏死细胞团块　　B. 气体　　C. 脂肪组织　　D. 水　　E. 肿瘤细胞

61. 梗死的原因及发生的主要条件是
　　A. 动脉闭塞所致局部缺血，未建立有效的侧支循环　　B. 动脉闭塞所致局部缺血，建立了有效的侧支循环　　C. 静脉闭塞所致局部缺血，建立了有效的侧支循环　　D. 静脉闭塞所致局部缺血，未建立有效的侧支循环　　E. 动脉闭塞所致局部缺血，建立有效的侧支循环

62. 坏死灶内的含血量决定梗死的颜色，含血量多暗红色者的梗死称为
　　A. 透明性梗死　　B. 出血性梗死　　C. 贫血性梗死　　D. 淀粉样变性　　E. 黏液样变性

63. 决定梗死灶形状的主要因素是
　　A. 梗死的类型　　B. 梗死灶的大小　　C. 梗死灶内的含血量　　D. 组织器官的血管分布　　E. 组织的大小

64. 出血性梗死常发生于组织结构疏松、血管吻合支较多的器官，如
　　A. 心　　B. 肝　　C. 肺　　D. 脑　　E. 肾

65. 肾发生出血性梗死时，尿液中主要出现
　　A. 糖　　B. 蛋白　　C. 血细胞　　D. 管型　　E. 酮体

66. 出血性梗死主要发生在
　　A. 肌肉　　B. 肾　　C. 心　　D. 脑　　E. 肺和肠

67. 发生出血性梗死的主要原因为
　　A. 局部组织供血过多　　B. 局部动脉供血中断，静脉高度瘀血　　C. 组织坏死　　D. 局部动脉供血中断　　E. 组织出血

68. 贫血性梗死常发生于
　　A. 肠　　B. 脾　　C. 肺　　D. 肾　　E. 胃

69. DIC时常发生一种特殊贫血，其为
　　A. 微血管病性溶血性贫血　　B. 再生障碍性贫血　　C. 营养不良性贫血　　D. 自身免疫性溶血性贫血　　E. 缺血性贫血

70. 休克的本质是
　　A. 心功能不全　　B. 大出血　　C. 微循环灌流不足　　D. 充血　　E. 肾功能不全

71. 休克死亡动物的内脏器官血液动力学改变主要是
　　A. 萎缩　　B. 缺血　　C. 变性　　D. 出血　　E. 坏死

72. 休克早期的主要表现为
　　A. 血压升高、黏膜苍白、皮温下降，尿量下降　　B. 血压下降、黏膜苍白、皮温不变，尿量下降　　C. 血压升高、黏膜苍白、皮温下降，尿量升高　　D. 血压下降、黏膜苍白、皮温下降，尿量下降　　E. 血压升高、黏膜苍白、皮温不变，尿量不变

73. 休克微循环缺血期微循环改变的特点是
　　A. 灌大于流　　B. 少灌少流，灌少于流　　C. DIC发生　　D. 不灌不流　　E. 灌而不流

74. 细胞坏死的基本病变**不包括**
　　A. 核固缩　　B. 核碎裂　　C. 核溶解　　D. 胶原纤维肿胀　　E. 水肿

75. 不可逆的细胞损伤变化是
　　A. 萎缩　　B. 水泡变性　　C. 颗粒变性　　D. 脂肪变性　　E. 坏死

76. 细胞核出现浓缩，染色变深，核碎裂是
　　A. 颗粒变性　　B. 细胞坏死　　C. 水泡坏性　　D. 脂肪变性　　E. 淀粉样变性

77. 常发生颗粒的组织器官是
　　A. 心、肝、肾　　B. 肠　　C. 肌肉　　D. 骨骼　　E. 胃

78. 下面属于凝固性坏死的是
　　A. 化脓性炎　　B. 肌肉蜡样坏死，心肌梗死　　C. 猪丹毒坏死皮肤　　D. 腐败性子宫内膜炎　　E. 胃肠炎

79. 下面属于液化性坏死的是
　　A. 肌肉蜡样坏死，心肌梗死　　B. 化脓性炎　　C. 慢性猪丹毒坏死皮肤　　D. 腐败性子宫内膜炎　　E. 胃肠炎

80. 下面属于湿性坏疽的是
　　A. 肌肉蜡样坏死，心肌梗死　　B. 化脓性炎　　C. 慢性猪丹毒坏死皮肤　　D. 腐败性子宫内膜炎　　E. 脑炎

81. 下面属于干性坏疽的是
    A. 肌肉蜡样坏死，心肌梗死   B. 化脓性炎   C. 慢性猪丹毒坏死皮肤
    D. 腐败性子宫内膜炎   E. 胃肠炎
82. 坏死组织呈灰白色豆腐渣样外观的坏死称为
    A. 蜡样坏死   B. 干酪样坏死   C. 干性坏疽   D. 贫血性梗死   E. 湿性坏疽
83. 坏死病灶有腐败菌感染，有恶臭，与健康组织无明显界限的是
    A. 干性坏疽   B. 气性坏疽   C. 液化性坏死   D. 湿性坏疽   E. 以上都不是
84. 鸡马立克氏病也可以表现为鸡的
    A. 灰眼病   B. 大肝病   C. 白喉
    D. 大脾病   E. 大肾病
85. 干酪样坏死属于
    A. 凝固性坏死   B. 湿性坏疽   C. 气性坏疽   D. 干性坏疽   E. 液化性坏死
86. 母猪子宫内的"木乃伊"胎属于
    A. 湿性坏疽   B. 干性坏疽   C. 凝固性坏死   D. 气性坏疽   E. 液化性坏死
87. 牛蹄部呈现又黑又臭外观的坏死属于
    A. 红色梗死   B. 白色梗死   C. 干性坏疽   D. 湿性坏疽   E. 气性坏疽
88. 肝脏淀粉变样时，淀粉物质主要沉积的部位是
    A. 窦状腺与狄氏腔之间的网状纤维
    B. 狄氏腔   C. 叶下静脉周围   D. 窦状腺   E. 汇管区
89. 脑组织坏死属于
    A. 凝固性坏死   B. 化脓性坏死
    C. 出血性坏死   D. 液化性坏死
    E. 以上都不是
90. 肝脏脂肪变性时肉眼可见肝脏呈
    A. 鲜红色   B. 苍白色   C. 红白色
    D. 红黄色   E. 紫红色
91. 组织化脓属于
    A. 凝固性坏死   B. 液化性坏死
    C. 湿性坏疽   D. 气性坏疽   E. 干性坏疽
92. 光镜下判断细胞是否坏死，主要观察
    A. 细胞器形态   B. 细胞膜形态
    C. 细胞质形态   D. 细胞核形态
    E. 线粒体形态
93. 结核杆菌引起的坏死属于
    A. 贫血性梗死   B. 蜡性坏死
    C. 干酪样坏死   D. 液化性坏死
    E. 凝固性坏死
94. 猪发生丹毒时，疹块部皮肤可整块脱落，是因为皮肤发生了
    A. 干酪样坏死   B. 液化性坏死
    C. 坏疽   D. 蜡样坏死   E. 梗死
95. 凝固性坏死的特殊类型是
    A. 蜡样坏死   B. 脂肪坏死   C. 坏疽与干酪样坏死   D. 干性坏疽与干酪样坏死   E. 干性坏疽与湿性坏疽
96. 干性坏疽多发生于
    A. 体表皮肤   B. 与外界相通的内脏
    C. 深部创伤   D. 与外界不相通的内脏
    E. 以上都不是
97. 气性坏疽多发生于
    A. 体表皮肤   B. 与外界相通的内脏
    C. 深部创伤   D. 与外界不相通的内脏
    E. 以上都不是
98. 湿性坏疽多发生于
    A. 体表皮肤   B. 与外界相通的内脏
    C. 深部创伤   D. 与外界不相通的内脏
    E. 以上都不是
99. 下列组织器官小范围坏死会危及动物生命的是
    A. 肺   B. 肠   C. 脑   D. 肾
    E. 胃
100. 坏死组织呈灰白色豆腐渣样外观时，称为
    A. 湿性坏疽   B. 气性坏疽   C. 干性坏疽   D. 干酪样坏死   E. 蜡样坏死
101. 脂褐素形成与下列细胞器最密切的是
    A. 溶酶体   B. 粗面内质网   C. 滑面内质网   D. 高尔基复合体
    E. 线粒体
102. 因肝细胞损伤对胆红素的代谢障碍所引起的黄疸，称为
    A. 实质性黄疸   B. 阻塞性黄疸
    C. 溶血性黄疸   D. 阻塞性黄疸和溶血性黄疸   E. 以上都不是
103. 阻塞性黄疸的特点是
    A. 血清中非酯型胆红素增多   B. 血清中酯型胆红素增多   C. 胆红素定型试验呈直接反应阳性   D. 胆红素定型

试验呈间接反应阳性　　E. 以上都不是

104. 范登伯氏试验呈双向反应的是
　　A. 肝前行黄疸　　B. 肝性黄疸
　　C. 肝后性黄疸　　D. 溶血性黄疸
　　E. 阻塞性黄疸

105. 心力衰竭细胞与以下意思相近的是
　　A. 含铁血黄素　　B. 小吞噬细胞
　　C. 含铁血红素　　D. 朗罕氏细胞
　　E. 大吞噬细胞

106. 痛风可分为（　　）两种类型
　　A. 内脏型和关节型　　B. 关节型和脑型　　C. 内脏型和脑型　　D. 内脏型和血液型　　E. 关节型和血液型

107. 肉芽组织中缺少
　　A. 内皮细胞　　B. 肌纤维母细胞
　　C. 炎性细胞　　D. 成纤维细胞
　　E. 神经细胞

108. 构成肉芽组织的主要细胞有
　　A. 平滑肌细胞　　B. 骨骼肌细胞
　　C. 成纤维细胞和血管内皮细胞　　D. 骨骼肌细胞和巨噬细胞　　E. 巨噬细胞和成纤维细胞

109. 萎缩的基本病理变化时
　　A. 细胞体积缩小和数目的减少　　B. 细胞体积缩小和数目的增加　　C. 细胞体积增大和数目的减少　　D. 细胞体积减小和数目的增大　　E. 细胞体积增大和数目的增加

110. 废用性萎缩的原因为
　　A. 器官组织受到机械性压迫　　B. 肢体长期不能活动　　C. 神经支配丧失　　D. 动脉血管不完全阻塞　　E. 内分泌功能低下

111. 神经型马立克氏病引起的病鸡患肢肌肉萎缩属于
　　A. 废用性萎缩　　B. 压迫性萎缩
　　C. 内分泌性萎缩　　D. 神经性萎缩
　　E. 缺血性萎缩

112. 发生全身性萎缩时，各组织或器官易发生萎缩的顺序是
　　A. 脂肪，肌肉，脑组织　　B. 脂肪，脑组织，肌肉　　C. 肌肉，脂肪，脑组织　　D. 同时同等程度发生萎缩
　　E. 无规律

113. 机体出现全身性萎缩时，最早发生萎缩的组织是
　　A. 疏松结缔组织　　B. 肌肉组织

C. 脂肪组织　　D. 肝脏　　E. 肾脏

114. 猪传染性萎缩性鼻炎的特征性的病变是
　　A. 鼻萎缩　　B. 鼻甲骨萎缩　　C. 鼻黏膜萎缩　　D. 面骨萎缩　　E. 以上都不是

115. 再生能力最强的细胞是
　　A. 造血细胞　　B. 心肌细胞　　C. 肾小管上皮细胞　　D. 神经细胞
　　E. 骨细胞

116. 下列再生能力较强的是
　　A. 平滑肌细胞　　B. 神经细胞
　　C. 心肌细胞　　D. 神经纤维　　E. 以上都不是

117. 机体对死亡细胞、组织的修补生长过程及对病理产物的改造过程为
　　A. 化生　　B. 机化　　C. 肥大
　　D. 再生　　E. 修复

118. 组织、细胞损伤或坏死后，由健康的组织细胞分裂增殖修补的过程属于
　　A. 改建　　B. 化生　　C. 再生
　　D. 增生　　E. 机化

119. 支气管黏膜由柱状上皮细胞变为鳞状上皮，可称为
　　A. 再生　　B. 化生　　C. 增生
　　D. 机化　　E. 改建

120. 各种组织中再生能力很强并在整个生理过程中都发挥再生作用的细胞是
　　A. 结缔组织　　B. 肌肉组织　　C. 血细胞　　D. 上皮组织　　E. 神经组织

121. 由周围健康细胞分裂增生修补损伤的形式称为
　　A. 增生　　B. 化生　　C. 变性
　　D. 再生　　E. 机化

122. 水肿时，体积肿大最明显的组织器官是
　　A. 心　　B. 肝　　C. 肺　　D. 肾
　　E. 胃

123. 营养不良性水肿的发病环节主要为
　　A. 毛细血管血压升高　　B. 毛细血管通透性升高　　C. 血浆胶体渗透压降低　　D. 血浆胶体渗透压升高　　E. 血浆胶体渗透压不变

124. 皮下水肿又可称为
　　A. 浮肿　　B. 积水　　C. 脓肿
　　D. 肿瘤　　E. 腹水

125. 淤血可造成局部组织
　　A. 局部血液循环得到　　B. 淤血性水

肿　C. 改善梗死　D. 供氧增加
E. 坏疽

126. 下列关于水肿的描述，正确的是
A. 体液丧失　B. 等渗性液体过多
C. 低渗性液体过多　D. 高渗性液体过多　E. 以上都不是

127. 各种原因引起体液容量明显减少，称为
A. 水中毒　B. 脱水　C. 水肿
D. 积水　E. 腹水

128. 血浆渗透压升高，血液浓稠，细胞因脱水而皱缩，患畜呈现口渴，尿少，尿比重高者属于下列哪种脱水
A. 高渗性脱水　B. 等渗性脱水
C. 低渗性脱水　D. 混合性脱水
E. 以上都不是

129. 高渗性脱水时可引起
A. 抗利尿激素分泌增多　B. 抗利尿激素分泌减少　C. 醛固酮分泌增加
D. 醛固酮分泌减少　E. 醛固酮分泌不变

130. 严重腹泻时大量肠液丢失，可引起
A. 高渗性脱水　B. 低渗性脱水
C. 等渗性脱水　D. 混合性脱水
E. 以上都是

131. 高渗性脱水是指
A. 以失水为主，失水大于失钠　B. 失盐与失水大致相等，血浆渗透压未变
C. 失钠大于失水　D. 低渗性体液在细胞间隙积聚过多　E. 以上都不是

132. 等渗性脱水是指
A. 失钠大于失水　B. 失盐与失水比例大致相等，血浆渗透压未变　C. 以失水为主，失水大于失钠　D. 低渗性体液在细胞间隙积聚过多　E. 以上都不是

133. 下面不属于临床测定酸碱平衡障碍的指标是
A. 血液pH值　B. 氧分压　C. 二氧化碳分压　D. 血浆二氧化碳结合力
E. 血钾

134. 对体内酸碱平衡不具有调节作用的是
A. 血液缓冲系统　B. 心　C. 肺
D. 肾　E. 红细胞

135. 下列不能导致代谢性酸中毒的因素是
A. 缺血缺氧　B. 高产奶牛酮血症
C. 腹泻唾液流失过多使得碱质丢失过多
D. 服用NH$_4$Cl过多　E. 呕吐

136. 下列不能导致代谢性碱中毒的因素是
A. 缺钾　B. 肠液丢失过多　C. 胃液丢失过多　D. 服用碳酸氢钠过多
E. 呕吐

137. 代谢性碱中毒会导致动物
A. 烦躁，精神错乱，意识障碍　B. 中枢兴奋性受抑　C. ATP减少　D. 心肌收缩力减弱　E. BP（回心血量）减少

138. 代谢性酸中毒会导致动物
A. 中枢兴奋性受抑，ATP减少　B. 烦躁，精神错乱，意识障碍　C. 惊厥，抽搐　D. 低钾血症　E. 以上都不会

139. 在血液缓冲对中缓冲能力最强的是
A. 碳酸氢盐缓冲对　B. 磷酸氢盐缓冲对　C. 血浆蛋白缓冲对　D. 磷酸盐缓冲对　E. 氧合血红蛋白缓冲对

140. 低血钾可引起心肌细胞
A. 兴奋性升高　B. 兴奋性降低
C. 自律性升高　D. 自律性降低
E. 变性

141. 高血钾可引起
A. 酸中毒　B. 碱中毒　C. 水中毒
D. 萎缩　E. 变性

142. 在病理解剖的结论中，不宜使用的主观用语是
A. 无变化　B. 肾脏表面有点状出血
C. 无肉眼可见变化　D. 未发现异常
E. 以上都不是

143. 鸡皮肤上有肿瘤结节常见于
A. 传染性鼻炎　B. 慢性鸡霍乱
C. 鸡新城疫　D. 鸡马立克氏病
E. 禽流感

144. 仔猪发生持续性腹泻可引起
A. 代谢性碱中毒　B. 代谢性酸中毒
C. 呼吸性碱中毒　D. 呼吸性酸中毒
E. 混合性酸碱平衡紊乱

145. 小动脉痉挛或受压迫或阻塞引起局部缺血，进一步导致局部
A. 代谢性碱中毒　B. 代谢性酸中毒
C. 呼吸性碱中毒　D. 呼吸性酸中毒
E. 混合性酸碱平衡紊乱

146. 代谢性代偿是通过下列哪个因素实现
A. 物质代谢　B. 能量代谢　C. 功能增强　D. 功能减弱　E. 组织增大

147. 因红细胞和血红蛋白量减少导致携带氧能力下降造成的缺氧属于
A. 组织性缺氧　B. 外呼吸性缺氧

C. 低张性缺氧　　D. 循环性缺氧
E. 血液性缺氧
148. 血液性缺氧的主要原因是
A. 血红蛋白变性　　B. 机体内呼吸障碍　　C. 吸入空气中的氧分压降低
D. 淤血　　E. 充血
149. 属于煤气中毒引起的缺氧是
A. 低张性缺氧　　B. 血液性缺氧
C. 循环性缺氧　　D. 外呼吸性缺氧
E. 组织中毒性缺氧
150. 下列属于循环性缺氧血气特点的有
A. 氧含量正常　　B. 动静脉氧含量差正常　　C. 血氧饱和度降低　　D. 氧含量升高　　E. 氧容量降低
151. 上呼吸道狭窄可引起
A. 呼气性呼吸困难　　B. 吸气性呼吸困难　　C. 周期性呼气困难　　D. 混合性呼吸困难　　E. 以上都不是
152. 动物发热常见于
A. 感染性疾病　　B. 肿瘤　　C. 中毒病　　D. 风湿热　　E. 维生素A缺乏症
153. 炎症本质是
A. 以防御性为主　　B. 机体过敏性反应　　C. 以损伤性反应为主　　D. 造成炎性水肿　　E. 造成组织器官变性
154. 引发炎症的生物性因素**不**包括
A. 猪瘟病毒感染　　B. 大肠杆菌感染
C. 球虫感染　　D. 重金属中毒
E. 立克次氏体
155. 炎症的局部基本病理变化是
A. 变质、渗出、增生　　B. 变性、坏死、再生　　C. 充血、淤血、出血
D. 变性、出血、再生　　E. 红、肿、热、痛、机能障碍
156. 急性炎症渗出反应中，渗出的炎性细胞主要是
A. 嗜中性白细胞　　B. 嗜酸性白细胞
C. 嗜碱性白细胞　　D. 淋巴细胞
E. 单核细胞
157. 化脓性炎症时渗出的炎性细胞主要是
A. 嗜中性白细胞　　B. 嗜酸性白细胞
C. 嗜碱性白细胞　　D. 淋巴细胞
E. 单核细胞
158. 化脓性炎症过程中，外周血增多的白细胞主要是
A. 单核细胞　　B. 嗜中性白细胞　　C.

C. 嗜碱性白细胞　　D. 淋巴细胞
E. 浆细胞
159. 变质性炎主要发生于
A. 黏膜组织　　B. 神经组织　　C. 淋巴组织　　D. 上皮组织　　E. 实质器官
160. 大吞噬细胞又称
A. 单核巨噬细胞　　B. 淋巴细胞
C. 嗜碱性白细胞　　D. 淋巴细胞
E. 浆细胞
161. 朗罕氏细胞又称
A. 淋巴细胞　　B. 多核巨细胞
C. 单核巨噬细胞　　D. 浆细胞
E. 嗜碱性白细胞
162. 上皮样细胞来源于
A. 黏膜组织　　B. 神经组织　　C. 淋巴组织　　D. 巨噬细胞　　E. 上皮细胞
163. 小吞噬细胞又称
A. 单核巨噬细胞　　B. 淋巴细胞
C. 嗜中性粒细胞　　D. 浆细胞
E. 嗜碱性白细胞
164. 下列**不**属于炎症介质的是
A. 组胺　　B. 五羟色胺
C. C3a　　D. IL-6　　E. IL-8
165. 下列细胞在变态反应性疾病中最常见的是
A. 淋巴细胞　　B. 嗜碱性粒细胞
C. 中性粒细胞　　D. 嗜酸性粒细胞
E. 单核细胞
166. 下列细胞在寄生虫感染中最常见的是
A. 淋巴细胞　　B. 嗜碱性粒细胞
C. 中性粒细胞　　D. 嗜酸性粒细胞
E. 单核细胞
167. 嗜中性粒细胞增多常见于
A. 慢性炎症　　B. 化脓性炎症
C. 寄生虫感染　　D. 病毒感染
E. 变态反应性疾病
168. HE染色时，镜下观察呈淡红色、均匀无结构的是
A. 脂肪变性　　B. 颗粒变性　　C. 水泡变性　　D. 蛋白性物质　　E. 肌纤维
169. 鸡患大肠杆菌病，常在心包膜表面形成的一层灰白色假膜属于
A. 化脓炎　　B. 固膜性炎　　C. 浮膜性炎　　D. 增生性炎　　E. 变质性炎
170. 猪瘟病例常在回盲口出现纽扣状溃疡属于
A. 化脓性炎　　B. 渗出性炎　　C. 变

质性炎　D. 增生性炎　E. 固膜性炎
171. 蜂窝织炎属于
　　A. 化脓性炎　　B. 纤维素性炎
　　C. 卡他性炎　　D. 浆液性炎
　　E. 固膜性炎
172. 结核性肉芽肿属于
　　A. 感染性肉芽肿　B. 异物肉芽肿
　　C. 炎性息肉　D. 炎性假瘤　E. 以上都不是
173. 细菌的毒素及其代谢产物吸收入血，引起全身中毒症状属于
　　A. 菌血症　B. 毒血症　C. 败血症
　　D. 脓血症　E. 以上都不是
174. 败血症是指病原侵入血液后
　　A. 细菌随血流到全身，在肺、肾、肝、脑等处发生多发性脓肿　B. 迅速通过，继续蔓延　C. 迅速通过，定居新组织　D. 细菌入血，但无明显全身中毒症状出现　E. 大量繁殖，产生毒素
175. 浆液性渗出常见于
　　A. 慢性炎症　B. 急性炎症　C. 化脓性炎　D. 出血性炎　E. 增生性炎
176. 下列肿瘤中，可发生转移的是
　　A. 脂肪瘤　B. 腺瘤　C. 黑色素瘤
　　D. 纤维瘤　E. 乳头状瘤
177. 良性肿瘤的生长方式主要是
　　A. 内生性生长　B. 浸润性生长
　　C. 膨胀性生长　D. 弥散性生长
　　E. 以上都没有
178. 下列属于肿瘤性疾病的是
　　A. 鸡大肠杆菌病　B. 鸡产蛋下降综合征　C. 鸡马立克氏病　D. 鸡新城疫　E. 鸡白痢
179. 下列属于良性肿瘤的为
　　A. 脂肪瘤　B. 脂肪肉瘤　C. 肾母细胞瘤　D. 纤维肉瘤　E. 白血病
180. 下列肿瘤易发生扩散的是
　　A. 所有肿瘤　B. 良性肿瘤　C. 脂肪肉瘤　D. 纤维瘤　E. 脂肪瘤
181. 下列属于恶性肿瘤生长方式的是
　　A. 生性生长　B. 内生性生长
　　C. 挤压性生长　D. 浸润性生长
　　E. 膨胀性生长
182. 下列哪种肿瘤细胞与起源的细胞形态结构相差不大。
　　A. 良性肿瘤　B. 恶性肿瘤　C. 所有肿瘤　D. 白血病　E. 脂肪肉瘤

183. 肿瘤细胞通过血道转移的最常见部位是
　　A. 肠、肾　B. 肠、脑　C. 肺、脑
　　D. 肝、肺　E. 脑、肾
184. 下列肿瘤手术切除后不易复发的是
　　A. 癌　B. 纤维肉瘤　C. 纤维瘤
　　D. 脂肪肉瘤　E. 腺癌
185. 癌珠结构可出现在
　　A. 皮肤癌　B. 肝癌　C. 骨肉瘤
　　D. 纤维瘤　E. 白血病
186. 恶性肿瘤的糖代谢过程中，可产生
　　A. 肿瘤坏死因子　B. 白蛋白
　　C. 大量乳酸　D. 干扰素　E. IL-1
187. 起源于间叶组织的恶性肿瘤称为
　　A. 母细纤维瘤瘤　B. 癌　C. 肉瘤
　　D. 母细胞瘤　E. 白血病
188. 起源于纤维组织的良性肿瘤称为
　　A. 癌　B. 纤维瘤　C. 肉瘤
　　D. 母细胞瘤　E. 以上都不是
189. 心脏肌源性扩张常出现
　　A. 腔模径扩大比例大于纵径　B. 腔模径扩大比例小于纵径　C. 心腔横径、纵径都增生，心肌纤维长而粗　D. 心腔横径、纵径都增生，心肌纤维短而粗　E. 心腔横径、纵径不增生，心肌纤维长而粗
190. 绒毛心属于
　　A. 纤维素性炎症　B. 浆液性炎症
　　C. 化脓性炎症　D. 出血性炎症
　　E. 以上都不是
191. 异物携带化脓菌、腐败梭菌引起心包化脓性纤维素性坏死性炎症，在心脏表面形成数厘米的渗出机体物，这样的心脏常称为
　　A. 盔甲心　B. 绒毛心　C. 虎斑心
　　D. 以上都是　E. 以上都不是
192. 恶性口蹄疫解剖病变的特征是
　　A. 槟榔肝　B. 虎斑心　C. 绒毛心
　　D. 盔甲心　E. 以上都不是
193. 二尖瓣狭窄时，首先引起心脏的
　　A. 左心室扩张　B. 右心室扩张
　　C. 左心房扩张　D. 右心房扩张
　　E. 以上都不是
194. 大叶性肺炎的红色肝变期的病理特点是
　　A. 肺泡壁血管显著充血，肺泡腔充满大量纤维蛋白和红细胞，肺组织实变、色暗红如肝　B. 肺泡壁血管充血，肺泡腔浆液渗出　C. 肺泡壁血管受渗出物

压迫呈狭窄和闭塞状态,肺泡腔内充满大量纤维蛋白网   D. 中性白细胞崩解,放出蛋白酶,溶解纤维蛋白   E. 巨噬细胞增多,吞噬活跃,渗出物逐渐吸收

195. 大叶性肺炎的灰色肝变期,肺泡腔内充满大量
   A. 浆液   B. 巨噬细胞   C. 嗜中性粒细胞、纤维蛋白   D. 红细胞、纤维蛋白   E. 淋巴细胞

196. 下列病变能反映小叶性肺炎本质的是
   A. 纤维素炎   B. 浆液性炎   C. 出血性炎   D. 化脓性炎   E. 以上都不是

197. 限制性的通气障碍常由下列哪个因素引起
   A. 异物阻塞   B. 肿瘤压迫   C. 呼吸运动受限制、肺扩张受阻   D. 支气管黏膜发炎   E. 以上都不是

198. 当气管黏膜有奶油状或干酪样渗出物,渗出物中混有血液,可初步诊断为
   A. 新城疫   B. 传染性喉气管炎   C. 传染性鼻炎   D. 传染性支气管炎   E. 马立克氏病

199. 下列属于急性卡他性胃炎的特征是
   A. 以胃黏膜表面被覆多量黏液为特征
   B. 以胃黏膜弥漫性或斑点状出血为特征
   C. 以黏膜表面渗出大量纤维素性渗出物为特征   D. 以胃黏膜形成脓性渗出物为特征   E. 以上都不是

200. 下列属于出血性胃炎的特征是
   A. 以胃黏膜表面被覆多量黏液为特征
   B. 以胃黏膜弥漫性或斑点状出血为特征
   C. 以胃黏膜表面渗出大量纤维素性渗出物为特征   D. 以胃黏膜形成脓性渗出物为特征   E. 以上都不是

201. 下列属于纤维素性胃炎的特征是
   A. 以胃黏膜表面被覆多量黏液为特征
   B. 以胃黏膜弥漫性或斑点状出血为特征
   C. 以黏膜表面渗出大量纤维素性渗出物为特征   D. 以胃黏膜形成脓性渗出物为特征   E. 以上都不是

202. 下列关于肝硬化**不正常**的说法是
   A. 一种以结缔组织增生为特征的慢性肝脏病   B. 它不是一种独立的疾病
   C. 是许多疾病的并发症   D. 它是一种独立的疾病   E. 是多种原因引起慢性肝损伤的晚期阶段

203. 禽巴氏杆菌病急性型病理变化是
   A. 咽炎   B. 纤维素性肺炎   C. 肝脏表面和切面有许多针尖大小坏死灶   D. 肾炎   E. 脑炎

204. 下列**不属于**假性小叶的特征是
   A. 缺乏中央静脉或中央静脉偏位
   B. 肝细胞大小不一   C. 肝细胞排列紊乱   D. 以结节状再生   E. 以上都不是

205. 病毒性肝炎的间质内浸润的炎性细胞是
   A. 嗜酸性粒细胞   B. 嗜中性粒细胞   C. 嗜碱性粒细胞   D. 淋巴细胞   E. 单核细胞

206. 能反映肝硬化本质的病变是
   A. 变质性炎症   B. 渗出性炎症
   C. 增生性炎症   D. 纤维素性炎症   E. 出血性炎症

207. 肾小球滤过压等于
   A. 肾小球毛细血管血压减去血浆胶体压和肾小囊内压   B. 肾小球毛细血管压减去血浆胶体压   C. 肾小球毛细血管血压减去肾小囊内压   D. 肾小球毛细血管血压   E. 以上都不是

208. 病理性蛋白尿常见于
   A. 肠炎   B. 胃炎   C. 膀胱炎   D. 肾炎   E. 尿道炎

209. 血液中非蛋白氮包括
   A. 肌酐   B. 尿素   C. 肌酸   D. 胆色素   E. 胆黄素

210. 尿管型主要在下列哪个部位形成
   A. 远曲小管   B. 近曲小管   C. 肾小球   D. 肾小管   E. 远曲小管和集合管

211. 以下属于真性尿毒症特征的是
   A. 血液中非蛋白氮(NPN)含量升高
   B. 血液中非蛋白氮(NPN)含量降低
   C. 以神经症状为主但血液中NPN含量不升高   D. 以神经症状为主但血液中NPN含量升高   E. 以神经症状为主但血液中NPN含量降低

212. 以下属于假性尿毒症特征的是
   A. 血液中非蛋白氮(NPN)含量升高
   B. 血液中非蛋白氮(NPN)含量降低
   C. 以神经症状为主但血液中NPN含量不升高   D. 以神经症状为主但血液中NPN含量升高   E. 以神经症状为主但血液中NPN含量降低

213. 棉籽饼中毒常引起
　　A. 出血性膀胱炎　　B. 纤维性膀胱炎
　　C. 浆液性膀胱炎　　D. 卡他性膀胱炎
　　E. 以上都不是
214. 急性肾功能不全的初期尿量的变化多出现
　　A. 无规律　　B. 多尿　　C. 基本不变
　　D. 少尿、无尿　　E. 以上都是
215. 急性肾炎引起全身性水肿的主要原因是
　　A. 肾小球滤过率降低　　B. 血浆胶体渗透压下降　　C. 低蛋白血症　　D. 毛细血管内压升高　　E. 高蛋白血症
216. 下列**不属于**肾小球肾炎病变特点的是
　　A. 肾间质内脓肿形成　　B. 肾小球内中性粒细胞浸润　　C. 肾间质内炎性细胞浸润　　D. 肾小管上皮细胞变性
　　E. 以上都是
217. 急性猪瘟时，淋巴结的病变属于
　　A. 纤维素性炎症　　B. 出血性炎症
　　C. 浆液性炎症　　D. 变质性炎症
　　E. 卡他性炎症
218. 关于单纯性淋巴结炎，下列**错误**的是
　　A. 淋巴细胞大量增生　　B. 窦卡他
　　C. 淋巴结充血　　D. 急性淋巴结炎的早期表现　　E. 淋巴窦扩张，内含有大量浆液
219. 下列**不属于**共济失调的特征是
　　A. 肢体运动出现异常　　B. 缺乏节奏性　　C. 缺乏准确性　　D. 缺乏协调性　　E. 以上都不是
220. 下列**不属于**病毒感染引起的脑组织病变的是
　　A. 中性粒细胞增生　　B. 嗜神经细胞现象　　C. 小胶质细胞增生　　D. "血管套"现象　　E. 以上都不是
221. 下列参与形成卫星现象的细胞是
　　A. 淋巴细胞　　B. 单核细胞　　C. 少突胶质细胞　　D. 小胶质细胞
　　E. 浆细胞
222. 神经元轻微损伤尚未到达坏死时，在其周围聚集有小胶质细胞和少突胶质细胞，将神经元包围，称为
　　A. 卫星现象　　B. 嗜神经细胞现象
　　C. 小胶质细胞增生　　D. "血管套"现象　　E. 以上都不是
223. 脑炎时血管周围呈现细胞反应，其来源可以是局部增生的细胞，或者是从血管中渗出的白细胞，这些细胞围绕着血管，称为
　　A. 卫星现象　　B. 嗜神经细胞现象
　　C. 小胶质细胞增生　　D. "血管套"现象　　E. 以上都不是
224. 神经细胞坏死时，小胶质细胞包围在其周围，并侵入神经细胞体和突起，这种现象称为
　　A. 卫星现象　　B. 噬神经细胞现象
　　C. 小胶质细胞增生　　D. "血管套"现象　　E. 以上都不是
225. 做病变组织切片检查常用的固定液是
　　A. 10%福尔马林溶液　　B. 3%来苏儿溶液　　C. 3%碘酊　　D. 0.1%新洁尔灭溶液　　E. 1%来苏儿溶液
226. 对于制备病理切片的剖检病料，以下处理方法**错误**的是
　　A. 病料的大小以 1.5cm×1.5cm×0.5cm 为宜　　B. 病料放入冷冻冰箱　　C. 病料放入福尔马林固定液　　D. 采取病变略带正常组织的病料　　E. 以上都是
227. 诊断狂犬病最有效的方法是
　　A. 神经细胞质中有内基氏小体（Negri-body）　　B. 有狗咬伤史　　C. 神经症状　　D. 用电镜观察寻找病毒颗粒
　　E. 以上都不是
228. 病理解剖时如有动物体的渗出物溅入眼内，可用下列哪种冲洗
　　A. 70%酒精　　B. 0.1%新洁尔灭溶液　　C. 0.05%洗必泰溶液　　D. 2%硼酸水
　　E. 1%福尔马林
229. 鸡头部皮肤有痘疹或结痂常见于
　　A. 传染性支气管炎　　B. 传染性鼻炎
　　C. 盲肠肝炎　　D. 鸡痘、冠癣
　　E. 鸡白痢
230. 鸡咽喉黏膜白色针尖状结节常见于
　　A. 鸡新城疫　　B. 维生素 A 缺乏症
　　C. 鸡白痢　　D. 白喉型鸡痘　　E. 鸡法氏囊病
231. 亚硝酸盐中毒时临床症状中常见
　　A. 可视黏膜黄染　　B. 可视黏膜鲜红
　　C. 可视黏膜苍白　　D. 可视黏膜暗红
　　E. 可视黏膜无变化
232. 给动物长期饲喂低盐饲料，可引起动物
　　A. 胃液分泌过少　　B. 胃液分泌过多
　　C. 肠液不分泌　　D. 肠液分泌过少

E. 肠液分泌过多

233. 动物临床表现出现皮温降低，恶寒战栗，被毛松乱，常提示其在
   A. 体温上升期 B. 高热期 C. 退热期 D. 无热期 E. 恶变质

234. 体温升高后，其昼夜温差变动在1℃以内，该热型称
   A. 稽留热 B. 间歇热 C. 弛张热 D. 不规则热 E. 波状热

235. 氨气刺激鼻黏膜感受器后反射地引起呼吸暂停，此机理属于
   A. 内分泌机理 B. 神经机理 C. 体液机理 D. 遗传机理 E. 组织机理

236. 因长途运输等应激因素引起的DFD猪肉的眼观病变特点是
   A. 肌肉呈黄色、变硬 B. 肌肉因充血、出血而色暗 C. 肌肉因强直或痉挛而僵硬 D. 肌肉呈白色、柔软、有液汁渗出 E. 肌肉干燥、坚硬、暗黑

237. 因长途运输等应激因素引起的PSE猪肉的眼观病变特点是
   A. 肌肉呈黄色、变硬 B. 肌肉因充血、出血而色暗 C. 肌肉因强直或痉挛而僵硬 D. 肌肉呈白色、柔软、有液汁渗出 E. 肌肉系水性强，腌制时易出现色斑

238. 下列没有抗体参与的变态反应是
   A. Ⅰ型变态反应 B. Ⅱ型变态反应 C. Ⅲ型变态反应 D. Ⅳ型变态反应 E. 溶血性变态反应

二、A2题型

题型说明：每道试题由一个叙述性的简要病历（或其他主题）作为题干和五个备选答案组成。A、B、C、D和E五个备选答案中只有一个是最佳答案，其余均不完全正确或不正确，答题时要求选出正确的那个答案。

1. 某鸡场10周龄大批鸡精神委顿，几天后有些鸡共济失调，随后有些鸡突然死亡，多数鸡消瘦、昏迷，剖检病死鸡发现卵巢、肾脏、肝脏、心脏等器官中出现大一不等灰白色结节，质地坚硬而致密，组织病理学检查发现病变部位有大量大小不等的淋巴样细胞，此病最可能是
   A. 马立克氏病 B. 卵巢癌 C. 鸡新城疫 D. 禽淋巴细胞性白血病 E. 鸡网状内皮组织增生症

2. 上海某动物园一长颈鹿，4岁，精神委顿，行动迟缓，进行性消瘦，严重贫血，血液学检查嗜酸性粒细胞明显增多；死后剖检见脾脏体积缩小变薄，被摸增厚且出现皱褶，肾脏体积减小，心冠状沟及纵沟脂肪消失被水肿液替代，外观呈胶冻样，脏器颜色最可能是
   A. 灰白色 B. 褐色 C. 鲜红色 D. 黑色 E. 暗红色

3. 某农户一头2岁黄牛，冬天长期休闲，饲喂大量精料，膘肥体壮，开春突服重役而死亡，剖检检查发现心脏体积肥大，断面可见不规整的淡黄色条纹，由此可判定该牛心脏最可能发生病理变化为
   A. 增生 B. 真性肥大 C. 假性肥大 D. 脂肪变性 E. 淀粉样变

4. 某猪场20日龄仔猪发生大量死亡，表现为猪耳尖、尾巴、乳头、阴户皮肤蓝紫色，剖检病死猪见肺间质增宽、水肿，有红褐色瘀斑和实变区，肺切面见凝固不全的血液流出，支气管断端有少量含泡沫的液体；镜检下典型的间质性肺炎，表现为肺泡隔增厚，单核细胞浸润，肺泡Ⅱ型上皮细胞增生，肺泡腔有多少不等的细胞碎片，支气管上皮细胞变性、脱落，此病最可能是
   A. 猪繁殖与呼吸综合征 B. 猪瘟 C. 猪大肠杆菌病 D. 猪圆环病毒病 E. 猪乙型脑炎

5. 某鸡场30日龄鸡关节肿胀、步态强拘、蹒跚、起立困难；剖检心包膜、肝脏等器官表面有石灰样物质沉着，关节软骨、关节滑膜、关节周围的结缔组织也有石灰样物质沉着。该病最可能是
   A. 鸡大肠杆菌病 B. 鸡沙门氏菌病 C. 鸡痛风 D. 鸡新城疫 E. 鸡肾性传染性支气管炎

6. 某猪场猪咳嗽气喘，剖检在肺脏尖叶、心叶前下部见呈岛屿状灰红色或灰白色病灶，切面上病灶粗糙，稍微突出，质地较硬，颜色质地似胰脏，挤压时，即从小支气管中流出一些黏液渗出物；镜检支气管中有浆液性渗出物，并混有较多的中性粒细胞和脱落的上皮细胞，周围的肺泡腔中充满浆液，其中混有少量中性粒细胞、红细胞和脱落的肺泡上皮细胞，肺泡隔毛细血管充血，病灶周围的组织肺泡扩张。此种肺脏的病理学变化最可能为
   A. 小叶性肺炎 B. 大叶性肺炎

C. 肉芽肿性肺炎　　D. 肺气肿
E. 间质性肺炎

7. 某猪场呈现明显腹泻，剖检后可见肠道有大小不一的扣状坏死，表面有一层糠皮样物质浮着；镜检下可见肠黏膜上皮细胞几乎完全脱落，黏膜和黏膜下层发生严重坏死，失去原有结构，在坏死组织和活组织之间有分界性炎性反应，即于分界处明显的出血和水肿，并有多量炎性细胞浸润及成纤维细胞增生。此种肠的病理学变化最有可能是
A. 浮膜性肠炎　　B. 固膜性肠炎
C. 卡他性肠炎　　D. 肥厚性肠炎
E. 化脓性肠炎

8. 某鸡场 25 周龄蛋鸡，食欲不振、精神委顿，全身衰弱，进行性消瘦和贫血，鸡冠苍白、皱缩，食欲减退或拒食，腹泻，产蛋停止；剖检可见肝脏、脾脏、肾脏、法氏囊等肿大，上面有灰白色大小不一，切面均匀一致的结节状物质，病变以肝脏最为明显；镜检下可见有单一、大小较一致、胞浆丰富的成淋巴细胞组成。此病最可能是
A. 马立克氏病　　B. 卵巢癌　　C. 鸡新城疫　　D. 禽淋巴细胞性白血病
E. 鸡网状内皮组织增生症

三、A3 题型

题型说明：其结构是开始叙述一个以患病动物为中心的临床情景，然后提出 2～3 个相关的问题，每个问题均与开始的临床情景有关，但测试要点不同，且问题之间相互独立。在每个问题间，病情没有进展，子试题也不提供新的病情进展信息。每个问题均由 5 个备选答案组成，需要选择一个最佳答案，其余的供选答案可以部分正确，也可以是错误，但是只能有一个最佳的答案。

（1、2 题共用以下题干）

某羊场，发现羊精神委顿，食欲减退，反刍减少，眼结膜及黏膜充血发炎，流泪及流浆液性鼻液，在颜面部、颈部、乳房、外阴部、肛门周围，尾根、腹下及四肢内侧等少毛区出现红色豌豆大的圆形丘疹，几天后丘疹结痂脱落，留下些红斑。

1. 病症描述中圆形丘疹最可能属于
A. 浆液性炎　　B. 出血性炎　　C. 化脓性炎　　D. 变质性炎　　E. 增生性炎

2. 根据症状描述，此病最可能是

A. 山羊痘　　B. 山羊皮肤乳头状瘤
C. 山羊疥螨病　　D. 山羊大肠杆菌病
E. 羊肝片吸虫病

（3～5 题共用以下题干）

某猪场 1 月龄仔猪，出现跛行卧地症状，由于饲养员、兽医防治人员知识缺乏，怀疑是链球菌感染，只进行简单抗生素治疗，1 天后猪只不仅不见好转，反而加重，在猪蹄冠部、鼻端出现米粒至黄豆大小水泡，部分仔猪发生死亡；剖检病死猪发现心肌变化明显，质地稍柔软，表面呈灰白、浑浊，在室中隔、心房及心室面散在灰黄条纹与斑点状病灶，分布于正常心肌间，似虎皮状，称之"虎斑心"。

3. 猪蹄冠部、鼻端出现的水泡最可能为
A. 浆液性炎　　B. 出血性炎　　C. 化脓性炎　　D. 变质性炎　　E. 增生性炎

4. "虎斑心"形成原因是
A. 淤血　　B. 水泡变性　　C. 脂肪变性
D. 淀粉样变　　E. 出血

5. 根据病状，此病最可能是
A. 水泡病　　B. 口蹄疫　　C. 猪痘
D. 猪瘟　　E. 猪丹毒

四、A4 题型

题型说明：2～3 个相关的问题，每个问题均与开始的题干有关。每个问题均有 5 个备选答案，需要选择一个最佳答案。

（1～4 题共用以下题干）

京巴公犬，12 岁，在肛门周围出现多个、坚硬的小结节，有的小结节上出现溃疡灶，食欲不佳，精神较差；实验室常规检查发现轻微贫血，肝功能正常。

1. 由上述症状描述，首先怀疑该犬可能疾病是
A. 病毒性疾病　　B. 寄生虫性疾病
C. 细菌性疾病　　D. 营养和代谢性疾病
E. 肿瘤

2. 为进一步确诊该病应该进行的检查是
A. 病毒分离鉴定　　B. 细菌学检查
C. B 超检查　　D. 粪便检查　　E. 组织学检查

3. 如果经检查确诊为犬肛周腺癌，显微镜下最主要的病理变化是
A. 瘤细胞大小不一，异型性大，有核分裂相　　B. 瘤细胞大小一致，异型性小，无明显核分裂相　　C. 瘤细胞大小不一，异型性小，无明显核分裂相　　D. 瘤细胞大小一致，异型性小，明显和分裂相

E. 瘤细胞大小不一，异型性大，无和分裂相

4. 如果经检查确诊为犬肛周腺瘤，最好的治疗方法是
   A. 不予治疗　　B. 手术切除　　C. 青霉素肌内注射　　D. 链霉素肌内注射
   E. 氟苯尼考治疗

（5～8题共用以下题干）

梅雨季节，某鸡场100多只鸡出现呼吸困难，伸颈张口，气管啰音，食欲明显减退，精神委顿，羽毛松乱；剖检发病鸡肺脏病变明显，肺脏表面有黄色粟粒至黄豆大小的结节，结节硬度似橡皮样，切开有层次结构，有的甚至发生钙化。

5. 根据剖检变化，所述的层状结构可能由哪些成分组成
   A. 三层结构，坏死区的中心层，含有大量炎性细胞层的中间层，肉芽组织的外层
   B. 二层结构，坏死区的中心层，含有大量炎性细胞层的外层　　C. 二层结构，坏死区的中心层，肉芽组织的外层　　D. 三层结构，坏死区的中心层，肉芽组织的中间层，含有大量炎性细胞层的外层　　E. 二层结构，含有大量炎性细胞层的中心层，肉芽组织的外层

6. 病理变化中所述层状结构，显微镜下观察可见到的炎性细胞最可能是
   A. 嗜中性粒细胞　　B. 嗜酸性粒细胞
   C. 淋巴细胞　　D. 巨噬细胞、上皮样细胞　　E. 嗜碱性粒细胞

7. 如果进一步确诊该病，你认为最应该进行的检查是
   A. 细菌培养鉴定　　B. 病毒分离鉴定
   C. 粪便检查　　D. 血液学指标测定
   E. 组织学检查

8. 如果是禽曲霉性菌病，你认为最先应该考虑导致的原因是
   A. 饲料是否发霉　　B. 鸡舍湿度　　C. 饲料蛋白含量　　D. 鸡舍温度　　E. 鸡舍氨气浓度

（9～11题共用以下题干）

一奶牛长期患病，临床表现咳嗽、呼吸困难、消瘦和贫血等。死后剖检可见其多种器官组织，尤其是肺、淋巴结和乳房等处有散在大小不等的结节性病变，切面有似豆腐渣样、质地松软的灰白色或黄白色物。

9. 似豆腐渣样病理变化属于
   A. 蜡样坏死　　B. 湿性坏死　　C. 干酪样坏死　　D. 液化性坏死　　E. 贫血性梗死

10. 该奶牛所患的病最有可能是
    A. 牛结核病　　B. 牛放线菌病　　C. 牛巴氏杆菌病　　D. 牛传染性鼻气管炎
    E. 牛传染性胸膜肺炎

11. 进行病理组织学检查，似豆腐渣样物为
    A. 肉芽组织　　B. 寄生虫结节　　C. 中性粒细胞团块　　D. 嗜酸性粒细胞团块
    E. 无定型结构的坏死物

五、B1题型

题型说明：也是单项选择题，属于标准配伍题。B1题型开始给出5个备选答案，之后给出2～6个题干构成一组试题，要求从5个备选答案中为这些题干选择一个与其关系最密切的答案。在这一组试题中，每个备选答案可以被选1次、2次和多次，也可以不选用。

（1、2题共用下列备选答案）
   A. 大肝病　　B. 槟榔肝　　C. 盔甲心
   D. 虎斑心　　E. 火腿脾

1. 上述病理现象是由脂肪变性和淤血共同造成的是
2. 上述病理现象是由于发生纤维素性炎症造成的是

（3～7题共用下列备选答案）
   A. 嗜酸性粒细胞　　B. 嗜碱性粒细胞
   C. 嗜中性粒细胞　　D. 淋巴细胞
   E. 巨噬细胞

3. 急性炎症、化脓性炎症以（　　）细胞增多为主
4. 慢性炎症以（　　）细胞增生为主
5. 过敏反应和寄生虫感染时，多以（　　）细胞增生为主
6. 肉芽肿性炎以（　　）细胞增生为主
7. 病毒感染时多以（　　）细胞增生为主

（8、9题共用下列备选答案）
   A. 嗜酸性粒细胞　　B. 肥大细胞
   C. 嗜中性粒细胞　　D. 淋巴细胞
   E. 巨噬细胞

8. 猪繁殖与呼吸综合征病毒感染引起的间质性肺炎，其炎性细胞主要是
9. 葡萄球菌化脓性炎，炎灶中的主要炎性细胞是

（10～12题共用下列备选答案）
   A. 支气管肺炎　　B. 纤维素性肺炎

C. 间质性肺炎　　D. 肺泡性肺气肿
E. 间质性肺气肿
10. 肺尖叶红色，切面见有灰红、稍实变呈岛屿状的病灶；镜检，见一些支气管和肺泡内有多量炎性细胞和炎性渗出物
11. 肉眼见一肺多出实变，色彩斑驳，质地较硬；镜检，有的肺泡内有多量红染的浆液，有的肺泡腔内有丝网状物及炎性细胞
12. 一动物生前呼吸困难，剖检见肺膨大，镜检有的肺泡极大，有的肺泡隔破裂，肺泡融合

（13～15题共用下列备选答案）
　A. 蜡样坏死　　B. 干酪样坏死
　C. 液化性坏死　D. 出血性梗死
　E. 湿性坏疽
13. 血液中小血栓随机体血液循环运行，造成肠系膜动脉栓塞，导致肠道节段性暗红色坏死属于
14. 犊牛发生急性口蹄疫时，心脏肌肉呈现灰白色，浑浊无光泽的坏死属于
15. 猪链球菌感染致肾脏发生化脓性炎，形成化脓灶，此种坏死属于

（16～20题共用下列备选答案）
　A. 青紫色　B. 樱红色　C. 咖啡色
　D. 鲜红色　E. 黑色
16. 发生肺炎或肺水肿时，进入机体内的氧气减少，而导致动物发生缺氧，此时可见皮肤和可视黏膜颜色为
17. 动物发生一氧化碳中毒导致动物缺氧，可见皮肤和可视黏膜颜色为
18. 猪大量饲喂"烂白菜"，致亚硝酸盐中毒，可见皮肤和可视黏膜颜色为
19. 由于二尖瓣闭锁不全导致左心心力衰竭，致使动物淤血性缺氧，可见皮肤和可视黏膜颜色为
20. 牛饲喂大量含生氰糖苷含量较高的饲料，导致发生缺氧，可见皮肤和可视黏膜颜色为

（21～25题共用下列备选答案）
　A. 深而慢的呼吸　　B. 浅而快的呼吸
　C. 节律不齐的呼吸　D. 吸气性呼吸困难
　E. 呼气性呼吸困难
21. 呼吸道有阻塞时表现为
22. 上呼吸道狭窄时表现为
23. 肺顺应性下降时表现为
24. 下呼吸道狭窄时表现为
25. 呼吸中枢抑制时表现为

（26～28题共用下列备选答案）
　A. 氧离曲线左移　　B. 氧饱和度下降
　C. 动-静脉氧差增加　D. 抑制氧化磷酸化　E. 用维生素C治疗有效
26. 低血流性缺氧
27. 氰化物中毒时
28. 高山缺氧时

兽医病理学参考答案

一、A1题型

1	C	2	B	3	A	4	B	5	D	6	E	7	A	8	B	9	B	10	C
11	C	12	B	13	C	14	E	15	B	16	E	17	C	18	C	19	D	20	B
21	B	22	C	23	C	24	C	25	D	26	A	27	A	28	C	29	A	30	A
31	B	32	A	33	B	34	D	35	C	36	D	37	D	38	C	39	A	40	D
41	A	42	E	43	D	44	B	45	D	46	D	47	A	48	B	49	A	50	D
51	A	52	A	53	C	54	A	55	B	56	D	57	D	58	D	59	C	60	D
61	A	62	B	63	D	64	C	65	D	66	E	67	D	68	D	69	D	70	C
71	B	72	D	73	C	74	D	75	D	76	D	77	D	78	D	79	D	80	D
81	C	82	D	83	D	84	A	85	D	86	D	87	D	88	C	89	D	90	C
91	B	92	D	93	C	94	C	95	C	96	D	97	C	98	D	99	C	100	C
101	A	102	A	103	C	104	B	105	B	106	C	107	E	108	C	109	A	110	C
111	D	112	D	113	C	114	C	115	D	116	D	117	C	118	C	119	C	120	C
121	D	122	C	123	C	124	C	125	D	126	C	127	C	128	C	129	C	130	C
131	C	132	B	133	C	134	C	135	C	136	C	137	D	138	C	139	C	140	C
141	A	142	C	143	C	144	B	145	D	146	C	147	E	148	C	149	C	150	A
151	B	152	C	153	C	154	C	155	C	156	C	157	C	158	C	159	C	160	C
161	C	162	D	163	C	164	C	165	C	166	C	167	C	168	C	169	C	170	B
171	C	172	C	173	C	174	C	175	C	176	C	177	C	178	C	179	C	180	C
181	C	182	C	183	D	184	C	185	C	186	C	187	C	188	B	189	A	190	A

续表

191	A	192	B	193	C	194	A	195	C	196	D	197	C	198	B	199	A	200	B
201	C	202	D	203	C	204	E	205	D	206	C	207	A	208	D	209	B	210	E
211	A	212	C	213	A	214	D	215	A	216	A	217	B	218	A	219	E	220	A
221	D	222	A	223	D	224	B	225	A	226	A	227	A	228	D	229	A	230	B
231	D	232	A	233	A	234	A	235	B	236	E	237	D	238	D				

二、A2 题型

| 1 | A | 2 | B | 3 | C | 4 | A | 5 | C | 6 | A | 7 | B | 8 | D |

三、A3 题型

| 1 | A | 2 | A | 3 | A | 4 | C | 5 | B |

四、A4 题型

| 1 | E | 2 | E | 3 | A | 4 | B | 5 | A | 6 | D | 7 | A | 8 | A | 9 | C | 10 | A |
| 11 | E | | | | | | | | | | | | | | | | | | |

五、B1 题型

1	B	2	C	3	C	4	D	5	A	6	E	7	D	8	D	9	C	10	A
11	B	12	D	13	D	14	A	15	C	16	A	17	B	18	C	19	A	20	D
21	A	22	D	23	B	24	E	25	D	26	A	27	D	28	B				

第五节　兽医药理学

一、A1 题型

题型说明：为单项选择题，属于最佳选择题类型。每道试题由一个题干和五个备选答案组成。A、B、C、D 和 E 五个备选答案中只有一个是最佳答案，其余均不完全正确或不正确，答题时要求选出正确的那个答案。

1. 药理学是研究
   A. 药物效应动力学　B. 药物代谢动力学　C. 药物的学科　D. 药物与机体相互作用的规律与原理　E. 与药物有关的生理科学

2. 药动学是研究
   A. 机体如何对药的进行处理　B. 药物如何影响机体　C. 药物发生动力学变化的原因　D. 合理用药的治疗方案　E. 药物效应动力学

3. 药物作用是指
   A. 药理效应　B. 药物具有的特异性作用　C. 对不同脏器的选择性作用　D. 药物与机体细胞间的初始反应　E. 对机体器官兴奋或抑制作用

4. 药物的副作用是
   A. 用量过大引起的反应　B. 长期用药引起的反应　C. 与遗传有关的特殊反应　D. 停药后出现的反应　E. 在治疗量时产生的与治疗目的无关的药理作用

5. 药物产生副反应的药理学基础是
   A. 用药剂量过大　B. 药理效应选择性低　C. 患畜禽肝肾功能不良　D. 血药浓度过高　E. 特异质反应

6. 半数有效量是指
   A. 临床有效量的一半　B. LD_{50}　C. 引起 50% 阳性反应的剂量　D. 效应强度　E. 以上都不是

7. 药物的治疗指数是指
   A. ED_{90}/LD_{10} 的比值　B. ED_{95}/LD_5 的比值　C. ED_{50}/LD_{50} 的比值　D. LD_{50}/ED_{50} 的比值　E. ED_{50} 与 LD_{50} 之间的距离

8. 量效关系是指
   A. 药物化构与药理效应的关系　B. 药物作用时间与药理效应的关系　C. 药物剂量（或血药浓度）与药理效应的关系　D. 半数有效量与药理效应的关系　E. 最小有效量与药理效应的关系

9. 药物半数致死量（LD_{50}）是指
   A. 致死量的一半　B. 中毒量的一半　C. 杀死半数病原微生物的剂量　D. 杀死半数寄生虫的剂量　E. 引起半数动物死亡的剂量

10. 竞争性拮抗剂具有的特点是
    A. 与受体结合后能产生效应 B. 能抑制激动药的最大效应 C. 增加激动药剂量时，不能产生效应 D. 同时具有激动药的性质 E. 使激动药量效曲线平行右移，最大效应不变
11. 下面对受体的认识，哪个是**不正确**的
    A. 受体是首先与药物直接反应的化学基团 B. 药物必须与全部受体结合后才能发挥药物最大效应 C. 受体兴奋的后果可能是效应器官功能的兴奋，也可能是抑制 D. 受体与激动药及拮抗药都能结合 E. 各种受体都有其固定的分布与功能
12. 受体激动剂的特点是
    A. 与受体有较强的亲和力，又有较强的内在活性 B. 能与受体结合 C. 无内在活性 D. 只有较弱的内在活性 E. 能与受体不可逆地结合
13. 影响药效学的相互作用**不包括**
    A. 生理性拮抗 B. 生理协同 C. 受体水平拮抗 D. 干扰神经递质转运 E. 相互影响排泄
14. 药物转运的主要方式为
    A. 主动转运 B. 简单扩散 C. 易化扩散 D. 胞吞或胞吐 E. 离子对转运
15. 青霉素引起的休克是
    A. 副作用 B. 抗生素后效应 C. 过敏反应 D. 毒性反应 E. 二重感染
16. 关于药物剂量与效应关系的叙述，下列哪个是正确的
    A. 引起效应的最小浓度是阈剂量 B. 引起效应的剂量称效应强度 C. 引起最大效应的剂量称最大效能 D. 血药浓度降到阈剂量时的效应称为后效应 E. EC_{50}/TC_{50} 的比值称为治疗指数
17. 从量反应的量效曲线上不能看出下列哪个特定位点
    A. 效价强度 B. 最小有效量 C. 治疗指数 D. ED_{50} E. 最大效应
18. 药物的最大效能反应药物的
    A. 内在活性 B. 效应强度 C. 阈值 D. 量效关系 E. 亲和力
19. 下列哪种药物或浓度产生药物的后遗效应
    A. 阈剂量 B. 极量 C. 无效剂量 D. 半数致死量 E. 阈浓度以下的血药浓度
20. 口服阿托品治疗胃肠道痉挛而引起口干是
    A. 副作用 B. 毒性反应 C. 后遗效应 D. 特异质反应 E. 过敏反应
21. 下列对过敏反应叙述正确的是
    A. 产生过敏反应的药物均为完全抗原 B. 过敏反应的产生与剂量无关 C. 过敏反应产生后，用药理性拮抗药可以解救 D. 过敏反应的后果可以预知 E. 过敏反应的性质与原有药物效应相关
22. 在碱性尿液中弱碱性药物
    A. 解离少，再吸收多，排泄慢 B. 解离多，再吸收少，排泄快 C. 解离少，再吸收少，排泄快 D. 解离多，再吸收多，排泄慢 E. 排泄速度不变
23. 药物的解离度与其 pK_a 值及其所处环境的 pH 值相关。弱酸性药物丙磺舒的 pK_a 为 3.4，其所处环境的 pH 为 7.4，此时解离型的丙磺舒占
    A. 50% B. 99.99% C. 0.01% D. 99.9% E. 0.1%
24. 药物在血浆中与血浆蛋白结合后
    A. 药物作用增强 B. 药物代谢加快 C. 药物转运加快 D. 药物排泄加快 E. 暂时失去药理活性
25. 首过消除主要发生在
    A. 口服给药 B. 肌内注射 C. 静脉注射 D. 直肠给药 E. 吸入给药
26. 下面有关药物血浆半衰期的认识，哪项是**不正确**的
    A. 血浆半衰期是血浆药物浓度下降一半的时间 B. 血浆半衰期能反映体内药量的消除速度 C. 可依据血浆半衰期调节给药的间隔时间 D. 血浆半衰期长短与原血浆药物浓度有关 E. 一次给药后，经过4~5个半衰期已基本消除
27. 药物的生物转化和排泄速度决定其
    A. 副作用的多少 B. 最大效应的高低 C. 作用持续时间的长短 D. 起效的快慢 E. 后遗效应的大小
28. pK_a 大于 7.5 的弱酸性药物如异戊巴比妥，在胃肠道 pH 范围内基本都是
    A. 离子型，吸收快而完全 B. 非离子型，吸收快而完全 C. 离子型，吸收慢而不完全 D. 非离子型，吸收慢而不完全 E. 非离子型，吸收慢而完全
29. 在药时曲线上，曲线在峰值浓度时表明

A. 药物吸收速度与消除速度相等
B. 药物的吸收过程已经完成 C. 药物的体内分布已达到平衡 D. 药物的消除过程才开始 E. 药物的疗效最好

30. 某药剂量相等的两种制剂口服后药时曲线下面积相等，但达峰时间不同，是因为
A. 肝脏代谢速度不同 B. 肾脏排泄速度不同 C. 血浆蛋白结合率不同
D. 分布部位不同 E. 吸收速度不同

31. 对肝脏药物代谢酶有诱导作用的药物是
A. 阿托品 B. 阿司匹林 C. 苯巴比妥 D. 氯霉素 E. 去甲肾上腺素

32. 生物利用度可反映药物吸收速度对
A. 蛋白结合的影响 B. 消除的影响
C. 代谢的影响 D. 药效的影响
E. 分布的影响

33. 关于表观分布容积小的药物，下列哪项是正确的。
A. 与血浆蛋白结合多，较集中于血浆
B. 与血浆蛋白结合少，较集中于血浆
C. 与血浆蛋白结合少，多集中于细胞内液
D. 与血浆蛋白结合多，多集中于细胞内液
E. 上述均不正确

34. 关于口服给药的叙述，下列哪项**不正确**
A. 有首过消除 B. 吸收迅速而完全
C. 吸收后可经门静脉进入肝脏 D. 小肠是吸收的主要部位 E. 是常用的给药途径

35. 决定药物每天用药次数的主要因素是
A. 与血浆蛋白的结合率 B. 消除速度
C. 吸收速度 D. 起效快慢 E. 作用强度

36. 产生副作用的剂量是
A. 极量 B. 治疗剂量 C. 半数有效量 D. 半数致死量 E. 中毒量

37. 氢氯噻嗪100mg与氯噻嗪1g的排钠利尿作用大致相同，则
A. 氢氯噻嗪的效能约为氯噻嗪的10倍
B. 氢氯噻嗪的效价强度约为氯噻嗪的10倍 C. 氯噻嗪的效能为氢氯噻嗪的10倍 D. 氯噻嗪的效价强度约为氢氯噻嗪的10倍 E. 氢氯噻嗪的效能与氯噻嗪相等

38. 某碱性药物的 pK_a = 9.8，如果增高尿液的pH，则此药在尿中
A. 解离度增高，重吸收减少，排泄加快
B. 解离度增高，重吸收增多，排泄减慢
C. 解离度降低，重吸收减少，排泄加快
D. 解离度降低，重吸收增多，排泄减慢
E. 排泄速度并不改变

39. 促进药物生物转化的主要酶系统是
A. 单胺氧化酶 B. 细胞色素 P_{450} 酶系统 C. 辅酶Ⅱ D. 葡萄糖醛酸转移酶 E. 水解酶

40. 药物在体内的转化和排泄统称为
A. 代谢 B. 消除 C. 灭活
D. 解毒 E. 生物利用度

41. 解救弱酸性药物中毒时加用 $NaHCO_3$ 的目的是
A. 加快药物排泄 B. 加快药物代谢
C. 中和药物作用 D. 减少药物吸收
E. 减慢药物的代谢

42. 吸收是指药物进入
A. 胃肠道过程 B. 靶器官过程
C. 血液循环过程 D. 细胞内过程
E. 细胞外液过程

43. 一种效应不广泛的药物**不应**
A. 作用强 B. 疗效好 C. 副作用多
D. 选择性高 E. 用量少

44. 药物对动物急性毒性的关系是
A. LD_{50} 越大，毒性越大 B. LD_{50} 越大，毒性越小 C. LD_{50} 越小，毒性越小 D. LD_{50} 越大，越容易发生毒性反应 E. LD_{50} 越小，越容易发生过敏反应

45. 喹诺酮类抗菌药抑制
A. 细菌二氢叶酸合成酶 B. 细菌二氢叶酸还原酶 C. 细菌RNA多聚酶
D. 细菌依赖于DNA的RNA多聚酶
E. 细菌DNA回旋酶

46. 磺胺药抗菌机制是
A. 抑制细胞壁合成 B. 抑制DNA螺旋酶 C. 抑制二氢叶酸合成酶
D. 抑制二氢叶酸还原酶 E. 改变膜通透性

47. 幼畜、杂食或肉食动物口服SMZ用于全身感染时需加服碳酸氢钠的原因
A. 增强抗菌作用 B. 减少口服时的刺激 C. 预防代谢性酸中毒 D. 预防在尿中析出结晶损伤肾 E. 防止过敏反应

48. 能竞争性拮抗磺胺药抗菌作用的物质是
A. 叶酸 B. GABA C. PABA

D. TMP　　E. 四环素
49. 治疗脑部细菌感染的首选药物是
   A. 头孢菌素　　B. 红霉素　　C. 氟甲砜霉素　　D. 磺胺嘧啶　　E. SMZ
50. 磺胺药可导致（　　）的合成和减少，使用时宜补充相应的物质
   A. 维生素 A　　B. 维生素 E　　C. 维生素 D　　D. 维生素 K　　E. 微量元素
51. 磺胺药对下列哪个病原无效
   A. 革兰氏阳性菌　　B. 革兰氏阴性菌　　C. 球虫　　D. 螺旋体　　E. 弓形体
52. 抑制细菌二氢叶酸还原酶的抗菌药物是
   A. 磺胺类　　B. 诺氟沙星（氟哌酸）　　C. 庆大霉素　　D. 甲氧苄啶　　E. 呋喃唑酮
53. 喹诺酮类药物不宜用于
   A. 老龄动物　　B. 幼年动物　　C. 心功能不全　　D. 肾功能不全　　E. 肝病患畜
54. 下列哪个氟喹诺酮类抗菌药不是动物专用的
   A. 恩诺沙星　　B. 环丙沙星　　C. 单诺沙星　　D. 沙拉沙星　　E. 二氟沙星
55. 对支原体肺炎有效的药物是
   A. 异烟肼　　B. 青霉素　　C. 红霉素　　D. 头孢氨苄　　E. 头霉素
56. 在尿中易析出结晶的药物是
   A. 磺胺嘧啶　　B. 磺胺异噁唑　　C. 磺胺甲噁唑　　D. 柳氮磺砒啶　　E. 磺胺间甲氧嘧啶
57. 下列哪个药物可用于猪气喘病
   A. 氨苄西林　　B. 青霉素　　C. 阿莫西林　　D. 恩诺沙星　　E. 头孢噻呋
58. 引起二重感染的药物是
   A. 头孢唑啉　　B. 四环素　　C. 青霉素　　D. 妥布霉素　　E. 氯霉素
59. 红霉素的作用机制是
   A. 与细菌核蛋白体结合，抑制细菌蛋白质合成　　B. 影响细菌叶酸的合成　　C. 影响细菌 DNA 的合成　　D. 抑制细菌细胞壁合成纤维　　E. 破坏细菌的细胞膜
60. 下列青霉素类抗生素中具有长效缓释作用的是
   A. 氨苄西林　　B. 青霉素　　C. 苄星青霉素　　D. 阿莫西林　　E. 苯唑西林
61. 克拉维酸是下列哪种酶的抑制剂
   A. 钝化酶　　B. 二氢叶酸合成酶　　C. 二氢叶酸还原酶　　D. β-内酰胺酶　　E. RNA 多聚酶
62. 铜绿假单胞菌感染应选用
   A. 青霉素　　B. 红霉素　　C. 庆大霉素　　D. 卡那霉素　　E. 泰乐菌素
63. 下列抗生素中具有抗菌促生长作用的是
   A. 四环素　　B. 多西环素　　C. 泰乐菌素　　D. 庆大霉素　　E. 多黏菌素
64. 对耐青霉素的金黄色葡萄球菌感染可用
   A. 苯唑西林、氯唑西林、庆大霉素　　B. 多黏菌素、红霉素、头孢氨苄　　C. 氨苄西林、红霉素、林可霉素　　D. 孢氨苄、红霉素、四环素　　E. 土霉素、庆大霉素、头孢氨苄
65. 对头孢菌素的错误描述为
   A. 与青霉素仅有部分交叉过敏现象　　B. 抗菌作用机制与青霉素类相似　　C. 与青霉素类有协同抗菌作用　　D. 第三代药物对革兰阳性菌和革兰阴性菌的作用均比第一、第二代强　　E. 第一、第二代药物对肾脏均有毒性
66. 青霉素类共同具有
   A. 耐酸口服有效　　B. 耐β内酰胺酶　　C. 抗菌谱广　　D. 要应用于革兰阳性菌感染　　E. 可能发生过敏性休克，并有交叉过敏反应
67. 下列哪些抗生素对铜绿假单胞菌感染有效
   A. 卡那霉素、妥布霉素、多黏菌素、红霉素　　B. 氨苄西林、多黏菌素、头孢氨苄、羧苄西林　　C. 阿米卡星、庆大霉素、氯霉素、林可霉素　　D. 羧苄西林、多黏菌素、庆大霉素、妥布霉素　　E. 阿米卡星、庆大霉素、多黏菌素、苯唑西林
68. 革兰阳性菌感染者对青霉素过敏可选用
   A. 苯唑西林　　B. 红霉素　　C. 氨苄西林　　D. 羧苄西林　　E. 以上都可用
69. 红霉素与克林霉素合用可
   A. 扩大抗菌谱　　B. 由于竞争结合部产生拮抗作用　　C. 增强抗菌活性　　D. 降低毒性　　E. 以上均不是
70. 下列哪些抗菌药均为动物专用抗菌药
   A. 头孢氨苄、青霉素、头孢噻呋　　B. 恩诺沙星、头孢喹诺、氟苯尼考　　C. 氨苄西林、头孢噻呋、泰乐菌素　　D. 替米考星、氟苯尼考、红霉素

E. 土霉素、强力霉素、泰乐菌素
71. 下列哪些抗菌药均对支原体有效
   A. 恩诺沙星、红霉素、替米考星
   B. 头孢噻呋、氟苯尼考、四环素
   C. 青霉素、林可霉素、泰乐菌素
   D. 头孢喹诺、泰拉霉素、卡那霉素
   E. 链霉素、大观霉素、沙拉沙星
72. 抗菌谱是
   A. 抗菌药物杀灭细菌的程度 B. 抗菌药物的抗菌能力 C. 抗菌药物的抗菌范围 D. 抗菌药物的治疗效果
   E. 抗菌药物的适应证
73. 细菌的耐药性指
   A. 长期或反复用药机体对药物的敏感性降低，需加大剂量才能保持疗效
   B. 长期或反复用药细菌对药物的敏感性降低或消失 C. 患畜对抗菌药物产生依赖性 D. 细菌对抗菌药物产生依赖性 E. A和C
74. 为防止细菌产生耐药性，下列何种措施是**错误的**
   A. 合理使用抗菌药物 B. 大剂量的联合用药及预防应用 C. 轮换供药
   D. 开发新的抗菌药物 E. 足够的剂量与疗程
75. 下列哪种药物是细菌繁殖期杀菌剂
   A. 青霉素 B. 链霉素 C. 四环素
   D. 氯霉素 E. 红霉素
76. 下列哪种药是细菌静止期杀菌剂
   A. 青霉素 B. 庆大霉素 C. 氯霉素
   D. 头孢唑啉 E. 克林霉素
77. 下列有关抗菌药作用机制的叙述哪项是**错误的**
   A. β-内酰胺类抗生素抑制细胞壁合成
   B. 环丙沙星抑制DNA回旋酶阻碍DNA合成 C. 利福平抑制DNA多聚酶
   D. 氨基苷类抑制蛋白质合成的多个环节
   E. 多黏菌素类选择性地与细菌细胞壁的磷脂结合使细胞壁通透性增加
78. 与细菌耐药性**无关**的是
   A. 细菌产生β-内酰胺酶水解青霉素
   B. 细菌产生乙酰转移酶灭活氨基甙类抗生素 C. 细菌内靶位结构的改变
   D. 细菌改变对抗菌药的通透性降低抗菌药在菌体内的浓度 E. 细菌产生的内毒素增加
79. 下列抗菌药物联用，可使效果增强的是

A. 链霉素＋庆大霉素 B. 青霉素＋四环素 C. 林可霉素＋大观霉素
D. 氯霉素＋红霉素 E. 庆大霉素＋多黏菌素
80. 猪密螺旋体性痢疾的首选药物为
   A. 环丙沙星 B. 乙酰甲喹 C. 磺胺嘧啶 D. 磺胺喹噁啉 E. TMP
81. 具有抗原虫和抗菌活性的药物为
   A. 恩诺沙星 B. 头孢噻呋 C. 甲硝唑 D. 喹烯酮 E. 替米考星
82. 喹乙醇具有抗菌促生长作用，在临床中主要用于
   A. 鸡 B. 鸭 C. 鱼 D. 鹅
   E. 体重35kg以下的猪
83. 一般而言，以何种部位为靶器官的抗菌药的不良反应最小
   A. 细胞膜 B. 细胞壁 C. 细胞DNA D. 细胞蛋白 E. 细胞RNA
84. 下列哪项**不存在**相互干扰作用
   A. 土霉素与铁剂同服 B. 泰乐菌素与聚醚类抗生素合用 C. 多西环素与苯妥英钠合用 D. TMP与四环素合用
   E. 青霉素与四环素合用
85. 下列组合中**不适当**的联合用药是
   A. 磺胺二甲嘧啶＋TMP用于泌尿道感染
   B. 庆大霉素＋链霉素治疗革兰氏阴性菌感染 C. SMZ＋TMP治疗呼吸道感染
   D. 青霉素＋SD治疗脑部细菌感染
   E. 青霉素＋抗破伤风血清用于治疗破伤风
86. 可能影响幼畜软骨发育，故幼龄动物**不宜**应用的药物
   A. 四环素类 B. 喹诺酮类 C. 磺胺类 D. 硝基呋喃类 E. TMP
87. 临床使用可引起二重感染的药物是
   A. 土霉素 B. 多黏菌素 C. 链霉素
   D. 庆大霉素 E. 青霉素G
88. 与青霉素合用时可产生拮抗作用的药物是
   A. 丁胺卡那霉素 B. 磺胺嘧啶
   C. 红霉素 D. 庆大霉素 E. 链霉素
89. 可用于治疗禽组织滴虫病的药物是
   A. 多拉菌素 B. 阿维菌素 C. 甲硝唑 D. 左旋咪唑 E. 灰黄霉素
90. 同服氢氧化铝可影响下列哪个药物的内服吸收
   A. 磺胺嘧啶 B. 氨苄西林 C. 头孢噻呋 D. 氟喹诺酮类 E. VitD

91. 酚类、醛类消毒防腐药的作用机制为
    A. 改变菌体细胞膜的通透性   B. 使菌体蛋白发生变性   C. 干扰细菌的酶系统   D. 干扰细菌的代谢   E. 影响细菌蛋白质的合成
92. 表面活性剂的杀菌作用是
    A. 增加细菌细胞膜的通透性   B. 降低细菌细胞膜的通透性   C. 影响细菌细胞膜的合成   D. 沉淀菌体蛋白   E. 干扰细菌叶酸代谢
93. 含氯消毒剂作用的最佳pH值为
    A. 6~9   B. 5~6   C. 2~3   D. 4~7   E. 3~4
94. 水质硬度对下列哪种消毒药的影响作用最显著
    A. 乙醇   B. 复合酚   C. 优氯净   D. 碘伏   E. 季铵盐类
95. 下列消毒药中对细菌芽孢无作用的是
    A. 乙醇   B. 碘伏   C. 过氧乙酸   D. 苯酚   E. 含氯石灰
96. 不用于环境的消毒药为
    A. 戊二醛   B. 氢氧化钠   C. 优氯净   D. 过氧乙酸   E. 聚维酮碘
97. 常用于皮肤黏膜的消毒防腐药有
    A. 溴氯海因   B. 三氯异氰尿酸钠   C. 碘伏   D. 过氧乙酸   E. 戊二醛
98. 对病毒无效的消毒剂为
    A. 戊二醛   B. 碘酊   C. 新洁尔灭   D. 火碱   E. 苯酚
99. 既有抗血吸虫作用又有驱绦虫作用的药物为
    A. 吡喹酮   B. 左旋咪唑   C. 阿苯达唑   D. 伊维菌素   E. 氯硝柳胺
100. 下列药物中具有免疫增强作用的药物为
    A. 多拉菌素   B. 多西环素   C. 左旋咪唑   D. 地克珠利   E. 阿维菌素
101. 作用峰期在感染的第4天,适合治疗暴发性球虫感染的药物是
    A. 氯羟吡啶   B. 莫能菌素   C. 喹嘧啶   D. 尼卡巴嗪   E. 盐霉素
102. 血吸虫感染宜用何药治疗
    A. 乙胺嗪   B. 吡喹酮   C. 乙胺嘧啶   D. 噻嘧啶   E. 尼卡巴嗪
103. 伊维菌素对哪种寄生虫无效
    A. 犬蛔虫   B. 牛肝片吸虫   C. 猫犬耳螨   D. 猪血虱   E. 犬心丝虫
104. 可用于治疗牛羊肝片吸虫的药物为
    A. 氯硝柳胺   B. 硝氯酚   C. 伊维菌素   D. 妥曲珠利   E. 马杜霉素
105. 可用于治疗家畜伊氏锥虫病的药物为
    A. 左旋咪唑   B. 尼卡巴嗪   C. 地克珠利   D. 碘醚柳胺   E. 三氮脒
106. 能抑制鸡对球虫产生免疫力的抗球虫药为
    A. 氨丙林   B. 地克珠利   C. 氯羟吡啶   D. 马杜霉素   E. 磺胺喹噁啉
107. 饲料中哪种营养成分会影响氨丙林的抗球虫活性
    A. 蛋白   B. 维生素A   C. 金属离子   D. 维生素B_1 E. 脂肪
108. 莫能菌素**不可**与下列哪个药物合用
    A. 竹桃霉素   B. 伊维菌素   C. 青霉素   D. 头孢噻呋   E. 庆大霉素
109. 莫能菌素除了具有抗球虫活性以外,还有
    A. 抗血吸虫作用   B. 驱线虫作用   C. 抗菌作用   D. 促生长作用   E. 抗真菌作用
110. 有机磷农药引起动物中毒时的解救宜选用
    A. 阿托品   B. 胆碱酯酶抑制剂   C. 阿托品+氯解磷定   D. 阿托品+新斯的明   E. 毛果芸香碱+新斯的明
111. 可用于控制动物厩舍内蝇蛆繁殖生长,保护环境卫生的药物为
    A. 马拉硫磷   B. 氰戊菊酯   C. 二嗪农   D. 溴氰菊酯   E. 环丙氨嗪
112. 下列对新斯的明叙述正确的为
    A. 新斯的明可直接兴奋M型受体
    B. 新斯的明可抑制胆碱酯酶活性
    C. 属于抗胆碱类药物   D. 可拮抗M型受体   E. 可拮抗运动终板的N2受体
113. 阿托品解除平滑肌痉挛效果最好的是
    A. 支气管平滑肌   B. 输尿管平滑肌   C. 胃肠道平滑肌   D. 虹膜括约肌   E. 子宫平滑肌
114. 阿托品对胆碱受体的作用是
    A. 对M、N胆碱受体有同样阻断作用
    B. 对N1、N2受体有同样阻断作用
    C. 阻断M胆碱受体,也阻断N2胆碱受体   D. 阻断M胆碱受体有高度选择性,大剂量也阻断N1胆碱受体
    E. 以上都不对

115. 阿托品对眼的作用是
 A. 散瞳、升高眼内压、视远物模糊
 B. 散瞳、升高眼内压、视近物模糊
 C. 散瞳、降低眼内压、视远物模糊
 D. 散瞳、降低眼内压、视近物模糊
 E. 缩瞳、升高眼内压、视近物清楚

116. 阿托品用作全身麻醉前给药的目的是
 A. 增强麻醉效果 B. 镇静 C. 预防心动过缓 D. 减少呼吸道腺体分泌
 E. 辅助骨骼肌松弛

117. 下列局麻方法中**不宜**用普鲁卡因的是
 A. 浸润麻醉 B. 硬膜外麻醉
 C. 表面麻醉 D. 传导麻醉 E. 封闭疗法

118. 直接兴奋M、N型受体的药物为
 A. 阿托品 B. 肾上腺素 C. 氨甲酰胆碱 D. 毛果芸香碱 E. 烟碱

119. 下列哪个药物为α和β受体激动剂
 A. 去甲肾上腺素 B. 肾上腺素
 C. 异丙肾上腺素 D. 麻黄碱
 E. 克伦特罗

120. 治疗重症肌无力首选药物
 A. 毛果芸香碱 B. 东莨菪碱
 C. 新斯的明 D. 琥珀胆碱 E. 静松灵

121. 新斯的明禁用于
 A. 箭毒过量中毒的解救 B. 腹气胀
 C. 尿潴留 D. 机械性肠梗阻
 E. 肠道迟缓

122. 局麻药的作用机制是
 A. 阻滞钾通道 B. 阻滞钠通道
 C. 阻滞钙通道 D. 阻滞钠钾通道
 E. 阻滞钠钙通道

123. 对局麻药最敏感的是
 A. 触压觉 B. 味觉 C. 嗅觉
 D. 痛觉 E. 冷热温觉

124. 局麻药在炎症组织中
 A. 局麻作用增强 B. 局麻作用减弱
 C. 作用不变 D. 作用丧失
 E. 毒性增加

125. 阿托品对有机磷中毒症状**无效**的为
 A. 流涎 B. 瞳孔缩小 C. 大小便失禁 D. 肌震颤 E. 腹痛

126. 肾上腺素**不具有**下列哪项治疗作用
 A. 扩张支气管 B. 治疗药物过敏反应 C. 治疗充血性心衰 D. 延长局麻药作用 E. 局部表面止血

127. 一种理想的局部麻醉药应具备的条件是
 A. 在意识清醒条件下，使局部痛觉暂时消失 B. 只能注射给药 C. 不引起神经结构的永久性损害 D. 所有这些
 E. A和C

128. 对大脑皮质有明显兴奋作用的是
 A. 尼可刹米 B. 戊四氮 C. 士的宁 D. 咖啡因 E. 回苏灵

129. 新生仔畜窒息可选用
 A. 咖啡因 B. 士的宁 C. 尼可刹米 D. 氯丙嗪 E. 地西泮

130. 可用于兴奋不安或具有攻击行为动物，使其安静的药物为
 A. 地西泮 B. 戊四氮 C. 士的宁 D. 尼可刹米 E. 咖啡因

131. 兽医临床中氯丙嗪**不可**用于
 A. 强化麻醉 B. 破伤风的辅助治疗 C. 驯服狂躁动物 D. 基础麻醉
 E. 食品动物的促生长

132. 硫酸镁注射给药**不产生**的作用是
 A. 抗惊厥 B. 解痉 C. 降低血压 D. 骨骼肌松弛 E. 腹泻

133. 决定巴比妥类药物起效快慢和维持长短的主要因素是
 A. 肝微粒体药酶活性 B. 脂溶性
 C. 肾脏排泄 D. 胃肠道吸收
 E. 肠肝循环

134. 骨折剧痛应选用的镇痛剂为
 A. 阿司匹林 B. 消炎痛 C. 炎痛喜康 D. 哌替啶 E. 地塞米松

135. 对惊厥治疗无效的药物是
 A. 苯巴比妥 B. 地西泮 C. 氯丙嗪 D. 口服硫酸镁 E. 注射硫酸镁

136. 吗啡呼吸抑制作用的机制为
 A. 提高呼吸中枢对O_2的敏感性
 B. 降低呼吸中枢对O_2的敏感性
 C. 提高呼吸中枢对CO_2的敏感性
 D. 降低呼吸中枢对CO_2的敏感性
 E. 激动k受体

137. 下列全身麻醉药中，肌肉松弛作用较完全的是
 A. 硫喷妥钠 B. 氯胺酮 C. 氧化亚氮 D. 异氟烷 E. 氟烷

138. 用于诱导麻醉的药物是
 A. 氯胺酮 B. 苯巴比妥 C. 氯丙嗪 D. 硫喷妥钠 E. 氟烷

139. 下列对琥珀酰胆碱叙述正确的有

A. 属于非除极化型肌松药　B. 作用于N1受体　C. 可与有机磷驱虫药同时使用　D. 手术时用于肌松药　E. 抗胆碱酯酶药可阻断其肌松作用

140. 下列对硫喷妥钠叙述**不正确的**为
A. 脂溶性比较高　B. 可以透过血脑屏障　C. 维持麻醉作用时间短
D. 肌松完全　E. 镇痛效果差

141. 下列药物中属于镇痛性化学保定药的是
A. 异氟醚　B. 阿托品　C. 噻拉唑
D. 琥珀胆碱　E. 硫喷妥钠

142. 解热镇痛抗炎药的解热作用机制为
A. 抑制外周PG合成　B. 抑制中枢PG合成　C. 抑制中枢IL-1合成
D. 抑制外周IL-1合成　E. 以上都不是

143. 可预防阿司匹林引起的凝血障碍的维生素是
A. 维生素A　B. 维生素B_2　C. 维生素B_2　D. 维生素E　E. 维生素K

144. 下列属于动物专用的解热镇痛抗炎药为
A. 替泊沙林　B. 氟尼新葡甲胺　C. 阿司匹林　D. 安乃近　E. 保泰松

145. 糖皮质激素用于慢性炎症的目的在于
A. 具有强大抗炎作用，促进炎症消散
B. 抑制肉芽组织生长，防止粘连和疤痕
C. 促进炎症区的血管收缩，降低其通透性　D. 稳定溶解体膜，减少蛋白水解酶的释放　E. 抑制花生四烯酸释放，使炎症介质PG合成减少

146. 糖皮质激素用于严重感染的目的在于
A. 利用其强大的抗炎作用，缓解症状，使患畜度过危险期　B. 有抗菌和抗毒素作用　C. 具有中和抗毒作用，提高机体对毒素的耐受力　D. 由于加强心肌收缩力，帮助患畜度过危险期
E. 消除危害机体的炎症和过敏反应

147. 糖皮质激素可诱发和加重感染的主要原因是
A. 用量不足，无法控制症状而造成
B. 抑制炎症反应和免疫反应，降低机体的防御能力　C. 促使许多病原微生物繁殖所致　D. 患者对激素不敏感而未反映出相应的疗效　E. 抑制促肾上腺皮质激素的释放

148. 糖皮质激素和抗生素合用治疗严重感染的目的是
A. 增强机体防御能力　B. 增强抗生素的抗菌作用　C. 拮抗抗生素的某些不良反应　D. 增强机体应激性
E. 用激素缓解症状，度过危险期，用抗生素控制感染

149. 有关糖皮质激素作用**错误的**描述是
A. 有退热作用　B. 能提高机体对内毒素的耐受力　C. 缓解毒血症
D. 缓解机体对内毒素的反应　E. 能中和内毒素

150. 属于长效糖皮质激素的药物是
A. 氢化可的松　B. 泼尼松　C. 泼尼松龙　D. 地塞米松　E. 去炎松

151. 糖皮质激素**不可**用于
A. 酮血症　B. 妊娠毒血症　C. 病毒感染　D. 关节炎　E. 休克

152. 糖皮质激素抗毒作用机制为
A. 中和细菌内毒素　B. 中和细菌外毒素　C. 提高机体对细菌内毒素的耐受力　D. 稳定溶酶体膜　E. 促进机体修复能力，减轻内毒素对机体造成的损伤

153. 糖皮质激素的不良反应**不包括**
A. 急性肾上腺功能不全　B. 血糖下降　C. 水肿　D. 低血钾症
E. 多尿和饮欲亢进

154. 糖皮质激素的药理作用**不包括**
A. 抗内毒素　B. 抗过敏　C. 抗休克　D. 抗病毒　E. 抗免疫

155. 可用于胃酸分泌不足所引起的消化不良的药物是
A. 鱼石脂　B. 二甲基硅油　C. 硫酸钠　D. 胃蛋白酶　E. 浓氯化钠注射液

156. 可用于泡沫性臌气病的药物是
A. 乳酸　B. 鱼石脂　C. 二甲基硅油　D. 芳香氨醑　E. 稀盐酸

157. 对瘤胃**无兴奋作用**的药物是
A. 浓氯化钠注射液　B. 新斯的明　C. 氨甲酰胆碱　D. 毛果芸香碱
E. 铋制剂

158. 对于胃蛋白酶作用叙述**不正确的**是
A. 在碱性条件下作用最强　B. 在酸性条件下作用最强　C. 可用于胃液分泌不足　D. 可用于胃蛋白酶缺乏引起的消化不良　E. 可促进蛋白质的分解

吸收

159. 下列对乳酶生叙述**不正确**的是
   A. 为乳酸类链球菌的干燥制剂
   B. 可与抗菌药同服   C. 可提高肠内酸度，抑制腐败菌的繁殖   D. 可用于家畜的消化不良   E. 可用于肠臌气和幼畜腹泻

160. 下列叙述**不正确**的是
   A. 祛痰药可以使痰液变稀或溶解，使痰易于咳出   B. 祛痰药可作为镇咳药的辅助药使用   C. 祛痰药可促进痰液排出，减少呼吸道黏膜的刺激性。有间接的镇咳平喘作用   D. 氯化铵内服后可刺激胃黏膜迷走神经末梢，反射性引起支气管腺体分泌增加   E. 碘化钾适用于治疗急性支气管炎症

161. 下列**无**平喘作用的药物为
   A. 氨茶碱   B. 异丙肾上腺素
   C. 麻黄碱   D. 阿托品   E. 肥大细胞稳定剂

162. 对于有痰剧咳的患畜，应该选择
   A. 单独使用可待因镇咳   B. 可使用氯化铵祛痰   C. 选用可待因祛痰   D. 使用氯化铵镇咳   E. 使用碘化钾镇咳

163. 有关氨茶碱的叙述，下列哪项是**错误的**
   A. 对于痉挛的支气管平滑肌松弛作用显著   B. 能够抑制儿茶酚胺类物质的释放   C. 对急慢性哮喘均有效
   D. 静注可致心律失常，甚至惊厥
   E. 有较弱的利尿作用

164. 可待因主要用于
   A. 上呼吸道感染引起的急性咳嗽
   B. 多痰、黏痰引起的剧咳   C. 剧烈的刺激性干咳   D. 肺炎引起的咳嗽
   E. 支气管哮喘

165. 妨碍铁剂在肠道吸收的物质是
   A. 维生素C   B. 果糖   C. 食物中的半胱氨酸   D. 稀盐酸   E. 四环素

166. 肝素的抗凝机制是
   A. 抑制血小板聚集   B. 激活纤溶酶   C. 加速抗凝血酶Ⅲ（ATⅢ）灭活凝血因子 ⅡA、ⅫA、ⅪA、ⅩA、ⅨA的作用
   D. 直接灭活多种凝血因子   E. 影响凝血因子Ⅱ、Ⅶ、Ⅸ、Ⅹ的合成

167. 酚磺乙胺止血的作用机制为
   A. 参与凝血因子的合成   B. 增强毛细血管对损伤的抵抗力   C. 通过增加血小板数量，增强血小板的聚集性   D. 促进凝血因子的合成   E. 促使毛细血管端回缩

168. 可用于重症缺铁性贫血的药物为
   A. 叶酸   B. 维生素A   C. 右旋糖酐铁   D. 维生素B_{12} E. 硫酸亚铁

169. 强心苷加强心肌收缩力是通过
   A. 阻断心迷走神经   B. 兴奋β受体   C. 直接作用于心肌   D. 交感神经递质释放   E. 抑制心迷走神经递质释放

170. 强心苷主要用于治疗
   A. 充血性心力衰竭   B. 完全性心脏传导阻滞   C. 心室纤维颤动   D. 心包炎   E. 二尖瓣重度狭窄

171. 维生素K属于哪一类药物
   A. 抗凝血药   B. 促凝血药   C. 抗高血压药   D. 纤维蛋白溶解药
   E. 血容量扩充药

172. 肝素过量引起的自发性出血可选用哪个药物治疗
   A. 右旋糖   B. 阿司匹林   C. 鱼精蛋白   D. 垂体后叶素   E. 维生素K

173. 强心苷增加心衰病畜心输出量的作用是由于
   A. 加强心肌收缩性   B. 反射性地升高交感神经活性   C. 反射性地降低迷走神经活性   D. 降低外周血管阻力
   E. 反射性地兴奋交感神经

174. 强心苷的药理作用**不包括**
   A. 正性肌力   B. 减慢心率   C. 减慢房室传导速率   D. 利尿   E. 降低血容量

175. 维生素K的作用机制是
   A. 抑制抗凝血酶   B. 促进血小板聚集   C. 抑制纤溶酶   D. 作为羧化酶的辅酶参与凝血因子的合成   E. 竞争性对抗纤溶酶原激活因子

176. 洋地黄毒苷的特点**不包括**
   A. 属于慢作用强心苷   B. 属于快作用强心苷   C. 内服易吸收   D. 有肠肝循环   E. 过量会引起心律失常

177. 不易内服铁剂的缺铁性贫血患畜可选用
   A. 叶酸   B. 叶酸＋维生素B_{12}
   C. 硫酸亚铁   D. 右旋糖酐铁
   E. 叶酸＋维生素B_2

178. 关于呋塞米的药理作用特点中，叙述错

误的是
A. 抑制髓袢升支对钠、氯离子的重吸收
B. 影响尿的浓缩功能   C. 肾小球滤过率降低时无利尿作用   D. 肾小球滤过率降低时仍有利尿作用   E. 增加K的排泄

179. 关于呋塞米的叙述，**错误**的是
A. 是最强的利尿药之一   B. 抑制髓袢升支对Cl⁻的重吸收   C. 可引起代谢性酸中毒   D. 可引起脱水和电解质紊乱   E. 忌与螺内酯合用

180. 主要作用在肾髓袢升支粗段的髓质部和皮质部的利尿药是
A. 甘露醇   B. 氢氯噻嗪   C. 呋噻米   D. 山梨醇   E. 螺内酯

181. 长期使用高效利尿药时**不会**引起
A. 高血钾症   B. 低血钾症   C. 脱水   D. 低血氯症   E. 高尿酸症

182. 氢氯噻嗪对尿中离子的影响是
A. 排K⁺增加   B. 排磷增加   C. 排Cl⁻增加   D. 排HCO₃⁻增加   E. 排Mg²⁺增加

183. 下列哪种情况**不能**使用催产素
A. 产后催乳   B. 产后止血   C. 胎衣不下   D. 子宫复原不全   E. 产道阻塞时的催产

184. 前列腺素**不可**用于
A. 同期发情   B. 治疗持久性黄体   C. 诱导分娩   D. 治疗子宫内膜炎   E. 妊娠母畜也可以用

185. 下列对脱水剂甘露醇叙述**不正确**的为
A. 属于高渗性脱水剂   B. 通过口服给药   C. 可降低颅内压   D. 动物用前应补充适当体液   E. 长期使用会引起电解质平衡紊乱

186. 对呋塞米叙述**不正确**的是
A. 可出现电解质平衡紊乱及胃肠道功能紊乱   B. 可与氨基苷类抗生素合用   C. 可用于苯巴比妥中毒时加速药物排泄   D. 可用于充血性心力衰竭   E. 长期使用应补钾，并定时监测水和电解质平衡状态

187. 下列哪个作用**不是**钙的药理作用
A. 重要凝血因子，促进凝血   B. 维持神经正常兴奋性   C. 对抗镁离子的作用   D. 消炎、抗过敏   E. 抗氧化作用

188. 下列对亚硒酸钠叙述**不正确**的是
A. 在体内能清除脂质过氧化自由基中间产物，防止生物膜的脂质过氧化   B. 可在体内三羧酸循环及电子传递过程中起重要作用   C. 动物硒缺乏时，可发生营养型肌肉萎缩   D. 毒性较小，临床使用安全   E. 可用于防治幼畜白肌病和雏鸡渗出性素质

189. H₁受体阻断剂的药理作用是
A. 能与组胺竞争H₁受体，使组胺不能用H₁受体结合而起拮抗作用   B. 和组胺起化学反应，使组胺失效   C. 有相反的药理作用，发挥生理对抗效应   D. 能稳定肥大细胞膜，抑制组胺的释放   E. 以上都不是

190. 下列抗组胺H₁受体拮抗剂药物的性质和应用中，哪一条是**错误**的
A. 有镇静、嗜睡等中枢抑制作用   B. 有抑制唾液分泌，镇吐作用   C. 对内耳眩晕症、晕动症有效   D. 可用于治疗过敏性疾病   E. 可减轻氨基糖苷类的耳毒性

191. 西咪替丁治疗十二指肠溃疡的机制是
A. 中和胃酸   B. 抑制胃蛋白酶活性   C. 阻滞胃壁细胞H₂受体，抑制胃酸分泌   D. 在胃内形成保膜，覆盖溃疡面   E. 抗幽门螺杆菌

192. 有机磷农药中毒的机理是
A. 直接兴奋M受体   B. 直接兴奋N受体   C. 抑制AChE活性，使ACh水解减少   D. 抑制细胞色素氧化酶   E. 抑制转肽酶

193. 有机磷酸酯类中毒的解救宜选用
A. 阿托品   B. 毛果芸香碱＋氯磷定   C. 阿托品＋氯磷定   D. 阿托品＋新斯的明   E. 毛果芸香碱＋新斯的明

194. 对乙酰胺叙述**不正确**的是
A. 乙酰胺是灭鼠药氟乙酰胺的解毒剂   B. 其结构与氟乙酰胺相似，可起竞争作用   C. 乙酰胺可恢复组织的三羧酸循环   D. 肌注时可配合使用普鲁卡因以减轻毒性   E. 乙酰胺可使机体的高铁血红蛋白还原为正常血红蛋白，减轻机体的缺氧症状

195. 抢救心搏骤停的主要药物是
A. 麻黄碱   B. 肾上腺素   C. 多巴胺   D. 间羟胺   E. 苯茚胺

196. 青霉素过敏反应严重休克时可选用的解救药是
    A. 氨甲酰胆碱   B. 阿托品   C. 肾上腺素   D. 去甲肾上腺素   E. 毛果芸香碱
197. 耐药金黄色葡萄球菌感染的治疗药应选择
    A. 青霉素G   B. 氨苄青霉素   C. 邻氯青霉素   D. 阿莫西林   E. 庆大霉素
198. 下列情况属于不合理配伍是
    A. SD＋TMP   B. 青霉素＋链霉素   C. 土霉素＋TMP   D. 青霉素＋土霉素   E. 以上均不对
199. 可用于猪、鸡驱线虫的抗生素是
    A. 林可霉素   B. 越霉素   C. 氟苯尼考   D. 吡喹酮   E. 四环素
200. 氨苄西林无效的细菌是
    A. 巴氏杆菌   B. 变形杆菌   C. 嗜血杆菌   D. 绿脓杆菌   E. 大肠杆菌

二、A2题型

题型说明：每道试题由一个叙述性的主题作为题干和五个备选答案组成。A、B、C、D和E五个备选答案中只有一个是最佳答案，其余均不完全正确或不正确，答题时要求选出正确的那个答案。

1. 从胆汁排泄进入到小肠的药物中，有些脂溶性药物可被重吸收，经肝脏进入血液循环，这种现象称为
    A. 首过效应   B. 二重感染   C. 胆汁排泄   D. 肾脏排泄   E. 肠肝循环
2. 苯巴比妥可以显著降低其它联用药物的血药浓度，从而使药理效应减弱，主要是因为苯巴比妥具有
    A. 酶抑制作用   B. 酶诱导作用   C. 增加血浆蛋白结合率作用   D. 增加肾脏排泄的作用   E. 减少吸收的作用
3. 动物使用抗凝血药双香豆素后，全部与血浆蛋白结合，如同时合用保泰松，则可使双香豆素的游离药物浓度急剧增加，以致可能出现血不止，这反映了
    A. 药物与血浆蛋白结合具有饱和性
    B. 药物与血浆蛋白结合具有不可逆性
    C. 药物与血浆蛋白结合是特异性结合
    D. 药物与血浆蛋白结合具有竞争性
    E. 药物与血浆蛋白结合后分布较广
4. 成年草食动物长期应用四环素类广谱抗生素时，肠道菌群中对抗生素敏感的菌株会受到抑制，而不敏感菌株可大量繁殖，造成胃肠炎和全身感染，这种现象称为
    A. 功能性腹泻   B. 二重感染   C. 局部感染   D. 不良反应   E. 细菌性腹泻
5. 对有肝功能或肾功能不全的患畜，易引起由肝脏代谢或肾脏消除的药物蓄积，产生不良反应，对于这样的病畜应该
    A. 增加给药剂量   B. 延长给药间隔   C. 与其他药合用   D. 改变给药途径   E. 缩短给药间隔
6. 联合应用抗菌药的目的主要在于扩大抗菌谱，增强疗效，减少用量，降低或避免毒副作用减少或延缓耐药菌株的产生，下列哪个为不合理的联合用药
    A. 磺胺＋TMP   B. 阿莫西林＋舒巴坦   C. 林可霉素＋大观霉素   D. 磺胺＋NAHCO₃   E. 泰乐菌素＋马杜霉素
7. 抗菌药物的广泛应用，使细菌耐药性问题日益严重，以金黄色葡萄球菌、大肠杆菌、胸膜肺炎放线杆菌、铜绿假单胞菌和结核杆菌最易产生耐药性，故为避免耐药性产生，不宜
    A. 严格掌握适应证，不滥用抗菌药
    B. 剂量要够，疗程要恰当   C. 采用预防用药，预防感染发生   D. 病因不明，不轻易使用抗菌药   E. 尽量减少长期用药
8. 磺胺药主要在肝脏代谢，主要发生对位氨基的乙酰化反应，因此导致结晶尿的产生，损害肾脏功能，为减轻其肾脏毒性，肉食动物使用磺胺药时应同服
    A. 维生素K   B. 维生素B   C. 碳酸氢钠   D. 维生素E   E. TMP

三、A3题型

题型说明：其结构是开始叙述一个题干，然后提出2~3个相关的问题，每个问题均有5个备选答案，需要选择一个最佳答案，其余的供选答案可以部分正确，也可以是错误，但是只能有一个最佳的答案。不止一个的相关问题，有时也可以用否定的叙述方式，同样否定词用黑体标出，以提醒应试者。

(1~3题共用以下题干)
根据药物浓度及时间，可以绘制某药物的药时曲线，根据药时曲线可定量地分析药物在体内动态变化的规律性和特征。

1. 非静脉注射给药的药时曲线可以分为
   A. 持续期和残留期　　B. 潜伏期和持续期
   C. 潜伏期和残留期　　D. 潜伏期、持续期和残留期
   E. 潜伏期和半衰期
2. 药时曲线的升段主要反应
   A. 药物的消除　　B. 药物的吸收
   C. 药物的分布　　D. 药物的消除和分布
   E. 药物的吸收和分布
3. 快速静注一般没有
   A. 持续期　　B. 持续期和残留期
   C. 潜伏期和持续期　　D. 潜伏期
   E. 残留期

   （4～6题共用以下题干）
   维生素是维持动物体正常生理代谢和机能所必需的一类低分子化合物，其作用是其他物质所无法替代的。
4. 能维持上皮组织如皮肤、结膜等正常机能，并参与视紫红质的合成，增强视网膜感光力的维生素为
   A. 维生素 B　　B. 维生素 C　　C. 维生素 E　　D. 维生素 D　　E. 维生素 A
5. 对钙磷代谢及动物骨骼生长有重要影响的维生素是
   A. 维生素 B_1　　B. 维生素 C　　C. 维生素 E　　D. 维生素 D　　E. 维生素 A
6. 可用于高热、重度损伤及牛酮血症、神经炎、心肌炎的辅助治疗的维生素为
   A. 维生素 B_1　　B. 维生素 B_2　　C. 维生素 B_6　　D. 维生素 D　　E. 维生素 A

四、B1题型

题型说明：也是单项选择题，属于标准配伍题。每个题给出5个备选答案，之后给出2～6个题干构成一组试题，要求从5个备选答案中为这些题干选择一个与其关系最密切的答案。在这一组试题中，每个备选答案可以被选1次、2次和多次，也可以不选用。

（1～3题共用下列备选答案）
   A. 副作用　　B. 抗菌药后效应
   C. 毒性反应　　D. 过敏反应　　E. 后遗效应
1. 青霉素引起的主要不良反应为
2. 链霉素在临床中引起的听觉神经损害主要为
3. 长期用肾上腺皮质激素停药后引起

（4、5题共用下列备选答案）
   A. 无关作用　　B. 相加作用　　C. 协同作用　　D. 拮抗作用　　E. 抑制作用
4. 磺胺嘧啶和三甲氧苄胺嘧啶的联合使用为
5. 阿托品解救氨甲酰甲胆碱的中毒机制为

（6～8题共用下列备选答案）
   A. 皮肤　　B. 静脉注射　　C. 呼吸道　　D. 内服　　E. 关节腔内
6. 具有第一关卡效应的给药途径为
7. 硫酸镁通过（　　）给药，产生中枢抑制作用
8. 生物利用度受种属影响较大的给药途径为

（9、10题共用下列备选答案）
   A. 理化反应　　B. 影响神经递质的释放
   C. 影响离子通道　　D. 对酶活性产生影响
   E. 影响体内活性物质产生
9. 有机磷类驱线虫作用机制
10. 阿司匹林的作用机制

（11～15题共用下列备选答案）
   A. 庆大霉素　　B. 头孢噻呋　　C. 磺胺甲噁唑　　D. 恩诺沙星　　E. 林可霉素
11. 抑制肽酰转移酶，抑制蛋白合成的是
12. 抑制细胞膜通透性并可影响蛋白质合成的多个环节的是
13. 抑制二氢叶酸还原酶
14. 影响细菌 DNA 回旋酶
15. 影响细菌细胞壁合成的是

（16、17题共用下列备选答案）
   A. 替米考星　　B. SMZ+TMP
   C. SD+青霉素 G　　D. 磺胺喹噁啉+DVD　　E. 甲硝唑
16. 治疗脑部细菌感染
17. 治疗牛、鸽毛滴虫病

（18、19题共用下列备选答案）
   A. 幼畜软骨发育障碍　　B. 肾脏毒性
   C. 叶酸缺乏　　D. 潜在致癌作用
   E. 二重感染
18. 喹乙醇具有
19. 红霉素可引起

（20、21题共用下列备选答案）
   A. 氯离子通道　　B. 胆碱酯酶
   C. 钠离子通道　　D. 增加 γ-GABA 释放
   E. 影响神经递质合成
20. 伊维菌素驱线虫作用机制为
21. 二嗪农杀虫剂的作用机制为

（22、23题共用下列备选答案）
   A. 箭毒过量中毒解救　　B. 有机磷中毒解救　　C. 心脏骤停急救　　D. 抗心律

失常　　E. 支气管痉挛
22. 肾上腺素可用于
23. 普萘洛尔可用于
(24～26题共用下列备选答案)
　　A. 可用于心律失常　　B. 毒性最大
　　C. 作用最弱　　D. 可升高血压
　　E. 无血管扩张作用
24. 普鲁卡因
25. 利多卡因
26. 丁卡因
(27～29题共用下列备选答案)
　　A. 二巯基丙醇　　B. 解磷定　　C. 亚甲蓝　　D. 亚硝酸钠　　E. 乙酰胺
27. 可用于解救有机磷农药中毒的药物是
28. 可用于解救氰化物中毒的药物是
29. 重金属中毒最好选用（　　）解毒
(30～32题共用下列备选答案)

A. SD　　B. SMM　　C. SM2　　D. SMD
E. SQ
30. 脑部细菌感染可选用的磺胺类药物是
31. 临床上常用于治疗鸡球虫病的药物是
32. 上述药物中抗菌作用最强的磺胺类药物是
(33～37题共用下列备选答案)
　　A. 干扰敏感菌的叶酸代谢　　B. 抑制细菌脱氧核糖核酸（DNA）回旋酶，干扰DNA的复制　　C. 专一抑制β-内酰胺酶活性　　D. 能与细菌细胞质膜上的蛋白结合，引起转肽酶、羧肽酶、内肽酶活性丧失　　E. 抑制磷酸二酯酶
33. 克拉维酸抗菌的作用机理是
34. 磺胺类药物抗菌的作用机理是
35. 氟喹诺酮类药物抗菌的作用机理是
36. 青霉素类药物抗菌的作用机理是
37. 氨茶碱的平喘机制是

兽医药理学参考答案

一、A1题型

1	D	2	A	3	D	4	E	5	B	6	C	7	C	8	C	9	E	10	E
11	A	12	A	13	E	14	B	15	C	16	D	17	C	18	A	19	B	20	A
21	B	22	A	23	C	24	E	25	A	26	D	27	C	28	B	29	A	30	E
31	C	32	D	33	A	34	B	35	B	36	B	37	B	38	B	39	B	40	B
41	A	42	C	43	C	44	B	45	C	46	C	47	D	48	C	49	D	50	D
51	D	52	D	53	D	54	B	55	C	56	A	57	D	58	D	59	A	60	C
61	D	62	C	63	C	64	A	65	D	66	E	67	D	68	B	69	D	70	B
71	A	72	C	73	C	74	B	75	A	76	B	77	C	78	E	79	C	80	B
81	C	82	E	83	D	84	D	85	B	86	B	87	B	88	C	89	C	90	D
91	B	92	A	93	C	94	E	95	A	96	E	97	D	98	B	99	B	100	C
101	D	102	B	103	B	104	B	105	E	106	C	107	D	108	A	109	D	110	C
111	E	112	D	113	C	114	C	115	B	116	D	117	C	118	C	119	E	120	C
121	D	122	B	123	D	124	B	125	D	126	C	127	E	128	D	129	C	130	A
131	E	132	D	133	D	134	D	135	D	136	D	137	D	138	D	139	D	140	D
141	C	142	D	143	D	144	B	145	B	146	A	147	D	148	D	149	E	150	D
151	C	152	C	153	C	154	D	155	D	156	C	157	C	158	A	159	A	160	E
161	D	162	D	163	B	164	B	165	B	166	C	167	C	168	C	169	C	170	A
171	B	172	B	173	A	174	D	175	D	176	B	177	B	178	C	179	C	180	C
181	A	182	B	183	D	184	E	185	B	186	B	187	B	188	B	189	A	190	E
191	C	192	C	193	C	194	E	195	B	196	C	197	C	198	B	199	B	200	D

二、A2题型

| 1 | E | 2 | B | 3 | D | 4 | B | 5 | B | 6 | E | 7 | C | 8 | C | | | | |

三、A3题型

| 1 | D | 2 | E | 3 | D | 4 | E | 5 | D | 6 | A | | | | | | | | |

四、B1 题型

1	D	2	C	3	E	4	C	5	D	6	D	7	B	8	D	9	D	10	E
11	E	12	A	13	C	14	D	15	B	16	C	17	E	18	D	19	E	20	D
21	B	22	C	23	D	24	C	25	A	26	B	27	B	28	D	29	A	30	A
31	E	32	C	33	C	34	A	35	D	36	D	37	E								

第六节　执业兽医资格考试法律法规

一、A1 题型

题型说明：为单项选择题，属于最佳选择题类型。每道试题由一个题干和五个备选答案组成。A、B、C、D 和 E 五个备选答案中只有一个是最佳答案，其余均不完全正确或不正确，答题时要求选出正确的那个答案。

1. 《中华人民共和国畜牧法》自（　　）起施行
   A. 2005 年 7 月 1 日　　B. 2006 年 7 月 1 日
   C. 2007 年 7 月 1 日　　D. 2008 年 7 月 1 日
   E. 2009 年 7 月 1 日

2. 《中华人民共和国动物防疫法法》中的动物疫病是指动物的
   A. 细菌性疾病　　B. 传染病　　C. 寄生虫病　　D. 病毒性疾病　　E. 传染病、寄生虫病

3. 人工捕获的可能传播动物疫病的野生动物，应当报经捕获地（　　）检疫合格后，方可饲养、经营和运输
   A. 动物卫生监督机构　　B. 野生动物保护部门　　C. 林业部门　　D. 兽医主管部门　　E. 农业农村部

4. 国家对从事动物诊疗和动物保健等经营活动的兽医实行（　　）制度
   A. 长期聘任　　B. 定期鉴定　　C. 执业兽医资格考试　　D. 临时评估　　E. 租赁

5. 兽药生产企业应该符合
   A. GMP　　B. GSP　　C. GLP
   D. GCP　　E. GAP

6. 动物及动物产品的出入境检疫划归（　　）负责，各对外口岸有相应的出入境检验检疫机构
   A. 农业农村部　　B. 兽医局　　C. 国家市场监督管理总局　　D. 国家林业和草原局　　E. 国家质量监督局

7. 国家对动物疫病实行（　　），逐步建立无规定动物疫病区
   A. 区域化管理　　B. 省区管理　　C. 地方化管理　　D. 直接管理　　E. 间接管理

8. 《中华人民共和国动物防疫法》中，一类疫病指的是
   A. 可造成重大经济损失、需要采取严格控制扑灭措施的疾病　　B. 常见多发、可造成重大经济损失、需要控制和净化的动物疫病　　C. 对人和动物危害严重、需要采取紧急、严厉的强制性预防、控制和扑灭措施的疾病　　D. 常见的动物疫病　　E. 可造成重大经济损失、需要严厉的强制性预防、控制和扑灭措施的疾病

9. 《动物防疫法》规定，根据动物疫病对养殖业生产和人体健康的危害程度，共可以分为（　　）大类
   A. 2　　B. 3　　C. 4　　D. 5　　E. 6

10. 当发生（　　）时，需要县级以上地方人民政府应当立即组织有关部门和单位采取封锁、隔离、扑杀、销毁、消毒、无害化处理、紧急免疫接种等强制性措施，迅速扑灭疫病
    A. 一类动物疫病　　B. 二类动物疫病　　C. 三类动物疫病　　D. 四类动物疫病　　E. 五类动物疫病

11. 鸡新城疫病毒属于第（　　）类动物病原微生物
    A. 一　　B. 二　　C. 三　　D. 四　　E. 五

12. 二、三类动物疫病呈暴发性流行时，按照（　　）处理
    A. 一类动物疫病　　B. 二类动物疫病　　C. 三类动物疫病　　D. 四类动物疫病　　E. 五类动物疫病

13. 患有（　　）的人员不得直接从事动物诊疗以及易感染动物的饲养、屠宰、经营、隔离、运输等活动
    A. 传染病　　B. 人畜共患传染病　　C. 精神病　　D. 遗传病　　E. 寄生虫病

14. 对动物、动物产品实施检疫工作的是
    A. 执业兽医　　B. 私人兽医　　C. 公共兽医　　D. 官方兽医　　E. 民营兽医

15. 未经兽医执业注册从事动物诊疗活动的，由动物卫生监督机构责令停止动物诊疗活动，没收违法所得，并处（ ）罚款
    A. 1千元以上1万元以下   B. 2千元以上2万元以下   C. 2千元以上1万元以下   D. 3千元以上1万元以下
    E. 3千元以上3万元以下

16. 执业兽医有下列行为之一的，由动物卫生监督机构给予警告，责令暂停（ ）动物诊疗活动；情节严重的，由发证机关吊销注册证书：违反有关动物诊疗的操作技术规范，造成或者可能造成动物疫病传播、流行的；使用不符合国家规定的兽药和兽医器械的；不按照当地人民政府或者兽医主管部门要求参加动物疫病预防、控制和扑灭活动的
    A. 3个月以上3年以下   B. 5个月以上1年以下   C. 6个月以上1年以下
    D. 8个月以上1年以下   E. 6个月以上2年以下

17. 饲养场、养殖小区动物防疫条件应符合条件为距离生活饮用水源地、动物和动物产品集贸市场500米以上；距离种畜禽场1000米以上；距离动物诊疗场所200米以上；动物饲养场（养殖小区）之间距离不少于500米；距离动物隔离场所、无害化处理场所3000米以上；距离城镇居民区、文化教育科研等人口集中区域及公路、铁路等主要交通干线（ ）以上
    A. 300米   B. 400米   C. 500米
    D. 600米   E. 1000米

18. 不需要取得《动物防疫条件合格证》，只要符合动物防疫条件审查办法即可经营生产的为
    A. 动物饲养场、养殖小区   B. 动物隔离场所   C. 动物屠宰加工场所
    D. 动物和动物产品无害化处理场所
    E. 经营动物和动物产品的集贸市场

19. 向无规定动物疫病区输入相关易感动物、易感动物产品的，货主除按规定向输出地动物卫生监督机构申报检疫外，还应当在起运（ ）天前向输入地省级动物卫生监督机构申报检疫
    A. 1   B. 3   C. 5   D. 7   E. 10

20. 《执业兽医管理办法》适用于在中华人民共和国境内从事（ ）活动的兽医人员
    A. 动物养殖   B. 兽药生产   C. 屠宰加工   D. 动物诊疗   E. 动物诊疗和动物保健

21. 执业兽医在动物诊疗活动中发现动物患有或者疑似患有国家规定应当扑杀的疫病时
    A. 立即扑杀   B. 进行无害化处理
    C. 不得擅自进行治疗   D. 退回放弃治疗   E. 强行治疗

22. 使用伪造、变造、受让、租用、借用的兽医师执业证书或者助理兽医师执业证书的，动物卫生监督机构应当依法收缴，并责令停止动物诊疗活动，没收违法所得，并处（ ）罚款
    A. 500元以上1万元以下   B. 1000元以上1万元以下   C. 2000元以上1万元以下   D. 3000元以上1万元以下
    E. 5000元以上1万元以下

23. 动物诊疗是指动物疾病的预防、诊断、治疗和（ ）等经营性活动
    A. 动物美容   B. 动物训练   C. 动物绝育手术   D. 动物生产   E. 动物开发

24. （ ）机构对辖区内动物诊疗机构和人员执法法律、法规、规章的情况进行监督检查
    A. 兽医主管部门   B. 动物卫生监督
    C. 人民政府   D. 动物疫病防控
    E. 工商管理

25. 动物诊疗机构有下列行为之一的：1 超出动物诊疗许可证核定的诊疗活动范围从事动物诊疗活动的；2 变更从业地点、诊疗活动范围未重新办理动物诊疗许可证的。由动物卫生监督机构责令停止诊疗活动，没收违法所得；违法所得3万元以上的，并处违法所得（ ）罚款
    A. 1倍以上3倍以下   B. 1倍以上2倍以下   C. 1倍以上3倍以上   D. 1倍以上5倍以下   E. 1倍以上2倍以上

26. 动物诊疗机构连续停业（ ）年以上的，或者连续（ ）年未向发证机关报告动物诊疗活动情况，拒不改正的，由原发证机关收回、注销其动物诊疗许可证
    A. 1 1   B. 2 2   C. 3 3
    D. 2 3   E. 3 2

27. 动物诊疗机构未在诊疗场所悬挂动物诊疗许可证或者公示从业人员基本情况的；由动物卫生监督机构给予警告，责令限期改

正；拒不改正或者再次出现同类违法行为的，处以（　　）千元以下罚款。
A. 1　B. 2　C. 3　D. 4　E. 5

28. 《重大动物疫情应急条例》的生效日期是
A. 2005年11月16日　B. 2005年11月18日　C. 2005年12月1日　D. 2006年1月1日　E. 2007年1月1日

29. 《重大动物疫情应急条例》的立法目的是
A. 迅速控制、扑灭重大动物疫情
B. 保障养殖业安全生产　C. 保障公众身体健康与生命安全　D. 维护正常社会秩序　E. 以上都是

30. 重大动物疫情应急工作的指导方针是
A. 及时发现，快速反应，严格处理，减少损失　B. 加强领导，密切配合，依靠科学、依法防治，群防群控、果断处置
C. 加强领导、密切配合，格处理，减少损失　D. 加强领导、密切配合，及时发现，快速反应，群防群控、果断处置
E. 加强领导、密切配合，群防群控、果断处置

31. 重大动物疫情的监测主体是
A. 兽医主管部门　B. 动物卫生监督
C. 人民政府　D. 动物疫病防控
E. 动物防疫监督机构

32. 《重大动物疫情应急条例》规定，重大动物疫情发生后，省、自治区、直辖市人民政府和国务院兽医主管部门应在（　　）内向国务院报告
A. 8小时　B. 6小时　C. 4小时
D. 3小时　E. 1小时

33. 养殖场发生了大批动物死亡，初步认为属于重大动物疫情，该经营者应该立即向所在地的（　　）报告
A. 兽医主管部门　B. 动物卫生监督
C. 人民政府　D. 动物疫病防控
E. 动物防疫监督机构

34. 当某人发现病死或死因不明的动物时，应当立即报告当地（　　），并做好临时看管工作
A. 兽医主管部门　B. 动物卫生监督
C. 人民政府　D. 动物疫病防控
E. 动物防疫监督机构

35. 突发重大动物疫情的工作原则
A. 及时发现，快速反应，严格处理，减少损失　B. 加强领导，密切配合，依靠科学、依法防治，群防群控、果断处置
C. 加强领导、密切配合，格处理，减少损失　D. 加强领导、密切配合，及时发现，快速反应，群防群控、果断处置
E. 统一领导，分级管理，快速反应，高效运转，预防为主，群防群控

36. 《兽药管理条例》已经于2004年3月24日国务院第45次常务会通过，现予公布，自（　　）起施行
A. 2004年5月1日　B. 2004年7月1日
C. 2004年10月1日　D. 2004年11月1日　E. 2005年1月1日

37. 国家兽药典委员会拟定的、国务院兽医行政管理部门发布的《中华人民共和国兽药典》和（　　）为兽药国家标准
A. 兽药地方标准　B. 国务院兽医行政管理部门发布的其他兽药质量标准
C. 兽药产品质量合格证　D. 以上都是
E. 以上都不是

38. 兽药生产许可证有效期为5年。有效期届满，需要继续生产兽药的，应当在许可证有效期届满前（　　）个月到原发证机关申请换发兽药生产许可证
A. 3　B. 4　C. 5　D. 6　E. 7

39. 兽药经营许可证有效期为（　　）年。有效期届满，需要继续经营兽药的，应当在许可证有效期届满前6个月到原发证机关申请换发兽药经营许可证
A. 3　B. 4　C. 5　D. 6　E. 7

40. 兽药生产企业变更企业名称、法定代表人的，应当在办理工商变更登记手续后（　　）个工作日内，到原发证机关申请换发兽药生产许可证
A. 10　B. 15　C. 20
D. 25　E. 30

41. 兽药监督管理的执法机构是县级以上人民政府（　　）行使兽药监督管理权
A. 兽医行政主管部门　B. 动物卫生监督　C. 人民政府　D. 动物疫病防控
E. 动物防疫监督机构

42. 某企业想经营兽药，除了要有相关的场所和设施外，必须要求申请取得
A. 兽药生产许可证　B. 动物防疫合格证　C. 兽药经营许可证　D. 动物产品检疫合格证　E. 动物检疫合格证

43. 下列（　　）是正确的兽药有效期的标注
A. "有效期至2002年09月"，或"有效

期至2002.09" B."有效期至2002年09月01",或"有效期至2002.09.01" C."有效期至2002",或"有效期至2002" D."有效期至2002-9-1" E."有效期至2002-09-01"

44. 标签应以中文或适用符号标明产品的
    A. 名称、原料组成   B. 产品成分分析保证值   C. 净重、生产日期、保质期   D. 厂名、厂址、产品标准代号   E. 以上都是

45. 下面哪个（ ）不属于兽药内包装的信息
    A. 兽用标识   B. 兽药名称   C. 适应证（或功能与主治）   D. 停药期   E. 有效期

46. 当看到：兽用标识、兽药名称、主要成分、性状、功能与主治、用法与用量、不良反应、注意事项、有效期、规格、储藏、批准文号、生产企业信息等。请判断是
    A. 兽药内包装   B. 兽药外包装   C. 中兽药说明书   D. 兽用化学药品说明书   E. 兽药原料药标签

47. 违反《兽药管理条例》规定，擅自转移、使用、销毁、销售被查封或者扣押的兽药及有关材料的
    A. 责令其停止违法行为，给予警告，并处5万元以上10万元以下罚款   B. 责令其停止违法行为，给予警告，并处3万元以上5万元以下罚款   C. 责令其停止违法行为，给予警告，并处4万元以上6万元以下罚款   D. 责令其停止违法行为，给予警告，并处1万元以上3万元以下罚款   E. 责令其停止违法行为，给予警告，并处5000元以上1万元以下罚款

48. 2007年8月30日经第十届全国人民代表大会常务委员会第29次会议通过新修订的《中华人民共和国动物防疫法》，并于（ ）起实行
    A. 2007年8月30日   B. 2007年10月1日   C. 2007年12月30日   D. 2008年1月1日   E. 2008年5月1日

49. 关于《中华人民共和国动物防疫法》适用范围的规定，下列表述完整正确的是
    A. 本法适用于在中华人民共和国领域内的动物防疫及其监督管理活动   B. 本法适用于在中华人民共和国领域内的动物防疫管理活动   C. 本法适用于在中华人民共和国大陆内的动物防疫及其监督管理活动   D. 本法适用于在中华人民共和国大陆包括香港特别行政区与澳门特别行政区在内的动物防疫及其监督管理活动   E. 本法适用于在中华人民共和国领域内的动物防疫监督管理活动

50. 制定《动物防疫法》的目的不包括
    A. 加强对动物防疫活动的管理   B. 预防、控制和扑灭动物疫病   C. 促进养殖业发展   D. 保护人体健康   E. 依法行政，促进贸易

51. 《中华人民共和国动物防疫法》中对动物疫病监测进行了明确规定，下面表述正确的是
    A. 县级以上人民政府应当建立健全动物疫情监测网络，加强动物疫情监测   B. 动物疫病预防控制机构应当按照国务院兽医主管部门的规定，对动物疫病的发生、流行等情况进行监测   C. 从事动物饲养、屠宰、经营、隔离、运输以及动物产品生产、经营、加工、储藏等活动的单位和个人不得拒绝或者阻碍   D. 国务院兽医主管部门应当制定国家动物疫病监测计划   E. 以上都正确

52. 《中华人民共和国动物防疫法》规定，县级以上人民政府应当采取有效措施，加强（ ）队伍建设
    A. 村级兽医   B. 检疫员   C. 基层动物防疫   D. 监督员   E. 以上都是

53. 在《中华人民共和国动物防疫法》中属于动物卫生监督机构的主要职责描述正确的是
    A. 依法实施辖区内的动物及动物产品检疫   B. 纠正和处理违反动物卫生法律的行为   C. 决定动物卫生行政处理、处罚   D. 以上都对   E. 以上都不对

54. 《动物防疫法》规定，国家对严重危害养殖业生产和人体健康的动物疫病实施
    A. 计划免疫   B. 义务免疫   C. 强制免疫   D. 自行免疫   E. 以上均可

55. 《中华人民共和国动物防疫法》规定，实施强制免疫疫病病种名录由（ ）规定并公布
    A. 国务院畜牧兽医行政管理部门会同国

务院卫生主管部门　　B. 县级以上畜牧兽医主管部门会同卫生部门　　C. 国务院卫生主管部门　　D. 国务院畜牧兽医行政管理部门　　E. 乡级人民政府、城市街道办事处

56. 依照《动物防疫法》和国务院兽医主管部门的规定，（　　）对动物、动物产品实施检疫
    A. 兽医行政主管部门　　B. 动物卫生监督机构　　C. 动物疫病预防控制机构
    D. 县级人民政府　　E. 动物疫病检测机构

57. 《动物防疫法》规定：县级以上地方人民政府设立（　　）负责动物、动物产品的检疫工作和其他有关动物防疫的监督管理执法工作
    A. 兽医主管部门　　B. 动物疫病预防控制机构　　C. 动物卫生监督机构
    D. 动物疫病检测机构　　E. 疫控中心

58. 动物防疫活动中实施监督管理范围包括
    A. 动物饲料、屠宰、经营　　B. 动物隔离、运输　　C. 动物产品生产、经营、加工、储藏、运输　　D. 以上都是
    E. 以上都不是

59. 《动物防疫法》规定，从事动物饲养、屠宰、经营、隔离、运输以及动物产品生产、经营、加工、储藏等活动的单位和个人，应当依照本法和国务院兽医主管部门的规定，做好免疫（　　）等动物的疫病预防工作
    A. 报检　　B. 消毒　　C. 监测
    D. 无害化处理　　E. 检测

60. 《动物防疫法》所称官方兽医，是指
    A. 具备一定的检疫、兽医知识的工作人员　　B. 具备规定的资格条件并经兽医主管部门任命的　　C. 负责出具检疫等证明的国家兽医工作人员　　D. B+C
    E. A+B+C

61. 违反《中华人民共和国动物防疫法》规定，对饲养的动物不按照动物疫病强制免疫计划进行免疫接种的由动物卫生监督机构责令改正，给予（　　）；拒不改正的，由动物卫生监督机构代作处理，所需处理费用由违法行为人承担，可以处（　　）以下罚款
    A. 警告；500元　　B. 处分；1000元
    C. 警告；1000元　　D. 处分；500元
    E. 处分；3000元

62. 违反《中华人民共和国动物防疫法》规定，未经检疫，向无规定动物疫病区输入动物、动物产品的，由动物卫生监督机构责令改正，处（　　）以上（　　）以下罚款；情节严重的，处1万元以上10万元以下罚款
    A. 500元；3000元　　B. 1000元；3000元
    C. 1000元；5000元　　D. 1000元；1万元
    E. 3000元；1万元

63. 违反《动物防疫法》规定，转让、伪造或者变造检疫证明、检疫标志或者畜禽标识的，由动物卫生监督机构没收违法所得，收缴检疫证明、检疫标志或者畜禽标识，并处（　　）罚款
    A. 5万元以下　　B. 1万元以下
    C. 3000元以下　　D. 3000元以上3万元以下　　E. 1万元以上5万元以下

64. 动物诊疗机构违反《中华人民共和国动物防疫法》规定，造成动物疫病扩散的，由动物卫生监督机构责令改正，处（　　）罚款
    A. 1000元以下　　B. 1000元以上1万元以下　　C. 1万元以下　　D. 1万元以上5万元以下　　E. 1万元以上10万元以下

65. 违反《中华人民共和国动物防疫法》规定，未经兽医执业注册从事动物诊疗活动的，由（　　）责令停止动物诊疗活动，没收违法所得，并处（　　）罚款
    A. 兽医主管部门；1000元以上3000元以下　　B. 兽医主管部门；3000元以上1万元以下　　C. 动物卫生监督机构；1000元以上1万元以下　　D. 动物防疫监督机构；1000元以上3千元以下
    E. 兽医主管部门；3000元以上3万元以下

66. 执业兽医使用不符合国家规定的兽药和兽医器械的，由动物卫生监督机构给予警告，责令暂停（　　）动物诊疗活动，情节严重的，由发证机关吊销注册证书
    A. 6个月以下　　B. 6个月以上1年以下　　C. 1年以下　　D. 1年以上2年以下　　E. 2年以下

67. 随意发布动物疫情的，由动物卫生监督机构责令改正，处（　　）罚款
    A. 1千元以下　　B. 1千元以上1万元以

下　　C. 1 万元以下　　D. 1 万元以上 10 万元以下　　E. 10 万元以上
68. 下面（　　）是兽医主管部门及其工作人员违法行为的法律责任
    A. 对不符合条件的颁发动物防疫条件合格证、动物诊疗许可证，或者对符合条件的拒不颁发动物防疫条件合格证、动物诊疗许可证的　　B. 对附有检疫证明、检疫标志的动物、动物产品重复检疫的　　C. 发生动物疫情时未及时进行诊断、调查的　　D. 从事与动物防疫有关的经营性活动　　E. 对未经现场检疫或者检疫不合格的动物、动物产品出具检疫证明、加施检疫标志
69. 执业兽医师在动物诊疗活动中，未经亲自诊断、治疗，开具处方药、填写诊断书、出具有关证明文件的；由动物卫生监督机构给予警告，责令限期改正；拒不改正或者再次出现同类违法行为的，处（　　）罚款
    A. 500 元以下　　B. 500 元以上 1000 元以下　　C. 1000 元以下　　D. 1000 元以上 2000 元以下　　E. 2000 元以下
70. 《生猪屠宰检疫规范》规定，屠宰场应距离居民区、地表水源、交通干线以及生猪交易市场（　　）米以上
    A. 100　　B. 200　　C. 300　　D. 500　　E. 3000
71. 《动物检疫管理办法》规定，动物检疫合格证明有效期最长为（　　）天，赛马等特殊用途的动物，检疫合格证明有效期可延长至 20 天
    A. 5　　B. 7　　C. 15　　D. 20　　E. 30
72. 《病原微生物实验室生物安全管理条例》自（　　）施行
    A. 2004 年 11 月 12 日　　B. 2005 年 11 月 12 日　　C. 2004 年 12 月 11 日　　D. 2005 年 1 月 1 日　　E. 2005 年 12 月 11 日
73. 《动物诊疗机构管理办法》自（　　）施行
    A. 2008 年 10 月 1 日　　B. 2008 年 11 月 1 日　　C. 2008 年 12 月 1 日　　D. 2009 年 1 月 1 日　　E. 2009 年 2 月 1 日
74. 新修订的《中华人民共和国动物防疫法》是第十届全国人大常委会第（　　）次会议审议通过的
    A. 28　　B. 29　　C. 30　　D. 31　　E. 32
75. 输入到无规定动物疫区的动物，应当在输入地省级动物卫生监督机构指定的隔离场所进行隔离检疫。大中型动物的隔离检疫期为（　　）天
    A. 14　　B. 21　　C. 30　　D. 35　　E. 45
76. 输入到无规定动物疫区的动物，应当在输入地省级动物卫生监督机构指定的隔离场所进行隔离检疫。小型动物的隔离检疫期为（　　）天
    A. 14　　B. 21　　C. 30　　D. 35　　E. 45
77. 动物、动物产品在离开产地前，货主应当按规定时间向所在地的动物卫生监督机构申报检疫。出售、运输乳用动物、种用动物及其精液、卵、胚胎、种蛋，以及参加展览、演出和比赛的动物，应当提前（　　）天申报检疫
    A. 1　　B. 3　　C. 5　　D. 10　　E. 15
78. 动物诊疗机构应当使用规范的病历、处方笺，病历、处方笺应当印有动物诊疗机构名称。病历档案应当保存（　　）年以上
    A. 1　　B. 2　　C. 3　　D. 5　　E. 10
79. 兽药经营许可证的有效期为（　　）年。有效期届满，需要继续经营兽药的，必须在兽药经营许可证有效期届满前 6 个月到原发证机关申请换发兽药经营许可证
    A. 1　　B. 2　　C. 3　　D. 4　　E. 5
80. 高致病性禽流感封锁令的解除，是指疫点内所有禽类及其产品按规定处理后，在动物防疫监督机构的监督指导下，对有关场所和物品进行彻底消毒。最后一只禽只扑杀（　　）天后，经动物防疫监督机构审验合格后，由当地畜牧兽医行政管理部门向原发布封锁令的同级人民政府申请发布解除封锁令
    A. 14　　B. 21　　C. 28　　D. 30　　E. 35
81. 疫区解除封锁后，要继续对该区域进行疫情监测，（　　）个月后如未发现新的病例，即可宣布该次疫情被扑灭
    A. 5　　B. 6　　C. 7　　D. 8　　E. 12

二、B1 题型

题型说明：也是单项选择题，属于标准配伍题。B1 题型开始给出 5 个备选答案，之后给出 2~6 个题干构成一组试题，要求从 5 个备选答案中为这些题干选择一个与其关系最密切的答案。在这一组试题中，每个备选答案可以被选 1 次、2 次和多次，也可以不选用。

（1、2 题共用下列备选答案）

A. 预防为主　　B. 强制免疫　　C. 主动免疫　　D. 被动免疫　　E. 混合免疫

1. 国家对动物疫病实施（　　）方针
2. 国家对严重危害养殖业生产和人体健康的动物疫病实施

（3、4 题共用下列备选答案）

A. 10　　B. 15　　C. 20
D. 30　　E. 60

3. 兴办动物饲养场、养殖小区和动物屠宰加工场所的，县级地方人民政府兽医主管部门应当自收到申请之日起（　　）个工作日内完成材料和现场审查，审查合格的，颁发《动物防疫条件合格证》；审查不合格的，应当书面通知申请人，并说明理由
4. 兴办动物隔离场所、动物和动物产品无害化处理场所的，县级地方人民政府兽医主管部门应当自收到申请之日起 5 个工作日内完成材料初审，并将初审意见和有关材料报省、自治区、直辖市人民政府兽医主管部门。省、自治区、直辖市人民政府兽医主管部门自收到初审意见和有关材料之日起（　　）个工作日内完成材料和现场审查，审查合格的，颁发《动物防疫条件合格证》；审查不合格的，应当书面通知申请人，并说明理由

（5、6 题共用下列备选答案）

A. 1 名　　B. 1 名以上　　C. 2 名
D. 3 名　　E. 4 名

5. 申请设立动物诊疗机构的，应具有（　　）取得执业兽医师资格证书的人员
6. 动物诊疗机构从事动物颅腔、胸腔和腹腔手术的，除具备《动物诊疗机构管理办法》第五条规定的条件外，需要具有（　　）以上取得执业兽医师资格证书的人员

（7、8 题共用下列备选答案）

A. 5　　B. 10　　C. 15　　D. 20　　E. 30

7. 发证机关受理申请后，应当在（　　）个工作日内完成对申请材料的审核和对动物诊疗场所的实地考察。符合规定条件的，发证机关应当向申请人颁发动物诊疗许可证；不符合条件的，书面通知申请人，并说明理由
8. 动物诊疗机构变更名称或者法定代表人（负责人）的，应当在办理工商变更登记手续后（　　）个工作日内，向原发证机关申请办理变更手续

执业兽医资格考试法律法规参考答案

一、A1 题型

1	B	2	E	3	A	4	C	5	A	6	C	7	A	8	C	9	B	10	A
11	A	12	A	13	B	14	D	15	A	16	C	17	C	18	E	19	B	20	E
21	C	22	B	23	C	24	B	25	A	26	B	27	A	28	C	29	D	30	B
31	E	32	C	33	E	34	D	35	C	36	D	37	D	38	D	39	D	40	C
41	A	42	C	43	A	44	E	45	D	46	C	47	A	48	D	49	A	50	E
51	E	52	C	53	D	54	C	55	A	56	D	57	C	58	C	59	D	60	D
61	C	62	D	63	D	64	D	65	C	66	D	67	C	68	A	69	C	70	D
71	B	72	A	73	C	74	D	75	E	76	C	77	E	78	E	79	E	80	B
81	B																		

二、B1 题型

1	A	2	B	3	C	4	B	5	A	6	D	7	D	8	C

第四章 执业兽医资格考试预防兽医学部分综合练习题及参考答案

第一节 兽医微生物学和免疫学

一、A1 题型

题型说明：为单项选择题，属于最佳选择题类型。每道试题由一个题干和五个备选答案组成。A、B、C、D 和 E 五个备选答案中只有一个是最佳答案，其余均不完全正确或不正确，答题时要求选出正确的那个答案。

1. 不属于原核细胞型的微生物是
   A. 螺旋体　B. 放线菌　C. 病毒
   D. 细菌　E. 立克次体
2. 测定细菌大小的单位通常是
   A. 厘米　B. 毫米　C. 微米　D. 纳米　E. 分米
3. 关于细菌革兰染色操作步骤，下列哪项是**错误的**
   A. 标本涂片固定　B. 结晶紫初染
   C. 碘液媒染　D. 盐酸酒精脱色
   E. 稀释复红复染
4. 细菌的繁殖方式是
   A. 二分裂　B. 出芽　C. 复制
   D. 产生孢子　E. 产生芽孢
5. 既能形成荚膜又能产生芽孢的细菌是
   A. 肺炎球菌　B. 破伤风梭菌　C. 炭疽杆菌　D. 链球菌　E. 大肠杆菌
6. 菌落是指
   A. 不同种细菌在培养基上生长繁殖而形成肉眼可见的细胞集团　B. 细菌在培养基上繁殖而形成肉眼可见的细胞集团
   C. 一个细菌在培养基上生长繁殖而形成肉眼可见的细胞集团　D. 一个细菌细胞
   E. 从培养基上脱落的细菌
7. 与动物细胞比较，细菌所特有的一种重要结构是
   A. 核蛋白体　B. 线粒体　C. 高尔基体　D. 细胞膜　E. 细胞壁
8. 革氏兰阴性菌细胞壁内**不具有**的成分是
   A. 粘肽　B. 磷壁酸　C. 脂蛋白
   D. 脂多糖　E. 外膜
9. 青霉素的抗菌作用机理是
   A. 干扰细菌蛋白质的合成　B. 抑制细菌的核酸代谢　C. 抑制细菌的酶活性
   D. 破坏细胞壁中的肽聚糖　E. 破坏细胞膜
10. 内毒素的主要成分为
    A. 外膜蛋白　B. 磷壁酸　C. 脂多糖
    D. 菌毛　E. 鞭毛
11. 革兰氏阳性菌经溶菌酶或青霉素处理后，可完全除去细胞壁，形成仅有细胞膜包住细胞质的菌体，称为
    A. 细菌 L 型　B. 原生质球　C. 原生质体　D. 原生质　E. 细菌 R 型
12. 革兰氏阴性菌经溶菌酶或青霉素处理后，仅能除去细胞内的肽聚糖，形成仍有外膜层包裹的菌体，称为
    A. 细菌 L 型　B. 原生质球　C. 原生质体　D. 原生质　E. 细菌 R 型
13. 有关质粒的描述哪项是**错误的**
    A. 细菌生命活动不可缺少的基因
    B. 为细菌染色体以外的遗传物质
    C. 具有自我复制，传给子代的特点
    D. 可从一个细菌转移至另一个细菌体内
    E. 可自行丢失
14. 细菌的"核质以外的遗传物质"是指
    A. mRNA　B. 核蛋白体　C. 质粒
    D. 异染颗粒　E. 性菌毛
15. 与细菌的运动有关的结构是
    A. 鞭毛　B. 菌毛　C. 纤毛

D. 荚膜　　E. 轴丝

16. 半固体穿刺培养后，细菌呈纵树状生长，说明该菌有
   A. 鞭毛　　B. 菌毛　　C. 纤毛
   D. 荚膜　　E. 轴丝

17. **不**属于细菌特殊结构的是
   A. 鞭毛　　B. 芽孢　　C. 肽聚糖
   D. 菌毛　　E. S层

18. 以下结构中，与细菌黏附于黏膜的能力有关的结构是
   A. 菌毛　　B. 芽孢　　C. 中介体
   D. 胞浆膜　　E. 周质间隙

19. 在细菌之间直接传递DNA是通过
   A. 鞭毛　　B. 普通菌毛　　C. 性菌毛
   D. 中介体　　E. 核糖体

20. 细菌通过性菌毛将遗传物质从供体菌转移到受体菌的过程，称为
   A. 转化　　B. 转导　　C. 突变
   D. 接合　　E. 溶原性转

21. 去除芽孢最好的方法是
   A. 蒸馏法　　B. 高压蒸汽灭菌法
   C. 滤过法　　D. 巴氏消毒法
   E. 煮沸法

22. （　）病原菌致病力最强，其形态、染色特性及生理活性均较典型，对抗菌药物等的作用较为敏感
   A. 迟缓期　　B. 对数期　　C. 稳定期
   D. 衰亡期　　E. 芽孢期

23. 下列物质中**不**是细菌合成代谢产物的一种是
   A. 色素　　B. 细菌素　　C. 热原质
   D. 抗毒素　　E. 外毒素

24. 具有抗菌作用的细菌代谢产物是
   A. 色素　　B. 细菌素　　C. 外毒素
   D. 内毒素　　E. 卵磷脂酶

25. 种蛋室空气消毒常用的方法是
   A. 紫外线　　B. α射线　　C. β射线
   D. γ射线　　E. X射线

26. 细菌素的特点**不**正确的是
   A. 是某些细菌产生的一类蛋白质
   B. 具有抗菌作用，可抑制菌体蛋白的合成　　C. 可用于细菌分型　　D. 与抗生素不同，抗菌谱窄，仅对近缘关系的细菌有抑制作用　　E. 属于抗生素的一种

27. 判定一种致死性微生物或毒素，一般使用（　）定量其致病力
   A. 空斑试验　　B. 菌落计数　　C. 微生物分离培养　　D. 变态反应　　E. 半数致死量

28. 芽孢与细菌生存有关的特性是
   A. 抗吞噬作用　　B. 产生毒素　　C. 耐热性　　D. 黏附于感染部位　　E. 侵袭力

29. 关于内毒素的叙述，下列**错误**的一项是
   A. 来源于革兰阴性菌　　B. 能用甲醛脱毒制成类毒素　　C. 其化学成分是脂多糖　　D. 性质稳定，耐热　　E. 只有当菌体死亡裂解后才释放出来

30. 关于外毒素的叙述，下列**错误**的是
   A. 多由革兰阳性菌产生　　B. 化学成分是蛋白质　　C. 耐热，使用高压蒸汽灭菌法仍不能将其破坏　　D. 经甲醛处理可制备成类毒素　　E. 可刺激机体产生抗毒素

31. 外毒素的特点之一是
   A. 多由革兰阴性菌产生　　B. 可制备成类毒素　　C. 多为细菌裂解后释放　　D. 化学组成是脂多糖　　E. 耐热

32. 类毒素是
   A. 抗毒素经甲醛处理后的物质
   B. 内毒素经甲醛处理后脱毒而保持抗原性的物质　　C. 外毒素经甲醛处理后脱毒而保持抗原性的物质　　D. 细菌经甲醛处理后的物质　　E. 外毒素经甲醛处理后脱毒并改变了抗原性的物质

33. 感染动物症状消失后，仍长期或终身携带病毒并不定期排毒的感染类型是
   A. 隐性感染　　B. 局部感染　　C. 继发感染　　D. 内源性感染　　E. 持续性感染

34. 判定一种致死性微生物或毒素，一般使用（　）定性其致病力。
   A. 空斑试验　　B. 菌落计数　　C. 微生物分离培养　　D. 变态反应　　E. 科赫法则

35. 在标本的采集与送检中**不**正确的做法是
   A. 严格无菌操作，避免杂菌污染
   B. 采取局部病变标本时要严格消毒后采集　　C. 标本采集后立即送检　　D. 尽可能采集病变明显处标本　　E. 标本容器上贴好标签

36. 杀灭所有微生物及其芽孢的方法称为
   A. 灭菌　　B. 防腐　　C. 去势
   D. 消毒　　E. 保鲜

37. 相同温度下，湿热灭菌比干热灭菌效力大，以下**不是**其原因的是
    A. 湿热的穿透力比干热的强　　B. 湿热中菌体蛋白较易凝固　　C. 湿热升温过程慢，灭菌时间更长　　D. 蒸汽可以释放出大量的钱热　　E. 释放的潜热可迅速提高被灭菌物体的温度

38. 对普通培养基的灭菌，宜采用
    A. 煮沸法　　B. 巴氏消毒法　　C. 流通蒸汽灭菌法　　D. 高压蒸汽灭菌法　　E. 间歇灭菌法

39. 下列消毒灭菌法，哪种是**错误的**
    A. 金属器械-漂白粉　　B. 排泄物-漂白粉　　C. 饮水-氯气　　D. 含糖培养基-间歇灭菌　　E. 人和动物血清—滤过除菌

40. 杀灭细菌芽孢最常用而有效的方法是
    A. 紫外线照射　　B. 干烤灭菌法　　C. 间歇灭菌法　　D. 流通蒸汽灭菌法　　E. 高压蒸汽灭菌法

41. 湿热灭菌法中效果最好的是
    A. 高压蒸汽灭菌法　　B. 流通蒸汽法　　C. 间歇灭菌法　　D. 巴氏消毒法　　E. 煮沸法

42. 实验室常用干烤法灭菌的器材是
    A. 玻璃器皿　　B. 移液器头　　C. 滤菌器　　D. 手术刀、剪　　E. 橡皮手套

43. 关于紫外线，下述哪项**不正确**
    A. 能干扰 DNA 合成　　B. 消毒效果与作用时间有关　　C. 常用于空气，物品表面消毒　　D. 对眼和皮肤有刺激作用　　E. 穿透力强

44. 血清、抗毒素等可用下列哪种方法除菌
    A. 煮沸　　B. 紫外线照射　　C. 滤菌器过滤　　D. 高压蒸汽灭菌　　E. 巴氏消毒法

45. 判断消毒灭菌是否彻底的主要依据是
    A. 繁殖体被完全消灭　　B. 芽孢被完全消灭　　C. 鞭毛蛋白变性　　D. 菌体 DNA 变性　　E. 以上都不是

46. 在链球菌在血平板上的溶血现象中，完全溶血是指（　）型溶血链球菌
    A. α　　B. β　　C. γ　　D. ε　　E. κ

47. 在链球菌在血平板上的溶血现象中，不完全溶血是指（　）型溶血链球菌
    A. α　　B. β　　C. γ　　D. ε　　E. κ

48. （　）系人和温血动物肠道内正常菌群成员之一，终生伴随，经粪便不断散播于周围环境。在环境卫生和食品卫生学上，常被用作粪便直接或间接污染的检测指标
    A. 幽门螺杆菌　　B. 沙门氏菌　　C. 大肠杆菌　　D. 李氏杆菌　　E. 金黄色葡萄球菌

49. 大肠杆菌在伊红美蓝琼脂培养基上形成（　）菌落
    A. 红色菌落　　B. 白色菌落　　C. 黑色带金属光泽的菌落　　D. 透明菌落　　E. 光滑菌落

50. 关于大肠杆菌 O 抗原叙述**错误的**是
    A. 它是一种耐热抗原　　B. 它是荚膜抗原　　C. 脂多糖的特异多糖侧链结构决定了它的特异性　　D. 每一菌株只含有一种 O 抗原　　E. 它的种类以阿拉伯数字表示

51. 关于肠道杆菌的描述**不正确**的是
    A. 所有肠道杆菌都不形成芽孢　　B. 肠道杆菌都为 G⁻ 杆菌　　C. 肠道杆菌中致病菌一般可分解乳糖　　D. 肠道杆菌中非致病菌一般可分解乳糖　　E. 肠道杆菌中少数致病菌可迟缓分解乳糖

52. 布氏杆菌中，对豚鼠致病力最强的是
    A. 马耳他布氏杆菌　　B. 猪布氏杆菌　　C. 沙林鼠布氏杆菌　　D. 流产布氏杆菌　　E. 绵羊布氏杆菌

53. 布鲁氏菌最常见的变异是 S→R 变异。当发生 S→R 变异后，布鲁氏菌将发生某些形状的改变。以下**不属于**其变化的为
    A. 细菌特异性多糖丧失 A 和 M 抗原　　B. 细菌毒力增强　　C. 凝集原性变差　　D. 对吞噬细胞缺乏抵抗力　　E. 易发生自凝现象

54. 某种细菌诊断可以根据 StrAuss 反应作出判断，即将该种菌接种于雄性豚鼠腹腔后，可引起典型的睾丸炎和睾丸周围炎，睾丸肿胀化脓而破溃。则该菌为
    A. 布氏杆菌　　B. 鼻疽假单胞菌　　C. 支气管败血波氏菌　　D. 产单核细胞李氏杆菌　　E. 伪鼻疽伯氏菌

55. 以下叙述**不符合**产单核细胞李氏杆菌和猪丹毒杆菌鉴别要点的有
    A. 两者均为 β 溶血　　B. 猪丹毒杆菌不能在 4℃生长　　C. 产单核细胞李氏杆菌具有运动性　　D. 明胶穿刺试验，二者沿穿刺线的形状不一样　　E. 敏感动物

不一样

56. 以下哪种菌会形成青霉素"串珠反应"
    A. 破伤风梭菌   B. 炭疽芽孢杆菌
    C. 布鲁氏菌   D. 猪链球菌   E. 巴氏杆菌

57. 以下哪种菌可以用"AsColi 反应"进行初筛
    A. 破伤风梭菌   B. 炭疽芽孢杆菌
    C. 布鲁氏菌   D. 猪链球菌   E. 巴氏杆菌

58. 下列细菌中繁殖最慢的是
    A. 大肠埃希菌   B. 沙门氏菌   C. 产气荚膜梭菌   D. 结核分枝杆菌
    E. 链球菌

59. 检查哪种细菌指数可判断水、食品是否被粪便污染
    A. 葡萄球菌   B. 粪链球菌   C. 肠球菌   D. 沙门氏菌   E. 大肠杆菌

60. 卡介苗是
    A. 经甲醛处理后的人型结核杆菌
    B. 加热处理后的人型结核杆菌
    C. 发生了抗原变异的牛型结核杆菌
    D. 保持免疫原性，减毒的活的牛型结核杆菌   E. 保持免疫原性，减毒的活的人型结核杆菌

61. 食入未经消毒的牛奶，最有可能患的病是
    A. 波浪热   B. 结核病   C. 伤寒
    D. 破伤风   E. 肉毒中毒

62. 下列细菌中属需氧芽孢杆菌的是
    A. 破伤风杆菌   B. 肉毒梭菌   C. 产气荚膜梭菌   D. 炭疽杆菌   E. 白喉棒状杆菌

63. 霉形体是介于下述两类生物之间的微生物
    A. 原虫和细菌   B. 细菌和真菌
    C. 细菌和病毒   D. 立克次氏体与病毒
    E. 立克次氏体与细菌

64. 下列关于支原体描述错误的是
    A. 是目前已知的再无生命培养基中繁殖的最小微生物   B. 无细胞壁，能通过细胞滤器   C. 在人工培养基上生长繁殖，形成"煎荷包蛋状"菌落   D. 仅含有 DNA 或者 RNA   E. 以二分裂或芽生方式繁殖

65. 下面的叙述中，哪一项是支原体的典型菌落与细菌 L 型的区别
    A. 支原体的典型菌落呈现"煎荷包蛋样"
    B. 细菌 L 型菌落中间厚，周围薄

C. 支原体的菌落难以刮除   D. 支原体的菌落中心深入培养基   E. 支原体菌落表面更透明

66. 下列细菌抗感染免疫，哪一种以细胞免疫为主
    A. 链球菌   B. 结核分枝杆菌   C. 白喉杆菌   D. 葡萄球菌   E. 肺炎链球菌

67. 裸露病毒保护核酸免受环境中核酸酶破坏的结构是
    A. 膜粒   B. 纤突   C. 芯髓
    D. 衣壳   E. 囊膜

68. 用鸡胚增殖禽流感病毒的最适接种部位是
    A. 胚脑   B. 羊膜腔   C. 尿囊腔
    D. 卵黄囊   E. 绒毛尿囊膜

69. 用于病毒克隆纯化的方法是
    A. 空斑试验   B. 血凝试验   C. 血凝抑制试验   D. 脂溶剂敏感试验
    E. 胰蛋白酶敏感试验

70. 对病毒体特征的叙述错误的是
    A. 以复制方式增殖   B. 测量单位是 μm
    C. 只含一种核酸   D. 是专性细胞内寄生物   E. 对抗生素不敏感

71. 只含蛋白质、不含核酸的微生物是
    A. 类病毒   B. 拟病毒   C. 朊病毒
    D. 缺损病毒   E. 前病毒

72. 下列有关病毒体的概念，错误的是
    A. 完整成熟的病毒颗粒   B. 细胞外的病毒结构   C. 具有感染性   D. 包括核衣壳结构   E. 在宿主细胞内复制的病毒组装成分

73. 测量病毒体大小最可靠的方法是
    A. 电镜测量法   B. 光镜测量法
    C. X 线衍射法   D. 超速离心法
    E. 超滤过法

74. 病毒的最基本结构为
    A. 核心   B. 衣壳   C. 包膜
    D. 核衣壳   E. 纤突

75. 对病毒衣壳的错误叙述是
    A. 由多肽构成的壳粒组成   B. 表面凸起称纤突   C. 可增加病毒的感染性
    D. 呈对称形式排列   E. 可抵抗核酸酶和脂溶剂

76. 裸露病毒体的结构是
    A. 核酸＋包膜   B. 核心＋衣壳＋包膜
    C. 核衣壳＋包膜   D. 核心＋衣壳
    E. 核酸＋蛋白质

77. 对病毒囊膜的叙述**错误的**是
   A. 化学成分为蛋白质、脂类及多糖
   B. 表面凸起称为壳粒   C. 具有病毒种、型特异性抗原   D. 囊膜溶解可使病毒灭活   E. 可保护病毒

78. 病毒体感染细胞的关键物质是
   A. 核衣壳   B. 核酸   C. 衣壳
   D. 纤突   E. 包膜

79. 构成病毒核心的化学成分是
   A. 磷酸   B. 蛋白质   C. 类脂
   D. 肽聚糖   E. 核酸

80. 病毒分类与命名的权威机构是的英文简称是
   A. ICTV   B. PRRSV
   C. PCV   D. IVNC   E. IVTV

81. 关于病毒核酸的描述，**错误的**是
   A. 可控制病毒的遗传和变异   B. 可决定病毒的感染性   C. RNA 可携带遗传信息   D. 每个病毒只有一种类型核酸
   E. 决定病毒包膜所有成分的形成

82. 病毒的基因组可直接作为 mRNA 的一组病毒是
   A. 口蹄疫病毒、猪瘟病毒、兔出血热病毒   B. 流感病毒、猪瘟病毒、兔出血热病毒   C. 口蹄疫病毒、新城疫病毒、狂犬病病毒   D. 痘病毒、猪瘟病毒、马立克病毒   E. 口蹄疫病毒、轮状病毒、伪狂犬病毒

83. 朊病毒（或称朊毒体）的化学本质是
   A. 核酸和蛋白质   B. 核酸、蛋白质和多糖   C. 核酸   D. 蛋白质   E. 糖蛋白

84. 下列**不适于**培养动物病毒的方法是
   A. 鸡胚培养   B. 人工合成培养基培养
   C. 二倍体细胞培养   D. 器官培养
   E. 动物培养

85. **不能**作为病毒在细胞内生长繁殖指标的一项是
   A. 致细胞病变作用   B. 红细胞凝集
   C. 干扰现象   D. 细胞培养液变混浊
   E. 细胞培养液 pH 值改变

86. 下列病毒哪种易发生潜伏感染
   A. 乙型脑炎病毒   B. 新城疫病毒
   C. 流感   D. 牛疱疹病毒   E. 口蹄疫病毒

87. 干扰素抗病毒的特点是
   A. 作用于受染细胞后，使细胞产生抗病毒作用   B. 直接灭活病毒   C. 阻止病毒体与细胞表面受体特异结合
   D. 抑制病毒体成熟释放   E. 增强体液免疫

88. 实验室最常用的细胞的培养方法的是
   A. 静置培养   B. 旋转培养   C. 半固体培养   D. 微载体培养   E. 悬浮培养

89. 病毒在宿主细胞内的复制周期过程，正确的描述是
   A. 吸附、穿入、脱壳、生物合成、组装成熟及释放   B. 吸附、脱壳、生物合成、成熟及释放   C. 吸附、结合、穿入、生物合成、成熟及释放   D. 特异性结合、脱壳、复制、组装及释放
   E. 结合、复制、组装及释放

90. 以"出芽"方式从宿主细胞中释放的病毒是
   A. 溶解细胞病毒   B. 病毒编码的蛋白抗原可整合在宿主的细胞膜上   C. 病毒基本结构中含有宿主的脂类物质
   D. 有包膜病毒   E. 可形成多核巨细胞的病毒

91. 下列试验**不属于**免疫血清学试验的是
   A. 血凝试验   B. 中和试验   C. 血凝抑制试验   D. 沉淀试验   E. 凝集试验

92. 病毒的中和试验是病毒血清学特异试验，以下描述中**不正确**的是
   A. 中和试验是指中和抗体与病毒结合，使病毒失去感染性的一种试验   B. 中和试验需用活细胞或鸡胚或动物来判断结果   C. 中和试验是一种特异性较高的试验   D. 中和抗体在体内维持时间较短   E. 中和试验是用已知病毒抗原检测中和抗体

93. 以下实验中，可以用于病毒感染单位的测定是
   A. 血凝试验   B. 凝集试验   C. 溶血试验   D. 中和试验   E. 空斑试验

94. 对病毒的形态学进行观察可以使用
   A. ELISA   B. PCR   C. 相差显微镜
   D. 电子显微镜   E. 暗视野显微镜

95. 以下对于病毒的描述，正确的是
   A. 病毒的细胞膜位于衣壳之外，为脂质双层结构   B. 病毒以二分裂的形式繁殖   C. 病毒是严格细胞内寄生的生物

D. 病毒同时具有 DNA 和 RNA 两种核酸
E. 病毒经染色后，可以用普通的光学显微镜进行观察

96. 痘病毒的病毒颗粒结构具有两个功能不明的
    A. 芯髓   B. 衣壳   C. 核衣壳
    D. 侧体   E. 囊膜

97. 鸡传染性喉气管炎是由（　　）引起的
    A. 鸡痘病毒   B. 白喉杆菌   C. 疱疹病毒   D. 新城疫病毒   E. 腺病毒

98. 以下病毒中，没有囊膜的病毒为
    A. 犬传染性肝炎病毒   B. 非洲猪瘟病毒   C. 马立克病毒   D. 牛传染性鼻气管炎病毒   E. 禽传染性喉气管炎病毒

99. 以下病毒病原为 DNA 虫媒病毒的是
    A. 非洲猪瘟病毒   B. 鼠疫
    C. 乙型脑炎病毒   D. 口蹄疫病毒
    E. 蓝舌病病毒

100. （　　）可作为鸡马立克病毒感染的疫苗，为异源疫苗
    A. 禽痘病毒   B. 禽腺病毒   C. 鸡白血病病毒   D. 火鸡疱疹病毒
    E. 鸡圆环病毒

101. 反转录病毒结构具有独特的三层结构，最外层为
    A. 芯髓   B. 衣壳   C. 核衣壳
    D. 囊膜   E. 侧体

102. 以下病毒中，（　　）都可以引起母猪流产
    A. 细小病毒、伪狂犬病毒、猪繁殖与呼吸综合征病毒   B. 伪狂犬病毒、猪繁殖与呼吸综合征病毒、猪流感病毒   C. 猪瘟病毒、猪呼吸与繁殖综合征病毒、猪传染性胃肠炎病毒   D. 新城疫病毒、猪瘟病毒、猪流感病毒   E. 痘病毒、猪瘟病毒、冠状病毒

103. 引起雏鸭肝炎的主要病原是
    A. 鸭瘟病毒   B. 微 RNA 病毒
    C. 细小病毒   D. 圆环病毒
    E. 副黏病毒

104. 兔出血症病毒属于
    A. 痘病毒科   B. 微 RNA 病科
    C. 嵌杯病毒科   D. 圆环病毒科
    E. 副黏病毒科

105. 下列病毒，属于单股线状的病毒是
    A. 猪细小病毒、鸡贫血病毒、禽流感病毒   B. 犬细小病毒、猪流感病毒、马传染性贫血病毒   C. 猪圆环病毒、痘病毒、轮状病毒   D. 口蹄疫病毒、禽脑脊髓炎病毒、非洲猪瘟病毒   E. 猪传染性胃肠炎病毒、马立克病毒、猪流行性腹泻病毒

106. 单股环状的病毒
    A. 轮状病毒   B. 鸭瘟病毒   C. 蓝舌病毒   D. 猪圆环病毒   E. 猪口蹄疫病毒

107. 内基氏小体是病毒在动物或人的中枢神经细胞中增殖时，在胞质内形成的嗜酸性包涵体，在鉴定（　　）有重要的诊断价值。
    A. 乙型脑炎   B. 狂犬病   C. 伪狂犬   D. 犬瘟热   E. 脑脊髓炎

108. 下面关于朊病毒的叙述**不正确**的是
    A. 朊病毒是细胞正常蛋白经变构后而获得的致病性   B. PrP^c 的变构主要以 α 螺旋变为 β 折叠   C. PrP^c 是正常的蛋白   D. 病毒中只有少量核酸
    E. 难以被普通消毒剂杀灭

109. 下列病毒属于 RNA 病毒是的
    A. 猪细小病毒   B. 猫泛白细胞减少症病毒   C. 貂肠炎病毒猪   D. 圆环病毒   E. 鸡传染性支气管炎病毒

110. 下列属于家蚕病毒病病原的是
    A. 质型多角体病毒   B. 蓝舌病毒
    C. 黏液瘤病毒   D. 口蹄疫病毒
    E. 裂谷热病毒

111. 下列病毒**不属于**RNA 的是
    A. 禽传染性支气管炎病毒   B. 禽传染性喉气管炎病毒   C. 猪传染性胃肠炎病毒   D. 禽流感病毒   E. 新城疫病毒

112. 属于半抗原的物质是
    A. 外毒素   B. 青霉素   C. 细菌菌体   D. 细菌鞭毛   E. 病毒衣壳

113. 半抗原的特性是
    A. 有免疫原性，也有免疫反应性
    B. 无免疫原性，也无免疫反应性
    C. 有免疫原性，但无免疫反应性
    D. 无免疫原性，但有免疫反应性
    E. 以上都不对

114. 属于非胸腺依赖性抗原的是
    A. 抗体   B. 类毒素   C. 细菌外毒素   D. 外膜蛋白   E. 细菌的荚膜

多糖
115. 决定抗原特异性的是
 A. 抗原的分子量大小 B. 抗原分子表面的特殊化学基团 C. 抗原的物理性状 D. 抗原进入机体的途径 E. 机体免疫状况
116. 称为胸腺依赖性抗原是因为
 A. 在胸腺中产生 B. 不引起体液免疫应答 C. 不引起细胞免疫应答 D. 能刺激胸腺细胞产生抗体 E. 只有在T细胞辅助下才能激活B细胞
117. 关于抗体和Ig的描述，下列哪项是正确的
 A. 免疫球蛋白都是抗体，但抗体不一定都是Ig B. 抗体不是Ig C. Ig就是抗体，抗体就是Ig D. 抗体均为Ig，但Ig不一定都是抗体 E. 以上的说法都不对
118. 抗体与抗原结合的部位是
 A. CH2 B. VH·VL C. CH1·CL D. CH3 E. CH4
119. Ig分类的依据是
 A. VH的抗原特异性 B. CL的抗原特异性 C. CH的抗原特异性 D. VL的抗原特异性 E. 高变区的抗原特异性
120. 关于IgM的描述，哪项是**错误的**
 A. 分子量可达900KD B. 激活补体的能力比IgG强 C. 在胚胎晚期即可合成 D. 机体缺乏IgM时易患败血症 E. 可通过胎盘
121. 关于单克隆抗体的描述，下列哪一项是**错误的**
 A. 具有高度特异性 B. 通过天然抗原免疫动物制备 C. 通过杂交瘤技术制备 D. 具有高度均一性 E. 具有高度专一性
122. 下列哪一种**不属于**外周免疫器官
 A. 扁桃体 B. 胸腺 C. 淋巴结 D. 脾脏 E. 阑尾
123. 免疫球蛋白根据（　　）的抗原性分为五大类
 A. L链 B. H链 C. FAB段 D. FC段 E. FD段
124. 属于中枢免疫器官的是
 A. 脾脏 B. 胸腺 C. 淋巴结 D. 扁桃体 E. 哈德氏腺

125. 免疫应答的发生场所是
 A. 骨髓 B. 胸腺 C. 腔上囊 D. 淋巴结 E. 血液
126. 下列属于外周免疫器官的是
 A. 胸腺 B. 法氏囊 C. 淋巴结 D. 骨髓 E. 肝脏
127. 鸟类的腔上囊相当于人类淋巴组织中的
 A. 胸腺 B. 骨髓 C. 淋巴结 D. 脾脏 E. 以上都不是
128. 从抗原化学性质来讲，免疫原性最强的是
 A. 脂多糖 B. 蛋白质 C. 多糖类 D. DNA E. 脂肪
129. 异嗜性抗原的本质是
 A. 完全抗原 B. 共同抗原 C. 改变的自身抗原 D. 同种异型抗原 E. 半抗原
130. 同种动物不同种抗体之间的抗原性属于
 A. 异种抗原 B. 同种异型抗原 C. 独特型抗原 D. 共同抗原 E. 合成抗原
131. 下列哪种物质**不是**免疫球蛋白的是
 A. 胎盘球蛋白 B. 抗毒素血清 C. 淋巴细胞抗血清 D. 植物血凝素 E. 白喉抗毒素
132. 马血清抗毒素对人而言属于
 A. 异种抗原 B. 同种异型抗原 C. 独特型抗原 D. 共同抗原 E. 合成抗原
133. 免疫球蛋白的基本结构是由
 A. 2条多肽链组成 B. 两条H链和两条L链通过链间二硫键连接组成 C. 铰链区连接的2条多肽链组成 D. 二硫键连接的H链和L链组成
134. 以下哪种说法是正确的
 A. 免疫球蛋白是生物学功能的概念 B. 抗体是化学结构的概念 C. 所有的抗体都是Ig，所有Ig也都是抗体 D. Ig并非都有抗体活性 E. 抗体并非都是免疫球蛋白
135. 脐血中哪类Ig增高提示胎儿有宫内感染
 A. IgA B. IgM C. IgG D. IgD E. IgE
136. 同一种属不同个体所具有的抗原称为
 A. 异种抗原 B. 同种异型抗原 C. 独特型抗原 D. Forssman抗原 E. 合成抗原

137. TD-Ag 得名，是因为
　　A. 在胸腺中产生　　B. 相应抗体在胸腺中产生　　C. 对此抗原不产生体液免
　　D. 只引起迟发型变态反应　　E. 相应的抗体产生需T细胞辅助
138. 下列哪种物质不是 TD-Ag
　　A. 血清蛋白　　B. 细菌外毒素
　　C. 类毒素　　D. 细菌脂多糖
　　E. IgM
139. 与蛋白质载体结合后才具有免疫原性的物质是
　　A. 完全抗原　　B. TD 抗原　　C. TI 抗原　　D. 半抗原　　E. 超抗原
140. 存在于不同种属之间的共同抗原称为
　　A. 异种抗原　　B. 交叉抗原　　C. 超抗原　　D. 异嗜性抗原　　E. 类属抗原
141. 新生动物通过母源抗体而获得对某种病原的免疫力属于
　　A. 先天性免疫　　B. 天然被动免疫
　　C. 天然主动免疫　　D. 人工被动免疫
　　E. 人工主动免疫
142. **不用于细胞因子检测的试验为**
　　A. ELISA　　B. 原位杂交　　C. 逆转录 PCR　　D. 细胞增殖法　　E. 凝集反应
143. **不属于细胞因子的是**
　　A. 肿瘤坏死因子　　B. 补体　　C. 集落刺激因子　　D. 生长因子　　E. 趋化性细胞因子
144. 下列哪一项是初次应答的特点
　　A. 抗体产生量大，维持时间长
　　B. 主要以 IgG 为主　　C. 产生抗体与抗原的亲和力低　　D. 产生抗体与抗原的亲和力高　　E. 抗体产生潜伏期短
145. B 细胞对 TI-Ag 的应答是
　　A. 只产生 IgG　　B. 只产生 IgM
　　C. 可引起回忆反应　　D. 必须依赖 Th 细胞辅助　　E. 以上都不是
146. 关于再次免疫应答特点**错误**的是
　　A. 抗体产生潜伏期比初次应答短
　　B. IgG 的滴度高于 IgM　　C. 抗体与抗原的亲和力强　　D. 产生抗体维持时间长　　E. 抗体产生速度比初次应答慢
147. 对先天免疫的描述**错误**的是
　　A. 经遗传获得　　B. 生来就有
　　C. 是针对某种细菌的抗感染免疫
　　D. 对入侵的病原菌最先发挥抗感染作用
　　E. 正常人体都有
148. 免疫应答过程**不包括**
　　A. B 细胞在骨髓内的分化成熟
　　B. B 细胞对抗原的特异性识别
　　C. 巨噬细胞对抗原的处理和提呈
　　D. T、B 细胞的活化、增殖、分化
　　E. 效应细胞和效应分子的产生和作用
149. 抗体形成过程中，下列哪项叙述是**错误的**
　　A. 浆细胞是产生抗体的细胞　　B. 所有 B 细胞不需活化就可以产生抗体
　　C. B 细胞对 TD 抗原的应答需 Th 细胞参加　　D. 再次应答时抗体产生快、效价高　　E. 初次免疫应答产生抗体与抗原的亲和力低
150. 下列哪种免疫作用**不需**抗体参加
　　A. ADCC 作用　　B. 免疫调理作用
　　C. 对毒素的中和作用　　D. NK 细胞对靶细胞的直接杀伤作用　　E. 补体经典途径对靶细胞的溶解
151. 下列疾病**不属于** I 型超敏反应的是
　　A. 初次注射血清病　　B. 支气管哮喘
　　C. 过敏性鼻炎　　D. 荨麻疹　　E. 青霉素过敏性休克
152. 参与 I 型变态反应的细胞主要是嗜碱性粒细胞和
　　A. 嗜酸性粒细胞　　B. 巨噬细胞
　　C. 单核细胞　　D. 肥大细胞　　E. 嗜中性粒细胞
153. Ⅲ型超敏反应是由（　　）沉积于局部或全身毛细血管基底膜后，通过激活补体和血小板、嗜碱性、嗜中性粒细胞参与作用下，引起的以充血水肿、局部坏死和中性粒细胞浸润为主要特征的炎症反应和组织损伤
　　A. 胞内抗原　　B. 胞外抗原　　C. 抗体　　D. 中等大小可溶性免疫复合物　　E. 以上均不正确
154. Ⅱ型超敏反应机制有
　　A. 巨噬细胞参与　　B. 有致敏 T 细胞参与　　C. NK 细胞参与　　D. 补体参与
　　E. IgG、IgM 参与
155. 参与 I 型变态反应的抗体是
　　A. IgE　　B. IgG　　C. IgM
　　D. IgD　　E. IgA
156. Ⅲ型超敏反应重要病理学特征是
　　A. 红细胞浸润　　B. 巨噬细胞浸润

C. 淋巴细胞浸润　　D. 嗜酸性粒细胞浸润　　E. 中性粒细胞浸润
157. 在减敏治疗中,诱导机体产生的封闭抗体的是
A. IgM　　B. IgG　　C. IgE　　D. IgD　　E. IgA
158. 将细菌外毒素经甲醛脱毒,使其失去致病性而保留免疫原性的制剂,称为
A. 抗毒素　　B. 类毒素　　C. 内毒素　　D. 肠毒素　　E. 细菌毒素
159. 呈递外源性抗原细胞**不包括**
A. 辅助性T细胞　　B. 巨噬细胞　　C. 树突状细胞　　D. B细胞　　E. 郎罕氏细胞
160. 补体经典途径激活顺序是
A. C123456789　　B. C124536789　　C. C145236789　　D. C142356789　　E. C124356789
161. 实验动物新生期切除胸腺后,淋巴结内
A. 深皮质区缺乏T细胞　　B. 生发中心生成受影响　　C. 胸腺依赖区T细胞数目和生发中心均不受影响　　D. 深皮质区T细胞缺乏,同时生发中心形成也受影响　　E. 浅皮质区无明显影响
162. 寄生虫感染时明显水平升高的Ig是
A. IgG　　B. IgA　　C. IgM　　D. IgD　　E. IgE
163. 以下说法正确的是
A. 抗胞内菌的感染主要是细胞免疫为主
B. 抗病毒感染主要是细胞免疫为主
C. 抗病毒感染主要以体液免疫为主
D. 抗胞内菌的感染主要以体液免疫为主
E. 抗真菌感染主要以体液免疫为主
164. 具有调理作用的是
A. 抗原　　B. 抗原和补体　　C. 抗体和补体　　D. 补体　　E. 抗体
165. 下列哪一类细胞产生IgE
A. T淋巴细胞　　B. B淋巴细胞　　C. 巨噬细胞　　D. 肥大细胞　　E. 嗜碱粒细胞
166. 容易引起免疫耐受性的抗原注射途径为
A. 静脉＞皮下＞肌肉＞腹腔
B. 静脉＞腹腔＞皮下＞肌肉
C. 腹腔＞静脉＞皮下＞肌肉
D. 皮下＞肌肉＞腹腔＞静脉
E. 腹腔＞皮下＞肌肉＞静脉
167. 致敏TC细胞的作用特点是
A. 无抗原特异性
B. 受MHC—Ⅱ类分子限制
C. 可通过释放TNF杀伤靶细胞
D. 可通过ADCC作用杀伤靶细胞
E. 可通过分泌细胞毒性物质杀伤靶细胞
168. 目前在传染病的预防接种中,使用减毒活疫苗比使用灭活疫苗普遍,关于其原因下述**不正确**的是
A. 减毒活疫苗的免疫效果优于灭活疫苗
B. 减毒活疫苗刺激机体产生的特异性免疫的持续时间比灭活疫苗长
C. 减毒活疫苗能在机体内增殖或干扰野毒株的增殖及致病作用,灭活疫苗则不能
D. 减毒活疫苗可诱导机体产生分泌型IgA,故适用于免疫缺陷或低下的患者
E. 减毒活疫苗一般只需接种一次即能达到免疫效果,而灭活疫苗需接种多次
169. 下列情况属于自然被动免疫的是
A. 天然血型抗体的产生
B. 通过注射类毒素获得的免疫
C. 通过注射抗毒素获得的免疫
D. 通过隐性感染获得的免疫
E. 通过胎盘、初乳获得的免疫
170. 破伤风紧急特异预防用
A. 抗生素　　B. 细菌素　　C. 破伤风类毒素　　D. 破伤风抗毒素　　E. 干扰素
171. 灭活疫苗所**不具备**的作用特点是
A. 主要诱导细胞免疫应答　　B. 需多次接种　　C. 注射的局部和全身反应较重　　D. 保存比活疫苗方便　　E. 主要诱导体液免疫应答
172. 减毒活疫苗所**不具备**的作用特点是
A. 能诱导机体产生细胞和体液免疫应答
B. 一般只需接种一次　　C. 安全性优于死疫苗　　D. 保存条件比死疫苗高
E. 免疫效果好,作用时间长
173. 根据有效免疫原的氨基酸序列,设计合成的免疫原性多肽称为
A. 合成肽疫苗　　B. 结合疫苗
C. 亚单位疫苗　　D. 重组抗原疫苗
E. 灭活疫苗
174. 由编码病原体有效免疫原的基因与细菌质粒构建形成的重组体称为
A. 合成肽疫苗　　B. 重组载体疫苗
C. 重组抗原疫苗　　D. DNA疫苗

E. 结合疫苗
175. 以下哪种属于死疫苗
    A. 鸡霍乱杆菌疫苗   B. 炭疽杆菌疫苗   C. 破伤风杆菌抗毒素   D. 狂犬病病毒   E. 白喉杆菌抗毒素
176. 有关被动免疫哪项是**错误的**
    A. 进入机体的免疫物质为抗体
    B. 可自然获得，也可人工获得
    C. 免疫力维持时间长
    D. 免疫力的产生不经自身免疫系统
    E. 主要用于治疗和紧急预防
177. 下列生物制品用于人工自动免疫的是
    A. 转移因子   B. TRNA   C. 人丙种球蛋白   D. 破伤风类毒素   E. 动物免疫血清
178. 有关活疫苗**不正确**者为
    A. 活疫苗含有一定量减毒或无毒的活微生物，进入机体后有一定繁殖能力
    B. 活疫苗可经自然感染途径接种   C. 活疫苗用量少，效果好   D. 接种次数少
    E. 活疫苗稳定性好
179. 自然获得免疫力的方式是
    A. 接种活疫苗   B. 接种死疫苗   C. 通过胎盘和初乳   D. 输注免疫球蛋白   E. 注射抗生素
180. 下列哪种物质可用于人工自动免疫
    A. 类毒素   B. 抗毒素   C. 细菌素   D. 抗生素   E. 色素
181. 人工获得免疫的方式是
    A. 接种疫苗   B. 通过隐性感染   C. 通过显性感染   D. 通过胎盘   E. 通过乳汁
182. 免疫血清学反应的特点是
    A. 特异性与交叉性   B. 抗原与抗体结合力   C. 最适比例性   D. 反应的阶段性   E. 以上都是
183. 以下属于颗粒性抗原的是
    A. 类毒素   B. 内毒素   C. 红细胞   D. 菌体裂解液   E. 抗血清
184. 可以与哺乳动物的抗体 Fc 段结合，可作为广谱性二抗使用的 SPA 是
    A. 超抗原   B. 辣根过氧化物酶   C. 葡萄球菌 A 蛋白   D. 刀豆素 A   E. A 型溶血素
185. 反向间接血凝试验，如出现凝集，则反应
    A. 标本中不含待测抗原   B. 标本中含待测抗原   C. 标本中含待测抗体   D. 标本中不含待测抗体   E. 标本中既含待测抗原又含待测抗体
186. ELISA 目前最常用的固相载体是
    A. 琼脂糖   B. 聚苯乙烯   C. 玻璃   D. 硅橡胶   E. 葡聚糖
187. 下列哪种试验是测定抗原抗体最敏感的试验
    A. 直接凝集反应   B. 对流免疫电泳   C. 补体结合反应   D. 协同凝集反应   E. 酶联免疫吸附试验
188. 体外检测细胞免疫功能，常用的方法是
    A. 补体结合试验   B. PHA 皮试   C. 淋转试验   D. 间接凝集反应   E. 中和试验
189. 沉淀反应是
    A. 可溶性抗原与相应抗体结合形成凝集小块   B. 颗粒性抗原与相应抗体结合形成凝集小块   C. 颗粒性抗原与相应抗体结合形成沉淀物   D. 可溶性抗原与相应抗体结合形成沉淀物   E. 补体结合反应
190. 下列哪种试验是固相沉淀试验的是
    A. Ascoli 反应   B. 对流免疫电泳   C. 琼脂扩散   D. 协同凝集反应   E. 酶联免疫吸附试验
191. **不属于**抗原-抗体反应的是
    A. 酶联免疫吸附试验（ELISA）
    B. 中和试验   C. 血凝抑制试验
    D. 放射免疫分析法（RIA）
    E. E 花环试验
192. 属于直接凝集反应的是
    A. E 花环试验   B. 肥达试验   C. 病毒的血凝抑制试验   D. 乳胶妊娠诊断试验   E. 协同凝集试验
193. T 细胞亚群的检测可以选用的手段有
    A. 流式细胞术   B. 玫瑰花环试验   C. PCR   D. 酸性萘酯酶测定   E. ELISA
194. 生产中对动物皮毛进行炭疽检疫应用的方法是
    A. 细菌分离   B. 血凝试验   C. Ascoli 反应   D. 免疫荧光试验   E. 琼脂扩散试验
195. 沙门氏菌在 SS 培养基上生长的菌落颜色是
    A. 无色（或黑色）   B. 红色

C. 蓝色　　D. 黄色　　E. 褐色
196. 引起Ⅲ变态反应的物质是
　　A. IgE 类免疫球蛋白　　B. 中等大小的抗原抗体复合物　　C. 小分子药物半抗原　　D. 淋巴细胞　　E. 红细胞

二、A3/A4 题型

题型说明：A3 题型其结构是开始叙述一个以患病动物为中心的临床情景，然后提出 2～3 个相关的问题，每个问题均与开始的临床情景有关，但测试要点不同，且问题之间相互独立。在每个问题间，病情没有进展，子试题也不提供新的病情进展信息。A4 题型当病情逐渐展开时，可逐步增加新的信息。有时陈述了一些次要的或有前提的假设信息，这些信息与病例中叙述的具体病患动物并不一定有联系。提供信息的顺序对回答问题是非常重要的。每个问题均与开始的临床情景有关，又与随后改变有关，回答这样的试题一定要以试题提供的信息为基础。每个问题均有 5 个备选答案，需要选择一个最佳答案，其余的供选答案可以部分正确，也可以是错误，但是只能有一个最佳的答案。不止一个的相关问题，有时也可以用否定的叙述方式，同样否定词用黑体标出，以提醒应试者。

（1～3 共用以下题干）
某一窝新生仔猪突然出现排黄色浆状稀粪，内含凝乳小片，并很快消瘦、昏迷死亡。
1. 对该群猪病的诊断首先需进行的检查为
　　A. 病毒分离鉴定　　B. 细菌学检查　　C. 血液学检查　　D. 免疫学检测　　E. 病理剖检
2. 若该病为细菌病，则首先应进行
　　A. 分离培养　　B. 涂片镜检　　C. 生化试验　　D. P.C.R 反应　　E. 药敏试验
3. 该菌经培养，在普通琼脂培养基上形成光滑、湿润、半透明、灰白色菌落，革兰氏染色为阴性杆菌，疑似大肠杆菌感染。为确认，可采用（　　）培养
　　A. 绵羊血平板　　B. 巧克力平板　　C. 麦康凯平板　　D. SS 琼脂平板　　E. 血清琼脂平板

（4、5 题共用以下题干）
一群鸡，出现体温升高至 43～44℃，精神沉郁，呼吸困难；嗉囊有大量积液，倒提病鸡有大量酸臭液体从口中流出，下痢，粪便呈现黄绿色，并出现明显的神经症状。剖检：腺胃和肌胃交界处可见出血带，腺胃乳头出血。
4. 根据以上症状，该群鸡感染（　　）病原微生物的可能性较大
　　A. 流感病毒　　B. 新城疫病毒　　C. 疱疹病毒　　D. 冠状病毒　　E. 大肠杆菌
5. 为了确诊该病，实验室常采用以下哪种技术
　　A. 细菌的分离培养　　B. ELISA　　C. 生化分析　　D. HA-HI 试验　　E. 沉淀试验

三、B1 题型

题型说明：也是单项选择题，属于标准配伍题。B1 题型开始给出 5 个备选答案，之后给出 2～6 个题干构成一组试题，要求从 5 个备选答案中为这些题干选择一个与其关系最密切的答案。在这一组试题中，每个备选答案可以被选 1 次、2 次和多次，也可以不选用。

（1～3 题共用下列备选答案）
　　A. 磷壁酸　　B. 外膜蛋白　　C. 脂多糖　　D. 芽孢　　E. 鞭毛
1. 属于细菌的运动器官的是
2. （　　）是细菌内毒素的主要成分
3. （　　）属于革兰阳性菌的特殊结构

（4～6 题共用下列备选答案）
　　A. 灭菌　　B. 消毒　　C. 防腐　　D. 抑菌　　E. 抗菌
4. 杀灭物体中所有病原微生物和非病原微生物及其芽孢、霉菌孢子的方法为
5. 阻止或抑制微生物生长繁殖的方法为
6. 仅杀灭物体中病原微生物的方法为

（7～9 题共用下列备选答案）
　　A. 牛结核分枝杆菌　　B. 炭疽芽孢杆菌　　C. 猪丹毒杆菌　　D. 副猪嗜血杆菌　　E. 里氏杆菌
7. （　　）属于巴氏杆菌科
8. （　　）是引起鸭感染发病的主要细菌性病原之一
9. （　　）的生长需要 X 因子和 V 因子

（10、11 题共用下列备选答案）
　　A. 猪肺疫　　B. 牛肺疫　　C. 猪瘟　　D. 猪传染性胸膜肺炎　　E. 布氏杆菌
10. CAMP 试验阳性的是
11. 诊断时一般用变态反应进行的是

（12～14 题共用下列备选答案）
　　A. 痘病毒　　B. 圆环病毒　　C. 细小

病毒　　D. 疱疹病毒　　E. 冠状病毒
12. 以上选项中，病毒颗粒最小的为
13. 以上选项中，病毒颗粒最大的为
14. 以上选项中，病毒颗粒最大的RNA.病毒为
　　(15～17题共用下列备选答案)
　　A. 支原体　　B. 猪链球菌2型
　　C. 副猪嗜血杆菌　　D. 多杀性巴氏杆菌
　　E. 胸膜肺炎放线杆菌
15. 能致猪呼吸道症状，CAMP试验阳性的是
16. 能致猪呼吸道症状，并能致猪败血症、脑膜炎和关节炎的是
17. 能致猪呼吸道症状，并能致猪、鸡、鸭等出血性败血症的是
　　(18～21题共用下列备选答案)
　　A. 非洲猪瘟病毒　　B. 口蹄疫病毒
　　C. 牛病毒性腹泻病毒　　D. 猪繁殖与呼吸综合征病毒　　E. 猪圆环病毒
18. 可导致断乳仔猪多系统衰竭综合征的病原是
19. （　　）为"高热病"的主要病原
20. （　　）为我国未发现的流行的病原
21. 与猪瘟病毒有交叉抗原的是
　　(22～24题共用下列备选答案)
　　A. 鸡痘病毒　　B. 猪圆环病毒
　　C. 马传染性贫血病毒　　D. 草鱼出血热病病毒　　E. 口蹄疫病毒
22. 属于双股RNA病毒的是
23. 属于单股RNA病毒的是
24. 属于具有反转录过程的病毒是
　　(25～27题共用下列备选答案)
　　A. 脾脏　　B. 骨髓　　C. 淋巴结
　　D. 胸腺　　E. 黏膜相关淋巴组织
25. 可对淋巴液中抗原异物进行过滤和清除的外周免疫器官是
26. T淋巴细胞发源地是
27. 作为机体抗感染免疫的第一道防线的外周免疫器官是
　　(28～31题共用下列备选答案)
　　A. IgA　　B. IgM　　C. IgG　　D. IgD
　　E. IgE
28. 具有早期诊断意义的Ig是
29. 与抗寄生虫感染有关的Ig是
30. 防止病原体从黏膜侵入的Ig是
31. 天然的血型抗体是
　　(32～37题共用下列备选答案)
　　A. Ⅰ型变态反应　　B. Ⅱ型变态反应
　　C. Ⅲ型变态反应　　D. Ⅳ型变态反应
　　E. Ⅴ型变态反应
32. 新生畜溶血性贫血
33. 肥大细胞和嗜碱性粒细胞
34. 可溶性免疫复合物沉积
35. 血清中没有相应抗体
36. 靶细胞损伤、溶解或被吞噬
37. 没有抗体参与的变态反应是
　　(38～40题共用下列备选答案)
　　A. 细胞免疫　　B. 体液免疫　　C. 天然主动免疫　　D. 人工被动免疫
　　E. 非特异性免疫
38. 机体对胞内菌的感染，以何种免疫为主要防御手段
39. 病毒感染胞内期时，以何种免疫为主要防御手段
40. 人感染牛痘康复后，不会感染天花，属于
　　(41～44题共用下列备选答案)
　　A. 人工被动免疫　　B. 人工主动免疫
　　C. 自然主动免疫　　D. 自然被动免疫
　　E. 以上都不正确
41. 动物患传染病后产生的免疫属于
42. 胎儿从母体获得IgG属于
43. 接种卡介苗预防结核
44. 给人注射胎盘球蛋白属于
　　(45～47题共用下列备选答案)
　　A. 异源疫苗　　B. 灭活疫苗　　C. 多糖蛋白结合疫苗　　D. 类毒素疫苗
　　E. 亚单位疫苗
45. 用火鸡疱疹病毒预防鸡马立克病毒感染属于
46. 由外毒素经脱毒产生的疫苗是
47. 提取病原体中有效免疫原制成的疫苗称
　　(48～50题共用下列备选答案)
　　A. 直接凝集反应　　B. 间接凝集反应
　　C. 沉淀反应　　D. 标记抗体反应
　　E. 免疫荧光技术
48. 琼脂扩散反应属于
49. AsColi反应属于
50. ELISA属于
　　(51～53题共用下列备选答案)
　　A. Ⅰ型变态反应　　B. Ⅱ型变态反应
　　C. Ⅲ型变态反应　　D. Ⅳ型变态反应
　　E. 溶血性变态反应
51. 过敏型变态反应是
52. 细胞毒型变态反应是
53. 免疫复合物型变态反应是

兽医微生物学和免疫学参考答案

一、A1 题型

1	C	2	C	3	D	4	A	5	C	6	C	7	E	8	B	9	D	10	C
11	C	12	B	13	A	14	C	15	A	16	A	17	C	18	A	19	C	20	D
21	B	22	B	23	D	24	B	25	A	26	E	27	E	28	C	29	A	30	C
31	B	32	C	33	E	34	B	35	E	36	B	37	C	38	D	39	A	40	E
41	A	42	A	43	C	44	A	45	E	46	B	47	A	48	D	49	C	50	B
51	C	52	A	53	D	54	B	55	A	56	C	57	B	58	D	59	E	60	D
61	B	62	D	63	C	64	D	65	C	66	D	67	D	68	D	69	D	70	B
71	C	72	E	73	E	74	D	75	B	76	D	77	B	78	B	79	B	80	E
81	E	82	A	83	D	84	E	85	D	86	B	87	A	88	A	89	A	90	D
91	D	92	D	93	D	94	B	95	D	96	D	97	D	98	A	99	D	100	D
101	D	102	A	103	B	104	B	105	B	106	D	107	B	108	D	109	B	110	A
111	B	112	B	113	C	114	B	115	B	116	E	117	D	118	B	119	C	120	E
121	B	122	B	123	B	124	B	125	D	126	C	127	D	128	B	129	B	130	B
131	D	132	A	133	B	134	B	135	B	136	B	137	B	138	D	139	B	140	D
141	B	142	E	143	D	144	B	145	B	146	B	147	D	148	A	149	B	150	D
151	A	152	D	153	D	154	B	155	A	156	D	157	D	158	D	159	A	160	D
161	A	162	E	163	D	164	D	165	D	166	B	167	D	168	D	169	D	170	D
171	D	172	C	173	D	174	A	175	D	176	D	177	D	178	E	179	D	180	A
181	A	182	D	183	C	184	D	185	B	186	B	187	D	188	D	189	D	190	E
191	E	192	B	193	D	194	C	195	A	196	B										

二、A3/A4 题型

1	E	2	B	3	C	4	B	5	D

三、B1 题型

1	E	2	C	3	A	4	A	5	C	6	B	7	D	8	E	9	D	10	D
11	E	12	B	13	A	14	E	15	E	16	D	17	D	18	E	19	D	20	A
21	C	22	D	23	E	24	C	25	C	26	C	27	C	28	D	29	C	30	A
31	B	32	B	33	A	34	C	35	D	36	B	37	D	38	A	39	A	40	C
41	C	42	D	43	B	44	A	45	A	46	D	47	E	48	C	49	C	50	D
51	A	52	B	53	C														

第二节　兽医传染病学

一、A1 题型

题型说明：为单项选择题，属于最佳选择题类型。每道试题由一个题干和五个备选答案组成。A、B、C、D 和 E 五个备选答案中只有一个是最佳答案，其余均不完全正确或不正确，答题时要求选出正确的那个答案。

1. 动物感染病原后没有临诊症状而呈隐蔽经过称为

A. 内源性感染　　B. 隐性感染　　C. 交叉感染　　D. 持续性感染　　E. 潜伏感染

2. 传染病流行过程的三个基本环节是

A. 疫源地、传播途径和易感动物
B. 病原体、动物机体和外界环境
C. 传染源、传播途径和易感动物
D. 传播途径、易感动物和外界环境
E. 病原体、动物机体和传播媒介

3. 疫源地是指
   A. 传染源及其排出病原体污染的地区
   B. 病畜所在的地区   C. 传染病流行的地区   D. 被病原体污染的地区   E. 易感动物所在地区
4. 确定某种传染病的检疫期限的根据是其
   A. 最短潜伏期   B. 最长潜伏期
   C. 平均潜伏期   D. 病程   E. 发病周期
5. 流行性是指
   A. 流行范围可扩大到几个省或全国，甚至波及几个国家   B. 在一定时间内，一定畜群中出现比平时多的病例   C. 在一个畜群或地区，有规律地出现较多的病例   D. 在一个畜群或地区，短时间内出现很多病例   E. 在一个畜群或地区，持续不断出现较多的病例
6. 某种动物疫病呈散发性可能有多个原因，但下列原因中与之**无关的**是
   A. 动物群体对该病的免疫水平普遍较高
   B. 该病的隐性感染比例较大   C. 该病的传播需要一定的条件   D. 该病的病原毒力弱   E. 破伤风需厌氧深创和感染破伤风梭菌同时存在时才发病
7. 狂犬病属于典型的
   A. 直接接触传播   B. 间接接触传播
   C. 垂直传播   D. 隔代传播   E. 水平传播
8. 下列动物疫病中均为我国农业农村部规定的一类疫病的是
   A. 猪瘟和口蹄疫   B. 高致病性蓝耳病和猪链球菌病   C. 禽流感和马立克氏病   D. 羊痘和牛结核病   E. 流行性乙型脑炎和伪狂犬病
9. 能反映疫病流行情况，说明整个疫病的流行过程的是
   A. 发病率   B. 感染率   C. 死亡率
   D. 病死率   E. 存活率
10. 我国畜禽防疫工作的方针是
    A. 防治结合   B. 养防结合   C. 预防为主   D. 治疗为主   E. 综合防疫
11. 针对易感动物的疫病防治措施是
    A. 消毒环境   B. 隔离病畜   C. 免疫接种   D. 药物治疗   E. 杀虫灭蚊
12. 在我国实行强制免疫的动物传染病是
    A. 猪瘟和口蹄疫   B. 口蹄疫和猪水疱病   C. 新城疫和禽流感   D. 高致病性蓝耳病和猪链球菌病   E. 流行性乙型脑炎和伪狂犬病
13. 关于紧急接种的描述中，**不正确的**是
    A. 鸡新城疫的紧急接种常用Ⅰ系疫苗
    B. 畜禽的紧急接种也可应用高免血清
    C. 紧急接种是针对发病动物的计划外免疫   D. 紧急接种必须与隔离、消毒等措施配合才能取得较好的效果   E. 雏鸭肝炎的紧急接种常用高免血清
14. 畜禽粪便消毒的常用方法是
    A. 阳光紫外线消毒   B. 高温消毒
    C. 化学消毒   D. 生物热消毒   E. 干燥消毒
15. 疯牛病的潜伏期一般为
    A. 1～2天   B. 1～2周   C. 1～2月
    D. 1～2年   E. 4～5年
16. 牛海绵状脑病的实验室诊断方法是
    A. 血凝与血凝抑制试验   B. 琼扩试验
    C. 病原分离培养   D. 脑组织的组织病理学检查   E. PCR检测病原基因
17. 到目前为止，发现高致病力的禽流感毒株均是
    A. H5亚型   B. H9和H5亚型
    C. H3和H1亚型   D. H7亚型
    E. H5和H7亚型
18. 在我国实行强制免疫的禽病是
    A. 新城疫   B. 高致病性禽流感
    C. 马立克氏病   D. 白血病   E. 鸭瘟
19. 下列叙述正确的是
    A. 从病鸡组织中分离到新城疫病毒就可以诊断为ND   B. 从肿瘤病鸡中分离到马立克氏病毒就可以确诊为MD   C. 从病鸡组织中检出H5亚型禽流感病毒可以确诊为禽流感   D. 从病鸡组织中检出P27抗原就可确诊为白血病   E. 从病鸡组织中检出传染性支气管炎病毒可以确诊为传染性支气管炎
20. "恐水症"是指
    A. 伪狂犬病   B. 狂犬病   C. 布氏杆菌病   D. 犬瘟热   E. 猪丹毒
21. 牛只发生突然死亡，天然孔流出带泡沫的暗色血液，进行剖检前必须排除的疫病是
    A. 牛瘟   B. 牛肺疫   C. 炭疽
    D. 口蹄疫   E. 狂犬病
22. 布鲁氏菌病的主要易感动物有
    A. 马牛羊   B. 猪马牛   C. 猪牛羊
    D. 犬牛马   E. 鸡鸭鹅

23. 目前，我国防治动物布氏杆菌最有效的措施是
    A. 加强检疫和淘汰 B. 疫苗接种
    C. 加强综合性卫生措施 D. 及时诊断和治疗 E. 消毒灭鼠灭虫
24. 进行鸡白痢检疫时，最常用的技术是
    A. ELISA B. 平板凝集试验
    C. PCR D. 琼脂扩散试验 E. 血凝抑制试验
25. 动物结核病常用（　　）方法进行现场诊断
    A. 皮内注射结核菌素 B. 注射卡介苗观察反应 C. ELISA测抗体 D. PCR检测病原细菌 E. 细菌染色镜检
26. "珍珠病"是指
    A. 布氏杆菌病 B. 结核病 C. 炭疽 D. 喘气病 E. 魏氏梭菌病
27. 仔猪最容易发生仔猪黄痢的日龄是
    A. 1~3日龄 B. 7~10日龄
    C. 10~20日龄 D. 15~25日龄
    E. 断奶后
28. 猪水肿病的病原体的病原是
    A. 巴氏杆菌 B. 支原体 C. 胞内劳森氏菌 D. 大肠杆菌 E. 腐败梭菌
29. 某猪场病猪眼睑、头部皮肤水肿，猪胃壁水肿，猪结肠肠系膜明显水肿时，应怀疑发生
    A. 仔猪副伤寒 B. 仔猪黄痢 C. 仔猪红痢 D. 仔猪水肿病 E. 仔猪痢疾
30. 猪李氏杆菌病的临诊特点是
    A. 呼吸困难、间质性肺炎 B. 腹泻、出血性肠炎 C. 圆圈运动、脑膜脑炎 D. 下痢、坏死性肝炎 E. 稽留高热、脾梗死
31. 口蹄疫病毒在病畜中含量最高的组织是
    A. 水疱皮 B. 肾脏 C. 心脏
    D. 肝脏 E. 皮肤
32. 具有"虎斑心"特征性病变的疫病是
    A. 伪狂犬病 B. 猪伤寒 C. 牛结核
    D. 口蹄疫 E. 牛流行热
33. 区分猪伪狂犬病野毒感染与免疫动物的血清学手段是
    A. 中和试验 B. gB-ELISA C. 补体结合试验 D. 免疫荧光试验
    E. gE-ELISA
34. 在秋冬和早春季节，羊群有羊突然死亡，死羊膘情较好，剖检见真胃呈明显的出血性炎性损害，应首先考虑
    A. 羊肠毒血症 B. 羊快疫 C. 羊猝狙 D. 羊黑疫 E. 恶性水肿
35. 最适用于猪瘟病原学诊断的样品是
    A. 鼻拭子 B. 大脑 C. 扁桃体
    D. 血液 E. 粪尿
36. 猪瘟得不到稳定控制的最主要原因是
    A. 猪瘟流行毒株的抗原性变异 B. 猪瘟疫苗保护率不理想 C. 免疫程序不合理 D. 猪群中存在亚临床感染猪
    E. 猪群发生免疫抑制性疫病
37. 猪瘟的广泛性出血是由于病毒感染了机体的
    A. 神经系统 B. 淋巴结 C. 小血管的内皮细胞 D. 皮肤组织 E. 肾脏
38. 猪感染牛病毒性腹泻-黏膜病病毒后会出现的症状类似
    A. 猪痢疾 B. 猪大肠杆菌 C. 猪沙门氏菌病 D. 猪瘟 E. 猪丹毒
39. 下列关于非洲猪瘟的描述，**错误**的是
    A. 病原为有囊膜的DNA病毒 B. 软脾是主要传播媒介 C. 猪是唯一自然宿主 D. 临床症状类似猪瘟 E. 接种疫苗可有效预防
40. 下列关于猪水疱病的描述，正确的是
    A. 猪、牛均是易感动物 B. 病原为一种疱疹病毒 C. 发病症状与口蹄疫类似 D. 多发生于幼龄猪，成年猪有抵抗力 E. 目前尚无有效疫苗
41. 猪繁殖与呼吸综合征病毒在病猪中含量最高的组织是
    A. 肺脏 B. 肾脏 C. 心脏
    D. 肝脏 E. 脾脏
42. 初产母猪发生流产、木乃伊和死胎而母猪本身没有明显症状的疫病最可能是
    A. 猪细小病毒病 B. 蓝耳病 C. 猪瘟 D. 伪狂犬病 E. 布氏杆菌病
43. 猪感染传染性胃肠炎后，死亡率最高的是
    A. 10日龄以内 B. 青年 C. 育肥
    D. 怀孕 E. 老年
44. "喷嚏风"是指
    A. 急性型猪肺疫 B. 急性型猪喘气病 C. 急性型猪瘟 D. 急性型猪伤寒
    E. 急性型猪丹毒
45. 猪喘气病的主要物质性特征病理变化是
    A. 喉头严重出血 B. 肺心叶、尖叶、

中间叶等部位出现"胰变" C. 肺出现脓肿 D. 肺大面积出血 E. 气管严重出血

46. 猪传染性胸膜肺炎的病原是
    A. 钩端螺旋体 B. 放线杆菌 C. 肺炎支原体 D. 魏氏梭菌C型 E. 胞内劳森氏菌

47. 常导致2月龄仔猪面部变形且有泪斑的疫病是
    A. 猪圆环病毒2型感染 B. 猪肺疫 C. 副猪嗜血杆菌病 D. 猪传染性萎缩性鼻炎 E. 伪狂犬病

48. 猪皮炎与肾病综合征的主要病原是
    A. 猪圆环病毒2型 B. 猪细小病毒 C. 副猪嗜血杆菌 D. 产毒素多杀性巴氏杆菌 E. 伪狂犬病毒

49. 易发生副猪嗜血杆菌病的猪群是
    A. 1～3日龄仔猪 B. 10～30日龄仔猪 C. 5～8周龄仔猪 D. 后备公猪 E. 经产母猪

50. 猪痢疾的病原是
    A. 钩端螺旋体 B. 蛇形螺旋体 C. 肺炎支原体 D. 魏氏梭菌C型 E. 胞内劳森氏菌

51. 我国正式宣布在全国范围内已经消灭的动物疫病有
    A. 牛瘟、牛肺疫 B. 牛瘟、马传贫 C. 牛瘟、羊肺疫 D. 牛肺疫、羊肺疫 E. 牛瘟、羊痘

52. 下列疫病中主要通过空气飞沫经呼吸道传染的是
    A. 牛流行热 B. 羊传染性胸膜肺炎 C. 马传染性贫血 D. 牛病毒性腹泻/黏膜病 E. 羊肠毒血症

53. 蓝舌病主要发生于
    A. 牛 B. 山羊 C. 绵羊 D. 马 E. 犬

54. 在我国主要依靠检疫和扑杀阳性动物来控制的疫病是
    A. 羊快疫 B. 猪喘气病 C. 牛传染性鼻气管炎 D. 牛流行热 E. 羊猝狙

55. 下列疫病中病原为疱疹病毒的是
    A. 牛传染性鼻气管炎 B. 牛流行热 C. 马传染性贫血 D. 牛瘟 E. 羊快疫

56. 下列疫病中可引起感染动物生殖器官发生脓疱是
    A. 马传染性贫血 B. 牛传染性鼻气管炎 C. 牛病毒性腹泻/黏膜病 D. 牛恶性卡他热 E. 羊猝狙

57. 下列疫病中病原与狂犬病病毒同科的是
    A. 牛流行热 B. 牛瘟 C. 马传染性贫血 D. 牛恶性卡他热 E. 羊猝狙

58. 对乳牛产奶量有显著影响，而且常导致病牛瘫痪的传染病是
    A. 牛流行热 B. 牛传染性鼻气管炎 C. 牛肺疫 D. 牛结核病 E. 牛副结核病

59. 病原与牛病毒性腹泻/黏膜病病毒的抗原性有交叉的疫病是
    A. 牛流行热 B. 牛瘟 C. 猪瘟 D. 牛肺疫 E. 小反刍兽疫

60. 目前我国防制牛病毒性腹泻/黏膜病的最有效的措施是
    A. 加强检疫和淘汰 B. 疫苗接种 C. 加强综合性卫生措施 D. 及时诊断和治疗 E. 消毒灭鼠灭虫

61. 关于小反刍兽疫的描述中，**不正确**的是
    A. 病原属于副黏病毒科 B. 发病山羊表现高热、口腔糜烂、腹泻和肺炎 C. 羊发病率和死亡率都很高 D. 感染牛发病严重，症状与牛瘟相似 E. 易感动物免疫牛瘟疫苗有保护作用

62. 绵羊痘主要的传播途径是
    A. 消化道 B. 呼吸道 C. 虫媒叮咬 D. 垂直传播 E. 深部创伤

63. 引起鸡嗉囊积液并有腺胃乳头出血的疫病是
    A. 禽流感 B. 新城疫 C. 法氏囊炎 D. 鸡传染性支气管炎 E. 传染性鼻炎

64. 感染新城疫病毒后常引起肠道特征性糜烂性坏死的动物是
    A. 鸡 B. 鸭 C. 鹅 D. 猪 E. 猫

65. 下列叙述错误的是
    A. 新城疫首免应在HI下降到 2^3
    B. 传染性法氏囊炎预防用弱毒疫苗不会产生免疫抑制 C. 传染性支气管炎疫苗H120毒力比H52弱 D. 所有蛋鸡均要免疫传染性喉气管炎疫苗 E. 鸡败血性支原体是引起慢性呼吸道病的病原体之一

66. 鸡传染性支气管炎的病原是

A. 细小病毒 B. 副黏病毒 C. 冠状病毒 D. 疱疹病毒 E. 嵌杯病毒

67. 动物感染后引起特征型高峰死亡曲线的疫病是
A. 新城疫 B. 禽流感 C. 传染性法氏囊炎 D. 马立克氏病 E. 传染性喉气管炎

68. 下列疫苗中,需要在液氮中保存的是
A. 马立克氏病Ⅰ型疫苗 B. 猪气喘病疫苗 C. 新城疫Ⅰ系疫苗 D. 口蹄疫疫苗 E. 禽痘疫苗

69. 鸡的病理报告表现为T细胞肿瘤,最可能的疫病是
A. A型白血病 B. B型白血病 C. J亚群白血病病 D. 马立克氏病 E. 网状内皮细胞增生病

70. 鸡群接种火鸡疱疹病毒疫苗的主要目的是
A. 预防鸡只感染鸡马立克氏病野毒 B. 预防感染马立克氏病野毒后形成肿瘤 C. 诱发高水平母源抗体以保护其后代 D. 诱导保护力很强的中和抗体 E. 预防火鸡疱疹病毒感染

71. 下列叙述正确的是
A. 鸡产蛋下降综合征的病原是疱疹病毒 B. 鸡新城疫Ⅰ系苗是可以用于2月龄内鸡的弱毒苗 C. 传染性法氏囊炎病毒是冠状病毒 D. 传染性鼻炎的病原是病毒 E. 马立克氏病的病原是疱疹病毒

72. 用HA和HI可以鉴定病原的疫病是
A. 产蛋下降综合征 B. 传染性鼻炎 C. 传染性贫血 D. 鸭瘟 E. 禽白血病

73. 鸡病毒性关节炎的病原是
A. 细小病毒 B. 呼肠孤病毒 C. 轮状病毒 D. 小RNA病毒 E. 嵌杯病毒

74. 禽霍乱的病原是
A. 巴氏杆菌 B. 支原体 C. 胞内劳森氏菌 D. 大肠杆菌 E. 腐败梭菌

75. 鸭瘟的病原是
A. 细小病毒 B. 副黏病毒 C. 冠状病毒 D. 疱疹病毒 E. 嵌杯病毒

76. 产蛋鸭发生鸭瘟后,最合适的处置措施是
A. 注射抗生素 B. 喂中药 C. 注射鸭瘟弱毒疫苗 D. 口服补液盐 E. 注射类毒素

77. 临床特征为角弓反张和肝脏出血的鸭病是
A. 鸭瘟 B. 鸭传染性浆膜炎 C. 鸭大肠杆菌病 D. 雏鸭病毒性肝炎 E. 鸭流感

78. 鸭传染性浆膜炎的病原是
A. 鸭疫里氏杆菌 B. 大肠杆菌 C. 沙门氏菌 D. 李氏杆菌 E. 多杀性巴氏杆菌

79. 治疗小鹅瘟最有效的药物是
A. 阿莫西林 B. 林可霉素 C. 小鹅瘟卵黄抗体 D. 利巴韦林 E. 黄芪多糖

80. 下列不属于天然被动免疫的是
A. 给母鸭免疫鸭肝炎疫苗 B. 给产前母猪免疫猪伪狂犬疫苗 C. 给小鸡免疫新城疫疫苗 D. 以上都不是 E. 以上都是

81. 人工被动免疫具有以下哪些优点
A. 无诱导期 B. 快速出现免疫力 C. 维持时间短 D. 以上都是 E. 以上都不是

82. 弱毒疫苗的毒株来源有
A. 强毒株通过人工致弱 B. 自然分离的弱毒株 C. 低致病性毒株 D. 以上都对 E. 以上都不对

83. 关于病毒疫苗弱毒株的制作技术,以下说法错误的是
A. 鸡胚 B. 细胞培养 C. 同种动物接种 D. 以上都是 E. 以上都不是

84. 关于免疫接种的途径,以下说法不正确的有
A. 亚单位疫苗通过消化道接种较好 B. 注射时,应选择活动少的易于注射的部位 C. 气雾免疫可产生黏膜免疫 D. 在禽类,滴鼻与点眼免疫的效果较好 E. 饮水免疫可产生体液免疫

85. 以下哪些因素不影响疫苗的免疫效果
A. 免疫缺陷病 B. 中毒病 C. 稀释方法 D. 动物群体大小 E. 酶菌毒素中毒

86. 犬接种人麻疹弱毒疫苗能够预防的疫病是
A. 犬细小病毒病 B. 犬传染性肝炎 C. 犬瘟热 D. 犬流感 E. 犬冠状病毒性腹泻

87. 犬瘟热的病原是
A. 细小病毒 B. 副黏病毒 C. 冠状病毒 D. 疱疹病毒 E. 嵌杯病毒

88. 猫泛白细胞减少症的病原是

A. 细小病毒　　B. 副黏病毒　　C. 冠状病毒　　D. 疱疹病毒　　E. 嵌杯病毒
89. 目前预防兔病毒性出血症常用的疫苗是
A. 弱毒苗　　B. 中毒苗　　C. 脏器组织灭活苗　　D. 油乳剂苗　　E. Ⅱ号炭疽菌苗
90. 貂病毒性肠炎的病原是
A. 冠状病毒　　B. 腺病毒　　C. 细小病毒　　D. 副黏病毒　　E. 疱疹病毒
91. 弱毒冻干苗保存条件是
A. 4～8℃　　B. −20℃以下　　C. 0℃
D. 室温　　E. 井水
92. 灭活疫苗的保存条件是
A. 4～8℃　　B. −20℃以下　　C. 0℃
D. 室温　　E. 井水
93. 不能进行紧急预防接种的传染病是
A. 猪瘟　　B. 鸡传染性支气管炎
C. 鸡新城疫　　D. 兔瘟　　E. 鸭瘟
94. 下列哪种疫苗接种动物机体后能产生干扰素的疫苗是
A. 猪瘟兔化弱毒苗　　B. 鸭瘟弱毒苗
C. 猪丹毒弱毒苗　　D. 兔巴氏杆菌灭活苗　　E. 鸡传染性支气管炎弱毒苗
95. 鸡马立克氏病主要发生于
A. 各种日龄的鸡　　B. 90日龄以上的鸡
C. 90日龄以下的鸡　　D. 120日龄以上的产蛋鸡　　E. 肉鸡

二、A2题型

题型说明：每道试题由一个叙述性的简要病历（或其他主题）作为题干和五个备选答案组成。A、B、C、D和E五个备选答案中只有一个是最佳答案，其余均不完全正确或不正确，答题时要求选出正确的那个答案。

1. 夏季某一低洼牧场的绵羊群发病，发热、消瘦、口腔和鼻部出现溃疡，有黏性分泌物；有的后期并发肺炎和胃肠炎；跛行、消瘦；分离的病原具有血凝性，可凝结绵羊和人的红细胞；该疫病可能是
A. 蓝舌病　　B. 口蹄疫　　C. 羊口疮
D. 绵羊痘　　E. 水泡性口炎
2. 某奶牛场，部分奶牛高热，达39.5～42℃，极度沉郁，拒食，有多量黏脓性鼻漏，鼻黏膜高度充血，有浅溃疡，鼻窦及鼻镜因组织高度发炎发红，呼吸困难，呼气中常有臭味，有的有结膜炎和流泪，疑似牛传染性鼻气管炎（IBR）。该病实验室快速确诊的方法是

A. 病理学观察　　B. 采取感染发热期病畜鼻腔洗涤物，处理后接种牛肾细胞，进行IBR病毒分离　　C. 采集血液，用酶联免疫吸附试验检测IBR病毒抗体　　D. 采集血液，用间接血凝试验检测IBRV病毒抗体　　E. 收集鼻拭子和分泌物，用PCR技术检测IBR病毒

3. 5月某地羊群出现精神沉郁、跛行、共济失调或圆圈运动，有的羊眼球震颤、角弓反张，2～4月龄的羊发病率较高，病程较长，死亡率较高。该羊群患病可能是
A. 山羊痘　　B. 口蹄疫　　C. 羊痒病
D. 山羊关节炎脑炎　　E. 小反刍兽疫

4. 夏季某规模化猪场的育肥猪群发病，表现为高热、呼吸困难和神经症状，有的突然死亡，凝血不良；剖检可见脑膜出血、淋巴结和肺充血；病猪注射阿莫西林有治疗效果，该猪场发生的疫病是
A. 猪伪狂犬病　　B. 猪乙型脑炎
C. 猪Ⅱ型链球菌病　　D. 副猪嗜血杆菌病　　E. 猪肺疫

5. 某肉鸡场35日龄鸡发病，病鸡表现精神沉郁、羽毛松乱，死亡病鸡的肉眼病变主要有纤维素性心包炎、纤维素性肝周炎和纤维素性气囊炎。使用抗生素治疗后效果良好。该病最可能是
A. 支原体病　　B. 大肠杆菌　　C. 沙门氏菌病　　D. 巴氏杆菌病　　E. 新城疫

6. 某猪群共有50头40～50日龄猪，某日3头猪食欲减退、精神不好，第2天又有2头猪采食量明显减少，体温40.5℃，第3天又有5头猪出现同样症状，其紧急处理措施不应包括
A. 隔离所有发病猪　　B. 全场采用消毒药消毒　　C. 病理解剖，采集样品做实验室诊断　　D. 饮水和饲料中添加适量抗生素　　E. 发病猪紧急接种疫苗

7. 某猪场猪体温升高，精神不振，舌、唇、齿龈、腭黏膜和鼻镜上出现水疱和糜烂。蹄冠、蹄叉、蹄踵部位红肿、敏感，随后出现水疱和糜烂。母猪乳房和乳头可见水疱和糜烂。吮乳仔猪呈急性胃肠炎及心肌炎，死亡率达50%。该病最可能是
A. 猪皮炎肾病综合征　　B. 猪水疱病
C. 口蹄疫　　D. 猪瘟　　E. 猪脑心肌炎

8. 某猪场的育肥猪群突发高热，呼吸急促、耳部发紫、躯体末段皮肤发绀，有的猪

见双眼肿胀、发生结膜炎，有的发生腹泻，死亡猪剖检可见间质性肺炎，淋巴结肿大。妊娠母猪的流产胎儿脐带周围发红。该猪群发生疫病可能是

A. 猪肺疫　　B. 细小病毒感染　　C. 猪瘟　　D. 猪繁殖与呼吸综合征　　E. 猪伪狂犬病

9. 某猪群中出现初产母猪发生流产，产木乃伊胎和死胎。公猪、经产母猪和其他阶段猪无明显可见的临床表现。此病可能是

A. 乙型脑炎　　B. 细小病毒感染
C. 猪衣原体病　　D. 猪繁殖与呼吸综合征
E. 黄曲霉毒素中毒

10. 某猪场的 6～8 周龄仔猪流浆液、脓性鼻涕，用鼻拱地、摇头，有的面部有"泪斑"，有的颜面部变形。该猪群发生疫病是

A. 猪气喘病　　B. 猪肺疫　　C. 猪传染性萎缩性鼻炎　　D. 猪流感　　E. 蓝耳病

11. 育肥猪发生以呼吸道症状为主的疾病，咳嗽，体温不升高，部分病猪皮肤可能有苍白，生长缓慢。解剖病变为肺脏左右对称的肉变，其它器官无肉眼可见病变。此病可能是

A. 猪肺疫　　B. 猪萎缩性鼻炎　　C. 猪繁殖与呼吸综合征　　D. 猪支原体肺炎　　E. 猪传染性胸膜肺炎

12. 某规模化猪场的部分 2 月龄仔猪体重明显偏小，食欲不振、皮肤苍白、腹股沟淋巴结肿大，接种口蹄疫疫苗后抗体水平较低。该猪群发生疫病是

A. 仔猪副伤寒　　B. 猪断奶后多系统衰竭综合征　　C. 非典型猪瘟　　D. 猪痢疾　　E. 仔猪水肿病

13. 某猪场部分 7～12 周龄仔猪精神不佳，粪便松软、颜色发黑，附有黏液，2～3 天后发生带血腹泻，恶臭；泰乐菌素治疗有一定效果，但一段时间后又有反复。该猪群发生疫病是

A. 非典型猪瘟　　B. 猪痢疾　　C. 仔猪副伤寒　　D. 猪流行性腹泻　　E. 猪轮状病毒感染

14. 某鸡场鸡群发生一种急性传染病，以结膜炎、呼吸困难、咳出带血的黏液等为主要的临床特征，在诊断上应首先怀疑该病为

A. 鸡新城疫　　B. 鸡传染性支气管炎　　C. 鸡传染性鼻炎　　D. 鸡传染性喉气管炎　　E. 禽霍乱

15. 某肉鸭养殖村 20 日以下雏鸭发病，年龄越小发病率和死亡率越高，其他 1 月以上鸭不发病，解剖主要病变是肝肿大和出血。该病最可能诊断是

A. 鸭霍乱　　B. 鸭大肠杆菌病　　C. 鸭瘟　　D. 鸭病毒性肝炎　　E. 鸭葡萄球菌病

16. 某地 4 月龄麻鸭突然发病，表现为体温升高达 42℃ 以上，精神沉郁，食欲减退，羽毛松乱，腹泻，排出绿色或灰白色稀粪，部分病鸭头部肿大。发病鸭消化道充血、出血；后期死亡的鸭在食道和泄殖腔黏膜有溃疡或覆盖有纵行排列的灰黄色假膜。该病最有可能是

A. 鸭霍乱　　B. 鸭大肠杆菌病　　C. 鸭瘟　　D. 鸭病毒性肝炎　　E. 鸭沙门氏菌病

17. 某农夫饲养的雏鹅 3 日龄开始发病，表现为食欲不振，饮欲增强，不愿活动，随后出现严重下痢，排灰白色或青绿色稀粪，粪中带有纤维碎片，解剖死亡雏鹅发可观察到肠道充血、出血；病程长的雏鹅小肠外观膨大，剖开有淡黄色假膜包裹的凝固性栓塞物，黏膜明显充血发红。该农夫家的产蛋种鹅无任何临床症状，患病雏鹅抗生素治疗无效。该病最有可能是

A. 小鹅瘟　　B. 鹅大肠杆菌病　　C. 鹅球虫病　　D. 鹅巴氏杆菌病　　E. 鹅沙门氏菌病

18. 某城市 2009 年 3 月开始流行一种犬传染病，犬只小于 4 周龄的仔犬和大于 5 岁龄的老犬发病率相对较低。患病犬多表现精神沉郁，食欲废绝，体温升到 40℃ 以上，突然出现呕吐，继而腹泻，粪便先黄色或灰黄色，覆以多量黏液和伪膜，接着排番茄汁样稀粪，具有难闻的恶臭味。白细胞总数显著减少，转氨酶指数上升。肠内容物加适量氯仿处理的离心上清液在 25℃ 能凝集猪红细胞。该病最有可能是

A. 犬传染性肝炎　　B. 犬冠状病毒性腹泻　　C. 犬瘟热　　D. 犬细小病毒病　　E. 犬疱疹病毒感染

19. 某貂场流行一种疾病，使用抗生素治疗无效，疾病拖延 1 个月都还没有平息的

迹象，临床表现为患病貂食欲时好时坏，渴欲显著增加，渐进性贫血和消瘦，可视黏膜苍白。一些病例口腔、齿龈、软腭和肛门等处有出血和溃疡。粪便稀软而不成型，粪便发黑似煤焦油样。测定了10只明显消瘦的病貂血液指标，病貂外周血液浆细胞和淋巴细胞增多，血清丙种球蛋白高于8g/100mL。该病最有可能是

A. 貂病毒性肠炎　　B. 貂阿留申病
C. 貂大肠杆菌病　　D. 貂沙门氏菌病
E. 貂葡萄球菌病

三、A3题型

题型说明：其结构是开始叙述一个以患病动物为中心的临床情景，然后提出2～3个相关的问题，每个问题均与开始的临床情景有关，但测试要点不同，且问题之间相互独立。在每个问题间，病情没有进展，子试题也不提供新的病情进展信息。每个问题均有5个备选答案，需要选择一个最佳答案，其余的供选答案可以部分正确，也可以是错误，但是只能有一个最佳的答案。不止一个的相关问题，有时也可以用否定的叙述方式，同样否定词用黑体标出，以提醒应试者。

（1～3题共用以下题干）

某鸡场40日龄鸡只突然出现死亡，水样下痢，胸翅及腿部下有斑点出血，胸腹部、大腿和翅膀内侧、头部、下颌部和趾部可见皮肤湿润、肿胀，相应部位羽毛潮湿易掉，皮肤呈青紫色或深紫红色，皮下疏松组织较多的部位触之有波动感，皮下潴留渗出液。

1. 最可能的疫病是
A. 禽霍乱　　B. 沙门氏菌病　　C. 大肠杆菌病　　D. 坏死杆菌病　　E. 葡萄球菌病

2. 如果进一步确诊，最简单的方法是
A. 普通显微镜检查　　B. 电镜检查
C. 血清学试验　　D. 细菌分离培养
E. 病毒分离培养

3. 如果进行细菌分离培养，首选的培养基是
A. 营养琼脂培养基　　B. 高盐甘露醇培养基　　C. 血液琼脂培养基　　D. 麦康凯琼脂培养基　　E. 血清琼脂培养基

（4、5题共用以下题干）

一动物患李氏杆菌病，常表现精神萎靡、少动、口流白沫，神经症状呈间歇性发作，无目的前冲或转圈，头偏向一侧，扭曲、抽搐，2～3天死亡。

4. 该动物最有可能的是
A. 猪　　B. 牛羊　　C. 马　　D. 兔
E. 家禽

5. 如果禽患该病，主要表现为
A. 脑膜炎　　B. 脑脊髓炎　　C. 粟粒样脓肿　　D. 败血症　　E. 无特殊症状

（6、7题共用以下题干）

冬季，某鸡场1000只3周龄来航鸡，某日约10多只鸡出现食欲减退、精神沉郁，第3天发病数增至50多只，第4～7天发病鸡出现被毛松乱，采食量明显减少，发病率达40%，致死率达50%。

6. 该鸡群最有可能的患病是
A. 传染病　　B. 饲料中毒　　C. 寄生虫病　　D. 冬季受凉　　E. 药物中毒

7. 下列哪种方法有助于快速诊断
A. 了解鸡的来源　　B. 病理解剖
C. 采集血清，检测新城疫HI抗体
D. 采集死亡鸡内脏，制备组织悬液，接种同龄来航鸡　　E. 采集死亡鸡内脏组织，进行PCR

（8～10题共用以下题干）

某牧场的12只绵羊突然停止采食，精神不振，弓腰，呼吸困难，行走时后躯摇摆，1天内死亡8只。随后，有的病羊离群独处，卧地，不愿走动，腹部膨胀。有的体温达41.5℃左右，喜卧地，牙关紧闭，易惊厥。粪团变大，色黑而软，其中杂有黏稠的炎症产物或脱落的黏膜。新鲜尸体做病理解剖，主要呈现真胃胃底部及幽门附近的黏膜有大小不等的出血斑块，黏膜下组织水肿。

8. 该病最可能的诊断是
A. 羊快疫　　B. 羊猝狙　　C. 狂犬病
D. 食物中毒　　E. 破伤风

9. 该病确诊需要进行
A. 微生物学和毒素检查　　B. 微生物学检查　　C. 毒素检查　　D. 抗体检测
E. 破伤风抗体注射

10. 为了防制本病，除必须加强平时的饲养管理外，每年可定期注射
A. 破伤风疫苗　　B. 破伤风类毒素
C. 破伤风抗毒素　　D. 羊厌氧菌七联干粉疫苗　　E. 狂犬病疫苗

（11～13题共用以下题干）

某猪场的商品猪群突发高热、皮肤发绀、结膜炎；初期便秘，后发生腹泻；病猪行动呆

滞、有的后肢麻痹；公猪包皮内有恶臭的浑浊液体；死亡猪剖检可见全身淋巴结肿大出血、肾脏有密集出血点。

11. 该猪群发生疫病可能是
    A. 猪繁殖与呼吸综合征   B. 猪肺疫
    C. 猪瘟   D. 圆环病毒感染   E. 伪狂犬病

12. 该病实验室确诊最佳的检测病料样品是
    A. 粪便   B. 淋巴结和肾脏   C. 血液
    D. 大脑   E. 肺脏

13. 如进行动物接种试验，应选择的动物是
    A. 小白鼠   B. 大鼠   C. 兔子
    D. 豚鼠   E. SPF 鸡

（14～17 题共用以下题干）
某猪场哺乳阶段小猪出现腹泻，粪便呈黄色或白色，仔猪死亡率高，耐过猪消瘦，成为僵猪。有传染性。病仔猪无其他症状。断奶猪、保育猪以及母猪产仔正常。

14. 本病最可能的诊断是
    A. 猪传染性胃肠炎   B. 仔猪黄白痢
    C. 猪梭菌性肠炎   D. 仔猪副伤寒
    E. 猪痢疾

15. 如果进一步诊断，最必要检测的项目是
    A. 病原分离鉴定   B. 抗体检测
    C. 饲料质量   D. 水质检测
    E. 空气质量

16. 最应该检测的样本是
    A. 肝脏   B. 扁桃体   C. 粪便
    D. 脑组织   E. 血清

17. 首先对病猪采取的措施是
    A. 补液和抗生素治疗   B. 母猪紧急接种大肠杆菌疫苗   C. 消毒措施
    D. 猪舍升温   E. 病猪淘汰

（18、19 题共用以下题干）
夏季某牛场的 3～4 岁黑白花奶牛，突发体温升高，食欲、反刍减退、产奶量下降，呼吸急促、大量留涎，部分病牛后躯僵硬，不愿移动。

18. 该牛可能患的疾病是
    A. 牛流行热   B. 牛结核病   C. 炭疽
    D. 牛巴氏杆菌病   E. 口蹄疫

19. 该病最为合适的治疗方法是
    A. 肌注安乃近，静脉注射 5%葡萄糖生理盐水、青链霉素、10%安钠咖、维生素 C 和维生素 B_1 B. 用康复牛血清注射
    C. 电解质和多维饮水   D. 局部关节封闭注射，镇痛，加强护理   E. 病初使用足够剂量的土霉素，并用新胂凡纳明静脉注射

（20～22 题共用以下题干）
某养殖场发生疫情，主要表现为产蛋鸡产蛋急剧下降，部分鸡死亡，剖检发现腺胃乳头出血，直肠出血，肠道黏膜出血等。

20. 该病最可能是
    A. 传染性支气管炎   B. 禽流感
    C. 新城疫   D. 产蛋下降综合征
    E. 鸡败血性支原体

21. 分离病毒选用的鸡胚日龄是
    A. 5～6   B. 9～11   C. 16～18
    D. 大于 14   E. 所有日龄

22. 对鸡胚分离的病毒用什么方法鉴定病毒
    A. 血凝试血凝试验和血凝抑制试验
    B. 血凝试验   C. 血凝抑制试验
    D. 扫描电镜   E. 抗原抗体反应

（23～26 题共用以下题干）
某鹅场鹅表现精神不振，食欲减退并有下痢，排出带血色或绿色粪便。有些病鹅在病程的后期出现神经症状，发病率和死亡率分别为 20% 和 10%。解剖发现食管有散在的白色或带黄色的坏死灶。腺胃和肌胃黏膜有坏死和出血，肠道有广泛的糜烂性坏死灶并伴有出血等。

23. 最有可能的疫病是
    A. 低致病性禽流感   B. 新城疫
    C. 小鹅瘟   D. 大肠杆菌病   E. 高致病性禽流感

24. 最容易分离到病原的组织是
    A. 心   B. 肝   C. 脾   D. 肾
    E. 肠

25. 分离到的病毒最有可能是
    A. 有血凝性，无囊膜病毒   B. 有血凝性，有囊膜病毒   C. 无血凝性，无囊膜病毒   D. 无血凝性，有囊膜病毒
    E. 以上都不是

26. 对上述疫病的控制最好用
    A. 血清治疗   B. 中药治疗   C. 西药治疗   D. 弱毒疫苗紧急免疫接种
    E. 扑杀所有感染鹅，环境进行彻底消毒

（27～29 题共用以下题干）
某肉鸭养殖村 20 日以下雏鸭发病，年龄越小发病率和死亡率越高，其他 1 月以上鸭不发病，解剖主要病变是肝肿大和出血。

27. 该病最可能诊断是
    A. 鸭霍乱   B. 鸭大肠杆菌病   C. 鸭

瘟　D. 鸭病毒性肝炎　E. 鸭葡萄球菌病

28. 如果需要对该病采取治疗措施, 最好是
A. 注射革兰氏阳性菌敏感的抗生素
B. 注射革兰氏阴性菌敏感的抗生素
C. 注射高免血清或卵黄抗体, 同时使用广谱抗生素　D. 注射高免血清或卵黄抗体　E. 注射板蓝根

29. 如果需要进一步确诊, 最好是
A. 从粪便进行细菌分离鉴定　B. 从肝脏进行细菌分离鉴定　C. 从粪便进行病毒分离鉴定　D. 从肝脏同时进行病毒和细菌分离鉴定　E. 从肝脏进行病毒分离鉴定

(30~32 题共用以下题干)
一雌性犬, 1 岁, 突然发病, 体温升高到 40.5℃持续 1 天, 然后体温下降到常温, 1 天后体温升高到 40℃以上, 呈"马鞍形"。

30. 该病最可能诊断是
A. 犬传染性肝炎　B. 犬冠状病毒性腹泻　C. 犬瘟热　D. 犬细小病毒病　E. 犬疱疹病毒感染

31. 如果需要对该病采取治疗措施, 最好是
A. 注射革兰氏阳性菌敏感的抗生素, 配合对症治疗的综合性措施　B. 注射革兰氏阴性菌敏感的抗生素, 配合对症治疗的综合性措施　C. 口服板蓝根, 配合对症治疗的综合性　D. 注射高免血清, 配合对症和防止继发感染治疗的综合性措施　E. 注射板蓝根, 配合对症治疗的综合性措施

32. 由于犬正在治疗中, 如果需要进一步确诊, 最好的方法是
A. 粪便处理后进行血凝和血凝抑制试验
B. 从粪便进行细菌分离鉴定　C. 从粪便进行病毒分离鉴定　D. 采体温升高阶段的血进行病毒分离, 可用血凝和血凝抑制试验进行鉴定　E. 从口腔拭子进行病毒分离鉴定

四、A4 题型

题型说明: 试题的形式是开始叙述一个以单一病患动物为中心的临床情景, 然后提出 3~6 个相关的问题, 问题之间也是相互独立的。当病情逐渐展开时, 可逐步增加新的信息。有时陈述了一些次要的或有前提的假设信息, 这些信息与病例中叙述的具体病患动物并不一定有联系。提供信息的顺序对回答问题是非常重要的。每个问题均与开始的临床情景有关, 又与随后改变有关, 回答这样的试题一定要以试题提供的信息为基础。A4 题型也有 5 个备选答案。值得注意的是 A4 题选择题的每一个问题。均需选择一个最佳的回答, 其余的供选择答案可以部分正确, 也可以错误, 但只能有一个最佳的答案。不止一个的相关问题, 有时也可以用否定的叙述方式, 同样否定词用黑体或下划线以提醒应试者。

(1~6 题共用下列题干)
某农户的一头 3 岁母牛突然死亡, 生前没有发现异常表现, 病因不明, 死后尸体腹部严重膨胀, 尸僵不全, 天然孔出血, 血液凝固不良。

1. 最可能的病因是
A. 中毒　B. 炭疽　C. 牛瘟　D. 牛肺疫　E. 牛出血性败血症

2. 进行实验室检查时, 采集的最佳材料是
A. 天然孔流出的血液　B. 肝脏　C. 脾脏　D. 肛门拭子　E. 口腔拭子

3. 该病病原体的重要特点是
A. 革兰氏染色阴性　B. 不容易培养　C. 具有鞭毛　D. 可形成芽孢, 抵抗力强大　E. 具有溶血特性

4. 本病的最常见的感染途径是
A. 创伤　B. 飞沫感染　C. 节肢动物　D. 呼吸道　E. 消化道

5. 诊断本病简便而快速的血清学方法是
A. 串珠反应　B. 血凝抑制试验　C. 平板凝集试验　D. Ascoli 反应　E. 试管凝集试验

6. 一般**不**被感染的动物是
A. 绵羊　B. 野生动物　C. 马、驴　D. 猪　E. 家禽

(7~12 题共用下列题干)
某猪群中保育阶段猪出现关节肿大, 运动障碍, 部分猪具有神经症状和呼吸道症状, 腹式呼吸。急性死亡猪皮肤有败血症。发病率在 30%以上。

7. 对该病进行诊断的第一步是
A. 抗体检测　B. 细菌分离　C. 临床剖检　D. 组织学检测　E. PCR 检测

8. 如果怀疑是副猪嗜血杆菌感染, 在检测中最佳的样本是
A. 扁桃体　B. 病变肺脏　C. 充血的皮肤　D. 心脏　E. 肿大的肝脏

9. 分离副猪嗜血杆菌应该选用下列培养基

A. 麦康凯培养基　　B. 含 NAD 的 TSA 培养基　　C. 不含 NAD 的 TSA 培养基　　D. 含牛血清的营养琼脂培养基　　E. 普通肉汤培养基

10. 如在培养基中，加入脱纤绵羊血，副猪嗜血杆菌菌落周围出现下列特征
　　A. 不溶血　　B. α-溶血　　C. β-溶血　　D. 卫星现象　　E. 杂菌生长

11. 【假设信息】如果 NAD 依赖，又有溶血现象，那么，分离的病原菌可能是
　　A. 溶血链球菌　　B. 胸膜肺炎放线杆菌　　C. 沙门氏菌　　D. 大肠杆菌　　E. 巴氏杆菌

12. 【假设信息】如果是链球菌感染，针对病猪，应该采取的措施是
　　A. 注射青霉素　　B. 紧急注射链球菌活疫苗　　C. 饮水链霉素　　D. 注射干扰素　　E. 病猪紧急接种链球菌灭活苗

（13～15题共用下列题干）

某 5～10 月龄绵羊群突然出现精神沉郁，食欲减退，鼻镜干燥，体温 41℃ 以上，口鼻腔流黏液脓性分泌物，呼出恶臭气体。流涎，口腔黏膜和齿龈充血，随后很多病羊口腔黏膜坏死，有的腭、颊部及其乳头、舌黏膜坏死，水样腹泻，带血，病羊严重脱水，消瘦，有的咳嗽、胸部罗音。发病率达 90%，致死率大约 65%。

13. 对该羊病的诊断首先需要进行检查的是
　　A. 细菌学检查　　B. 病毒分离鉴定　　C. 血液学检查　　D. 粪尿检查　　E. 病理剖解

14. 如果新鲜尸体病理解剖发现结膜炎、坏死性口炎，皱胃出现糜烂病灶，肠道有糜烂，结肠和直肠结合处黏膜有线状出血条纹，淋巴结肿大，脾有坏死性病变。你认为还要做的检查是
　　A. 采集内脏病料，做病原学检查
　　B. 采集肺脏，做病理组织学检查
　　C. 采集肠道，做病理组织学检查
　　D. 采集血液，做免疫学检查
　　E. 采集活体动物的眼结膜和鼻腔分泌物，进行细菌分离鉴定

15. 如果确诊该病是小反刍兽疫，采取的控制措施**不包括**
　　A. 报告疫情　　B. 扑杀销毁病羊　　C. 全场消毒　　D. 对症治疗　　E. 紧急免疫预防

（16～18题共用下列题干）

某奶牛场，部分奶牛体温升至 40～42℃，精神沉郁，厌食，鼻、眼有浆液性分泌物，鼻镜及口腔黏膜表面糜烂，舌面上皮坏死，流涎增多，呼气恶臭。随后发生严重腹泻，带有黏液和血。部分牛蹄叶炎及趾间皮肤糜烂坏死、跛行。鬐甲、颈部及耳后皮肤出现明显皮屑状。1 个月内，发病率 20%，致死率 2%。

16. 对该牛病的诊断首先需要进行检查的是
　　A. 细菌学检查　　B. 病毒分离鉴定　　C. 病理剖解　　D. 血液学检查　　E. 粪尿检查

17. 如果新鲜尸体病理解剖发现食道黏膜糜烂，第四胃炎性水肿和糜烂。小肠大肠有卡他性、出血性、溃疡性以及坏死性等不同程度的炎症，肠壁水肿增厚，肠淋巴结肿大，你认为最有可能的诊断是
　　A. 口蹄疫　　B. 牛流行热　　C. 牛传染性鼻气管炎　　D. 牛黏膜病　　E. 牛传染性胸膜肺炎

18. 如果确诊为牛病毒性腹泻/黏膜病，该牛群的正确处置方法是
　　A. 发病牛对症治疗，未发病的牛紧急免疫接种　　B. 发病牛注射高免血清，未发病的牛紧急免疫接种　　C. 发病牛抗病毒治疗，未发病的牛紧急免疫接种　　D. 发病牛扑杀，未发病的牛紧急免疫接种　　E. 发病牛扑杀，未发病的牛隔离检疫

（19～22题共用下列题干）

某鸭场饲养樱桃谷鸭 3000 余只，6 月龄，体温升高 43℃ 以上，临床表现为头颈缩起，离群独处，羽毛松乱，翅膀下垂，饮欲增加，食欲减退，两腿发软无力，走动困难，行动迟缓，部分病鸭头部肿大，2 天后有病鸭出现死亡。

19. 对这起疫情的诊断，第一步需要进行的检查是
　　A. 病毒分离鉴定　　B. 细菌分离鉴定　　C. 临床剖检　　D. 血清学方法检测抗体　　E. 血清学方法检测抗原

20. 在诊断过程中如果观察到病死鸭食道黏膜有出血点、有纵行排列的灰黄色假膜覆盖，假膜剥离后留有溃疡斑痕；泄殖腔黏膜出血、水肿，黏膜表面覆盖一层灰褐色坏死痂。肝脏出血，灰白色坏死灶。作为

临床兽医，你认为

A. 需要进一步进行病毒分离鉴定，才能作出初步诊断　　B. 需要进一步进行细菌分离鉴定，才能作出初步诊断　　C. 需要进一步进行血清学方法检测抗体，才能作出初步诊断　　D. 需要进一步进行血清学方法检测抗原，才能作出初步诊断　　E. 根据获得的病理变化资料，可以作出初步诊断

21. 如果这起疾病是鸭瘟，下列哪种措施是控制疫情最为合理的办法

A. 严格封锁、消毒，所有鸭紧急接种鸭瘟弱毒疫苗　　B. 严格封锁、消毒，所有鸭紧急注射青霉素　　C. 严格封锁、消毒，所有鸭紧急注射链霉素　　D. 严格封锁、消毒，隔离和淘汰有临床症状鸭，临床健康鸭紧急接种鸭瘟弱毒疫苗　　E. 严格封锁、消毒，隔离和淘汰有临床症状鸭，临床健康鸭紧急接种鸭瘟灭活疫苗

22. 实验室确诊，下列哪种方法能够最快获得实验结果

A. 病毒分离鉴定　　B. 琼脂凝胶扩散试验　　C. 酶联免疫吸附试验　　D. 反向间接血凝试验　　E. 聚合酶链反应（PCR）

（23～26题共用下列题干）

某肉鸭孵化和养殖场，孵出的雏鸭在育雏室3日龄即开始发病，表现为精神沉郁、厌食、眼半闭呈昏睡状，以头触地。死前有神经症状，表现为运动失调，身体倒向一侧，两脚痉挛性后蹬，全身抽搐，死时大多呈"角弓反张"姿态。

23. 对这起疫情的诊断，第一步需要进行的检查是

A. 临床剖检　　B. 细菌分离鉴定　　C. 病毒分离鉴定　　D. 血清学方法检测抗体　　E. 血清学方法检测抗原

24. 在诊断过程中如果观察到病死鸭主要病变为肝肿大、质脆，表面有大小不等的出血点。同时你也了解到饲喂同一批次饲料的其他鸭场相同日龄的鸭无异常，本场30日龄的鸭与发病鸭的用具和饲养人员有交叉却没有发病。作为临床兽医，你认为

A. 需要进一步进行病毒分离鉴定，才能作出初步诊断　　B. 需要进一步进行细菌分离鉴定，才能作出初步诊断　　C. 根据获得的病理变化和流行病学资料，可以作出初步诊断　　D. 需要进一步进行血清学方法检测抗体，才能作出初步诊断　　E. 需要进一步进行血清学方法检测抗原，才能作出初步诊断

25. 如果这起疾病是鸭病毒性肝炎，下列哪种措施是控制疫情最为合理的办法

A. 严格隔离、消毒，所有易感雏鸭紧急接种鸭病毒性肝炎弱毒疫苗　　B. 严格隔离、消毒，所有易感雏鸭紧急注射青霉素　　C. 严格隔离、消毒，所有易感雏鸭紧急注射链霉素　　D. 严格隔离、消毒，所有易感雏鸭紧急注射鸭病毒性肝炎高免血清或卵黄抗体　　E. 严格隔离、消毒，所有易感雏鸭紧急接种鸭病毒性肝炎灭活疫苗

26. 如果该鸭场附近就是某高校，实验室设备和鸭病诊断试剂齐全，下列哪种方法能够最快获得实验结果

A. 病毒分离鉴定　　B. 雏鸭血清保护试验　　C. 斑点酶联免疫吸附试验　　D. 反转录-聚合酶链反应（RT-PCR）　　E. 免疫组化法

（27～30题共用下列题干）

某貂场出现一种慢性疾病，临床表现为患病貂食欲时好时坏，渴欲显著增加，渐进性贫血和消瘦，可视黏膜苍白。部分病例口腔、齿龈、软腭和肛门等处有出血和溃疡。

27. 对这种慢性疾病的诊断，第一步需要进行的检查是

A. 采血进行病毒分离鉴定　　B. 采血进行细菌分离鉴定　　C. 宰杀病貂，进行临床剖检　　D. 采血进行血液学检查　　E. 采血进行免疫学检查

28. 如果这种疾病是貂阿留申病，下面哪种描述是错误的

A. 其病原为细小病毒科细小病毒属成员　　B. 病貂体温升高到42℃以上　　C. 外周血液浆细胞增多　　D. 外周血液淋巴细胞增多　　E. 外周血液的血清丙种球蛋白增高

29. 如果这种疾病是貂阿留申病，下面哪种描述是错误的

A. 其病原为RNA病毒　　B. 其病原对乙醚处理不敏感　　C. 其病原对氯仿处理不敏感　　D. 其病原为无囊膜病毒　　E. pH 3～9处理不影响病毒感染力

30. 如果这种疾病是貂阿留申病，作为临床兽医，下列哪种方法在貂场使用最为便捷、也可获得具有一定诊断价值的实验结果
   A. 病毒分离鉴定　　B. 碘凝集试验
   C. 对流免疫电泳　　D. 免疫荧光技术
   E. 酶联免疫吸附试验

五、B1题型

题型说明：也是单项选择题，属于标准配伍题。B1题型开始给出5个备选答案，之后给出2~6个题干构成一组试题，要求从5个备选答案中为这些题干选择一个与其关系最密切的答案。在这一组试题中，每个备选答案可以被选1次、2次和多次，也可以不选用。

（1~4题共用下列备选答案）
   A. 紫外线　　B. 石灰乳　　C. 0.1%新洁而灭水溶液　　D. 福尔马林　　E. 过氧乙酸

1. 畜舍墙壁、圈栏消毒选择
2. 兽医室消毒选择
3. 玻璃、搪瓷、衣物、敷料、橡胶制品的消毒选择
4. 带猪的猪舍的消毒选择

（5~7题共用下列备选答案）
   A. 吸血昆虫　　B. 空气、飞沫
   C. 饲料、水　　D. 鼠　　E. 伤口

5. 蓝舌病的主要传播媒介是
6. 牛流行热的主要传播媒介是
7. 牛传染性鼻气管炎的主要媒介是

（8、9题共用下列备选答案）
   A. 注射高免血清　　B. 注射敏感抗生素
   C. 注射弱毒疫苗　　D. 注射灭活疫苗
   E. 补充葡萄糖生理盐水

8. 犬患传染性肝炎时，正确的处理方式除了对患病犬采取对症治疗、防止继发感染和精心护理外，还有非常重要的治疗手段是尽早
9. 猫患猫泛白细胞减少症时，正确的处理方式除了对患病猫对症和防止继发感染治疗的综合性措施外，还有非常重要的治疗手段是

（10~12题共用下列备选答案）
   A. 嗉囊积液，腺胃乳头出血　　B. 腺胃与肌胃交界处出血，腿部肌肉出血　　C. 泄殖腔出血，皮肤、脚部鳞片出血　　D. 喉头黏膜肿胀、出血、溃疡，覆有纤维素性干酪样假膜　　E. 全身贫血，骨髓萎缩，呈脂肪色、淡黄色或淡红色

10. 鸡传染性法氏囊病的特征性病理变化是
11. 鸡新城疫的特征性病理变化是
12. 鸡传染性喉气管炎的特征性病理变化是

兽医传染病学参考答案

一、A1题型

1	B	2	C	3	A	4	B	5	B	6	D	7	A	8	A	9	A	10	C
11	C	12	A	13	C	14	C	15	D	16	D	17	E	18	E	19	E	20	B
21	C	22	C	23	A	24	B	25	A	26	D	27	A	28	D	29	C	30	C
31	A	32	D	33	E	34	B	35	C	36	D	37	C	38	D	39	E	40	C
41	A	42	A	43	A	44	A	45	D	46	D	47	D	48	E	49	C	50	B
51	A	52	B	53	C	54	C	55	C	56	A	57	D	58	A	59	C	60	A
61	D	62	B	63	B	64	D	65	D	66	C	67	C	68	B	69	D	70	D
71	E	72	A	73	C	74	A	75	D	76	D	77	D	78	A	79	C	80	C
81	D	82	D	83	C	84	C	85	D	86	D	87	D	88	A	89	D	90	C
91	B	92	D	93	C	94	C	95	C										

二、A2题型

1	A	2	E	3	D	4	C	5	B	6	E	7	C	8	D	9	B	10	C
11	D	12	B	13	B	14	D	15	D	16	B	17	A	18	D	19	B		

三、A3 题型

1	E	2	A	3	B	4	D	5	D	6	A	7	B	8	A	9	A	10	D
11	C	12	B	13	B	14	B	15	A	16	C	17	A	18	A	19	A	20	C
21	B	22	A	23	C	24	C	25	D	26	D	27	D	28	C	29	D	30	A
31	D	32	D																

四、A4 题型

1	B	2	C	3	D	4	E	5	A	6	E	7	C	8	B	9	B	10	A
11	B	12	A	13	E	14	A	15	D	16	D	17	D	18	D	19	C	20	E
21	D	22	E	23	A	24	C	25	D	26	D	27	D	28	B	29	A	30	B

五、B1 题型

1	B	2	A	3	C	4	E	5	A	6	A	7	B	8	A	9	A	10	B
11	A	12	D																

第三节　兽医寄生虫学

一、A1 题型

题型说明：为单项选择题，属于最佳选择题类型。每道试题由一个题干和五个备选答案组成。A、B、C、D 和 E 五个备选答案中只有一个是最佳答案，其余均不完全正确或不正确，答题时要求选出正确的那个答案。

1. 从寄生虫的发育过程来看，凡是发育过程中仅需要一个宿主的寄生虫，称为
   A. 内寄生虫　　B. 外寄生虫　　C. 专一性宿主寄生虫　　D. 生物源性寄生虫
   E. 土源性寄生虫

2. 鸡异刺线虫的虫卵被蚯蚓吞食后再蚯蚓体内不发育但保持感染性，鸡吞食含有异刺线虫的蚯蚓可感染异刺线虫，所以，蚯蚓是鸡异刺线虫的
   A. 传播媒介　　B. 带虫宿主　　C. 保虫宿主　　D. 中间宿主　　E. 贮藏宿主

3. 猪肺线虫的虫卵随宿主粪便排出体外，被蚯蚓吞咽，之后在蚯蚓体内发育为感染幼虫，猪因为吞食了带有感染幼虫的蚯蚓遭受感染。据此将猪肺线虫被称为
   A. 猪寄生虫　　B. 土源性寄生虫
   C. 生物源性寄生虫　　D. 专性寄生虫
   E. 多宿主寄生虫

4. 寄生于鸡肠道内的鸡球虫能在具有免疫力的鸡体内避免血液循环中抗体的作用而生存，即具有免疫逃避能力的原因是
   A. 虫体表面的抗原变异　　B. 虫体体表获得宿主抗原　　C. 虫体释放可溶性抗原　　D. 虫体寄生的解剖位置的隔离　　E. 变态反应

5. 下列叙述哪个是**不正确**的
   A. 如果一个寄生虫拥有多数脊椎动物，特别是哺乳动物宿主，其中包括人的时候，就构成了人畜共患的寄生虫病　　B. 有的寄生虫病在人和某些家畜（或某些野兽）中同等地、普遍地存在，人和那些家畜（或野兽）都是该寄生虫的天然宿主，具有这种属性的寄生虫病被称为互源性人畜共患病
   C. 有一些寄生虫以某些脊椎动物为其最适宜的天然宿主，人较不敏感，人与动物之间可以互传，但由动物传给人为主要流向，习惯上称这类疾病为动物源性人畜共患病
   D. 有一些疾病主要存在于人，但也可以感染其它脊椎动物，可以互传，而以人传给其他动物为主要流向，这类病被称为人源性人畜共患病　　E. 以上叙述都不正确

6. 有一些寄生虫以某些脊椎动物为其最适宜的天然宿主，人较不敏感，人与动物之间可以互传，但由动物传给人为主要流向，习惯上称这类疾病为
   A. 人源性人畜共患寄生虫病　　B. 动物源性人畜共患寄生虫病　　C. 互源性人畜共患寄生虫病　　D. 人畜共患寄生虫病
   E. 寄生虫病

7. 下列寄生虫中，**不是**通过组织内寄生而逃避宿主免疫系统进攻的是
   A. 棘球蚴　　B. 猪囊尾蚴　　C. 旋毛虫幼虫　　D. 细颈囊尾蚴　　E. 伊氏锥虫

8. 寄生虫病的综合防治措施是

A. 消灭感染源　B. 阻断传播途径
C. 提高自身抵抗力　D. 免疫预防
E. 以上都是

9. 家畜寄生虫病的其中一个重要特点是
A. 经口感染　B. 接触感染　C. 经皮肤感染　D. 经胎盘感染　E. 慢性感染

10. 在计算家畜寄生虫感染强度时，常用麦克马斯特氏法。计数时，若取2g粪便，加入了饱和食盐水58mL，那么计数后，每克粪便中的虫卵数应该是计数的平均值乘以下列的哪个数
A. 50　B. 100　C. 150
D. 200　E. 250

11. 下列寄生虫的虫卵不能用饱和食盐水进行漂浮检查的是
A. 鸡球虫　B. 捻转血矛线虫　C. 食道口线虫　D. 肝片吸虫　E. 莫尼茨绦虫

12. 猪屠宰检验时，旋毛虫的主要检验部位是
A. 咬肌　B. 膈肌　C. 舌肌
D. 心肌　E. 脑

13. 猪屠宰检验时，猪肉孢子虫的主要检验部位是
A. 咬肌　B. 膈肌　C. 舌肌
D. 心肌　E. 脑

14. 以下属于人畜共患寄生虫病的是
A. 丝状网尾线虫病　B. 食道口线虫病
C. 莫尼茨绦虫病　D. 猪结肠小袋虫病
E. 双芽巴贝斯虫病

15. 弓形虫病的感染来源非常广泛，不属于该病感染来源的是
A. 血液　B. 肉　C. 乳汁　D. 胎盘及羊水　E. 尿液

16. 日本分体吸虫的感染性阶段是
A. 尾蚴　B. 胞蚴　C. 囊蚴
D. 雷蚴　E. 毛蚴

17. 不属于日本分体吸虫感染途径的是
A. 经皮肤感染　B. 经交配感染
C. 经胎盘感染　D. 经破损的黏膜感染
E. 经消化道感染

18. 日本分体吸虫不能造成的病变是
A. 睾丸炎　B. 皮炎　C. 肝硬化
D. 脾脏肿大　E. 直肠炎

19. 日本分体吸虫病的首选治疗药物是
A. 吡喹酮　B. 磺胺类　C. 氨丙啉
D. 丙硫咪唑　E. 伊维菌素

20. 日本血吸虫病是一种免疫性疾病，其主要病因是日本分体吸虫的
A. 虫卵　B. 毛蚴　C. 胞蚴
D. 尾蚴　E. 成虫

21. 猪囊尾蚴的成虫是猪带绦虫，又称
A. 有钩绦虫　B. 无钩绦虫　C. 锯齿带绦虫　D. 瓜子绦虫　E. 剑带绦虫

22. 包虫病的病原体是
A. 似囊尾蚴　B. 链状囊尾蚴　C. 囊尾蚴　D. 棘球蚴　E. 脑多头蚴

23. 华枝睾吸虫的感染性阶段是
A. 尾蚴　B. 胞蚴　C. 囊蚴
D. 雷蚴　E. 毛蚴

24. 华枝睾吸虫的寄生部位是
A. 气管　D. 小肠　C. 胰腺
D. 肺脏　E. 肝脏

25. 最不可能感染华枝睾吸虫的动物是
A. 犬　B. 人　C. 猪　D. 鼠
E. 羊

26. 鞭虫病的病原体是
A. 毛尾线虫　B. 类圆线虫　C. 指形丝状线虫　D. 莫尼茨绦虫　E. 棘头虫

27. 丝状网尾线虫寄生于羊的
A. 小肠　B. 盲肠　C. 直肠
D. 胃　E. 肺脏

28. 布氏姜片吸虫的中间宿主为
A. 扁卷螺　B. 椎实螺　C. 钉螺
D. 蜗牛　E. 蚂蚁

29. 下列寄生虫病是通过交配传染的，且拉丁名为交配疹或麻痹的为
A. 毛滴虫病　B. 马媾疫　C. 利什曼原虫病　D. 贾弟虫　E. 伊氏锥虫

30. 猪肉孢子虫在肌肉形成的发育阶段是
A. 包囊　B. 子孢子　C. 卵囊
D. 配子体　E. 裂殖子

31. 隐孢子虫寄生于宿主的
A. 上皮细胞表面　B. 上皮细胞核内
C. 上皮细胞浆内　D. 游离于管腔内
E. 线粒体内

32. 毛尾线虫又称为
A. 结节虫　B. 鞭虫　C. 胃线虫
D. 钩虫　E. 肺线虫

33. 硬蜱在发育过程中需要蜕皮的次数是
A. 1　B. 2　C. 3　D. 4　E. 5

34. 胎生网尾线虫寄生于牛的
A. 小肠　B. 大肠　C. 直肠
D. 胃　E. 肺脏

35. 脑多头蚴的成虫寄生于
    A. 人　B. 猪　C. 犬　D. 牛
    E. 羊
36. 下列哪一种家蚕寄生虫病可通过胚种传染和食下传染家蚕,也是蚕业上唯一的法定检疫对象
    A. 微粒子虫病　B. 蝇蛆病　C. 球孢螨病　D. 虱螨病　E. 壁虱病
37. 下列关于猪蛔虫的描述**不正确的**是
    A. 猪蛔虫寄生虫于猪的小肠中,是一种大型线虫,成虫口端有三片呈品字形排列的唇　B. 蛔虫发育过程中不需要中间宿主,第2期幼虫在外界经3~5周具有感染性　C. 猪蛔虫病流行广,仔猪常见的原因是蛔虫生活史简单、繁殖力强、虫卵对外界抵抗力强　D. 幼虫在体内移行造成器官和组织的损害,严重病例伴发肺结核、咳喘、肠道堵塞　E. 生前诊断可以检查粪便中新鲜虫卵,卵壳是否凹凸不平,卵细胞与卵壳间两端是否有新月形空隙
38. 下列蜱中,与兽医关系**不是**很密切的是
    A. 牛蜱属　B. 硬蜱属　C. 血蜱属
    D. 革蜱属　E. 异扇蜱属
39. 关于螨病,下列叙述正确的是
    A. 螨病又叫疥癣,俗称癞病,通常所称的螨病是指由于疥螨科的螨寄生在畜禽体表而引起的慢性寄生性皮肤病
    B. 剧痒,湿疹性皮炎,脱毛,患部逐渐向周围扩展和不具有传染性为本病特征
    C. 螨全部发育过程都在动物体上度过,包括卵、幼虫、若虫、成虫四个阶段,其中雄螨为2个若虫期,雌螨为1个若虫期
    D. 疥螨的口器为咀嚼式,寄生于皮肤表面;痒螨口器为刺吸式,寄生于宿主表皮内
    E. 以上都是
40. 巴贝斯虫病又称为
    A. 红尿热　B. 焦虫病　C. 蜱热
    D. 得克萨斯热　E. 以上都是
41. 巴贝斯虫病的传播媒介是
    A. 螨　B. 虱　C. 蜱　D. 蚊
    E. 虻
42. 结节虫病的病原体是
    A. 毛首线虫　B. 捻转血矛线虫
    C. 食道口线虫　D. 仰口线虫
    E. 指形丝状线虫
43. 结节虫寄生于牛羊的
    A. 大肠　B. 小肠　C. 胃　D. 肝脏　E. 肺脏
44. 丝状网尾线虫寄生于
    A. 牛　B. 羊　C. 猪　D. 犬
    E. 猫
45. 胎生网尾线虫寄生于
    A. 牛　B. 羊　C. 猪　D. 犬
    E. 猫
46. 马浑睛虫病的病原体是
    A. 马圆线虫　B. 无齿圆线虫　C. 普通圆线虫　D. 指形丝状线虫　E. 马副蛔虫
47. 鸡绦虫病的病原体**不包括**
    A. 四角赖利绦虫　B. 棘沟赖利绦虫
    C. 矛形剑带绦虫　D. 有轮赖利绦虫
    E. 节片戴纹绦虫
48. 治疗或预防鸡蛔虫病的首选药物是
    A. 吡喹酮　B. 左旋咪唑　C. 硫双二氯酚　D. 磺胺喹㗁啉　E. 甲硝唑
49. 瓜子绦虫是指
    A. 细粒棘球绦虫　B. 多头绦虫
    C. 犬心丝虫病　D. 犬复孔绦虫病
    E. 犬钩虫病
50. 牛胎毛滴虫是主要通过下列哪种途径感染牛的
    A. 经口感染　B. 皮肤感染　C. 黏膜接触　D. 胎盘感染　E. 自身感染
51. 日本分体吸虫可寄生于人和耕牛,从人类分体吸虫病流行病学的角度看,耕牛是日本分体吸虫的
    A. 传播媒介　B. 带虫宿主　C. 保虫宿主　D. 中间宿主　E. 储藏宿主
52. 禽气管比翼线虫虫卵在自然界中发育到感染阶段,被蚯蚓吞食,而后蚯蚓又被鸟类啄食,从而造成鸟类的感染。在这个过程中蚯蚓被称为
    A. 传播媒介　B. 带虫宿主　C. 保虫宿主　D. 中间宿主　E. 储藏宿主
53. 蛔虫聚集在小肠所造成的肠堵塞,个别蛔虫误入人或猪胆管中所造成的胆管堵塞等;有时许多虫体团集在肠管的某一局部,引起肠蠕动的不平衡,导致肠扭转或套叠。这种寄生虫对宿主影响属于
    A. 吸食宿主的营养　B. 消化、吞咽或破坏宿主的组织细胞　C. 机械性障碍　D. 引入其他病原体　E. 宿主的组织细胞反应
54. 动物从吃进卵囊到粪便中出现新世代卵囊

所需的时间,我们把这段时间称之为
   A. 潜伏期   B. 潜隐期   C. 潜在期
   D. 隐性感染期   E. 发病期
55. 鸡圆羽虱在鸡和鸡之间的主要传播途径是
   A. 经口感染   B. 经皮肤感染   C. 接触感染   D. 经节肢动物感染   E. 自身感染
56. 黑热病的病原体是
   A. 巴贝斯虫   B. 伊氏锥虫   C. 利什曼原虫   D. 住白细胞原虫   E. 泰勒虫
57. 日本分体吸虫的感染对象比较广泛,**不属**于日本分体吸虫感染对象的是
   A. 人   B. 牛   C. 羊   D. 猫
   E. 鸡
58. 下列哪一种家蚕寄生虫病可通过胚种传染和食下传染家蚕,也是蚕业上唯一的法定检疫对象
   A. 微粒子虫病   B. 蝇蛆病   C. 球薄螨病   D. 虱螨病   E. 壁虱病
59. 猪囊尾蚴病是一种重要的人畜共患病,其病原体猪囊尾蚴**不寄生**于人的
   A. 脑部   B. 心脏   C. 小肠
   D. 骨骼肌   E. 咀嚼肌
60. 猪囊虫病的病原体是
   A. 猪带绦虫   B. 有钩绦虫   C. 猪囊尾蚴   D. 棘球蚴   E. 脑多头蚴
61. 捻转血矛线虫寄生于羊的
   A. 小肠   B. 大肠   C. 直肠
   D. 胃   E. 胆管
62. 鞭虫寄生于宿主的
   A. 小肠   B. 盲肠   C. 直肠
   D. 胃   E. 肝脏
63. 刚棘颚口线虫寄生于猪的
   A. 小肠   B. 大肠   C. 直肠
   D. 胃   E. 胆管
64. 硬蜱在发育过程中需要蜕皮的次数是
   A. 1   B. 2   C. 3   D. 4   E. 5
65. 对于硬蜱和软蜱通过下列部位或方法**不能**区分的是
   A. 盾板有无   B. 假头位置   C. 气门孔位置   D. 足的多少和节数   E. 须肢形态和运动性
66. 可以通过垂直传播的疾病是
   A. 新孢子虫病   B. 日本分体吸虫病   C. 弓形虫病   D. A和C   E. 以上都是

67. 对2月龄以内的仔猪蛔虫病的诊断可以采用的方法是
   A. 粪便学检查   B. 病理剖检   C. 尿液检查   D. A和B   E. 以上都是
68. 治疗鸡羽虱的常用药物是
   A. 蝇毒磷   B. 甲萘威   C. 除虫菊酯类   D. 硫黄粉   E. 以上都是
69. 用压片法检查旋毛虫肌肉包囊型幼虫时,应将肉样剪成麦粒大小的
   A. 4块   B. 8块   C. 12块
   D. 16块   E. 24块
70. 华支睾吸虫成虫寄生于犬、猫的
   A. 血管   B. 气管   C. 胆管
   D. 肠管   E. 淋巴管
71. 猪疥螨的寄生部位是
   A. 体毛   B. 表皮   C. 血液
   D. 肌肉   E. 脂肪
72. 泰勒虫的"石榴体"阶段见于牛、羊的
   A. 淋巴细胞   B. 红细胞   C. 嗜酸性粒细胞   D. 嗜碱性粒细胞   E. 中性粒细胞
73. 狄斯蜂螨的发育过程中无
   A. 卵   B. 蛹   C. 幼虫   D. 若虫
   E. 成虫
74. **不属于**寄生虫病的流行特点的是
   A. 地方性   B. 季节性   C. 爆发性
   D. 散发性   E. 自然疫源性

二、A2题型
   题型说明:每道试题由一个叙述性的简要病历(或其他主题)作为题干和五个备选答案组成。A、B、C、D和E五个备选答案中只有一个是最佳答案,其余均不完全正确或不正确,答题时要求选出正确的那个答案。
1. 夏季常在低洼积水江边放牧的一头犊水牛,出现精神不佳,腹泻下痢,贫血,消瘦等症状。调查发现在江边仅有钉螺滋生。该病最可能的诊断是
   A. 肝片吸虫病   B. 矛形双腔吸虫病
   C. 前后盘吸虫病   D. 日本血吸虫病
   E. 东毕吸虫病
2. 一头2岁水牛进入9月份后开始发病,体温升高到40~41.6℃,持续2天后下降,以后又上升。眼睛充潮红流泪,结膜外翻,内眼角有黄白色分泌物。病牛逐渐消瘦,可视黏膜苍白,四肢水肿,皮肤皲裂,流出黄色或血色液体,结成痂皮而后脱落。耳、尾干枯。该病牛

就诊时实验室诊断首先应该进行的是
A. 粪便虫卵检查 B. 粪便毛蚴孵化检查 C. 血液涂片检查 D. 血液生化检查 E. X光片检查

3. 有牧羊犬看护的某羊场,部分绵羊出现消化障碍,营养失调,消瘦,被毛逆立,脱毛,咳嗽,倒地不起。死亡剖检,在病羊的肝脏和肺脏上见有囊状物,呈球形,直径5~10cm。该病最可能的诊断是
A. 多头蚴病   B. 细颈囊尾蚴病
C. 羊囊尾蚴病   D. 棘球蚴病
E. 羊肺线虫病

4. 隐孢子虫病是一种世界性的人畜共患病。它能引起哺乳动物(特别是犊牛和羔羊)的严重腹泻和禽类的剧烈的呼吸道症状;也能引起人(特别是免疫功能低下者)的严重腹泻。治疗本病有效的药物是
A. 吡喹酮 B. 地克株利 C. 三氯苯咪唑 D. 伊维菌素 E. 以上都不是

5. 一养鸡场的散养鸡出现呼吸困难,呼吸有啰音,咳嗽,打喷嚏,该病最可能为
A. 鸡异刺线虫病   B. 棘口吸虫病
C. 组织滴虫病   D. 隐孢子虫病
E. 巨型艾美耳球虫病

6. 一头放牧的黄牛出现体温升高,达40~41.5℃,稽留热。病牛精神沉郁,食欲下降,迅速消瘦。贫血,黄疸,出现血红蛋白尿。就诊时牛体表查见有硬蜱叮咬吸血。该病最可能的诊断是
A. 伊氏锥虫病   B. 口蹄疫   C. 双芽巴贝斯虫病   D. 隐孢子虫病
E. 环形泰勒虫病

7. 夏季在低洼积水草滩放牧的羊群,放牧数天后急性发病并出现死亡,死后剖检见有出血性肝炎,肝脏肿大,肝包膜上有纤维素沉积,出血,肝实质内有暗红色"虫道",虫道内有凝血块和幼小的虫体。调查发现放牧的草滩上有大量淡水螺滋生。该羊最可能患的疾病是
A. 肝片吸虫病   B. 华支睾吸虫病
C. 姜片吸虫病   D. 前后盘吸虫病
E. 卫氏并殖吸虫病

8. 夏季在低洼积水草滩放牧的羊群,放牧数天后急性发病并出现死亡,死后剖检见有出血性肝炎,肝脏肿大,肝包膜上有纤维素沉积,出血,肝实质内有暗红色"虫道",虫道内有凝血块和幼小的虫体。调查发现放牧的草滩上有大量椎实螺滋生。治疗该病时首先选用的药物是
A. 三氯苯咪唑   B. 左旋咪唑   C. 磺胺类药物   D. 依维菌素   E. 甲硝唑

9. 梅雨季节,断奶后幼兔发生一种腹围增大、贫血、黄疸、腹泻为主要特征的疾病,病兔肝区有痛感,后期有神经症状,如头后仰,四肢痉挛,做游泳状划动。死亡兔肝表面或肝实质有白色或淡黄色粟状大或豌豆大白色结节,沿小胆管分布。在进行实验室诊断时,首先应做的检查是
A. 血液常规检查   B. 血液生化检
C. 血液涂片检查   D. 粪便检查
E. 肝脏结节压片镜检

10. 某羊场饲养管理和卫生较差,羊群拥挤,病羊剧痒,头部、颈部、胸部皮肤擦破出血,脱毛结痂,皮肤肥厚龟裂,病羊无死亡,表现消瘦。治疗该病首先选用的药物是
A. 吡喹酮   B. 左旋咪唑   C. 贝尼尔   D. 依维菌素   E. 甲硝唑

11. 猪蛔虫是猪场常见的寄生虫病,其造成的病变最**不可能**是
A. 肠炎   B. 肝炎   C. 肺炎
D. 胆管炎   E. 心肌炎

12. 某放牧羔羊群出现严重贫血,个别急性死亡,尸体眼结膜苍白。部分患羊眼结膜苍白,下颌间和下腹部水肿;身体逐渐衰弱,被毛粗乱,下痢与便秘交替。该病最可能的诊断是
A. 莫尼茨绦虫病   B. 捻转血矛线虫病
C. 食道口线虫病   D. 血吸虫病
E. 指形丝状线虫病

13. 某散养草鸡食欲减退,消瘦,羽毛蓬乱,脱落,但开始产薄壳蛋,易破。后来产蛋率下降,逐渐产畸形蛋或流出石灰样的液体。腹部膨大,泄殖腔突出,肛门潮红,腹部及肛周羽毛脱落。该病最可能的诊断是
A. 鸡蛔虫病   B. 鸡异刺线虫病
C. 鸡赖利绦虫病   D. 鸡球虫病
E. 前殖吸虫病

14. 一养鸡场散养鸡出现呼吸困难,呼吸有啰音,咳嗽,打喷嚏,该病最可能为
A. 鸡异刺线虫病   B. 棘口吸虫病
C. 组织滴虫病   D. 隐孢子虫病
E. 巨型艾美耳球虫病

15. 产蛋鸡群进入秋季后产蛋量下降，鸡冠发白，拉稀，粪便呈白色或绿色水状。病鸡剖检特征性变化是口流血，全身性出血，骨髓变黄，肌肉及某些内脏器官出现白色小结节。该病最可能的诊断是
    A. 住白细胞虫病　　B. 隐孢子虫病
    C. 球虫病　　D. 组织滴虫病
    E. 疟原虫病

16. 梅雨季节，断奶后幼兔发生一种腹围增大、贫血、黄疸、腹泻为主要特征的疾病，病兔肝区有痛感，后期有神经症状，如头后仰，四肢痉挛，做游泳状划动。死亡兔肝表面或肝实质有白色或淡黄色粟状大或豌豆大白色结节，沿小胆管分布。治疗该病时首先选用的药物是
    A. 三氯苯咪唑　　B. 左旋咪唑
    C. 磺胺类药物　　D. 依维菌素
    E. 甲硝唑

17. 某养蜂场，在久雨初晴时，蜂群突然大量蜂死亡，发现死蜂腹部末端2～3节为黑色。解剖蜜蜂，拉出中肠时发现前端棕红色，后肠积满黄色粪便。该蜂最可能患的病是
    A. 微孢子虫病　　B. 蜜蜂马氏管变形虫病　　C. 蜂虱病　　D. 小蜂螨病
    E. 大蜂螨病

18. 某养牛场一黄牛精神沉郁、食欲减退、体温升高，呈稽留热型，并且出现贫血、黄疸、血红蛋白尿，该疾病最可能为
    A. 双芽巴贝斯虫病　　B. 伊氏锥虫病
    C. 片形吸虫病　　D. 日本分体吸虫病
    E. 食道口线虫病

19. 某警犬队的警犬表现精神沉郁，喜卧厌动，活动时四肢无力，身躯摇晃。发热（40～41℃），持续3～5天后，有5～10天体温正常期，呈不规则间歇热型。渐进性贫血，结膜、黏膜苍白，食欲减少或废绝，营养不良，明显消瘦。触诊脾脏肿大；肾（双侧或单侧）肿大且疼痛，尿呈黄色至暗褐色，少数病犬有血尿。轻度黄疸，部分病犬呈现呕吐，鼻漏清液，眼有分泌物等症状。该病最可能的诊断是
    A. 华支睾吸虫病　　B. 犬巴贝斯虫病
    C. 犬心丝虫病　　D. 犬复孔绦虫病
    E. 犬钩虫病

20. 一哺乳期幼犬出现贫血、倦怠、呼吸困难等症状，并伴有血性腹泻，粪便呈柏油状。该病最可能的诊断是
    A. 华支睾吸虫病　　B. 犬巴贝斯虫病
    C. 犬心丝虫病　　D. 犬复孔绦虫病
    E. 犬钩虫病

21. 犬心丝虫病在我国分布很广，广州犬的感染率可达50%，关于犬心丝虫病，下列说法**错误的**是
    A. 犬心丝虫的中间宿主为中华按蚊、白纹伊蚊、淡色库蚊等多种蚊，犬类由于被含感染性幼虫的蚊叮咬而遭感染
    B. 患犬可发生慢性心内膜炎，心脏肥大及右心室扩张，严重时因静脉瘀血导致腹水和肝肿大等病变。患犬表现为咳嗽、心悸亢进，脉细而弱，心内有杂音，腹围增大，呼吸困难。后期贫血增进，逐渐消瘦衰弱致死　　C. 成虫主要在肺动脉和右心室中寄生，雌虫直接产浆幼虫，成为微丝蚴　　D. 根据临床症状，并在粪便中发现微丝蚴即可确诊　　E. 以上都是

22. 某养蚕场，5龄期家蚕蚕体出现肿胀，体表有黑褐色喇叭状的病斑，解剖病斑处，发现体壁下存在黑褐色壳套和淡黄色蝇蛆。该病最可能的诊断是
    A. 家蚕微粒子病　　B. 蝇蛆病　　C. 蒲螨病　　D. 蜂螨病　　E. 孢子虫病

23. 春暖花开时，某产棉区的养蚕场的部分家蚕食欲减退、举动不活泼，吐液，胸部膨大并左右摆动，排粪困难，有时排念珠状粪，病蚕皮肤上常有粗糙不平的黑斑。将蚕连同蚕沙或蚕蛹、蛾等放在深色的光面纸上，轻轻抖动数次，见到有淡黄色针尖大小的粒子在爬动。该病最可能的诊断是
    A. 家蚕微粒子病　　B. 蝇蛆病　　C. 蒲螨病　　D. 蜂螨病　　E. 孢子虫病

三、A3 题型

题型说明：其结构是开始叙述一个以患病动物为中心的临床情景，然后提出2～3个相关的问题，每个问题均与开始的临床情景有关，但测试要点不同，且问题之间相互独立。在每个问题间，病情没有进展，子试题也不提供新的病情进展信息。每个问题均有5个备选答案，需要选择一个最佳答案，其余的供选答案可以部分正确，也可以是错误的，但是只能有一个最佳的答案。不止一个的相关问题，有时也可以用否定的叙述方式，同样否定词用黑体标出，以提醒应试者。

（1、2题共用以下题干）

广东某地厕所多建在鱼塘上，用人畜粪给鱼塘施肥，并且当地居民喜生食冰虾与醉虾，这就造成了一些人畜共患寄生虫病的发生。生吃冰虾与醉虾后，一些居民出现消瘦、倦怠乏力、食欲减退、腹泻、腹痛、腹部饱胀等症状；部分居民出现浮肿、腹水、脾肿大、贫血等类似肝硬化的症状。

1. 该病最可能的诊断是
   A. 姜片吸虫病　　B. 华支睾吸虫病
   C. 肝片形吸虫病　D. 卫氏并殖吸虫病
   E. 旋毛虫病

2. 该病的综合预防措施是
   A. 流行区的猪、猫和犬要定期进行检查和驱虫　B. 禁止以生的或半生的鱼、虾喂养动物　C. 管好人、猪和犬的粪便，防止粪便污染水塘；禁止在鱼塘边盖猪舍或厕所　D. 消灭第一中间宿主淡水螺类
   E. 以上都是

（3、4题共用以下题干）

一农户所养绵羊中的几只出现逐渐消瘦、贫血、眼睑、颌下及胸下水肿和腹水等症状，一只羔羊死亡，剖检可见胆囊肿大，胆管如绳索样凸出于肝脏表面，胆管内壁有盐类沉积，在胆管中发现树叶状的虫体。

3. 该羊最可能感染了
   A. 姜片吸虫　B. 华支睾吸虫　C. 片形吸虫　D. 日本分体吸虫　E. 前殖吸虫

4. 对该病进行诊断，**不能**采取的方法是
   A. 直接涂片检查　B. 饱和食盐水漂浮法　C. 自然沉淀法　D. 锦纶筛兜集卵法　E. 直接剖检法

（5～7题共用以下题干）

进入6月以来，西北某农场多头牛出现发热，病初体温升高到40～42℃，为稽留热，4～10天内维持在41℃上下。大多数病牛一侧肩前或腹股沟浅淋巴结肿大，初为硬肿，有痛感，后渐变软，常不易推动（个别牛不见肿胀）。病牛迅速消瘦，可视黏膜苍白，部分牛死亡。

5. 进一步诊断该病可采取的方法是
   A. 血涂片检查　B. 淋巴结穿刺检查
   C. 粪便学检查　D. A和B　E. 以上都是

6. 该病最可能的诊断是
   A. 血吸虫病　B. 环形泰勒虫病
   C. 伊氏锥虫病　D. 牛等孢球虫病
   E. 弓形虫病

7. 该病的传播媒介是
   A. 螨　B. 虱　C. 蜱　D. 蚊
   E. 虻

（8、9题共用以下题干）

某农户散养猪肩胛部肌肉严重水肿，增宽，后臀部肌肉水肿隆起，外观呈哑铃状或狮子形。发音沙哑，呼吸困难，触摸舌根或舌的腹面发现疙瘩。

8. 则该疾病最可能为
   A. 肉孢子虫病　B. 弓形虫病　C. 旋毛虫病　D. 猪囊尾蚴病　E. 结节虫病

9. 该病的诊断**不能**采取的方法是
   A. 皮肤变态反应　B. 粪便学检查
   C. 间接血凝试验　D. 酶联免疫吸附试验　E. 直接剖检法

（10～12题共用以下题干）

旋毛虫病是严重危害公共卫生的重要人畜共患病。

10. 猪为该病的
    A. 中间宿主　B. 终末宿主　C. 先为中间宿主，后为终末宿主　D. 先为终末宿主，后为中间宿主　E. 储藏宿主

11. 该病的诊断**不能**采取的方法是
    A. 皮肤变态反应　B. 粪便学检查
    C. 肌肉压片法　D. 酶联免疫吸附试验
    E. 肌肉组织消化法

12. 该病可以感染人，人感染的途径主要是
    A. 经口感染　B. 经皮肤感染　C. 经节肢动物感染　D. 经胎盘感染
    E. 经交配感染

（13～15题共用以下题干）

某地面散养成年蛋鸡群中，发现鸡产蛋量下降，下痢，消瘦，食欲缺乏，部分病鸡冠、髯部发绀。调查发现鸡场地面存在蚯蚓，剖检发现盲肠肿大，肠壁发炎和增厚，有溃疡。

13. 该鸡群最可能患的疾病是
    A. 卷棘口吸虫病　B. 前殖吸虫病
    C. 禽膜壳绦虫病　D. 鸡蛔虫病
    E. 异刺线虫病

14. 蚯蚓是该寄生虫的
    A. 中间宿主　B. 补充宿主　C. 转续宿主　D. 保虫宿主　E. 带虫宿主

15. 该寄生虫还能传播下列哪种疾病
    A. 鸡球虫病　B. 弓形虫病　C. 隐孢子虫病　D. 组织滴虫病　E. 气管比翼线虫病

(16～18题共用以下题干)

某猪场40日龄商品猪发生了一种以高温稽留、耳部皮肤发绀、体表淋巴结肿大、呼吸困难为特征的疾病，病死猪剖检可见淋巴结胀出血和坏死，肺水肿、间质增宽、表面有灰白色坏死灶，肝肿大、表面有灰白色坏死灶和出血。

16. 最可能诊断的寄生虫病是
    A. 猪小袋纤毛虫病　　B. 猪弓形虫病
    C. 猪肺线虫病　　D. 猪蛔虫病　　E. 猪球虫病

17. 如要进一步确诊，最必要的检查内容是
    A. 粪便检查　　B. 尿液检查　　C. 血常规检查　　D. 淋巴结或肺组织涂片染色镜检　　E. 肠黏膜涂片镜检

18. 治疗该病时，首选的药物是
    A. 氨丙啉　　B. 甲硝哒唑　　C. 丙硫咪唑　　D. 伊维菌素　　E. 磺胺类药物

(19、20题共用以下题干)

猪棘头虫病是猪场常见的寄生虫病，8～10个月龄的猪感染率高，在流行严重的地区感染率可高达60%～80%。

19. 其病原体蛭形巨吻棘头虫寄生于猪的
    A. 小肠　　B. 大肠　　C. 胃　　D. 肝脏　　E. 肾脏

20. 其病原体蛭形巨吻棘头虫的中间宿主是
    A. 蚯蚓　　B. 地螨　　C. 金龟子　　D. 蚂蚁　　E. 淡水螺

(21～23题共用以下题干)

放牧黄牛在采食时，受到蝇的干扰，表现强烈不安、踢蹴。后表现消瘦、生长缓慢，牛背部出现隆起。

21. 该病最可能的诊断是
    A. 蜱病　　B. 疥螨病　　C. 蠕形螨病　　D. 牛皮蝇蛆病　　E. 痒螨病

22. 为进一步确诊该病，应采取的诊断方法是
    A. 血液检查　　B. 粪便检查　　C. 挤压隆起部位　　D. 病理剖检　　E. 以上都是

23. 该病的病原体的致病阶段最可能是
    A. 卵　　B. 幼虫　　C. 蛹　　D. 成虫　　E. 以上都是

(24～26题共用以下题干)

在夏季，某30日龄雏鸡群出现精神委顿，食欲减退甚至废绝，翅重，拉淡黄色或淡绿色的恶臭粪便；严重病鸡拉带血的粪便，甚至粪便中有大量血液；部分病鸡的面部皮肤变成紫蓝色或黑色。日死亡率1%～3%。

24. 对该群病鸡的诊断，首先需进行的检查是
    A. 病毒分离鉴定　　B. 细菌分离鉴定
    C. 血液常规检查　　D. 病理剖检
    E. 粪便检查

25. 如病理剖检见有病死鸡的盲肠肿大，肠壁肥厚和坚实，像香肠一般，肠腔内有黄色、灰色或绿色的干酪样肠蕊，盲肠壁肥厚，有溃疡病灶；肝脏上有呈黄豆至指头大小的黄色或黄绿色的圆形坏死灶，散在或密布整个肝脏表面，病灶中央稍凹陷，边缘稍隆起。进一步的实验室检查是
    A. 粪便检查　　B. 盲肠内容物检查
    C. 血清学检查　　D. 病毒分离鉴定
    E. 细菌分离鉴定

26. 如果该肉鸡群发生的是鸡组织滴虫病，可选择的治疗药物是
    A. 盐霉素　　B. 马杜拉霉素　　C. 甲硝唑　　D. 丙硫咪唑　　E. 氨丙啉

(27～29题共用以下题干)

在冬季，某40日龄商品猪群出现剧痒、皮肤增厚、结痂、脱毛等症状的皮肤病；病初发生于眼周、颊部和耳根，以后蔓延至背部、体侧和后肢内侧；病猪贫血，日渐消瘦。

27. 最可能诊断的寄生虫病是
    A. 疥螨病　　B. 蠕形螨病　　C. 血虱病　　D. 痒螨病　　E. 皮刺螨病

28. 如要进一步确诊，最必要的检查内容是
    A. 粪便检查　　B. 尿液检查　　C. 血常规检查　　D. 体表淋巴结穿刺物检查　　E. 刮去皮屑检查

29. 诊断本病时，应鉴别诊断的疾病**不包括**
    A. 秃毛癣　　B. 湿疹　　C. 过敏性皮炎　　D. 营养不良性脱毛　　E. 皮蝇蛆病

(30～32题共用以下题干)

我国西北一牧场多只绵羊出现消瘦、被毛逆立、脱毛、咳嗽、倒地不起等症状，并出现死亡，对死亡的病畜进行剖检，在肝脏和肺脏发现直径约为5～10cm包囊状构造，内含液体，近似球形。

30. 该牧场绵羊最可能是患了
    A. 脑多头蚴病　　B. 羊狂蝇病
    C. 棘球蚴病　　D. 肝片吸虫病
    E. 莫尼茨绦虫病

31. 该病的病原体的终末宿主是
    A. 猪　　B. 人　　C. 犬　　D. 猫
    E. 以上都是

32. 人感染该病的可能感染来源是
    A. 在牧区，人的感染多因直接接触犬

B. 直接接触犬和狐狸的皮毛等
C. 通过蔬菜、水果、饮水和生活用具，误食虫卵而遭感染
D. 和宠物犬接触过于紧密
E. 以上都是

四、A4 题型

题型说明：试题的形式是开始叙述一个以单一病患动物为中心的临床情景，然后提出 3~6 个相关的问题，问题之间也是相互独立的。当病情逐渐展开时，可逐步增加新的信息。有时陈述了一些次要的或有前提的假设信息，这些信息与病例中叙述的具体病患动物并不一定有联系。提供信息的顺序对回答问题是非常重要的。每个问题均与开始的临床情景有关，又与随后改变有关，回答这样的试题一定要以试题提供的信息为基础。A4 题型有 5 个备选答案。值得注意的是 A4 题选择题的每一个问题。均需选择一个最佳的回答，其余的供选择答案可以部分正确，也可以错误，但只能有一个最佳的答案。不止一个的相关问题，有时也可以用否定的叙述方式，同样否定词用黑体或下划线以提醒应试者。

（1~5 题共用以下题干）

某猪临床症状表现为皮肤瘙痒、不安、消瘦、蹭痒、皮肤损伤、脱毛、发育不良。

1. 若要进一步进行病原学检查，下列正确的采集病原方法是
   A. 选择患病皮肤处刀刃与皮肤表面垂直刮取皮屑检查   B. 选择患病皮肤处刀刃与皮肤表面倾斜刮取皮屑检查   C. 选择患病皮肤与健康皮肤交界处刀刃与皮肤表面垂直刮取皮屑检查   D. 选择患病皮肤与健康皮肤交界处刀刃与皮肤表面倾斜刮取皮屑检查   E. 选择任一处皮肤刮取皮屑检查

2. 若在皮屑中检查到呈龟形，背面隆起，腹面扁平，有 4 对足，在足末端有吸盘或刚毛，则该猪感染的寄生虫是
   A. 疥螨   B. 痒螨   C. 蠕形螨
   D. 蜱   E. 虱

3. 可以选用的治疗药物是
   A. 敌百虫   B. 伊维菌素   C. 双甲脒
   D. 螨净   E. 上述 4 种药物都可选用

4. 若在皮屑中未检查到虫体，但在猪体表发现体背腹扁平，头部较胸部窄，呈圆锥形，有短的触角，则该猪感染的寄生虫是
   A. 疥螨   B. 痒螨   C. 蠕形螨
   D. 蜱   E. 虱

5. 根据上题，那么该寄生虫在猪与猪间的主要传播方式是
   A. 经口传播   B. 直接接触   C. 间接接触   D. 黏膜接触   E. 空气传播

（6~11 题共用以下题干）

猪在感染某种寄生虫后 3~7 天，食欲减退，呕吐和腹泻。第 2 周末，肌肉出现疼痛或麻痹，运动障碍，声音嘶哑以及咀嚼障碍以及消瘦等症状。有时眼睑和四肢水肿。死亡的极少，于 4~6 周后康复。

6. 此猪感染的寄生虫可能的是
   A. 猪水肿病   B. 猪旋毛虫   C. 猪肺丝虫   D. 猪肉孢子虫   E. B 和 D

7. 若需进一步检查，下列可采用的最有效方法是
   A. 粪便检查   B. 血液检查   C. 尿液检查   D. 呼吸道检查   E. 肌肉检查

8. 若诊断为旋毛虫病，则猪是旋毛虫的
   A. 中间宿主   B. 终末宿主   C. 先中间宿主，后终末宿主   D. 先终末宿主，后中间宿主   E. 储藏宿主

9. 旋毛虫具有感染能力的是下列哪个时期
   A. 血液中的幼虫   B. 1 个盘旋的幼虫
   C. 1.5 个盘旋的幼虫   D. 2 个盘旋的幼虫   E. 2.5 个盘旋的幼虫

10. 旋毛虫雄虫尾端有
    A. 交合刺   B. 耳状交配叶   C. 背叶对称的交合伞   D. 背叶不对称的交合伞
    E. A 和 C

11. 下列关于旋毛虫的叙述**不正确**的是
    A. 肉品卫生检验中旋毛虫为首要项目
    B. 旋毛虫成虫细小，肉眼几乎难以辨识
    C. 人感染旋毛虫多与吃生猪肉，或食用腌制与烧烤不当的猪肉制品有关
    D. 旋毛虫病不仅是人的疾病，同时对猪和其他动物的致病力也较强
    E. 旋毛虫成虫寄生于小肠，称肠旋毛虫；幼虫寄生于横纹肌内，称肌旋毛虫

（12~15 题共用以下题干）

某生猪屠宰场在宰后检疫时发现肩胛肌等横纹肌内有粟粒至米粒大小，半透明，大小（6~10）mm×5mm，剥离的包囊及肌肉内的包囊，见下图。

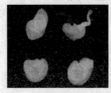

12. 此猪感染的寄生虫是
    A. 链状囊尾蚴   B. 猪囊尾蚴   C. 豆状囊尾蚴   D. 猪鞭虫   E. 猪球虫
13. 该寄生虫的终末宿主是
    A. 猪   B. 牛   C. 犬   D. 人   E. 猫
14. 该寄生虫的成虫称为
    A. 豆状带绦虫   B. 带状带绦虫   C. 线中绦虫   D. 链状带绦虫   E. 旋毛虫
15. 对该病的综合性预防措施**不包括**
    A. 积极普查猪带绦虫病患者，并对患者进行驱虫   B. 加强肉品卫生检验，应大力推广定点屠宰集中检疫   C. 加强人粪管理和改善猪的饲养管理方法：人有厕所，不随地大便；养猪实行圈养，不让猪散放，防止接触人粪。厕所与猪圈应分设   D. 改善饲养条件，硬化猪舍地面，破坏其中间宿主滋生的条件   E. 注意个人卫生，不吃生的或半生的猪肉

（16～18题共用以下题干）
某猪场4月龄的猪出现精神沉郁，食欲缺乏，异嗜，营养不良，贫血，被毛粗糙或有全身性黄疸等症状，有的病猪生长发育受阻，变为僵猪。粪便学检查发现粪便中有大量的黄褐色虫卵，卵壳厚，表面粗糙，凸凹不平。

16. 该病最可能的诊断是
    A. 猪蛔虫病   B. 猪棘头虫病   C. 姜片吸虫病   D. 猪球虫病   E. 鞭虫病
17. 为进一步确诊，对病死猪进行病理剖检，应该重点检查的部位是
    A. 小肠   B. 盲肠   C. 直肠   D. 胃   E. 肝脏
18. 若该病是猪蛔虫病，该病流行分布比较广泛，猪场的发病率很高，可能的原因是
    A. 蛔虫的生活史简单，没有中间宿主   B. 繁殖力强，产卵数多   C. 卵对各种外界因素的抵抗力强   D. B和C   E. 以上都是

（19～21题共用以下题干）
在一次山羊剖检时，在羊第4胃中发现呈毛发状线虫，雄虫尾端有交合伞（见下图），有一个倒"Y"形背肋，雌虫有体内有红白线条相间构造。

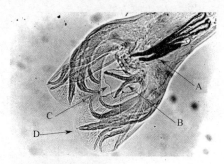
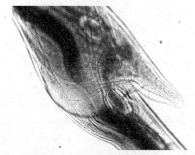

19. 根据上述描述可以判断该寄生虫是
    A. 肺线虫   B. 食道口线虫   C. 捻转血矛线虫   D. 毛尾线虫   E. 网尾线虫
20. 在上图中背叶的位置是图中的
21. 患该病动物的最重要致病原因是
    A. 回旋症   B. 下痢与便秘交替   C. 贫血和衰弱   D. 结膜苍白   E. 水肿

（22～24题共用以下题干）
在猪的肉品检验中，在膈肌肉样中发现呈细针尖大小，呈露滴状半透明，色泽较肌肉淡的包囊。

22. 如果要进一步诊断该寄生虫，可用下列哪种方法
    A. 粪便检查   B. 间接血凝试验   C. 酶联免疫吸附   D. 肌肉压片法   E. 动物接种
23. 如果包囊内含有1～2条盘旋的幼虫，那么该猪最可能感染的寄生虫是
    A. 旋毛虫   B. 肉孢子虫   C. 猪囊虫   D. 棘球蚴   E. 弓形虫
24. 根据29题的判断，若人感染，那么人可以作为该寄生虫的
    A. 中间宿主   B. 终末宿主   C. 先终末宿主，后中间宿主   D. 先中间宿主，后终末宿主   E. 保虫宿主

（25～28题共用以下题干）
华北地区某牛场6月初从国外引进一批牛，10天后，有牛出现发热，体温升高到40～42℃，呈稽留热，脉搏及呼吸加快。精神沉郁，喜卧地。食欲减退或消失。病牛迅速消瘦，贫血，黏膜苍白和黄染，并现血红蛋白尿。
25. 若要进一步确诊，需进行病原学检查，最

适合采用的快捷方法是
A. 粪便检查 B. 尿液检查 C. 动物接种试验 D. 血液涂片 E. 血清学诊断

26. 假设病原体大于红细胞半径，多数为成双的梨籽形，以锐角相连，则牛感染的寄生虫是
A. 伊氏锥虫 B. 牛巴贝斯虫 C. 双芽巴贝斯虫 D. 泰勒虫 E. 弓形虫

27. 假设在该地区的本地牛曾流行过，但现在不发病。那么此地区属于
A. 安全地区 B. 受威胁地区 C. 隐伏地区 D. 固定流行地区 E. 以上都不是

28. 治疗该疾病时，下列**不正确**的治疗方法是
A. 应尽量做到早确诊、早治疗 B. 应用特效药物杀灭虫体，如咪唑苯脲、锥黄素等 C. 应针对病情给予对症治疗。如健胃、强心、补液等 D. 检查和捕捉体表的蜱 E. 可以继续使役，但给予易消化的饲料，多饮水，并给予抗生素治疗

五、B1 题型

题型说明：也是单项选择题，属于标准配伍题。B1 题型开始给出 5 个备选答案，之后给出 2~6 个题干构成一组试题，要求从 5 个备选答案中为这些题干选择一个与其关系最密切的答案。在这一组试题中，每个备选答案可以被选 1 次、2 次和多次，也可以不选用。

（1~3 题共用下列备选答案）
A. 吸虫 B. 绦虫 C. 线虫 D. 昆虫 E. 原虫

1. 在同一个虫体内能够同时含有雌雄生殖器官 2 套的寄生虫最可能的是
2. 发育过程需要经过完全变态或不完全变态的寄生虫最可能的是
3. 此类寄生虫的消化系统为一直管，并且雌雄生殖器官都是简单的弯曲的管状构造的是

（4~6 题共用下列备选答案）
A. 吡喹酮 B. 贝尼尔 C. 氯丙啉 D. 丙硫咪唑 E. 伊维菌素

4. 防治日本血吸虫病可选用
5. 防治牛球虫病可选用
6. 防治犬疥螨病可选用

（7~9 题共用下列备选答案）
A. 吡喹酮 B. 贝尼尔 C. 地克株利 D. 三氯苯咪唑 E. 伊维菌素

7. 防治牛羊肝片形吸虫病可选用
8. 防治牛伊氏锥虫病可选用
9. 防治猪蛔虫病可选用

（10~12 题共用下列备选答案）
A. 柔嫩艾美耳球虫 B. 斯氏艾美耳球虫 C. 丘氏艾美耳球虫 D. 毒害艾美耳球虫 E. 截型艾美耳球虫

10. 引起雏鸡盲肠球虫病的球虫是
11. 引起鸡小肠球虫病的球虫是
12. 引起兔肝球虫的球虫是

（13~15 题共用下列备选答案）
A. 牛皮蝇 B. 纹皮蝇 C. 羊狂蝇 D. 马胃蝇 E. 羊虱蝇

13. 在牛体四肢上部、腹部、乳房和体侧，每根毛上产虫卵一枚的是
14. 第 2 期幼虫寄生在食道壁上的是
15. 幼虫阶段寄生于羊的鼻腔或其附近的腔窦中，引起慢性鼻炎的是

（16~20 题共用下列备选答案）
16. 莫尼茨绦虫的虫卵是
17. 猪毛首线虫的虫卵是
18. 猪蛭形大棘吻棘头虫的虫卵是
19. 弓形虫滋养体是
20. 艾美耳球虫孢子化卵囊是

A

B

C

D

E

（21~25 题共用下列备选答案）
A. 经皮肤传播 B. 经呼吸道传播 C. 经生殖道传播 D. 经消化道传播 E. 经吸血昆虫传播

21. 禽隐孢子虫病主要的传播途径是
22. 猪蛔虫病的主要传播途径是
23. 日本分体吸虫病的主要传播途径是
24. 马媾疫锥虫病的主要传播途径是
25. 伊氏锥虫病的主要传播途径是

（26~31 题共用下列备选答案）
A. 食入生的或未煮熟的猪肉 B. 食入

生的菱角、茭白　C. 食入生的或未煮熟的淡水鱼虾　D. 食入生的溪蟹或蝲蛄　E. 接触疫水
26. 人感染卫氏并殖吸虫的主要途径是
27. 人感染日本分体吸虫的主要途径是
28. 人感染布氏姜片吸虫的主要途径是
29. 人感染华支睾吸虫的主要途径是
30. 人感染猪囊尾蚴的主要途径是
31. 人感染旋毛虫病的主要途径是
（32～36题共用下列备选答案）
　A. 猪囊尾蚴　B. 棘球蚴　C. 巴贝斯虫　D. 利什曼原虫　E. 食道口线虫
32. 结节虫病的病原体是
33. 黑热病的病原体是
34. 囊虫病的病原体是
35. 包虫病的病原体是
36. 焦虫病的病原体是
（37～40题共用下列备选答案）
　A. 蚯蚓　B. 耕牛　C. 蚂蚁　D. 白玲　E. 猫
37. 鸡异刺线虫的储藏宿主是
38. 日本血吸虫的保虫宿主是
39. 弓形虫的终末宿主是
40. 双腔吸虫的补充宿主是

兽医寄生虫学参考答案

一、A1 题型

1	E	2	E	3	B	4	D	5	E	6	B	7	E	8	E	9	E	10	D
11	D	12	B	13	C	14	D	15	E	16	E	17	B	18	A	19	A	20	A
21	A	22	D	23	C	24	E	25	E	26	A	27	E	28	A	29	B	30	A
31	A	32	B	33	B	34	E	35	E	36	A	37	D	38	E	39	D	40	E
41	C	42	C	43	A	44	A	45	A	46	D	47	C	48	E	49	E	50	C
51	C	52	E	53	C	54	E	55	C	56	C	57	E	58	A	59	B	60	C
61	D	62	B	63	D	64	B	65	D	66	E	67	B	68	E	69	E	70	C
71	B	72	A	73	B	74	C												

二、A2 题型

1	D	2	C	3	E	4	D	5	D	6	C	7	A	8	A	9	E	10	D
11	E	12	B	13	E	14	D	15	A	16	C	17	B	18	A	19	B	20	E
21	D	22	B	23	C														

三、A3 题型

1	B	2	E	3	C	4	D	5	D	6	B	7	C	8	D	9	B	10	D
11	B	12	A	13	E	14	C	15	D	16	B	17	D	18	E	19	A	20	C
21	D	22	C	23	B	24	E	25	B	26	C	27	A	28	E	29	C	30	C
31	C	32	E																

四、A4 题型

1	C	2	A	3	E	4	E	5	B	6	E	7	E	8	D	9	E	10	B
11	D	12	B	13	D	14	D	15	D	16	E	17	A	18	E	19	D	20	C
21	C	22	D	23	A	24	C	25	D	26	C	27	C	28	E				

五、B1 题型

1	B	2	D	3	C	4	A	5	C	6	E	7	D	8	B	9	E	10	A
11	D	12	C	13	D	14	B	15	C	16	C	17	C	18	E	19	B	20	A
21	B	22	D	23	A	24	C	25	E	26	D	27	E	28	B	29	C	30	D
31	A	32	E	33	D	34	A	35	E	36	B	37	A	38	B	39	E	40	C

第四节 兽医公共卫生学

一、A1 题型

题型说明：为单项选择题，属于最佳选择题类型。每道试题由一个题干和五个备选答案组成。A、B、C、D 和 E 五个备选答案中只有一个是最佳答案，其余均不完全正确或不正确，答题时要求选出正确的那个答案。

1. 下列关于生态系统共同特性的描述**不正确**的是
   A. 生态系统是生态学上的一个主要结构和功能单位　　B. 生态系统内部具有自我调节能力　　C. 能量流动、物质循环是生态系统的两大功能　　D. 生态系统营养级的数目一般不超过5～6个　　E. 生态系统是一个稳定的静态系统

2. 下列关于生态系统的主要组成成分**不正确**的是
   A. 非生物因素　　B. 生物因素　　C. 生产者　　D. 消费者　　E. 分解者

3. 下列关于生态平衡的说法正确的是
   A. 生物与生物之间的动态平衡　　B. 生物与环境之间的暂时平衡　　C. 生物与环境之间的动态平衡　　D. 生物与生物、物与环境之间的暂时相对的平衡　　E. 生物与生物之间、生物与环境之间的长期平衡

4. 生态系统内形成的生态平衡，是何种性质的平衡
   A. 自然的、动态的相对平衡　　B. 永恒的开放式平衡　　C. 封闭的绝对平衡　　D. 波动式平衡　　E. 间断式平衡

5. 影响生态平衡的因素有
   A. 环境污染　　B. 盲目开荒　　C. 资源利用不合理　　D. 物种改变　　E. 以上都是

6. 下列有关食物链的描述正确的是
   A. 生物与生物之间因能量而建立的链锁关系　　B. 生物与生物间因化学因素而建立的链锁关系　　C. 生物与环境间因食物而建立的链锁关系　　D. 生物与生物间因食物和能量而建立的链锁关系　　E. 生物与环境间因能量而建立的链锁关系

7. 下列关于环境污染的描述正确的是
   A. 污染物质使环境的构成功能或存在状态发生了变化　　B. 污染物质数量或浓度超过了环境的自净能力，扰乱和破坏了生态系统　　C. 污染物影响了人类及其他生物正常的生活条件　　D. 污染物危害了人类和其他生物的健康　　E. 以上都是

8. 下列**不是**按人类社会活动功能分类的环境环境污染源是
   A. 工业污染源　　B. 农业污染源　　C. 混合污染源　　D. 交通运输污染源　　E. 生活污染源

9. 环境污染的特征是
   A. 影响范围大，作用时间长　　B. 环境污染一旦形成，消除很困难　　C. 多为低剂量、高浓度、多种物质联合作用　　D. 影响人群面广　　E. 以上都是

10. 环境因素联合作用通常有四种类型，**不属**于联合作用的是
    A. 协同作用　　B. 拮抗作用　　C. 累积作用　　D. 相加作用　　E. 独立作用

11. 生物富集作用指的是
    A. 水中有机物分解的过程中溶解氧被消耗的同时，空气中的氧通过水面不断溶解于水中而补充水体的氧　　B. 水中化学污染物经水中微生物作用成为毒性更大的新的化合物　　C. 水中有机物过多水体变黑发臭　　D. 中污染物吸收光能发生分解　　E. 经食物链途径最终使生物体内污染物浓度大大超过环境中的浓度

12. 环境有害因素对机体作用的一般特性**不包括**
    A. 有害物质对机体的联合作用　　B. 作用于靶器官　　C. 作用于动物生长、发育、繁殖等　　D. 有害物质可在体内形成生物富集　　E. 个体对有害物质的感受性存在差异

13. 环境污染诱发的疾病**不包括**
    A. 传染病　　B. 寄生虫病　　C. 地方病　　D. 自然衰老　　E. 职业病

14. 下列关于防止细菌耐药性的对策正确的是
    A. 国家对抗生素的生产、销售实行宏观控制　　B. 正确合理应用抗生素　　C. 建立环境安全型畜禽舍　　D. 所有用于食用动物疾病控制的抗菌药物必须要有处方　　E. 以上都正确

15. 下列**不是**控制兽药残留的措施是
    A. 按国家制定的相关兽药管理条例进行监督   B. 规范使用兽药   C. 正确合理使用饲料药物添加剂   D. 严格遵守药物休药期的规定   E. 防止一次污染
16. 关于动物性食品污染中生物性污染的种类说法正确的是
    A. 微生物污染   B. 寄生虫污染   C. 有毒生物组织   D. 昆虫所造成的污染   E. 以上都是
17. 关于微生物性食物中毒的共同特点的描述正确的是
    A. 与饮食有关，不吃者不发病   B. 呈暴发性和群发性，多人同时发病   C. 多数出现呕吐、腹泻等急性胃肠炎症状   D. 能从所食食物和呕吐物、粪便中同时检出同一种病原微生物   E. 以上都是
18. 沙门氏菌食物中毒属于
    A. 细菌性食物中毒   B. 化学性食物中毒   C. 植物性食物中毒   D. 动物性食物中毒   E. 真菌性食物中毒
19. 以呼吸麻痹和心肌麻痹为主要症状的食物中毒是
    A. 沙门氏菌中毒   B. 葡萄球菌中毒   C. 副溶血性弧菌中毒   D. 变形杆菌中毒   E. 肉毒杆菌中毒
20. 以恶心、喷射状呕吐、流涎、胃部不适和腹泻为主要症状的食物中毒是
    A. 沙门氏菌中毒   B. 葡萄球菌中毒   C. 副溶血性弧菌中毒   D. 变形杆菌中毒   E. 肉毒杆菌中毒
21. 以颜面潮红、酒醉状、血压下降、心动过速等为主要症状的食物中毒是
    A. 沙门氏菌中毒   B. 葡萄球菌中毒   C. 副溶血性弧菌中毒   D. 变形杆菌中毒   E. 肉毒杆菌中毒
22. 毒草中毒属于
    A. 细菌性食物中毒   B. 动物性食物中毒   C. 植物性食物中毒   D. 真菌性食物中毒   E. 化学性食物中毒
23. 以出现肝癌为主要症状的中毒是
    A. 黄曲霉毒素中毒   B. 赭曲霉毒素中毒   C. 橘青霉毒素中毒   D. 玉米赤霉烯酮中毒   E. 肉毒杆菌中毒
24. 以人体肾脏严重受损、骨质软化、疏松和变形为主要症状的慢性中毒，是由于环境（ ）污染通过食物链而引起的
    A. 砷   B. 镉   C. 铅   D. 甲基汞   E. 金属汞
25. 以人体神经系统、造血系统和消化系统为主要症状的慢性中毒，是由于环境（ ）污染通过食物链而引起的
    A. 砷   B. 镉   C. 铅   D. 甲基汞   E. 金属汞
26. 农药残留对人体的影响有
    A. 影响各种酶的活性   B. 损害肝脏、肾脏   C. 有致癌、致畸、致突变作用   D. 引起不孕   E. 以上都是
27. **不属于**蛋腐败变质的类型是
    A. 白色腐败   B. 黑色腐败   C. 红色腐败   D. 黄色腐败   E. 混合腐败
28. 下列**不是**以蚊子作为传播媒介的人畜共患病是
    A. 登革热   B. 裂谷热   C. 西尼罗河热   D. 新疆出血热   E. 流行性乙型脑炎
29. 以硬蜱传播的自然疫源性的人畜共患病是
    A. 登革热   B. 裂谷热   C. 西尼罗河热   D. 新疆出血热   E. 流行性乙型脑炎
30. 国际间猪及猪肉贸易中必检的项目是
    A. 结核   B. 后圆线虫病   C. 旋毛虫   D. 异尖线虫   E. 猪流感
31. 在水产品中应当检验的对人类健康有一定危害的寄生虫病是
    A. 肾膨结线虫病   B. 网尾线虫   C. 旋毛虫   D. 异尖线虫   E. 华支睾吸虫
32. 农药残留对人体的影响有
    A. 影响各种酶的活性   B. 损害肝脏、肾脏   C. 有致癌、致畸、致突变作用   D. 引起不孕   E. 以上都是
33. 动物性食品在加工过程中的污染属于
    A. 内源性生物污染   B. 外源性生物污染   C. 内源性化学污染   D. 外源性化学污染   E. 外源性放射污染
34. 肉制品中的亚硝酸盐主要来源于
    A. 工业三废污染   B. 饲草种植中农药残留   C. 畜禽养殖中兽药残留   D. 食品流通中掺杂掺假   E. 食品加工中添加剂使用
35. 肉制品中的多氯联苯主要来源于
    A. 工业三废污染   B. 饲草种植中农药残留   C. 畜禽养殖中兽药残留   D. 食品

流通中掺杂掺假　E．食品加工中添加剂使用
36．猪肉中的盐酸克伦特罗主要来源于
　　A．工业三废污染　　B．饲草种植中农药残留　　C．畜禽养殖中兽药残留　　D．食品流通中掺杂掺假　　E．食品加工中添加剂使用
37．以下是屠宰污水的测定指标的是
　　A．生化需要量　　B．化学耗氧量　　C．pH　　D．细菌　　E．以上都是
38．与兽医公共卫生相关的法律法规有
　　A．《中华人民共和国畜牧法》
　　B．《中华人民共和国动物防疫法》
　　C．《中华人民共和国农产品质量安全法》
　　D．《食品安全法》　　E．以上都是
39．与兽医公共卫生相关的标准有
　　A．HACCP实施标准　　B．《猪肉卫生标准》　　C．《牛肉、羊肉、兔肉卫生标准》　　D．《鲜（冻）禽肉卫生标准》　　E．以上都是
40．与兽医公共卫生相关的规范和规程有
　　A．出口肉类屠宰加工企业注册卫生规范
　　B．《畜禽产品消毒规范》　　C．《新肉品卫生检验试行规程》　　D．《畜禽病害肉尸及其产品无害化处理规程》　　E．以上都是
41．对畜禽疾病进行预防、治疗和诊断疾病所使用的兽药必须符合（　　）的规定
　　A．《中华人民共和国兽药典》
　　B．《中华人民共和国兽药规范》
　　C．《兽药质量标准》
　　D．《兽用生物制品质量标准》
　　E．以上都是
42．执业兽医遇到有体液或其他污染物喷溅的操作时使用的防护用品是
　　A．胶鞋　　B．外科口罩　　C．手套　　D．鞋套　　E．防护镜
43．执业兽医接触高危险性人畜共患传染病病畜禽时经常使用的防护用品是
　　A．胶鞋　　B．手套　　C．外科口罩　　D．鞋套　　E．防护镜
44．关于生态平衡的定义，下列正确的是
　　A．生物与生物之间的动态平衡　　B．生物与环境之间的暂时平衡　　C．生物与环境之间的动态平衡　　D．生物与生物、生物与环境之间的暂时相对的平衡　　E．生物与生物、生物与环境之间的长期平衡
45．重金属Hg、Ag是一类
　　A．竞争性抑制剂　　B．不可逆抑制剂　　C．反竞争性抑制剂　　D．非竞争性抑制剂　　E．可逆性抑制剂

二、B1题型
　　题型说明：也是单项选择题，属于标准配伍题。B1题型开始给出5个备选答案，之后给出2～6个题干构成一组试题，要求从5个备选答案中为这些题干选择一个与其关系最密切的答案。在这一组试题中，每个备选答案可以被选一次、两次和多次，也可以不选用。

（1～3题共用下列备选答案）
　　A．沙门氏菌中毒　　B．葡萄球菌中毒　　C．副溶血性弧菌中毒　　D．变形杆菌中毒　　E．肉毒杆菌中毒
1．以呼吸麻痹和心肌麻痹为主要症状的食物中毒是
2．以恶心、喷射状呕吐、流涎、胃部不适和腹泻为主要症状的食物中毒是
3．以颜面潮红、酒醉状、血压下降、心动过速等为主要症状的食物中毒是

（4～6题共用下列备选答案）
　　A．黄曲霉毒素中毒　　B．赭曲霉毒素中毒　　C．橘青霉毒素中毒　　D．玉米赤霉烯酮中毒　　E．肉毒杆菌中毒
4．以出现肝癌为主要症状的中毒是
5．引起丹麦猪和家禽肾炎主要症状的是
6．以可使畜禽和啮齿动物发生雌激素亢进症为主要症状的中毒是

（7～9题共用下列备选答案）
　　A．金属汞　　B．甲基汞　　C．铅　　D．砷　　E．镉
7．骨痛病是由于环境（　　）污染通过食物链而引起的人体慢性中毒
8．水俣病是由于长期摄入被（　　）污染的食物引起的中毒
9．再生障碍性贫血可能是由于长期摄入被（　　）污染的食物引起的中毒

（10～13题共用下列备选答案）
　　A．狂犬病　　B．2型链球菌病　　C．裂谷热　　D．流行性淋巴管炎　　E．鼠疫
10．属于犬来源的人畜共患病是
11．属于猪来源的人畜共患病是
12．属于羊来源的人畜共患病是
13．属于马来源的人畜共患病是

（14、15题共用下列备选答案）

A. 狂犬病　　B. 克-雅氏病　　C. 亨德拉病毒病　　D. 登革热　　E. 裂谷热

14. 以基底神经节、丘脑的海绵样变为主要特征的人畜共患病是

15. 以大脑海马角或小脑神经细胞内发现内基（Negri）氏小体为主要特征的人畜共患病是

（16、17题共用下列备选答案）

A. 伊蚊　　B. 硬蜱　　C. 钉螺　　D. 白蛉　　E. 虱和蚤

16. 登革热是以（　）作为传播媒介的人畜共患病

17. 日本血吸虫是以（　）作为中间宿主的人畜共患病

（18～20题共用下列备选答案）

A. 囊尾蚴病　　B. 后圆线虫病　　C. 前殖吸虫病　　D. 日本血吸虫病　　E. 华支睾吸虫

18. 人感染后在四肢、颈背部皮下可出现半球状结节的人畜共患性寄生虫病是

19. 人感染后有慢性胆管炎和胆囊炎的人畜共患性寄生虫病是

20. 人感染后出现巨脾和腹水的人畜共患性寄生虫病是

（21～23题共用下列备选答案）

A. 沙门氏菌　　B. 葡萄球菌　　C. 李斯特菌　　D. 肉毒梭菌　　E. 大肠杆菌

21. 某人食用熟鸭肉后，发生腹痛和腹泻，随后出现发热、败血症和脑膜炎症状。根据食物中毒症状，选出受污染食物中最可能的病原是

22. 某人饮用牛乳后，突然发生恶心，反复剧烈呕吐，唾液很多，上腹部疼痛，并有水样腹泻。呕吐物中混有胆汁和血液。根据食物中毒症状，选出受污染食物中最可能的病原是

23. 某人食用牛肉罐头后，出现头晕，无力，视力模糊，眼睑下垂，张口困难，吞咽和呼吸困难，脖子无力而垂头等肌肉麻痹为特征的症状。根据食物中毒症状，选出受污染食物中最可能的病原是

兽医公共卫生学参考答案

一、A1 题型

1	E	2	B	3	D	4	A	5	E	6	D	7	E	8	C	9	E	10	C
11	E	12	C	13	D	14	E	15	E	16	E	17	E	18	A	19	E	20	B
21	D	22	D	23	A	24	B	25	C	26	D	27	D	28	D	29	D	30	C
31	E	32	E	33	B	34	E	35	A	36	C	37	E	38	E	39	E	40	E
41	E	42	E	43	C	44	D	45	B										

二、B1 题型

1	E	2	B	3	D	4	A	5	B	6	D	7	E	8	B	9	C	10	A
11	B	12	C	13	D	14	B	15	A	16	A	17	C	18	A	19	E	20	D
21	C	22	B	23	D														

第五章 执业兽医资格考试临床兽医学部分综合练习题及参考答案

第一节 兽医临床诊断学

一、A1 题型

题型说明：为单项选择题，属于最佳选择题类型。每道试题由一个题干和五个备选答案组成。A、B、C、D 和 E 五个备选答案中只有一个是最佳答案，其余均不完全正确或不正确，答题时要求选出正确的那个答案。

1. 对兽医临床诊断学最好的描述是
   A. 是对动物所患疾病本质的判断 B. 调查病史，检查病畜，搜集症状、资料，做出诊断 C. 分析、综合全部症状、资料，做出初步诊断 D. 对动物疾病发展趋势及其可能结局的估计，实施防治，验证并完善诊断 E. 系统地研究诊断动物疾病的方法和理论的学科

2. 下列属于兽医临诊检查第一步的是
   A. 视诊 B. 触诊 C. 叩诊 D. 听诊 E. 问诊

3. 既往史内容不包括
   A. 传染病及其他病史 B. 家族史 C. 预防接种史 D. 过敏史 E. 经济价值

4. 对问诊的态度最好的描述是
   A. 应抱客观的态度 B. 既不应绝对的肯定，又不能简单地否定 C. 应将问诊的材料和临床检查的结果加以联系 D. 尽可能地本着深入实际的原则 E. 应理论联系实际、进行客观全面的综合分析

5. 下列关于叩诊注意事项错误的是
   A. 充分暴露检查部位 B. 为判断叩诊音响，应使用强叩诊 C. 叩诊方向与叩诊部位垂直 D. 宜在安静的室内进行 E. 注意两侧比较

6. 关于触诊说法错误的是
   A. 可借助于器械进行间接触诊 B. 触诊时应先健康后病变部位 C. 直肠检查属于触诊 D. 应将动物保定确实 E. 应用重力检查

7. 关于视诊说法错误的是
   A. 所有患病动物视诊检查，均应做到全面而系统 B. 通过牵遛进行运步行为检查 C. 应在安静场所进行 D. 应在自然光线下进行 E. 包括群体视诊和个体视诊

8. 视诊一般应先离开病畜一定的距离，这个距离最好是
   A. 1.2m B. 1.4m C. 1.6m D. 1.8m E. 2.0m

9. 下列不属于生命基本体征的是
   A. 呼吸 B. 体温 C. 瞳孔 D. 脉搏 E. 血压

10. 营养状况评价指标不包括
    A. 皮肤 B. 被毛 C. 肌肉 D. 皮下脂肪 E. 体高

11. 与皮肤弹性无关的因素是
    A. 营养状况 B. 体高 C. 皮下脂肪 D. 组织间隙液量 E. 年龄

12. 可视黏膜黄染的原因不包括
    A. 急性肝炎 B. 胆道阻塞 C. B族维生素缺乏 D. 溶血性贫血 E. 血孢子虫病

13. 关于脓肿说法错误的是
    A. 为非开放性损伤 B. 细菌感染所致 C. 触诊波动感明显 D. 初期热、痛明显 E. 穿刺有脓液流出

14. 体温测量错误的是

A. 测量前体温计甩到35℃以下　B. 动物应充分休息后再测量　C. 测量时涂润滑剂　D. 对肛门松弛的母畜，宜测阴道温度　E. 测量完毕，体温计无需再甩到35℃以下

15. 关于脉搏测定描述**错误**的是
A. 马常检查颌外动脉　B. 牛常检查尾动脉　C. 小动物常检查股动脉
D. 脉搏数减少提示预后不良　E. 脉搏数超过正常范围1倍以上时，提示病情严重

16. 呼吸频率减少见于
A. 脑病　B. 剧烈疼痛性疾病　C. 呼吸器官疾病　D. 心力衰竭　E. 热性病

17. 下列属于生理性体温变异的是，除（　）外
A. 下午体温较清晨高　B. 高温环境下体温升高　C. 采食后体温稍升高
D. 使役、运动后大量出汗致体温降低
E. 妊娠期体温较正常高

18. 关于血压说法**错误**的是
A. 指静脉压　B. 指动脉压　C. 包括收缩压和舒张压　D. 血压值和测定部位有关　E. 包括高压和低压

19. 淋巴结急性肿胀的特点**不包括**
A. 表明光滑　B. 表明粗糙不平
C. 热、痛明显　D. 具有移动性
E. 增大明显

20. 发热分类**错误**的是
A. 微热，体温升高1.0℃以内　B. 中等热，体温升高1.0～2.0℃　C. 微热，体温升高0.5℃以内　D. 高热，体温升高2.0～3.0℃　E. 极高热，体温升高3.0℃以上

21. 稽留热特点**错误**的是
A. 发热持续数天以上　B. 24小时体温波动在1.0～2.0℃　C. 可见于大叶性肺炎　D. 可见于猪瘟　E. 24小时体温波动在1.0℃以内

22. 热型不典型或不规则的原因与下列因素有关，除外
A. 及时应用抗生素　B. 使用解热药物　C. 个体反应性差异　D. 疾病处于发展变化中　E. 输液量的影响

23. 关于血压说法**错误**的是
A. 反映血流速度　B. 动物兴奋、紧张或使役后，血压可升高　C. 指动脉管内的压力　D. 热性病时血压升高
E. 休克时血压下降

24. 关于呼吸方式说法正确的是
A. 健康动物的呼吸方式均为胸腹式
B. 健康动物的呼吸方式均为腹式
C. 健康动物的呼吸方式均为胸式
D. 除犬外，其他动物均为胸式呼吸
E. 健康犬以胸式呼吸为主

25. 心搏动移位见之于下列哪种情况除外
A. 心包纵隔胸膜粘连　B. 膈疝
C. 胸腔积液　D. 气胸
E. 胃扩张

26. 心搏动移位的影响因素，除（　）外
A. 腹水　B. 妊娠后期　C. 心包积液
D. 肺气肿　E. 气胸

27. 关于心脏叩诊，下列说法**错误**的是
A. 心脏叩诊绝对浊音反映心脏实际大小
B. 心脏叩诊相对浊音反映心脏实际大小
C. 心脏叩诊区发生变化，还应考虑肺脏的改变　D. 肺气肿时心脏叩诊浊音区缩小　E. 心包积液时，心脏叩诊相对浊音区增大

28. 下列哪种因素与第一心音增强**无关**
A. 贫血　B. 发热　C. 主动脉关闭不全　D. 二尖瓣狭窄　E. 甲状腺功能亢进

29. 下列哪种因素与第一心音减弱**无关**
A. 主动脉关闭不全　B. 二尖瓣关闭不全　C. 心衰　D. 高血压　E. 心肌梗死

30. 下列哪种因素与第二心音增强**无关**
A. 肾炎　B. 左心衰竭　C. 主动脉关闭不全　D. 二尖瓣狭窄　E. 肺气肿

31. 下列哪种因素与第二心音减弱**无关**
A. 大出血　B. 严重脱水　C. 主动脉关闭不全　D. 主动脉瓣狭窄　E. 肺源性心脏病

32. 属于功能性心脏杂音的是
A. 心包摩擦音　B. 发热　C. 心肺性杂音　D. 收缩期杂音　E. 舒张期杂音

33. 可在右侧听取心音最强点的是
A. 二尖瓣口　B. 三尖瓣口　C. 主动脉瓣口　D. 肺动脉瓣口　E. 以上均可

34. 听诊心脏时发现金属样心音，主要见于

A. 破伤风　B. 慢性心内膜炎　C. 猪丹毒　D. 瓣膜闭锁不全　E. 猪瘟

35. 血容量不足时，心脏听诊时会出现
    A. 第一心音增强　B. 第一心音减弱
    C. 第二心音增强　D. 第二心音减弱
    E. 第一、二心音均增强

36. 下列哪种因素与脉搏强弱和大小**无关**
    A. 动脉充盈量、血流速度　B. 外周血管阻力　C. 血管壁弹性　D. 心输出量　E. 呼吸频率

37. 下列哪种因素与颈静脉充盈、怒张**无关**
    A. 右心功能不全　B. 三尖瓣关闭不全
    C. 后腔静脉阻塞　D. 心肌病　E. 大量心包积液

38. 肺气肿时**不会出现**下列哪项改变
    A. 桶状胸　B. 过清音　C. 肺部湿啰音　D. 广泛的可逆性气道阻塞
    E. 呼气相延长

39. 下列哪项可使腹式呼吸减弱或消失
    A. 腹膜炎　B. 肺脓肿　C. 肋骨骨折　D. 肺炎　E. 胸膜炎

40. 下列哪项可使胸式呼吸减弱或消失
    A. 腹膜炎　B. 急性腹膜炎　C. 急性胃扩张　D. 瘤胃臌气　E. 胸膜炎

41. 健康动物肺部的叩诊音为
    A. 鼓音　B. 清音　C. 过清音
    D. 浊音　E. 空匣音

42. 吸气性呼吸困难见于下列哪种情况
    A. 萎缩性鼻炎　B. 细支气管炎
    C. 肺气肿　D. 胸膜炎　E. 重症肺炎

43. 呼气性呼吸困难见于下列哪种情况
    A. 鼻肿瘤　B. 喉头水肿　C. 慢性肺气肿　D. 胸膜炎　E. 重症肺炎

44. 膈肌麻痹引起的呼吸困难属于
    A. 呼气性呼吸困难　B. 吸气性呼吸困难　C. 混合性呼吸困难　D. 神经性呼吸困难　E. 心源性呼吸困难

45. 铁锈色鼻液提示
    A. 小叶性肺炎　B. 大叶性肺炎
    C. 肺坏疽　D. 肺脓肿　E. 支气管炎

46. 健康状况下，肺部**不能听到**支气管呼吸音的是
    A. 犬　B. 马　C. 牛　D. 羊
    E. 猪

47. 关于湿啰音说法**错误**的是
    A. 吸气和呼气均可听到明显　B. 吸气末最明显　C. 部位较恒定　D. 性质不易变　E. 表明肺脏存在空洞

48. **不符合**肺水肿体征的说法是
    A. 胸廓呈桶状　B. 呼吸运动减弱
    C. 呼吸音减弱　D. 听诊呈湿啰音
    E. 叩诊呈浊音

49. 健康动物的肺泡呼吸音类似
    A. "夫、夫"声　B. "赫、赫"声
    C. 捻发声　D. 雷鸣声　E. 含漱音

50. 肺脏听诊时，开始部位宜在肺听诊区的
    A. 上1/3　B. 中1/3　C. 下1/3
    D. 前1/3　E. 后1/3

51. 口唇的紧张性增高，可见于
    A. 面神经麻痹　B. 破伤风　C. 口炎
    D. 下颌骨骨折　E. 咽炎

52. 关于胃导管使用说法**错误**的是
    A. 要选择适宜粗细及长短的胃导管　B. 胃导管插入时，动作应轻柔　C. 咽喉炎时禁用胃导管　D. 主要用于导胃、洗胃和投药　E. 胃导管使用完毕，需直接缓慢抽出

53. 健康牛每小时嗳气次数为
    A. 4~8　B. 10~20　C. 20~30
    D. 30~40　E. 40~50

54. 健康成年牛，每分钟瘤胃蠕动次数为
    A. 1~3　B. 3~5　C. 4~8
    D. 8~10　E. 10~15

55. 瘤胃收缩蠕动波持续时间为
    A. 15~20s　B. 5~10s　C. 40~50s
    D. 50~60s　E. 3~5s

56. 瘤胃蠕动次数稀少，力量微弱，一般与（　　）**无关**
    A. 前胃弛缓　B. 瘤胃积食　C. 前胃功能障碍　D. 瘤胃臌气末期　E. 瘤胃臌气初期

57. 牛发生瘤胃积食时，叩诊左肷部出现
    A. 鼓音　B. 过清音　C. 空匣音
    D. 浊音　E. 钢管音

58. 病牛口腔及呼出气体有烂苹果味，多提示发生了
    A. 氯仿中毒　B. 烂苹果渣中毒
    C. 维生素B_6缺乏　D. 酮病
    E. 胃炎

59. 下列动物呕吐易发顺序排列正确的是
    A. 马、猪、犬　B. 犬、猪、马
    C. 马、猪、牛　D. 马、猪、羊
    E. 犬、马、猪

60. 检查牛的肝脏、网胃、瓣胃、食道时，应

分别在其
A. 右侧，左侧，左侧，左侧　　B. 右侧，右侧，左侧，左侧　　C. 右侧，左侧，左侧，右侧　　D. 左侧，左侧，右侧，右侧　　E. 左侧，右侧，左侧，右侧

61. 若在牛左侧肋弓区用叩诊和听诊相结合方法，听到钢管音，则提示
    A. 瘤胃臌气　　B. 肠臌气　　C. 真胃左方变位　　D. 真胃右方扭转　　E. 腹腔积液

62. 关于牛真胃检查部位正确的是
    A. 左下腹第9～11肋骨间，沿肋弓紧贴腹底壁　　B. 右下腹第9～11肋骨间，沿肋弓紧贴腹底壁　　C. 右侧第7～9肋骨间，肩关节水平线上下3cm范围内　　D. 左侧第7～9肋骨间，肩关节水平线上下3cm范围内　　E. 腹底正中3cm范围内

63. 反刍动物的小肠蠕动音为
    A. 捻发音　　B. 含漱音　　C. 沙沙声　　D. 雷鸣音　　E. 钢管音

64. 肠音增强一般见于
    A. 肠便秘　　B. 肠套叠　　C. 热性病　　D. 急性肠炎　　E. 消化机能障碍

65. 马属动物每分钟可听到小肠蠕动
    A. 3～5次　　B. 5～8次　　C. 8～12次　　D. 12～15次　　E. 稀少

66. 动物表现排粪带痛，**不提示**
    A. 腹膜炎　　B. 肛门括约肌松弛　　C. 直肠穿孔　　D. 胃肠炎　　E. 直肠狭窄

67. 阻塞性黄疸时，粪便颜色为
    A. 黄绿色　　B. 暗红色　　C. 黑色　　D. 灰白色　　E. 绿色

68. 可引起尿频的疾病是
    A. 尿道炎　　B. 膀胱麻痹　　C. 脊柱断裂　　D. 膀胱括约肌松弛　　E. 膀胱破裂

69. 引起肾前性无尿的疾病是
    A. 肾炎　　B. 严重脱水　　C. 尿路结石　　D. 膀胱括约肌痉挛　　E. 膀胱破裂

70. 下列**不属于**不随意运动的是
    A. 强迫运动　　B. 瘫痪　　C. 震颤　　D. 肌纤维颤动　　E. 痉挛

71. 浅感觉**不包括**
    A. 痛觉　　B. 触觉　　C. 温觉　　D. 嗅觉　　E. 电觉

72. 特殊感觉**不包括**
    A. 视觉　　B. 听觉　　C. 味觉　　D. 嗅觉　　E. 电觉

73. 浅反射是刺激下列哪些结构引起的反应
    A. 皮肤，黏膜　　B. 皮肤，肌腱　　C. 皮肤，骨膜　　D. 黏膜，肌腱　　E. 黏膜，骨膜

74. 下列哪些感觉属于深感觉
    A. 触觉　　B. 痛觉　　C. 空间位置觉　　D. 视觉　　E. 听觉

75. 下列**不属于**浅反射的是
    A. 角膜反射　　B. 膝反射　　C. 肛门反射　　D. 提睾反射　　E. 腹壁反射

76. 下列抗凝剂量中，既可用作血液抗凝，又可作为血液保养的是
    A. 乙二胺四乙酸盐　　B. 枸橼酸三钠　　C. 草酸钾液　　D. 肝素　　E. 双草酸盐

77. 血液循环中的白细胞**不包括**
    A. 嗜酸性粒细胞　　B. 嗜碱性粒细胞　　C. 嗜中性粒细胞　　D. 单核细胞　　E. 骨髓细胞

78. 发生寄生虫疾病时，血液中白细胞变化正确的是
    A. 嗜酸性粒细胞增多　　B. 嗜碱性白细胞增多　　C. 嗜中性白细胞增多　　D. 单核细胞增多　　E. 淋巴细胞增多

79. 淋巴细胞生理性增多，见于
    A. 兴奋　　B. 运动后　　C. 应激　　D. 单核细胞增多　　E. 淋巴细胞增多

80. 中性粒细胞增多最常见的原因是
    A. 组织广泛损伤　　B. 剧烈运动　　C. 急性中毒　　D. 急性溶血　　E. 急性感染

81. 下列说法**错误**的是
    A. 再生性核左移：杆状核粒细胞增多，同时白细胞总数也增多　　B. 轻度核左移：仅杆状核粒细胞大于6%　　C. 中度核左移：杆状核粒细胞大于10%，并出现晚幼粒细胞　　D. 重度核左移：杆状核粒细胞大于25%，并出现早幼粒细胞　　E. 退行性核左移：分叶核粒细胞增多

82. 临床上可作为风湿病参考指标的是
    A. 血压增高　　B. 血沉加快　　C. 血红蛋白含量降低　　D. 血小板减少　　E. 转铁蛋白增多

83. 关于红细胞比容说法**错误**的是
    A. 指红细胞在全血中所占容积的比值
    B. 红细胞比容与红细胞数成正比

C. 有助于贫血的分类
D. 可反映血液浓缩程度
E. 影响因素包括红细胞数量和大小

84. 关于胆汁酸说法**错误的**是
    A. 代谢途径为"肝肠循环"   B. 增高多发生于胆管阻塞   C. 是脂肪和水溶性维生素消化的必需条件   D. 见于犬中毒性肝炎   E. 其增多变化常与血清碱性磷酸酶活性增多相平行

85. 下列哪个疾病**不表现**高血钾
    A. 急性酸中毒   B. 代谢性碱中毒
    C. 重度组织缺氧   D. 剧烈呕吐
    E. 急性肾盂肾炎

86. 频繁呕吐、腹泻，最易丢失的血清阳离子为
    A. 钾离子   B. 钠离子   C. 钙离子
    D. A 和 B   E. B 和 C

87. 疑似糖尿病时，最好进行
    A. 空腹血糖测定   B. 尿糖测定
    C. 葡萄糖耐量试验   D. 血清胰岛素测定   E. 乳糖脱氢酶测定

88. 引起血浆尿素浓度升高的原因**不包括**
    A. 膀胱破裂   B. 尿道阻塞   C. 心功能不全   D. 肝硬化   E. 肾衰

89. 关于犬尿液尿蛋白/肌酐比率（P/C）说法正确的是
    A. 健康犬 P/C 值大于 1   B. P/C 值大于 5，提示存在肾脏疾病   C. 健康犬 P/C 值在 1~3 之间   D. 健康犬 P/C 在 1~5 之间   E. P/C 在 1~5 之间，提示肾后性因素所致

90. 关于碱性磷酸酶说法**错误的**是
    A. 可作为肝胆功能的检测指标   B. 是体内分布最广泛的酶之一   C. 幼年动物较成年动物高   D. 骨骼疾病可使其活性增高   E. 骨源性碱性磷酸酶升高，难以与肝胆疾病相区别

91. 可用于诊断急性坏死性胰腺炎的是
    A. 淀粉酶   B. 脂肪酶   C. 乳酸脱氢酶   D. A 和 B   E. B 和 C

92. 可用于观察尿液有形成分的最佳防腐剂是
    A. 苯酚   B. 硼酸   C. 福尔马林
    D. 麝香草酚   E. 均可

93. 关于尿比重说法**错误的**是
    A. 糖尿病时，尿比重与尿量成反比
    B. 腹泻可致尿比重下降   C. 慢性肾脏疾病时常为等渗尿液   D. 急性肾功能衰竭时，尿比重降低   E. 利尿药可致尿比重下降

94. 下列哪项可作为泌尿系统感染的筛查试验
    A. 亚硝酸盐   B. 酮体   C. 葡萄糖
    D. 蛋白质   E. 上皮细胞

95. 肉食动物进行尿潜血检查应禁食
    A. 1 天   B. 2 天   C. 3 天
    D. 4 天   E. 5 天

96. 骨骼、软组织和体液、脂肪组织和气体在 X 线照片上依次呈现为
    A. 透明白色、深灰色、灰黑色和黑色
    B. 透明白色、深灰色、黑色和灰黑色
    C. 透明白色、灰黑色、深灰色和黑色
    D. 深灰色、透明白色、黑色和灰黑色
    E. 透明白色、黑色、灰黑色和深灰色

97. 影响 X 线穿透力最重要的因素是
    A. 管电流   B. 管电压   C. 曝光时间
    D. 焦片距   E. 物体胶片距

98. 造影检查的目的为
    A. 增加器官组织的密度   B. 降低器官组织的密度   C. 增加器官组织的自然对比   D. 增加器官组织的人工对比
    E. 增加 X 线的穿透力

99. 下列哪项是 X 线检查常用的消化道造影剂
    A. 碘化钠   B. 甘油   C. 有机碘
    D. 硫酸钡   E. 胆影葡胺

100. 下列哪项检查属于直接引入造影剂方式
    A. 消化道造影   B. 口服法胆囊造影
    C. 静脉肾盂造影   D. 静脉胆道造影
    E. 心血管造影

101. 下列哪项检查属于间接引入造影剂方式
    A. 胃造影   B. 口服法胆囊造影
    C. 支气管造影   D. 膀胱造影
    E. 肠造影

102. 钡剂灌肠侧位片显示杯口状充盈缺损，周围有多个弹簧状环形阴影，则可诊断为
    A. 肠内异物   B. 肠内肿瘤
    C. 粪便   D. 肠扭转
    E. 肠套叠

103. 对 X 线防护效果最理想的是
    A. 铁   B. 铅   C. 铜   D. 锰
    E. 铝

104. 大叶性肺炎实变期的典型 X 线为
    A. 粟粒状阴影   B. 弥漫性阴影
    C. 大片状致密阴影   D. 云絮状阴影
    E. 卵圆形密度均匀的阴影

105. 肺部急性炎症反应主要病理改变是
    A. 钙化 B. 渗出 C. 增殖
    D. 纤维化 E. 空洞
106. 肺部慢性炎症的通常表现为
    A. 渗出 B. 空洞 C. 增生
    D. 纤维化 E. 钙化
107. 犬X线妊娠检查的适宜日龄为妊娠后
    A. 10天 B. 20天 C. 30天
    D. 40天 E. 50天
108. 骨关节外伤可通过X线检查
    A. 明确有无骨折或脱位 B. 了解骨折及脱位情况 C. 对骨折复位治疗
    D. 观察骨折愈合情况 E. 以上均可
109. 关于骨质疏松的X线表现，正确的是
    A. 骨骼变形 B. 骨质破坏 C. 骨折线出现 D. 骨密度减低 E. 骨质坏死
110. 骨与关节X线摄片检查常规要求
    A. 双侧对照摄片 B. 左右斜位摄片
    C. 正侧位摄片必要时双侧对照
    D. 正侧位片，包括周围软组织及邻近一个关节 E. 左右正侧位片
111. 指出不是骨折的X线征象
    A. 嵌入性致密增高带 B. 骨皮质凹陷与隆突 C. 骨小梁中断与扭曲
    D. 骨骺分离 E. 边缘硬化线形成密度减低影
112. 骨肉瘤最主要X线征象
    A. 软组织肿胀 B. 骨质破坏
    C. 瘤骨形成 D. 骨膜反应
    E. 骨质增生
113. 属膜内成骨的骨骼是
    A. 颅顶骨及面颅骨 B. 脊椎骨
    C. 四肢骨 D. 不规则骨 E. 以上均是
114. 发现尿路阳性结石最常用方法
    A. B超检查 B. 腹部平片 C. 逆行尿路造影 D. CT检查 E. 静脉尿路造影
115. 以下对正常肝脏B型超声探查，哪一项描述正确的是
    A. 犬的扫查部位为右侧8至10肋间肩关节水平线下 B. 肝实质为均匀分布的细小光点，中等回声 C. 肝内管道结构呈树枝状分布，肝门静脉壁回声较弱 D. 犬的扫查部位为右侧16至17肋间上部 E. 以上叙述均不正确

116. 不同组织声衰减的程度不同，指出下面何项不妥
    A. 骨骼、钙化衰减程度多 B. 肌腱、瘢痕声衰减明显 C. 肝、肾、肌肉属中等 D. 皮下脂肪组织属低衰减
    E. 肺组织（含气）衰减程度更低
117. 以下动物体组织、体液回声强度的描述，哪一项不正确
    A. 均质性液体如胆汁、囊液、尿液通常为无回声 B. 非均质性液体如囊肿内合并出血，回声可以增多、增强
    C. 均质性实质器官如肝脏和脾脏，内部呈中等水平回声
    D. 软骨属于固体，内部回声较多、较强
    E. 骨骼和钙化的组织，回声显著增强
118. 关于动物肾脏B型超声探查描述错误的是
    A. 犬的扫查部位为左、右12肋间上部及最后肋骨上缘 B. 包膜周边回声强而平滑 C. 肾皮质为低强度均质微细回声 D. 肾髓质呈多个无回声暗区或稍显低回声 E. 肾盂及周围脂肪囊呈放射状排列的低回声结构
119. 下列关于腹水的超声诊断说法错误的是
    A. 可探测积液厚度，估算液体量
    B. 可提示穿刺的部位 C. 可鉴别出是渗出液还是漏出液 D. 可监控病情的发展 E. 可提示穿刺进针方向
120. 关于处方书写说法错误的是
    A. 数字以阿拉伯数字表示 B. 药物书写顺序应为药物使用顺序 C. 中草药处方按"君、臣、佐、使"顺序
    D. 药物名应书写通用名 E. 一律不准出现外文
121. 颈静脉的阳性波动是三尖瓣闭锁不全的
    A. 典型症状 B. 主要症状 C. 示病症状 D. 固有症状 E. 偶然症状
122. 下列属于等渗性脱水的是
    A. 热射病 B. 糖尿病 C. 手术失血 D. 发热 E. 饮水不足
123. 动物昏迷时，下列说法错误的是
    A. 尚存有意识 B. 对外界刺激无反应 C. 心律不齐 D. 呼吸不规则
    E. 精神高度抑制
124. 一猫因腰荐部脊髓损伤致两后肢对称性瘫痪，属于
    A. 单瘫 B. 偏瘫 C. 截瘫

D. 短暂性瘫痪　　E. 全瘫

125. 采用一条绳倒牛法保定牛时，胸环应经过
A. 颈部　　B. 肩关节　　C. 髋结节前
D. 肩胛骨后角　　E. 肩胛骨前角

126. 仔猪腹腔注射时，最适宜的保定方法是
A. 倒提提举保定　　B. 侧卧保定
C. 仰卧保定　　D. 站立保定　　E. 口吻绳保定

127. 小公猪去势，最适宜的保定方法是
A. 倒提提举保定　　B. 左侧卧保定
C. 仰卧保定　　D. 站立保定　　E. 口吻绳保定

128. 大动物腹腔穿刺术，最适宜的保定方法是
A. 鼻钳保定　　B. 左侧卧保定
C. 仰卧保定　　D. 站立保定
E. 右侧卧保定

129. 瘤胃穿刺最适宜的部位是
A. 左侧肷部　　B. 左侧腹中部
C. 左侧最后肋骨部　　D. 右侧腹中部
E. 右侧肷部

130. 瓣胃穿刺最适宜的部位是
A. 左侧第 8 肋间后缘或第 9 肋间前缘
B. 右侧第 8 肋间后缘或第 9 肋间前缘
C. 右侧第 7～9 肋间
D. 左侧第 7～9 肋间
E. 右侧腹中部

131. 瘤胃穿刺说法**错误**的是
A. 为抢救动物生命，应快速连续放气，降低腹压　　B. 严格消毒，防止术部污染　　C. 紧急情况下，无套管针时，可用竹管等放气　　D. 套管针向右侧肘头方向进针　　E. 为防止继续发酵产气，需向瘤胃内注入防腐止酵药物

132. 下列**不属于**灌服给药禁忌证的是
A. 喉炎　　B. 咽炎　　C. 高温
D. 严重呼吸困难　　E. 胃炎

133. 牛皮下注射的部位一般宜选择在
A. 颈部上 1/3、中交界处　　B. 颈部中、下 1/3 交界处　　C. 颈中部
D. 股内侧　　E. 背侧

134. 下列可用于皮下注射给药的是
A. 钙剂　　B. 砷剂　　C. 水合氯醛
D. 高渗溶液　　E. 血清

135. 关于肌内注射下列说法**错误**的是
A. 强刺激性药物不能肌内注射
B. 长期肌内注射时，应交替注射部位
C. 淤血及血肿部位不宜进行肌内注射
D. 为减少损失，可选择瘢痕及以前注射的针眼部位进行注射　　E. 遇针体折断时，应保持局部和肢体不动，迅速拔出

136. 犬静脉注射给药最适宜的部位是
A. 耳静脉　　B. 颈静脉　　C. 前臂头静脉　　D. 后肢小隐静脉　　E. 股内静脉

137. 关于补液说法**错误**的是
A. 先快后慢　　B. 先淡后浓　　C. 见尿补钾　　D. 随时调整　　E. 丢多少，补多少

138. 家畜特有的心电图导联是
A. 胸导联　　B. 标准导联　　C. 加压单极导联　　D. A-B 导联　　E. 单极胸部辅助导联

139. 动物标准导联（双极肢导联）的理论基础是
A. 电偶学说　　B. 爱氏（Einthoven）假说　　C. 容积导电　　D. 威尔逊（Wilson）假说　　E. 戈德伯格（Goldberger）假说

140. 动物心电图各波的组成的描述正确的是
A. P-QRS-T　　B. P-Q-R-S-T　　C. P-QS-T　　D. P-RS-T　　E. P-QR-T

141. 动物心电图各间期及段的描述正确的是
A. P-R（Q）间期就是 P-R（Q）段
B. S-T 间期就是 S-T 段　　C. Q-T 间期就是 S-T 段加 T 波　　D. P-R（Q）间期代表自心房开始除极到心室开始除极的时间　　E. S-T 段是指自 S 波开始至 T 波开始

142. 下列关于动物心电图测量方法的正确描述是
A. 测量正向波的振幅，应从等位线的下缘量至波峰　　B. 测量负向波的振幅，应从等位线的上缘量至波底　　C. 等位线应以 T-P 段为标准，因为这段时间内无心电活动，电位相当于 0　　D. 在测量各间期时，应选择波幅较大、波形清楚的导联　　E. 测量各波的时间应自该波起始部的外缘至终了部分的外缘

143. 下列关于动物心电图的 QRS 波群描述**不正确**的是
A. QRS 间期增宽，波形模糊、分裂，见于心肌泛发性损伤并有房室传导阻滞

B. QRS 波群电压增高，主要见于心室肥大、扩大、心脏与胸腔距离增宽
C. QRS 波群低电压，见于心肌损害、心肌退行性变
D. QRS 波群低电压，见于心包积液
E. Q 波增大或加深，多见于 L$_{I, II}$ 导联，与心肌梗死有关

144. S-T 段的移位在心电图诊断中，常具有重要的参考价值。有关 S-T 段的描述**不正确**的是
    A. 在 S-T 段偏移的同时，多伴有 T 波改变，二者都说明心肌的异常变化
    B. S-T 段上移，多见于心肌梗死
    C. S-T 段下移，见于冠状动脉供血不足
    D. S-T 段下移，见于心包炎
    E. S-T 段上移，多见心肌炎

145. 动物心肌梗死在心电图上的主要特征是
    A. 异常 Q 波、S-T 段升高、T 波倒置
    B. 异常 R 波、S-T 段升高、T 波倒置
    C. 异常 S 波、S-T 段升高、T 波倒置
    D. 异常 Q 波、S-T 段下移、T 波倒置
    E. 异常 Q 波、S-T 段升高、冠状 T 波

146. 下列关于牛创伤性心包炎心电图的描述**不正确**的是
    A. 心率快，一般每分钟近百次或百次以上
    B. 各标准导联 R 波电压均降低
    C. 心包炎的急性期可能产生损伤电流，有 S-T 段下移，但很快消失
    D. 可出现 T 波倒置
    E. 心包炎会留下心肌"缺血型"的改变

147. 牛心律不齐提示
    A. 胸壁肥
    B. 渗出性胸膜炎
    C. 心肌炎症引起的传导障碍
    D. 左右房室瓣关闭时间不一致
    E. 主动脉与肺动脉根部血压差异大

148. 犬心电图检查见 P 波消失，代之以许多形状相似的锯齿形扑动波（F 波），QRS 波群的形状和时间正常，QRS 波群与 F 波成不同的比例，最可能的心律失常心电图诊断是
    A. 心室扑动
    B. 室性逸搏
    C. 心房扑动
    D. 窦性心动过速
    E. 阵发性心动过速

149. 家畜心电图中 Q-T 间期缩短见于
    A. 心肌炎
    B. 心急损害
    C. 低血钾
    D. 高血钙
    E. 硒缺乏

150. 心电图中的 P 波反映
    A. 房室结激动
    B. 心房肌去极化
    C. 心房肌复极化
    D. 心室肌去极化
    E. 心室肌复极化

二、A2 题型

题型说明：每道试题由一个叙述性的简要病历（或其他主题）作为题干和五个备选答案组成。A、B、C、D 和 E 五个备选答案中只有一个是最佳答案，其余均不完全正确或不正确，答题时要求选出正确的那个答案。

1. 猪腹股沟浅淋巴结触诊检查时，体积明显增大、坚实、表面光滑，可移动性差，且热、痛反应明显，表明该淋巴结的病理变化属于
    A. 急性肿胀 B. 慢性肿胀 C. 化脓性肿胀 D. 局部肿胀 E. 痛性肿胀

2. 在为就诊患马进行检查时，在肺部听到支气管呼吸音，说明该马**不可能**发生
    A. 胸腔积液 B. 渗出性胸膜炎 C. 大叶性肺炎 D. 气胸 E. 广泛性肺结核

3. 患犬，2 岁，就诊时体温 40.5℃，食欲减退，被毛粗乱无光，眼球下陷，皮肤弹性降低，消瘦，腹泻，腹壁紧张、敏感。请问如果要查清病因，一般**不需**进行下列哪项检查
    A. 粪便虫卵检查 B. X 射线摄片 C. 血常规检查 D. B 超 E. 粪便病原菌分离培养

4. 患犬，2.5 岁，雌性，就诊时精神沉郁，食欲废绝，尿血，尿频，呕吐，体温 38.9℃，可视黏膜苍白，心音减弱，于膀胱部可触及质地较硬的硬块，膀胱壁增厚，且疼痛感明显，如需确诊需进行下列哪项检查
    A. 粪便虫卵检查 B. X 射线摄片和膀胱充气造影 C. 血常规检查 D. B 超 E. 粪便病原菌分离培养

5. 患犬，2 月龄，出现呕吐、腹泻症状后就诊，表现精神沉郁，体温 39.5℃，心率 110 次/分，呼吸 21 次/分，粪便呈番茄汁样，且具难闻的腥臭味，疑似犬细小病毒病，若要确诊，最快捷、经济的方法是
    A. 病毒分离 B. 微量血凝试验和血凝抑制试验 C. 荧光抗体技术 D. 核酸探针技术 E. 病理组织学检查

6. 某鸡场新引种鸡 1 月后陆续出现发病，开始时少数鸡只排黄白或暗绿色稀粪，而后病鸡逐渐增多。病鸡双翅下垂，身体蜷缩，眼半闭，部分病鸡冠、肉髯发绀，呈暗黑色。剖

检见盲肠肿胀,且内腔充满渗出物,肝脏肿大。疑似组织滴虫病,若要进行实验室检查确诊,最好采集的病料是

A. 血液　　B. 粪便　　C. 盲肠内容物
D. 核酸探针技术　　E. 肝脏

7. 一高产奶牛,分娩后不久出现精神沉郁,迅速消瘦,颌下及胸垂水肿,粪便稀软、恶臭,左腹明显增大,叩诊左侧的后3个肋骨区域,可听到钢管音。在此区域获得的穿刺液,其pH值为4,说明此穿刺液来自

A. 瘤胃　　B. 网胃　　C. 瓣胃　　D. 皱胃　　E. 均有可能

8. 德国牧羊犬,4月龄,左前肢跛行,使用控制犬由于肌肉、骨骼病产生的疼痛及炎症的药物后症状好转,但1个月后再次发病,跛行加重,精神沉郁,食欲不振,体温、脉搏、呼吸数正常,桡尺骨远端较对侧肿胀、增温,且有明显压痛。你认为有必要进行下列哪项检查

A. B超　　B. 核磁共振　　C. X线摄片
D. 血清学检查　　E. 均有必要

9. 金毛犬,7岁,雄性,就诊半年前开始有血尿现象,经消炎治疗后,尿血现象消失,现又出现血尿、尿频现象,X线摄片显示膀胱内有一鸡蛋大小样结石,说明该结石成分**不可能**是

A. 磷酸盐　　B. 胱氨酸　　C. 碳酸盐
D. 草酸盐　　E. 尿酸盐

10. 牛,3岁,长期饲以谷糠、麸皮等,近来出现食欲减退,鼻镜干燥,嗳气减少,反刍停止,瘤胃蠕动音减弱,瓣胃蠕动音消失,不见排尿、排粪,体温40℃,触压右侧第7~9肋间间关节水平线上下,敏感性增高。最好对该患牛进行治疗的方法是

A. 瓣胃内注射　　B. 皱胃内注射
C. 瘤胃内注射　　D. 网胃内注射
E. 腹腔注射

11. 犬,1.5岁,雌性,在疾病治疗过程中静脉注射青霉素5min后出现呼吸困难,流涎,呕吐,肌肉松弛,昏迷,请问此时首先应对该犬做何处理

A. 注射肾上腺素　　B. 注射苯海拉明
C. 注射苯甲酸钠咖啡因　　D. 停止静脉注射　　E. 瘤胃穿刺

12. 患牛,3岁,就诊时呼吸促迫,体温38.5℃,脉搏细数,背腰拱起,后肢踢蹴腹部,呻吟,左侧下腹部明显增大,触诊瘤胃敏感,左肷部变平。请问应采取的最适宜方法是

A. 瘤胃穿刺　　B. 禁饲　　C. 服用泻剂　　D. 服用二甲基硅油　　E. 瘤胃内注射生理盐水

13. 吉娃娃犬,7岁,精神沉郁,不愿活动,颈部、背部和胸腹两侧被毛稀疏,有的区域脱毛明显,皮肤干燥,皮肤增厚而苔藓化,皮屑多,有色素沉着,而四肢和头部未见异常。你认为进一步确诊需进行

A. 细菌培养　　B. 血液T_3和T_4检测
C. Wood's灯检查　　D. 皮肤组织病理学检查　　E. 药物效果治疗试验

14. 猫,2岁,雌性,近来经常作伸颈姿势,有食欲,但吞咽困难,流涎,咽部触诊疼痛敏感性增高并伴有咳嗽,则该患猫最可能患有

A. 食道阻塞　　B. 咽炎　　C. 口炎
D. 鼻炎　　E. 肠炎

15. 猪,2岁,种用,精神沉郁,咳嗽,体温41℃,呼吸促迫,出现腹式呼吸,心率加快;在胸壁触诊或叩诊,动物疼痛敏感性增高,站立时肘关节外展,不愿活动;胸部叩诊有水平浊音;胸部听诊,最明显的异常可能是

A. 干啰音　　B. 湿啰音　　C. 捻发音
D. 病理性支气管呼吸音　　E. 拍水音

16. 奶牛,表现痛性咳嗽,叩击胸壁时咳嗽增多并躲闪,胸腔穿刺见有含有大量纤维蛋白的黄色液体,X线检查肺部无明显异常,则该奶牛呈现

A. 腹式呼吸　　B. 胸式呼吸　　C. 胸腹式呼吸　　D. 先腹式呼吸后胸式呼吸
E. 先胸式呼吸后腹式呼吸

17. 奶牛,3岁,采食饲料后不久突然出现不安,回头顾腹,左侧腹部明显增大,叩诊鼓音区增大,呼吸困难。则关于该患牛说法正确的是

A. 肺叩诊区缩小　　B. 肺叩诊区扩大
C. 肺部叩诊呈浊音　　D. 肺部叩诊呈半浊音　　E. 肺部叩诊呈过清音

18. 黄牛,3岁,饲料以麦秸为主。采食减少,口腔有大量唾液流出,口角外附有泡沫样黏液,粪便、尿液和体温正常。最可能的诊断是

A. 咽炎　　B. 口炎　　C. 胃炎

D. 肠炎　　E. 食道梗阻

19. 某蛋鸡场饲喂蛋白质含量为35%的自配饲料，出现产蛋下降和停产等问题，经检查血液中尿酸水平为30mg/dL。该鸡群最可能发生的疾病是
　　A. 痛风　　　　B. 维生素A缺乏病
　　C. 笼养蛋鸡疲劳症　　D. 维生素B_1缺乏症　　E. 蛋鸡脂肪肝综合征

20. 京巴犬，8岁，精神良好，不爱活动，多饮，多尿，尿有似烂苹果味，体重明显下降。诊断该病最必要的检查项目是
　　A. 血糖和尿糖　　B. T_3/T_4甲状腺素
　　C. 甘油三酯和胆固醇　　D. 白细胞计数及分类计数　　E. 红细胞计数和血红蛋白含量

21. 一犬，呕吐物混有胆汁，呈黄绿色，碱性反应，常见于
　　A. 小肠套叠　　B. 大肠扭转　　C. 结肠嵌闭　　D. 回肠阻塞　　E. 十二指肠阻塞

22. 萨摩耶，3月龄，雄性。3天前发病，精神萎靡，食量减少，粪便正常。流鼻液，为浆液性。呼吸快，呈比较明显的腹式呼吸。眼结膜轻度发绀。听诊，呼吸音增强，有湿啰音。体温39.7℃。血常规检查显示白细胞增多，中性粒细胞的比例增加。X光片检查显示在肺野的肺门区，心叶前下部，可见多发的大小不等的点状、片状阴影，密度不均匀，中央浓密，边缘模糊不清，心脏轮廓不清。该病可诊断为
　　A. 肺结核　　B. 大叶性肺炎　　C. 小叶性肺炎　　D. 吸入性肺炎　　E. 肺脓肿

23. 金毛，9月龄，体重约25kg。15天前发病，病前无外伤史，病初精神、食欲正常。主要临床症状为起立困难、弓背、行走时躯体左右摇摆，后肢步态异常，奔跑时右侧后肢不愿着地，有明显疼痛感，呈"兔子跳"样，右侧后肢腿肌有较明显的萎缩。X光片显示右侧髋关节髋臼变浅、髋臼缘骨质增生，股骨头扁平，髋关节半脱位。该病可诊断为
　　A. 佝偻病　　B. 髋关节发育不良
　　C. 关节扭伤　　D. 维生素缺乏症
　　E. 骨折

24. 藏獒，1.5月龄，体重约5。临床症状表现为精神萎靡，食欲减退，被毛粗乱缺乏光泽，身体虚弱无力，站立困难，站立时全身颤抖，前肢畸形，呈"O"形。通过离子选择电极分析仪对该犬的血清钙、磷指标进行测定，结果表明血常规病犬的血清钙、磷比例与正常犬的血清钙、磷比例相比，比例严重失调。X光片显示桡尺骨弯曲变形，干骺端宽大，边缘凹陷变形，呈杯口状。该病可诊断为
　　A. 骨折　　B. 肘关节发育不良　　C. 关节扭伤　　D. 骨关节炎　　E. 佝偻病

25. 京巴犬，雄性，3岁。发病前曾与另一雌性京巴犬嬉闹时不慎从楼梯上滚下，随后出现疼痛，身体呈弓背紧腹姿势，不愿走动，诱惑或强行使其运动时，靠两前肢支撑着前进，走路不稳，左右摇摆。食欲正常，排粪尿正常。触诊腹肌紧张、颤抖。针刺后肢反应敏感度降低，屈腱反射减弱，尾部压迫痛感减弱。X线检查结果显示在T12-L1之间椎间间隙狭窄，椎间隙呈楔状，背侧较腹侧狭窄，椎管中有致密阴影。该病可诊断为
　　A. 脊椎脱位　　B. 椎体融合　　C. 脊椎炎　　D. 椎间盘突出　　E. 脊椎骨髓炎

三、A3题型

题型说明：其结构是开始叙述一个以患病动物为中心的临床情景，然后提出2~3个相关的问题，每个问题均与开始的临床情景有关，但测试要点不同，且问题之间相互独立。在每个问题间，病情没有进展，子试题也不提供新的病情进展信息。每个问题均有5个备选答案，需要选择一个最佳答案，其余的供选答案可以部分正确，也可以是错误的，但是只能有一个最佳的答案。不止一个的相关问题，有时也可以用否定的叙述方式，同样否定词用黑体标出，以提醒应试者。

（1~4题共用以下题干）

某猪群，出现精神不振，呼吸次数60~120次/分以上，张口呼吸，时有阵咳，体温正常，可视黏膜苍白，鼻腔内有较多黏稠气泡样液体流出。有的猪腹部皮肤、耳尖部出现紫红色出血斑。对病死猪剖检可见，皮下干燥，胸腔内流出泡沫样液体；有的肺脏表面附着较厚的纤维素膜，肺脏实变，肺脏与胸壁粘连，心脏扩张，肝、脾、肾等多见淤血。

1. 最可能的诊断是
　　A. 肺结核　　B. 肺癌　　C. 猪气喘病
　　D. 大叶性肺炎　　E. 小叶性肺炎

2. 该病的病原为
   A. 圆环病毒   B. 巴氏杆菌
   C. 支原体   D. 猪瘟病毒
   E. 细小病毒
3. 该病的疫苗预防接种途径为
   A. 饮水免疫   B. 皮下注射   C. 胸腔内注射   D. 腹腔注射   E. 静脉注射
4. 如要进一步确诊，最常用的方法是
   A. 血象检查   B. X线检查   C. PCR技术   D. 电解质检查   E. 间接血凝抑制实验

（5~7题共用以下题干）

患牛，3岁，体温41℃，呼吸数24次/分，心率73次/分。食欲减退，反刍减少，背腰拱起，不愿走动，躯干走动时后肢出现明显的"拖步"现象。直肠检查发现肾脏重大，敏感性增高。心脏听诊，第二心音增强。尿液检查，显微镜下可见大量红细胞、白细胞和肾上皮细胞。

5. 最可能的诊断是
   A. 肾炎   B. 尿道炎   C. 膀胱炎
   D. 前列腺炎   E. 肾病
6. 该患牛尿液实验室检查说法正确的是
   A. 尿酮体阳性   B. 尿酮体阴性
   C. 蛋白质阳性   D. 蛋白质阴性
   E. 尿潜血阴性
7. 该患牛尿液中出现下列哪种物质，对于此病具有重要的诊断意义
   A. 红细胞   B. 白细胞   C. 管型
   D. 上皮细胞   E. 酮体

（8、9题共用以下题干）

某养猪场，在用主要成分为阿维菌素的驱虫药驱虫后，部分猪出现步态不稳，眼睑水肿，眼结膜发绀，前肢跪地，四肢关节发凉，全身肌肉松弛，心率增加，心音减弱，头部出现不自主颤抖，个别猪呼吸促迫，昏迷。

8. 该猪场发病的原因最可能的诊断是
   A. 日射病   B. 药物中毒   C. 脑膜炎
   D. 心力衰竭   E. 关节炎
9. 发病猪体温变化说法正确的是
   A. 升高或不变   B. 降低或不变
   C. 先升高后降低   D. 先降低后升高
   E. 都有可能

（10、11题共用以下题干）

某猪场遭受冷空气袭击后，70%以上的生长猪出现食欲废绝，体温升高至40.5℃以上，呼吸困难、咳嗽，心率加快，皮肤发绀，口、鼻中可见少量带血色的泡沫样液体流出。对濒死猪剖检可见胸腔含有血色液体，肺和胸膜粘连，肺脏呈双侧性病变，病变区色深且质地坚实，切面易碎。

10. 对该猪场患猪进行实验室细菌分离时，样本的送检要求是
    A. 冷藏条件下尽快送检   B. 冷冻条件下尽快送检   C. 常温条件下尽快送检
    D. 冷藏保存，对送检时间无特殊要求
    E. 冷冻保存，对送检时间无特殊要求
11. 实验室进行细菌镜检时，对该病原体说法正确的是
    A. 革兰氏阳性球杆菌   B. 革兰氏阴性球杆菌   C. 革兰氏阳性链球菌
    D. 革兰氏阴性链球菌   E. 革兰氏阳性双球菌

（12~14题共用以下题干）

某猪场，部分猪表现食欲不振，体温稍高或接近正常，粪便干硬，尿液呈黄色，可视黏膜黄染，皮肤充血、出血。实验室检查结果显示，总胆红素和直接胆红素明显升高，ALT、AST和AKP活性升高，血浆蛋白下降。

12. 引起该猪场患猪发病的原因可能是
    A. 菜籽饼中毒   B. 棉籽饼中毒
    C. 黄曲霉毒素中毒   D. 亚硝酸盐中毒
    E. 氢氰酸中毒
13. 出现的黄疸属于
    A. 肝前性黄疸   B. 肝性黄疸   C. 肝后性黄疸   D. 胆管阻塞   E. 血管内溶血
14. 下列哪项检查也可能出现异常
    A. 胆汁酸   B. 血清胆固醇   C. 血氨
    D. 血糖   E. 血清磷

（15、16题共用以下题干）

博美犬，5岁，主诉2周前产仔5只，昨天出现站立不稳，就诊当日该犬四肢呈游泳状，体温41.5℃，心率140次/分，呼吸促迫，全身肌肉阵发性抽搐。

15. 引起该患犬发病的原因最可能是
    A. 产后低钙血症   B. 有机磷中毒
    C. 纤维素性骨营养不良   D. 骨软症
    E. 维生素A缺乏症
16. 进行血液学测定最有意义的指标是
    A. 血清钙   B. 血清磷   C. 血清钾
    D. 血清钠   E. 血清氯

（17、18题共用以下题干）

奶牛，4岁，主诉：3天前发热、不食、

咳嗽、流脓性鼻液，偶见暗红色鼻液，用青霉素治疗效果不明显。就诊时，体温 40.1℃，肺部可听到明显的支气管呼吸音。

17. 对该患牛最可能的诊断是
    A. 肺结核   B. 肺气肿   C. 胸膜炎
    D. 大叶性肺炎   E. 自发性气胸合并感染
18. 对该患牛肺部叩诊可能出现的病理性叩诊音为
    A. 清音   B. 金属音   C. 浊音
    D. 捻发音   E. 空匣音

（19、20题共用以下题干）

牛食欲废绝，听诊瘤胃蠕动次数减少，蠕动音弱。触诊左侧腹壁紧张，瘤胃内容物坚实，叩诊瘤胃浊音区扩大。

19. 本病最可能的诊断是
    A. 前胃弛缓   B. 瘤胃积食   C. 瘤胃臌气   D. 皱胃变位   E. 食管阻塞
20. 该牛的体温表现是
    A. 呈稽留热型   B. 呈弛张热型
    C. 呈间歇热型   D. 呈双向热型
    E. 一般不会升高

（21～23题共用以下题干）

某羊场，母羊表现不孕或怀孕后发生流产和产死胎；公羊睾丸肿胀，发热；羊场的工作人员3人出现发热，乏力，多汗，关节痛等症状。

21. 对该羊场的患羊最可能的诊断是
    A. 小反刍兽疫   B. 布氏杆菌病
    C. 铅中毒   D. 铜中毒   E. 锌缺乏
22. 该病属于
    A. 一类疫病   B. 二类疫病   C. 三类疫病   D. 普通病   E. 一般传染病
23. 按照《中华人民共和国动物防疫法》规定，作为兽医工作者你应采取何种措施
    A. 报告上级主管部门   B. 需进行剖检作进一步诊断   C. 划定疫点、疫区
    D. 封锁、扑杀   E. 一般的治疗处理

四、A4 题型

题型说明：试题的形式是开始叙述一个以单一病患动物为中心的临床情景，然后提出 3～6 个相关的问题，问题之间也是相互独立的。当病情逐渐展开时，可逐步增加新的信息。有时陈述了一些次要的或有前提的假设信息，这些信息与病例中叙述的具体病患动物并不一定有联系。提供信息的顺序对回答问题是非常重要的。每个问题均与开始的临床情景有关，又与随后改变有关，回答这样的试题一定要以试题提供的信息为基础。A4 题型也有 5 个备选答案。值得注意的是 A4 题选择题的每一个问题。均需选择一个最佳的回答，其余的供选择答案可以部分正确，也可以错误，但只能有一个最佳的答案。不止一个的相关问题，有时也可以用否定的叙述方式，同样否定词用黑体或下划线以提醒应试者。

（1～6 题共用以下题干）

某小型猪场，近日来部分 4 月龄猪排水样粪便，粪便中混有黏液或血液；不同程度的腹痛，肚腹蜷缩；发病猪迅速消瘦，精神沉郁，食欲减退或废绝，口腔干燥，皮肤弹性降低。

1. 该猪场患猪发病的原因最不可能是
   A. 细菌感染   B. 病毒感染   C. 寄生虫感染   D. 采食霉败饲料   E. 内分泌失调
2. 如果病猪同时伴有体温升高，并且发病率有所增加，你认为最应该进行哪项检查
   A. 血液学检查   B. 病原学检测
   C. 霉菌毒素检测   D. 消化功能检测
   E. 尿液检测
3. 在病因未确定之前，最不应采取的措施是
   A. 应用抗菌类药物   B. 供给充足饮水
   C. 补充电解质   D. 将病猪隔离
   E. 补充高蛋白饲料
4. 若怀疑是传染病，则最不具有诊断意义的是
   A. 流行特点   B. 临床症状   C. 饲料配方   D. 病原分离   E. 病理剖检
5. 若怀疑是猪痢疾，则最具诊断意义的是
   A. 流行特点   B. 临床症状   C. 饲料配方   D. 肠腔内发现大量痢疾密螺旋体
   E. 病理剖检
6. 若体温稍升高或没有升高，且个体大的猪症状明显，则导致猪发病的原因最有可能是
   A. 细菌感染   B. 病毒感染   C. 不合格饲料、饮水   D. 寄生虫感染
   E. 内分泌失调

（7～9 题共用以下题干）

某肉鸡场，近来阴雨天气较多，气温 25℃ 左右，3 周龄鸡出现精神沉郁，食欲减退，被毛蓬乱，呆立一隅，冠及可视黏膜苍白，排水样稀便，进行性消瘦，有的患鸡粪便带血，每日死亡率 5%～10%。

7. 对该鸡场患鸡进行诊断最好先进行
   A. 病毒分离鉴定   B. 细菌学检查

C. 血液学检查　　D. 免疫学检测
E. 临床剖检
8. 若剖检发现肠壁增厚，内容物主要是血液和凝血块，有的有干酪样物与血液混杂，盲肠显著肿胀、呈棕红色，而其他组织器官未见明显异常，你认为要确诊还需进行
   A. 血常规检查　　B. 饲料铁、钴含量检测　　C. 粪便内病原检查　　D. 脑组织涂片镜检
   E. 肠病理组织学检查
9. 若疑似球虫病，粪便检查取样应采集
   A. 饲养场陈旧粪样　　B. 饲养场新鲜粪样　　C. 现有的粪样重复检查　　D. 现有的粪样置于温箱内孵化一周后再检查
   E. 剖杀鸡粪样

（10~12题共用以下题干）

犬，7岁，雌性，5周前发情，精神沉郁，食欲废绝，尚饮水，呕吐，呕吐物为黄色，尿液颜色加深，排黑色稀粪，鼻镜干燥，腹围对称性增大，触诊敏感，阴门附有少量脓性带血色分泌物，气味难闻。

10. 该病疑似为
    A. 膀胱结石　　B. 子宫蓄脓　　C. 腹膜炎　　D. 发情期　　E. 肠梗阻
11. 若对该犬进行确诊，需进行
    A. B超　　B. X线摄片　　C. 血常规检查　　D. X线摄片或B超　　E. 尿蛋白测定检查
12. 若对该犬进行治疗，适宜的措施是
    A. 膀胱切开术　　B. 子宫摘除术
    C. 腹腔注射药物　　D. 不需要治疗
    E. 肠管切除术

（13~16题共用以下题干）

使役用马，4岁，雄性，近来出现站立时两前肢明显向后负重，刚开始走路时跛行明显，随运动时间延长，跛行减轻甚至消失。

13. 根据上述症状，该病最可能是
    A. 蹄叶炎　　B. 骨折　　C. 腐蹄病
    D. 风湿　　E. 使役过度
14. 若对该病进行确诊，最适宜的检查方法是
    A. 水杨酸钠皮内反应试验　　B. 血清钙测定　　C. X线检查　　D. 白细胞分类计数　　E. 局部触诊
15. 若进行血常规检查，**不会**出现的是
    A. 血红蛋白含量增多　　B. 淋巴细胞减少　　C. 单核细胞增多　　D. 血沉减慢
    E. 嗜酸性粒细胞减少

16. 该病的急性发作期，常需控制那种病原感染
    A. 葡萄球菌　　B. 链球菌　　C. 破伤风杆菌　　D. 真菌　　E. 霉菌

（17~20题共用以下题干）

犬，3岁，雄性，2天前突然食欲降低，不愿运动，站立时弓背缩腹；频频做排尿姿势，排尿时不断发出尖叫或呻吟，尿液呈线状或点滴状流出，有时尿液带血；触诊腹壁紧张，膀胱充盈、膨胀。

17. 该犬最可能患有
    A. 腹水　　B. 肾衰竭　　C. 膀胱肿瘤
    D. 尿石症　　E. 妊娠
18. 为确诊，最有意义的检查是
    A. 血常规检查　　B. 粪便检查　　C. X摄片检查　　D. 尿液检查　　E. 血液生化检查
19. 如选用造影检查，可选用的造影剂是
    A. 生理盐水　　B. 蒸馏水　　C. 泛影葡胺　　D. 硫酸钡　　E. 胆影葡胺
20. 如未对动物进行治疗处理，第2天不安、努责及腹痛症状突然消失，患犬表示安静，则预示发生了
    A. 自愈　　B. 膀胱破裂　　C. 处于炎症吸收期　　D. 流产　　E. 腹水吸收期

（21~26题共用以下题干）

犬，雄性，1.5岁，就诊时精神沉郁，食欲废绝，呕吐，不愿运动，背腰弓起，心脏和肺脏听诊检查未见异常。触诊腹壁紧张，腹部有一段似香肠样异物，挤压时疼痛敏感性增高。采用B超横向扫查异常肠段的回声情况，出现低回声与强回声相间的多层靶样声像图。纵切面扫查显示为一系列线性强回声和低回声条纹。异常肠段前段肠管扩张，呈现无回声暗区。

21. 该病可初步诊断为
    A. 肠肿瘤　　B. 肠坏死　　C. 肠憩室
    D. 肠套叠　　E. 肠炎
22. 如用X线造影检查，首选的造影剂为
    A. 空气　　B. 硫酸钡　　C. 蒸馏水
    D. 生理盐水　　E. 胆影葡胺
23. 造影检查后可能出现的典型X线征为
    A. 杯口状充盈缺损　　B. 龛影　　C. 低密度阴影　　D. 影像模糊，缺乏对比度
    E. 后腹部呈现均质软组织阴影
24. 若肠管发生坏死，应进行的手术为
    A. 整复术　　B. 切开术　　C. 切除及断

段吻合术　D. 固定术　E. 造口术
25. 若肠管发生坏死，进行手术处理时应准备肠钳
　　A. 1把　B. 2把　C. 3把　D. 4把
　　E. 5把
26. 若肠管未发生坏死，应进行的手术为
　　A. 整复术　B. 切开术　C. 切除及断段吻合术　D. 固定术　E. 造口术
（27～30题共用以下题干）
犬，2月龄，精神萎靡，食欲减退，被毛粗乱无光，喜卧，异嗜，起立困难，步态强拘，四肢骨变形，特别是前肢变形明显，呈"O"形姿势，肋骨和肋软骨结合处出现串珠样肿胀。实验室检查显示，血清磷浓度为2.5mg/100ml，血清钙浓度为9mg/100ml。
27. 该病可诊断为
　　A. 骨软症　B. 纤维性骨营养不良
　　C. 异嗜癖　D. 佝偻病　E. 关节发育不良
28. 若进行实验室检查，下列哪项会有所升高
　　A. 血清碱性磷酸酶　B. 红细胞
　　C. 白细胞　D. 血红蛋白
　　E. 血清乳酸脱氢酶
29. 引起该病的原因为
　　A. 钙缺乏　B. 磷缺乏　C. 胡萝卜素摄入过量　D. 晒太阳时间不足
　　E. 以上均有可能
30. 日粮中钙、磷比例应控制在
　　A. 1：(1～2)　B. 1：2　C. 2：1
　　D. (2～1)：2　E. (1～2)：1

五、B1题型

题型说明：也是单项选择题，属于标准配伍题。B1题型开始给出5个备选答案，之后给出2～6个题干构成一组试题，要求从5个备选答案中为这些题干选择一个与其关系最密切的答案。在这一组试题中，每个备选答案可以被选1次、2次和多次，也可以不选用。
（1～6题共用下列备选答案）
　　A. 吸气性呼吸困难　B. 呼气性呼吸困难　C. 心源性呼吸困难　D. 中毒性呼吸困难　E. 腹压增高性呼吸困难
1. 急性喉炎
2. 亚硝酸盐中毒
3. 瘤胃臌气
4. 弥漫性细支气管炎
5. 心包炎
6. 急性胃扩张

（7～12题共用下列备选答案）
　　A. 清音　B. 浊音　C. 鼓音
　　D. 实音　E. 过清音
7. 肺气肿时肺区的叩诊音
8. 健康肺脏的叩诊音
9. 瘤胃臌气时，瘤胃上部的叩诊音
10. 健康牛瘤胃下部的叩诊音
11. 胸腔积液时的叩诊音
12. 肺完全实变时的叩诊音
（13～16题共用下列备选答案）
　　A. 膀胱炎　B. 膀胱结石　C. 膀胱破裂　D. 肾小球肾炎　E. 肾病
13. 腹部对称性增大，全身散发有尿臭味，腹腔穿刺液呈黄色，直肠检查膀胱空虚，未见尿液排出
14. 排尿时疼痛，尿流突然中断或排尿困难
15. 明显水肿，尿液中含有大量蛋白质，但无红细胞
16. 血尿伴水肿和高血压
（17～21题共用下列备选答案）
　　A. 维生素A缺乏　B. 维生素B缺乏
　　C. 维生素D缺乏　D. 维生素K缺乏
　　E. 维生素E缺乏
17. 上皮角化不全，夜盲症，繁殖机能障碍
18. 出血性素质
19. 鸡"观星症"
20. 禽肌肉营养不良、脑软化症、渗出性皮下组织水肿
21. 佝偻病
（22～26题共用下列备选答案）
　　A. 多尿　B. 频尿　C. 尿失禁
　　D. 尿淋漓　E. 尿闭
22. 发热性疾病的退热期
23. 膀胱麻痹
24. 骨盆骨折
25. 前列腺增生
26. 膀胱炎
（27～31题共用下列备选答案）
　　A. 结膜潮红　B. 结膜苍白　C. 结膜黄染　D. 结膜发绀　E. 结膜上有出血点/斑
27. 结膜炎
28. 黄疸
29. 猪瘟
30. 亚硝酸盐中毒
31. 寄生虫病
（32～35题共用下列备选答案）

A. 瞳孔变形　　B. 瞳孔缩小
C. 瞳孔增大　　D. 两侧瞳孔大小不等
E. 双侧瞳孔散大
32. 动物濒死期
33. 有机磷中毒
34. 阿托品化
35. 脑部外伤
　　(36～41题共用下列备选答案)
A. 呼出气体大蒜味　　B. 呼出气体烂苹果味　　C. 呼出气体腐败性臭味
D. 呼出气体尿臭味　　E. 呼出气体脓臭味
36. 肺坏疽
37. 有机磷中毒
38. 尿毒症
39. 肺脓肿
40. 酮病
41. 糖尿病酮症酸中毒
　　(42～46题共用下列备选答案)
A. 病理性的混合性呼吸音　　B. 湿啰音
C. 拍水音　　D. 捻发音　　E. 胸膜摩擦音
42. 肺水肿
43. 肺水肿初期
44. 散在性肺结核
45. 气胸并发渗出性胸膜炎
46. 纤维素性胸膜炎
　　(47～50题共用下列备选答案)
A. 第一心音增强　　B. 第一心音减弱
C. 第二心音增强　　D. 第一、第二心音均增强　　E. 第一、第二心音均减弱
47. 应用强心剂
48. 渗出性胸膜炎
49. 脱水
50. 肾炎
　　(51～55题共用下列备选答案)
A. 骨擦音　　B. "X"形或"O"形腿
C. 被毛褪色　　D. 肌营养不良
E. 肌肉强直
51. 骨折
52. 佝偻病
53. 破伤风
54. 铜缺乏
55. 硒缺乏
　　(56～60题共用下列备选答案)
A. 糖尿　　B. 酮尿　　C. 血尿
D. 血红蛋白尿　　E. 胆红素尿
56. 急性溶血时的尿液为
57. 阻塞性黄疸尿液为
58. 急性胰腺炎时尿液为
59. 绵羊妊娠毒血症时尿液为
60. 急性肾小球肾炎
A. 糖尿　　B. 酮尿　　C. 血尿
D. 血红蛋白尿　　E. 胆红素尿
　　(61～65题共用下列备选答案)
A. 红细胞管型　　B. 白细胞管型
C. 脂肪管型　　D. 颗粒管型
E. 肾小管上皮细胞管型
61. 急性肾小球肾炎
62. 慢性肾小球肾炎
63. 肾盂肾炎
64. 肾病综合征
65. 急性肾小管上皮细胞坏死
　　(66～70题共用下列备选答案)
A. P波　　B. QRS波　　C. P-R间期
D. T波　　E. S-T段
66. 反映心室除极结束后到心室复极开始前的一段时间
67. 代表激动通过房室结及房室束的时间
68. 心室复极波，反映心室肌复极过程的点位变化
69. 心室除极波，代表心室肌除极过程的电位变化
70. 心房除极波，代表心房肌除极过程的点位变化
　　(71～75题共用下列备选答案)
A. 血钾过高　　B. 血钾过低　　C. 血钙过低　　D. 血钙过高　　E. 洋地黄类药物中毒
71. 心电图上表现 S-T 段呈平段延长，Q-T 间期延长
72. 心电图上表现 S-T 段呈平段短，Q-T 间期缩短
73. 心电图上出现心室期前收缩、房性阵发性心动过速、心房扑动或房室传导阻滞
74. 心电图初期呈现高而尖的 T 波，S-T 段降低，进而呈现 P 波及 R 波均降低，QRS 波群增宽，血钾进一步升高，可出现窦性心动过缓、窦性停搏、房室传导阻滞甚至心室颤动和心室停顿
75. 心电图上表现轻症时 T 段降低增宽，进而平坦或倒置。重症时 P-R 间期延长，S-T 段下降、窦性心动过速、期前收缩、房性或室性心动过速及颤动

(76~80 题共用下列备选答案)
　　A. 便秘　　B. 腹泻　　C. 排粪失禁
　　D. 排粪带痛　　E. 里急后重
76. 动物不经采取固有的排粪动作而不自主地排出粪便，这种排粪动作障碍为
77. 排粪时动物表现疼痛不安、惊惧、努责、呻吟等，这种排粪动作障碍为
78. 动物表现屡呈排粪动作并强度努责，而仅排出少量粪便或黏液，这种排粪动作障碍为
79. 动物表现排粪费力、次数减少或屡呈排粪姿势而排出量少，粪便干结、色深，该排粪异常属于
80. 动物表现为频繁排粪，甚至排粪失禁，粪便呈稀粥状，甚至水样，这种排粪动作障碍为

(81~84 题共用下列备选答案)
　　A. 便秘　　B. 腹泻　　C. 排粪失禁
　　D. 排粪带痛　　E. 里急后重
81. 瘤胃弛缓、积食和瓣胃阻塞会引起
82. 腹膜炎、创伤性网胃炎会引起
83. 炎症波及直肠黏膜会引起
84. 荐部脊髓损伤和炎症或脑的疾病会引起

(85~87 题共用下列备选答案)
　　A. 浅感觉　　B. 深感觉　　C. 触觉
　　D. 特种感觉　　E. 视觉
85. 临床上根据动物肢体在空间的位置情况，可以检查的是
86. 痛觉属于
87. 嗅觉属于

(88~92 题共用下列备选答案)
　　A. 肾性水肿　　B. 心性水肿　　C. 营养不良性水肿　　D. 肝性水肿　　E. 超敏反应性水肿
88. 水肿从四肢末梢开始，而后扩展至全身，往往呈对称性分布，则属于
89. 水肿出现迅速，水肿部位不受重力影响，以富有疏松结缔组织的部位最明显，最初表现于眼睑，后期出现于四肢及其他部位，则属于
90. 水肿先从四肢末梢开始，然后扩展到全身，伴有慢性消化不良/慢性消耗性疾病、重症贫血等，则属于
91. 轻度四肢水肿，伴有肝脏功能异常、营养不良、腹水，则初步诊断属于
92. 水肿突然出现，迅速消退，常伴有黏膜下水肿，则初步诊断属于

(93~97 题共用下列备选答案)
　　A. 局部症状　　B. 后遗症状　　C. 主要症状　　D. 全身症状　　E. 示病症状
93. 对诊断疾病具有决定意义的症状是
94. 在病变以外的其他部位不存在或仅有轻微表现的症状属于
95. 动物患病时所表现的体温升高，精神沉郁，食欲不振等症状属于
96. 原发病治愈后仍表现的异常现象属于
97. 此症状一旦出现就可毫不犹豫建立诊断的症状属于

(98~102 题共用下列备选答案)
　　A. 38.0~39.5℃　　B. 37.5~39.0℃
　　C. 37.5~38.5℃　　D. 37.5~39.5℃
　　E. 38.0~40.0℃
98. 马的正常体温范围是
99. 猪的正常体温范围是
100. 犬的正常体温范围是
101. 奶牛的正常体温范围是
102. 羊的正常体温范围是

(103~107 题共用下列备选答案)
　　A. 26~42 次/分　　B. 60~80 次/分
　　C. 70~120 次/分　　D. 50~80 次/分
　　E. 70~80 次/分
103. 马的正常脉搏范围是
104. 猪的正常脉搏范围是
105. 犬的正常脉搏范围是
106. 奶牛的正常脉搏范围是
107. 羊的正常脉搏范围是

兽医临床诊断学参考答案

一、A1 题型

1	E	2	E	3	E	4	E	5	B	6	E	7	A	8	E	9	C	10	E
11	B	12	C	13	A	14	E	15	D	16	A	17	D	18	A	19	B	20	C
21	B	22	E	23	D	24	E	25	A	26	D	27	E	28	C	29	D	30	C
31	E	32	B	33	B	34	A	35	A	36	D	37	E	38	C	39	A	40	E
41	B	42	A	43	C	44	E	45	A	46	B	47	E	48	A	49	A	50	D
51	B	52	E	53	E	54	A	55	A	56	D	57	E	58	D	59	B	60	A
61	C	62	B	63	E	64	D	65	B	66	A	67	D	68	E	69	B	70	B
71	D	72	E	73	A	74	C	75	C	76	B	77	D	78	E	79	A	80	E

续表

81	E	82	B	83	B	84	C	85	D	86	D	87	C	88	D	89	B	90	E
91	D	92	C	93	B	94	A	95	C	96	A	97	B	98	D	99	D	100	A
101	B	102	E	103	D	104	D	105	B	106	C	107	D	108	D	109	E	110	D
111	E	112	C	113	A	114	D	115	B	116	E	117	D	118	D	119	C	120	E
121	C	122	C	123	A	124	C	125	D	126	A	127	B	128	D	129	D	130	B
131	A	132	C	133	A	134	C	135	D	136	C	137	B	138	D	139	D	140	A
141	D	142	C	143	B	144	D	145	A	146	C	147	D	148	C	149	D	150	B

二、A2 题型

1	A	2	D	3	B	4	B	5	B	6	C	7	D	8	C	9	E	10	A
11	D	12	C	13	B	14	B	15	E	16	A	17	A	18	B	19	A	20	A
21	E	22	C	23	C	24	E	25	D												

三、A3 题型

1	C	2	C	3	C	4	E	5	A	6	C	7	C	8	B	9	B	10	A
11	B	12	C	13	B	14	C	15	A	16	A	17	D	18	C	19	B	20	E
21	B	22	B	23	A																

四、A4 题型

1	E	2	B	3	D	4	C	5	D	6	D	7	E	8	C	9	B	10	B
11	D	12	B	13	D	14	A	15	D	16	B	17	D	18	D	19	C	20	D
21	D	22	B	23	D	24	C	25	D	26	A	27	D	28	D	29	E	30	E

五、B1 题型

1	A	2	D	3	E	4	B	5	C	6	E	7	E	8	A	9	C	10	B
11	D	12	D	13	C	14	B	15	E	16	D	17	A	18	D	19	D	20	E
21	C	22	A	23	E	24	C	25	D	26	B	27	A	28	C	29	C	30	C
31	B	32	E	33	B	34	C	35	D	36	D	37	A	38	C	39	C	40	C
41	B	42	B	43	D	44	A	45	C	46	E	47	D	48	E	49	A	50	C
51	A	52	B	53	E	54	C	55	D	56	D	57	E	58	A	59	C	60	C
61	A	62	D	63	D	64	C	65	E	66	C	67	C	68	D	69	C	70	A
71	C	72	D	73	E	74	A	75	D	76	C	77	D	78	E	79	C	80	C
81	A	82	D	83	D	84	C	85	C	86	A	87	B	88	B	89	D	90	C
91	D	92	C	93	C	94	D	95	D	96	B	97	D	98	C	99	A	100	C
101	D	102	E	103	A	104	E	105	C	106	D	107	E										

第二节 兽医内科学

一、A1 题型

题型说明：为单项选择题，属于最佳选择题类型。每道试题由一个题干和五个备选答案组成。A、B、C、D 和 E 五个备选答案中只有一个是最佳答案，其余均不完全正确或不正确，答题时要求选出正确的那个答案。

1. 一犬患有口炎，口腔恶臭，洗涤口腔的溶液最好选用
   A. 3%的硼酸溶液　　B. 1%明矾水
   C. 0.1%高锰酸钾溶液　　D. 1%食盐水
   E. 1%～鞣酸溶液

2. 临床一奶牛有流涎，头颈向左侧歪斜，采食、咀嚼困难等症状；检查患牛，发现其一侧耳后方肿胀、增温、疼痛和波动感，口腔具有恶臭气味，则该牛患病为
   A. 左侧化脓性腮腺炎　　B. 右侧化脓性腮腺炎　　C. 左侧慢性腮腺炎　　D. 右侧慢性腮腺炎　　E. 双侧化脓性腮腺炎

3. 一犬患有急性咽炎，在临床治疗上应严禁
   A. 胃管投药　　B. 冷敷　　C. 热敷
   D. 抗生素治疗　　E. 激素治疗

4. 牛原发性前胃弛缓，如果是由于血钙水平低引起的，为增强前胃神经的兴奋性，治疗中可静脉注射
   A. 1%氯化钙溶液，0.9%氯化钠溶液，20%安钠咖　　B. 10%氯化钙溶液，0.9%氯化钠溶液，20%安钠咖　　C. 1%氯化钙溶液，10%氯化钠溶液，20%安钠咖

D. 10%氯化钙溶液，10%氯化钠溶液，20%安钠咖   E. 10%氯化钙溶液，10%氯化钠溶液，5%安钠咖

5. 针对泡沫性瘤胃臌气，下列药物中，可以用来杀沫消胀的是
   A. 乙醇溶液   B. 鱼石脂   C. 稀盐酸
   D. 二甲基硅油片   E. 人工盐

6. 牛瓣胃阻塞的诊断与治疗可进行瓣胃注射，瓣胃注射的位置应选择在
   A. 右侧第6肋间与肩关节水平线相交处斜向对侧肘头进针   B. 右侧第9肋间与肩关节水平线相交处斜向对侧肘头进针
   C. 右侧第12肋间与肩关节水平线相交处斜向对侧肘头进针   D. 左侧第6肋间与肩关节水平线相交处斜向对侧肘头进针
   E. 左侧第9肋间与肩关节水平线相交处斜向对侧肘头进针

7. 滚转整复法适用于治疗的牛的疾病为
   A. 真胃前方变位   B. 真胃后方变位
   C. 真胃左方变位   D. 真胃右方变位
   E. 真胃扭转

8. 下列几种情况中，对牛皱胃左方变位的最具有诊断意义的是
   A. 左侧腹部冲击式触诊有液体振荡音
   B. 右侧腹壁听不到皱胃蠕动音   C. 左侧腹部听诊瘤胃蠕动音变弱   D. 患畜有腹痛症状   E. 左侧腹部穿刺可获pH＜4、无纤毛虫胃内容物

9. 一例胃肠炎患犬，实验室检查见血液红细胞压积升高，血红蛋白含量升高，红细胞数、白细胞数也相对升高，其最可能的病理原因是
   A. 体况好转   B. 造血功能加强
   C. 肝合成加强   D. 脱水   E. 免疫机能加强

10. 肝炎患畜所表现出的综合征候是诊断本病的重要依据，下列症状中与肝炎关系不大的症状是
    A. 长期便秘   B. 黄疸   C. 出血性素质   D. 组织浮肿   E. 光敏性皮炎

11. 下列血清生化指标中，变化与肝炎无关的是
    A. 丙氨酸转氨酶   B. 肌酸磷酸激酶
    C. 乳酸脱氢酶   D. 天冬氨酸转氨酶
    E. 黄疸指数

12. 下列症状中，与反刍动物创伤性网胃腹膜炎不相符合的是

A. 网胃区有疼痛反应   B. 病初有前胃弛缓症状   C. 血液白细胞总数一般下降   D. 患畜的行动和姿势异常
E. 应用前胃兴奋剂后病情加重

13. 鼻黏膜分泌物增多、流鼻液是鼻炎患畜的基本症状。早期鼻炎患畜，其所流鼻液的性质多为
    A. 浆液性   B. 黏液性   C. 纤维素性
    D. 脓性   E. 血性

14. 急性支气管炎患畜最主要的临床症状是
    A. 流鼻液   B. 呼吸困难   C. 气喘
    D. 体温升高   E. 咳嗽

15. 急性肺泡气肿与间质性肺气肿的呼吸系统症状表现很相似，但急性肺泡气肿没有的症状是
    A. 结膜发绀   B. 肺叩诊界扩大
    C. 气喘   D. 颈背部皮下气肿
    E. 呼吸困难

16. 下列关于创伤性心包炎症状和体征的描述中，不正确的是
    A. 心包腔一定有渗出物   B. 一定能听到心包拍水音   C. 下颌或胸前可出现水肿   D. 心区冲击式触诊敏感
    E. 可出现心力衰竭体征

17. 由心肌发炎损害引起的心力衰竭，禁用
    A. 高渗葡萄糖溶液   B. 安钠咖注射液
    C. 洋地黄毒苷注射液   D. 硝酸士的宁注射液   E. 肾上腺素注射液

18. 充血性心力衰竭即
    A. 急性心力衰竭   B. 亚急性心力衰竭
    C. 慢性心力衰竭   D. 继发性心力衰竭
    E. 原发性心力衰竭

19. 对于心力衰竭的患畜，临床上常使用洋地黄毒苷或毒毛旋花子苷K等制剂，其治疗目的是为了
    A. 镇静   B. 减轻心脏负担   C. 增强心脏收缩力   D. 利尿消肿   E. 改善心肌营养

20. 下列几种关于急性肾炎的症状描述中，不正确的是
    A. 尿比重下降   B. 血压升高   C. 呈不同程度的血尿   D. 水肿   E. 肾区压诊或叩诊呈现疼痛反应

21. 下列说法中，最能说明尿液酸碱度与尿石症形成的关系的是
    A. 碱性尿易引起尿石症   B. 酸性尿引起尿石症   C. 中性尿易引起尿石症

D. 酸性尿和碱性尿都易引起尿石症
E. 尿液酸碱度与尿石症无关

22. 下列关于尿石形成因素的描述中，**不正确**的是
    A. 维生素A缺乏可促使尿石形成
    B. 草食动物尿液呈碱性不易形成碳酸钙、磷酸铵镁等结晶 C. 长期使用钙、镁等盐类含量过高的饲料和饮水易发生尿石症 D. 长期饮水不足尿液盐类浓度过高容易结晶 E. 肾和尿路感染是尿石症的原因之一

23. 对公畜来说，下列几种关于急性膀胱炎和尿道炎两种疾病的症状描述中，**不正确**的说法是
    A. 都有尿淋漓现象 B. 都有排尿痛苦现象 C. 都有尿频症状 D. 急性膀胱炎病畜膀胱常充盈 E. 尿道炎病畜膀胱常充盈

24. 下列几种与尿石症有关的描述中，**不正确**的是
    A. 黏液、脱落上皮等可作为尿石形成的核心物质 B. 公畜的尿石多见于阴茎的"S"弯曲部和接近龟头部位
    C. 尿石形成的主要部位是肾脏及膀胱
    D. 尿液偏酸或偏碱均可促进尿石形成
    E. 尿石一经形成即引起尿石症

25. 下列几种关于急性肾炎、慢性肾炎和间质性肾炎等三种常见肾炎的症状描述中，正确的是
    A. 都有血压升高 B. 都有明显蛋白尿
    C. 肾压痛均明显 D. 尿沉渣均含多量红细胞 E. 体温均升高

26. 下列几种关于肾病的症状描述中，正确的是
    A. 肾小球损害较严重 B. 出现血尿
    C. 有明显蛋白尿 D. 有血压升高
    E. 尿沉渣中有红细胞及红细胞管型

27. 可作为肾炎与肾病的最主要区别的是
    A. 血中非蛋白氮含量升高 B. 蛋白尿
    C. 血尿 D. 皮肤浮肿 E. 尿中肾上皮细胞

28. 下列神经症状中，属于脑膜脑炎患畜脑膜刺激症状的是
    A. 沉郁 B. 昏睡 C. 共济失调
    D. 暴进暴退 E. 腱反射亢进

29. 下列神经症状中，属于脑膜脑炎患畜一般脑症状的是

    A. 局部刺激皮肤出现强烈疼痛反应
    B. 局部刺激肌肉强直 C. 眼球震颤
    D. 瞳孔缩小 E. 颈部和背部感觉过敏

30. 在炎热季节，为预防动物中暑的发生，应防阳光直射、防高温作业、拥挤、过劳，加强饮水供给，注意补喂食盐，保证畜舍、禽舍通风良好，并采用一定的降温措施。也可以在家禽饲料中加入一定量的
    A. 维生素K制剂 B. 维生素C制剂
    C. 复合维生素B制剂 D. 维生素A制剂苷 E. 维生素D制剂

31. 高产奶牛酮病发生的中心环节是
    A. 体内生酮体增加 B. 血糖浓度下降
    C. 脂肪分解过多 D. 蛋白分解加速
    E. 泌乳过多

32. 奶牛酮病抗酮治疗过程中，为动员组织蛋白的糖原异生作用和维持高血糖浓度的作用时间，可肌内注射
    A. 胰岛素 B. 促肾上腺皮质激素
    C. 肾上腺素 D. 甲状腺素 E. 甲状旁腺激素

33. 母牛怀孕期间营养过度，尤其是干乳期能量摄入过多极易导致肥胖母牛综合征的发生。下列关于肥胖母牛综合征的描述中，**不正确**的是
    A. 也称牛妊娠毒血症 B. 血清钙离子浓度下降，补钙治疗效果不明显 C. 肝脏脂肪变性严重 D. 常有前胃弛缓、胎衣不下、难产等现象 E. 血清及尿中酮体浓度升高，补糖治疗效果明显

34. 下列引起蛋鸡脂肪肝综合征原因中，与事实**不符**的是
    A. 高能低蛋白日粮 B. 高蛋白低能日粮 C. 胆碱供给不足 D. 产蛋太多
    E. 运动不足

35. 猫Ⅱ型糖尿病大多数存在
    A. 胰岛素对抗 B. 甲状腺素对抗
    C. 甲状旁腺激素对抗 D. 生长素对抗
    E. 对自身胰岛素敏感性增加

36. 禽痛风有两种类型，即内脏型和（　　）
    A. 神经型 B. 泌尿型 C. 呼吸型
    D. 光过敏型 E. 关节型

37. 下列几种情况中，与家禽痛风的病因关系最密切的是
    A. 饲料中胆碱太多 B. 饲料中生物素缺乏 C. 饲料中维生素A缺乏
    D. 饲料中核蛋白和嘌呤碱太多

E. 饲料中维生素E缺乏

38. 佝偻病是幼畜和幼禽的钙磷代谢障碍性疾病，其主要病理特征是
   A. 骨纤维增生　B. 生长骨的钙化作用不足　C. 骨骼疏松　D. 软骨萎缩
   E. 骨干增粗

39. 骨软病是一种骨营养不良性疾病，常在软骨内骨化完成后发生，其发病机制是
   A. 软骨进行性增生　B. 软骨进行性消失　C. 骨质进行性破坏　D. 骨质进行性脱钙　E. 骨基质进行性纤维化

40. 饲料中钙磷比例不当，是造成家畜发生钙、磷代谢紊乱性疾病的重要原因。临床推荐的合理的钙与磷供给比例一般为
   A. 5∶1　B. 1∶5　C. 1∶1
   D. 1∶2　E. 2∶1

41. 纤维素性骨营养不良的最主要原因是
   A. 钙不足　B. 钙过剩　C. 磷不足
   D. 磷过剩　E. 维生素D不足

42. 鸡表现有食羽癖，其最可能的原因是
   A. 缺硫　B. 缺硒　C. 缺钠
   D. 缺钙　E. 缺碘

43. 下述物质中属B族维生素的是
   A. 钙化醇　B. 生育酚　C. 抗坏血酸
   D. 硫胺素　E. 胡萝卜素

44. 维生素B_{11}又称为
   A. 叶酸　B. 核黄素　C. 泛酸
   D. 烟酸　E. 硫胺素

45. 下列几种症状和现象中，对雏鸡维生素A缺乏诊断意义最大的是
   A. 渗出性素质　B. 眼睑下有干酪样物
   C. "观星状"姿势　D. 滑腱症
   E. 趾爪蹐曲症

46. 犊牛维生素A缺乏时，视网膜中视紫红质的合成受到抑制，因而表现为
   A. 青光眼　B. 干眼病　C. 瞎眼症
   D. 羞明症　E. 夜盲症

47. 下列可由畜禽肠道微生物合成的维生素为
   A. 维生素K_1　B. 维生素K_2　C. 维生素K_3　D. 维生素K_4　E. 以上均可合成

48. 鸡群中发生腿屈曲、头颈扭曲甚至出现翻转，跌倒或坐地滚转病例，最可能是缺乏
   A. 维生素B_1　B. 维生素B_2　C. 维生素K　D. 维生素C　E. 维生素A

49. 当所产仔猪呈现无眼、小眼畸形和腭裂等先天性缺损时，其母猪可能缺乏
   A. 维生素D　B. 维生素A　C. 钙
   D. 磷　E. 维生素C

50. 下列几种症状中，对雏鸡维生素B_2缺乏症诊断意义最大的是
   A. 夜盲　B. 多发性神经炎　C. 趾关节着地，趾爪向内卷缩　D. 生长受阻
   E. 贫血

51. 生物素又叫
   A. 维生素B_1　B. 维生素D　C. 维生素B_6　D. 维生素H　E. 维生素E

52. 下列维生素中，属于水溶性维生素的是
   A. 维生素H　B. 维生素A　C. 维生素D　D. 维生素K　E. 维生素E

53. 下述维生素中，不是B族维生素的是
   A. 叶酸　B. 烟酸　C. 胆碱
   D. 生物素　E. 生育酚

54. 下列几种情况中，与鼻出血的病因关系最密切的是
   A. 维生素D缺乏　B. 维生素K缺乏
   C. 维生素B_2缺乏　D. 维生素B_1缺乏
   E. 维生素E缺乏

55. 硒是机体内某一重要酶的活性中心，通过这一酶清除体内产生的过氧化物和某些自由基，从而保护生物膜免受过氧化物的氧化损伤，这一重要酶是
   A. 超氧化物歧化酶　B. 过氧化氢酶
   C. 谷胱甘肽过氧化物酶　D. 乳酸脱氢酶　E. 碱性磷酸酶

56. 一患病水牛被毛由黑色转变为灰色或浅灰色，尤以眼眶附近毛褪色更明显，远处看牛好似戴了一副眼镜一样，该患牛最有可能
   A. 钙缺乏　B. 锰缺乏　C. 锌缺乏
   D. 铜缺乏　E. 铁缺乏

57. 下列几种关于家畜铁缺乏症的症状描述中，正确的是
   A. 共济失调　B. 贫血　C. 被毛褪色
   D. 皮肤角化不全　E. 骨骼发育异常

58. 硫酸锌软膏是外伤常用药，尤其在脓汁吸收阶段使用效果更好，这主要是因为锌具有明显的
   A. 促进组织内血液循环　B. 促进脓汁排除　C. 加快肉芽组织生长　D. 消炎　E. 杀菌作用

59. 反刍动物日粮中微量元素钴缺乏，可导致动物贫血、消瘦甚至衰竭。为取得良好的治疗效果，除可给动物补钴外，配合治疗

最好使用
   A. 维生素D   B. 维生素A   C. 维生素B_1 D. 维生素B_{12} E. 维生素C
60. 患畜临床上表现以甲状腺机能减退、甲状腺肿大、流产和死产为特征，下列疾病中，与之最符合的疾病为
   A. 锌缺乏症   B. 铜缺乏症   C. 铁缺乏症   D. 锰缺乏症   E. 碘缺乏症
61. 化学物质在一定时间内，按一定方式与机体接触，用一定的检测方法或观察指标，不能对动物造成损害作用的最大剂量成为
   A. 无毒剂量   B. 半数有毒剂量   C. 最高无毒剂量   D. 有毒量   E. 安全剂量
62. 亚硝酸盐中毒的特效解毒药是
   A. 亚甲蓝   B. 氯化钠   C. 硫代硫酸钠   D. 麝香草酚蓝   E. 硫酸亚铁
63. 甲苯胺蓝可用来治疗猪亚硝酸盐中毒，这是因为其可
   A. 兴奋呼吸肌   B. 兴奋呼吸中枢   C. 加快血液循环   D. 把血红蛋白中的三价铁转化为二价铁   E. 把血红蛋白上的二价铁转化为三价铁
64. 棉籽与棉籽饼所含的环丙烯类脂肪酸能使卵黄膜的通透性升高，铁离子透过卵黄膜转移到蛋清与蛋清蛋白螯合，所产蛋发生变化，称为
   A. 海绵蛋   B. 桃红蛋   C. 软皮蛋   D. 无黄蛋   E. 畸形蛋
65. 为了防止棉籽饼中毒，常采用某些化学制剂处理棉籽后再喂，如用0.2%的
   A. 硫酸亚铁   B. 硫酸钠   C. 硫酸镁   D. 硫酸钾   E. 硫酸铜
66. 某地区土壤中并不缺碘，幼犊却呈现明显的甲状腺肿，可能原因是因饲料成分中有过多的
   A. 菜籽饼   B. 豆饼   C. 棉籽饼   D. 亚麻籽粉   E. 鱼粉
67. 母猪与仔猪饲料中，菜籽饼的安全限量为
   A. 1%   B. 5%   C. 10%   D. 15%   E. 20%
68. 氰离子能抑制细胞内多种酶的活性，最重要的是
   A. 乳酸脱氢酶   B. 过氧化物酶   C. 琥珀酸脱氢酶   D. 谷胱甘肽过氧化物酶   E. 细胞色素氧化酶
69. 氢氰酸中毒患畜的特效解毒药是
   A. 碳酸氢钠   B. 碳酸钠   C. 硫酸钠   D. 亚硝酸钠   E. 氯化钠
70. 下列几种关于氰化物中毒的症状描述中，正确的是
   A. 呼出气体有苦杏仁味   B. 全身发绀   C. 全身水肿   D. 甲状腺肿胀   E. 血红蛋白尿
71. 牛、羊大量采食栎树叶可导致中毒，其临床主要症状为
   A. 呼吸系统症状   B. 肾病综合征   C. 心血管系统症状   D. 中枢神经症状   E. 外周神经症状
72. 牛慢性蕨类植物中毒的典型症状是
   A. 腹泻   B. 咳嗽   C. 血尿   D. 黄疸   E. 发绀
73. 蕨类植物引起马属动物中毒的主要临床特征为
   A. 贫血   B. 发绀   C. 血尿   D. 腹泻   E. 共济失调
74. 下述所列几种动物中，对黄曲霉毒素最敏感的是
   A. 雏鸡   B. 犊牛   C. 雏鸭   D. 羔羊   E. 仔猪
75. 杂色曲霉菌毒素的主要生物毒性为
   A. 肝毒性   B. 肺毒性   C. 神经毒性   D. 血液毒性   E. 子宫毒性
76. 以假性发情、不育和流产等雌激素综合征为临床中毒特征的毒素为
   A. T-2毒素中毒   B. 黄曲霉毒素   C. F-2毒素中毒   D. 杂色曲霉菌毒素   E. 红青霉毒素
77. 玉米赤霉烯酮对子宫以及输卵管的雌性毒性受体亲和力最高的动物是
   A. 猪   B. 小鼠   C. 雏鸡   D. 犊牛   E. 羔羊
78. 红青霉毒素与黄曲霉毒素的毒性作用相似，但是红青霉毒素没有
   A. 致癌作用   B. 肝脏毒性   C. 肾脏毒性   D. 神经症状   E. 消化道症状
79. 牛黑斑病甘薯毒素中毒的典型病理变化是
   A. 肝充血   B. 肝坏死   C. 肾坏死   D. 心肌出血   E. 间质性肺气肿
80. 临诊黑斑病甘薯毒素中毒多见于
   A. 羊   B. 牛   C. 猪   D. 马   E. 狗
81. 慢性氟中毒又称氟病，是因长期连续摄入超过安全限量的少量无机氟化合物引起的

一种中毒病，特征病变主要在
   A. 肝脏   B. 肾脏   C. 骨骼
   D. 大脑   E. 心脏
82. 急性氟中毒的临床症状表现实质是
   A. 神经性毒性表现   B. 腐蚀性毒性表现   C. 遗传性毒性表现   D. 生殖性毒性表现   E. 血液性毒性表现
83. 食盐是动物的必需营养成分，但猪、鸡等过食则易产生中毒。除食入食盐过量外，动物发生食盐中毒的另一重要条件是
   A. 气温过高   B. 饮水不足   C. 动物过于肥胖   D. 动物过于消瘦   E. 运动不足
84. 猪食盐中毒的典型特征是
   A. 呼吸困难   B. 周期性发作的神经症状   C. 发绀   D. 黄疸   E. 血尿
85. 慢性铅中毒的特效解毒剂为
   A. 硫代硫酸钠   B. 三硫钼酸钠
   C. 乙二胺四乙酸二钠钙   D. 美蓝
   E. 细胞色素
86. 砷制剂为原生质毒，可抑制某些酶的活性，阻碍细胞的氧化和呼吸作用，导致组织、细胞死亡。其使酶蛋白丧失活性作用的原因是抑制了酶蛋白的
   A. 巯基   B. 氨基   C. 羟基
   D. 羧基   E. 羰基
87. 慢性汞中毒的主要症状为
   A. 贫血   B. 神经症状   C. 气喘
   D. 全身水肿   E. 腹痛
88. 一般认为，钼中毒是由于动物采食高钼饲料引起的继发性
   A. 铁缺乏症   B. 锰缺乏症   C. 锌缺乏症   D. 铜缺乏症   E. 硒缺乏症
89. 钼中毒的临床特征为持续性的腹泻和
   A. 呼吸困难   B. 共济失调   C. 贫血
   D. 血尿   E. 被毛褪色
90. 治疗钼中毒的有效方法是使用
   A. 铜制剂   B. 锰制剂   C. 钙制剂
   D. 铁制剂   E. 锌制剂
91. 铜中毒时，为促进动物体内铜的外排，可使用
   A. 硫代硫酸钠   B. 硫酸钠   C. 硫化钠   D. 氯化钠   E. 三硫钼酸钠
92. 下列病变中对动物铜中毒有诊断意义的是
   A. 点彩红细胞   B. 红细胞边缘不整齐   C. 嗜酸性红细胞增多   D. 红细胞内出现 Heinz 小体   E. 有核红细胞增多

93. 动物慢性硒中毒的发生常见于长期采食含硒浓度过高的饲料或牧草，即含硒浓度大于
   A. 0.1mg/kg   B. 1mg/kg   C. 5mg/kg   D. 10mg/kg   E. 20mg/kg
94. 有机磷中毒的机理主要是它们进入动物体内后，能抑制
   A. 转氨酶活性   B. 胆碱酯酶活性
   C. 乳酸脱氢酶活性   D. 谷胱甘肽过氧化物酶活性   E. 碱性磷酸酶活性
95. 除可直接作用与心肌，导致急性循环障碍外，有机氟的主要毒性在
   A. 消化系统   B. 呼吸系统   C. 神经系统   D. 泌尿系统   E. 免疫系统
96. 反刍动物在饲料中加入尿素补饲时，为尿素中毒，用量一般控制在饲料总干物质的
   A. 0.5%以下   B. 1%以下   C. 3%以下   D. 5%以下   E. 10%以下
97. 敌鼠钠中毒的原因是该药可
   A. 竞争性抑制维生素 K   B. 破坏肠黏膜，导致出血   C. 损伤红细胞膜
   D. 毒害中枢神经系统   E. 引起肝肾坏死
98. 犬猫采食洋葱引起中毒后最特征性症状为
   A. 神经症状   B. 呕吐   C. 腹泻
   D. 发绀   E. 血红蛋白尿
99. 下列几种情况，（　　）是肉鸡腹水综合征发生的一个重要诱发因素
   A. 天气炎热   B. 缺氧   C. 低蛋白日粮   D. 低能量日粮   E. 低盐日粮
100. 测试猪应激综合征通常采用氟烷试验结合测定血清中的
   A. AKP   B. ALP   C. CPK   D. AST
   E. LDH

二、A2 题型

题型说明：每道试题由一个叙述性的简要病历（或其他主题）作为题干和五个备选答案组成。A、B、C、D 和 E 五个备选答案中只有一个是最佳答案，其余均不完全正确或不正确，答题时要求选出正确的那个答案。

1. 一哈士奇犬，2 岁，主食为商品狗粮。主诉：病前几日采食、饮水、精神均无异常，今日饲喂了带骨鸭肉，在采食过程中突然停止采食，神情紧张，呈现痛苦不安状，流涎，头颈伸展，咳嗽、哽噎、呕吐但仅能吐出泡沫状黏液。该病最可能是
   A. 食物中毒   B. 食道阻塞   C. 食道

炎　　D. 食道麻痹　　E. 食道狭窄
2. 一患牛拒食，精神差。临床见有左侧下腹增大，左肷部平坦，鼻镜干燥，时有回头顾腹、间或踢腹、呻吟症状；检查反刍、嗳气停止，瘤胃蠕动停止，瘤胃压诊呈捏粉样。则该牛最可能患的疾病是
   A. 瘤胃积食　　B. 创伤性网胃炎
   C. 瘤胃臌气　　D. 真胃积食
   E. 真胃左方变位
3. 一京巴母犬，3岁。主诉，1周前做过子宫切除手术，术后精神沉郁，食欲差，目前已拒食，时有呕吐、拱背、卷缩、呻吟表现，少活动，行动拘谨。检查：体温40.2℃，下腹部向两侧对称性膨大，触诊腹壁紧张、抗拒触摸，听诊肠音弱，叩诊呈水平浊音；呼吸浅快并呈胸式呼吸，心悸、心律不齐，脉搏急速而微弱。腹底部穿刺，有多量黄褐色混浊渗出液排出，李凡他试验阳性，穿刺液沉淀物显微镜下可见大量白细胞、脓球和细菌。则该犬最可能患的疾病是
   A. 肝硬化　　B. 膀胱破裂　　C. 胰腺炎
   D. 慢性弥漫性腹膜炎　　E. 急性弥漫性腹膜炎
4. 黑白花奶牛，4岁。发高烧稽留不退，精神沉郁，食欲废绝。临床检查：体温41.5℃，恶寒、战栗、咳嗽，流鼻液呈铁锈色，呼吸困难，肺部听诊有湿性啰音；血液白细胞指数升高，单核细胞减少；X线检查肺部有大片阴影。则该牛所患疾病为
   A. 肺气肿　　B. 急性支气管炎　　C. 支气管肺炎　　D. 大叶性肺炎　　E. 间质性肺炎
5. 一患病奶牛体重下降，产奶量下降，精神沉郁，不愿活动，呈痛性咳嗽、呼吸困难，不敢做深呼吸。临床检查体温41.0℃，胸壁有压痛，叩诊胸壁呈水平浊音，浊音区听诊肺泡呼吸音减弱，浊音区上方听诊肺泡呼吸音增强；胸腔穿刺有黄色液体流出，遇空气后，可凝固成乳酪状。则该牛所患疾病为
   A. 肺炎　　B. 肺气肿　　C. 肺水肿
   D. 胸腔积水　　E. 胸膜炎
6. 水牛，5岁，发病月余，精神沉郁，食欲差，消瘦。临床检查：前胃功能弱，轻度臌气，体表静脉怒张，下颌和胸前水肿，肘外展，不安，拱背站立，少移动，下卧、起立极为谨慎，不愿下坡、跨沟；网胃区冲击式触诊疼痛、心率115次/分，心浊音区扩大，听诊有心包拍水音。你认为要确诊，意义最大的临床检查是
   A. 心包穿刺　　B. 血常规检查　　C. 血液生化检查　　D. 金属探测　　E. B超检查
7. 奶牛，4岁，精神沉郁，发热，食欲减退，黏膜发绀，气喘，体表静脉怒张，颌下、胸前和四肢末端水肿；第一心音高朗、浑浊，第二心音低沉、消失，脉搏细弱，心脏有缩期杂音，节律不齐；心包穿刺无液体流出，无心包杂音；运步后脉搏加快，心杂音明显，经过较长时间才能复原。则该牛所患疾病为
   A. 心包炎　　B. 心内膜炎　　C. 心肌炎
   D. 贫血　　E. 网胃炎
8. 公牛，临床表现有精神沉郁、体温升高、背腰拱起、不愿行动、少尿、血尿，眼睑、胸腹下、四肢下端及阴囊等处发生浮肿等症状；肾区压诊或叩诊呈现疼痛反应，直肠检查肾稍坚实，压痛明显。尿比重增高，呈蛋白尿，尿沉渣中有多量肾上皮细胞、红细胞、白细胞、细菌以及管型。该患牛最应怀疑的疾病是
   A. 肾病　　B. 慢性肾炎　　C. 间质性肾炎　　D. 急性肾炎　　E. 膀胱炎
9. 奶牛，雄性，4岁，主要表现为尿频、尿淋漓、排尿痛苦症状。直肠触诊膀胱空虚，有疼痛反应；尿液混浊，有氨臭味，混有多量黏液、凝血块，沉渣检查见多量红细胞、白细胞、脓细胞、上皮细胞和磷酸铵镁结晶等，并有细菌。则该牛最可能患的疾病是
   A. 尿道炎　　B. 膀胱炎　　C. 肾炎
   D. 膀胱麻痹　　E. 尿道结石
10. 7月中旬，某门诊接一4月龄左右德国牧羊犬，主诉前一日患犬食欲、精神均正常，当日午后出现急速喘息、躁动不安、狂吠，流口水，尿黄，厌食等症状，后发展为呼吸困难、抬头引颈呼吸，目光呆滞，神志不清，呕吐，抽搐。临诊检查皮肤灼热，皮肤及可视黏膜潮红，体温41.3℃，心跳加快，末梢静脉怒张。该患犬最应怀疑的疾病是
    A. 癫痫　　B. 脑震荡　　C. 脑膜炎
    D. 中暑　　E. 脊髓炎

11. 黄白花猫，7岁，公，已去势，现3.7kg（主诉以前5～6kg），吃猫粮住楼房。近半月食欲渐差，后拒食藏躲，就诊。到医院时消瘦脱水严重，精神沉郁，全身皮肤及可视黏膜均出现深度黄疸症状，四肢和颈部痉挛，呕吐。B超检查发现肝脏出现强回声，胆囊膨胀。血清生化检查，总胆红素明显升高，碱性磷酸酶升高、胆固醇、肌酐和血氨升高，血钾浓度继续下降。该患猫最应怀疑的疾病是
    A. 肝炎　　B. 脂肪肝综合征　　C. 糖尿病　　D. 低血钾症　　E. 肾功能衰竭

12. 某养殖户饲养蛋鸡4000多羽，时有体况肥胖的母鸡突然死亡，产蛋率从75%～85%下降至45%～55%或更低。病鸡喜卧，腹大而软松下垂，冠、髯苍白。重病者嗜睡、瘫痪，一般从出现症状到死亡约1～2天，有的病例在数小时内即死亡。剖检：病鸡的皮下、腹腔、肠系膜表面有脂肪组织沉着。特征性病变是肝脏肿大，边缘钝圆，呈黄色，油腻，表面有出血点和白色的坏死灶，质地极脆，易破碎，切割时刀表面上有脂肪滴附着，肝脏表面和腹腔中有凝血块，突然死亡的病鸡死于肝破裂。该鸡群最应怀疑的疾病是
    A. 痛风　　B. 减蛋综合征　　C. 笼养鸡疲劳综合征　　D. 鸡脂肪肝肾综合征　　E. 脂肪肝综合征

13. 黑白花奶牛，4岁，营养良好，乳用，2周前产牛犊，发病3日，红尿，日泌乳量从25kg减至7.5kg，食欲减退，可视黏膜逐渐苍白。主诉病牛缺乏阳光的牛棚内舍饲，少活动，以豆饼、甜菜渣（发霉）、玉米秸为主食。曾注射过青、链霉素，病情反而加重。临床检查：精神沉郁，运动迟缓，步态蹒跚，体温39℃，脉搏110次/分，呼吸78次/分；可视黏膜黄白，鼻镜湿润，四肢厥冷；食欲大减，饮欲尚可，反刍减弱无力，瘤胃蠕动1次/分。外周血液中出现晚幼红细胞、网织红细胞、嗜碱性红细胞；血清间接胆红素增加，总胆红素237mg/dL，黄疸指数升高至55单位；血清无机磷减少至0.72mg/dL。尿液检验pH5.5，蛋白质和潜血强阳性，尿沉渣中偶见红、白细胞。该牛最应怀疑的疾病是
    A. 产后血红蛋白尿　　B. 乳热　　C. 贫血　　D. 肝炎　　E. 肝硬化

14. 哺乳期母猪，产仔16头，猪舍低矮、通风透光差、潮湿、阴暗，运动场窄小；病猪体温38.7℃之间，表现为精神萎靡，喜卧不愿走，行走步态不稳，食欲减退，消化紊乱，被毛脱落。身体瘦弱，发育不良，异嗜癖，四肢弯曲，骨节肿胀，跛行；上下腮骨肿大，咀嚼困难。饲料分析表明，钙磷比例为1：2。则该猪所患疾病为
    A. 佝偻病　　B. 软骨病　　C. 纤维素性骨营养不良　　D. 锰缺乏症　　E. 锌缺乏症

15. 某种牛场3年中累计繁活犊牛34头，产死胎2头。活犊中9头患先天性目盲，其中4头病情严重者出生后即伴有瘫痪、转圈、头向背部后仰、流涎、抽搐，2～6天死亡，抗生素等药物治疗无效。该牛场青饲料不足，妊娠牛长期以干麦草饲喂。先天性目盲为双侧性，个别单侧，眼球外突，瞳孔散大，盲目前进，有的转圈，碰撞障碍物。发生抽搐的犊牛，抽搐持续十几分钟或更长，头向背牛后仰，口流涎，严重的四肢强直，最后死亡。该牛群所患疾病首先要考虑的是
    A. 维生素B_1缺乏　　B. 维生素A缺乏　　C. 维生素E缺乏　　D. 维生素B_{12}缺乏　　E. 硒缺乏

16. 某养殖场饲养荷斯坦种奶牛68头，牛舍阳光充足，通风良好，运动场平坦。饲料以玉米面、草糠、麸皮、豆粕、花生饼为主，没有发生过传染病。1月开始出现个别犊牛生长发育明显迟缓，僵拘，身体衰弱，随后麻痹，无力吃奶，有异嗜癖，后期伴有顽固性腹泻，被毛粗乱、无光泽，黏膜苍白。以左旋咪唑和抗原虫药治疗，但未见效果。死前背腰僵硬，后躯摇摆，呼吸加快，体温正常，脉搏数达到130次/分，后期心搏动减弱并出现心律失常。死犊剖检，臀部、股部及肩胛部肌肉肿胀，呈灰白色，部分凝固性坏死，胸肌质地坚硬。心脏上有淡黄色的弥漫性斑块，与正常心肌无明显界限，心内膜下的心肌有病变，心包积液，胸腔中有大量积液，腹腔积水。首先应怀疑的疾病是
    A. 硒-维生素E缺乏症　　B. 维生素D缺乏症　　C. 维生素A缺乏症　　D. 锌

缺乏症　　E. 铜缺乏症

17. 狮子犬，主诉，鼻梁部脱毛发生约2周，一直未见犬擦痒。饮食、大小便均正常．临床检查精神较好、体温正常，鼻梁脱毛部略显肿胀，肿胀处不发红、两眼上眼睑完全脱毛，脱毛区宽度为2cm。两侧颈腹侧均隆起。该患犬最应怀疑的疾病是
A. 局部湿疹　　B. 局部真菌病　　C. 局部寄生虫病　　D. 碘缺乏症　　E. 硒中毒

18. 某养鸡场1200只伊莎青年后备鸡群，受鱼粉供应紧张、豆粕涨价影响，采用棉籽饼和菜籽饼作为蛋白饲料部分替代鱼粉和豆粕，用量棉籽饼18%，菜籽饼5%。鸡群突然发病，病鸡只大多是体质健壮、膘情尚好的鸡只，患病初期精神萎靡，呆立、离群、食欲不振，两腿软弱无力，瘫卧倒地，随着病情的发展，患病鸡只极度衰弱，最终引起死亡，死亡率已达20%。剖检死鸡，黏膜苍白贫血；肌肉干燥脱水；血液稀薄、淡红色；腹腔有胶冻样黄色积液存在；心肌软而无弹性，心外膜有斑状出血；肝脏实质硬而脆，切面有泡沫状空隙；肾脏肿大，呈弥漫性出血斑块；胆囊肿大，内容物充盈，卵巢也肿大充血。最可能的诊断是
A. 棉籽饼中毒　　B. 菜籽饼中毒
C. 棉籽饼、菜籽饼联合中毒　　D. 应激综合征　　E. 鸡新城疫

19. 某山羊养殖场，存栏羊180只，搬迁到丘陵地放牧，山地植被有多量蕨类植物，也有栎树分布。1周后，山羊开始连续发病，死亡27只（均为健壮种羊）。用氟苯尼考、长效土霉素、血虫净等治疗，无好转，就诊。主诉，该羊群无任何疫情发生，三联四防。病羊表现精神沉郁、食欲减退、步态不稳，病初体温正常升高（38.8~40.2℃），流涎、拒食、血痢、腹痛、尖叫、努责、血尿，同时伴有尿频尿急、尿痛等痛苦症状。剖检，病羊皮下及肌肉苍白，内脏浆膜有散在性出血点，肝脏肿大、边缘增厚，膀胱黏膜充血、有出血点及坏死斑。最可能的诊断是
A. 栎树叶中毒　　B. 焦虫病　　C. 山羊传染性胸膜肺炎　　D. 蕨类植物中毒
E. 硒缺乏症

20. 同窝仔猪20头，母乳充足，生长良好，10日龄每猪肌注亚硒酸钠维生素E针剂2mL。第2天早晨有2头猪精神沉郁，不愿行走，不吃奶，站立时频频排尿，量少而呈痛苦状，呼吸急促、困难，行走如醉，无目的乱走，以头撞墙或转圈。体表尤以耳缘及腹部皮肤呈紫红色，眼结膜及唇黏膜苍白，体温分别为36.5℃和35℃，心跳120次/分，后死亡。同时，其他体重较小的猪相继出现相同的症状，至注射后的第3日共死亡12头。治疗该病无特效药，可
A. 口服砷酸钠　　B. 皮下注射砷酸钠
C. 口服硫代硫酸钠　　D. 增加日粮蛋白质　　E. 口服维生素C

21. 某仓库1只10月龄看守仓库犬突然发病，病犬表现呕吐，尿失禁，体温下降，惊恐不安，肌肉震颤，瞳孔变化不明显，盲目徘徊和无目的奔跑，狂吠乱叫。随后出现抽搐，反复癫痫样发作。继而出现呼吸抑制，心律失常，心室颤动。病犬倒地不起，呈间歇性全身痉挛，逐渐陷入意识错乱和昏迷状态，终因心力衰竭而死亡。主诉，近日仓库投放了灭鼠药。最可能的诊断是
A. 有机磷中毒　　B. 有机氟化物中毒
C. 敌鼠钠中毒　　D. 安妥中毒
E. 磷化锌中毒

22. 某牛场4头后备母牛发病，主要症状：站立不安，后腿蹴腹，精神沉郁，食欲废绝，口流出大量白色泡沫状涎水，瞳孔散大，反应迟钝，体温36.5~37.5℃，脉搏快（120~140次/分）且脉细弱，尿量减少乃至无尿，脱水，瘤胃蠕动停止，腹围膨胀，高度紧张，皮肤干燥，弹性降低。实验室检查：血中pH值为7.15~7.25，PCV50%~60%；尿液pH值为5.0~5.6，尿蛋白、尿胆素反应阳性，酮体反应阳性；瘤胃液有酸臭味，pH值为4.0~5.5，纤毛虫无活力。主诉该牛场长期饲喂青贮饲料，检查有明显酸味。最可能的诊断是
A. 瘤胃积食　　B. 瘤胃臌气　　C. 急性瘤胃酸中毒　　D. 生产瘫痪　　E. 酮血症

23. 杜伯文犬，公，7岁，就诊。该犬瘦弱，多尿，喜卧，后肢无力，站立不稳。病犬的表皮和真皮萎缩，形成很多皱襞，并筱

盖很多鳞屑。由于钙盐沉着，腹部和股内侧皮肤伴有斑点和表层溃疡。主诉，该犬先前因食欲不振，饲养员认为地塞米松可使犬多进食，便自行给犬投与地塞米松以1个多月。最可能的诊断是

　A. 肾上腺皮质机能减退　　B. 肾上腺皮质机能亢进症　　C. 甲状旁腺机能亢进
　D. 维生素A缺乏症　　E. 皮肤真菌病

三、A3题型

题型说明：其结构是开始叙述一个以患病动物为中心的临床情景，然后提出2~3个相关的问题，每个问题均与开始的临床情景有关，但测试要点不同，且问题之间相互独立。在每个问题间，病情没有进展，子试题也不提供新的病情进展信息。每个问题均有5个备选答案，需要选择一个最佳答案，其余的供选答案可以部分正确，也可以是错误的，但是只能有一个最佳的答案。不止一个的相关问题，有时也可以用否定的叙述方式，同样否定词用黑体标出，以提醒应试者。

（1~4题共用以下题干）

一黑白花奶牛，4岁多，体重约450kg，1周前顺产，现发现该牛精神沉郁，食欲下降，渐进性消瘦，乳汁减少。临床检查：患牛呼吸脉搏及体温无明显变化，瘤胃空虚，蠕动无力，粪便干硬，外覆黏液，乳房肿胀其浅表静脉明显扩张，泌乳量减少，乳汁有特殊的烂苹果气味，阴户常有分泌物。患病牛食欲废绝，靠近牛体时，有烂苹果气味，厌食，表情淡漠，对外界刺激反应减弱。肝脏叩诊浊音界位于体右侧背最长肌、侧缘和10~12肋骨。

1. 最应怀疑的疾病是
　A. 前胃弛缓　B. 真胃变位　C. 酮病
　D. 乳腺炎　E. 营养衰竭症
2. 如要进一步确诊，最必要的检查内容是
　A. 血液酶学检查　B. 血乳尿酮体检查
　C. 血常规检查　D. 肝脏超声诊断
　E. 尿常规检查
3. 该牛还有一个重要的实验室指标是
　A. 高血脂　B. 低血脂　C. 低血糖
　D. 高血糖　E. 低血钙
4. 治疗该病，有明显效果的措施是
　A. 静脉注射高糖　B. 口服葡萄糖
　C. 静脉补钙　D. 口服补钙
　E. 口服丙二醇

（5~8题共用以下题干）

某专业户饲养山羊69只，春季浅滩放牧，第2天清早发现有2只膘壮山羊死亡，2只羊瘫卧于圈中，部分羊离群，磺胺嘧啶钠治疗无效。临床检查：病羊表现不安，离群，背、颈部和四肢震颤，针刺反应敏感，牙关紧闭，磨牙，头向侧方伸张；眼球震颤，瞬膜突出，耳竖立，尾和后肢强直，然后发展为全身阵发性痉挛。最后，角弓反张，呻吟，呼吸困难，体温不增高，静静躺卧，口吐白沫，四肢划动，迅速死亡。

5. 最应怀疑的疾病是
　A. 破伤风　B. 风湿症　C. 青草搐搦
　D. 氢氰酸中毒　E. 维生素B_1缺乏
6. 胸部检查，病羊可能出现
　A. 心悸　B. 心杂音　C. 触诊敏感
　D. 叩诊水平浊音　E. 叩诊半清音
7. 如要进一步确诊，最必要的检查内容是
　A. 血钙测定　B. 血镁测定　C. 饲料镁测定　D. 饲料钙测定　E. 饲料磷测定
8. 临诊病例学检查，病羊常伴有
　A. 血钾减低　B. 血钾升高　C. 血钙降低　D. 血钙升高　E. 血钠升高

（9~12题共用以下题干）

某规模猪场的3窝14~18日龄仔猪中有23头哺乳仔猪发病，并在第2天死亡3头。患病仔猪主要表现为精神不振、离群伏卧、不愿走动、营养不良、食欲减退、体温不高、被毛粗乱、皮肤有皱褶、两耳发凉、耳尾下垂，光照耳壳呈灰白色，几乎见不到明显的血管，针刺很少出血。有的出现呼吸急促，黏膜苍白，也有病猪发生腹泻或腹泻与便秘交替出现的症状。死亡仔猪剖检可见明显的心脏扩张和充血现象，心包积液，心外膜有小点状出血。血液稀薄呈水样，凝固性差。肌肉色淡，特别是臀肌和心肌呈现出典型的贫血变化，肾脏实质变性，呈灰白色，肺水肿，肝脏油腻感、肿大呈淡灰色，并有出血点。

9. 对该猪病的诊断首先需进行的实验室检查是
　A. 血常规检查　B. 细菌学检查
　C. 免疫学检查　D. 粪便虫卵检查
　E. 尿常规检查
10. 要确诊该病，最必要的检测内容是
　A. 血清铜含量　B. 血清铁含量
　C. 血清钙含量　D. 血清磷含量
　E. 血清钴含量
11. 最可能的疾病是

A. 铜缺乏症　　B. 佝偻病　　C. 仔猪缺铁性贫血　　D. 再生障碍性贫血
E. 钴缺乏症

12. 该病的发病高峰周龄为
   A. 1周龄　　B. 2周龄　　C. 3周龄
   D. 4周龄　　E. 5周龄

（13~15题共用以下题干）

某牧场自1965年以来，羊只陆续出现以干瘦、虚弱、面部被毛黏结、流泪、贫血、异食癖、拉稀等为临床症状的疾病，但体温一般不高甚至下降，食欲下降但不废绝，抗生素和抗寄生虫药治疗无效，最后多因极度衰竭而死亡。到冬季舍饲时稍有好转，放牧后期较严重。各年龄羊均可发病，但以5~12月龄生长羔羊最易感。

13. 最可能的疾病是
   A. 铜缺乏症　　B. 钴缺乏症　　C. 锰缺乏症　　D. 碘缺乏症　　E. 硒缺乏症

14. 该病主要发生于
   A. 猪　　B. 犬　　C. 禽　　D. 反刍动物　　E. 马属动物

15. 治疗该病，除补充所缺物质外，可配合
   A. 维生素A　　B. 维生素D　　C. 维生素B_1　　D. 维生素B_{12}　　E. 维生素E

（16~19题共用以下题干）

健康犊牛3头，采食霉烂甘薯，当日下午即出现精神沉郁、肌肉震颤、食欲及反刍减退情况。第二日就诊，临床检查，一头犊牛眼球突出，瞳孔散大，呈现窒息状态，不久便死亡。另外2头病牛反刍已完全停止，体温正常，明显的呼气性呼吸困难，呼吸80~100次/分，呼吸音在较远的距离都能听到，如同拉风箱样，有啰音；听诊肺部有破裂音；有大量鼻液并呈泡沫状，张口呼吸，长期站立，不愿卧下。

16. 随病情发展，在患牛肩胛部触诊，最可能出现的异常触感为
   A. 捏粉状　　B. 捻发样　　C. 敏感
   D. 硬固感　　E. 波动感

17. 对牛，霉烂甘薯毒素中毒主要可导致
   A. 小叶性肺炎　　B. 肺泡气肿　　C. 间质性肺气肿　　D. 大叶性肺炎　　E. 支气管炎

18. 本病的流行病学特征是
   A. 常呈地方性群发　　B. 有一定季节性
   C. 危害无年龄关系　　D. 各种动物均敏感
   E. 雌性动物敏感性高

19. 对重危病牛可在放血后输液治疗，但放血前应给动物使用
   A. 输氧治疗　　B. 呼吸兴奋剂　　C. 强心剂　　D. 镇静剂　　E. 葡萄糖

（20~24题共用以下题干）

某养殖户饲养75kg左右育肥猪12头、20kg左右的64头，均健康无病。一日，将约40kg腌制咸鸡蛋的废水及食堂的残汤剩饭掺入饲料中，喂给大育肥猪。小育肥猪喂的是混合饲料。几小时后，饲养员发现大育肥猪群发病，小育肥猪群正常。发病猪病初烦渴，食欲废绝，有的靠墙角站立；体温无明显变化，心跳约120次/分，有的视力障碍，盲目行走，兴奋不安，叫喊。其中有4头个头大者症状特重，腹部皮肤发绀，四肢呈游泳状，时而痉挛、癫痫，耳和四肢发凉，后躯麻痹，呼吸困难，瞳孔散大，最后四肢瘫痪，卧地不起，昏迷死亡。

20. 根据以上资料，可以将本病怀疑为食盐中毒。要确诊该病，你认为下面应做的工作是
   A. 血清无机离子检测　　B. 血常规检查
   C. 血液酶学检测　　D. 心电图检查
   E. 脑电图检查

21. 该病发生的一个最重要饲养管理因素是
   A. 开放式饲料供给　　B. 饮水不足
   C. 运动不足　　D. 密度过大　　E. 环境高温

22. 病死猪脑部组织切片上，组成血管"袖套"的细胞主要是
   A. 酸碱性粒细胞　　B. 嗜酸性粒细胞
   C. 嗜中性粒细胞　　D. 淋巴细胞
   E. 单核细胞

23. 下列镇静解痉药物中，禁止采用的是
   A. 溴化钙　　B. 溴化钠　　C. 氯丙嗪
   D. 安定　　E. 硫酸镁

24. 在治疗上，对已出现神经症状的患猪，应特别注意
   A. 补水　　B. 补糖　　C. 禁止饮水
   D. 调节酸碱平衡　　E. 条件矿物离子平衡

（25~28题共用以下题干）

某村有耕牛120头，自4月放牧以来，陆续发生腹泻，发病率85%，死亡5头，死亡率4.2%，用抗生素类、驱虫和常规止泻药治疗后无明显效果。临诊主要表现：病牛体温正常，呼吸、食欲无异常，主要为拉稀，呈持续

性腹泻,排出带气泡液状粪便,肛门及后肢有粪痂附着。水牛比黄牛更为明显,呈持续性水泻,8~10天后,病牛贫血、消瘦、被毛粗乱无光褪色,行走无力,可视黏膜苍白,皮肤发红,后期精神沉郁,肢背僵硬,起立困难,心力衰竭死亡。

25. 经调查为该村上游2km处,新建的金属加工厂,投产后2月。"三废"未进行净化处理。由此,最可能的诊断是
    A. 铜中毒   B. 汞中毒   C. 钼中毒
    D. 砷中毒   E. 铅中毒
26. 自然条件下,该病仅见于
    A. 水牛   B. 牛   C. 反刍动物
    D. 单胃动物   E. 哺乳动物
27. 本病导致动物中毒的毒理基础是
    A. 黏膜刺激作用   B. 血液毒   C. 肝毒   D. 继发性硫缺乏   E. 继发性铜缺乏
28. 治疗本病的最有效的方法是使用
    A. 巯基络合剂   B. 铜制剂   C. 乙二胺四乙酸二钠钙   D. 催吐药   E. 缓泻药

(29~32题共用以下题干)
某养殖户饲养的11头肉牛(体重200kg左右),听人说尿素喂牛效果好,就在精饲料中添加了1kg尿素,喂后0.5~1h,肉牛陆续发病,轻症病牛出现不安、颤抖、呻吟症状;严重病牛站立不稳、躺卧、发生强直性痉挛、反射机能亢进、呼吸困难、心跳加快、心音混乱、口流泡沫、肛门松弛、可见胸背部出汗、皮温不匀。经抢救,10头治愈,死亡1头。

29. 你认为该牛群发生中毒的主要原因是
    A. 尿素喂量严重超标   B. 肉牛对尿素敏感   C. 牛体重太低   D. 没有给牛一个尿素适应过程   E. 饮水不足
30. 补饲尿素时,同时饲喂大豆饼可以增加中毒的危险性的原因是因为大豆饼中
    A. 富含蛋白质   B. 富含脲酶   C. 含胰蛋白酶抑制剂   D. 含植酸   E. 含脂肪氧化酶
31. 生化检查,下列对诊断有重要意义的指标是
    A. 血液pH值   B. 血钾浓度   C. 血氨浓度   D. 血液胆碱酯酶活性   E. 血磷浓度
32. 对尿素中毒牛的治疗,可灌服
    A. 葡萄糖   B. 碳酸氢钠   C. 硫酸镁   D. 食盐   E. 醋酸

(33~36题共用以下题干)
某内地养殖场从国外进口长白母猪30头,经海关隔离检疫合格后内运,由于长途运输发生异常,部分猪表现为发抖、站立尖叫嘶鸣,走路蹒跚摇摆,甚至不能迈步,喘或咳;全身皮肤发红,重者耳尖、蹄端淤血发紫,驱赶或刺激时,以上症状加重,个别病猪很快死亡。

33. 综合以上情况,你认为应将本病诊断为
    A. 猪瘟   B. 口蹄疫   C. 蓝耳病
    D. 硒缺乏症   E. 应激综合征
34. 病死猪剖检,可能出现
    A. 胃溃疡   B. 肝硬化   C. 肺气肿
    D. 桑葚心   E. 虎斑心
35. 下列几种变化中,符合发病猪特征的是
    A. 血液天冬氨酸活性转氨酶下降
    B. 血液肾上腺素浓度下降   C. 血液乳酸脱氢酶活性下降   D. 血液肌酸磷酸激酶活性升高   E. 血液甲状腺素浓度下降
36. 为防治本病的发生,运输前可以在饲料中添加
    A. 维生素C   B. 维生素D   C. 维生素B_1 D. 维生素B_2 E. 维生素A

四、A4题型
题型说明:试题的形式是开始叙述一个以单一病患动物为中心的临床情景,然后提出3~6个相关的问题,问题之间也是相互独立的。当病情逐渐展开时,可逐步增加新的信息。有时陈述了一些次要的或有前提的假设信息,这些信息与病例中叙述的具体病患动物并不一定有联系。提供信息的顺序对回答问题是非常重要的。每个问题均与开始的临床情景有关,又与随后改变有关,回答这样的试题一定要以试题提供的信息为基础。A4题型也有5个备选答案。值得注意的是A4题选择题的每一个问题。均需选择一个最佳的回答,其余的供选择答案可以部分正确,也可以错误,但只能有一个最佳的答案。不止一个的相关问题,有时也可以用否定的叙述方式,同样否定词用黑体或下划线以提醒应试者。

(1~4题共用以下题干)
波尔山羊,7月龄左右,约2天前突然发病,主诉饮食欲、大便等均无明显异常,目光呆滞,常回头顾腹,尿量少,有尿淋滴,患羊时有排尿姿势,频频努责,且伴痛苦呻吟表

现，但仅有少量尿滴状排除，后无尿排出，后就诊。

1. 初步诊断该羊最应怀疑的疾病为
   A. 肾结石　　B. 膀胱结石　　C. 膀胱麻痹　　D. 尿道结石　　E. 尿道炎
2. 你认为应对该羊作何种紧急治疗性处理
   A. 膀胱穿刺排尿　　B. 镇静　　C. 缓泻　　D. 大量饮水　　E. 消炎
3. 临床检查，腹围明显增大，触诊有波动感；呼吸急促（60次/分），心率加快（100次/分），体温39℃，发展为无任何排尿动作，瘤胃蠕动废绝。对该羊的进一步诊断首先需进行的检查是
   A. 血液常规检查　　B. 瘤胃穿刺　　C. 尿常规检查　　D. 粪便常规检查　　E. 腹腔穿刺
4. 该羊可能也发生
   A. 尿毒症　　B. 膀胱破裂　　C. 腹膜炎　　D. 肾功能衰竭　　E. 内出血

（5～9题共用以下题干）

某专业户存栏肥育猪19头，体重40～80kg，分三圈饲养，猪群一直很健康，从未发过病，发病当日早上正常采食同样饲料，饲料为菜叶加米糠，上午出现异常，死亡1头，为体重最大猪。其余18头均表现不同程度症状，且生长状况越好的病况越严重，精神越沉郁，生长状况较差的反而精神状况要好一些。

5. 你认为该猪群疾病性质应怀疑为
   A. 传染性疾病　　B. 中毒性疾病　　C. 寄生虫病　　D. 营养性疾病　　E. 代谢性疾病
6. 临床检查，病猪精神沉郁，不饮、不食，犬坐于地、低声哼叫，强行驱赶勉强能站立和行走，但步态不稳。皮肤和可视黏膜明显发绀，呼吸急促，脉搏疾速而细弱，多数体温偏低、为36.5～37℃，耳尖尾根厥冷，时有阵发性抽搐。据此，你觉得最应该通过问诊向畜主了解的信息是
   A. 饲料加工情况　　B. 疫苗使用情况　　C. 药物使用情况　　D. 周围农户猪健康情况　　E. 既往病史
7. 死亡猪腹部胀满，口、鼻端乌紫色，流出淡红色泡沫液体，皮肤青紫色伴随苍白色。剖检，血液呈暗褐色、酱油状，凝固不良。内脏无显著变化，各脏器血管瘀血，肝肾暗红色，肺充血，气管和支气管腔内有血样泡沫，心外膜有点状出血斑，胃黏膜溃疡或脱落，胃壁、十二指肠充血、出血。初步诊断最应怀疑的疾病为
   A. 猪瘟　　B. 亚硝酸盐中毒　　C. 猪炭疽病　　D. 猪弓形体病　　E. 硒缺乏症
8. 确诊该病，最必要的检查内容是
   A. 病毒分离鉴定　　B. 细菌分离鉴定　　C. 饲料微量元素检测　　D. 体液、淋巴结原虫检查　　E. 饲料、胃内容物毒物检验
9. 治疗本病最恰当的药物是
   A. 干扰素　　B. 亚甲蓝　　C. 磺胺类药　　D. 青霉素　　E. 亚硒酸钠

（10～14题共用以下题干）

耕牛，4头，一直很健康，10月底上午放牧于收割20多天后的再生幼苗和青草茂盛的玉米茬地，牛食欲旺盛，下午想将牛赶回去时，发现4头均发病，流涎、呼吸困难、抬头伸颈、肚腹鼓胀、张口喘气，且站立不稳，表现不安，身体局部出汗，体温基本正常，求诊。兽医到现场前已有一头牛死亡。

10. 下列几种耕牛急性疾病中，首先可以排除的是
    A. 有机磷农药中毒　　B. 牛出败　　C. 氟乙酰胺中毒　　D. 氢氰酸中毒　　E. 急性瘤胃臌气
11. 临床检查，病牛流白色泡沫状唾液，可视黏膜潮红，张口喘气，呼出的气有苦杏仁味，肌肉痉挛，眼球震颤。死亡牛，黏膜樱桃红色，血液鲜红、凝固不良，尸僵缓慢。初步诊断最应怀疑的疾病为
    A. 有机磷农药中毒　　B. 牛出败　　C. 氟乙酰胺中毒　　D. 氢氰酸中毒　　E. 急性瘤胃臌气
12. 确诊该病，最必要的检查内容是
    A. 血液胆碱酯酶检测　　B. 胃内容物氟乙酰胺检查　　C. 胃内容物氢氰酸检测　　D. 病料细菌学检查　　E. 瘤胃产气情况检查
13. 治疗该病，最有价值的是
    A. 使用解磷定　　B. 使用解氟灵　　C. 使用亚硝酸钠　　D. 选用高敏抗生素　　E. 排气、止酵、兴奋瘤胃
14. 该病的发病机理最主要的是
    A. 使细胞色素氧化酶失能　　B. 使胆碱酯酶失能　　C. 中断正常三羧酸循环　　D. 导致败血症　　E. 影响心肺功能

（15～18题共用以下题干）

华东某规模化鸭场，防疫规范，没有发生过大疫情。6月中旬，进场8千羽雏鸭，2周龄后开始出现零星死亡，发展迅速，几天后出现大规模的死亡，高峰时，每天有数百只鸭死亡。

15. 用了多种抗微生物和抗球虫药物治疗，效果不佳。病料细菌学和病毒学检查也均无病原发现。为控制疫情、调查发病原因，你认为最应该采取的措施是
   A. 加强管理　　B. 更换饲料　　C. 隔离病鸭　　D. 增加维生素供给　　E. 增加微量元素供给

16. 病初喜食青绿饲料，食欲减退，饮欲增加；生长迟缓，羽毛粗乱，消瘦贫血，肛门有白色或绿色粪污，有的有血便；步态不稳，跛行，部分病鸭侧瘫，头颈震颤或扭曲，临死前惊叫，出现角弓反张等神经症状；脚蹼出血，呈现紫黑色等症状。剖检，雏鸭发育不良，肝黄染质脆、肿大，散布出血点，心包积液，肾肿大、苍白，肠道出血明显。你认为下面首先应该做的检查是
   A. 血常规检查　　B. 饲料原料真菌分离　　C. 粪便寄生虫检查　　D. 饲料维生素检测　　E. 饲料矿物质检查

17. 你认为最应该怀疑的疾病是
   A. 维生素B_1缺乏症　　B. 球虫病　　C. 黄曲霉毒素中毒　　D. 食盐中毒　　E. 重金属中毒

18. 为验证病因，你认为还最应该做的工作是
   A. 动物试验　　B. 治疗试验　　C. 组织病理学检查　　D. 预防性试验　　E. 饲料毒素检测

（19～23题共用以下题干）

某专业户共饲养猪28头，其中种公猪1头，怀孕母猪1头，空怀母猪2头，30kg左右架子猪15头（去势），10kg以上断奶仔猪9头（未去势）。从东北某地进了一批价廉的玉米，饲喂一段时间后，猪群出现异常。病猪体温、大小便均正常，精神稍差，日渐消瘦；怀孕母猪吃食减少，未发生流产，空怀母猪配种两次未受孕；小母架子猪（包括断奶仔猪）未到发情日龄均出现阴户红肿，大的如核桃，阴门外翻，阴道黏膜充血、红肿等似自然发情；种公猪性欲减退，配种后受胎率低；小公猪有的乳头粗大，好像哺乳母猪，多数包皮水肿，未去势小公猪睾丸萎缩。全群无一头猪死亡。

19. 经从疫苗质量、猪在阉割时有无"漏花"问题与饲料搭配方面等进行逐一排查，均未发现任何异常。则初步诊断最应怀疑的疾病为
   A. 黄曲霉毒素中毒　　B. 慢性猪瘟　　C. 细小病毒病　　D. 伪狂犬病　　E. 玉米赤霉烯酮中毒

20. 为控制疾病，你认为下面最应该采取的措施是
   A. 停止使用该批玉米　　B. 加强管理　　C. 饲料中添加抗真菌药　　D. 增加维生素供给　　E. 增加微量元素供给

21. 如要进一步确诊，最必要的检查内容是
   A. 细菌分离鉴定　　B. 病毒分离鉴定　　C. 饲料毒素检查　　D. 饲料真菌培养鉴定　　E. 动物试验

22. 下列动物中，**不易**发生本病的是
   A. 公猪　　B. 母猪　　C. 雏鸭　　D. 牛　　E. 小鼠

23. 该病的主要靶器官是
   A. 雌激素受体器官　　B. 睾丸　　C. 卵巢　　D. 子宫　　E. 乳腺

（24～28题共用以下题干）

某猪场仔猪238头，一直很健康，使用某饲料公司生长肥育猪粉状浓缩料5天后发病，腹泻，体温38.9～39.5℃，发病率近100%，死亡多在发病后24～48h，急性者3～4h，共计154头。体格大者症状严重、死亡也多。多种抗生素、磺胺类和中成药治疗无效，第7天更换了饲料，病情不再加重。

24. 根据以上资料，可以将本病性质怀疑为
   A. 营养代谢病　　B. 中毒病　　C. 传染病　　D. 寄生虫病　　E. 其他疾病

25. 临床检查，猪群食欲减退、渴感明显，精神沉郁、呕吐、腹泻且粪便呈青绿色、红尿、皮肤苍白并发黄、卧地不起、呼吸困难、浑身颤抖、后期体温降到38℃以下。你认为最应该怀疑的疾病是
   A. 铜中毒　　B. 硒缺乏　　C. 猪瘟　　D. 病毒性腹泻　　E. 水肿病

26. 要确诊该病，你认为最有说服力的检查是
   A. 血常规检查　　B. 尿常规检查　　C. 血液生化检查　　D. 微生物学检查　　E. 饲料检测

27. 该疾病尿液发红的原因是
   A. 血尿　　B. 血红蛋白尿　　C. 肌红蛋

白尿 D. 卟啉尿 E. 药物代谢
28. 下列动物中,对该病最敏感的是
A. 猪 B. 牛 C. 绵羊 D. 鸡
E. 犬

(29~32题共用以下题干)

九月中旬,某农户饲养牛15头,牛群健康,突然发病,10头牛短时间相继发病,急性死亡2头。主要症状为发病急,突然出现以呕吐、流涎、出汗、无力、腹痛、腹泻为主的不同症状,重者除此症状外,还出现呼吸极度困难、支气管分泌增加、瞳孔极度收缩、对光反射消失、肌肉震颤、抽搐、全身痉挛、心悸亢进、大小便失禁、倒地,从发病开始6h左右,由于呼吸突然停止而发生2头牛窒息死亡。

29. 主诉一直以尿素补饲,最近在饲养管理上除给牛群及环境用敌百虫进行过杀虫和饲料补硒、补铜外,没有其他改变。则该牛群疾病应怀疑为
A. 硒中毒 B. 有机磷农药中毒
C. 铜中毒 D. 中暑 E. 尿素中毒

30. 血液中生化检查对诊断有重要意义,特别是
A. 精氨酸酶活性 B. 铜蓝蛋白酶活性
C. 胆碱酯酶活性 D. 钠离子 E. 丙氨酸氨基转移酶活性

31. 治疗该病可使用阿托品,使用原则是
A. 超量给药 B. 迅速、一次大剂量给药 C. 缓慢、一次给药 D. 早期、大量、反复给药 E. 早期、适量、反复给药

32. 消除该疾病肌肉震颤、抽搐、全身痉挛等症状的最佳药物为
A. 阿托品 B. 静松灵 C. 双复磷
D. 溴化钾 E. 安定通

(33~35题共用以下题干)

AA肉鸡,50日龄,1000羽,大棚平地养殖。棚内饲养密度大、潮湿、氨气味重。主诉鸡发病已有10天,每天死鸡约20多只,抗生素等多种药物使用无效。临床检查:患鸡精神沉郁,羽毛松乱,采食减少,不愿走动,蹲伏,腹部膨大,腹部触诊有波动感,有的呼吸困难。常突然死亡,呈翻身朝天状。口腔流出黏液,由于缺氧,皮下肌肉、鸡冠、爪等发紫、发绀。

33. 要诊断病因,你认为下一步要做的工作是
A. 病料细菌分离 B. 病料病毒分离
C. 解剖死鸡 D. 粪便虫卵检查
E. 血常规检查

34. 如病变为:肺脏充血、肿大。腹腔充满大量黄色、透亮的液体,有淡少量黄白色、胶冻样的物质。肝脏肿大,表面一层纤维素性物质,肾脏肿大,可见大量白色尿酸盐沉积。心包积液,呈淡黄色,心脏扩张,心肌柔软,心腔内充满凝血块。则该鸡群疾病最可能为
A. 腹膜炎 B. 肉鸡腹水综合征
C. 组织滴虫病 D. 禽出败 E. 磺胺药中毒

35. 【假设信息】如果该病例是肉鸡腹水综合征,为控制疾病,应优先采取的措施是
A. 改善饲养环境 B. 饲料中添加多种维生素 C. 饲料中加抗生素 D. 抗应激 E. 淘汰病鸡

(36~38题共用以下题干)

马长期休闲,饲喂富含碳水化合物饲料,剧烈运动后,突然出现运动障碍,股四头肌和臀部肌肉僵直,硬如木板,发病后3天就诊。

36. 其尿液的颜色可能是
A. 红色 B. 白色 C. 绿色
D. 黄色 E. 无色

37. 尿液的性质可能是
A. 糖尿 B. 药物尿 C. 卟啉尿
D. 血红蛋白尿 E. 肌红蛋白尿

38. 镜检尿液发现
A. 无异常成分 B. 有大量管型
C. 有大量血小板 D. 有大量白细胞
E. 有大量红细胞

五、B1题型

题型说明:也是单项选择题,属于标准配伍题。B1题型开始给出5个备选答案,之后给出2~6个题干构成一组试题,要求从5个备选答案中为这些题干选择一个与其关系最密切的答案。在这一组试题中,每个备选答案可以被选1次、2次和多次,也可以不选用。

(1~4题共用下列备选答案)
A. 急性出血性贫血 B. 慢性出血性贫血 C. 溶血性贫血 D. 营养性贫血
E. 再生障碍性贫血

1. 牛大量采食蕨类植物可引起
2. 反刍动物在土壤低钴地区长期放牧可引起
3. 犬采食了含有洋葱的食物可引起
4. 放射性同位素辐射可引起

(5~7题共用下列备选答案)
A. 过清音 B. 鼓音 C. 浊音
D. 钢管音 E. 水平浊音

5. 急性胸膜炎患畜胸部叩诊可出现
6. 在皱胃左方变位牛左侧肋骨弓的前方叩诊可听到
7. 叩诊慢性肺泡气肿病牛肺区可听到
   （8~11题共用下列备选答案）
   A. $\frac{1}{2}$　　B. $\frac{1}{3}$　　C. $\frac{1}{5}$　　D. $\frac{1}{8}$
   E. $\frac{1}{10}$
8. 抢救有机磷中毒动物时，为防治阿托品使用过多，一般将全量的阿托品分两份，一份首先皮下注射，另一份缓慢静脉滴注，静脉滴注量是总量的
9. 多数情况下，饲料中最合适的钙磷关系是，磷是钙的
10. 反刍动物初次补饲尿素的量不能使用全量，否则会引起中毒。一般初次仅使用全量的
11. 为防治禽痛风病的发生，一般鸡饲料中蛋白质的含量应不超过
    （12~15题共用下列备选答案）
    A. 天冬氨酸氨基转移酶　　B. 淀粉酶
    C. 碱性磷酸酶　　D. 谷胱甘肽过氧化物酶　　E. 单胺氧化酶
12. 犬胰腺炎发作时，其血液和尿液中活性升高的酶是
13. 幼畜佝偻病，活性变化有诊断意义的酶是
14. 与微量元素硒关系最密切的是
15. 铜缺乏母鸡所产蛋的胚胎中活性变化有诊断意义的酶是
    （16~20题共用下列备选答案）
    A. 血尿　　B. 血红蛋白尿　　C. 蛋白尿　　D. 肌红蛋白尿　　E. 糖尿
16. 肾病患畜可发生
17. 羊铜中毒可发生
18. 牛产前、产后饲料中磷不足可发生
19. 肥胖综合征犬可发生
20. 双香豆素类灭鼠药中毒可导致
    （21~25题共用下列备选答案）
    A. 维生素B_1缺乏　　B. 维生素B_2缺乏
    C. 维生素E缺乏　　D. 维生素A缺乏

E. 维生素D缺乏
21. 鸡"小脑软化症"
22. 猪"干眼病"
23. 仔猪"桑葚心"
24. 鸡"观星症"
25. 马"纤维素性骨营养不良"
    （26~30题共用下列备选答案）
    A. 硒　　B. 锰　　C. 锌　　D. 碘
    E. 铜
26. 缺乏时可引起鸡发生"滑腱症"的是
27. 缺乏时可导致鸡发生渗出性素质的是
28. 缺乏时可引起猪糙皮症的是
29. 缺乏时可导致羔羊晃腰病的是
30. 缺乏时可导致母猪产无毛仔猪的是
    （31~35题共用下列备选答案）
    A. 黄曲霉毒素　　B. 杂色曲霉毒素
    C. 单端胞霉毒素　　D. 玉米赤霉烯酮
    E. 展青霉素
31. 主要作用于神经系统，引起感觉和运动机能障碍的霉菌毒素是
32. 具有雌激素样作用的霉菌毒素为
33. 具有明显致癌、致畸、致突变作用的霉菌毒素是
34. 中毒后，马属动物曾为"黄肝病"，羊为"黄染病"的霉菌毒素是
35. 可引起猪发生以呕吐、下痢等消化机能障碍为特征的霉菌毒素是
    （36~40题共用下列备选答案）
    A. 镉　　B. 铅　　C. 汞　　D. 砷
    E. 钼
36. 可抑制δ-氨基乙酰丙酸脱氢酶和铁螯合酶，影响血红素的合成，增加红细胞脆性，导致贫血的是
37. 动物中毒后齿龈呈黑褐色，口腔有蒜臭样气味的是
38. 中毒可引起雄性动物生殖障碍的是
39. 中毒可引起牛持续性腹泻和被毛褪色的是
40. 吸入该蒸气可引起咳嗽、流泪、呼吸困难，肺部出现捻发音、干性或湿性啰音的是

兽医内科学参考答案

一、A1题型

1	C	2	B	3	A	4	D	5	D	6	B	7	C	8	E	9	D	10	A
11	B	12	C	13	A	14	E	15	D	16	B	17	C	18	C	19	C	20	A
21	D	22	B	23	D	24	E	25	A	26	C	27	C	28	E	29	D	30	B

续表

31	B	32	B	33	E	34	D	35	A	36	E	37	D	38	B	39	D	40	E
41	C	42	A	43	D	44	A	45	B	46	E	47	B	48	A	49	B	50	C
51	D	52	A	53	E	54	B	55	C	56	D	57	B	58	C	59	D	60	E
61	C	62	A	63	D	64	B	65	A	66	A	67	B	68	E	69	D	70	A
71	B	72	C	73	E	74	C	75	A	76	C	77	A	78	E	79	E	80	C
81	E	82	B	83	D	84	B	85	D	86	A	87	B	88	B	89	D	90	A
91	E	92	D	93	C	94	B	95	C	96	B	97	D	98	E	99	B	100	C

二、A2 题型

1	B	2	A	3	E	4	D	5	E	6	A	7	C	8	D	9	B	10	D
11	B	12	D	13	A	14	B	15	B	16	A	17	D	18	A	19	D	20	B
21	B	22	C	23	E														

三、A3 题型

1	C	2	B	3	C	4	A	5	C	6	A	7	C	8	D	9	A	10	B
11	C	12	C	13	D	14	D	15	D	16	B	17	C	18	D	19	C	20	A
21	B	22	B	23	D	24	C	25	C	26	C	27	E	28	D	29	D	30	B
31	C	32	E	33	E	34	D	35	D	36	A								

四、A4 题型

1	D	2	A	3	E	4	B	5	B	6	A	7	B	8	E	9	B	10	B
11	D	12	C	13	C	14	B	15	B	16	B	17	C	18	A	19	E	20	B
21	C	22	D	23	A	24	B	25	A	26	E	27	B	28	E	29	B	30	C
31	E	32	C	33	C	34	B	35	A	36	C	37	E	38	A				

五、B1 题型

1	A	2	D	3	C	4	E	5	E	6	D	7	A	8	B	9	A	10	E
11	C	12	B	13	C	14	D	15	D	16	C	17	B	18	D	19	E	20	A
21	C	22	C	23	D	24	A	25	A	26	C	27	D	28	C	29	C	30	D
31	E	32	D	33	C	34	C	35	C	36	C	37	D	38	A	39	E	40	C

第三节　兽医外科学与手术学

一、A1 题型

题型说明：为单项选择题，属于最佳选择题类型。每道试题由一个题干和五个备选答案组成。A、B、C、D 和 E 五个备选答案中只有一个是最佳答案，其余均不完全正确或不正确，答题时要求选出正确的那个答案。

1. 执刀时，拇指的位置应在
   A. 刀背后 1/3 处　　B. 刀背后 2/3 处
   C. 刀柄横纹后端　　D. 刀柄横纹前端
   E. 刀柄横纹处

2. 兼有切割和止血功能的器械是
   A. 手术刀　　B. 电烙铁　　C. 高频电刀
   D. 剪刀　　E. 高压水刀

3. 根据用途不同，手术剪可分为
   A. 敷料剪、组织剪　　B. 敷料剪、剪线剪　　C. 组织剪、剪线剪　　D. 直剪、弯剪　　E. 尖头剪、钝头剪

4. 适合于深部组织的分离手术剪是
   A. 尖头剪　　B. 钝头剪　　C. 直剪
   D. 弯剪　　E. 剪线剪

5. 正确执剪姿势中，食指应放在
   A. 剪刀的关节处　　B. 在剪柄处
   C. 在环内　　D. 不与剪刀接触
   E. 任何位置皆可

6. 主要用于夹持、稳定或提起组织，便于组织切开及缝合的器械是
   A. 持针钳　　B. 止血钳　　C. 手术镊
   D. 肠钳　　E. 牵开器

7. 用于夹持血管、神经缝合的手术镊是
   A. 长型手术镊　　B. 短型手术镊
   C. 无齿镊　　D. 有齿镊
   E. 弯头手术镊

8. 用于夹持筋膜缝合的手术镊是
   A. 长型手术镊　　B. 短型手术镊

C. 无齿镊　　D. 有齿镊
　　E. 弯头手术镊
9. 止血钳**不具备**的功能是
　　A. 止血　　B. 分离组织　　C. 夹持组织
　　D. 牵引缝线　　E. 持针
10. 止血钳可以夹持的组织是
　　A. 肝脏　　B. 脾脏　　C. 皮肤
　　D. 肌肉　　E. 肾脏
11. 右手松开止血钳的正确方法是
　　A. 拇指及无名指插入环内捏紧使扣分开，再将拇指内旋　　B. 拇指及无名指插入环内捏紧使扣分开，再将拇指外旋
　　C. 拇指及中指插入环内捏紧使扣分开，再将拇指内旋　　D. 拇指及中指插入环内捏紧使扣分开，再将拇指外旋
　　E. 拇指及食指插入环内捏紧使扣分开，再将拇指内旋
12. 持针钳一般应夹持在缝针的
　　A. 针尾 1/3 处，针应靠近持针钳的尖端
　　B. 针头 1/3 处，针应靠近持针钳的尖端
　　C. 针中间，针应夹在齿槽床中间
　　D. 针尾 1/3 处，针应夹在齿槽床中间
　　E. 针头 1/3 处，针应夹在齿槽床中间
13. 专用于牵开术部表面组织，加强深部组织显露的器械是
　　A. 止血钳　　B. 手术镊　　C. 牵开器
　　D. 巾钳　　E. 骨膜剥离器
14. 普通水煮沸消毒时间一般为
　　A. 15min　　B. 30min　　C. 60min
　　D. 煮沸 15min　　E. 煮沸 30min
15. 碳酸氢钠溶液煮沸灭菌时，其浓度一般为
　　A. 1%　　B. 2%　　C. 3%　　D. 4%
　　E. 5%
16. 碳酸氢钠溶液煮沸灭菌时，其煮沸时间一般为
　　A. 5min　　B. 10min　　C. 20min
　　D. 30min　　E. 1h
17. 高压蒸汽灭菌时，其灭菌温度一般保持在
　　A. 110℃　　B. 115℃　　C. 121℃
　　D. 126℃　　E. 130℃
18. 高压灭菌时，灭菌温度维持时间一般为
　　A. 5min　　B. 10min　　C. 20min
　　D. 30min　　E. 1h
19. 高压灭菌、干燥后的，灭菌物品保存时间为
　　A. 1周　　B. 2周　　C. 3周　　D. 4周
　　E. 5周

20. 高压蒸气灭菌器不可触动的部件为
　　A. 放气阀　　B. 安全阀　　C. 电源开关
　　D. 放水开关　　E. 灭菌器内胆
21. 效果最好，最常用，可杀死一切微生物和芽孢，常用于器械、敷料、橡皮手套、工作服等灭菌的方法是
　　A. 巴氏消毒法　　B. 流通蒸汽灭菌法
　　C. 间歇灭菌法　　D. 高压蒸汽灭菌法
　　E. 煮沸消毒法
22. 新吉尔灭消毒器械时，其浓度为
　　A. 5%　　B. 1%　　C. 0.5%
　　D. 0.1%　　E. 0.01%
23. 新洁尔灭消毒器械时，其浸泡时间一般为
　　A. 5min　　B. 10min　　C. 20min
　　D. 30min　　E. 1h
24. 常水煮沸灭菌时，器械煮沸 5min 后，放入缝线，其沸点保持时间为
　　A. 5min　　B. 10min　　C. 20min
　　D. 30min　　E. 1h
25. 常水煮沸灭菌时，器械煮沸 5min 后，放入刀片，其沸点保持时间为
　　A. 5min　　B. 10min　　C. 20min
　　D. 30min　　E. 1h
26. 煮沸灭菌法时，玻璃注射器放入锅内的适宜时间为
　　A. 冷水时　　B. 水沸 1min　　C. 水沸 3min　　D. 水沸 5min　　E. 水沸 10min
27. 手术人员术前洗手的正确顺序是
　　A. 手指、手掌、掌背、手腕
　　B. 手腕、掌背、手掌、手指
　　C. 手指、掌背、手掌、手腕
　　D. 手腕、手掌、掌背、手指
　　E. 手掌、掌背、手指、手腕
28. 手术人员穿衣戴帽正确的顺序是
　　A. 穿衣、戴手套、戴帽、戴口罩
　　B. 穿衣、戴口罩、戴帽、戴手套
　　C. 戴帽、戴口罩、穿衣、戴手套
　　D. 戴帽、戴口罩、戴手套、穿衣
　　E. 戴手套、戴帽、戴口罩、穿衣
29. 术野剪毛正确的方法是
　　A. 顺毛剪　　B. 逆毛剪　　C. 任意方向剪　　D. 与毛的方向呈 90°剪　　E. 与毛的方向呈 45°剪
30. 无菌手术术野消毒的方向为
　　A. 由内向外　　B. 由外向内　　C. 由上而下　　D. 由下而上　　E. 任意方向
31. 污染手术术野消毒的方向为

A. 由内向外　B. 由外向内　C. 由上而下　D. 由下而上　E. 任意方向

32. 用于牛术野消毒最合适的药物是
    A. 灭菌生理盐水　B. 5%碘酊
    C. 0.1%新洁尔灭　D. 70%酒精
    E. 5%洗必泰

33. 手术室最常用的消毒方式是
    A. 甲醛熏蒸　B. 乳酸熏蒸　C. 紫外灯照射　D. 5%苯酚喷洒　E. 3%来苏尔喷洒

34. 手术室常用于兴奋呼吸中枢的急救药是
    A. 肾上腺素　B. 阿托品　C. 尼可刹米　D. 硝酸士的宁　E. 葡萄糖酸钙

35. 手术过程中，用于心跳骤停的急救药物是
    A. 咖啡因　B. 尼可刹米　C. 安钠咖　D. 阿托品　E. 肾上腺素

36. 下列药物中常作为麻醉前用药的是
    A. 尼可刹米　B. 安钠咖　C. 阿托品　D. 肾上腺素　E. 氯胺酮

37. 下列属于安定镇痛类麻醉前用药的是
    A. 安定　B. 氯丙嗪　C. 846合剂　D. 杜冷丁　E. 胃长宁

38. 下列属于气体性吸入麻醉药的是
    A. 乙醚　B. 安氟醚　C. 异氟醚　D. 氟烷　E. 氧化亚氮

39. 与吸入麻醉药可控性有关的物理特性是
    A. 血/气分配系数　B. 油/气分配系数
    C. MAC　D. 分子量　E. 密度

40. 吸入麻醉药的麻醉强度越大，则说明该麻醉药
    A. MAC较小，油/气分配系数较大
    B. MAC较小，油/气分配系数较小
    C. MAC较大，油/气分配系数较大
    D. MAC较大，油/气分配系数较小
    E. MAC较小，血/气分配系数较大

41. 在麻醉体况分级中，麻醉风险最小的是
    A. Ⅰ级　B. Ⅱ级　C. Ⅲ级　D. Ⅳ级　E. Ⅴ级

42. 根据麻醉的范围可将麻醉分为
    A. 局部麻醉与全身麻醉　B. 吸入麻醉与非吸入麻醉　C. 单纯麻醉与复合麻醉　D. 合并麻醉与配合麻醉　E. 混合麻醉与单纯麻醉

43. 根据给药方式可将麻醉分为
    A. 局部麻醉与全身麻醉　B. 吸入麻醉与非吸入麻醉　C. 单纯麻醉与复合麻醉　D. 合并麻醉与配合麻醉　E. 混合麻醉与单纯麻醉

44. 可用于局部麻醉的药物是
    A. 水合氯醛　B. 隆朋　C. 静松灵　D. 速眠新　E. 普鲁卡因

45. 可用于吸入麻醉的药物是
    A. 普鲁卡因　B. 利多卡因　C. 丁卡因　D. 舒泰　E. 安氟醚

46. 通常用于表面麻醉的药物是
    A. 安定　B. 丁卡因　C. 可卡因　D. 可待因　E. 氟烷

47. 麻醉前用于提高心律、减少腺体分泌和胃肠蠕动的药物是
    A. 阿托品　B. 吗啡　C. 安定　D. 芬太尼　E. 846

48. 可用于全身麻醉的药物是
    A. 普鲁卡因　B. 利多卡因　C. 丁卡因　D. 可卡因　E. 隆朋

49. 牛胆囊切开术麻醉进针位置在
    A. 肋骨前缘　B. 肋骨后缘　C. 两肋骨正中　D. 肋骨前缘偏后　E. 肋骨后缘偏前

50. 可用于钝性分离的是
    A. 手术刀　B. 肠钳　C. 骨凿　D. 骨锯　E. 手指

51. 切开皮肤的正确运刀方式是
    A. 斜向进刀、垂直运刀、斜向出刀
    B. 垂直进刀、斜着运刀、垂直出刀
    C. 垂直进刀、垂直运刀、斜向出刀
    D. 斜向进刀、斜着运刀、垂直出刀
    E. 斜向进刀、垂直运刀、垂直出刀

52. 关于切开原则错误的是
    A. 切口越短越好　B. 切口应尽可能靠近病灶　C. 注意避开大的血管和神经　D. 利于创液排出　E. 切口要整齐，力求一次切开

53. 关于手术缝合原则错误的是
    A. 严格无菌操作　B. 缝合时不必清除创内血凝块　C. 对齐缝合　D. 同层缝合　E. 缝合松紧要适宜

54. 缝合时张力较大，第一结易滑脱，则可采用
    A. 方结　B. 外科结　C. 假结　D. 滑结　E. 三叠结

55. 不能用于深部张力较大的组织的缝合方法是
    A. 结节缝合　B. 钮孔状缝合　C. "8"字形缝合　D. 连续缝合

E. 减张缝合
56. 牛瓣鼻修补术最合适的缝合方法是
　　A. 钮孔状埋藏缝合　　B. 减张缝合
　　C. 烟包缝合　　D. 内翻缝合
　　E. 结节缝合
57. 单胃动物胃切开时，切开部位通常选择在胃的
　　A. 大弯　　B. 小弯　　C. 大弯与小弯之间　　D. 贲门　　E. 幽门
58. 手术过程中较大动脉出血，应采用的止血方法是
　　A. 压迫止血　　B. 填塞止血　　C. 钳夹止血　　D. 钳夹结扎止血　　E. 烧烙止血
59. 按照血管出血后血液流至部位不同，出血可分为
　　A. 初次出血和二次出血　　B. 重复出血和延期出血　　C. 外出血和内出血
　　D. 初次出血和延期出血　　E. 二次出血和重复出血
60. 关于缝合目的，描述错误的是
　　A. 给组织再生创造条件　　B. 保护无菌创免受感染　　C. 加速肉芽创愈合
　　D. 促进渗出液吸收　　E. 防止创口哆开
61. 打完结后剪线，羊肠线在组织内一般保留
　　A. 1～2mm　　B. 4～6mm　　C. 7～8mm　　D. 5～10mm　　E. 12～15mm
62. 犬腹部手术，最常用的切开部位是
　　A. 腹中线切口　　B. 中线旁切口
　　C. 肷部中切口　　D. 肷部前切口
　　E. 肋骨弓下斜切口
63. 动物皮肤拆线时，需要碘酊消毒的次数为
　　A. 1次　　B. 2次　　C. 3次　　D. 4次
　　E. 5次
64. 脓肿成熟的标志是
　　A. 脓液形成　　B. 不再生成脓液
　　C. 疼痛减轻　　D. 脓肿膜的形成
　　E. 触诊硬实
65. 常引起全身症状的局部感染性疾病是
　　A. 疖　　B. 浅表性痈　　C. 蜂窝织炎
　　D. 窦道　　E. 瘘管
66. 下列不属于外源性感染的是
　　A. 空气感染　　B. 飞沫感染　　C. 植入感染　　D. 术后切口污染　　E. 手术触动保菌的组织
67. 疏松结缔组织发生的急性弥漫性化脓性感染的疾病是

A. 疖　　B. 疖病　　C. 痈　　D. 脓肿
E. 蜂窝织炎
68. 脓球组成中最多的细胞是
　　A. 淋巴细胞　　B. 嗜酸性粒细胞
　　C. 嗜碱性粒细胞　　D. 分叶核白细胞
　　E. 单核细胞
69. 包扎绷带时，开始和结束时的包扎方法是
　　A. 环形包扎法　　B. 螺旋形包扎法
　　C. 折转包扎法　　D. 蛇形包扎法
　　E. 交叉包扎法
70. 没有机体防御功能的是
　　A. 皮肤　　B. 血管　　C. 补体
　　D. 肉芽组织　　E. 透明质酸酶
71. 创伤组成中"受伤的皮肤（黏膜）及其下方的疏松结缔组织部分"称为
　　A. 创围　　B. 创缘　　C. 创口
　　D. 创面　　E. 创底
72. 创伤组成中"围绕创口周围的皮肤和黏膜"称为
　　A. 创围　　B. 创缘　　C. 创口
　　D. 创面　　E. 创底
73. 感染创都为
　　A. 陈旧创　　B. 新鲜创　　C. 污染创
　　D. 保菌创　　E. 闭合性损伤
74. 污染创一定是
　　A. 陈旧创　　B. 新鲜创　　C. 感染创
　　D. 保菌创　　E. 闭合性损伤
75. 创伤愈合形成的瘢痕内含有结构是
　　A. 神经　　B. 毛囊　　C. 汗腺
　　D. 皮脂腺　　E. 血管
76. 第二期愈合分为
　　A. 肉芽形成阶段、上皮形成阶段
　　B. 肉芽形成阶段、瘢痕形成阶段
　　C. 炎性进化阶段、组织修复阶段
　　D. 炎性进化阶段、组织液化阶段
　　E. 组织液化阶段、肉芽形成阶段
77. 关于创伤愈合描述错误的是
　　A. 创伤感染后会延迟愈合　　B. 只有创内异物液化、排出或被包埋后才能愈合　　C. 受伤部位血液供应充足可促进创伤愈合　　D. 受伤后每天处理伤口可以促进创伤愈合　　E. 补充维生素可以促进创伤愈合
78. 关于耳血肿治疗正确的是
　　A. 一旦发生应立即进行手术治疗
　　B. 只有进行手术治疗　　C. 只有进行药物止血　　D. 手术治疗应在血肿一周后

进行 E. 没有必要使用抗生素治疗
79. 关于血肿的治疗，**错误的**是
    A. 全身应用止血药   B. 包扎压迫绷带
    C. 抗生素防止感染   D. 立即切开清创
    E. 初期冷敷
80. 关于挫伤治疗**错误的**是
    A. 初期冷敷   B. 2天后热敷   C. 防止感染   D. 促进溢血排出   E. 镇痛
81. 对淋巴外渗保守治疗有效的药物是
    A. 抗生素   B. 止血药   C. 鱼石脂软膏   D. 酒精福尔马林   E. 活血化瘀药
82. 皮肤表层及真皮层一部分被烧伤称为
    A. 一度烧伤   B. 浅二度烧伤   C. 深二度烧伤   D. 三度烧伤   E. 重度烧伤
83. 皮肤全层冻伤，呈弥漫性水肿，以后出现水泡，水泡自溃后形成愈合迟缓的溃疡的冻伤为
    A. 一度冻伤   B. 二度冻伤   C. 三度冻伤   D. 中度冻伤   E. 重度冻伤
84. 下列属于分泌性瘘的疾病是
    A. 食道瘘   B. 腮腺瘘   C. 尿道瘘   D. 肛周瘘   E. 直肠阴道瘘
85. 腮腺瘘最有效治疗措施是
    A. 抗菌消炎   B. 局部注射甘油
    C. 热敷   D. 摘除腮腺
    E. 局部涂敷鱼石脂软膏
86. 感染性休克治疗**错误的**是
    A. 尽快消除感染源   B. 输生理盐水
    C. 使用皮质类固醇激素   D. 注射碳酸氢钠   E. 注射尼可刹米
87. 对中心静脉压高，血压低的休克病例，最对症的药物是
    A. 多巴胺   B. 氯丙嗪   C. 安钠咖   D. 尼可刹米   E. 高糖
88. 下列药物中**不能**用于乳腺肿瘤治疗的药物是
    A. 环磷酰胺   B. 5-氟尿嘧啶   C. 长春新碱   D. 更生霉素   E. 雌激素
89. 对犬多中心淋巴肉瘤治疗**无效**的是
    A. 手术切除   B. 环磷酰胺   C. 长春新碱   D. 更生霉素   E. ^{60}钴
90. 对肝脏肿瘤诊断有重要提示意义的
    A. 病史调查   B. T、P、R检查
    C. 血常规检查   D. B超检查
    E. 黄曲霉毒素检测

91. 风湿病发病过程分为
    A. 炎性净化期、增殖期、硬化期
    B. 变性渗出期、增殖期、组织修复期
    C. 炎性净化期、组织修复期、硬化期
    D. 变性渗出期、增殖期、硬化期
    E. 变性渗出期、炎性净化期、硬化期
92. 一般认为与风湿病发病有关的病原为
    A. 马链球菌   B. 兽疫链球菌
    C. A型溶血性链球菌   D. 大肠杆菌
    E. 葡萄球菌
93. 风湿病治疗要点**错误的**是
    A. 消除病因   B. 加强护理   C. 祛风除湿   D. 维持电解质平衡   E. 解热镇痛
94. 治疗急性风湿病时，首选的抗风湿药物是
    A. 水杨酸   B. 保泰松   C. 地塞米松   D. 醋酸泼尼松   E. 安乃近
95. 水杨酸钠皮内反应试验时，阳性结果判定标准是白细胞比注射前减少
    A. 1/9   B. 1/8   C. 1/7   D. 1/6
    E. 1/5
96. 风湿病马血常规检查会出现
    A. 血红蛋白含量降低   B. 淋巴细胞增高   C. 单核细胞增多   D. 血沉减慢
    E. 嗜酸性粒细胞减少（病初）
97. 犬泪道**不包括**
    A. 泪腺   B. 泪点   C. 泪小管
    D. 泪囊   E. 鼻泪管
98. 眼的感光结构为
    A. 角膜   B. 晶状体   C. 视网膜
    D. 眼房液   E. 玻璃体
99. 具有收缩瞳孔作用的药物是
    A. 阿托品   B. 毛果芸香碱   C. 东莨菪碱   D. 利多卡因   E. 地塞米松
100. 具有扩散瞳孔作用的药物是
    A. 阿托品   B. 毛果芸香碱   C. 乙酰胆碱   D. 利多卡因   E. 地塞米松
101. 牛球后注射时，进针位置应在
    A. 眼内眦   B. 眼球背侧   C. 眼球腹侧   D. 眼外眦   E. 颞窝
102. 检查发现"犬角膜正中表面缺损，损伤部细胞浸润，角膜浑浊，且有新血管生成"，则该病最可能是
    A. 浅表性角膜炎   B. 间质性角膜炎
    C. 慢性浅表性角膜炎   D. 角膜溃疡
    E. 角膜穿孔
103. 溃疡性角膜炎慎用的药物是

A. 3％硼酸溶液　　B. 利福平眼药水
C. 金霉素眼药膏　　D. 地塞米松
E. 贝复舒眼药水（含促生长因子）

104. 从品种和遗传上看，下列犬种最易发生眼睑内翻的是
   A. 京巴　　B. 沙皮犬　　C. 吉娃娃
   D. 斑点犬　　E. 金毛猎犬

105. 幼年犬发生眼睑内翻后，手术治疗正确的是
   A. 矫正时应多切除一点皮肤　　B. 矫正时应少切除一点皮肤　　C. 矫正到正常位置，切除多余皮肤　　D. 不切除皮肤，将眼睑矫正后皮肤作褥式假缝合
   E. 不切除皮肤，将眼睑矫正后皮肤作结节假缝合

106. 眼睑外翻矫正手术，眼睑部皮肤切开的形状为
   A. "V" 形　　B. "Y" 形　　C. "U" 形　　D. "一" 形　　E. 月牙形

107. 眼睑外翻矫正手术，眼睑部皮肤缝合后形状为
   A. "V" 形　　B. "Y" 形　　C. "U" 形　　D. "一" 形　　E. 月牙形

108. 将刀片在酒精灯上烧红后再切除第三眼睑腺，其主要目的是
   A. 刀片灭菌　　B. 增加刀片锋利度
   C. 止血　　D. 防止感染　　E. 增加手术难度

109. 眼球摘除时，须切除控制眼球的肌肉有
   A. 8条　　B. 7条　　C. 6条　　D. 5条
   E. 4条

110. 犬垂直外耳道内有一恶性肿瘤，最恰当的手术治疗方法是
   A. 外侧耳道切除术＋肿瘤切除术
   B. 外侧耳道切开术＋肿瘤切除术
   C. 全直外耳道切除术
   D. 全外耳道切除术　　E. 肿瘤切除术

111. 犬外侧直耳道切除术时，"U" 形切开皮肤的长度一般为
   A. 直外耳道的 1/2　　B. 与直外耳道等长　　C. 直外耳道的 3/2　　D. 直外耳道的 2/3　　E. 直外耳道的 2 倍

112. 末梢性面神经麻痹治疗错误的是
   A. 在神经通路上进行按摩　　B. 在神经通路上进行热敷　　C. 在神经通路附近注射硝酸士的宁　　D. 抗生素治疗
   E. 维生素 A 治疗

113. 牙周病的特征为
   A. 牙龈充血　　B. 牙结石的形成
   C. 牙龈肿胀　　D. 牙龈溃疡
   E. 牙周袋形成

114. 下列牙病中不属于牙磨灭不正的是
   A. 锐齿　　B. 过长齿　　C. 波状齿
   D. 滑齿　　E. 龋齿

115. 犬齿拔除术中，错误的操作是
   A. 切开齿外侧龈，显露外侧齿槽骨
   B. 用齿锯将齿冠锯为两半　　C. 用齿根起子剥离内侧齿缘　　D. 用齿钳旋转、撬动牙齿　　E. 拔出犬齿

116. 下列犬种中，一般不需要作竖耳手术的是
   A. 拳师犬　　B. 大丹犬　　C. 笃宾犬
   D. 雪纳瑞犬　　E. 贵宾犬

117. 犬竖耳手术缝合时，上 1/3 的缝合一般是
   A. 内、外侧皮肤的连续缝合　　B. 内、外侧皮肤的水平褥式缝合　　C. 内、外侧皮肤的垂直褥式缝合　　D. 全层连续缝合　　E. 全层水平褥式缝合

118. 气管切开术的适应证错误的是
   A. 鼻骨骨折　　B. 双侧返神经麻痹
   C. 双侧面神经麻痹　　D. 咽部急性水肿
   E. 上呼吸道手术

119. 颈部气管切开术的切口位置可选在
   A. 颈腹侧上 1/3 与中 1/3 交界处的正中线　　B. 颈腹侧中 1/3 与下 1/3 交界处的偏右侧　　C. 颈腹侧上 1/3 与中 1/3 交界处的偏右侧　　D. 颈腹侧上 1/3 与中 1/3 交界处的偏左侧　　E. 颈腹侧中 1/3 与下 1/3 交界处的偏左侧

120. 甲状腺摘除术皮肤切口位置一般在
   A. 甲状软骨处颈腹侧正中　　B. 甲状软骨前方颈腹侧正中　　C. 甲状软骨后方颈腹侧正中　　D. 患侧颈侧壁正中
   E. 患侧颈侧壁正中偏下

121. 分离摘除甲状腺时，注意不要损伤的神经是
   A. 迷走神经　　B. 喉返神经　　C. 喉前神经　　D. 舌咽神经　　E. 交感神经

122. 张力性气胸急救时首先应
   A. 镇痛　　B. 止血　　C. 闭合创口
   D. 防止感染　　E. 补液

123. 排出胸腔积气的位置在

A. 3、4肋间的胸壁中部（侧卧时）
B. 5、6肋间的胸壁中部（侧卧时）
C. 7、8肋间的胸壁中部（侧卧时）
D. 9、10肋间的胸壁中部（侧卧时）
E. 任意位置

124. 下列属于内疝的是
   A. 脐疝　　B. 阴囊疝　　C. 会阴疝
   D. 膈疝　　E. 腹壁疝

125. 下列**不可能**是先天性疝的是
   A. 腹股沟疝　B. 脐疝　C. 阴囊疝
   D. 膈疝　　E. 会阴疝

126. 比格犬，脐部有一鸽蛋大小肿胀，触诊柔软，按压肿胀可变小，则该病最可能是
   A. 肿瘤　　B. 脓肿　　C. 血肿
   D. 疝　　　E. 淋巴外渗

127. **不可能**作为阴囊疝内容物的器官是
   A. 小肠　　B. 子宫　　C. 网膜
   D. 肠系膜　E. 大肠

128. 真胃左方变位整复术中，真胃固定正确的是
   A. 固定线应穿过真胃壁　B. 固定线应穿过大网膜　C. 固定线应固定于左侧腹壁　D. 应用结节缝合固定
   E. 应用羊肠线固定

129. 犬肠管断端吻合时，第一针缝合应选择在
   A. 肠系膜对侧　B. 肠系膜侧
   C. 任意部位都行　D. 肠系膜与其对侧之间　E. 出血多的部位

130. 肛门囊腺摘除手术时，切口位置应在肛门周围
   A. 2点、10点处　B. 3点、9点处
   C. 4点、8点处　D. 5点、7点处
   E. 6点处

131. 肾脏摘除适应证**错误**的是
   A. 严重肾外伤　B. 肾肿瘤　C. 化脓性肾炎　D. 严重肾结石　E. 肾功能异常

132. 膀胱、尿道结石**不常用**的手术方法有
   A. 膀胱尿道冲击法　B. 阴囊部尿道造口术　C. 阴囊前尿道造口术
   D. 会阴部尿道造口术　E. 前列腺部尿道切开术

133. 关于膀胱破裂治疗原则**错误**的是
   A. 尽快补液　B. 尽早修补　C. 防止尿毒症　D. 控制腹膜炎　E. 治疗原发病

134. 老年犬前列腺增生较为简单、有效的治疗方法是
   A. 去势　B. 切除前列腺　C. 注射雄激素　D. 抗生素治疗　E. 注射FSH

135. 常用的犬去势术切口部位是
   A. 阴囊底部纵切口　B. 阴囊底部横切口　C. 阴囊基部前方纵切口　D. 阴囊基部后方纵切口　E. 阴囊缝隙纵切口

136. 犬剖宫产术时，子宫切开的最佳部位为
   A. 子宫角背侧　B. 子宫角腹侧
   C. 子宫体背侧　D. 子宫体腹侧
   E. 子宫角大弯

137. 关于支跛描述**错误的**是
   A. 抬不高、迈不远　B. 后方短步
   C. 减负或免负体重　D. 患肢着地时间短　E. 蹄音轻

138. 关于悬跛的描述**错误的**是
   A. 抬不高　B. 前方短步　C. 发病部位多在蹄底　D. 迈不远　E. 运步缓慢

139. 根据病因可将骨折分为
   A. 外伤性骨折、病理性骨折　B. 闭合性骨折、开放性骨折　C. 单纯骨折、复杂骨折　D. 骨干骨折、骨骺骨折　E. 不全骨折、全骨折

140. 下列**不属于**骨折愈合并发症的是
   A. 压痛　B. 不愈合　C. 延迟愈合
   D. 畸形愈合　E. 骨质增生

141. 根据骨折发生的解剖位置可将骨折分为
   A. 外伤性骨折、病理性骨折　B. 闭合性骨折、开放性骨折　C. 单纯骨折、复杂骨折　D. 骨干骨折、骨骺骨折　E. 不全骨折、全骨折

142. 骨折愈合过程中，三个阶段的先后顺序是
   A. 血肿机化演进期、骨痂改造塑形期、原始骨痂形成期　B. 血肿机化演进期、原始骨痂形成期、骨痂改造塑形期
   C. 原始骨痂形成期、骨痂改造塑形期、血肿机化演进期　D. 原始骨痂形成期、血肿机化演进期、骨痂改造塑形期
   E. 骨痂改造塑形期、原始骨痂形成期、血肿机化演进期

143. 下列可用于骨折内固定材料的是

A. 纱布绷带　　B. 脱脂棉花　　C. 石膏绷带　　D. 不锈钢丝　　E. 贯穿固定器
144. 下列属于骨折外固定的材料是
A. 髓内针　　B. 接骨板　　C. 骨螺钉　　D. 不锈钢丝　　E. 施罗德-托马斯夹
145. 关节脱位症状**错误**的是
A. 关节变形　　B. 异常活动　　C. 关节肿胀　　D. 肢势改变　　E. 机能障碍
146. 关节脱位的治疗原则是
A. 整复、休息、功能锻炼　　B. 固定、休息、功能锻炼　　C. 整复、固定、功能锻炼　　D. 整复、固定、休息　　E. 固定、功能锻炼、休息
147. 根据股骨头与髋臼的位置不同，髋关节脱位**错误**说法为
A. 前方脱位　　B. 后方脱位　　C. 上外方脱位　　D. 下方脱位　　E. 内方脱位
148. 水牛髌骨上方脱位治疗需切断的韧带为
A. 股胫内侧韧带　　B. 股胫外侧韧带　　C. 膝外侧直韧带　　D. 膝中直韧带　　E. 膝内侧直韧带
149. 马膝内直韧带切断后，适当牵遛至少应保持
A. 1~3 天　　B. 4~6 天　　C. 7~9 天　　D. 10~12 天　　E. 2 周以上
150. 犬髋关节脱位整复手术中，切除大转子的骨切线与股骨长轴呈
A. 20°　　B. 30°　　C. 45°　　D. 60°　　E. 75°
151. 关于髋关节发育异常描述正确的是
A. 多发于小型品种犬　　B. 有遗传性　　C. 多在成年后发病　　D. 多运动可减少该病发生　　E. 可进行股骨切开术进行治疗
152. 对骨折状况最准确判定的检查方法是
A. 视诊　　B. 触诊　　C. 骨生化指标测定　　D. X 射线检查　　E. 抽屉试验
153. 小挑花阉割的适宜年龄为
A. 1~3 月龄　　B. 4 月龄　　C. 5 月龄　　D. 6 月龄　　E. 7 月龄
154. 小挑花切出的脏器是
A. 一侧子宫　　B. 一侧卵巢　　C. 双侧子宫　　D. 双侧卵巢　　E. 双侧卵巢、子宫
155. 大挑花阉割的适宜体重为
A. 小于 5kg　　B. 5~8kg　　C. 8~12kg　　D. 12~17kg　　E. 大于 17kg
156. 大挑花切出的脏器是
A. 一侧子宫　　B. 一侧卵巢　　C. 双侧子宫　　D. 双侧卵巢　　E. 双侧卵巢、子宫

二、A2 题型

题型说明：每道试题由一个叙述性的简要病历（或其他主题）作为题干和五个备选答案组成。A、B、C、D 和 E 五个备选答案中只有一个是最佳答案，其余均不完全正确或不正确，答题时要求选出正确的那个答案。

1. 6 岁猫，施卵巢子宫切除术，用非吸入麻醉，其首选麻醉药是
A. 丙泊酚　　B. 氯胺酮　　C. 硫喷妥钠　　D. 戊巴比妥钠　　E. 地西泮（安定）
2. 3 岁雌犬，因难产需施剖宫产术，以异氟醚进行全身麻醉，合理的麻醉深度应该是
A. 第Ⅰ期　　B. 第Ⅱ期　　C. 第Ⅲ期 2 级　　D. 第Ⅲ期 3 级　　E. 第Ⅳ期
3. 牛皱胃左方变位整复术最常选用的镇静、镇痛、肌松剂为
A. 氯胺酮　　B. 硫喷妥钠　　C. 水合氯醛　　D. 戊巴比妥钠　　E. 静松灵（塞拉唑）
4. 牛助产后发现子宫大出血的止血方法正确的是
A. 压迫止血　　B. 钳夹止血　　C. 结扎止血　　D. 填塞止血　　E. 烧烙止血
5. 一马摔伤后不久背部出现一鸭蛋大小肿块，触诊呈明显的波动感。则该病最可能是
A. 血肿　　B. 淋巴外渗　　C. 脓肿　　D. 肿瘤　　E. 水泡
6. 一成年德牧，最近 1 周来经常挠耳、甩头，现右耳郭内侧肿胀，触之有弹性、波动感。则该病最可能是
A. 血肿　　B. 淋巴外渗　　C. 脓肿　　D. 肿瘤　　E. 水泡
7. 马颈部受钝性外伤，4 天出现一鸡蛋大小肿胀，触之有波动感，穿刺为黄色透明液体，则该病为
A. 血肿　　B. 淋巴外渗　　C. 脓肿　　D. 肿瘤　　E. 水泡
8. 羊摔倒后臀部受到较深的刺创，两个月来随着病羊运动和倒卧，伤口不断流出脓液，则该病最可能是
A. 脓肿　　B. 溃疡　　C. 瘘管　　D. 窦道　　E. 蜂窝织炎

9. 病犬舔咬肛门，从肛周流出脓液和粪便，则该病最可能是
   A. 肛门腺炎　B. 肛周窦道　C. 肛周瘘　D. 肛周脓肿　E. 会阴疝

10. 一水牛突然发生头颈伸直、低头采食、饮水困难症状；颈部触诊发现肌肉僵硬、疼痛。该病最可能是
    A. 颈椎病　B. 颈风湿病　C. 破伤风　D. 狂犬病　E. 颈部挫伤

11. 一马突然发生弓腰、腰僵硬、凹腰反射减弱，卧地后起立困难，行走后躯强拘、步幅缩短，触诊背腰最长肌僵硬如板、凹凸不平。该病最可能是
    A. 腰椎间盘脱出　B. 背腰风湿病　C. 脊髓挫伤　D. 棘突骨折　E. 横突骨折

12. 具有"睑结膜暴露，眼内眦下被毛潮湿"的最可能疾病是
    A. 第三眼睑增生　B. 结膜炎　C. 角膜炎　D. 眼睑外翻　E. 眼球脱出

13. 一犬3天前，体温升高，食欲不振，摇头、挠右耳，耳部流出大量脓性分泌物，现眼球震颤、共济失调。该病最可能是
    A. 外耳炎　B. 中耳炎　C. 内耳炎　D. 耳郭炎症　E. 耳血肿

14. 一10岁母马，突然发生双耳下垂、双眼睑下垂、双侧鼻翼下垂，则该马最可能患
    A. 末梢性面神经麻痹　B. 中枢性面神经麻痹　C. 脑水肿　D. 脑炎　E. 脑积水

15. 一犬从七楼摔下，1h后出现可视黏膜苍白、脉搏快而细弱、腹围增大的症状，则该犬最可能发生了
    A. 胃破裂　B. 膀胱破裂　C. 脾脏破裂　D. 肠管破裂　E. 肾挫伤

16. 一水牛不慎摔倒后，未见小便，腹围逐渐增大，2d后精神沉郁、食欲废绝，则该牛最可能患
    A. 胃破裂　B. 膀胱破裂　C. 脾脏破裂　D. 肠管破裂　E. 肾挫伤

17. 一头奶牛，精神沉郁，食欲下降，颈静脉怒张，体温41.5℃，触诊剑状软骨区疼痛、敏感，白细胞总数升高，心音模糊不清，心率120次/分钟，心区穿刺放出脓性液体。手术治疗正确的操作步骤之一是
    A. 网胃切开　B. 膈肌破裂口间断缝合　C. 左侧第八肋骨部分截除　D. 右侧第八肋骨部分截除　E. 心包切口边缘与皮肤创缘连续缝合

18. 奶牛，5岁，右侧腹壁有一直径约30cm的肿胀物，触诊局部柔软，用力推压内容物可还纳腹腔，并可摸到腹壁有一直径约10cm的破裂孔，最佳治疗方案是
    A. 热敷　B. 手术修补　C. 封闭疗法　D. 涂擦刺激剂　E. 安置压迫绷带

19. 一幼驹出生4天来腹围逐渐增大，频频做排粪姿势，未见大便排出；不食，肛门处皮肤向外突起，则该病最可能是
    A. 便秘　B. 直肠肿瘤　C. 先天性巨结肠　D. 锁肛　E. 腹水

20. 一老年猫半个月来排便困难，常里急后重，频繁排便，仅能排出少量浆液性或带血丝的黏液性粪便；病犬腹围隆起，似桶状。该病最可能是
    A. 直肠炎　B. 腹水　C. 腹腔肿瘤　D. 巨结肠　E. 肥胖

21. 一老年母猪，腹泻数天后肛门外形成一呈暗红色半圆球形的突出物，现发展为一圆柱状突出物，其表面沾有泥土和草屑等，病猪不安、频频努责，做排粪肢势。则该猪最可能患
    A. 直肠脱　B. 脱肛　C. 直肠肿瘤　D. 肛门肿瘤　E. 肛周炎

22. 一公牛数天来一直努责、不安、频作排尿状但无尿排出，现腹围逐渐增大，触诊腹部有波动感。则该病最可能是
    A. 肾炎　B. 肾衰竭　C. 膀胱炎　D. 膀胱破裂　E. 尿道炎

23. 奶牛滑到后出现跛行，应用跛行诊断法确定患肢，首先的方法是
    A. 问诊　B. 听诊　C. 触诊　D. 叩诊　E. 视诊

24. 马，2岁，右侧后肢经常突然不能伸展，行走呈三脚跳，经X线检查髌骨偏离滑车，需进行滑车成形术，滑车软骨剔除量应该是能容纳髌骨的
    A. 5%　B. 10%　C. 20%　D. 30%　E. 50%

25. 一京巴犬，因争斗致角膜严重破损，眼球内容物脱出，还纳的可能性很小。在尽量不影响犬容貌的情况下，摘除眼球手术最佳在
    A. 角膜处做环形切口　B. 睑结膜处做环形切口　C. 球结膜处做环形切口

D. 上眼睑外侧缘做弧形切口　　E. 下眼睑外侧缘做梭形切口

三、A3/A4题型

题型说明：2~3个相关的问题，每个问题均与开始的题干有关。每个问题均有5个备选答案，需要选择一个最佳答案。

(1~3题共用以下题干)

一奶牛，颈部食管梗阻，保守治疗无效，欲对其进行手术治疗，先对其进行麻醉。

1. 最适宜该手术的麻醉方法
   A. 表面麻醉　　B. 浸润麻醉　　C. 传导麻醉　　D. 全身麻醉　　E. 吸入麻醉
2. 最适合该麻醉的麻醉药是
   A. 丁卡因　　B. 利多卡因　　C. 846合剂　　D. 犬眠宝　　E. 乙醚
3. 该麻醉药的最适浓度为
   A. 0.25%　　B. 0.5%　　C. 1%　　D. 2%　　E. 4%

(4~8题共用以下题干)

一水牛，肌内注射药物，1周后臀部注射部位发现一肿胀，病牛精神、饮食、二便正常。

4. 根据上述症状，该牛最不可能患
   A. 血肿　　B. 淋巴外渗　　C. 脓肿　　D. 疝　　E. 挫伤
5. 若触诊，初期肿胀局部温度增高、坚实，后期有波动感，则如何确诊该病
   A. 血常规检查　　B. X光检查　　C. 穿刺检查　　D. 血液生化检查　　E. 叩诊检查
6. 若该病为脓肿且边界已明显，则下列治疗错误的是
   A. 复方醋酸铅溶液冷敷　　B. 鱼石脂软膏涂擦　　C. 温热疗法　　D. 超短波疗法　　E. 抗生素治疗
7. 切开排脓、清洗创口时，首选的药物是
   A. 30%双氧水　　B. 3%双氧水　　C. 5%碘酊　　D. 生理盐水　　E. 灭菌水
8. 排脓引流时，引流条引出的位置应在
   A. 脓肿的中央　　B. 脓肿的最高点　　C. 脓肿的最低点　　D. 脓肿的任何位置　　E. 脓液最多的位置

(9~11题共用以下题干)

一奶牛，产后瘫痪，右侧颈静脉注射氯化钙后症状明显改善。2天后右侧颈部出现明显渐进性肿胀，热痛反应明显。病牛精神尚可，全身症状不明显。

9. 根据以上描述，该牛最可能患
   A. 颈部脓肿　　B. 颈静脉炎　　C. 颈部蜂窝织炎　　D. 颈部挫伤　　E. 痈
10. 关于该病的治疗错误的是
    A. 在隆起部下缘切开皮肤、排液
    B. 向患部注射10%~20%硫酸钠
    C. 继续使用氯化钙制止渗出
    D. 全身应用抗生素
    E. 向隆起皮下注射生理盐水40~50mL
11. 若随着病程发展、病牛精神不振、体温升高，颈部多处破溃，不断流出脓液，突然流出大量血液。则该病治疗首先应考虑
    A. 控制炎症　　B. 全身止血　　C. 颈静脉部分切除　　D. 控制体温　　E. 调整酸碱、电解质平衡

(12~14题共用以下题干)

一山羊放牧时摔倒，被一锈铁丝划伤，伤口较深。数天后伤口周围出现水肿和剧痛，创面分泌出红褐色、带有气泡的恶臭液体，创内组织呈褐色；病羊体温升高，全身症状显著。

12. 该创口病原菌最可能是
    A. 葡萄球菌　　B. 绿脓杆菌　　C. 腐败杆菌　　D. 大肠杆菌　　E. 链球菌
13. 处理该创口时，最有效的药物是
    A. 0.1%新洁尔灭　　B. 灭菌生理盐水　　C. 3%双氧水　　D. 3%硼酸　　E. 青霉素溶液
14. 创口处理时，错误的是
    A. 扩创　　B. 引流　　C. 冲洗　　D. 清除坏死组织　　E. 缝合创口

(15、16题共用以下题干)

一军犬在执行任务时被弹片刺伤颈部，现饮水、采食时，有水和食糜从颈部溢出；颈部僵硬，发生大面积肿胀。

15. 该犬发生的疾病是
    A. 闭合性食管透创　　B. 食管瘘　　C. 食管窦道　　D. 食道坏疽　　E. 颈椎损伤
16. 对该病治疗错误的是
    A. 尽快切开，清理创口　　B. 修整、缝合食管　　C. 密闭缝合创口　　D. 术后禁食3~5d　　E. 抗生素治疗

(17、18题共用以下题干)

一京巴犬，雌性，10岁。2个月前主人发现该犬右侧一乳房肿胀，现已有鸡蛋大小，触诊较硬，表面皮肤破溃，有臭味。在该肿块前方皮下也有一小硬块。病犬其他未见异常。

17. 该病最可能是

A. 腹壁疝　　B. 脓肿　　C. 溃疡
D. 窦道　　E. 乳腺瘤
18. 该病最有效的治疗方法是
　　A. 注射长春新碱　　B. 手术修补
　　C. 注射抗生素　　D. 清创、引流
　　E. 手术摘除
（19～21题共用以下题干）
　　一耕牛发生右后肢提举困难，运步强拘，明显悬跛，跛行程度随运动而减轻，倒地后起立困难。跛行程度随天气变化时轻时重。
19. 根据上述症状，该病最可能是
　　A. 蹄叶炎　　B. 腐蹄病　　C. 坐骨神经炎　　D. 风湿病　　E. 膝关节炎
20. 若要确诊该病，下列检查方法最合适的是
　　A. 水杨酸钠皮内反应试验　　B. 血液生化分析　　C. X射线检查　　D. 它动试验　　E. 局部触诊
21. 对该病的治疗，下列描述中**错误**的是
　　A. 激光理疗　　B. 青霉素　　C. 氢化可的松　　D. 水杨酸钠　　E. 加强运动
（22～24题共用以下题干）
　　一病牛初期角膜周围充血，羞明流泪，角膜表面粗糙，呈灰白色，有树状血管分支。
22. 该病最可能是
　　A. 角膜炎　　B. 结膜炎　　C. 睑炎
　　D. 全眼炎　　E. 巩膜炎
23. 对患眼进行冲洗时，最合适的药物是
　　A. 2%～3%硼酸　　B. 1%新洁尔灭
　　C. 1%雷夫奴尔　　D. 蒸馏水　　E. 糖盐水
24. 对患眼点眼用药时，用药的最佳部位是
　　A. 眼睑　　B. 角膜　　C. 结膜缘
　　D. 结膜囊　　E. 巩膜
（25～27题共用以下题干）
　　夏季，某奶牛场部分青年牛出现体温升高、精神沉郁、食欲不振、奶产量下降症状；同时患牛眼睛发生羞明、流泪、眼睑痉挛和闭锁、局部增温，并表现出角膜炎和结膜炎症状，多数病牛形成圆锥形角膜。
25. 该病的病原是
　　A. 结瘤拟杆菌　　B. 衣原体　　C. 支原体　　D. 钩端螺旋体　　E. 牛莫拉菌
26. 角膜镜检查患眼时，同心圆呈
　　A. 规则圆形　　B. 椭圆形　　C. 梨形
　　D. 波纹状　　E. 部分残缺
27. 该病预防措施**错误**的是

A. 避免阳光直射眼睛　　B. 牛舍除尘
C. 灭蝇　　D. 牛置于通风处　　E. 定期用1.5%硝酸银溶液点眼
（28～30题共用以下题干）
　　一犬经常摇头、挠耳郭，外耳道检查见皮肤充血、耳垢较多，有黄色脓性分泌物，有臭味。
28. 该病为
　　A. 外耳炎　　B. 中耳炎　　C. 内耳炎
　　D. 耳郭炎症　　E. 耳血肿
29. 若耳部分泌物真菌培养阳性，主要治疗药物应选择
　　A. 头孢拉定　　B. 氧氟沙星　　C. 伊维菌素　　D. 酮康唑　　E. 甲硝唑
30. 若不及时治疗，外耳道皮肤增生、肥厚，导致外耳道阻塞、听力丧失，最适合的治疗是
　　A. 外侧直耳道切除术　　B. 全直外耳道切除术　　C. 全外耳道切除术　　D. 增生切除　　E. 高锰酸钾粉局部涂擦
（31～34题共用以下题干）
　　一头奶牛，5岁，最近表现转圈运动，触诊额骨变薄、松软，皮肤隆起。
31. 该牛最可能的疾病是
　　A. 额骨骨折　　B. 额部脓肿　　C. 脑多头蚴　　D. 结核病　　E. 放线菌病
32. 该病最有效的治疗措施是
　　A. 固定额骨　　B. 注射抗生素　　C. 注射抗病毒药　　D. 圆锯术取出多头蚴　　E. 切开排脓
33. 该动物接受治疗时需要用到的特殊器械是
　　A. 骨凿　　B. 圆锯　　C. 接骨板
　　D. 不锈钢丝　　E. 骨螺钉
34. 如手术治疗该病，则**不可采用**的皮肤切口形状
　　A. "工"字形　　B. "十"字形
　　C. "U"字形　　D. "1"字形　　E. 圆形
（35～37题共用以下题干）
　　水牛，1个月来低头时双侧鼻孔不断流出脓性鼻液，呼吸困难，有鼻狭窄音，现额骨隆起。
35. 该病最可能是
　　A. 鼻炎　　B. 感冒　　C. 上呼吸道感染
　　D. 额窦蓄脓　　E. 额部肿瘤
36. 叩诊额部时可能出现
　　A. 清音　　B. 金属音　　C. 实音
　　D. 鼓音　　E. 浊音
37. 若手术治疗时，则该手术名称为
　　A. 鼻腔冲洗术　　B. 鼻背侧骨切开术

C. 肿瘤摘除术　　D. 圆锯术　　E. 鼻腔扩张术

（38~42题共用以下题干）

京巴犬，半个月来精神、饮食正常，下颌下方逐渐出现馒头大小肿胀，触诊柔软。

38. 该病可能是
　　A. 血肿、疝　　B. 淋巴外渗、脂肪瘤
　　C. 疝、脓肿　　D. 唾液腺囊肿、脂肪瘤
　　E. 脓肿、唾液腺囊肿

39. 要确诊该病，可采用
　　A. 触诊　　B. X线检查　　C. B超检查
　　D. 穿刺检查　　E. 血液生化检查

40. 如该肿胀破溃后流出金黄色带血色黏液，则该病的病因是
　　A. 局部血管破裂　　B. 局部淋巴管破裂
　　C. 局部化脓菌感染　　D. 唾液腺或其导管破裂　　E. 局部癌变组织液化

41. 若该病为唾液腺囊肿，手术治疗切口应选择在
　　A. 囊肿的正下方　　B. 囊肿的左侧壁
　　C. 囊肿的右侧壁　　D. 患侧舌下腺皮肤投影部位　　E. 患侧颌下腺皮肤投影部位

42. 若该病为唾液腺囊肿，舌下腺的分离方式是
　　A. 用手术刀锐性切开周围组织　　B. 用手术剪锐性分离周围组织　　C. 用手指将其轻轻拉出　　D. 用两把止血钳交替将其拉出　　E. 不需分离舌下腺

（43~45题共用以下题干）

一马耳下局部出现疼痛、肿胀及增温，触之敏感。病马流涎、食欲减退、吞咽困难。

43. 根据上述症状，该病最可能是
　　A. 淋巴外渗　　B. 肿瘤　　C. 囊肿
　　D. 腮腺炎　　E. 血肿

44. 若此时对其进行治疗，正确的措施是
　　A. 冷敷　　B. 切开、引流　　C. 硝酸银处理局部　　D. 局部使用鱼石脂软膏
　　E. 维持电解质平衡

45. 若肿胀破裂，长期向体外排出脓及分泌物，则**错误**的治疗措施为
　　A. 需抗生素治疗　　B. 手术切除腮腺
　　C. 局部热敷　　D. 用双氧水冲洗
　　E. 安置引流条

（46~49题共用以下题干）

一8月龄萨摩耶犬，抢食骨头时突然退出争抢，采食固体食物呕吐，仅能少量饮水。X线检查在第7~9肋间食道处有高密度影像。

46. 手术治疗该病最合适麻醉药是
　　A. 846合剂　　B. 犬眠宝　　C. 舒泰
　　D. 氯胺酮　　E. 异氟醚

47. 切除第8肋骨时，**不必使用**的器械是
　　A. 手术刀　　B. 骨膜剥离器　　C. 肋骨骨膜剥离器　　D. 肋骨剪　　E. 持骨钳

48. 打开胸腔后，隔离食管前应先切开
　　A. 右主动脉弓遗迹　　B. 膈肌　　C. 纵隔　　D. 纤维膜　　E. 包膜

49. 闭合胸腔时，关于胸膜缝合描述正确的是
　　A. 单独做连续缝合　　B. 单独做锁边缝合　　C. 单独做结节缝合　　D. 单独做水平褥式缝合　　E. 与肋间肌一起做连续或结节缝合

（50~52题共用以下题干）

一头奶牛2h前跑出牛舍、偷食山芋后出现流涎、瘤胃鼓起等症状，触诊左侧颈中部有一硬块；食道探查，胃导管不能进入瘤胃。

50. 该病最可能为
　　A. 食道阻塞　　B. 颈部肿瘤　　C. 颈部脓肿　　D. 颈部淋巴外渗　　E. 颈部血肿

51. 如选择下方切口，则切开皮肤和皮肌后，接着分离的肌肉是
　　A. 胸骨舌骨肌　　B. 胸头肌　　C. 臂头肌　　D. 肩胛舌骨肌　　E. 三角肌

52. 食管暴露后，应对其进行
　　A. 切开　　B. 隔离　　C. 冲洗
　　D. 止血　　E. 按摩

（53~55题共用以下题干）

一奶牛，走路时摔倒，在右侧肷部皮肤局部被毛脱落，表面有擦伤，出现一拳头大小肿胀。

53. 根据以上描述，该牛**最不可能**发生的疾病是
　　A. 挫伤　　B. 血肿　　C. 淋巴外渗
　　D. 肿瘤　　E. 腹壁疝

54. 如触诊，肿胀物柔软；挤压肿胀物，其大小可随压力大小而发生改变，则该病是
　　A. 血肿　　B. 肿瘤　　C. 淋巴外渗
　　D. 腹壁疝　　E. 囊肿

55. 如对肿胀穿刺为红色液体，则下列治疗中正确的是
　　A. 立即切开止血　　B. 立即用绷带压迫出血部位　　C. 立即穿刺抽出血液
　　D. 4~5天后全身应用止血药　　E. 用鱼石脂涂抹患处

(56～60题共用以下题干)

一奶牛采食大量山芋藤后发生瘤胃积食，采用保守治疗后无效，现对其进行手术治疗。

56. 手术治疗时，其最合适的切口位置是
   A. 左侧肷部前切口   B. 左侧肷部中切口   C. 右侧肷部中切口   D. 右侧肷部后切口   E. 腹中线切口

57. 该手术传导麻醉时，由前往后麻醉的神经是
   A. 最后肋间神经、髂腹股沟神经、髂下腹神经   B. 最后肋间神经、髂下腹神经、髂腹股沟神经   C. 髂下腹神经、髂腹股沟神经、最后肋间神经   D. 髂腹股沟神经、髂下腹神经、最后肋间神经   E. 髂腹股沟神经、最后肋间神经、髂下腹神经

58. 固定瘤胃时，是将瘤胃固定在
   A. 腹膜上   B. 腹内斜肌肉上   C. 腹外斜肌上   D. 腹黄筋膜上   E. 皮肤上

59. 该手术中由无菌向有菌转变的操作是
   A. 切开皮肤   B. 切开腹膜   C. 切开瘤胃壁   D. 缝合瘤胃壁   E. 缝合腹膜

60. 手术中，洞巾的作用是
   A. 隔离瘤胃、保护瘤胃   B. 使术野美观   C. 防止术者被污染   D. 防止瘤胃内容物流出   E. 减少瘤胃的污染

(61～63题共用以下题干)

一奶牛空肠梗阻，采用保守治疗后无效，现对其进行手术治疗。

61. 手术治疗时，其最合适的保定是
   A. 右侧卧保定   B. 右侧卧保定＋后肢前方转位   C. 仰卧保定   D. 右侧在外的站立保定   E. 左侧在外的站立保定

62. 肠管切开时，肠管切开的部位是
   A. 肠系膜对侧   B. 肠系膜侧   C. 肠管的侧壁   D. 肠侧壁靠近肠系膜处   E. 肠管侧壁远离肠系膜处

63. 手术中防止健康肠管内粪便向肠管切开处运动的器械是
   A. 止血钳   B. 巾钳   C. 舌钳   D. 肠钳   E. 持针钳

(64～66题共用以下题干)

京巴犬，5岁，雌性。1周来病犬排尿时疼痛不安，尿频，尿急，尿中带血。

64. 如尿液检查见大量白细胞、红细胞和脓细胞，尿液呈褐色有氨味，则该病最可能是
   A. 膀胱炎   B. 肾炎   C. 子宫炎内膜炎   D. 阴道炎   E. 尿道炎

65. 若进一步X线检查见腹部有颗粒状高密度影像，则引起该病的病因是
   A. 膀胱肿瘤   B. 膀胱息肉   C. 膀胱结石   D. 肾结石   E. 尿道结石

66. 该病的根治方法是
   A. 抗菌消炎   B. 肾脏摘除术   C. 肾脏切开取结石   D. 膀胱切开取结石   E. 尿道造口术

(67～70题共用以下题干)

一头公牛，4岁，性情暴躁，好攻击，欲对其行去势术。

67. 该手术的最佳保定方法是
   A. 站立保定   B. 右侧卧保定   C. 左侧卧保定   D. 右侧卧保定＋后肢前方转位   E. 仰卧保定

68. 该手术最合适的切口位置在
   A. 阴囊基部前方   B. 阴囊基部后方   C. 阴囊缝隙处   D. 阴囊缝隙两侧纵切   E. 阴囊中部横切

69. 总鞘膜切开后，为方便睾丸和精索的牵引，常先剪断
   A. 白膜   B. 阴囊韧带   C. 附睾韧带   D. 总鞘膜   E. 固有鞘膜

70. 精索切断前，应对其进行结扎的次数为
   A. 1   B. 2   C. 3   D. 4   E. 5

(71～73题共用以下题干)

一奶牛精神沉郁，食欲下降，不愿站立和走动，反刍停止，泌乳下降，两前肢向前伸出，两后肢伸入腹下。

71. 该牛的发病部位是
   A. 两前肢   B. 两后肢   C. 左侧前后肢   D. 右侧前后肢   E. 无法判定

72. 若强行运步，步样紧张，肌肉震颤；触诊蹄温升高、敲打蹄壁敏感。则该病最可能是
   A. 白线裂   B. 蹄叶炎   C. 蹄裂   D. 钉伤   E. 蹄叉腐烂

73. 若蹄冠潮红，挤压蹄冠有腐败恶臭的黏稠脓液流出，则关于该病防治**错误的**是
   A. 定期修蹄   B. 蹄浴   C. 加强营养，补充蛋白饲料   D. 注射疫苗   E. 抗病育种

(74、75题共用以下题干)

大丹犬,四肢、躯干、腹部多处有铜钱大脱毛区,局部皮屑较多,并有向外扩大趋势。

74. 根据临床表现,该病最不可能的病原是
   A. 马拉色菌   B. 须毛癣菌   C. 球孢子菌   D. 犬小孢子菌   E. 石膏样小孢子菌

75. 如用伍氏灯检查荧光阳性,最适合的治疗药物是
   A. 制霉菌素   B. 伊维菌素   C. 头孢噻呋   D. 赛拉菌素   E. 泰乐菌素

四、B1 题型

题型说明:也是单项选择题,属于标准配伍题。B1 题型开始给出 5 个备选答案,之后给出 2~6 个题干构成一组试题,要求从 5 个备选答案中为这些题干选择一个与其关系最密切的答案。在这一组试题中,每个备选答案可以被选 1 次、2 次和多次,也可以不选用。

(1~3 题共用下列备选答案)
   A. 指压式   B. 执笔式   C. 全握式   D. 反挑式   E. 横握式

1. 切开范围广、用力较大的切开方式是
2. 能够避免损伤深部组织的切开方式是
3. 需要用小力量进行短距离精细操作的切开方式是

(4~6 题共用下列备选答案)
   A. 1/2 弧圆针   B. 直圆针   C. 3/8 弧圆针   D. 3/8 弧三角针   E. 无损伤缝针

4. 血管缝合一般选用
5. 皮肤缝合一般选用
6. 胸部食管缝合一般选用

(7~9 题共用下列备选答案)
   A. 结节缝合   B. 连续缝合   C. 全层连续缝合+库兴氏缝合   D. "8"字缝合   E. 荷包缝合

7. 牛腹膜缝合方式一般为
8. 瘤胃壁缝合方式为
9. 断裂肌腱的缝合方式为

(10~12 题共用下列备选答案)
   A. 结节缝合   B. 库兴氏连续+伦勃特缝合   C. 水平褥式缝合   D. 连续缝合   E. 全层连续+康乃尔缝合

10. 犬肠管端端吻合的缝合方式是
11. 猫脐疝疝孔的缝合方式是
12. 犬膀胱切开的缝合方式是

(13~15 题共用下列备选答案)
   A. 初期缝合   B. 延期缝合   C. 二次缝合   D. 荷包缝合   E. 十字缝合

13. 新鲜创经过彻底外科处理后进行的缝合称为
14. 创伤先进行药物治疗 3~5 天后,无感染后再进行的缝合称为
15. 对无坏死组织、无厌氧菌的肉芽创,经适当外科处理后进行的缝合称为

(16~18 题共用下列备选答案)
   A. 羊肠线   B. 丝线   C. 组织黏合剂   D. 不锈钢丝   E. 尼龙线

16. 骨骼固定最合适的材料是
17. 膀胱缝合最合适的材料是
18. 血管吻合最合适的材料是

(19~21 题共用下列备选答案)
   A. 动脉出血   B. 静脉出血   C. 毛细血管出血   D. 实质器官出血   E. 腔性器官出血

19. 如出血呈点状渗出,则该出血为
20. 如出血速度较快、呈喷射状,则该出血为
21. 如出血呈涌出状,速度较慢,颜色暗红,则该出血为

(22~24 题共用下列备选答案)
   A. 表面麻醉   B. 浸润麻醉   C. 传导麻醉   D. 荐尾麻醉   E. 全身麻醉

22. 牛颈部食道切开术时,最适宜的麻醉是
23. 牛胆囊切开术时,最适宜的麻醉是
24. 犬膀胱切开术时,最适宜的麻醉是

(25~27 题共用下列备选答案)
   A. 单一感染   B. 混合感染   C. 继发感染   D. 再感染   E. 二次感染

25. 由多种病原引起的感染称为
26. 原发病原感染后,经过若干时间又并发他种病原菌感染称为
27. 原发病原菌反复感染则称为

(28、29 题共用下列备选答案)
   A. 局限化   B. 吸收   C. 形成脓肿   D. 转为慢性   E. 感染扩散

28. 当动物机体的抵抗力与致病菌处于相持状态,感染会
29. 当致病菌毒力超过机体抵抗力时,感染会

(30~33 题共用下列备选答案)
   A. 败血症   B. 脓血症   C. 毒脓败血症   D. 菌血症   E. 毒血症

30. 局部化脓灶的细菌栓子间歇性进入血液循环并在机体其他组织器官形成转移性脓肿的疾病称为
31. 少量致病菌进入血液循环内,迅速被机体

防御系统所消除，不引起或仅引起短暂而轻微的全身反应的疾病是

32. 致病菌进入血液循环，持续存在，迅速繁殖，产生大量毒素及组织分解产物而引起严重全身性感染的疾病称为

33. 大量毒素进入血液循环，引起剧烈的全身反应的疾病称为

（34～36题共用下列备选答案）

A. 第一期愈合　　B. 第二期愈合
C. 痂皮下愈合　　D. 延迟愈合
E. 畸形愈合

34. 无菌手术创的愈合方式多为
35. 感染化脓创的愈合方式为
36. 皮肤浅表性损伤的愈合方式多为

（37～39题共用下列备选答案）

A. 溃疡　　B. 窦道　　C. 瘘管
D. 褥疮　　E. 坏疽

37. 皮肤上经久不愈合的病理性肉芽创称为
38. 通过病理性肉芽组织通道使深在组织（结缔组织）化脓创与体表相通的疾病称为
39. 通过病理性肉芽组织通道使体腔与体表相通的疾病称为

（40～42题共用下列备选答案）

A. 角膜　　B. 晶状体　　C. 房水
D. 虹膜　　E. 瞳孔

40. 在烛光映像检查中，若仅第一个映像清晰，则可以肯定功能正常的结构是
41. 在烛光映像检查中，若仅第三个映像不清，则可以肯定功能异常的结构是
42. 眼科检查中，用1%硫酸阿托品点眼后，其大小会发生变化的解剖结构是

（43～45题共用下列备选答案）

A. 白内障　　B. 樱桃眼　　C. 麦粒肿
D. 霰粒肿　　E. 青光眼

43. 房水循环障碍，房水过多，眼内压增高的疾病是
44. 晶状体浑浊，致使光线不能透过的疾病是
45. 第三眼睑肥大而脱出于眼球表面的疾病是

（46～48题共用下列备选答案）

A. 单纯性经静脉炎　　B. 出血性经静脉炎
C. 颈静脉周围炎　　D. 化脓性经静脉炎
E. 血栓性经静脉炎

46. 压迫近血管心端，患部颈静脉怒张不明显，则该病是
47. 压迫近血管心端，肿胀上方颈静脉不同程度充盈，该病是
48. 压迫近血管心端，远端颈静脉不扩张，穿刺无血液，该病是

（49～52题共用下列备选答案）

A. 血胸　　B. 张力性气胸　　C. 闭合性气胸　　D. 开放性气胸　　E. 血气胸

49. 空气经创口进入胸腔后，创口即闭塞，不再有空气进入胸腔的疾病称为
50. 胸腔创口较大，空气随呼吸自由出入胸腔的疾病称为
51. 胸壁创口呈活瓣状，吸气时空气进入胸腔，呼气时不能排出，使胸腔压力不断增加的疾病称为
52. 胸壁透创创口较大，血液流入胸腔的疾病称为

（53～56题共用下列备选答案）

A. 右侧肷部前切口　　B. 右侧肷部中切口　　C. 右侧肷部后切口　　D. 右侧肋骨弓下斜切口　　E. 腹中线切口

53. 牛回肠切开术使用的切口位置是
54. 牛真胃积食的切口位置是
55. 牛空肠切开术的切口位置是
56. 牛十二指肠乙状弯曲处切开术的切口位置是

兽医外科学与手术学参考答案

一、A1题型

1	E	2	C	3	C	4	D	5	A	6	C	7	C	8	D	9	E	10	D
11	A	12	A	13	C	14	E	15	B	16	B	17	C	18	D	19	D	20	B
21	D	22	D	23	D	24	B	25	D	26	A	27	A	28	C	29	D	30	A
31	B	32	C	33	C	34	A	35	B	36	C	37	C	38	E	39	A	40	A
41	A	42	A	43	B	44	D	45	C	46	A	47	A	48	E	49	E	50	E
51	B	52	B	53	B	54	D	55	B	56	C	57	C	58	B	59	C	60	C
61	B	62	B	63	D	64	D	65	D	66	B	67	B	68	B	69	D	70	E
71	C	72	B	73	A	74	B	75	B	76	D	77	B	78	D	79	D	80	D
81	D	82	B	83	B	84	B	85	B	86	B	87	B	88	B	89	D	90	D
91	C	92	C	93	D	94	A	95	C	96	B	97	A	98	C	99	B	100	A

续表

101	E	102	D	103	D	104	B	105	D	106	A	107	B	108	C	109	B	110	C
111	C	112	E	113	E	114	E	115	B	116	E	117	A	118	C	119	A	120	C
121	B	122	C	123	C	124	D	125	E	126	D	127	D	128	C	129	B	130	C
131	E	132	C	133	A	134	A	135	C	136	C	137	D	138	C	139	A	140	E
141	D	142	D	143	D	144	D	145	D	146	D	147	D	148	D	149	E	150	C
151	B	152	D	153	A	154	E	155	E	156	D										

二、A2 题型

1	B	2	E	3	D	4	A	5	A	6	A	7	B	8	D	9	C	10	D
11	B	12	D	13	C	14	B	15	C	16	D	17	B	18	A	19	D	20	D
21	A	22	C	23	A	24	E	25	C												

三、A3/A4 题型

1	B	2	B	3	B	4	D	5	C	6	A	7	B	8	C	9	C	10	C
11	C	12	C	13	C	14	E	15	B	16	C	17	D	18	E	19	D	20	A
21	A	22	A	23	A	24	D	25	D	26	A	27	D	28	A	29	D	30	D
31	C	32	D	33	D	34	E	35	D	36	D	37	D	38	D	39	D	40	D
41	E	42	D	43	D	44	D	45	D	46	D	47	D	48	D	49	E	50	D
51	D	52	D	53	D	54	D	55	D	56	D	57	D	58	D	59	D	60	A
61	D	62	A	63	D	64	A	65	C	66	D	67	D	68	D	69	C	70	C
71	B	72	B	73	C	74	C	75	A												

四、B1 题型

1	C	2	D	3	B	4	E	5	D	6	A	7	B	8	C	9	D	10	A
11	C	12	D	13	C	14	B	15	C	16	D	17	A	18	E	19	C	20	A
21	B	22	B	23	C	24	E	25	D	26	A	27	D	28	D	29	E	30	B
31	D	32	A	33	E	34	A	35	D	36	D	37	D	38	D	39	C	40	C
41	B	42	D	43	E	44	D	45	D	46	D	47	C	48	E	49	C	50	D
51	B	52	E	53	C	54	D	55	D	56	D										

第四节 兽医产科学

一、A1 题型

题型说明：为单项选择题，属于最佳选择题类型。每道试题由一个题干和五个备选答案组成。A、B、C、D 和 E 五个备选答案中只有一个是最佳答案，其余均不完全正确或不正确，答题时要求选出正确的那个答案。

1. 下列激素合成受光照影响的是
 A. MLT　　B. GnRH　　C. FSH　　D. LH
 E. P

2. GnRH 的应用错误的是
 A. 诱导母畜产后发情　B. 提高母畜情期受胎率　C. 提高超数排卵效果　D. 抑制公畜性欲　E. 用于抱窝母鸡催醒

3. FSH 的主要生理作用错误的是
 A. 刺激卵泡的生长发育　B. 与 LH 配合使卵泡产生雌激素　C. 刺激卵巢生长，增加卵巢重量　D. 到达峰值时促进排卵
 E. 刺激次级精母细胞发育

4. 治疗卵泡囊肿最合适的药物是
 A. E　　B. P_4　　C. OT　　D. FSH
 E. LH

5. OT 的主要生理作用错误的是
 A. 刺激输卵管平滑肌收缩　B. 刺激子宫发生强烈收缩　C. 刺激乳腺排乳　D. 分娩时提高血压　E. 使乳腺大导管平滑肌松弛

6. OT的临床应用**错误**的是
   A. 诱发同期发情　B. 提高配种受胎率
   C. 治疗卵泡囊肿　D. 治疗产后子宫出血
   E. 终止误配妊娠

7. 雌激素的主要生理作用**错误**的是
   A. 刺激并维持母畜生殖道发育　B. 可使子宫分泌减少　C. 刺激促乳素的分泌
   D. 促使睾丸萎缩　E. 使母畜产生性欲及性兴奋

8. 可用于治疗持久黄体、黄体囊肿的激素是
   A. P_4　B. $PGF_{2\alpha}$　C. FSH　D. LH
   E. eCG

9. 奶牛性成熟的年龄一般为
   A. 6月龄　B. 12月龄　C. 18月龄
   D. 22月龄　E. 24月龄

10. 母畜始配合适体重因为成年体重的
    A. 50%　B. 60%　C. 70%
    D. 80%　E. 90%

11. 需要交配才能排卵的动物是
    A. 牛　B. 羊　C. 猪　D. 犬
    E. 猫

12. 一个初级卵母细胞可生成的卵子的数为
    A. 1　B. 2　C. 3　D. 4　E. 5

13. 一个初级精母细胞可生成的精子数为
    A. 1　B. 2　C. 3　D. 4　E. 5

14. 牛排卵后在卵泡破裂处首先出现
    A. 黄体　B. 白体　C. 红体
    D. 黄体颗粒　E. 黄体细胞

15. 长日照动物是
    A. 羊　B. 貂　C. 狗　D. 马
    E. 猪

16. 全年多发情动物是
    A. 猪　B. 骆驼　C. 羊　D. 马
    E. 鹿

17. 对母畜发情**没有**影响的是
    A. 光照　B. 营养状况　C. 哺乳
    D. 公畜　E. 其他母畜

18. 通过测定母畜血浆、乳汁或尿液中孕酮的含量，有助于判断
    A. 垂体机能状态　B. 卵泡的大小和数量　C. 母畜的繁殖机能状态　D. 下丘脑内分泌机能状态　E. 子宫内膜细胞的发育状态

19. 一断奶母猪出现阴唇肿胀、阴门黏膜充血、阴道内流出透明黏液。最应做的检查是
    A. B超检查　B. 阴道检查　C. 血常规检查　D. 静立反射检查　E. 孕激素水平检查

20. 母马发情持续的时间为
    A. 5～10天　B. 11～15天　C. 16～20天　D. 21～25天　E. 26～30天

21. 牛排卵时间为
    A. 发情停止后4～16小时　B. 发情结束时　C. 发情开始后不久　D. 发情停止前　E. 发情开始时

22. 猪最适输精时间为
    A. 发情开始时　B. 发情开始后2～5小时　C. 发情开始后6～9小时　D. 发情开始后10～14小时　E. 发情开始后15～30小时

23. 关于精子在生殖道内运行动力来源**错误**的是
    A. 精子自身的泳动　B. 阴道肌的收缩
    C. 子宫颈肌的收缩　D. 子宫肌的收缩
    E. 输卵管的蠕动

24. 羊的妊娠期平均为
    A. 110天　B. 130天　C. 150天
    D. 170天　E. 190天

25. 猪的妊娠期平均为
    A. 90天　B. 105天　C. 114天
    D. 120天　E. 150天

26. 妊娠后子宫变化**错误**的是
    A. 子宫体积增加　B. 子宫壁变厚
    C. 子宫血管变粗　D. 子宫颈紧缩
    E. 子宫重量增加

27. 母畜妊娠后行为变化**错误**的是
    A. 怀孕后初期消化能力增强，营养状况改善　B. 怀孕后期消化能力减弱，动物可能消瘦　C. 妊娠后期排粪、排尿次数增多　D. 呼吸次数增多，多变为腹式呼吸　E. 母畜行动拘谨、稳重

28. 终止妊娠的适应证**不包括**
    A. 胎儿过多　B. 胎水过多　C. 骨盆肿瘤　D. 胎儿畸形　E. 母畜创伤性心包炎

29. 可用于终止妊娠的药物是
    A. 地塞米松、氟米松　B. 氯前列烯醇、促性腺激素释放激素　C. 雌激素、促黄体素　D. 抑制素、人绒毛膜促性腺激素　E. 促黄体素、孕酮

30. 属于弥散型胎盘的动物是
    A. 马　B. 牛　C. 羊　D. 犬
    E. 猴

31. 属于子叶型胎盘的动物是
   A. 马   B. 牛   C. 兔   D. 犬
   E. 猴
32. 提示奶牛将于数小时至1天内分娩的特征征兆是
   A. 漏乳   B. 乳房膨胀   C. 精神不安
   D. 阴唇松弛   E. 子宫颈松软
33. 奶牛出现尾高举,尾根塌陷,1、2、3尾椎骨显露,则该牛应即将
   A. 性成熟   B. 体成熟   C. 发情
   D. 配种   E. 分娩
34. 胎儿分泌的对分娩有启动作用的激素是
   A. 甲状腺素   B. 孕酮   C. 催产素
   D. 肾上腺皮质激素   E. 松弛素
35. 对分娩启动**没有**关系的是
   A. 孕酮增加   B. 子宫压力增加
   C. 雌激素增加   D. 催产素增加
   E. 前列腺素增加
36. 单胎动物分娩时,子宫收缩
   A. 从孕角尖端开始   B. 孕角整体进行
   C. 从子宫体开始   D. 从子宫颈胎儿之前开始   E. 从子宫颈胎儿之后开始
37. 软产道**不包括**
   A. 子宫   B. 子宫颈   C. 阴道
   D. 前庭   E. 阴门
38. 胎儿正常生产的向、位是
   A. 纵向、下位   B. 纵向、侧位
   C. 纵向、上位   D. 横向、上位
   E. 横向、下位
39. 分娩过程中胎儿最难通过母体盆腔的部位是
   A. 头部   B. 肩胛部   C. 胸廓部
   D. 腹部   E. 骨盆
40. 新生仔畜接生处理**错误**的是
   A. 擦干羊水   B. 恰当断   C. 保温
   D. 帮助排胎粪   E. 防止窒息
41. 下列属于自发性流产的是
   A. 营养不良性流产   B. 生殖激素失调性流产   C. 孕后输精后流产   D. 过度使役后流产   E. 胚胎发育停滞后流产
42. 可引起自发性流产的寄生虫病是
   A. 焦虫病   B. 锥虫病   C. 鞭虫病
   D. 血吸虫病   E. 弓形体病
43. 治疗马妊娠毒血症**错误**的是
   A. 静脉注射肌醇   B. 静脉注射葡萄糖
   C. 静脉注射维生素C   D. 口服食母生

E. 注射抗生素
44. 分娩时阴道检查内容包括
   A. 阴道的松软及润滑程度   B. 子宫颈的松软及开张程度   C. 骨盆腔的大小
   D. 胎儿的向、位、势   E. 母畜荐坐韧带的松弛程度
45. 牵引术的适应证包括
   A. 骨盆绝对狭小   B. 子宫颈三度开张不全   C. 胎儿早产   D. 子宫弛缓
   E. 胎儿畸形
46. 牵引术实施正确的是
   A. 胎儿前腿应向后向下牵引进入骨盆腔
   B. 应将两前腿拉对齐后再同时牵引两腿
   C. 胎儿通过骨盆腔时,水平向后拉
   D. 马胎头出骨盆腔时,应向上向后拉
   E. 胎头通过阴门时,拉力方向应略向上
47. 矫正术施行的部位应在
   A. 腹腔   B. 盆腔   C. 子宫颈处
   D. 阴道内   E. 前庭处
48. 胎儿腹横向且身体两端距骨盆入口距离大致相等时,其矫正正确的是
   A. 将胎头和前肢拉向骨盆入口   B. 将两后肢拉向骨盆入口   C. 将四肢拉向骨盆入口   D. 将头拉向骨盆入口
   E. 将两前肢拉向骨盆入口
49. 截除胎儿后肢必须使用的器械是
   A. 绳导   B. 胎儿绞断器   C. 线锯
   D. 指刀   E. 推拉梃
50. 引起猪继发性子宫迟缓的主要原因是
   A. 体质虚弱   B. 胎水过多   C. 身体肥胖   D. 子宫肌疲劳   E. 催产素分泌不足
51. 子宫弛缓治疗正确的是
   A. 注射孕酮   B. 注射阿托品   C. 注射葡萄糖及钙剂   D. 注射氯前列烯醇
   E. 直接行牵引术
52. 子宫痉挛处理**错误**的是
   A. 指尖掐压病畜背部皮肤   B. 注射镇静药   C. 注射催产素   D. 行牵引术
   E. 行剖宫产术
53. 剖宫产手术适应证**错误**的是
   A. 骨盆腔狭小   B. 阴道极度肿胀、狭窄   C. 子宫颈一度扩张不全   D. 子宫闭锁   E. 胎儿畸形
54. 对预防难产有积极意义的措施是
   A. 防止骨盆狭窄,避免过早配种
   B. 防止胎儿过大,减少母畜营养

C. 防止母畜劳累，禁止使役和运动
D. 减少环境改变，生产应在原厩舍进行
E. 做好育种工作，选大体格种畜配种

55. 治疗牛胎衣不下，子宫内给药位置应在
    A. 子宫腔内　B. 子叶内　C. 子宫黏膜与胎膜之间　D. 子宫阜内　E. 子宫黏膜内

56. 剥离牛胎衣时，**错误**的操作是
    A. 先消毒　B. 在胎膜和子宫黏膜之间剥离　C. 动作要轻　D. 剥离要完整
    E. 应将子宫阜一起剥离

57. 关于奶牛生产瘫痪病因**错误**的是
    A. 分娩前大量钙质进入初乳　B. 分娩前后肠道吸收钙质减少　C. 血镁浓度过高　D. 血镁浓度过低　E. 大脑皮质缺氧

58. 高产奶牛顺产后出现知觉丧失、不能站立，首先应考虑
    A. 酮病　B. 产道损伤　C. 产后瘫痪
    D. 生产瘫痪　E. 母牛卧地不起综合征

59. 常见引起马产后瘫痪的神经损伤是
    A. 坐骨神经损伤　B. 闭孔神经损伤
    C. 臀神经损伤　D. 脊神经损伤
    E. 阴部神经损伤

60. 牛子宫全脱整复过程中**不合理**的方法是
    A. 荐尾间硬膜外麻醉　B. 子宫腔内放置抗生素　C. 牛体位保持前高后低
    D. 皮下或肌内注射催产素　E. 对脱出子宫进行清洗、消毒、复位

61. 排卵延迟及不排卵的治疗药物**错误**的是
    A. FSH　B. LH　C. hCG　D. 雌激素　E. 前列腺素

62. 关于慢性子宫内膜炎治疗**错误**的是
    A. 可进行子宫冲洗　B. 可子宫内给药
    C. 先后注射雌激素和催产素　D. 胸膜外封闭疗法　E. 肌内注射孕酮

63. 对新生仔畜窒息处理失当的是
    A. 迅速擦净或吸出仔畜鼻孔及口腔内的羊水　B. 提起仔畜后肢抖动，并有节律轻压胸腹部　C. 用浸有氨水的棉球刺激鼻黏膜　D. 肌内注射尼可刹米
    E. 向仔畜身上浇洒温水

64. 新生仔畜溶血症治疗**错误**的是
    A. 立即停止哺喂母乳　B. 换母畜哺乳
    C. 人工哺乳　D. 输母亲全血　E. 找其他动物代养

65. 关于脐尿瘘描述**错误**的是

A. 是由脐尿管封闭不全引起的　B. 症状为脐孔中滴尿或流尿　C. 可引起脐疝　D. 可用鱼石脂软膏进行治疗
E. 不一定进行手术治疗

66. 奶牛乳腺炎预防措施**错误**的是
    A. 规范挤奶操作　B. 挤奶前、后乳头药浴　C. 干奶期控制在1个月之内
    D. 干奶期向乳房注射长效抗生素
    E. 抗乳腺炎育种

67. 奶牛乳房浮肿治疗正确的是
    A. 乳房按摩和冷敷　B. 增加精料供给
    C. 增加多汁饲料供给　D. 较少饮水量
    E. 皮肤穿刺放液

68. 乳池闭锁治疗**错误**的是
    A. 用液氮冷冻闭锁组织　B. 用高频电刀切除闭锁组织　C. 用冠状刀切除闭锁组织　D. 挤奶前用乳导管穿通闭锁部导乳　E. 挤奶前用粗针头（磨平尖端）穿通闭锁部导乳

69. 酒精阳性奶的可能病因**错误**的是
    A. 过敏和应激反应　B. 饲料中食盐不足　C. 饲料中钙质不足　D. 雌激素水平过低　E. 肝脏功能障碍

70. 关于酒精阳性奶治疗**错误**的是
    A. 平衡日粮和精粗料比例　B. 做好保温、防暑工作　C. 内服柠檬酸钠、磷酸二氢钠　D. 静注10%氯化钠
    E. 口服适量70%酒精

71. 母马性成熟年龄一般为
    A. 6月龄　B. 12月龄　C. 18月龄
    D. 23月龄　E. 30月龄

72. 母猪性成熟年龄一般为
    A. 3～4月龄　B. 6～8月龄　C. 10～12月龄　D. 13～15月龄　E. 18月龄

73. 阴道授精型动物，雌性生殖道"栏筛"样结构有
    A. 5个　B. 4个　C. 3个　D. 2个
    E. 1个

74. 受精过程中，精子进入卵子应穿过的屏障有
    A. 5层　B. 4层　C. 3层　D. 2层
    E. 1层

75. 提示猪3天左右即将分娩的特征征兆是
    A. 中部两对乳头挤出清亮液体　B. 前部两对乳头挤出清亮液体　C. 后部两对乳头挤出清亮液体　D. 前部两对乳头挤出白色初乳　E. 中部两对乳头挤

出白色初乳
76. 马胎衣排出期为
    A. 5~90min   B. 100~150min
    C. 160~200min   D. 210~250min
    E. 260~300min
77. 产后恶露正常排出时间**错误**的是
    A. 奶牛约为产后10~20天   B. 绵羊约为产后4~6天   C. 山羊约为产后5~7天   D. 猪约为产后2~3天   E. 马约为产后2~3天

二、A2题型

题型说明：每道试题由一个叙述性的简要病历（或其他主题）作为题干和五个备选答案组成。A、B、C、D和E五个备选答案中只有一个是最佳答案，其余均不完全正确或不正确，答题时要求选出正确的那个答案。

1. 一奶牛妊娠270天，卧下时发现前庭及阴道下壁形成一皮球大、粉红湿润并有光泽的瘤状物住在阴门内，站立时，肿胀回缩。该病最可能是
    A. 阴道肿瘤   B. 阴道脱出   C. 阴道血肿   D. 阴道脓肿   E. 子宫外翻
2. 一山羊怀孕130天时出现精神沉郁、瞳孔散大，视力减退，角膜反射消失，意识紊乱；后精神极度沉郁，黏膜黄染，呼出有丙酮味的气体，视觉消失。该病最可能是
    A. 败血症   B. 脑炎   C. 妊娠毒血症   D. 视神经炎   E. 脓血症
3. 奶牛，2.5岁，产后已经18小时，仍表现弓背和努责，时有污红色带异味液体自阴门流出。治疗原则为
    A. 增加营养和运动量   B. 剥离胎衣、增加营养   C. 抗菌消炎和增加运动量   D. 促进子宫收缩和抗菌消炎   E. 促进子宫收缩和运动量
4. 一奶牛产后3天来精神不佳、食欲减退，现体温40~41℃、脉搏、呼吸加快，结膜充血、微带黄色，精神沉郁、食欲废绝、反射迟钝，卧地不起，泌乳量骤减；阴道内常流出少量带有恶臭的污红色液体，内含组织碎片；触诊腹壁紧张。该病最可能是
    A. 生产瘫痪   B. 产后截瘫   C. 产后败血症   D. 尿素中毒   E. 奶牛酮病
5. 一奶牛发情配种4个月后，直肠检查子宫未有妊娠变化，左侧卵巢有一充满液体、突出于卵巢表面的结构；母牛一直未有发情表现，但荐坐韧带松弛。则该病是
    A. 卵巢机能减退   B. 排卵延迟   C. 卵巢囊肿   D. 不排卵   E. 卵泡交替发育
6. 一马，8岁，表现发情症状20余天，数次直肠检查卵泡未见异常，则该病最可能为
    A. 卵泡囊肿   B. 卵巢囊肿   C. 排卵延迟   D. 卵泡萎缩   E. 慕雄狂
7. 一奶牛从阴道中流出灰黄色黏稠脓性分泌物，阴道检查见阴道壁充血、肿胀，局部有溃疡、底壁有分泌物沉淀。该病最可能是
    A. 子宫积液   B. 子宫积脓   C. 慢性子宫内膜炎   D. 子宫颈炎   E. 阴道炎
8. 某奶牛分娩后不久乳房肿大、坚实，触之硬、痛，随后患部皮肤逐渐变为紫色，皮下气肿，乳区感觉消失，皮肤湿冷，有红褐色油膏样恶臭分泌物排出；病牛全身症状明显，稽留热型，食欲废绝。该病是
    A. 急性全身性乳腺炎   B. 乳房蜂窝织炎   C. 重度临诊型乳腺炎   D. 坏疽性乳腺炎   E. 乳房浮肿
9. 奶牛产后，两后肢不能站立，体温、呼吸、脉搏、食欲及反刍无明显异常。则该病最可能是
    A. 生产瘫痪   B. 产后截瘫   C. 产后败血症   D. 奶牛酮病   E. 尿素中毒
10. 一母牛妊娠280天，出现严重的腹痛不安，阴道检查看不到子宫颈口，只能看到前端皱褶；直肠检查双侧子宫阔韧带紧张，韧带内静脉怒张。则该病最可能是
    A. 子宫颈开张不全   B. 子宫捻转   C. 子宫发育不全   D. 双子宫   E. 阴道发育异常

三、A3/A4题型

题型说明：A3题型其结构是开始叙述一个以患病动物为中心的临床情景，然后提出2~3个相关的问题，每个问题均与开始的临床情景有关，但测试要点不同，且问题之间相互独立。在每个问题间，病情没有进展，子试题也不提供新的病情进展信息。A4题型当病情逐渐展开时，可逐步增加新的信息。有时陈述了一些次要的或有前提的假设信息，这些信息与病例中叙述的具体病患动物并不一定有联系。提供信息的顺序对回答问题是非常重要的。每个问题均与开始的临床情景有关，又与随后改变有关，回答这样的试题一定要以试题

提供的信息为基础。每个问题均有5个备选答案，需要选择一个最佳答案，其余的供选答案可以部分正确，也可以是错误的，但是只能有一个最佳的答案。不止一个的相关问题，有时也可以用否定的叙述方式，同样否定词用黑体标出，以提醒应试者。

(1~3题共用以下题干)

一奶牛妊娠4个月，运动不慎跌跤，随后出现腹痛、起卧不安、呼吸和脉搏加快，阴道牛淡粉红色分泌物。

1. 该牛最可能患
   A. 早产   B. 胎儿浸溶   C. 胎儿干尸化   D. 先兆性流产   E. 隐性流产

2. 可用于该病治疗的药物是
   A. P_4 B. FSH   C. OT   D. E
   E. $PGF_{2\alpha}$

3. 若经上述药物治疗后，病畜阴道排出物继续增加，起卧不安加剧，则可用于其治疗的药物是
   A. P_4 B. FSH   C. LH   D. hCG
   E. $PGF_{2\alpha}$

(4~6题共用以下题干)

一奶牛怀孕240天时，下腹及乳房皮下出现水肿，后逐渐向前蔓延至前胸，触诊肿胀部位皮温较低，指压留痕；病畜无全身症状，食欲减退，步态强拘。

4. 该病最可能是
   A. 蜂窝织炎   B. 腹部脓肿   C. 腹壁疝   D. 孕畜浮肿   E. 腹部挫伤

5. 该病病因**错误**的是
   A. 静脉回流阻滞   B. 血浆蛋白浓度降低   C. 后腔静脉血栓   D. 抗利尿激素分泌增多   E. 腹部皮下感染

6. 对该病治疗有效的是
   A. 雌激素   B. 速尿   C. 抗生素   D. 让病畜少运动   E. 限制蛋白质摄入

(7~9题共用以下题干)

一奶牛妊娠275天，突然出现弓腰、努着，但未见胎儿排出，体温正常，呼吸、脉搏加快。

7. 若直肠检查，双侧子宫阔韧带紧张，则该病是
   A. 子宫弛缓   B. 子宫捻转   C. 子宫颈开张不全   D. 子宫内翻   E. 子宫破裂

8. 若阴道检查发现阴道背部有螺旋皱褶向右侧旋转，则治疗正确的是

A. 前高后低保定   B. 握住胎儿向右侧旋转   C. 掐住胎儿双眼眶，同时向右旋转   D. 将病牛右侧倒卧，向左侧翻转   E. 直肠内将手伸入左侧子宫下方，向上、向右翻转

9. 若阴道检查发现子宫颈仅开一小口，则治疗正确的是
   A. 注射催产素   B. 注射前列腺素   C. 注射孕酮   D. 注射FSH   E. 行剖宫产术

(10~12题共用以下题干)

一山羊，4岁，妊娠150天，娩出胎儿2只后仍不断弓背、努着、不安。

10. 对该病暂时不必进行的检查是
    A. 血液生化检查   B. X线检查   C. B超检查   D. 阴道检查   E. 腹部触诊

11. 若腹部触诊未见任何硬块，则病最可能是
    A. 难产   B. 子宫颈开张不全   C. 子宫迟缓   D. 子宫内翻   E. 阴道损伤

12. 若该病例为胎衣不下，下列治疗**错误的**是
    A. 子宫内投入四环素   B. 子宫内投入青霉素   C. 注射催产素   D. 注射雌激素   E. 肌注抗生素

(13、14题共用以下题干)

一奶牛妊娠280天，出现分娩征兆，母牛努着、阵缩强烈，但未见胎儿排出；4小时后母畜努着、阵缩突然停止。

13. 若阴道流出少量血水，该病最可能是
    A. 子宫弛缓   B. 子宫破裂   C. 子宫颈损伤   D. 阴道损伤   E. 阴门损伤

14. 如上述病牛很快出现可视黏膜苍白、呼吸急促、四肢无力等症状，主要是因为
    A. 败血症   B. 大出血   C. 心脏病   D. 休克   E. 肺功能衰竭

(15~17题共用以下题干)

一京巴犬，3岁，产5只幼仔，产后哺乳1周，突然发生站立不稳，随后倒地，四肢呈游泳状，全身肌肉阵发性抽搐，口吐白沫，呼吸急促，体温41.5℃。

15. 根据流行病学和症状判定，该病最可能是
    A. 犬瘟热   B. 狂犬病   C. 产后低血钙症   D. 妊娠毒血症   E. 产后败血症

16. 若进行治疗性诊断时，首选的治疗药物是
    A. 抗生素   B. 犬瘟单抗   C. 安定   D. 葡萄糖酸钙   E. 干扰素

17. 为防止复发，针对该病的饲养管理措施**错**

误的是
　　A. 食物中补充钙剂　　B. 食物添加维生素 D　　C. 坚持纯母乳喂养　　D. 改善母犬营养　　E. 尽早隔离幼犬
（18、19 题共用以下题干）
　　一奶牛难产娩出胎儿后，后肢不能站立，体温、脉搏、呼吸及食欲反刍均正常。
18. 该病最可能是
　　A. 脊髓损伤　　B. 脊柱骨折　　C. 产后截瘫　　D. 生产瘫痪　　E. 风湿病
19. 关于该病病因**错误**的是
　　A. 坐骨神经损伤　　B. 闭孔神经损伤
　　C. 荐髂关节韧带损伤　　D. 钙、磷缺乏
　　E. 大脑兴奋性不足
（20～22 题共用以下题干）
　　雌性腊肠犬，6 岁，1 个月来精神沉郁，时有发热，抗生素治疗后，病情好转，停药后复发。现病情加重，阴部流红褐色分泌物，B超探查见双侧子宫角增粗，内有液性暗区。
20. 该病例错误的治疗方法是
　　A. 孕酮治疗　　B. 氧氟沙星治疗
　　C. 氯前列醇治疗　　D. 阿莫西林治疗
　　E. 卵巢子宫切除术
21. 该病例手术时，如牵引卵巢困难，应先撕断卵巢系膜上的
　　A. 阔韧带　　B. 圆韧带　　C. 悬韧带
　　D. 固有韧带　　E. 悬韧带和固有韧带
22. 该病例手术时，必须要结扎
　　A. 卵巢　　B. 输卵管　　C. 子宫角
　　D. 子宫体　　E. 阴道基部
（23～25 题共用以下题干）
　　一奶牛半个月来表现发情、不安，常寻找接近发情和正在发情母牛爬跨，并具有一定的攻击性的性行为，体重减轻；直肠检查，右侧卵巢上有一直径 3cm 的泡状物。
23. 该病最可能为
　　A. 卵巢萎缩　　B. 卵巢囊肿　　C. 疯牛病　　D. 慕雄狂　　E. 卵泡萎缩
24. 导致该症状的原因是体内
　　A. 雄激素水平过高　　B. 雌激素水平过高　　C. 孕激素水平过高　　D. 前列腺素水平过高　　E. 促黄体素水平过高
25. 该病治疗措施**错误**的是
　　A. 注射 LH　　B. 注射 hCG　　C. 注射 FSH　　D. 注射孕酮　　E. 注射 GnRH 和前列腺素
（26～28 题共用以下题干）
　　一公犬双侧睾丸肿大、发热、疼痛；阴囊发亮；站立时弓背、后肢广踏、步态强拘；触诊睾丸紧张，鞘膜腔内积液，精索变粗，有压痛；全身症状明显。
26. 该病最可能是
　　A. 包皮损伤、阴囊炎　　B. 阴囊炎、睾丸炎　　C. 附睾炎、精索炎　　D. 包皮损伤、精索炎　　E. 阴部蜂窝织炎、阴囊炎
27. 若进一步检查发现，病犬精子活力降低，不成熟精子和畸形精子百分比增加，则该病为
　　A. 睾丸炎　　B. 附睾炎　　C. 精索炎　　D. 总鞘膜炎　　E. 前列腺炎
28. 若该病为急性化脓性睾丸炎，下列治疗失当的是
　　A. 全身应用抗生素　　B. 局部涂擦鱼石脂软膏　　C. 局部涂擦复方醋酸铅散　　D. 去势术　　E. 阴囊底部切开排脓
（29～31 题共用以下题干）
　　一巴哥犬、1.5 岁、雌性，其阴唇肿胀、充血，阴部流少量淡粉红色液体。卧地时可见阴门处露出一粉红色异物，质地柔软，表面有大量角化细胞和复层鳞状细胞。
29. 该病最可能是
　　A. 阴道水肿　　B. 阴唇肿瘤　　C. 阴道肿瘤　　D. 阴道增生　　E. 阴道脱出
30. 对该病治疗有效的是
　　A. 抗生素　　B. 葡萄糖酸钙　　C. 孕激素　　D. 雌激素　　E. 抗利尿激素
31. 如手术治疗时，应注意避免损伤
　　A. 外阴上联合　　B. 阴道肌层　　C. 肿物　　D. 尿道　　E. 阴道黏膜

四、B1 题型
　　题型说明：也是单项选择题，属于标准配伍题。B1 题型开始给出 5 个备选答案，之后给出 2～6 个题干构成一组试题，要求从 5 个备选答案中为这些题干选择一个与其关系最密切的答案。在这一组试题中，每个备选答案可以被选 1 次、2 次和多次，也可以不选用。
（1～3 题共用下列备选答案）
　　A. 获能　　B. 去获能　　C. 顶体反应
　　D. 透明带反应　　E. 卵质膜反应
1. 精子在生殖道内进一步成熟，获得受精能力称为
2. 精子穿透透明带前必须要进行的步骤是
3. 首先阻止多精子受精的反应是

（4～6题共用下列备选答案）
  A. IFN-τ   B. PGF$_{2α}$ C. 雌激素
  D. CG   E. 孕酮
4. 牛、羊等反刍兽妊娠识别的信号是
5. 猪妊娠识别的信号是
6. 马属动物妊娠识别的信号是
（7～9题共用下列备选答案）
  A. 头颈下弯   B. 头颈侧弯   C. 头颈捻转   D. 头颈后仰   E. 肩部屈曲
7. 阴道检查时，摸到前肢和位于胸部左侧的头部，则为
8. 阴道检查时，摸到前肢和位于颈部上方的气管，则为
9. 阴道检查时，摸到抬头、一侧前肢和对侧肩关节，则为
（10、11题共用下列备选答案）
  A. 手术疗法   B. 抗菌疗法   C. 激素疗法   D. 输液疗法   E. 营养（维持）疗法
10. 犬闭锁型子宫蓄脓的最适治疗方案是
11. 促进犬开放型子宫蓄脓脓液排出的最适治疗方案是
（12～14题共用下列备选答案）
  A. 隐形子宫内膜炎   B. 慢性卡他性子宫内膜炎   C. 慢性卡他性脓性子宫内膜炎   D. 慢性脓性子宫内膜炎   E. 子宫积液
12. 一成年奶牛屡配不孕，发情正常，发情时子宫分泌物较多、略微浑浊；直肠及阴道检查未见异常；子宫回流液静置后有沉淀。该病是
13. 一成年奶牛屡配不孕，食欲及产乳量略微降低；发情正常，子宫及阴道常排出黏稠浑浊黏液；子宫冲洗回流液略浑浊，似淘米水。该病是
14. 一成年奶牛精神不振，食欲减少，逐渐消瘦，体温略高；发情周期紊乱，阴门中经常排出灰白的黏稠脓性分泌物。该病最可能是
（15～17题共用下列备选答案）
  A. 乳房血肿   B. 乳房浮肿   C. 血乳   D. 乳房淋巴外渗   E. 出血性乳腺炎
15. 奶牛乳房挫伤后不久在局部出现一鸭蛋大小的肿胀，触诊有波动感，一周后仅肿胀中间波动感，该病为
16. 奶牛乳房局部有紫色斑点，挤奶时有痛感，乳汁稀薄、红色，乳汁静置后分层，下层为红色沉淀，上层为正常乳汁，病牛无全身症状，该病是
17. 病牛体温升高、精神沉郁、食欲下降，乳房肿胀、皮肤发红、触之敏感，乳汁呈红色，该病为
（18～20题共用下列备选答案）
  A. 缪勒氏管发育不全   B. 环境温度过高   C. 不排卵   D. 抗精子抗体生成   E. 过度使役
18. 属于先天性不育的是
19. 属于疾病性不育的是
20. 属于免疫性不育的是
（21～23题共用下列备选答案）
  A. GnRH   B. FSH   C. LH   D. OT   E. E
21. 可用于母鸡抱窝催醒的激素是
22. 可用于诱发同期分娩的激素是
23. 可用于化学去势的激素是
（24、25题共用下列备选答案）
  A. 犬   B. 马   C. 绵羊   D. 猫   E. 猪
24. 属于全年发情的动物是
25. 属于季节性单发情动物的是
（26～28题共用下列备选答案）
  A. 马   B. 猪   C. 绵羊   D. 犬   E. 奶牛
26. 发情时具有"吊线"特征的动物是
27. 发情时具有"静立反射"的动物是
28. 发情时，常表现"暗发情"的动物是
（29～31题共用下列备选答案）
  A. 直肠检查   B. 孕酮检查   C. 早孕因子   D. 硫酸雌酮   E. eCG
29. 最早反映妊娠与否的血清指标是
30. 大家畜常用的简单、直接的孕检方法是
31. 与猪妊娠识别有关的物质是

兽医产科学参考答案

一、A1题型

1	A	2	D	3	D	4	E	5	D	6	C	7	B	8	B	9	B	10	C
11	E	12	D	13	D	14	C	15	D	16	A	17	E	18	C	19	D	20	A
21	A	22	E	23	B	24	C	25	C	26	B	27	D	28	A	29	C	30	A

续表

31	B	32	A	33	E	34	D	35	A	36	A	37	A	38	C	39	A	40	D
41	E	42	E	43	E	44	E	45	D	46	C	47	A	48	B	49	A	50	D
51	C	52	C	53	C	54	A	55	C	56	E	57	C	58	D	59	C	60	C
61	E	62	E	63	D	64	D	65	D	66	C	67	D	68	B	69	D	70	E
71	C	72	B	73	C	74	C	75	A	76	A	77	C						

二、A2 题型

| 1 | B | 2 | C | 3 | B | 4 | C | 5 | C | 6 | C | 7 | E | 8 | C | 9 | C | 10 | B |

三、A3/A4 题型

1	D	2	A	3	E	4	D	5	E	6	B	7	B	8	D	9	E	10	A
11	D	12	B	13	D	14	B	15	C	16	D	17	C	18	C	19	E	20	A
21	C	22	E	23	D	24	B	25	D	26	B	27	B	28	D	29	D	30	C
31	D																		

四、B1 题型

1	A	2	D	3	D	4	C	5	C	6	C	7	B	8	B	9	E	10	A
11	C	12	A	13	B	14	C	15	A	16	C	17	E	18	A	19	C	20	D
21	A	22	D	23	E	24	E	25	A	26	E	27	B	28	C	29	C	30	A
31	D																		

第五节 中兽医学

一、A1 题型

题型说明：为单项选择题，属于最佳选择题类型。每道试题由一个题干和五个备选答案组成。A、B、C、D 和 E 五个备选答案中只有一个是最佳答案，其余均不完全正确或不正确，答题时要求选出正确的那个答案。

1. 被认为是我国现存最早、最珍贵的，也是中兽医学基本理论起源的一部医学著作是
   A. 《黄帝内经》 B. 《元亨疗马集》
   C. 《周礼》   D. 《齐民要术》
   E. 《司牧安骥集》

2. 下列属于中兽医学学术体系基本特点的是
   A. 对症施治 B. 治病求本 C. 辨证论治 D. 未病先防 E. 三因制宜

3. 下列不属于阴阳学说的基本内容的是
   A. 交感相错 B. 对立制约 C. 互根互用 D. 消化转化 E. 相互转化

4. 阴阳偏盛所引起的疾病属于
   A. 阴虚证 B. 阳虚证 C. 虚证
   D. 实证 E. 表证

5. 下列表述属于阴阳基本含义的是
   A. 阴阳是宇宙间的普遍规律，是一切事物所服从的纲领 B. 阴阳代表了事物相近的两种属性 C. 阴阳所代表的两种属性是一成不变的 D. 阴阳是静止的 E. 阴阳代表一切事物对立而统一的两个方面

6. 下列脏腑表里对应正确的是
   A. 心-小肠 B. 肝-胃 C. 肺-胆
   D. 肾-大肠 E. 脾-膀胱

7. 下列描述属于五行正常关系的是
   A. 土侮木 B. 土乘水 C. 火侮水
   D. 火克金 E. 金生木

8. 下列描述属于五行异常关系的是
   A. 木克土 B. 土克水 C. 火乘金
   D. 木生火 E. 金克木

9. 从五行关系分析，下列病理转变属于母病及子的关系是
   A. 肾病及肝 B. 脾病传心 C. 心病及肝 D. 肝病传脾 E. 肝病传肺

10. 下列属于肝的主要功能的是
    A. 主血脉 B. 主运化 C. 主通调水道 D. 主统血 E. 主筋

11. 下列属于心的主要功能的是
    A. 主血脉 B. 藏精 C. 主通调水道
    D. 主水 E. 主气

12. 下列属于肾的主要功能的是
    A. 主血脉 B. 藏精 C. 主通调水道
    D. 主统血 E. 主气

13. 下列属于脾的主要功能是

A. 主纳气　　B. 主筋　　C. 主疏泄
D. 主运化　　E. 主宣降

14. 下列关于六腑功能描述正确的是
A. 胆的主要功能是分泌、贮藏和排泄胆汁，以助脾胃运化　　B. 胃的主要功能是受纳、腐熟和运化水谷　　C. 小肠的主要功能是受盛化物和分别清浊
D. 膀胱的主要功能是主水、贮藏和排泄尿液　　E. 三焦的主要功能是主气、通调水道，是水谷出入的通路

15. 由脾胃运化的水谷精微之气和肺所吸入的自然界清气结合形成于肺，称为
A. 元气　　B. 宗气　　C. 营气
D. 卫气　　E. 心气

16. 气的功能中，保卫机体，抗御外邪的作用，是指
A. 推动作用　　B. 固摄作用　　C. 气化作用　　D. 防御作用　　E. 温煦作用

17. 下列描述**不属于**气机运动的基本形式的是
A. 升　　B. 泻　　C. 降　　D. 出
E. 入

18. 下列**不属于**津液的是
A. 泪液　　B. 唾液　　C. 涕　　D. 涎
E. 痰

19. 从十二经脉分出的纵行支脉，为
A. 十二经脉　　B. 奇经八脉　　C. 十二经别　　D. 十二皮部　　E. 十二经筋

20. 十二经脉、十二经别和奇经八脉一起构成
A. 经脉　　B. 络脉　　C. 孙络
D. 浮络　　E. 十五大络

21. 按照经脉的流注次序，前肢太阴肺经传至
A. 前肢阳明胃经　　B. 后肢阳明胃经
C. 前肢太阳小肠经　　D. 后肢少阳胆经
E. 前肢阳明大肠经

22. 循行于前肢前缘的阴经是
A. 太阴肺经　　B. 厥阴心包经　　C. 太阴脾经　　D. 少阴肾经　　E. 少阴心经

23. 下列性质属于湿邪特性的是
A. 善行数变　　B. 重浊趋下　　C. 凝滞收引　　D. 干燥伤津　　E. 生血动风

24. 下列性质属于寒邪特性的是
A. 善行数变　　B. 重浊趋下　　C. 凝滞收引　　D. 干燥伤津　　E. 生血动风

25. 下列性质属于风邪特性的是
A. 升散伤津　　B. 阴冷损阳　　C. 凝滞收引　　D. 主动生风　　E. 黏滞缠绵

26. 下列**不属于**内伤致病因素的是

A. 饥伤　　B. 饱伤　　C. 劳伤
D. 津伤　　E. 逸伤

27. 就疾病发生过程而言，下列描述属于病机过程的是
A. 邪正消长　　B. 阴阳平衡　　C. 升降出入　　D. 升降浮沉　　E. 阴阳制约

28. 下列辨证方法主要用于内伤杂病的是
A. 八纲辨证　　B. 脏腑辨证　　C. 六经辨证　　D. 卫气营血辨证　　E. 气血津液辨证

29. 下列辨证方法主要用于外感温热病的是
A. 八纲辨证　　B. 脏腑辨证　　C. 六经辨证　　D. 卫气营血辨证　　E. 气血津液辨证

30. 下列辨证方法主要用于外感病的是
A. 八纲辨证　　B. 脏腑辨证　　C. 六经辨证　　D. 审因施治　　E. 气血津液辨证

31. 下列有病的口色及其主证对应**错误**的是
A. 白色-虚证　　B. 赤色-热证
C. 黄色-寒证　　D. 青色-主痛、风、寒
E. 黑色-寒深、热极

32. 下列脉象及其主证对应**错误**的是
A. 浮脉-表证　　B. 迟脉-寒证　　C. 数脉-热证　　D. 沉脉-里证　　E. 虚脉-里证

33. 下列**不属于**闻诊内容的是
A. 叫声　　B. 呼吸音
C. 饮食　　D. 肠音　　E. 粪便气味

34. 下列**不属于**切诊内容的是
A. 切脉　　B. 触皮温　　C. 肿块硬度
D. 直肠检查　　E. 口气

35. 顺着疾病的征象而治的一种治疗方法，称为
A. 正治　　B. 反治　　C. 同治
D. 异治　　E. 逆治

36. 逆着疾病的征象而治的一种治疗方法，称为
A. 正治　　B. 反治　　C. 同治
D. 异治　　E. 从治

37. 下列描述**错误**的是
A. 使用补益正气的方药及加强护养等方法，以扶助机体正气，提高抵抗力，从而祛除病邪，战胜疾病，恢复健康，称为扶正　　B. 使用祛除邪气的方药或采用针灸、手术等方法，以祛除病邪，达到邪去正复的目的，称为祛邪　　C. 治疗疾病

时，必须寻求出疾病的本质，针对本质进行治疗，称为治病求本 D. 在动物没有发病之前，采取各种有效措施，预防疾病发生，称为未病先防 E. 在疾病发生之前，应及早诊断、及早治疗，以防止疾病的发生和进一步发展与转变，叫作既病防变

38. 下列方法**不属于**内治八法的是
    A. 解表法　B. 清热法　C. 补虚法
    D. 攻下法　E. 口噙法
39. 下列药物配合使用，属于相须为用的是
    A. 石膏-知母　B. 黄芪-茯苓　C. 大黄-黄芩　D. 生姜-半夏　E. 绿豆-巴豆
40. 下列**不属于**中药性能主要内容的是
    A. 性味　B. 归经　C. 升降浮沉
    D. 升降出入　E. 毒性
41. 黄连解毒汤主要用于
    A. 阳明经证　B. 三焦热盛证　C. 热入血分证　D. 湿热黄疸证　E. 气分实热证
42. 下列药物属于解表药的是
    A. 黄连　B. 黄芪　C. 大黄
    D. 麻黄　E. 商陆
43. 下列药物**不属于**辛温解表药的是
    A. 桂枝　B. 荆芥　C. 紫苏
    D. 细辛　E. 升麻
44. 下列药物**不属于**辛凉解表药的是
    A. 葛根　B. 柴胡　C. 薄荷
    D. 黄芩　E. 桑叶
45. 下列药物属于清热泻火药的是
    A. 黄连　B. 黄芩　C. 知母
    D. 生地　E. 水牛角
46. 下列药物属于清热解毒药的是
    A. 黄连　B. 黄芩　C. 板蓝根
    D. 苦参　E. 白头翁
47. 下列药物属于清热凉血药的是
    A. 黄连　B. 生地　C. 知母
    D. 栀子　E. 板蓝根
48. 下列药物**不属于**泻下药的是
    A. 大黄　B. 巴豆　C. 火麻仁
    D. 芒硝　E. 石膏
49. 下列药物**不属于**消导药的是
    A. 神曲　B. 山楂　C. 鸡内金
    D. 苍术　E. 麦芽
50. 下列药物属于温化寒痰药的是
    A. 贝母　B. 桔梗　C. 瓜蒌

D. 半夏　E. 百部
51. 下列药物**不属于**止咳平喘药的是
    A. 杏仁　B. 百部　C. 款冬花
    D. 枇杷叶　E. 旋覆花
52. 下列药物**不属于**温里药的是
    A. 附子　B. 桂枝　C. 肉桂
    D. 小茴香　E. 艾叶
53. 下列药物**不属于**祛风湿药的是
    A. 肉桂　B. 羌活　C. 独活
    D. 威灵仙　E. 木瓜
54. 下列药物属于利湿药的是
    A. 五加皮　B. 苍术
    C. 独活　D. 木通　E. 佩兰
55. 下列药物**不属于**化湿药的是
    A. 藿香　B. 佩兰　C. 苍术
    D. 茵陈　E. 白豆蔻
56. 下列药物**不属于**理气药的是
    A. 陈皮　B. 青皮　C. 厚朴
    D. 枳实　E. 川芎
57. 下列药物属于活血祛瘀药的是
    A. 仙鹤草　B. 白及　C. 蒲黄
    D. 地榆　E. 红花
58. 下列药物**不属于**敛汗色精药的是
    A. 五味子　B. 浮小麦　C. 五倍子
    D. 金樱子　E. 牡蛎
59. 下列药物属于涩肠止泻药的是
    A. 芡实　B. 五味子　C. 山药
    D. 牡蛎　E. 诃子
60. 下列药物**不属于**补血药的是
    A. 当归　B. 生地　C. 白芍
    D. 阿胶　E. 熟地
61. 下列药物**不属于**滋阴药的是
    A. 沙参　B. 大枣　C. 天冬
    D. 麦冬　E. 百合
62. 下列药物**不属于**补气药的是
    A. 党参　B. 白芍　C. 黄芪
    D. 白术　E. 甘草
63. 下列药物**不属于**平肝药的是
    A. 石决明　B. 决明子　C. 木贼
    D. 木鳖子　E. 天麻
64. 麻黄汤主要用于
    A. 外感风寒表实证　B. 外感风寒表虚证　C. 外感挟湿表寒证　D. 外感风热证　E. 气分实热证
65. 荆防败毒散主要用于
    A. 外感风寒表实证　B. 外感风寒表虚证　C. 外感挟湿表寒证　D. 外感风

热证　　E. 气分实热证
66. 增液承气汤的功用是
　　A. 清热生津　　B. 辛凉解表，止咳平喘
　　C. 滋阴、清热、通便　　D. 清营解毒，透热养阴　　E. 清热解毒
67. 银翘散主要用于
　　A. 外感风寒表实证　　B. 外感风寒表虚证　　C. 外感挟湿表寒证　　D. 外感风热证　　E. 气分实热证
68. 犀角地黄汤主要用于
　　A. 气分热盛证　　B. 热入血分证
　　C. 热入营分证　　D. 三焦热盛证
　　E. 气血两燔证
69. 白头翁汤主要用于
　　A. 心经积热证　　B. 伤暑证　　C. 热毒血痢证　　D. 三焦热盛证　　E. 肝经湿热证
70. 郁金散主要用于
　　A. 湿热黄疸证　　B. 肠黄　　C. 乳痈初起　　D. 肝火上炎　　E. 肝经湿热证
71. 茵陈蒿汤主要用于
　　A. 湿热黄疸证　　B. 温热病后期
　　C. 心经积热　　D. 热毒血痢疾
　　E. 肠黄
72. 当归苁蓉汤主要用于
　　A. 湿热黄疸证　　B. 结症、便秘
　　C. 马中结　　D. 牛百叶干　　E. 老弱、久病、体虚患畜之便秘
73. 曲蘗散主要用于
　　A. 料伤　　B. 结症、便秘　　C. 湿热下痢　　D. 大肠湿热　　E. 湿热黄疸
74. 保和丸主要用于
　　A. 心经积热证　　B. 结症、便秘
　　C. 肠黄　　D. 热毒血痢　　E. 食积停滞
75. 麻杏石甘汤主要用于
　　A. 外感咳嗽　　B 湿痰咳嗽　　C. 肺寒吐沫　　D. 肺热气喘　　E. 上实下虚喘证
76. 苏子降气汤主要用于
　　A. 外感咳嗽　　B 湿痰咳嗽　　C. 肺寒吐沫　　D. 肺热气喘　　E. 上实下虚喘
77. 理中汤主要用于
　　A. 肝胃虚寒证　　B. 脾胃阴寒证
　　C. 少阴病　　D. 风寒湿邪伤腰胯
　　E. 脾胃虚寒证
78. 四逆汤的主要功效为
　　A. 温中散寒、健脾　　B. 行气降逆

　　C. 温肾壮阳　　D. 温肾散寒　　E. 回阳救逆
79. 下列药物属于四逆汤组方药物的是
　　A. 熟附子　　B. 当归　　C. 豆蔻
　　D. 厚朴　　E. 芍药
80. 茴香散主要用于
　　A. 风寒湿邪所致腰胯疼痛　　B. 肝胃虚寒　　C. 脾胃虚寒　　D. 脾胃寒冷
　　E. 回阳救逆
81. 独活散主要用于
　　A. 风湿痹痛　　B. 肝肾虚寒　　C. 风寒痹痛　　D. 小便不利　　E. 肌表风湿
82. 五苓散主治
　　A. 风湿痹痛　　B. 湿热下注　　C. 外感风寒　　D. 中暑　　E. 外有表证，内停水湿
83. 止嗽散主要用于
　　A. 外感咳嗽　　B. 湿痰咳嗽　　C. 肺寒吐沫　　D. 肺热气喘　　E. 上实下虚喘证
84. 藿香正气散主要用于
　　A. 湿热下注　　B. 外感风寒、内伤湿滞、中暑　　C. 寒湿痹痛证　　D. 胃寒少食
　　E. 肾虚水泛
85. 橘皮散主要用于
　　A. 胃肠臌气　　B. 脾气痛　　C. 马伤水起卧　　D. 六郁证　　E. 肠气胀
86. 越鞠丸主要用于
　　A. 胃肠臌气　　B. 脾气痛　　C. 马伤水起卧　　D. 六郁证　　E. 肠气胀
87. 红花散主要用于
　　A. 胃肠臌气　　B. 跌打损伤、腰胯疼痛　　C. 血瘀、气瘀　　D. 六郁证　　E. 料伤五攒痛
88. 通乳散主要用于
　　A. 产后血虚受寒　　B. 养血安胎
　　C. 胸膊痛　　D. 气血不足之缺乳症
　　E. 乳痈
89. 下列药物**不属于**桃红四物汤组方药物的是
　　A. 桃仁　　B. 白芍　　C. 当归
　　D. 红花　　E. 生地
90. 秦艽散主要功效是
　　A. 清热通淋、祛瘀止血　　B. 养血安胎
　　C. 清热疏风　　D. 凉血止血　　E. 通经下乳
91. 槐花散主治
　　A. 产后血虚受寒　　B. 肠风下血或粪中

带血 C. 膀胱湿热 D. 尿血
E. 乳痈
92. 乌梅散主治
A. 幼畜奶泻或湿热下痢 B. 脾肾虚寒
泄泻 C. 体虚自汗 D. 脾虚少食
E. 表虚自汗
93. 玉屏风散主要用于
A. 表虚自汗 B. 肾虚不固 C. 脾肾
虚寒 D. 脾虚少食 E. 肺虚咳嗽
94. 下列药物**不属于**四物汤组成药物的是
A. 熟地 B. 白芍 C. 白术
D. 川芎 E. 当归
95. 补中益气汤主治
A. 气虚下陷 B. 肾虚不固 C. 脾肾
虚寒 D. 肺虚咳嗽 E. 血虚
96. 六味地黄汤主要用于
A. 肝肾阴虚 B. 暑热伤津 C. 血虚
诸证 D. 气虚证 E. 劳伤咳嗽
97. 百合固金汤功效为
A. 养阴清热、润肺化燥 B. 补血滋阴
C. 止咳定喘 D. 健脾养血 E. 补气
托毒
98. 决明散主治
A. 肝经积热 B. 阴虚阳亢 C. 血虚
诸证 D. 幼畜癫痫 E. 破伤风
99. 牵正散主治
A. 外嘴风 B. 破伤风 C. 肝经风热
D. 幼畜癫痫 E. 睛生云翳
100. 千金散主要用于
A. 肝经积热 B. 阴虚阳亢 C. 破
伤风 D. 癫痫 E. 气血两虚
101. 冰硼散主要用于
A. 疥癣 B. 烧烫伤 C. 云翳遮睛
D. 舌疮 E. 创伤出血
102. 青黛散主治
A. 疥癣 B. 烧烫伤 C. 云翳遮睛
D. 舌疮 E. 创伤出血
103. 古代最早的针具为
A. 铜针 B. 银针 C. 砭石
D. 青铜砭针 E. 铁针
104. 下列穴位治疗犬休克首选
A. 中脘 B. 关元俞 C. 水沟
D. 耳尖 E. 百会
105. 下列属于直接灸的为
A. 无瘢痕灸 B. 温和灸 C. 温针
灸 D. 回旋灸 E. 隔盐灸
106. 弹琴式持针法适用于针刺马

A. 百会穴 B. 三江穴 C. 脾俞穴
D. 分水穴 E. 后海穴
107. 治疗马高热证的穴位是
A. 足三里 B. 曲池 C. 大椎
D. 断血 E. 尾尖
108. 下列腧穴治疗牛泄泻首选
A. 脾俞 B. 关元俞 C. 后海
D. 百会 E. 胈俞
109. 督脉、任脉的起源是
A. 肺 B. 肝 C. 胞宫 D. 肾
E. 心
110. 三江、蹄头、耳尖、尾尖都可以治疗的
证候是
A. 发热 B. 腹痛 C. 泄泻
D. 咳嗽 E. 黄疸
111. 治疗前肢风湿疾病的主穴是
A. 肩井 B. 抢风 C 肘俞
D. 胸堂 E. 前蹄头
112. 舒张押手法适用于针刺马
A. 百会穴 B. 锁口穴 C. 三江穴
D. 九委穴 E. 通关穴
113. 画烙时烙铁烧为
A. 黄白色 B. 杏黄色 C. 黑红色
D. 红色 E. 黑色
114. 针刺的深度主要根据而定
A. 体质 B. 部位 C. 体形
D. 病情 E. 术者经验
115. 针具的消毒通常用
A. 煮沸 B. 75%的酒精浸泡
C. 高压消毒 D. 来苏儿溶液浸泡
E. 火烧
116. 指切押手法适用于针刺马
A. 百会穴 B. 锁口穴 C. 三江穴
D. 九委穴 E. 通关穴
117. **不属于**拔罐法中的火吸法的有
A. 闪火法 B. 抽吸空气法 C. 滴
酒法 D. 投火法 E. 贴棉法
118. 位于马颈胸交界处棘突间凹陷中的穴
位是
A. 百会穴 B. 天门穴 C. 大椎穴
D. 断血穴 E. 尾根穴
119. 位于犬肚脐与剑状软骨连线中点处的穴
位是
A. 天枢穴 B. 胃俞穴 C. 百会穴
D. 中脘穴 E. 身柱穴
120. 位于马尾根与肛门间凹陷中的穴位是
A. 尾根穴 B. 后海穴 C. 云门穴

D. 肛脱穴　　E. 阴俞穴
121. 位于犬最后腰椎与第一荐椎棘突间凹陷中的穴位是
    A. 尾根穴　　B. 天门穴　　C. 大椎穴
    D. 悬枢穴　　E. 百会穴
122. 位于马口内上腭第三棱上正中线旁开1.5cm处的穴位是
    A. 唇内穴　　B. 承浆穴　　C. 玉堂穴
    D. 锁口穴　　E. 通关穴
123. 针刺后海穴宜采用
    A. 直刺、深刺　　B. 向上斜刺
    C. 向下斜刺　　D. 沿脊椎方向刺入
    E. 平刺
124. 经外奇穴是指
    A. 经脉以外的穴位　　B. 经穴以外的穴位
    C. 经穴以外有定名、有定位的穴位
    D. 十二经穴以外有定名、有定位的穴位　　E. 以上都不是
125. 罐内有火，多用于侧面横拔的火吸法为
    A. 闪火法　　B. 架火法　　C. 滴酒法
    D. 投火法　　E. 贴棉法
126. 十二经脉中阳经与阳经的交接部位是
    A. 腹部　　B. 头面部　　C. 胸部
    D. 胸腹部　　E. 蹄（爪）部
127. 用镊子夹持酒精棉球，燃后在罐内绕1～3圈后，将火退出，迅速将罐扣在应拔部位的方法为
    A. 闪火法　　B. 架火法　　C. 滴酒法
    D. 投火法　　E. 贴棉法
128. 艾灸治疗当慎用的病症是
    A. 久病体虚　　B. 阴虚阳亢　　C. 气虚下陷　　D. 阳气虚脱之急症
    E. 老龄体弱
129. 治疗马后躯风湿除主穴外还可配用
    A. 大胯、小胯　　B. 肾俞、八窖
    C. 邪气、汗沟　　D. 抢风、肩井
    E. 鬐甲、断血
130. 命门火衰宜选用
    A. 隔姜灸　　B. 隔蒜灸　　C. 隔盐灸
    D. 隔附子灸　　E. 温和灸
131. 治疗马、牛不孕症取百会穴常配
    A. 后海　　B. 脾俞　　C. 肾俞
    D. 后三里　　E. 阴俞
132. 针刺马、牛三江穴主治
    A. 背腰疼痛　　B. 心热口疮　　C. 疝痛、肚胀、肝热传眼　　D. 抽搐、痉挛
    E. 肺热咳喘

133. 下列各种材料中，哪种最常用来制作现代毫针
    A. 不锈钢　　B. 金　　C. 银　　D. 氧化铬　　E. 铁
134. 治疗扭伤的取穴原则是
    A. 以循经取穴为主　　B. 以远端取穴为主　　C. 以受伤局部取穴为主
    D. 以受伤局部阳经取穴为主　　E. 以受伤局部阴经取穴为主
135. 针灸扶正祛邪作用主要取决于
    A. 刺灸法的合理应用　　B. 腧穴的配伍　　C. 腧穴和针刺手法　　D. 体质因素和刺灸手法　　E. 腧穴的配伍和刺灸手法
136. 治疗寒证一般用
    A. 疾刺　　B. 泻法　　C. 刺出血
    D. 灸法　　E. 不留针
137. 电针是针刺腧穴"得气"后，在针上通以微量电流的手法。使用之前，首先应
    A. 选好波形　　B. 调到平均所需的电流刻度上　　C. 将输出电位器调至"0"位　　D. 将导线正负极分别接在两根针上　　E. 打开电源开关
138. 最早的拔罐用具是用什么制成的
    A. 铜　　B. 铁　　C. 竹　　D. 陶土
    E. 兽角
139. 马睛俞穴的正确针刺手法为
    A. 下压眼球，毫针沿眼球与额骨之间向内后上方刺入3cm　　B. 上推眼球，毫针沿眼球与泪骨之间向内下方刺入3cm　　C. 上推眼球，毫针沿眼球与泪骨之间向内直刺3cm　　D. 下压眼球，毫针沿眼球与额骨之间向内直刺3cm　　E. 以上都不是
140. 在皮肤松弛部位进针，最好选下列哪种进针法
    A. 爪切进针　　B. 舒张进针　　C. 夹持进针　　D. 管针进针　　E. 单手进针
141. 下列关于"得气"的描述错误的是
    A. 是针刺部位所产生的经气感应
    B. 和针刺效果关系不大　　C. 得气时动物会出现提肢、拱腰、摆尾、局部肌肉收缩或跳动　　D. 亦称针感　　E. 术者会感到针下有沉紧、滞涩等感觉
142. 经络的生理功能是
    A. 运行气血　　B. 濡养周身　　C. 抗御外邪　　D. 保卫机体　　E. 以上均是

143. 针刺皮肉浅薄部位的腧穴，最适宜采用的进针方法
    A. 指切进针法   B. 舒张进针法
    C. 夹持进针法   D. 提捏进针法
    E. 以上均可以
144. 灸法具有哪些治疗作用
    A. 温通经络、行血活血   B. 祛湿逐寒、消肿散结   C. 回阳救逆   D. 防病保健   E. 以上均是
145. 治疗因寒邪所致的呕吐、腹泻、腹痛，常选用
    A. 隔姜灸   B. 隔蒜灸   C. 隔盐灸
    D. 隔附子灸   E. 瘢痕灸
146. 被蝎、蜂蜇伤后，宜选用
    A. 艾炷灸   B. 隔蒜灸   C. 隔盐灸
    D. 隔附子灸   E. 温和灸
147. 以下哪种病证**不适合**于三棱针放血治疗
    A. 高热   B. 兴奋狂躁   C. 急性咽喉肿痛   D. 目赤肿痛   E. 中风脱症
148. 虚寒证应选用
    A. 毫针   B. 三棱针   C. 电针
    D. 艾灸   E. 以上均可
149. 间接灸**不包括**
    A. 隔姜灸   B. 隔蒜灸   C. 隔盐灸
    D. 隔附子灸   E. 温和灸
150. 十四经穴、奇穴、阿是穴都具有的主治功用是
    A. 远治作用   B. 近治作用   C. 特殊作用   D. 双向治疗作用   E. 以上均有
151. 皮薄肉少部位的腧穴适宜的针刺方法是
    A. 斜刺   B. 平刺   C. 直刺
    D. 点刺   E. 以上均可
152. 脾俞和后三里配伍属于
    A. 前后配穴   B. 上下配穴   C. 表里配穴   D. 单侧配穴   E. 远近配穴

二、A2题型

题型说明：每道试题由一个叙述性的简要病历（或其他主题）作为题干和五个备选答案组成。A、B、C、D和E五个备选答案中只有一个是最佳答案，其余均不完全正确或不正确，答题时要求选出正确的那个答案。

1. 马，枣红色，4岁，营养中等。就诊当天早晨突然发病，证见寒唇似笑，不时前蹄刨地，回头观腹，起卧打滚，间歇性肠音增强，如同雷鸣，有时排出稀软甚至水样粪便，耳鼻四肢不温，口色青白，口津滑利，脉象沉迟。该病可确诊为
    A. 风寒感冒   B. 脾虚泄泻   C. 湿热泄泻   D. 肚腹冷痛   E. 寒秘
2. 猪，28日龄，体温39.6℃，耳鼻俱热，鼻流黄白色脓涕，咳嗽，咳声不爽，口干渴，舌红苔薄黄，脉象浮数，该证属于
    A. 外感风寒   B. 外感风热   C. 外感暑湿   D. 热结胃肠   E. 内伤发热
3. 犬，雌，体温38.8℃，2岁，精神萎靡，不食2天，粪便稀软，酸臭，内见小的牛肉粒。主述3天前偷食了放在小桌上的牛肉，约250g。触诊肚腹饱满，有痛感；打开口腔有酸臭味，口腔黏滑，舌苔厚腻，口色红，脉数。该证属于
    A. 脾虚不食   B. 胃阴虚   C. 胃肠湿热   D. 食滞   E. 大肠湿热
4. 猪，10头，体重30kg左右。精神倦怠，头低耳耷，不食，2天前突然开始腹泻，粪便稀薄似水样；耳鼻寒冷；偶见寒战；小便清，口色青白，舌苔薄白，脉象沉迟。该证属于
    A. 寒泻   B. 热泻   C. 伤食泻
    D. 虚泻   E. 大肠湿热
5. 马，3岁，体温39.5℃，无汗，被毛逆立，鼻流清涕，咳嗽，咳声洪亮，喷嚏，口色青白，舌苔薄白，脉象浮紧。该证属于
    A. 风寒咳嗽   B. 风热咳嗽   C. 肺热咳嗽   D. 气虚咳嗽   E. 湿痰咳嗽
6. 牛，4岁，生病2天，体温39℃，精神倦怠，吃草料明显减少，口渴喜饮，大便干燥，小便短赤，咳嗽，咳声洪亮，气促喘粗，呼出气热，鼻流脓涕，口色赤红，舌苔黄藻，脉象洪数。该证属于
    A. 风寒咳嗽   B. 风热咳嗽   C. 肺热咳嗽   D. 气虚咳嗽   E. 湿痰咳嗽
7. 犬，3岁，生病3天，体温39℃，精神倦怠，体瘦毛焦；咳嗽，气喘，喉中痰鸣，痰液白滑；腹部煽动，喜立，不卧；鼻液增多，量多色白而黏稠；胸胁触痛；口色青白，舌苔白滑，脉滑。该证属于
    A. 风寒咳嗽   B. 风热咳嗽   C. 肺热咳嗽   D. 气虚咳嗽   E. 湿痰咳嗽
8. 拉布拉多犬，5月龄，就诊前1天发病，不食，只喝水，拉稀。临诊时体温40.3℃，精神萎靡，腹部触诊轻微避痛，鼻干，舌红苔黄，脉数，肛温表表面附多量番茄样腥臭稀粪。该病可诊断为

A. 脾虚泄泻　　B. 大肠冷泻　　C. 大肠湿热　　D. 寒湿困脾　　E. 小肠中寒
9. 猪，体重约30kg，发病多日。临诊时体温40.6℃，全身皮肤发红，呼吸困难，牙关紧闭，口吐白沫，四肢痉挛抽搐，时而呈角弓反张状，口舌红绛，脉弦数。该病可诊断为
A. 痰迷心窍　　B. 热极生风　　C. 血虚生风　　D. 心火上炎　　E. 肝火上炎
10. 马，发病1日。临诊时体温39.5℃。恶风发热，身热有汗，鼻流清涕，舌苔薄白，脉象浮缓。若选用中药治疗，应以下述哪个方剂为主进行加减
A. 桂枝汤　　B. 麻黄汤　　C. 黄连解毒汤　　D. 苇茎汤　　E. 公英散
11. 马，发病1日。临诊时体温39.9℃。高热，汗出如雨，口渴贪饮，脉象洪有力。若选用中药治疗，应以下述哪个方剂为主进行加减
A. 清营汤　　B. 龙胆泻肝汤　　C. 荆防败毒散　　D. 白虎汤　　E. 香薷散
12. 牛，发病2日，精神萎靡，不食，喜卧。腹部触诊敏感，泄泻如水，粪便腥臭，舌红苔黄，口渴喜饮，脉数。若选用中药治疗，应以下述哪个方剂为主进行加减
A. 白虎汤　　B. 白头翁汤　　C. 郁金散　　D. 乌梅散　　E. 大承气汤
13. 犬，1岁，体况中等，体温39.3℃。肚腹胀满，呕吐，咳嗽痰多，痰白清稀，舌白润。若选用中药治疗，应以下述哪个方剂为主进行加减
A. 苏子降气汤　　B. 二陈汤　　C. 半夏散　　D. 款冬花散　　E. 麻杏石甘汤
14. 猪，2月龄，体温39.9℃。精神萎靡，不食，咳嗽，呼吸急促，呈腹式呼吸，身热有汗，口渴喜饮，舌红苔白，脉象滑数。若选用中药治疗，应以下述哪个方剂为主进行加减
A. 苏子降气汤　　B. 二陈汤　　C. 白虎汤　　D. 款冬花散　　E. 麻杏石甘汤
15. 羊，4月龄。体瘦毛焦，不思草料，拉稀。证见慢草不食，腹痛泄泻，完谷不化，口色淡白，脉象沉细。若选用中药治疗，应以下述哪个方剂为主进行加减
A. 四逆散　　B. 参附汤　　C. 郁金散　　D. 理中汤　　E. 五苓散
16. 犬，雄性，5岁，体温39.6℃。精神不振，不食，时而小便，但每次小便量不多，色黄。证见腹部鼓胀，触诊腹壁紧张；不停作小便姿势，呈滴水状；口色红赤，舌苔黄腻，脉象滑数。若选用中药治疗，应以下述哪个方剂为主进行加减
A. 八正散　　B. 藿香正气散　　C. 五苓散　　D. 平胃散　　E. 健脾散
17. 母猪，4岁，营养较差，体温39.0℃。已产仔10天，生产时有难产症状，乳汁不多；母猪食欲不佳，鼻盘较干，阴户不停流出污浊分泌物，腥臭难闻。若选用中药治疗，应以下述哪个方剂为主进行加减
A. 通乳散　　B. 白术散　　C. 槐花散　　D. 定痛散　　E. 生化汤
18. 猫，7岁，体温38.2℃。精神不振，食欲不佳，体瘦毛焦，喜卧懒动，大便稀溏，舌淡苔白，脉象细弱。若选用中药治疗，应以下述哪个方剂为主进行加减
A. 参附汤　　B. 四君子汤　　C. 四物汤　　D. 六味地黄汤　　E. 生脉饮
19. 马，6岁。体温39.3℃。草料减少，喜欢饮水，大便稀呈糊状约有2月余。证见精神倦怠，发热，轻动即汗，口渴喜饮，粪便稀溏，肛门外凸，口色淡白，舌苔薄白。若选用中药治疗，应以下述哪个方剂为主进行加减。
A. 四物汤　　B. 补中益气汤　　C. 百合固金汤　　D. 桃红四物汤　　E. 归脾汤
20. 马，黑色，3岁，营养不良。近2个月经常发生腹泻，粪便稀软，带有未消化的饲料颗粒。临床检查，精神萎靡，消瘦，口色淡白，脉象沉迟无力。该病可首选针刺
A. 通关　　B. 后三里　　C. 胃俞　　D. 关元俞　　E. 脾俞
21. 马，枣红色，4岁，营养中等。就诊当天早晨突然发病，证见塞唇似笑，不时前蹄刨地，回头观腹，起卧打滚，间歇性肠音增强，如同雷鸣，有时排出稀软甚至水样粪便，耳鼻四肢不温，口色青白，口津滑利，脉象沉迟。该病可首选针刺
A. 百会、蹄头、脾俞　　B. 耳尖、蹄头、尾尖　　C. 三江、分水、姜牙　　D. 三江、耳尖、尾尖　　E. 脾俞、胃俞、关元俞
22. 黄牛，3岁，营养不良。证见发热，消瘦，流黏性鼻液，干咳，不爱吃草，精神不振，鼻镜干燥，反刍停止。该病可首选

A. 水针肺俞穴　　B. 水针前丹田穴
C. 血针山根穴　　D. 血针太阳穴
E. 白针百会穴

23. 奶牛，4月龄。证见发热，咳嗽，被毛逆立，耳鼻发凉，四肢强拘，口色青白，口腔湿润，舌苔薄白，脉浮紧。该病可首选针刺
    A. 太阳　　B. 耳尖　　C. 苏气
    D. 肺俞　　E. 食胀

24. 母犬，8月龄。证见大便秘结，小便短赤，肚腹胀满，疼痛不安，呼吸喘促，口腔干燥，口色赤红，舌苔黄厚，脉象沉实有力。该病可首选针刺
    A. 百会　　B. 悬枢　　C. 后海
    D. 二眼　　E. 尾本

25. 马，红色，5岁。证见精神倦怠，壮热口渴，大便干燥，小便短赤，呼吸促迫，咳嗽喘息，口色红燥，舌苔黄，脉象沉数。该病可首选针刺
    A. 蹄头　　B. 颈脉　　C. 太阳
    D. 三江　　E. 带脉

26. 北京犬，2岁，营养中等。证见直肠翻出肛门外，直肠黏膜暗红，水肿，不时努责，拱腰揭尾，食欲减少，口色青黄，脉象迟细。整复后宜针刺
    A. 百会　　B. 后海　　C. 尾根
    D. 二眼　　E. 肾俞

27. 母马，2岁。证见口流黏涎，舌体肿胀，溃烂，精神短少，采食困难，口色赤红，脉象洪数。该病可首选针刺
    A. 大椎　　B. 耳尖　　C. 玉堂
    D. 山根　　E. 鼻中

28. 奶牛，6岁。证见频频磨牙锉齿，连连口吐白沫，唇沥青涎，沫多涎少，如雪似棉，洒落槽边桩下，唇舌无疮。兼见头低耳革，精神短少，水草迟细，毛焦肷吊，耳鼻俱凉。口色淡白，舌质绵软，脉象沉细。该病可选针刺
    A. 承浆　　B. 山根　　C. 鼻中
    D. 锁口　　E. 开关

29. 黄牛，2岁，营养良好。2009年7月15日因偷吃谷类而发病就诊。证见精神倦怠，不食，反刍停止，口内酸臭，瘤胃蠕动音弱，1次/3分，触诊瘤胃内容物坚实，未见排粪，腹痛，口腔黏滑，苔厚，口色红，脉数。该病可首选
    A. 电针关元俞、食胀　　B. 白针脾俞、

抢风　　C. 水针胶俞、后海　　D. 火针脾俞、食胀　　E. 胶俞穴穿刺放气

30. 萨摩耶犬，2岁，营养中等。证见身热，口渴欲饮，不食，或食而呕吐，遇热即吐，吐势剧烈，吐出物清稀色黄，有腐臭味，吐后稍安，反复发作。喜饮冷水。粪干尿短，口色红黄，少津，舌苔黄腻，脉滑数。该病可首选针刺
    A. 脾俞、后三里、中脘　　B. 后三里、耳尖、二眼　　C. 内关、抢风、中脘
    D. 蹄头、三江、百会　　E. 百会、耳尖、尾尖

31. 奶牛，5岁，营养中等。证见腹胀如鼓，呼吸迫促，起卧不安，肠音减弱，排粪减少或停止，口色青黄，脉象沉紧。该病可首选针刺
    A. 脾俞　　B. 蹄头　　C. 三江
    D. 山根　　E. 胶俞穴

32. 德国牧羊犬，8岁，黑色。证见精神倦怠，头低耳革，水草迟细，日渐消瘦，腹部逐渐膨大而下垂，触动时有拍水音，口色青黄，脉象迟涩。该病可首选针刺
    A. 肝俞　　B. 三焦俞　　C. 脾俞
    D. 云门　　E. 中脘

33. 大丹犬，2岁。证见精神不振，食欲减退，耳鼻发热，粪便稀溏，粪色深，粪味臭，混有黏液，口渴喜饮，腹痛不安，回头顾腹，尿浓短黄，口色红黄，苔黄腻，脉滑数。该病可首选针刺
    A. 后海、后三里　　B. 大椎、后三里
    C. 后海、身柱　　D. 悬枢、中脘
    E. 尾本、二眼

34. 北京犬，4月龄。证见腹胀，粪便干燥，口干喜饮，小便短赤。鼻镜干，口色红，苔黄燥，脉数。该病可首选针刺
    A. 后海、后三里　　B. 山根、三江
    C. 脾俞、后海　　D. 指间、尾本
    E. 脾俞、大椎

35. 奶牛，5岁。证见精神沉郁，食欲、反刍停止，口渴喜饮，鼻镜干燥，排粪带痛，病初粪便干硬，附有血丝或黏液，继而粪便稀薄带血，气味腥臭，甚至全为血水，血色鲜红，小便短赤。口色鲜红，口温高，苔黄腻，脉滑数。该病可首选针刺
    A. 脾俞、后海　　B. 百会、天平
    C. 后海、天平　　D. 蹄头、三江
    E. 带脉、六脉

36. 马，红色，3岁。证见发热，咳嗽不爽，声音洪大，鼻流黏涕，呼出气热，口渴喜饮，舌苔薄黄，口红短津，脉象浮数。该病可首选针刺
   A. 玉堂、鼻前   B. 肺俞、大椎
   C. 太阳、耳尖   D. 大椎、耳尖
   E. 耳尖、尾尖

37. 圣伯纳犬，8岁。证见倦怠神疲，食少毛焦，呼多吸少，二段式呼气，肷肋扇动和息劳沟明显，有时张口呼吸，全身震动，肛门随呼吸而伸缩，静则喘轻，动则喘重。咳嗽连声，声音低弱，日轻夜重，鼻流脓涕。口色暗淡或暗红，脉象沉细。该病可首选针刺
   A. 肺俞、百会   B. 大椎、肺俞
   C. 身柱、水沟   D. 耳尖、尾尖
   E. 喉俞、涌泉

38. 马，黑色，4岁。证见精神沉郁，食欲减少，粪便干，口色红黄，鲜明如橘，舌苔黄腻，脉象弦数。该病可首选针刺
   A. 后海、脾俞   B. 通关、大椎
   C. 太阳、三江   D. 颈脉、带脉
   E. 眼脉、玉堂

39. 奶牛，4岁。证见排尿时拱腰努责，淋漓不畅，表现疼痛，尿量少但频频排尿，尿色赤黄。口色红，苔黄腻，脉滑数。该病可首选针刺
   A. 肾堂   B. 百会   C. 通窍
   D. 尾尖   E. 肾俞

40. 奶牛，5岁。证见形寒肢冷，小便清长，大便溏泻，腹中隐隐作痛，带下清稀，口色青白，脉象沉迟，情期延长，配而不孕。该病可首选
   A. 电针百会、后海、雁翅   B. 激光针后海、肾俞   C. 白针后海、苏气
   D. 血针尾尖、肾堂   E. 艾灸肾俞、百会

41. 马，3岁，红色。证见站立时腰曲头低，运步时步幅短促，卧多立少，气促喘粗，口色偏红，体温升高。头颈低下，尽力伸向前方，腹部向上蜷缩，后肢屈曲，以蹄踵负重，患肢前壁敏感。该病可首选
   A. 血针尾尖、肾堂   B. 血针膝脉、前蹄头   C. 血针颈脉、胸堂   D. 血针肾堂、后蹄头   E. 水针大椎、百会

42. 马，白色，6岁。证见背腰拱起，腰脊僵硬，胯皱腰拖，重则难起难卧。跛行随运动而减轻。该病可首选
   A. 火针抢风、膊尖、膊栏   B. 腰背部醋酒灸   C. 火针大胯、小胯、邪气
   D. 软烧百会、肾俞   E. 温针大胯、小胯、抢风

43. 母牛，产后6天，排乳不畅，右乳有肿块，触之硬痛。针灸除毫针外，还可采用
   A. 温和灸   B. 隔蒜灸   C. 局部拔罐
   D. 隔姜灸   E. 以上均不可

三、A3题型

题型说明：其结构是开始叙述一个以患病动物为中心的临床情景，然后提出2～3个相关的问题，每个问题均与开始的临床情景有关，但测试要点不同，且问题之间相互独立。在每个问题间，病情没有进展，子试题也不提供新的病情进展信息。每个问题均有5个备选答案，需要选择一个最佳答案，其余的供选答案可以部分正确，也可以是错误的，但是只能有一个最佳的答案。不止一个的相关问题，有时也可以用否定的叙述方式，同样否定词用黑体标出，以提醒应试者。

（1～4题共用以下题干）

4月10日，气温14～24.5℃，兽医院接诊一病马，体温38.9℃。主诉该马一直采用当地的采割的杂草为主饲喂，精料以玉米粉为主；最近总是刨蹄，常卧地四肢伸直，精神越来越差，粪便干硬，今晨屡现起卧症状，不吃料草。临检发现该马体况一般，耳鼻四肢温热，举尾呈现排粪姿势，蹲腰努责，但未见粪便排出，腹部膨胀，触诊有痛感，口内干燥，舌苔黄厚，脉象沉实。

1. 该病最可能诊断为
   A. 阴寒腹痛   B. 湿热腹痛   C. 粪结腹痛   D. 食滞腹痛   E. 肝旺腹痛

2. 如用中药治疗，治疗原则选用
   A. 温中散寒理气止痛   B. 清热燥湿行滞导郁   C. 破结通下   D. 消食导滞宽中理气   E. 疏肝健脾

3. 如采用针灸治疗，可选用下述哪组穴为主穴
   A. 血针三江、姜牙   B. 白针天门、脾俞   C. 白针抢风、大椎   D. 白针后海、百会   E. 血针带脉、血堂

4. 如采用中药治疗，可以选用下列哪个方剂为主进行加减
   A. 郁金散   B. 大承气汤   C. 生化汤
   D. 曲蘖散   E. 理中汤

(5~8题共用以下题干)

2月10日，气温2~14.5℃，兽医院接诊一水牛，体温36.8℃。主诉该牛吃草慢，少，精神较差，粪便长期清稀似水，不成堆。临检发现该牛体瘦毛焦，耳鼻四肢不温，皮毛竖立，腹部触诊有痛感，肠鸣音明显，肛门和尾部黏附多量稀粪；口色青白，口腔滑利，脉象沉迟。

5. 该病最可能诊断为
   A. 肾阳虚　　B. 脾阳虚　　C. 大肠湿热
   D. 胃寒　　E. 肝胆湿热
6. 如用中药治疗，治疗原则选用
   A. 温补肾阳　　B. 清利大肠湿热
   C. 温中化湿　　D. 温胃散寒　　E. 清利肝胆湿热
7. 如采用白针治疗，可选用下列哪组穴为主穴
   A. 抢风　　B. 天门　　C. 脾俞或后三里
   D. 蹄头　　E. 肝俞
8. 如采用中药治疗，可以选用下列哪个方剂进行加减
   A. 巴戟散　　B. 理中汤　　C. 白头翁汤
   D. 茵陈蒿汤　　E. 决明散

(9~11题共用以下题干)

7月10日，气温29~35.5℃，兽医院接诊一病猪，体温39.8℃。主诉该猪昨晚吃食正常，今天早上发现不吃，精神较差，躺卧不动，不时饮水，未见小便。临检发现该猪呼吸急促，鼻盘煽动，肋胁部不停煽动，鼻流大量略稠鼻液，时而咳嗽；口色赤红，舌苔黄染，脉象洪数。

9. 该病最可能诊断为
   A. 风寒咳嗽　　B. 湿痰咳嗽　　C. 阴虚咳嗽
   D. 肺虚喘　　E. 肺热气喘
10. 如用中药治疗，治疗原则选用
    A. 疏风散寒止咳平喘　　B. 燥湿化痰止咳平喘　　C. 滋阴生津润肺止咳
    D. 补气降逆平喘　　E. 宣肺泄热止咳平喘
11. 如采用中药治疗，可以选用下列哪个方剂进行加减
    A. 荆防败毒散　　B. 二陈汤　　C. 百合固金汤　　D. 四君子汤和止咳散
    E. 麻杏石甘汤

(12~17题共用以下题干)

8月10日，气温37℃，兽医院接诊一京巴犬，体温40.5℃。主诉该犬比较活跃，有啃咬家中物品习惯，因此常关于笼中置于家中南阳台，就诊当日中午回家发现该犬发病。抱出笼时已经开始呼吸困难，站立不稳、摇晃，盲目乱撞。

12. 该病最可能诊断为
    A. 痰迷心窍　　B. 日射病和热射病
    C. 血虚生风　　D. 犬瘟热后遗症
    E. 癫痫
13. 如用针灸治疗，一般采用下列哪种针术，配合冷敷和强心补液
    A. 艾灸　　B. 电针　　C. 血针或白针
    D. 水针　　E. 火针
14. 如采用血针治疗，一般以下列哪组穴位为主穴
    A. 抢风　　B. 天门　　C. 耳尖或尾尖
    D. 蹄头　　E. 肾堂
15. 如采用白针治疗，一般以下列哪组穴位为主穴
    A. 抢风　　B. 水沟　　C. 耳尖或尾尖
    D. 涌泉　　E. 滴水
16. 如用中药治疗，应以下列哪个原则为主组方应用
    A. 清热泻火药　　B. 清热解毒药
    C. 清热解暑药　　D. 清热燥湿药
    E. 清热凉血药
17. 使用中药治疗时，中药方剂最好选用下列哪个方剂为主进行加减
    A. 郁金散　　B. 白头翁汤　　C. 黄连解毒汤　　D. 白虎汤　　E. 香薷散

四、A4题型

题型说明：试题的形式是开始叙述一个以单一病患动物为中心的临床情景，然后提出3~6个相关的问题，问题之间也是相互独立的。当病情逐渐展开时，可逐步增加新的信息。有时陈述了一些次要的或有前提的假设信息，这些信息与病例中叙述的具体病患动物并不一定有联系。提供信息的顺序对回答问题是非常重要的。每个问题均与开始的临床情景有关，又与随后改变有关，回答这样的试题一定要以试题提供的信息为基础。A4题型也有5个备选答案。值得注意的是A4题选择题的每一个问题。均需选择一个最佳的回答，其余的供选择答案可以部分正确，也可以错误，但只能有一个最佳的答案。不止一个的相关问题，有时也可以用否定的叙述方式，同样否定词用黑体或下划线以提醒应试者。

(1~3题共用以下题干)

4月28日，气温18～28.5℃，动物医院接诊一京巴犬（小名贝贝），1岁，♂，体况中等，体温39.3℃。主诉，最近发现该犬小便次数增加，颜色发黄，吃食渐少。临诊发现该犬精神委顿，不停弓腰举尾，但仅排出少量黄色尿液，滴水状、浑浊；腹胀，触诊腹壁较紧张、神态不安、呻吟；口色红，舌苔黄腻，脉象濡数。

1. 该犬的证候可能是
   A. 寒湿困脾　　B. 膀胱湿热　　C. 肝胆湿热　　D. 脾虚泄泻　　E. 肾阳虚衰
2. 若采用中药治疗，目前该犬最恰当中药方剂是
   A. 八正散　　B. 补中益气汤　　C. 六味地黄汤　　D. 理中汤　　E. 肾气丸
3. 如果该犬消瘦，结膜黄染，大便发暗黑色，小便呈深咖啡色，尿淋漓。主述常带其到周围树林散步。若采用中药治疗，你认为还应考虑主要应用下列哪类药物
   A. 消导药　　B. 驱虫药　　C. 解表药　　D. 泻下药　　E. 温里药

（4～7题共用以下题干）

6月28日，气温24～35.5℃，动物医院接诊一京巴犬（犬名：贝贝），1岁，♂，体况中等，体温39.6℃。主诉，近日较忙，昨天中午给小狗的食物较多，没吃完，放在盘中未清理，晚上就在里面加了一些汤继续饲喂，结果贝贝将其吃光了。今晨发现厕所有较多稀糟糊样大便。早上喂蛋糕也不吃，没精神，喜欢饮水，到现在已经喝光大半瓶矿泉水。临诊发现该犬鼻镜干，精神委顿，不停起卧，口色红黄，舌苔黄腻，脉象滑数。触诊腹壁较紧张、显出不安神态、呻吟；肛温表上黏附粪便腥臭，稀糊状，颜色正常。

4. 该犬的证候可能是
   A. 寒湿困脾　　B. 大肠湿热　　C. 肝胆湿热　　D. 脾虚泄泻　　E. 肾阳虚衰
5. 如果该犬还有呕吐，大便腥臭暗红色。免疫学检查结果显示呈细小病毒病阳性。若用中药治疗，你认为应采用下列哪种原则为主组方
   A. 清热燥湿、解毒凉血　　B. 清热解毒、涩肠止泻　　C. 消积导滞　　D. 温补脾肾、涩肠止泻　　E. 温中散寒、利水止泻
6. 若采用中药治疗，目前该犬最恰当中药方剂是
   A. 郁金散或白头翁汤　　B. 补中益气汤或四君子汤　　C. 六味地黄汤　　D. 理中汤　　E. 白虎汤
7. 若采用水针治疗，可选用下列哪组穴位为主最好
   A. 抢风和带脉　　B. 天门和身柱　　C. 后海和后三里　　D. 蹄头和百会　　E. 肝俞和肾俞

五、B1题型

题型说明：也是单项选择题，属于标准配伍题。B1题型开始给出5个备选答案，之后给出2～6个题干构成一组试题，要求从5个备选答案中为这些题干选择一个与其关系最密切的答案。在这一组试题中，每个备选答案可以被选1次、2次和多次，也可以不选用。

（1～3题共用下列备选答案）
   A. 白色　　B. 赤色　　C. 青色　　D. 黄色　　E. 黑色
1. 马发生肚腹冷痛时，其口色一般为
2. 猪发生较严重的肠道寄生虫病时，其口色一般为
3. 母犬发生产后低血钙症时，其口色一般为

（4、5题共用下列备选答案）
   A. 浮脉　　B. 沉脉　　C. 迟脉　　D. 数脉　　E. 滑脉
4. 外感风寒初期，其脉象可见
5. 犬瘟热气分证期，其脉象可见

（6、7题共用下列备选答案）
   A. 十二经脉　　B. 络脉　　C. 孙络　　D. 十五大络　　E. 十二经筋
6. 属于经脉主要组成部分的是
7. 属于经络连属部分的是

（8、9题共用下列备选答案）
   A. 表里辨证　　B. 阴阳辨证　　C. 虚实辨证　　D. 寒热辨证　　E. 脏腑辨证
8. 下列用于辨别疾病部位的辨证方法是
9. 下列用于辨别疾病类别的辨证方法是

（10～13题共用下列备选答案）
   A. 相须　　B. 相使　　C. 相畏　　D. 相杀　　E. 相恶
10. 大黄、芒硝配伍使用清热泻火属于
11. 人参对于莱菔子而言其配伍关系属于
12. 绿豆相对于巴豆而言其配伍关系是
13. 黄芪与茯苓配合使用补气利水属于

（14、15题共用下列备选答案）
   A. 温性　　B. 凉性　　C. 热性　　D. 寒性　　E. 平性
14. 依据四气五味定性，生地属于哪类药

15. 依据四气五味定性，附子属于哪类药
    （16～18题共用下列备选答案）
    A. 麻黄汤   B. 桂枝汤   C. 白虎汤
    D. 黄连解毒汤   E. 大承气汤
16. 外感风寒表虚证选用
17. 阳明经热盛或气分实热选用
18. 三焦热盛或疮疡肿毒选用
    （19～21题共用下列备选答案）
    A. 知母   B. 丹皮   C. 秦皮
    D. 诃子   E. 六曲
19. 上述药物属于白虎汤组方药物的是
20. 上述药物属于郁金散组方药物的是
21. 上述药物属于曲蘖散组方药物的是
    （22～24题共用下列备选答案）
    A. 赤芍   B. 党参   C. 白芍
    D. 泽泻   E. 硼砂
22. 上述药物属于冰硼散组方药物的是
23. 上述药物属于六味地黄汤组方药物的是
24. 上述药物属于四物汤组方药物的是
    （25～27题共用下列备选答案）
    A. 大黄   B. 制半夏   C. 石膏
    D. 桂枝   E. 香附
25. 上述药物属于越鞠丸组方药物的是
26. 上述药物属于二陈汤组方药物的是
27. 上述药物属于大承气汤组方药物的是
    （28～30题共用下列备选答案）
    A. 桃仁   B. 苍术   C. 大黄
    D. 泽泻   E. 白头翁
28. 上述药物属于五苓散组方药物的是
29. 上述药物属于白头翁汤组方药物的是
30. 上述药物属于生化汤组方药物的是
    （31～33题共用下列备选答案）
    A. 黄芪   B. 黄连   C. 大黄
    D. 熟地黄   E. 黄药子
31. 属于清热药的是
32. 属于补气药的是
33. 属于攻下药的是
    （34～36题共用下列备选答案）
    A. 小柴胡汤   B. 大承气汤   C. 理中汤   D. 四物汤   E. 补中益气汤
34. 少阳病选用
35. 结症、便秘选用
36. 血虚证选用
    （37～39题共用下列备选答案）
    A. 独活寄生汤   B. 麻杏石甘汤
    C. 麻黄汤   D. 生化汤   E. 六味地黄汤

37. 肺热气喘选用
38. 外感风寒表证选用
39. 风寒湿痹、肝肾亏虚，气血不足选用
    （40、41题共用下列备选答案）
    A. 四物汤   B. 四君子汤   C. 金锁固精丸   D. 玉屏峰散   E. 六味地黄汤
40. 血虚诸证一般选用
41. 肝肾阴虚一般选用
    （42～46题共用下列备选答案）
    A. 唇内、鼻中、通关   B. 顺气、脾俞、食胀   C. 通窍、肺俞、苏气
    D. 关元俞、带脉、后海   E. 尾尖、耳尖、山根
42. 治疗牛肚胀、腹痛宜选
43. 治疗牛肠黄、腹痛宜选
44. 治疗牛口疮、唇肿宜选
45. 治疗牛中暑、感冒、腹痛宜选
46. 治疗牛肺热、咳喘宜选
    （47、48题共用下列备选答案）
    A. 命门、安肾   B. 百会、后海
    C. 阳明、滴明   D. 肛脱、后海
    E. 胸堂、通关
47. 治疗牛心热、舌疮宜选
48. 治疗牛腹泻、脱肛宜选
    （49～53题共用下列备选答案）
    A. 肷俞   B. 带脉   C. 百会
    D. 食胀   E. 天平
49. 治疗牛尿血、便血、阉割后出血宜选
50. 治疗牛急性瘤胃膨气宜选
51. 治疗牛腰胯风湿、二便不利、后躯瘫痪宜选
52. 治疗牛宿草不转、肚胀、消化不良宜选
53. 治疗牛肠黄、腹痛宜选
    （54～56题共用下列备选答案）
    A. 山根   B. 顺气   C. 通关
    D. 承浆   E. 三江
54. 治疗牛疝痛、肚胀、肝热传眼宜选
55. 治疗牛慢草、木舌宜选
56. 治疗牛中暑、感冒、腹痛宜选
    （57～61题共用下列备选答案）
    A. 睛明、睛俞、太阳   B. 耳尖、山根、三江   C. 关元俞、六脉、健胃
    D. 苏气、颈脉、肺俞   E. 雁翅、百会、气门
57. 治疗牛肝热传眼、睛生翳膜宜选
58. 治疗牛肺热、咳嗽、气喘宜选

59. 治疗牛中暑、感冒、腹痛宜选
60. 治疗牛腰胯风湿、二便不利、后躯瘫痪宜选
61. 治疗牛宿草不转、肚胀腹痛宜选
    （62、63题共用下列备选答案）
    A. 耳尖   B. 天门   C. 颈脉
    D. 苏气   E. 天平
62. 治疗牛中暑、感冒、中毒、腹痛宜选
63. 治疗牛中暑、中毒、脑黄、肺风毛燥宜选
    （64～68题共用下列备选答案）
    A. 关元俞   B. 肺俞   C. 肾俞
    D. 胈俞   E. 阴俞
64. 治疗奶牛阴道脱、子宫脱宜选
65. 治疗牛肺热咳喘、感冒宜选
66. 治疗牛急性瘤胃臌气宜选
67. 治疗牛慢草、便结、肚胀、积食、泄泻宜选
68. 治疗牛腰胯风湿、腰背闪伤宜选
    （69～73题共用下列备选答案）
    A. 颈脉   B. 带脉   C. 膝脉
    D. 六脉   E. 三江
69. 治疗牛疝痛、肚胀、肝热传眼宜选
70. 治疗牛便秘、肚胀、积食、泄泻、慢草宜选
71. 治疗牛中暑、中毒、脑黄、肺风毛燥宜选
72. 治疗牛肠黄、腹痛、中暑、感冒宜选
73. 治疗牛腕关节肿痛、攒筋肿痛宜选
    （74～78题共用下列备选答案）
    A. 鼻俞   B. 睛俞   C. 脾俞
    D. 肘俞   E. 肾俞
74. 治疗牛腰胯风湿、腰背闪伤宜选
75. 治疗牛肺热、感冒、中暑、鼻肿宜选
76. 治疗牛肘部肿胀、前肢风湿、闪伤、麻痹宜选
77. 治疗牛肝经风热、肝热传眼宜选
78. 治疗牛便秘、肚胀、积食、泄泻、慢草宜选
    （79～83题共用下列备选答案）
    A. 肾堂   B. 轩堂   C. 胸堂
    D. 通关   E. 开关
79. 治疗牛慢草、木舌、中暑宜选
80. 治疗牛外肾黄、五攒痛、后肢风湿宜选
81. 治疗牛心肺积热、中暑、胸膊痛宜选
82. 治疗牛破伤风、歪嘴风、腮黄宜选
83. 治疗牛失膊、夹气痛宜选
    （84～88题共用下列备选答案）
    A. 天门   B. 命门   C. 气门
    D. 云门   E. 喉门
84. 治疗牛腰痛、尿闭、血尿、胎衣不下、慢草宜选
85. 治疗牛肚底黄、腹水宜选
86. 治疗牛感冒、脑黄、癫痫、眩晕、破伤风宜选
87. 治疗牛喉肿、喉痛、喉麻痹宜选
88. 治疗牛后肢风湿、不孕症宜选
    （89～93题共用下列备选答案）
    A. 滴水   B. 掠草   C. 膝眼
    D. 穿黄   E. 顺气
89. 治疗牛胸黄宜选
90. 治疗牛蹄肿、扭伤、中暑、感冒宜选
91. 治疗牛肚胀、感冒、睛生翳膜宜选
92. 治疗牛腕部肿痛、膝黄宜选
93. 治疗牛掠草痛、后肢风湿宜选
    （94～96题共用下列备选答案）
    A. 玉堂   B. 血堂   C. 胸堂
    D. 肾堂   E. 开关
94. 治疗马外肾黄、五攒痛、闪伤腰胯、后肢风湿宜选
95. 治疗马胃热、舌疮、上腭肿胀宜选
96. 治疗马肺热、感冒、中暑、鼻肿痛宜选
    （97～101题共用下列备选答案）
    A. 眼脉   B. 颈脉   C. 带脉
    D. 膝脉   E. 三江
97. 治疗马冷痛、肚胀、月盲、肝热传眼宜选
98. 治疗马肝热传眼、肝经风热、中暑、脑黄宜选
99. 治疗马腕关节肿痛、屈腱炎宜选
100. 治疗马脑黄、中暑、中毒、遍身黄宜选
101. 治疗马肠黄、中暑、冷痛宜选
    （102、103题共用下列备选答案）
    A. 通关   B. 开关   C. 下关
    D. 阳关   E. 上关
102. 治疗马歪嘴风、破伤风、下颌脱臼宜选
103. 治疗马破伤风、歪嘴风、面颊肿胀宜选
    （104～108题共用下列备选答案）
    A. 玉堂   B. 鼻管   C. 姜牙
    D. 抽筋   E. 鼻俞
104. 治疗马冷痛及其他腹痛宜选
105. 治疗马胃热、舌疮、上腭肿胀宜选
106. 治疗马肺把低头难宜选
107. 治疗马肺热、感冒、中暑、鼻肿痛宜选
108. 治疗马异物入睛、肝经风热、睛生翳膜宜选
    （109～113题共用下列备选答案）

A. 骨眼　　B. 开天　　C. 断血
D. 肷俞　　E. 穿黄
109. 治疗马盲肠臌气宜选
110. 治疗马骨眼症宜选
111. 治疗马阉割后出血、便血、尿血等各种出血症宜选
112. 治疗马胸黄、胸部浮肿宜选
113. 治疗马浑睛虫病宜选
（114～118题共用下列备选答案）
A. 黄水　　B. 云门　　C. 阴俞
D. 莲花　　E. 弓子
114. 治疗马肚底黄、胸腹部浮肿宜选
115. 治疗马母马阴道脱、子宫脱、带下和公马阴肾黄、垂缕不收宜选
116. 治疗马肩膊麻木、肩膊部肌肉萎缩宜选
117. 治疗马脱肛宜选
118. 治疗马宿水停脐宜选
（119～123题共用下列备选答案）
A. 夹气　　B. 垂泉　　C. 掠草
D. 滚蹄　　E. 三江
119. 治疗马漏蹄宜选
120. 治疗马里夹气宜选
121. 治疗马屈肌腱挛缩宜选
122. 治疗马冷痛、肚胀、月盲、肝热传眼宜选
123. 治疗马掠草痛、后肢风湿宜选
（124～128题共用下列备选答案）
A. 分水　　B. 鼻前　　C. 耳尖
D. 尾尖　　E. 蹄头
124. 治疗马冷痛、感冒、中暑宜选
125. 治疗马冷痛、感冒、中暑、过劳宜选
126. 治疗马发热、感冒、中暑、过劳宜选
127. 治疗马五攒痛、冷痛、结症宜选
128. 治疗马中暑、冷痛、歪嘴风宜选
（129～131题共用下列备选答案）
A. 唇内、玉堂、通关　　B. 分水、姜牙、三江　　C. 睛明、睛俞、垂睛
D. 鼻俞、血堂、肺俞　　E. 百会、雁翅、后海
129. 治疗马冷痛及其他腹痛宜选
130. 治疗马口疮、慢草宜选
131. 治疗马肺热、感冒、咳喘宜选
（132～136题共用下列备选答案）
A. 鼻俞　　B. 睛俞　　C. 肷俞
D. 肾俞　　E. 阴俞
132. 治疗马肺热、感冒、中暑、鼻肿痛宜选
133. 治疗马腰痿、腰胯风湿、闪伤宜选
134. 治疗马盲肠臌气宜选
135. 治疗母马阴道脱、子宫脱、带下和公马阴肾黄、垂缕不收宜选
136. 治疗马肝经风热、肝热传眼、睛生翳膜宜选
（137～141题共用下列备选答案）
A. 鼻前、大椎、颈脉　　B. 玉堂、通关、迷交感　　C. 关元俞、大肠俞、气海俞
D. 命门、阳关、腰前　　E. 尾尖、耳尖、蹄头
137. 治疗马感冒、发热宜选
138. 治疗马闪伤腰胯、腰胯风湿宜选
139. 治疗马结症、肚胀、泄泻宜选
140. 治疗马腹痛宜选
141. 治疗马脾虚慢草宜选
（142～146题共用下列备选答案）
A. 分水　　B. 通关　　C. 血堂
D. 三江　　E. 太阳
142. 治疗马冷痛、肚胀、月盲、肝热传眼宜选
143. 治疗马冷痛、歪嘴风宜选
144. 治疗马肝热传眼、肝经风热、中暑、脑黄宜选
145. 治疗马木舌、舌疮、胃热、慢草、黑汗风宜选
146. 治疗马肺热、感冒、中暑、鼻肿痛宜选
（147～151题共用下列备选答案）
A. 大风门　　B. 肺门　　C. 蹄门
D. 命门　　E. 云门
147. 治疗马宿水停脐宜选
148. 治疗马破伤风、脑黄、脾虚湿邪、心热风邪宜选
149. 治疗马闪伤腰胯、寒伤腰胯、破伤风宜选
150. 治疗马蹄门肿痛，系凹痛、蹄胎痛宜选
151. 治疗马肺气把膊、寒伤肩膊痛、肩膊麻木宜选
（152～156题共用下列备选答案）
A. 天门　　B. 大椎　　C. 断血
D. 百会　　E. 尾根
152. 治疗马脑黄、黑汗风、破伤风、感冒宜选
153. 治疗马阉割后出血、便血、尿血等出血症宜选
154. 治疗马腰胯闪伤、风湿、破伤风、便秘、泄泻宜选
155. 治疗马感冒、咳嗽、发热、癫痫宜选

156. 治疗马腰胯闪伤、风湿、破伤风宜选
 (157～161题共用下列备选答案)
 A. 膊尖、膊栏　B. 大胯、小胯
 C. 蹄白、蹄门　D. 前三里、后三里
 E. 掠草、阳陵
157. 治疗马蹄臼痛、蹄胎痛、前肢风湿宜选
158. 治疗马后肢风湿、闪伤腰胯宜选
159. 治疗马脾胃虚弱宜选
160. 治疗马掠草痛、后肢风湿宜选
161. 治疗马前肢风湿、肩膊闪伤、肿痛宜选
 (162～164题共用下列备选答案)
 A. 大肠俞　B. 脾俞　C. 肝俞
 D. 肺俞　E. 膀胱俞
162. 治疗马肺热咳嗽、肺把胸膊痛、劳伤气喘宜选
163. 治疗马胃冷吐涎、肚胀、结症、泄泻、冷痛宜选
164. 治疗马黄疸、肝经风热、肝热传眼宜选
 (165～169题共用下列备选答案)
 A. 关元俞　B. 三焦俞　C. 胃俞
 D. 膈俞　E. 小肠俞
165. 治疗马胸膈痛、跳欣、气喘宜选
166. 治疗马水草迟细、过劳、腰脊疼痛宜选
167. 治疗马结症、肚胀、泄泻、冷痛、腰脊疼痛宜选
168. 治疗马胃寒、胃热、消化不良、肠臌气、大肚结宜选
169. 治疗马结症、肚胀、肠黄、腰痛宜选
 (170～174题共用下列备选答案)
 A. 山根　B. 耳尖　C. 尾尖
 D. 天门　E. 水沟
170. 治疗犬中暑、感冒、腹痛宜选
171. 治疗犬中风、中暑、感冒、发热宜选
172. 治疗犬发热、脑炎、抽风、惊厥宜选
173. 治疗犬中风、中暑、支气管炎宜选
174. 治疗犬中风、中暑、泄泻宜选
 (175～179题共用下列备选答案)
 A. 上关、下关、翳风　B. 三江、承泣、睛明　C. 大椎、身柱、灵台　D. 中枢、悬枢、中脘　E. 二眼、百会、命门
175. 治疗犬消化不良、呕吐、泄泻、胃痛宜选
176. 治疗犬歪嘴风、耳聋宜选
177. 治疗犬发热、咳嗽宜选
178. 治疗犬腰胯疼痛、瘫痪宜选
179. 治疗犬目赤肿痛、睛生云翳宜选
 (180、181题共用下列备选答案)
 A. 三江　B. 耳尖　C. 胸堂
 D. 尾本　E. 膝脉
180. 治疗犬中暑、感冒、腹痛宜选
181. 治疗犬腕关节肿痛、风湿症、中暑、感冒、腹痛宜选
 (182～186题共用下列备选答案)
 A. 外关、内关、抢风　B. 环跳、阳辅、解溪　C. 后三里、中脘、脾俞　D. 大椎、山根、肺俞　E. 三江、肝俞、胆俞
182. 治疗犬后肢疼痛、麻痹宜选
183. 治疗犬消化不良、腹痛、泄泻、胃肠炎宜选
184. 治疗犬前肢神经麻痹、扭伤宜选
185. 治疗犬肝炎、眼病宜选
186. 治疗犬发热、咳嗽宜选
 (187～191题共用下列备选答案)
 A. 天门　B. 大椎　C. 悬枢
 D. 百会　E. 尾尖
187. 治疗犬风湿病、腰部扭伤、消化不良、腹泻宜选
188. 治疗犬发热、咳嗽、风湿症、癫痫宜选
189. 治疗犬中风、中暑、泄泻宜选
190. 治疗犬腰胯疼痛、瘫痪、泄泻、脱肛宜选
191. 治疗犬发热、脑炎、抽风、惊厥宜选
 (192～196题共用下列备选答案)
 A. 耳尖　B. 大椎　C. 中脘
 D. 二眼　E. 后海
192. 治疗犬中暑、感冒、腹痛宜选
193. 治疗犬发热、咳嗽、风湿症、癫痫宜选
194. 治疗犬腰胯疼痛、瘫痪、子宫疾病宜选
195. 治疗犬泄泻、便秘、脱肛、阳痿宜选
196. 治疗犬消化不良、呕吐、泄泻、胃痛宜选
 (197、198题共用下列备选答案)
 A. 后跟、解溪　B. 肩井、肩外髃　C. 肘俞、曲池　D. 环跳　E. 膝上、膝下
197. 治疗犬后肢风湿、腰胯疼痛宜选
198. 治疗犬前肢神经麻痹、肘部疼痛宜选
 (199～203题共用下列备选答案)
 A. 脾俞、胃俞、三焦俞　B. 肝俞、胆俞　C. 督俞、心俞、厥阴俞　D. 关元俞、大肠俞、小肠俞　E. 膀胱俞、肾俞
199. 治疗犬肠炎、便秘宜选

200. 治疗犬心悸、腹痛、膈肌痉挛宜选
201. 治疗犬肝炎、黄疸、眼病宜选
202. 治疗犬膀胱炎、尿血、膀胱痉挛、尿潴留、腰痛宜选
203. 治疗犬食欲不振、消化不良、呕吐、泄泻宜选

（204、205题共用下列备选答案）
  A. 捻转幅度大，肌纤维缠绕针身
  B. 针身剥蚀损坏 C. 体位移动
  D. 误伤血管神经 E. 体质虚弱

204. 晕针的主要原因是
205. 滞针的主要原因是

（206、207题共用下列备选答案）
  A. 解表祛寒、温中止呕 B. 解表杀虫
  C. 温肾壮阳 D. 温中散寒、回阳救逆
  E. 温经散寒、活血行滞

206. 隔蒜灸的作用是
207. 隔盐灸的作用是

（208、209题共用下列备选答案）
  A. 腹痛 B. 泄泻 C. 颈风湿
  D. 腰胯闪伤 E. 两胁疼痛

208. 马三江穴主治
209. 马九委穴主治

（210、211题共用下列备选答案）
  A. 前后配穴法 B. 上下配穴法
  C. 左右配穴法 D. 表里配穴法
  E. 远近配穴法

210. 胸腹或腰背疼痛的病症选
211. 头面、躯干和内脏的病症选

（212、213题共用下列备选答案）
  A. 5°角左右 B. 15°角左右 C. 30°角左右 D. 45°角左右 E. 60°角左右

212. 平刺的角度为
213. 斜刺的角度为

（214、215题共用下列备选答案）
  A. 灯草灸 B. 隔姜灸 C. 隔蒜灸
  D. 隔附子灸 E. 隔盐灸

214. 治疗因寒所致的呕吐、腹痛常用
215. 治疗疮疡久溃不敛常用

中兽医学参考答案

一、A1 题型

1	B	2	C	3	D	4	D	5	E	6	A	7	D	8	C	9	A	10	E
11	A	12	B	13	D	14	C	15	B	16	D	17	B	18	E	19	C	20	A
21	E	22	A	23	B	24	C	25	D	26	D	27	A	28	E	29	D	30	C
31	C	32	E	33	C	34	E	35	B	36	A	37	E	38	E	39	A	40	D
41	B	42	D	43	E	44	D	45	C	46	C	47	D	48	B	49	E	50	D
51	E	52	B	53	A	54	D	55	D	56	E	57	D	58	C	59	D	60	B
61	B	62	B	63	D	64	A	65	D	66	C	67	D	68	B	69	D	70	B
71	A	72	E	73	A	74	D	75	D	76	B	77	D	78	E	79	D	80	A
81	D	82	E	83	B	84	B	85	D	86	D	87	B	88	B	89	D	90	B
91	B	92	A	93	A	94	B	95	A	96	D	97	A	98	A	99	A	100	C
101	D	102	C	103	C	104	D	105	A	106	B	107	C	108	B	109	C	110	B
111	B	112	D	113	B	114	B	115	B	116	D	117	B	118	D	119	D	120	D
121	E	122	B	123	D	124	D	125	D	126	B	127	A	128	B	129	B	130	D
131	A	132	C	133	C	134	D	135	E	136	D	137	C	138	B	139	D	140	B
141	B	142	B	143	D	144	B	145	A	146	B	147	D	148	D	149	D	150	B
151	B	152	C																

二、A2 题型

1	D	2	B	3	D	4	A	5	A	6	C	7	D	8	D	9	B	10	A
11	D	12	C	13	B	14	D	15	D	16	A	17	D	18	B	19	B	20	A
21	C	22	A	23	D	24	C	25	D	26	A	27	C	28	A	29	D	30	A
31	E	32	D	33	A	34	D	35	C	36	B	37	B	38	D	39	A	40	A
41	B	42	B	43	E														

三、A3 题型

1	C	2	C	3	A	4	B	5	D	6	C	7	D	8	B	9	B	10	E
11	E	12	B	13	C	14	C	15	D	16	C	17	E						

四、A4 题型

1	B	2	A	3	B	4	B	5	B	6	A	7	C

五、B1 题型

1	C	2	A	3	B	4	A	5	D	6	A	7	E	8	A	9	B	10	A
11	E	12	D	13	B	14	D	15	C	16	B	17	C	18	D	19	A	20	C
21	E	22	E	23	D	24	C	25	E	26	B	27	A	28	D	29	E	30	A
31	B	32	A	33	C	34	A	35	B	36	D	37	B	38	C	39	A	40	A
41	E	42	B	43	D	44	A	45	E	46	C	47	E	48	D	49	E	50	A
51	C	52	D	53	B	54	E	55	C	56	A	57	A	58	D	59	B	60	E
61	C	62	A	63	C	64	E	65	B	66	D	67	A	68	C	69	E	70	D
71	A	72	E	73	C	74	E	75	A	76	D	77	B	78	C	79	D	80	A
81	C	82	E	83	B	84	C	85	D	86	A	87	E	88	B	89	D	90	A
91	E	92	C	93	B	94	D	95	A	96	B	97	E	98	A	99	D	100	B
101	C	102	E	103	B	104	C	105	A	106	D	107	E	108	B	109	B	110	A
111	C	112	E	113	B	114	A	115	C	116	E	117	D	118	B	119	B	120	A
121	D	122	E	123	C	124	C	125	D	126	B	127	E	128	A	129	B	130	A
131	D	132	A	133	D	134	C	135	E	136	B	137	A	138	D	139	C	140	E
141	B	142	D	143	A	144	E	145	B	146	C	147	E	148	A	149	D	150	C
151	B	152	A	153	C	154	D	155	B	156	E	157	C	158	B	159	D	160	E
161	A	162	D	163	B	164	C	165	D	166	B	167	A	168	C	169	E	170	B
171	A	172	D	173	C	174	C	175	D	176	A	177	C	178	E	179	B	180	B
181	E	182	B	183	C	184	A	185	E	186	D	187	C	188	B	189	E	190	D
191	A	192	A	193	C	194	D	195	E	196	C	197	D	198	C	199	D	200	C
201	B	202	E	203	B	204	E	205	A	206	B	207	D	208	A	209	C	210	A
211	E	212	B	213	D	214	B	215	E										

第六章　执业兽医资格考试综合模拟试题及参考答案

第一节　基础科目执业兽医资格考试四套模拟试题

基础科目模拟试卷一

一、A1 题型

题型说明：每一道考试题下面有 A、B、C、D、E 五个备选答案，请从中选择一个最佳答案，并在答题卡上将相应题号的相应字母所属的方框涂黑。

1. 《中华人民共和国动物防疫法》已由中华人民共和国第十三届全国人民代表大会常务委员会第二十五次会议于 2021 年 1 月 22 日修订通过，现予公布，自（　　）起施行
   A. 2021 年 2 月 1 日　　B. 2021 年 3 月 1 日　　C. 2021 年 4 月 1 日　　D. 2021 年 5 月 1 日　　E. 2022 年 1 月 1 日

2. 《中华人民共和国动物防疫法》第四十六条规定：发生重大动物疫情时，（　　）负责划定动物疫病风险区，禁止或者限制特定动物、动物产品由高风险区向低风险区调运
   A. 国务院农业农村主管部门　　B. 省级农业农村主管部门　　C. 市级农业农村主管部门　　D. 县级农业农村主管部门　　E. 乡镇农业农村主管部门

3. 《中华人民共和国动物防疫法》第五十八条规定：在江河、湖泊、水库等水域发现的死亡畜禽，由所在地（　　）组织收集、处理并溯源
   A. 省级人民政府　　B. 市级人民政府　　C. 县级人民政府　　D. 乡级人民政府　　E. 乡级人民政府、街道办事处

4. 《中华人民共和国动物防疫法》第五十八条规定：在城市公共场所和乡村发现的死亡畜禽，由所在地（　　）组织收集、处理并溯源
   A. 省级人民政府　　B. 市级人民政府　　C. 县级人民政府　　D. 乡级人民政府　　E. 乡级人民政府、街道办事处

5. 《中华人民共和国动物防疫法》第六十六条规定：国家实行官方兽医任命制度。官方兽医应当具备国务院农业农村主管部门规定的条件，由省、自治区、直辖市人民政府农业农村主管部门按照程序确认，由所在地（　　）农业农村主管部门任命
   A. 国务院　　B. 省级以上人民政府　　C. 市级以上人民政府　　D. 县级以上人民政府　　E. 乡镇以上人民政府

6. 《中华人民共和国动物防疫法》第七十九条规定：（　　）应当将动物防疫工作纳入本级国民经济和社会发展规划及年度计划
   A. 国务院　　B. 省级以上人民政府　　C. 市级以上人民政府　　D. 县级以上人民政府　　E. 乡镇以上人民政府处

7. 《中华人民共和国动物防疫法》中规定的病死动物**不包括**
   A. 染疫死亡动物　　B. 因病死亡动物　　C. 死因不明、经检验检疫可能危害人体健康的死亡动物　　D. 死因不明、经检验检疫可能危害动物健康的死亡动物　　E. 因心脏功能不全猝死的动物

8. 根据《中华人民共和国动物防疫法》，动物疫病预防控制机构承担的职能**不包括**
   A. 动物疫病监测　　B. 动物疫病诊断　　C. 动物疫病检测　　D. 动物和动物产品

检疫　　E. 动物疫病流行病学调查

9. 根据《执业兽医管理办法》，下列应当收回、注销兽医执业证书或助理兽医执业证书的情形是
   A. 违法使用兽药的　　B. 伪造诊断结果，出具虚假证明文件的　　C. 使用伪造、变造的兽医师执业证书或助理兽医师执业证书　　D. 不使用病历且拒不改正的　　E. 出让、出租、出借兽医师执业证书或助理兽医师执业证书的

10. 根据《病原微生物实验室生物安全管理条例》，下列关于动物病原微生物实验活动管理的表述**不正确的**是
    A. 在同一个实验室的同一个独立安全区域内，可以同时从事两种高致病性病原微生物的相关实验活动　　B. 从事高致病性病原微生物相关实验活动，应当有2名以上的工作人员共同进行　　C. 实验室从事高致病性病原微生物相关实验活动的实验档案保存期不得少于20年　　D. 进入从事高致病性病原微生物相关实验活动的实验室的工作人员，应当经实验室负责人批准　　E. 实验室的设立单位应当定期对实验室设施、设备、材料等进行检查、维护和更新

11. 根据《中华人民共和国动物防疫法》，有权认定重大动物疫情的主体是
    A. 省动物卫生监督机构　　B. 省动物疫病预防控制机构　　C. 县级人民政府兽医主管部门　　D. 设区的市级人民政府兽医主管部门　　E. 省级人民政府兽医主管部门

12. 根据《病原微生物实验室生物安全管理条例》，下列**不符合**高致病性病原微生物样本运输管理规定的表述是
    A. 样本的容器应当符合防破损、耐高压等要求　　B. 样本的容器应当印有规定的生物危险标识　　C. 样本的容器应当密封　　D. 应当由不少于2人的专人护送　　E. 可以通过城市铁路运输

13. 根据《病死及病害动物无害化处理技术规范》，**不得**采用深埋法进行无害化处理的是
    A. 牛瘟病死动物　　B. 炭疽病死动物　　C. 猪瘟病死动物　　D. 非洲猪瘟病死动物　　E. 牛恶性卡他热病死动物

14. 根据《执业兽医管理办法》，下列关于执业兽医活动管理的表述**不正确**的是
    A. 执业助理兽医师在执业兽医师指导下，可以出具处方、填写诊断书，出具有关证明文件　　B. 执业兽医师未经亲自诊断，不得开具处方药　　C. 执业兽医变更受聘的动物诊疗机构，应重新办理注册或者备案手续　　D. 执业兽医应按照操作技术规范从事动物诊疗活动　　E. 执业兽医应当按照国家有关规定合理用药

15. 根据《动物检疫管理办法》，下列关于动物检疫申报的表述**不正确**的是
    A. 不允许采用电话方式申报　　B. 屠宰动物的，应当提前6小时申报　　C. 出售、运输乳用动物和种用动物的，应当在离开产地前，提前15天申报　　D. 合法捕获野生动物的，应当在捕获3天内申报　　E. 申报检疫应当提交检疫申报单

16. 根据《动物诊疗机构管理办法》，**不符合**诊疗许可相关规定的表述是
    A. 动物诊所可以从事动物胸腔手术　　B. 动物诊疗机构应当使用规范的名称　　C. 动物诊疗机构变更从业地点的，应当重新办理动物诊疗许可手续　　D. 取得动物诊疗许可证的机构，方可从事动物诊疗活动　　E. 动物诊疗机构设立分支机构的，应当另行办理动物诊疗许可证

17. 《兽用处方药和非处方药管理办法》规定，兽药经营者应当单独建立兽用处方药的购销记录，该记录的保存期至少为
    A. 九个月　　B. 三个月　　C. 六个月　　D. 一年　　E. 二年

18. 根据《禁止在饲料和动物饮水中使用的药物品种目录》，禁止在饲料和动物饮水中使用的药物**不包括**
    A. 盐酸大观霉素可溶性粉　　B. 盐酸异丙嗪　　C. 苯巴比妥　　D. （盐酸）氯丙嗪　　E. 安定（地西泮）

19. 根《兽药管理条例》，下列情形中属于劣兽药的是
    A. 兽药所含成分的种类与兽药国家标准不符合的　　B. 以非兽药冒充兽药的　　C. 被污染的　　D. 变质的　　E. 成分含量不符合兽药国家标准的

20. 根据《重大动物疫情应急条例》，下列关于应急预备队的表述正确的是
    A. 由县级以上地方人民政府兽医主管部门成立应急预备队　　B. 应急预备队应

当定期进行技术培训和应急演练
C. 应急预备队必须有公安机关的工作人员参加　　D. 应急预备队必须有社会上具备一定专业知识的人员参加　　E. 应急预备队必须有养殖场（户）人员参加

21. 根据《动物检疫管理办法》，出售供继续饲养的动物，**不符合**《动物检疫合格证明》出具条件的是
　　A. 未按规定进行强制免疫　　B. 来自未发生相关动物疫情的饲养场（户）　　C. 临床检查健康　　D. 按规定需要进行实验室疫病检测的，检测结果符合要求　　E. 畜禽标识符合规定

22. 围成关节腔的结构是关节囊滑膜层和
　　A. 关节盘　　B. 韧带　　C. 关节软骨　　D. 关节囊纤维层　　E. 关节唇

23. 通常认为合成大多数急性期蛋白的细胞是
　　A. 肾小管上皮细胞　　B. 心肌细胞　　C. 肾上腺束状带细胞　　D. 神经细胞　　E. 肝细胞

24. 图中的椎骨是

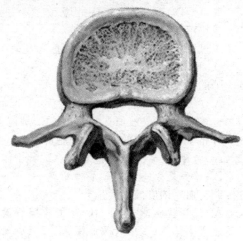

　　A. 荐椎　　B. 腰椎　　C. 颈椎　　D. 胸椎　　E. 尾椎

25. 暂时贮存尿液的器官是
　　A. 雌性尿道　　B. 雄性尿道　　C. 膀胱　　D. 输尿管　　E. 肾

26. 持续高热，但昼夜温差超过1℃以上的热型，称为
　　A. 弛张热　　B. 消耗热　　C. 稽留热　　D. 间歇热　　E. 回归热

27. 正常情况下，原尿中**不含有**
　　A. 高分子量蛋白质　　B. Na^+　　C. Ca^{2+}　　D. 葡萄糖　　E. K^+

28. 糖的分解代谢为脂肪酸合成提供的原料之一是
　　A. $NADP^+$　　B. 乙酰CoA　　C. NAD^+　　D. FAD　　E. 乳酸

29. 糖代谢中可产生还原性辅酶NADPH＋H^+的代谢途径是
　　A. 糖异生途径　　B. 磷酸戊糖途径　　C. 糖酵解　　D. 三羧酸循环　　E. 乳酸循环

30. 由血流量减少所引起的缺氧属于
　　A. 低动力性缺氧　　B. 血液性缺氧　　C. 低张性缺氧　　D. 组织性缺氧　　E. 组织中毒性缺氧

31. 属于液化性坏死的是
　　A. 肺干酪样坏死　　B. 子宫气性坏疽　　C. 肾贫血性梗死　　D. 脑软化　　E. 心肌蜡样坏死

32. 副交感神经节前神经元的胞体位于
　　A. 脑干和腰段脊髓　　B. 脑干和胸段脊髓　　C. 腰段和荐段脊髓鼻腺　　D. 颈段和腰段脊髓　　E. 脑干和荐段脊髓

33. 可用于蛋白质分子质量测定的方法是
　　A. 醋酸纤维薄膜电泳　　B. 葡聚糖凝胶电泳　　C. 琼脂糖凝胶电泳　　D. SDS-聚丙烯酰胺凝胶电泳　　E. 等电聚焦电泳

34. 属于M-受体激动剂的药物是
　　A. 氨甲酰胆碱　　B. 肾上腺素　　C. 多巴胺　　D. 阿托品　　E. 克伦特罗

35. 属于一类动物疫病的是
　　A. 大肠杆菌病　　B. 附红细胞体病　　C. 猪水泡病　　D. 狂犬病　　E. 伪狂犬病

36. 能抑制胆碱酯酶活性的药物是
　　A. 阿托品　　B. 肾上腺素　　C. 毛果芸香碱　　D. 氨甲酰胆碱　　E. 新斯的明

37. 阈电位的绝对值
　　A. 小于静息电位　　B. 等于静息电位　　C. 大于静息电位　　D. 等于零　　E. 等于超极化值

38. 转移性钙化
　　A. 对机体不利　　B. 钙化的组织功能无变化　　C. 对机体有利有弊　　D. 对机体有利　　E. 钙盐沉着在病理产物中

39. 能增加血小板数量的药物是
　　A. 氨甲环酸　　B. 维生素K　　C. 氨甲苯酸　　D. 安特诺新　　E. 酚磺乙胺

40. 适合治疗急性少尿期肾衰竭的药物是

A. 甘露醇　B. 氨茶碱　C. 氯苯拉敏
D. 右旋糖酐　E. 螺内酯
41. 二硫丙钠适合解救
A. 氢氰酸中毒　B. 汞中毒　C. 钙中毒　D. 马拉硫磷中毒　E. 硒中毒
42. 能抑制环氧化酶和脂加氧酶产生抗炎镇痛作用的药物是
A. 安乃近　B. 氨基比林　C. 甲芬那酸　D. 替泊沙林　E. 扑热息痛
43. 禁与碱性药物配伍使用的药物是
A. 人工盐　B. 胰淀粉酶　C. 胃蛋白酶　D. 胰脂肪酶　E. 胰蛋白酶
44. 急性猪瘟引起的败血症典型病理变化是
A. 无溶血　B. 肝肾明显淤肿大
C. 尸僵完全　D. 脾脏显著肿大
E. 血液凝固不良
45. 能抑制细菌、螺旋体、支原体和衣原体的抗菌药物是
A. 土霉素　B. 庆大霉素　C. 沃尼妙林　D. 头孢噻呋　E. 乙酰甲喹
46. 水中毒又称为
A. 稀释性高钠血症　B. 低容量性高钠血症　C. 高容量性低钠血症　D. 低容量性低钠血症　E. 高容量性高钠血症
47. 发生萎缩的细胞
A. 功能无变化　B. 形态不可恢复
C. 功能丧失　D. 功能降低　E. 代谢停止
48. 动物因脊髓损伤而瘫痪，反射弧中受损的是
A. 传出神经　B. 效应器　C. 感受器　D. 神经中枢　E. 传入神经
49. NADH 呼吸链**不包括**的是
A. 复合物Ⅰ　B. 复合物Ⅳ　C. 复合物Ⅲ　D. CoQ　E. 复合物Ⅱ
50. 维生素 E 缺乏引起雏鸡脑软化的病因属于
A. 物理性因素　B. 环境因素　C. 化学性因素　D. 血液循环障碍　E. 生物性因素
51. 形似蝌蚪，分头、颈和尾三部分的生殖细胞是
A. 次级精母细胞　B. 初级精母细胞
C. 精子细胞　D. 支持细胞　E. 精子
52. 高动力型休克的特点是
A. 高排高灌　B. 低排高阻　C. 高排高阻　D. 低排低阻　E. 高排低阻

53. 反刍动物体内糖异生的主要原料是
A. 甘油　B. 丙酸　C. 乳酸　D. 丙酮　E. 丙酮酸
54. 促进乳腺腺泡发育的主要激素是
A. 睾酮　B. 孕酮　C. 胸腺素
D. 甲状旁腺激素　E. 松弛素
55. 胎牛房中隔上的裂孔称为
A. 脐孔　B. 卵圆孔　C. 亥孔
D. 腔静脉孔　E. 主动脉裂孔
56. 对微循环血流起"总闸门"作用的结构是
A. 动静脉吻合　B. 毛细血管后微动脉
C. 微动脉　D. 真毛细血管　E. 毛细血管前微动脉
57. 牛羊子宫阜位于
A. 子宫角和子宫体黏膜　B. 子宫体和子宫颈黏膜　C. 子宫颈黏膜　D. 子宫体和子宫角浆膜　E. 子宫角和子宫颈黏膜
58. 在中枢神经系统内，具有抑制性作用的氨基酸是
A. 谷氨酸　B. 亮氨酸　C. 天门冬氨酸　D. 丙氨酸　E. 甘氨酸
59. 成年鸡分泌淀粉酶的器宜是
A. 肌胃　B. 肝脏　C. 胰腺
D. 腺胃　E. 嗉囊
60. 肺的呼吸部**不包括**
A. 终末细支气管　B. 肺泡管　C. 肺泡　D. 呼吸性细支气管　E. 肺泡囊
61. 分布于肾组织内的内分泌细胞群是
A. 肾小球　B. 肾小囊　C. 肾小体
D. 球旁复合体　E. 肾小管
62. 调节血钙浓度的激素是
A. 促甲状腺激素　B. 促甲状腺激素释放激素　C. 甲状旁腺激素　D. 三碘甲状腺原氨酸　E. 甲状腺激素
63. 除慢性中毒以外，无机毒物的致病特点之一是
A. 与毒物性质无关　B. 与机体整体无关　C. 对组织无选择性　D. 与毒物剂量有关　E. 潜伏期长
64. 具有蹄叉的动物是
A. 羊　B. 牛　C. 马　D. 猪
E. 犬
65. 关于缩血管神经纤维的描述，正确的是
A. 平时无紧张性活动　B. 均来自副交感神经　C. 都属于交感神经纤维
D. 兴奋时使被支配的器官血流量增加

E. 节后纤维释放的递质为乙酰胆碱
66. 通过脱羧基作用形成 γ-氨基丁酸的氨基酸是
   A. 脯氨酸   B. 谷氨酸   C. 丙氨酸
   D. 天门冬氨酸   E. 赖氨酸
67. 维生素 D 可用于治疗
   A. 白肌病   B. 佝偻病   C. 甲状腺机能减退症   D. 角膜软化症   E. 干眼病
68. 属于二类动物疫病的是
   A. 禽结核病   B. 禽传染性脑脊髓炎
   C. 高致病性禽流感   D. 禽白血病
   E. 鸡病毒性关节炎
69. 治疗指数是指
   A. LD_{95}/ED_{50} B. LD_{10}/ED_{90}
   C. LD_{95}/ED_5 D. LD_{50}/ED_{50}
   E. LD_{50}/ED_{95}
70. 核酸中核苷酸的连接方式是
   A. 糖苷键   B. 糖肽键   C. 肽键
   D. $3',5'$-磷酸二酯键   E. 二硫键
71. 以非典型性间质性肺炎病变为特征的肺腺瘤病为
   A. 猪弓形虫性肺炎   B. 马气喘病肺炎
   C. 猪支原体性肺炎   D. 牛进行性肺炎
   E. 绵羊慢性进行性肺炎
72. 既无输入淋巴管，又无输出淋巴管的外周淋巴器官是
   A. 扁桃体   B. 法氏囊   C. 血淋巴结
   D. 胸腺   E. 淋巴结

二、B1 型题

题型说明：以下提供若干组考题，每组考题共用在考题前列出的 A、B、C、D、E 五个备选答案，请从中选择一个与问题最密切的答案，并在答题卡上将相应题号的相应字母所属的方框涂黑。某个备选答案可能被选择一次、多次或不被选择。

（73~75 题共用下列备选答案）
   A. 12L   B. 18L   C. 24L   D. 30L
   E. 42L
73. 某马的潮气量为 6L，补吸气量、补呼气量、余气量均为 12L，则肺活量为
74. 某马的潮气量为 6L，补吸气量、补呼气量、余气量均为 12L，则功能余气量为
75. 某马的潮气量为 6L，补吸气量、补呼气量、余气量均为 12L，则深吸气量为

（76、77 题共用下列备选答案）
   A. 恶性卡他热   B. 牛蝇蛆病
   C. 口蹄疫   D. 痘病   E. 牛瘟
76. 成年牛感染常呈良性经过，尸体剖检见口腔和蹄部皮肤及前胃黏膜分布有大量水疱。该病最可能的诊断是
77. 犊牛感染呈恶性经过，尸体剖检见典型的"虎斑心"。该病最可能的诊断是

（78、79 题共用下列备选答案）
   A. 乳头状瘤   B. 腺瘤   C. 腺癌
   D. 鳞状细胞瘤   E. 纤维肉瘤
78. 病犬口腔黏膜局部增厚，镜检见瘤组织已经侵入至黏膜下，但分化程度较高，细胞排列呈团块状，偶然见有角化珠。该增厚部位可能是
79. 病犬肠道有一分叶状肿块，与周围界限清晰。镜检见肿块组织结构与生长部位组织相似，瘤细胞排列成管状。该肿块可能是

（80~82 题共用下列备选答案）
   A. 阿苯达唑   B. 左旋咪唑   C. 吡喹酮   D. 伊维菌素   E. 环丙氨嗪
80. 对犬线虫、绦虫和吸虫均有效的药物是
81. 对猪蛔虫和疥螨均有效的药物是
82. 治疗耕牛血吸虫病有特效的药物是

（83~85 题共用下列备选答案）
   A. 鸣管   B. 声带   C. 鼻腺
   D. 眶下窦   E. 鸣骨
83. 家禽的发声器官是
84. 位于气管分叉处的楔形小骨为
85. 家禽的喉腔无

（86~88 题共用下列备选答案）
   A. ACP   B. CoA   C. 肉碱
   D. FA   E. 生物素
86. 脂肪合成过程中酰基的载体是
87. 脂肪酸分解过程中酰基的载体是
88. 脂酰 CoA 从细胞质转移到线粒体的载体是

（89、90 题共用下列备选答案）
   A. 牛   B. 猪   C. 兔   D. 马
   E. 鸡
89. 浆膜丝虫引起的心包炎见于
90. 创伤性网胃-心包炎见于

三、A2 型题

题型说明：每一道考题是以一个小案例出现的，其下面都有 A、B、C、D、E 五个备选答案，请从中选择一个最佳答案，并在答题卡上将相应题号的相应字母所属的方框涂黑。

91. 一奶牛，瘤胃积食，拟进行瘤胃切开术，需对术野消毒，首选的药物是

A. 碘酊 B. 溴氯海因 C. 氢氧化钠
D. 含氯石灰 E. 戊二醛

92. 某猪场，部分猪发生支原体引起的猪肺炎，前期已经使用过抑制蛋白质合成的抗菌药物，为了减少耐药性的产生，这次首选的药物是
A. 恩诺沙星 B. 乙酰甲喹 C. 二甲氧苄啶 D. 磺胺间甲氧嘧啶 E. 氟苯尼考

93. 某羊场，部分羊出现消瘦、腹泻、贫血，被毛干燥、无弹性，运动失调等症状。经分析发现饲料中钼酸盐严重超标。该羊缺乏的微量元素最可能是
A. 锌 B. 镉 C. 铜 D. 锰
E. 铁

94. 一病犬，临床检测肝功能指标升高，尸体剖检见肝表面散有灰白色小斑点。镜检可见肝实质中散在大小不一的坏死灶，汇管区有大量淋巴细胞浸润，该犬的肝脏病变为
A. 变质性肝炎 B. 化脓性肝炎
C. 寄生虫性肝炎 D. 出血性肝炎
E. 中毒性肝炎

95. 奶牛，2岁，精神沉郁，体温40℃，白细胞计数 15×10^9/L，中性粒细胞的百分比为48%，该牛可能发生
A. 消化不良 B. 蠕虫感染 C. 细菌感染 D. 病毒感染 E. 贫血

96. 犬中有脊髓损伤，其临床症状为轻瘫，膀胱膨胀，肛门括约肌松弛，前肢反射功能正常，后肢反射和肌紧张丧失。脊髓损伤的部位在
A. 延髓 B. 腰荐髓 C. 颈髓
D. 尾髓 E. 胸髓

97. 某猪群，采食后30 min出现不安，站立不稳，有些猪倒地而死。剖检见血液呈酱油色，给病猪注射亚甲蓝后好转。配合使用可明显增强疗效的维生素是
A. 维生素D B. 维生素B_6 C. 维生素C D. 维生素B_1 E. 维生素A

98. 泌乳期奶牛，4岁，舍饲且以粗饲料为主。欲提高其产奶量和乳蛋白含量，可采取的措施是每日添加（ ）
A. 青饲料10kg B. 羟甲基尿素30g
C. 干草5kg D. 青饲料10kg，羟甲基尿素30g E. 青饲料2kg，羟甲基尿素30g

99. 牛，食欲减退或废绝，反刍缓慢或停止，精神沉郁，拱背站立，站立时常采取前高后低的姿势，在左侧肘后触诊敏感，初步判断为金属异物损伤。被损伤的器官最可能是
A. 盲肠 B. 瓣胃 C. 瘤胃
D. 网胃 E. 皱胃

100. 3月龄病死猪，剖检见肠黏膜潮红、肿胀，被覆有多量的黏液。镜检见黏膜上皮细胞变性、坏死、脱落，杯状细胞数量增多且黏液分泌亢进，固有层充血，炎性细胞浸润。此病变为
A. 出血性肠炎 B. 急性卡他性肠炎
C. 纤维素性坏死性肠炎 D. 慢性增生性肠炎 E. 纤维素性肠炎

基础科目模拟试卷一参考答案

1	D	2	A	3	C	4	E	5	A	6	D	7	E	8	D	9	E	10	A
11	E	12	E	13	B	14	A	15	D	16	A	17	D	18	E	19	E	20	B
21	A	22	D	23	E	24	D	25	C	26	D	27	A	28	B	29	B	30	A
31	D	32	D	33	D	34	E	35	A	36	E	37	D	38	A	39	D	40	C
41	A	42	D	43	C	44	E	45	A	46	D	47	D	48	D	49	E	50	B
51	E	52	E	53	B	54	B	55	D	56	D	57	A	58	E	59	C	60	A
61	D	62	C	63	D	64	C	65	D	66	D	67	D	68	C	69	D	70	D
71	C	72	E	73	D	74	C	75	D	76	D	77	B	78	C	79	D	80	A
81	D	82	C	83	A	84	C	85	D	86	A	87	B	88	C	89	D	90	D
91	A	92	C	93	C	94	E	95	D	96	B	97	C	98	D	99	D	100	B

基础科目模拟试卷二

一、A1 题型

题型说明：每一道考试题下面有 A、B、C、D、E 五个备选答案，请从中选择一个最佳答案，并在答题卡上将相应题号的相应字母所属的方框涂黑。

1. 《中华人民共和国动物防疫法》规定，制定并组织实施动物疫病防治规划的是
   A. 县级以上人民政府　　B. 乡级人民政府　　C. 县级以上人民政府兽医主管部门
   D. 动物卫生监督机构　　E. 动物疫病预防控制机构

2. 国务院兽医主管部门确定的需强制免疫的动物疫病**不包括**
   A. 猪瘟　　B. 口蹄疫　　C. 高致病性禽流感　　D. 炭疽　　E. 高致病性猪蓝耳病

3. 根据动物疫病对养殖业生产和人体健康危害程度，《动物防疫法》规定动物疫病分为
   A. 两类　　B. 三类　　C. 四类　　D. 五类　　E. 六类

4. 动物疫情的认定主体是
   A. 人民政府　　B. 兽医主管部门
   C. 动物诊疗机构　　D. 动物卫生监督机构

5. 《动物检疫管理办法》规定，屠宰动物的提前申报检疫的时限是
   A. 3 小时　　B. 6 小时　　C. 12 小时
   D. 24 小时　　E. 48 小时

6. 根据《中华人民共和国动物防疫法》，给予执业兽医暂停六个月以上一年以下动物诊疗活动行政处罚的违法行为**不包括**
   A. 不履行动物疫情报告的义务的
   B. 使用不符合国家规定的兽药的
   C. 使用不符合国家规定的医疗器械的
   D. 不按要求参加动物疫病预防、控制和扑灭活动的
   E. 违反有关动物诊疗的操作技术规范，可造成动物疫病传播的

7. 根据《执业兽医管理办法》，可以参加执业兽医资格考试的人员**不包括**
   A. 具有兽医专业大学专科以上学历的
   B. 具有畜牧兽医专业大学专科以上学历的
   C. 具有中兽医（民族兽医）专业大学专科以上学历的
   D. 具有水产养殖专业大学专科及以上学历的
   E. 具有临床医学专业大学专科以上学历的

8. 执业兽医应当重新办理注册或者备案手续是因
   A. 执业满 1 年　　B. 执业满 2 年
   C. 执业满 3 年　　D. 执业满 4 年
   E. 变更受聘的动物诊疗机构

9. 接受执业兽医上年度执业活动情况报告的主体是
   A. 省级人民政府兽医主管部门　　B. 省动物疫病预防控制机构　　C. 省动物卫生监督机构　　D. 县级人民政府兽医主管部门　　E. 县动物卫生监督机构

10. 动物诊疗机构的病历档案保存期限**不得少于**
    A. 3 个月　　B. 6 个月　　C. 1 年
    D. 2 年　　E. 3 年

11. 执业兽医在重大动物疫情应急工作中，应履行的义务**不包括**
    A. 参加应急预备队　　B. 接受指派实施紧急免疫　　C. 治疗患病动物　　D. 报告动物疫情　　E. 接受指派实施消毒

12. 重大动物疫病的报告义务人**不包括**
    A. 动物饲养者　　B. 疫情所在地的村民委员会　　C. 从事动物运输的人员
    D. 从事动物疫情监测的人员　　E. 从事动物疫病研究的人员

13. 下列哪一种疫病**不属于**一类动物疫病
    A. 猪瘟　　B. 禽流行性感冒　　C. 牛瘟
    D. 鸭瘟　　E. 高致病性猪蓝耳病

14. 《国家突发重大动物疫情应急预案》术语定义中，"我国已消灭的动物疫病"包括
    A. 牛肺疫、牛瘟　　B. 牛结核病、牛瘟
    C. 牛肺疫、牛结核病　　D. 牛肺疫、牛布鲁菌病　　E. 牛瘟、牛布鲁菌病

15. 《兽药经营质量管理规范》规定，兽药经营企业经营的特殊兽药**不包括**
    A. 麻醉药品　　B. 精神药品　　C. 毒性药品　　D. 放射性药品　　E. 助消化药品

16. 发现与兽药使用有关的严重不良反应的法定报告义务主体**不包括**
    A. 兽药生产企业　　B. 兽药经营企业
    C. 兽药使用单位　　D. 兽药使用个人
    E. 开具处方的兽医人员

17. 兽药原料药标签必须注明的事项**不包括**
    A. 兽药名称　　B. 标准文号　　C. 功能

与主治　　D. 有效期　　E. 生产日期
18. 违反兽用处方药管理规定的是
   A. 安瓿、西林瓶等上未标注"兽用处方药"标识　　B. 未凭兽医处方笺，向聘有注册的专职执业兽医的动物饲养场销售兽用处方药　　C. 未凭兽医处方笺向动物诊疗机构销售兽用处方药　　D. 未经执业兽医再次开具处方笺，动物饲养场将剩余的兽用处方药用于动物　　E. 在经营场所设专柜摆放兽用处方药
19. 农业农村部指定的国家强制免疫用生物制品生产企业，只能将该生物制品销售给
   A. 县动物疫病预防控制机构
   B. 地市动物疫病预防控制机构
   C. 省动物疫病预防控制机构
   D. 地市级人民政府兽医行政管理部门
   E. 省级人民政府兽医行政管理部门和符合规定条件的养殖场
20. 实验室高致病性病原微生物实验活动的实验档案保存期不得少于
   A. 5年　　B. 10年　　C. 15年
   D. 20年　　E. 30年
21. 控制细胞遗传的主要场所是
   A. 溶酶体　　B. 细胞质　　C. 细胞核
   D. 内质网　　E. 高尔基复合体
22. 牛肩关节的特点是
   A. 有十字韧带　　B. 有悬韧带　　C. 有侧（副）韧带　　D. 无侧（副）韧带
   E. 无关节囊
23. 关节的结构比较复杂，具有减少摩擦和缓冲振动作用的结构是
   A. 关节面　　B. 关节囊　　C. 关节腔
   D. 关节韧带　　E. 关节软骨
24. 腹股沟管是（　）与腹股沟韧带之间的斜行裂隙。
   A. 腹外斜肌　　B. 腹内斜肌　　C. 腹直肌　　D. 腹横肌　　E. 腹白线
25. 肉蹄是指
   A. 悬蹄　　B. 蹄表皮　　C. 蹄真皮
   D. 蹄白线　　E. 蹄皮下组织
26. 呼吸系统中，真正执行气体交换功能的器官是
   A. 鼻　　B. 咽　　C. 喉　　D. 肺
   E. 气管
27. 固有鼻腔呼吸区黏膜上皮类型是
   A. 复层扁平上皮　　B. 单层扁平上皮
   C. 单层柱状上皮　　D. 假复层柱状纤毛上皮　　E. 变移上皮
28. 具有子宫颈枕的家畜是
   A. 马　　B. 牛　　C. 羊　　D. 猪
   E. 犬
29. 马子宫的形态特点是
   A. 子宫角弯曲呈绵羊角状，子宫体短
   B. 子宫整体呈Y形，子宫角呈弓形，子宫角与子宫体等长
   C. 子宫角长而弯曲似小肠，子宫体短
   D. 子宫整体呈Y形，子宫角细长而直，子宫体短
   E. 子宫角弯曲呈绵羊角状，子宫角与子宫体等长
30. 由左心室发出的血管是
   A. 肺动脉　　B. 肺静脉　　C. 主动脉
   D. 前腔静脉　　E. 后腔静脉
31. 血液由左心室输出，经主动脉及分支分布到全身组织，由毛细血管和静脉回到右心房，此循环称为
   A. 体循环　　B. 小循环　　C. 门脉循环
   D. 微循环　　E. 肺循环
32. 猫前肢采血的静脉是
   A. 腋静脉　　B. 头静脉　　C. 臂静脉
   D. 隐静脉　　E. 正中静脉
33. 牛的胸腺
   A. 无明显的年龄变化　　B. 位于胸腔前纵隔内　　C. 位于胸腔前纵隔和颈部　　D. 皮质内淋巴细胞稀少　　E. 产生B淋巴细胞
34. 硬膜外麻醉时，将麻醉剂注入硬膜外腔的常用部位是
   A. 寰枢间隙　　B. 颈胸间隙　　C. 胸腰间隙　　D. 腰荐间隙　　E. 荐尾间隙
35. 家禽的泌尿系统特殊，因为
   A. 肾脏发达　　B. 肾脏退化　　C. 两肾合并　　D. 膀胱发达　　E. 缺乏膀胱
36. 具有结缔绒毛膜胎盘（绒毛叶胎盘）的动物是
   A. 马　　B. 牛　　C. 犬　　D. 猪
   E. 兔
37. 内环境稳态是指
   A. 细胞内液的成分和理化性质保持相对稳定　　B. 细胞内液的成分和理化性质稳定不变　　C. 细胞外液的成分和理化性质保持相对稳定　　D. 细胞外液的成分和理化性质稳定不变　　E. 体液的成分和理化性质保持相对稳定

38. 恒温动物体温调节的基本中枢位于
    A. 脊髓   B. 延髓   C. 下丘脑
    D. 小脑   E. 大脑
39. 促进抗利尿激素分泌的主要因素是
    A. 血浆胶体渗透压升高或血容量增加
    B. 血浆晶体渗透压降低或血容量增加
    C. 血浆胶体渗透压降低或血容量降低
    D. 血浆晶体渗透压升高或血容量降低
    E. 肾小球滤过率增大
40. 氨基酸跨膜转运进入一般细胞的形式为
    A. 单纯扩散   B. 通道转运   C. 泵转运   D. 载体转运   E. 易化扩散
41. 临床上常将肾上腺素用作强心剂，其作用途径是
    A. 肾上腺素与α受体结合   B. 肾上腺素与β受体结合   C. 肾上腺素与M受体结合   D. 肾上腺素与R受体结合   E. 肾上腺素与N_2受体结合
42. 下丘脑的大细胞神经元分泌的激素是
    A. 生长抑素   B. 催产素   C. 促性腺激素释放激素   D. 促黑激素释放抑制因子   E. 催乳素
43. 小肠吸收葡萄糖的主要方式是
    A. 胞吞   B. 异化扩散   C. 简单扩散   D. 主动转运   E. 以上都不是
44. 动物维持体温相对恒定的基本调节方式是
    A. 体液调节   B. 自身调节   C. 自分泌调节   D. 旁分泌调节   E. 神经体液调节
45. 属于糖皮质激素的是
    A. 胰岛素   B. 醛固酮   C. 皮质醇   D. 肾上腺素   E. 胰高血糖素
46. 具有自发性排卵功能的动物是
    A. 猫   B. 兔   C. 骆驼   D. 水貂   E. 牛
47. 具有四级结构的蛋白质通常有
    A. 一个α亚基   B. 一个β亚基   C. 两种或两种以上的亚基   D. 辅酶   E. 二硫键
48. 动物组织中的酶，其最适温度大多在
    A. 20～24℃   B. 25～34℃   C. 35～40℃   D. 41～45℃   E. 60℃以上
49. 糖原分解的关键酶是
    A. 磷酸酶   B. 糖基转移酶   C. 磷酸化酶   D. 葡萄糖苷酶   E. 己糖激酶
50. 动物细胞获得ATP的主要方式是
    A. 氧化脱氨   B. 氧化磷酸化   C. 氧化脱羧   D. 底物磷酸化   E. 无氧氧化
51. 动物自身不能合成，必须从饲料中摄取的脂肪酸是
    A. 油酸   B. 软脂酸   C. 硬脂酸   D. 亚油酸   E. 丙酸
52. 胞嘧啶核苷三磷酸（CTP）除了用于核酸合成外，还参与
    A. 磷脂合成   B. 糖原合成   C. 蛋白质合成   D. 脂肪合成   E. 胆固醇合成
53. 动物细胞内负责编码20种氨基酸的密码子数量为
    A. 16个   B. 32个   C. 64个   D. 61个   E. 24个
54. 阿司匹林在肝脏中的解毒方式是
    A. 氧化   B. 还原   C. 与乙酰CoA结合   D. 与葡萄糖醛酸结合   E. 与活性硫酸结合
55. 生命中有机体遗传信息的载体是
    A. 蛋白质   B. 氨基酸   C. 核酸   D. 核苷酸   E. 多糖
56. 肌肉组织中细丝的主要成分是
    A. 肌球蛋白   B. 肌动蛋白   C. 原肌球蛋白   D. 肌钙蛋白   E. 肌红蛋白
57. 疾病发展过程中，从最初症状出现到典型症状开始暴露的时期称为
    A. 潜伏期   B. 前驱期   C. 症状明显期   D. 转归期   E. 隐蔽期
58. 因代谢障碍引起家禽痛风的物质是
    A. 甘油三酯   B. 含铁血黄素   C. 嘌呤   D. 胆固醇   E. 糖原
59. "槟榔肝"是指慢性肝淤血伴发肝细胞
    A. 玻璃样变   B. 脂肪变性   C. 颗粒变性   D. 水泡变性   E. 淀粉样变
60. 在休克发展的微循环瘀血期，微循环的特点是
    A. 灌少于流   B. 灌大于流   C. 灌等于流   D. 不灌不流   E. 灌流不变
61. 创伤性肉芽组织的表层结构的组成主要是
    A. 渗出液和炎性细胞   B. 成纤维细胞和毛细血管   C. 纤维细胞和胶原纤维   D. 成熟的结缔组织   E. 疏松结缔组织
62. 在应激素原作下，细胞表达明显增加的蛋白是
    A. 角蛋白   B. 热休克蛋白   C. 纤维

蛋白　　D. 白蛋白　　E. 胶原蛋白
63. 因长途运输等应激因素引起的PSE猪肉的大体病变特点是
    A. 肌肉呈黄色、变硬　　B. 肌肉因充血、出血而色暗　　C. 肌肉因强直或痉挛而僵硬　　D. 肌肉呈白色、柔软，有液汁渗出　　E. 肌肉系水性强，腌制时易出现色斑
64. 大叶性肺炎属于
    A. 化脓性炎症　　B. 出血性炎症
    C. 卡他性炎症　　D. 浆液性炎症
    E. 纤维素性炎症
65. 与炎性渗出有关的因素是
    A. 血管壁通透性增高　　B. 血管壁通透性下降　　C. 血浆胶体渗透压升高　　D. 组织内晶体渗透压下降　　E. 组织内晶体渗透压增加
66. 结核性肉芽肿病灶内的上皮样细胞来源于
    A. 淋巴细胞　　B. 浆细胞　　C. 巨噬细胞　　D. 中性粒细胞　　E. 嗜酸性粒细胞
67. 引起小叶性肺炎的常见原因是
    A. 细菌　　B. 病毒　　C. 毒物
    D. 缺氧　　E. 营养缺乏
68. 支原体肺炎时，肺间质中浸润的炎性细胞主要是
    A. 中性粒细胞　　B. 嗜酸性粒细胞
    C. 嗜碱性粒细胞　　D. 淋巴细胞
    E. 巨噬细胞
69. 鸡病理剖检时，通常将尸体
    A. 右侧卧位　　B. 俯卧位　　C. 左侧卧位　　D. 仰卧位　　E. 悬挂位
70. 泰乐菌素抗菌的作用机理是抑制细菌
    A. 叶酸的合成　　B. 蛋白质的合成
    C. 细胞壁的合成　　D. 细胞膜的合成
    E. DNA回旋酶的合成
71. 常用于犬术前或注射药物前皮肤消毒的碘酊浓度是
    A. 1%　　B. 2%　　C. 3%　　D. 4%
    E. 5%
72. 具有较强解热作用的药物是
    A. 替泊沙林　　B. 安乃近　　C. 保泰松
    D. 氢化可的松　　E. 地塞米松
73. 强心苷主要用于治疗
    A. 充血性心力衰竭　　B. 心脏传导阻滞
    C. 心室纤维颤动　　D. 心包炎　　E. 二尖瓣狭窄

74. 对炭疽芽孢无效的消毒药是
    A. 含氯石灰　　B. 过氧乙酸　　C. 苯扎溴铵　　D. 溴氯海因　　E. 氢氧化钠
75. 猫禁用的解热镇痛抗炎药物是
    A. 安乃近　　B. 萘普生　　C. 安替比林
    D. 对乙酰氨基酚　　E. 氟尼新葡甲胺
76. 不属于糖皮质激素类药物的是
    A. 地塞米松　　B. 可的松　　C. 泼尼松
    D. 氟轻松　　E. 保泰松
77. 亚硒酸钠可用于防治仔猪的
    A. 白肌病　　B. 贫血　　C. 佝偻病
    D. 骨软症　　E. 干眼病
78. 亚硝酸钠适用于解救动物的
    A. 氰化物中毒　　B. 重金属中毒
    C. 有机氟中毒　　D. 有机磷中毒
    E. 磷化锌中毒

二、B1题型
　　题型说明：以下提供若干组考题，每组考题共用在考题前列出的A、B、C、D、E五个备选答案，请从中选择一个与问题最密切的答案，并在答题卡上将相应题号的相应字母所属的方框涂黑。某个备选答案可能被选择一次、多次或不被选择。
　　(79、80题共用下列备选答案)
　　A. 马　　B. 牛　　C. 兔　　D. 猪
　　E. 犬
79. 升结肠分初袢、旋袢和终袢，其旋袢呈圆盘状的动物是
80. 升结肠在肠系膜中盘曲成结肠圆锥，锥底朝向背侧，锥尖朝向左腹侧的动物是
　　(81、82题共用下列备选答案)
　　A. 睾丸　　B. 卵巢　　C. 肾　　D. 输精管　　E. 膀胱
81. 与家畜相比，家禽缺失的泌尿器官是
82. 鸡仅左侧正常发育的生殖器官是
　　(83、84题共用下列备选答案)
　　A. DNA修饰　　B. DNA复性
　　C. DNA变性　　D. DNA重组
　　E. DNA损伤
83. 紫外线照射可能诱发皮肤癌，所涉及的DNA结构的改变是
84. 加热使DNA的紫外吸收值增加，所涉及的DNA结构的改变是
　　(85~87题共用下列备选答案)
　　A. 鸡球虫病　　B. 皮肤真菌病
　　C. 厌氧菌感染　　D. 猪支原体性肺炎
　　E. 猪放线杆菌性胸膜肺炎

85. 甲硝唑适用于治疗
86. 头孢噻呋适用于治疗
87. 灰黄霉素适用于治疗
　　（88、89题共用下列备选答案）
　　A. 单核细胞　　B. 淋巴细胞　　C. 中性粒细胞　　D. 嗜酸性粒细胞　　E. 嗜碱性粒细胞
88. 化脓灶内的炎性细胞是
89. 寄生虫病灶内常见的炎性细胞是
　　（90、91题共用下列备选答案）
　　A. 化脓性心肌炎　　B. 间质性心肌炎
　　C. 实质性心肌炎　　D. 中毒性心肌炎
　　E. 免疫反应性心肌炎
90. 仔猪发生口蹄疫时，心脏常常呈现"虎斑心"外观，镜下见心肌细胞脂肪变性，肌纤维断裂崩解，间质中见淋巴细胞、巨噬细胞等浸润。此病变为
91. 牛创伤性网胃心包炎时，引起心肌发炎，眼观心脏表面有大小不一的化脓灶，心肌上坏死、液化和大量中性粒细胞碎片，病灶周围血管扩张、充血、大量反应带。此病变为
　　（92、93题共用下列备选答案）
　　A. 副作用　　B. 毒性作用　　C. 过敏反应　　D. 二重感染　　E. 后遗效应
92. 犬麻醉前使用阿托品时，可出现抑制腺体分泌、减轻心脏抑制、抑制胃肠平滑肌的作用，其中抑制胃肠平滑肌的作用属于
93. 猪长期使用乙酰甲喹后，可引起肝、肾损害，此作用属于
　　（94、95题共用下列备选答案）
　　A. 替米考星　　B. SMZ+TMP
　　C. SD+青霉素G　　D. 磺胺喹噁啉+DVD　　E. 甲硝唑
94. 治疗动物呼吸道、泌尿道感染
95. 治疗猪肺疫

三、A2题型
　　题型说明：每一道考题是以一个小案例出现的，其下面都有 A、B、C、D、E 五个备选答案，请从中选择一个最佳答案，并在答题卡上将相应题号的相应字母所属的方框涂黑。
96. 某病死牛，剖检见尸体消瘦，腹腔大量积液。肝脏被膜增厚，体积缩小，质地变硬，表面不平；切面肝小叶结构消失，有不同走向的纤维素和多量钙化的虫体结节；胆管壁增厚。将此肝脏做石蜡切片，HE染色后，光镜下的特征变化是
　　A. 间质增多，假小叶形成　　B. 肝瘀血
　　C. 脂肪变性　　D. 脂肪浸润　　E. 肝细胞内有包含体
97. 犬，4月龄，生长缓慢、呕吐、腹泻、贫血，经粪便检查确诊为蛔虫和复孔绦虫混合感染，最佳的治疗药物是
　　A. 吡喹酮　　B. 阿苯达唑　　C. 伊维菌素　　D. 地克珠利　　E. 三氯苯达唑

四、A3/A4题型
　　题型说明：以下提供若干个案例，每个案例下设若干道考题。请根据案例所提供的信息，在每一道考试题下面的 A、B、C、D、E 五个备选答案中选择一个最佳答案，并在答题卡上将相应题号的相应字母所属的方框涂黑。
　　（98~100题共用以下题干）
　　一奶牛长期患病，临床表现咳嗽、呼吸困难、消瘦和贫血等。死后剖检可见多种器官组织，尤其是肺、淋巴结和乳房等处有散在大小不等的结节性病变，切面有似豆腐渣样、质地松软的灰白色或黄白色物质。
98. 似豆腐渣样病理变化属于
　　A. 蜡样坏死　　B. 湿性坏死　　C. 干酪样坏死　　D. 液化性坏死　　E. 贫血性梗死
99. 该奶牛所患的疾病最有可能是
　　A. 牛结核病　　B. 牛放线菌病　　C. 牛巴氏杆菌病　　D. 牛传染性鼻气管炎　　E. 牛传染性胸膜肺炎
100. 进行病理组织学检查，似豆腐渣样物为
　　A. 肉芽组织　　B. 寄生虫结节
　　C. 中性粒细胞团块　　D. 嗜酸性粒细胞团块　　E. 无定形结构的坏死物

基础科目模拟试卷二参考答案

1	A	2	D	3	B	4	B	5	B	6	A	7	E	8	E	9	D	10	E
11	C	12	B	13	D	14	A	15	E	16	D	17	D	18	D	19	E	20	D
21	C	22	D	23	E	24	B	25	C	26	D	27	D	28	D	29	B	30	C
31	A	32	B	33	C	34	D	35	E	36	D	37	D	38	D	39	D	40	C

续表

41	B	42	B	43	D	44	E	45	C	46	E	47	C	48	C	49	C	50	B
51	D	52	A	53	D	54	E	55	C	56	B	57	B	58	C	59	B	60	B
61	A	62	B	63	D	64	E	65	A	66	E	67	A	68	D	69	D	70	B
71	B	72	B	73	A	74	D	75	D	76	D	77	A	78	A	79	D	80	D
81	E	82	B	83	D	84	C	85	D	86	E	87	B	88	C	89	D	90	C
91	A	92	A	93	B	94	D	95	A	96	A	97	D	98	C	99	A	100	E

基础科目模拟试卷三

一、A1题型

题型说明：每一道考试题下面有A、B、C、D、E五个备选答案，请从中选择一个最佳答案，并在答题卡上将相应题号的相应字母所属的方框涂黑。

1. 《执业兽医管理办法》自（　　）施行
   A. 2008年10月1日　　B. 2008年11月1日　　C. 2008年12月1日　　D. 2009年1月1日　　E. 2009年2月1日

2. 执业兽医资格证书的取得形式为
   A. 考试取得　　B. 审核取得　　C. 考试取得和审核取得　　D. 写论文取得
   E. 自由申报取得

3. 县级以上地方人民政府（　　）主管本行政区域内的执业兽医管理工作
   A. 兽医主管部门　　B. 动物卫生监督
   C. 人民政府　　D. 动物疫病防控
   E. 工商管理

4. 县级以上地方人民政府设立的（　　）负责执业兽医的监督执法工作
   A. 兽医主管部门　　B. 动物卫生监督
   C. 人民政府　　D. 动物疫病防控
   E. 工商管理

5. 输入到无规定动物疫区的动物，应当在输入地省级动物卫生监督机构指定的隔离场所进行隔离检疫。小型动物的隔离检疫期为（　　）天
   A. 14　　B. 21　　C. 30　　D. 35
   E. 45

6. 《中华人民共和国动物防疫法》规定国家对动物疫病防治方针是
   A. 预防为主　　B. 防、治并重　　C. 治重于防　　D. 以治促防　　E. 防检结合

7. 《中华人民共和国动物防疫法》规定，实施现场检疫的官方兽医应当在检疫证明、检疫标志上签字或者盖章，并对（　　）负责
   A. 检疫证明　　B. 检疫结果　　C. 检疫报告　　D. 检疫行为　　E. 检疫结论

8. 屠宰加工场所的选址，应当符合以下条件：①距离生活饮用水源地、动物饲养场、养殖小区、动物集贸市场500m以上；距离种畜禽场3000m以上；距离动物诊疗场所（　　）；②距离动物隔离场所、无害化处理场所3000m以上
   A. 200m以上　　B. 300m以上
   C. 500m以上　　D. 1000m以上
   E. 一定距离

9. 疫区解除封锁后，要继续对该区域进行疫情监测，（　　）个月后如未发现新的病例，即可宣布该次疫情被扑灭
   A. 5　　B. 6　　C. 7　　D. 8　　E. 12

10. 经强制免疫的动物，饲养动物的单位和个人应当按照国务院兽医主管部门的规定
    A. 打耳标，建立免疫档案　　B. 建立免疫档案，加施畜禽标识　　C. 建立免疫档案，实施可追溯管理　　D. 建立免疫档案，加施畜禽标识，实施可追溯管理
    E. 加施畜禽标识，实施可追溯管理

11. 以下是国家禁止在饲料和动物饮水中使用的药品或添加物，（　　）除外
    A. 盐酸克仑特罗　　B. 莱克多巴胺
    C. 三聚氰胺　　D. 苯巴比妥　　E. 维生素A

12. 后肢的前方称
    A. 背侧　　B. 掌侧　　C. 跖侧
    D. 内侧　　E. 腹侧

13. 牛股胫关节特有的结构是
    A. 关节面和关节软骨　　B. 交叉韧带和半月板　　C. 侧副韧带　　D. 关节囊
    E. 关节腔

14. 围成腹股沟管的腹壁肌是

A. 腹横肌和腹内斜肌　　B. 腹横肌和腹直肌　　C. 腹直肌和腹外斜肌　　D. 腹外斜肌和腹内斜肌　　E. 腹外斜肌和躯干皮肌

15. 升结肠形成双层马蹄形肠祥（分四段三曲）的家畜是
    A. 兔　　B. 犬　　C. 猪　　D. 马　　E. 牛

16. 禽类的发音器官鸣管是由数个气管环以及一块（　　）组成
    A. 鸣管　　B. 鸣囊　　C. 鸣膜　　D. 鸣骨　　E. 鸣泡

17. 副性腺包括精囊腺、前列腺和尿道球腺，仅有前列腺的家畜是
    A. 马　　B. 牛　　C. 羊　　D. 犬　　E. 猪

18. 胚胎时引流肺干内血液的是
    A. 腔静脉窦　　B. 动脉导管　　C. 卵圆孔　　D. 静脉导管　　E. 肺干瓣

19. 脊髓的灰质外侧柱内是
    A. 感觉神经元　　B. 运动神经元　　C. 中间神经元　　D. 植物性神经元　　E. 联络神经元

20. 膈神经来源于
    A. 颈神经　　B. 胸神经　　C. 腰神经　　D. 荐神经　　E. 尾神经

21. 机体内环境的稳态是指
    A. 细胞内液理化性质保持不变　　B. 细胞外液理化性质保持不变　　C. 细胞内液化学成分相对恒定　　D. 细胞外液化学成分相对恒定　　E. 细胞外液理化性质相对恒定

22. 组织液的生成主要取决于
    A. 毛细血管血压　　B. 血浆胶体渗透压　　C. 有效滤过压　　D. 血浆晶体渗透压　　E. 组织液渗透压

23. 主要通过淋巴循环被吸收的物质是
    A. 小肽　　B. 氨基酸　　C. 葡萄糖　　D. 维生素D　　E. 维生素B

24. 心脏房室延搁的生理意义是
    A. 保证心室肌不会产生完全强直收缩　　B. 增加心肌收缩力　　C. 使心室肌有效不应期延长　　D. 保证心房收缩完成以后，心室再收缩　　E. 使心脏具有自律性

25. 正常情况下，机体排泄的尿液中**不含**
    A. 水　　B. Na$^+$　　C. 尿素　　D. 葡萄糖　　E. 肌酐

26. 兴奋通过神经-肌肉接头时，参与的神经递质是
    A. 乙酰胆碱（Ach）　　B. 去甲肾上腺素　　C. 谷氨酰胺　　D. 肽类递质　　E. 内啡肽

27. 兴奋性突触后电位是指在突触后膜上发生的电位变化为
    A. 极化　　B. 去极化　　C. 后电位　　D. 复极化　　E. 超极化

28. 地方性甲状腺肿的主要发病原因是
    A. 促甲状腺分泌过少　　B. 食物中缺少碘　　C. 食物中缺乏酪氨酸　　D. 食物中缺少硒　　E. 食物中缺少钙和蛋白质

29. 在生物分子之间主要存在的非共价的相互作用力包括四类。它们是氢键、离子键、范德瓦尔力和
    A. 氢键　　B. 离子键　　C. 范德瓦尔力　　D. 疏水力　　E. 共价键

30. 1分子丙酮酸氧化分解时，净生成ATP分子数是
    A. 10　　B. 12.5　　C. 15　　D. 17.5　　E. 20

31. 下列关于真核细胞DNA复制的叙述哪些是**错误的**
    A. 是半保留式复制　　B. 有多个复制叉　　C. 反转录的方式　　D. 有几种不同的DNA聚合酶　　E. 真核DNA聚合酶不表现核酸酶活性

32. 骨骼肌中的调节蛋白质指
    A. 肌钙蛋白　　B. 肌凝蛋白　　C. 肌动蛋白　　D. 原肌凝蛋白　　E. 肌钙蛋白和原肌凝蛋白

33. 基因突变导致蛋白质的一级结构发生变化，如果这种变化导致蛋白质生物学功能的下降或丧失，就会产生疾病，这种疾病称为
    A. 代谢病　　B. 分子病　　C. 普通病　　D. 疯牛病　　E. 营养缺乏病

34. 脂肪酸的合成主要在胞液中进行。合成脂肪酸的直接原料是乙酰CoA，主要来自葡萄糖的分解。在非反刍动物，乙酰CoA须从线粒体内转移到线粒体外的胞液中来才能被利用，将乙酰基从线粒体内转到胞浆中的化合物是
    A. 柠檬酸　　B. 乙酰肉碱　　C. 磷酸甘油　　D. 苹果酸　　E. 不需要转运

35. 大脑主要是利用血液提供的葡萄糖供能，但

大脑中储存的葡萄糖和糖原很少。在血糖降低时，还可被大脑利用供能的主要物质是
A. 酮体　　B. 脂肪酸　　C. 胆固醇
D. 甘油磷脂　　E. 乳酸

36. 胆红素有毒性，随血液循环到肝脏时，即与清蛋白分离而进入肝细胞，被结合解毒。与胆红素结合解毒的物质是
A. 葡萄糖醛酸　　B. 活性硫酸　　C. 甘氨酸　　D. 谷氨酰胺　　E. 乙酰CoA

37. 除了腺嘌呤、鸟嘌呤、胞嘧啶、尿嘧啶和胸腺嘧啶等基本的碱基外，核酸中还有一些含量甚少的碱基，如5-甲基胞嘧啶、5,6-二氢尿嘧啶、7-甲基鸟嘌呤、N^6-甲基腺嘌呤等碱基。称为
A. 稀有碱基　　B. 嘧啶碱基　　C. 嘌呤碱基　　D. 基本碱基　　E. 游离碱基

38. DNA分子的一级结构是由许多脱氧核糖核苷酸（DAMP、DGMP、DCMP、DTMP）线型连接而成的，没有分枝。连接的方式是在核苷酸之间形成
A. $3',5'$-磷酸二酯键　　B. 氢键
C. 离子键　　D. 二硫键　　E. 疏水键

39. RNA存在于各种生物的细胞中，依不同的功能和性质，主要包括三类：信使RNA，核糖体RNA和（　　）。它们都参与蛋白质的生物合成
A. DNA　　B. 小核RNA　　C. 干扰RNA　　D. 核不均一RNA　　E. 转移RNA

40. 导致"槟榔肝"的原因是
A. 水肿和淤血共同的结果　　B. 脂肪变性和淤血共同的结果　　C. 脂肪变性和出血共同的结果　　D. 淀粉样变和淤血共同的结果　　E. 颗粒变性和出血共同的结果

41. 结核杆菌导致肺部干酪样坏死没能被肉芽组织取代，而是被肉芽组织包裹，这种现象称
A. 包囊形成　　B. 机化　　C. 肉芽肿形成　　D. 结缔组织透明变性　　E. 纤维化

42. 急性传染病时，心肝肾等实质器官常发生的变性是
A. 黏液变性和颗粒变性　　B. 颗粒变性和脂肪变性　　C. 脂肪变性和玻璃样变　　D. 玻璃样变和颗粒变性　　E. 纤维蛋白样变和黏液变性

43. 发生肝性黄疸时，血液中胆色素变化是
A. 直接胆红素和间接胆红素增多
B. 间接胆红素增多，间接胆红素无明显变化　　C. 直接胆红素增多，间接胆红素无明显变化　　D. 直接胆红素和间接胆红素均减少　　E. 直接胆红素和间接胆红素均无明显变化

44. 长骨发生骨折时，最容易发生的栓塞类型是
A. 空气性栓塞　　B. 血栓栓塞　　C. 脂肪性栓塞　　D. 组织性栓塞　　E. 细菌性栓塞

45. 大脑中动脉分支血栓形成可导致脑组织发生
A. 凝固性坏死　　B. 液化性坏死　　C. 干酪样坏死　　D. 脂肪坏死　　E. 干性坏疽

46. 脂肪栓塞动物一般死亡原因是
A. 动脉系统栓塞　　B. 脂肪分解产物引起中毒　　C. 肺水肿和心功能不全　　D. 肾小动脉栓塞　　E. 脑小动脉栓塞

47. 局部组织或器官内动脉血量输入量增多的现象称
A. 急性充血　　B. 慢性充血　　C. 主动性充血　　D. 被动性充血　　E. 淤血

48. 慢性支气管炎时支气管纤毛上皮柱状上皮转变为鳞状上皮是一种
A. 生理性再生　　B. 不典型增生　　C. 适应性改变　　D. 不完全再生　　E. 癌前病变

49. 下列哪种成分**不是**肉芽组织的组成成分
A. 幼稚纤维细胞　　B. 新生毛细血管　　C. 胶原纤维　　D. 炎性细胞　　E. 分化成熟的纤维细胞

50. 动物使役大量出汗，仅补充水而未补充氯化钠，可能导致
A. 高渗性脱水　　B. 低渗性脱水　　C. 等渗性脱水　　D. 水肿　　E. 酸中毒

51. 下列哪个细胞因子**不属于**内生性致热原
A. IL-1　　B. IL-6　　C. 肿瘤坏死因子　　D. IFN-γ　　E. 组胺

52. 在寄生虫导致的炎症中，浸润的炎性细胞主要是
A. 淋巴细胞　　B. 浆细胞　　C. 中性粒细胞　　D. 嗜酸性细胞　　E. 嗜碱性细胞

53. 卡他性炎是指
A. 发生在浆膜的渗出性炎　　B. 发生在

黏膜的渗出性炎 C. 发生在滑膜的渗出性炎 D. 发生在组织间隙的渗出性炎 E. 发生在体表的渗出性炎
54. 病毒性感染的病灶内最常见的炎细胞是
   A. 淋巴细胞 B. 浆细胞 C. 嗜中性粒细胞 D. 嗜酸性粒细胞 E. 单核巨噬细胞
55. 低分化肿瘤的特点是
   A. 恶性程度低 B. 恶性程度高 C. 对放射治疗效果差 D. 对化疗效果差 E. 异型性小
56. 休克过程中，受影响最早的器官是
   A. 心脏 B. 肝脏 C. 肾脏 D. 肺脏 E. 脑
57. 产生副作用的药理基础是
   A. 药物剂量太大 B. 药理效应选择性低 C. 用药时间太长 D. 药物疗程太长 E. 药物排泄慢
58. 某弱酸性药物在pH7.0溶液中90%解离，其pK_a值约为多少
   A. 6 B. 5 C. 7 D. 8 E. 9
59. 下列哪个药物可用于仔猪黄痢、白痢的治疗
   A. 青霉素G B. 邻氯青霉素 C. 苄星青霉素 D. 新霉素 E. 泰乐菌素
60. 对青霉素**不敏感**的病原是
   A. 溶血性链球菌 B. 肺炎球菌 C. 破伤风梭菌 D. 丹毒杆菌 E. 立克次氏体
61. 抗菌药物联合用药的指征**不包括**
   A. 致病菌未明的严重感染 B. 单一抗菌药物可以控制的感染 C. 单一抗菌药物难以控制的混合感染 D. 单一抗菌药物难以有效控制的严重感染 E. 单一或长期用药易耐药的慢性感染
62. 下列对消毒药叙述正确的为
   A. 细菌的种类和不同状态对消毒药的作用影响不大 B. 消毒药的浓度越高，消毒作用越强 C. 有机物的存在会影响消毒药的作用 D. 消毒药作用时间或环境的pH值对消毒药的作用影响不大 E. 随着环境的温度的降低，消毒药的作用会增强
63. 肾上腺素与局麻药合用于局麻的目的是
   A. 使局部血管收缩而止血 B. 延长局麻作用时间，减少吸收中毒 C. 防止过敏性休克 D. 防止低血压的发生

E. 以上都不是
64. 氯丙嗪**不具有**
   A. 镇静催眠 B. 镇吐 C. 降温 D. 抗休克 E. 兴奋呼吸
65. 主要合成和分泌糖皮质激素的部位是
   A. 下丘脑 B. 垂体前叶 C. 肾上腺皮质球状带 D. 肾上腺皮质束状带 E. 肾上腺皮质网状带
66. 硫酸亚铁用于治疗
   A. 溶血性贫血 B. 巨幼红细胞性贫血 C. 再生障碍性贫血 D. 缺铁性贫血 E. 肿瘤化疗引起的贫血
67. 吸收较快的给药途径是
   A. 透皮 B. 口服 C. 肌内注射 D. 皮下注射 E. 皮内注射
68. 以下哪点不是糖皮质激素的作用
   A. 抗炎 B. 抑制免疫 C. 抗毒素 D. 抗休克 E. 抑制中枢

二、B1题型
   题型说明：以下提供若干组考题，每组考题共用在考题前列出的A、B、C、D、E五个备选答案，请从中选择一个与问题最密切的答案，并在答题卡上将相应题号的相应字母所属的方框涂黑。某个备选答案可能被选择1次、多次或不被选择。

（69、70题共用下列备选答案）
   A. 2 B. 3 C. 4 D. 5 E. 6
69. 根据动物疫病对养殖业和人体健康的危害程度，动物疫病分为（ ）类
70. 根据突发重大动物疫情的范围、性质和危害程度，国家通常将重大动物疫情分为（ ）级

（71~73题共用下列备选答案）
   A. 尺骨 B. 腕骨 C. 桡骨 D. 肩胛骨 E. 肱骨
71. 骨内侧面有锯肌面的是
72. 骨体内侧中部有一卵圆形的粗面称大圆机粗隆
73. （ ）的肘突深入鹰嘴窝，构成肘关节

（74~76题共用下列备选答案）
   A. 髂腹下神经 B. 髂腹股沟神经 C. 股神经 D. 生殖股神经 E. 闭孔神经
74. 母畜的（ ）神经易被胎儿挤压受损
75. 分布于母畜的乳房，公畜的提睾肌、阴囊和包皮的是
76. 分布到股四头肌的是

(77、78题共用下列备选答案)
  A. 蜡样坏死   B. 干酪样坏死
  C. 液化性坏死 D. 出血性梗死
  E. 湿性坏疽
77. 牛感染结核分枝杆菌后,肺脏呈现灰黄色,外观像干酪或豆腐渣样坏死属于
78. 雏鸡维生素E缺乏,可导致脑发生的坏死属于
(79~81题共用下列备选答案)
  A. 胰岛A细胞   B. 胰岛B细胞
  C. 胰岛D细胞   D. 胰岛PP细胞
  E. 胰岛D_1细胞
79. 产生生长抑素的是
80. 胰岛素是由（　　）产生的
81. 胰高血糖素是由（　　）产生的
(82~84题共用下列备选答案)
  A. 肾球囊   B. 近球小管   C. 远球小管   D. 集合管   E. 髓袢
82. 重吸收葡萄糖最主要的部位是
83. 重吸收Na^+最强的部位是
84. 小管液浓缩和稀释的过程主要发生于
(85~87题共用下列备选答案)
  A. 生物利用度   B. 表观分布容积
  C. 消除半衰期   D. 峰浓度   E. 药时曲线下面积
85. 反映药物在体内分布情况的参数为
86. 决定药物有效维持时间的主要参数为
87. 决定药物量效关系的首要因素为
(88~90题共用下列备选答案)
  A. 透析   B. PCR   C. 分子杂交
  D. Southern Blot   E. 盐析
88. 体外扩增DNA的技术是
89. 高浓度的中性盐使蛋白质沉淀的技术是
90. 检测被转移DNA片段中特异的基因的是
(91~93题共用下列备选答案)
  A. 干扰敏感菌的叶酸代谢   B. 抑制细菌脱氧核糖核酸(DNA)回旋酶,干扰DNA的复制   C. 专一抑制β-内酰胺酶活性   D. 能与细菌细胞质膜上的蛋白结合,引起转肽酶、羧肽酶、内肽酶活性丧失   E. 使胆碱酯酶老化
91. 磺胺类药物抗菌的作用机理是
92. 氟喹诺酮类药物抗菌的作用机理是
93. 青霉素类药物抗菌的作用机理是
(94~96题共用下列备选答案)
  A. 二巯基丙醇   B. 解磷定   C. 亚甲蓝   D. 亚硝酸钠   E. 乙酰胺

94. 可用于解救砷、汞等重金属中毒的药物是
95. 可用于解救亚硝酸盐中毒的药物是
96. 可用于解救氟乙酰胺中毒的药物是

三、A2题型
  题型说明：每一道考题是以一个小案例出现的,其下面都有A、B、C、D、E五个备选答案,请从中选择一个最佳答案,并在答题卡上将相应题号的相应字母所属的方框涂黑。
97. 某鸡场10周龄大批鸡精神委顿,几天后有些鸡共济失调,随后有些鸡突然死亡,多数鸡消瘦、昏迷,剖检病死鸡发现卵巢、肾脏、肝脏、心脏等器官中出现大一不等灰白色结节,质地坚硬而致密,组织病理学检查发现组织中由小型到大型的淋巴细胞、成淋巴细胞、浆细胞等组成多形态的淋巴细胞,此病最可能是
  A. 马立克氏病   B. 卵巢癌   C. 鸡新城疫   D. 禽淋巴细胞性白血病
  E. 鸡网状内皮组织增生症
98. 某农户一头2岁黄牛,冬天长期休闲,饲喂大量精料,膘肥体壮,开春突服重役而死亡,剖检检查发现心脏体积肥大,断面可见不规整的淡黄色条纹,由此可判定该牛心脏最可能发生病理变化为
  A. 增生   B. 真性肥大   C. 假性肥大   D. 脂肪变性   E. 淀粉样变

四、A3/A4题型
  题型说明：以下提供一个案例,案例下设若干道考题。请根据案例所提供的信息,在每一道考试题下面的A、B、C、D、E五个备选答案中选择一个最佳答案,并在答题卡上将相应题号的相应字母所属的方框涂黑。

(99、100题共用以下题干)
  哈士奇母犬,10岁,生育过4胎,左后乳房出现硬结,后逐渐增大,硬结边缘不规则,乳头有时流出微量的白色乳液,乳房痒,患犬常舔咬,乳房已破溃,乳头内陷,硬结部皮肤呈紫红色不规则,该犬消瘦,食欲正常,喜卧。
99. 根据临床症状描述最可能的诊断是
  A. 乳腺瘤   B. 乳腺癌   C. 乳腺炎
  D. 犬瘟热   E. 犬细小病毒
100. 如果进一步确诊,最有必要做的检查内容是
  A. 活检组织病理学变化   B. 细菌学

检查　　C. 血象检查　　D. 心电图检查　　E. 病毒分离鉴定

基础科目模拟试卷三参考答案

1	D	2	C	3	A	4	B	5	C	6	A	7	E	8	A	9	B	10	D
11	E	12	A	13	B	14	D	15	D	16	D	17	D	18	B	19	D	20	A
21	E	22	C	23	D	24	E	25	D	26	A	27	D	28	E	29	D	30	B
31	E	32	E	33	E	34	A	35	A	36	A	37	A	38	D	39	A	40	B
41	A	42	B	43	E	44	C	45	D	46	C	47	C	48	C	49	E	50	A
51	E	52	D	53	E	54	A	55	B	56	C	57	B	58	A	59	D	60	E
61	A	62	B	63	B	64	E	65	D	66	D	67	B	68	A	69	B	70	C
71	D	72	E	73	A	74	E	75	D	76	C	77	B	78	C	79	C	80	B
81	A	82	B	83	A	84	B	85	B	86	C	87	A	88	B	89	B	90	B
91	A	92	B	93	D	94	A	95	C	96	E	97	A	98	B	99	B	100	A

基础科目模拟试卷四

一、A1 题型

题型说明：每一道考试题下面有 A、B、C、D、E 五个备选答案，请从中选择一个最佳答案，并在答题卡上将相应题号的相应字母所属的方框涂黑。

1. 《中华人民共和国动物防疫法》将动物疫病分为
   A. 一类　　B. 二类　　C. 三类
   D. 四类　　E. 五类

2. 根据《中华人民共和国动物防疫法》，必须取得动物防疫条件合格证的场所**不包括**
   A. 动物饲养场　　B. 动物屠宰加工场所
   C. 动物隔离场所　　D. 经营动物、动物产品的集贸市场　　E. 动物和动物产品无害化处理场所

3. 根据《中华人民共和国动物防疫法》，下列关于动物疫病控制和扑灭的表述**不正确**的是
   A. 二、三类动物疫病呈暴发流行时，按照一类动物疫病处理　　B. 发生人畜共患传染病时，兽医主管部门应当组织对疫区易感染人群进行监测　　C. 疫点、疫区和受威胁区的撤销和疫区封锁的解除，由原决定机关决定并宣布　　D. 发生三类动物疫病时，当地县级、乡级人民政府应当按照国务院兽医主管部门的规定组织防治和净化　　E. 为控制和扑灭动物疫病，动物卫生监督机构应当派人在当地依法设立的现有检查站执行监督检查任务

4. 根据《中华人民共和国动物防疫法》，下列关于动物和动物产品检疫的表述**不正确**的是
   A. 经铁路运输动物和动物产品的，托运人托运时应当提供检疫证明　　B. 屠宰、经营、运输的动物，应当附有检疫证明　　C. 经营的动物产品，应当附有检疫证明、检疫标志　　D. 经检疫不合格的动物、动物产品，货主应当在动物卫生监督机构监督下处理，处理费用由国家承担　　E. 动物卫生监督机构接到检疫申报后，应当及时指派官方兽医对动物、动物产品实施现场检疫

5. 根据《中华人民共和国动物防疫法》，从事动物诊疗活动的机构必须具备的法定条件**不包括**
   A. 有与动物诊疗活动相适应并符合动物防疫条件的场所　　B. 有与动物诊疗活动相适应的执业兽医　　C. 有与动物诊疗活动相适应的兽医器械和设备　　D. 有与动物诊疗活动相适应的管理人员　　E. 有完善的管理制度

6. 根据《中华人民共和国动物防疫法》，动物卫生监督机构执行监督检查任务时，无权采取的措施是
   A. 对动物、动物产品按照规定采样、留验和抽检　　B. 对染疫的动物进行隔离、查封、扣押和处理　　C. 对依法应当检疫而未经检疫的动物实施补检　　D. 查验检疫证明、检疫标志和畜禽标识　　E. 对阻碍监督检查的个人实施拘留等行政处罚措施

7. 《重大动物疫情应急条例》规定，有权公布重大动物疫情的主体是
   A. 国务院兽医主管部门　B. 省、自治区、直辖市人民政府　C. 省、自治区、直辖市人民政府兽医主管部门　D. 县级人民政府兽医主管部门　E. 县动物疫病预防控制机构

8. 根据《重大动物疫情应急条例》，下列对疫点采取的措施表述**不正确的**是
   A. 扑杀并销毁染疫动物　B. 对易感动物紧急免疫接种　C. 对病死动物、动物排泄物等进行无害化处理　D. 对被污染的物品用具等进行严格消毒　E. 销毁染疫的动物产品

9. 根据《执业兽医管理办法》，在动物饲养场注册的执业兽医**不符合**规定的行为是
   A. 拒绝使用劣兽药　B. 将患有一类动物疫病的动物同群转移　C. 指导兽医专业学生实习　D. 制定本场动物驱虫方案　E. 对动物疫病进行定期检测

10. 根据《动物诊疗机构管理办法》，**不符合**动物诊疗机构设立条件的是
    A. 有完善的卫生消毒管理制度　B. 出入口与同一建筑的其他用户共用通道　C. 有消毒设备　D. 有完善的疫情报告制度　E. 有3名以上取得执业兽医师资格证书的人员

11. 根据《动物诊疗机构管理办法》，动物诊疗机构下列**不符合**诊疗活动规定的行为是
    A. 在显著位置公示从业人员基本情况　B. 按当地人民政府兽医主管部门的要求派执业兽医参加动物疫病扑灭活动　C. 按规定处理医疗废弃物　D. 对患有非洲猪瘟的动物进行治疗　E. 宠物用品经营区域与诊疗区域分别独立设置

12. 根据《兽医处方格式及应用规范》，下列表述**不正确的**是
    A. 执业兽医师应当遵循安全、有效和经济的原则开具兽医处方　B. 兽医处方经执业兽医师签名或者签章后有效　C. 动物主人必须在就诊的动物诊疗机构购买兽药　D. 利用计算机开具处方的，应同时打印出纸质处方，并签名或盖章　E. 兽医处方的有效期最长不得超过3天

13. 根据《兽医处方格式及应用规范》，下列关于兽医处方笺内容的表述**不正确**的是
    A. 前记部分包括兽医处方笺的开具日期　B. 前记部分包括兽医处方笺的档案号　C. 前记部分包括执业兽医师的注册号　D. 正文部分包括初步诊断情况　E. Rp包括兽药名称、用量等内容

14. 属于一类动物疫病的是
    A. 弓形虫病　B. 羊肠毒血症　C. 梅迪-维斯纳病　D. 小反刍兽疫　E. 布鲁菌病

15. 属于二类动物疫病的是
    A. 新城疫　B. 丝虫病　C. 非洲猪瘟　D. 炭疽　E. 球虫病

16. 《病死及病害动物无害化处理技术规范》规定，采用高温法处理时，处理物或破碎产物的体积（长×宽×高）应小于或等于
    A. $125cm^3$（5cm×5cm×5cm）
    B. $216cm^3$（6cm×6cm×6cm）
    C. $120cm^3$（4cm×5cm×6cm）
    D. $64cm^3$（4cm×4cm×4cm）
    E. $60cm^3$（3cm×4cm×5cm）

17. 《病死及病害动物无害化处理技术规范》规定，采用湿化法处理时，送入高温高压容器的病死及病害动物的总质量**不得**超过容器总承受力的
    A. 1/2　B. 2/3　C. 3/4　D. 4/5　E. 5/6

18. 《兽药管理条例》规定，兽药经营企业变更企业名称的，到发证机关申请换发兽药经营许可证的时限是办理工商登记变更手续后
    A. 5个工作日　B. 7个工作日　C. 10个工作日　D. 15个工作日　E. 20个工作日

19. 《兽药管理条例》规定，下列情形应当按照假兽药处理的是
    A. 成分含量不符合兽药国家标准的　B. 不标明有效成分的　C. 超过有效期的　D. 所标明的适应证超过规定范围的　E. 更改产品批号的

20. 根据《兽用处方药和非处方药管理办法》，执业兽医发现不适合按兽用非处方药管理的兽药应当报告，接受报告的法定主体是
    A. 该兽药的生产企业　B. 该兽药的经营企业　C. 执业兽医师所在的动物诊

疗机构 D. 当地兽医行业协会 E. 当地兽医行政管理部门

21. 细胞质内属于膜性结构的细胞器是
    A. 中心粒 B. 核糖体 C. 微丝
    D. 中间丝 E. 线粒体

22. 肩胛骨的冈上肌附着部称为
    A. 盂上结节 B. 冈结节 C. 关节盂
    D. 冈上窝 E. 冈下窝

23. 家畜后肢关节活动性最小的关节是
    A. 荐髂关节 B. 髋关节 C. 膝关节
    D. 跗关节 E. 趾关节

24. 荐骨翼与骨髂耳状关节面构成的关节称为
    A. 腰荐关节 B. 髋关节 C. 荐髂关节
    D. 耻骨联合 E. 坐骨联合

25. 马小腿后脚部背外侧肌群中**不包括**
    A. 趾长伸肌 B. 趾外侧伸肌 C. 腓骨长肌 D. 腓骨第三肌 E. 胫骨前肌

26. 属于奇蹄的动物是
    A. 马 B. 牛 C. 羊 D. 猪
    E. 驼

27. 能关闭喉口的软骨是
    A. 会厌软骨 B. 甲状软骨 C. 环状软骨 D. 勺状软骨 E. 剑状软骨

28. 属于有沟多乳头肾的动物是
    A. 猪 B. 马 C. 羊 D. 牛
    E. 犬

29. 公猪精囊腺开口于
    A. 睾丸 B. 尿道口 C. 尿道球腺
    D. 前列腺 E. 精阜

30. 卵巢上有排卵窝的家畜是
    A. 牛 B. 马 C. 羊 D. 猪
    E. 犬

31. 腹腔动脉分出三个分支，即肝动脉、脾动脉和
    A. 胃左动脉 B. 胃右动脉 C. 肠系膜前动脉 D. 肠系膜后动脉 E. 肾动脉

32. 七岁犬的胸腺特征是
    A. 胸部和颈部的胸腺均发达 B. 颈部胸腺发达，胸部胸腺退化 C. 胸部胸腺发达 D. 颈部胸部胸腺均退化
    E. 颈部胸腺发达

33. 甲状腺的侧叶和腺峡谷并为一整体，呈球形的动物是
    A. 马 B. 牛 C. 山羊 D. 猪
    E. 犬

34. 眼球内容物包含
    A. 眼房水、晶状体、玻璃体 B. 晶状体、玻璃体、视网膜 C. 晶状体、玻璃体、虹膜 D. 眼房水、虹膜、晶状体 E. 眼房水、虹膜、视网膜

35. 鸡法氏囊是产生
    A. T淋巴细胞的初级淋巴器官 B. T淋巴细胞的次级淋巴器官 C. B淋巴细胞的初级淋巴器官 D. B淋巴细胞的次级淋巴器官 E. NK淋巴细胞的次级淋巴器官

36. 孵化48h时鸡胚卵黄囊覆盖卵黄的面积占
    A. 1/7 B. 1/3 C. 1/4 D. 1/5
    E. 1/6

37. 细胞外液基本特点是
    A. 组成成分相对不恒定 B. 组成数量相对不恒定 C. 理化特性相对不恒定 D. 组成成分和理化特质相对不恒定 E. 组成成分和数量相对恒定

38. 能够阻滞神经末梢释放乙酰胆碱的是
    A. 黑寡妇蜘蛛毒 B. 内毒梭菌毒素 C. 美洲箭毒 D. α-银环蛇毒 E. 有机磷毒药

39. 血浆晶体渗透压大小主要取决于
    A. 血小板数量 B. 无机盐浓度
    C. 血浆蛋白浓度 D. 白细胞数量
    E. 血细胞数量

40. 在一个心动周期中，心室的压力、容积与功能变化的顺序是
    A. 射血→等容收缩→充盈→等容舒张
    B. 等容收缩→射血→等容舒张→充盈
    C. 射血→等压收缩→充盈→等压舒张
    D. 射血→等容收缩→充盈→等压舒张
    E. 等容收缩→充盈→等容舒张→射血

41. 对于肺扩张反射**不正确**的表述是
    A. 感受器位于细支气管和肺泡内 B. 传入神经是迷走神经 C. 中枢位于延髓 D. 传出神经为运动神经
    E. 效应器为呼吸肌

42. 铁在肠道内吸收的主要部位是
    A. 直肠 B. 盲肠 C. 十二指肠
    D. 回肠 E. 结肠

43. 促进胃液分泌的激素是
    A. 降钙素 B. 甲状旁腺激素
    C. 胃泌素 D. 胆囊收缩素
    E. 雌激素

44. 下列与动物静止能量代谢率**无关的**是
    A. 肌肉发达程度　B. 个体大小
    C. 年龄　D. 性别　E. 生理状态
45. 原核生物和真核生物少数蛋白质中发现的第21种氨基酸是
    A. 甘氨酸　B. 亮氨酸　C. 硒代半胱氨酸　D. 异亮氨酸　E. 脯氨酸
46. 细胞膜上的寡糖链
    A. 均暴露在细胞膜的外表面　B. 结合在细胞膜的内表面　C. 都结合在膜蛋白上　D. 都结合在膜脂上　E. 分布在细胞膜的两侧
47. 脂酰CoA从胞液转运进入线粒体，需要的载体是
    A. 肉碱　B. 苹果酸　C. 柠檬酸　D. 甘油-3-磷酸　E. α-酮戊二酸
48. 尿素合成的循环是
    A. 三羧酸循环　B. 鸟氨酸循环　C. 柠檬酸-丙酮酸循环　D. 乳酸循环　E. 丙氨酸-葡萄糖循环
49. 遗传学的中心法则里，目前**尚未发现**
    A. DNA复制　B. 基因转录　C. 反转录　D. RNA复制　E. 蛋白质指导RNA合成
50. 原核生物蛋白质生物合成时，肽链延伸需要的能量分子是
    A. ATP　B. GTP　C. UTP　D. CTP　E. TTP
51. 黄疸是由于血液含有过多的
    A. 胆红素　B. 胆绿素　C. 血红素　D. 胆色素　E. 胆固醇
52. 下列属于疾病发生一般机制的是
    A. 损伤与抗损伤的斗争　B. 因果转化　C. 局部与整体　D. 神经体液机制　E. 病程
53. 细胞内水分增多，胞体增大，胞浆内出现微细颗粒或大小不等的水泡称为
    A. 脂肪变性　B. 黏液样变性　C. 淀粉样变　D. 透明变性　E. 细胞肿胀
54. 在动物肺门淋巴结中常见的外源性色素沉着是
    A. 脂色素　B. 含铁血黄素　C. 卟啉色素　D. 炭末　E. 黑色素
55. 少量出血可能危及生命的器官是
    A. 肠　B. 肾　C. 肺　D. 胃　E. 脑
56. 肉芽组织是一种幼稚结缔组织，其中富含
    A. 炎性细胞和胶原纤维　B. 新生毛细血管和成纤维细胞　C. 网状纤维和胶原纤维　D. 胶原纤维和纤维细胞　E. 成纤维细胞和纤维细胞
57. 失水多于失钠可引起
    A. 等渗性脱水　B. 低渗性脱水　C. 高渗性脱水　D. 水中毒　E. 水肿
58. 可引起组织性缺氧的原因是
    A. 呼吸机能不全　B. 贫血　C. 一氧化碳中毒　D. 氰化物中毒　E. 缺血
59. 发热期与无热期间隙时间较长，而且发热和无热期的出现时间大致相等。此热型为
    A. 回归热　B. 间歇热　C. 弛张热　D. 稽留热　E. 双向热
60. 在结核肉芽肿性炎症灶内的特异性细胞成分是
    A. 肥大细胞　B. 多核巨细胞　C. 淋巴细胞　D. 中性粒细胞　E. 嗜酸性粒细胞
61. 下列由细胞释放的炎症介质是
    A. 激肽系统　B. 补体系统　C. 单核因子　D. 凝血系统　E. 纤溶系统
62. 犬细小病毒导致的心肌出血病变称为
    A. 心肌炎　B. 心内膜炎　C. 心包炎　D. 绒毛心　E. 虎斑心
63. 卡他性炎发生在
    A. 黏膜　B. 腱膜　C. 肌膜　D. 筋膜　E. 滑膜
64. 维生素E或硒缺乏可引起鸡小脑发生
    A. 非化脓性脑炎　B. 化脓性脑炎　C. 脑软化　D. 脑脊髓炎　E. 脑膜脑炎
65. 影响药物作用的主要因素**不包括**
    A. 种属差异　B. 给药方案　C. 饲养人员　D. 病理因素　E. 环境因素
66. 抑制细菌细胞壁合成而发挥杀菌作用的抗菌药物是
    A. 磺胺脒　B. 金霉素　C. 青霉素　D. 两性霉素B　E. 恩诺沙星
67. 牛麻醉前给予东莨菪碱的主要目的是
    A. 增加支气管分泌　B. 减少支气管分泌　C. 加强支气管收缩　D. 增强胃肠蠕动　E. 扩散瞳孔
68. 硫喷妥钠临床上主要用于

A. 镇静　　B. 局部麻醉　　C. 诱导麻醉
D. 镇痛　　E. 保定

69. 具有解热作用的药物是
   A. 地西泮　　B. 麻黄碱　　C. 安乃近
   D. 氯前列醇　　E. 氨茶碱

70. 松弛支气管平滑肌，具有平喘作用的药物是
   A. 呋塞米　　B. 酚磺乙胺　　C. 氨茶碱
   D. 硫酸镁　　E. 阿托品

71. 强心苷的药理作用是
   A. 正性肌力和平喘　　B. 负性心率和平喘
   C. 正性肌力和利尿　　D. 正性心率和利尿　　E. 利尿和平喘

72. 为了纠正氢氯噻嗪常见的不良反应，应补充
   A. 钙　　B. 磷　　C. 钾　　D. 铁
   E. 钠

73. 属于H1受体阻断药的是
   A. 阿托品　　B. 普萘洛尔　　C. 新斯的明　　D. 苯海拉明　　E. 肾上腺素

74. 用于氰化物中毒的特效解毒药是
   A. 维生素C　　B. 阿托品　　C. 士的宁
   D. 新斯的明　　E. 亚硝酸钠

二、A2型题

题型说明：每一道考题是以一个小案例出现的，其下面都有A、B、C、D、E五个备选答案，请从中选择一个最佳答案，并在答题卡上将相应题号的相应字母所属的方框涂黑。

75. 牛，5岁，确诊患有脑包虫病，手术摘除多头蚴包囊。其手术切口主要定位在
   A. 枕骨　　B. 额骨　　C. 颞骨
   D. 蝶骨　　E. 筛骨

76. 马，3岁，右耳歪斜，右上眼睑下垂；嘴歪、上、下唇下垂并向左侧歪斜，采食、饮水困难，牙齿咀嚼不灵活，被确诊为神经麻痹。该神经的神经根与脑联系的部位是
   A. 大脑　　B. 小脑　　C. 中脑
   D. 脑桥　　E. 延髓

77. 犬，6岁，肾脏远曲小管和集合管对水的重吸收减少1%，则尿量将增加
   A. 0.5倍　　B. 1倍　　C. 1.5倍
   D. 2倍　　E. 2.5倍

78. 奶牛，3岁，处于泌乳高峰期，调换饲料引起泌乳量大幅下降，最主要的原因是

A. 乳糖合成下降　　B. 乳脂合成下降
C. 乳蛋白合成下降　　D. 乳中无机盐含量减少　　E. 乳中氨基酸含量下降

79. 犬，3岁，外出回来后，突然出现兴奋不安，眼睑、颜面肌肉痉挛，流涎，腹痛，腹泻。用解磷定和阿托品静脉注射后，症状缓解。犬体内
   A. 乙酰胆碱浓度升高　　B. 乙酰胆碱浓度降低　　C. 胆碱浓度增加　　D. 乙醇浓度增加　　E. 胆碱酯酶活性升高

80. 冬季，某鸡场育雏舍用煤炭取暖，雏鸡出现呼吸困难，步态不稳。剖检发现血管和脏器内血液呈樱桃红色。血液生化检查见$HbCO$含量升高。患雏体内直接受影响的酶是
   A. 细胞色素C还原酶　　B. NADH-Q氧化酶　　C. 琥珀酸-Q氧化还原酶　　D. 细胞色素C氧化酶　　E. NADH-Q还原酶

81. 10日龄鸡群发病，发病率达100%，病鸡张口呼吸、咳嗽、出现呼吸啰音等症状，死亡率约5%。主要病变为喉头和气管黏膜充血，气管和支气管内有黄白色黏稠的干酪样分泌物。该病可能是
   A. 新城疫　　B. 传染性法氏囊病　　C. 鸡传染性支气管炎　　D. 鸡传染性喉气管炎
   E. 禽流感

82. 兔，2岁，剖检可见肝脏表面和实质中有绿豆至豌豆大白色或黄白色结节；组织学检查见胆管上皮乳头状增生，上皮细胞由立方上皮变为柱状，上皮细胞浆内可见球虫寄生。该兔肝脏的病变为
   A. 纤维瘤　　B. 平滑肌瘤　　C. 纤维肉瘤　　D. 乳头状瘤　　E. 腺瘤

83. 奶牛，4岁，乳房明显肿胀，变硬，发热，有痛感，体温39.9℃，食欲减退，产奶量明显减少，奶汁变黄。选择全身治疗的最佳药物是
   A. 土霉素注射液　　B. 硫酸庆大霉素可溶性粉　　C. 新霉素预混剂　　D. 杆菌肽预混剂　　E. 黏菌素可溶性粉剂

84. 雏鸡群，1日龄，在饲料中加入马度米星预防球虫病，饲料中添加的药物浓度是每1000kg饲料添加
   A. 1g　　B. 2g　　C. 3g　　D. 5g
   E. 10g

三、B1 型题

题型说明：以下提供若干组考题，每组考题共用在考题前列出的 A、B、C、D、E 五个备选答案，请从中选择一个与问题最密切的答案，并在答题卡上将相应题号的相应字母所属的方框涂黑。某个备选答案可能被选择一次、多次或不被选择。

(85～87 题共用下列备选答案)

A. 马　　B. 驴　　C. 牛　　D. 猪
E. 骡

85. 舌上具有舌圆枕的动物是
86. 舌下肉阜小，位于舌系带处的动物是
87. 上切齿缺失的动物是

(88～90 题共用下列备选答案)

A. TSH　　B. OXT　　C. FSH
D. LH　　E. PRL

88. 绵羊，2 岁，颈部增粗，局部肿大，经检查为甲状腺增生，该羊最可能出现异常的激素是
89. 山羊，3 岁，发情期迟迟不见排卵，经 B 超检查卵泡发育正常，该羊最可能出现异常的激素是
90. 绵羊，3 岁，雌性，产羔后胎衣不下，泌乳严重滞后，可用于治疗该病的是

(91～93 题共用下列备选答案)

A. 甘油醛-3-磷酸脱氢酶　　B. 葡萄糖-6-磷酸脱氢酶　　C. 丙酮酸脱氢酶复合物　　D. 6-磷酸葡萄糖酸脱氢酶　　E. 苹果酸脱氢酶

91. 糖酵解途径中，催化产生 $NADH+H^+$ 的酶是
92. 三羧酸循环中，催化产生 $NADH+H^+$ 的酶是
93. 丙酮酸氧化脱羧形成乙酰 CoA，催化产生 $NADH+H^+$ 的酶是

(94、95 题共用下列备选答案)

A. 急性卡他性胃炎　　B. 出血性胃炎
C. 纤维性胃炎　　D. 化脓性胃炎
E. 坏死性胃炎

94. 胃黏膜肿胀，表面有大量黏稠液体。镜检见黏膜上皮较完整，轻度变性，黏膜表面见多量脱落的上皮细胞碎片，固有层水肿，散在嗜中性粒细胞。该胃的病变是
95. 胃黏膜表面被覆一层灰黄色假膜。镜检见黏膜上皮严重变性、坏死和脱落，表面附有粉色纤维蛋白样渗出物，其中混杂有多量炎性细胞。该胃病变为

(96、97 题共用下列备选答案)

A. 10％福尔马林　　B. 20％酒精
C. 50％酒精　　D. 4％福尔马林
E. 80％酒精

96. 最常用的组织固定液是
97. 在养殖场剖检取材时，如果无甲醛，可选用的固定液是

(98～100 题共用下列备选答案)

A. 甲紫　　B. 苯扎溴铵　　C. 戊二醛
D. 稀盐酸　　E. 鱼石脂软膏

98. 某猪场暴发非洲猪瘟，对猪舍过道进行喷洒消毒，首选的药物是
99. 奶牛，5 岁，出现跛行，蹄趾间腐烂，把腐烂部分清理，冲洗干净后，局部治疗应选用的药物是
100. 牧羊犬，3 岁，进行去势手术，对手术器械进行浸泡消毒，首选的药物是

基础科目模拟试卷四参考答案

1	C	2	D	3	B	4	D	5	D	6	E	7	A	8	B	9	B	10	B
11	D	12	C	13	D	14	C	15	D	16	D	17	D	18	C	19	D	20	E
21	E	22	D	23	A	24	C	25	C	26	C	27	A	28	D	29	E	30	B
31	A	32	D	33	D	34	A	35	C	36	A	37	D	38	C	39	D	40	D
41	C	42	C	43	C	44	A	45	C	46	D	47	D	48	B	49	E	50	B
51	A	52	B	53	C	54	D	55	D	56	D	57	C	58	D	59	D	60	D
61	C	62	C	63	D	64	C	65	C	66	D	67	C	68	B	69	C	70	C
71	C	72	C	73	D	74	E	75	D	76	D	77	D	78	A	79	B	80	D
81	D	82	C	83	D	84	D	85	C	86	D	87	C	88	E	89	D	90	B
91	A	92	E	93	C	94	A	95	C	96	A	97	C	98	C	99	D	100	B

第二节 预防科目执业兽医资格考试四套模拟试题

预防科目模拟试卷一

一、A1 题型

题型说明：每一道考试题下面有 A、B、C、D、E 五个备选答案，请从中选择一个最佳答案，并在答题卡上将相应题号的相应字母所属的方框涂黑。

1. 初次免疫抗原递呈能力最强的细胞是
   A. 自然杀伤细胞　　B. T 细胞　　C. 肥大细胞　　D. B 细胞　　E. 树突状细胞
2. 大裸头绦虫虫卵在中间宿主体内发育为
   A. 囊尾蚴　　B. 原头蚴　　C. 链尾蚴　　D. 似囊尾蚴　　E. 实尾蚴
3. 细菌体外培养过程中对抗菌药物最为敏感的时期是
   A. 稳定期　　B. 衰亡期　　C. 迟缓期　　D. 静止期　　E. 对数期
4. 环形泰勒焦虫的传播媒介是
   A. 长角血蜱　　B. 森林革蜱　　C. 血红扇头蜱　　D. 全沟硬蜱　　E. 残缘璃眼蜱
5. 由 2 个单体分子聚合而成并存在于分泌液中的抗体是
   A. IgD　　B. sIgA　　C. IgE　　D. IgG　　E. IgM
6. 属于媒介传播性人兽共病的是
   A. 旋毛虫病　　B. 弓形虫病　　C. 猪囊尾蚴病　　D. 棘球蚴病　　E. 利什曼原虫病
7. 检查绵羊痘丘疹组织中原生小体时常用的染色方法是
   A. 亚甲蓝染色　　B. 革兰氏染色　　C. 嗜酸性染色　　D. 莫洛佐夫镀银染色　　E. 墨汁染色
8. 属于动物中枢免疫器官的是
   A. 脾脏　　B. 肝脏　　C. 肠黏膜　　D. 淋巴结　　E. 胸腺
9. 鸡传染性喉气管炎的严重病例表现为
   A. 鼻孔流出血液　　B. 流出带血鼻液　　C. 排出带血稀便　　D. 排出白色稀便　　E. 咳出带血黏液
10. 欧洲幼虫腐臭病危害最严重的是
    A. 欧洲蜜蜂　　B. 意大利蜜蜂　　C. 小蜜蜂　　D. 印度蜜蜂　　E. 中华蜜蜂
11. 寄生虫在发育过程中需要两个中间宿主，后一个中间宿主有时被称为
    A. 补充宿主　　B. 贮藏宿主　　C. 保虫宿主　　D. 超寄生宿主　　E. 带虫宿主
12. 常用于血清过滤除菌的滤膜孔径是
    A. $0.45\mu m$　　B. $2.00\mu m$　　C. $1.20\mu m$　　D. $1.50\mu m$　　E. $0.90\mu m$
13. 新鲜的布氏姜片吸虫为
    A. 淡绿色　　B. 肉红色　　C. 橙黄色　　D. 黑棕色　　E. 灰白色
14. 仅适用于抗原定性检测的方法是
    A. 火箭免疫电泳　　B. 间接 ELISA　　C. 试管凝集试验　　D. 玻片凝集试验　　E. 放射免疫技术
15. 犬复孔绦虫孕节内子宫分为许多
    A. 虫卵　　B. 组织囊　　C. 孢子囊　　D. 包囊　　E. 卵袋
16. 小蜂螨的发育**不包括**
    A. 成虫　　B. 蛹　　C. 卵　　D. 若虫　　E. 幼虫
17. 能直接杀伤病毒感染细胞的效应细胞是
    A. 肥大细胞　　B. 成纤维细胞　　C. 细胞毒性 T 细胞　　D. 浆细胞　　E. B 细胞
18. 慢性型貂阿留申病的主要临床症状为
    A. 慢性关节炎　　B. 进行性消瘦　　C. 浆液性鼻液　　D. 慢性渗出性皮炎　　E. 呼吸困难
19. 机体感染病毒后最先出现的抗体是
    A. IgM　　B. IgA　　C. IgE　　D. IgD　　E. IgG
20. 患病动物的粪便与新鲜生石灰混合后掩埋的深度至少为
    A. 1m　　B. 0.5m　　C. 4m　　D. 2m　　E. 3m
21. 禽流感病毒的核酸类型是
    A. 双股 DNA　　B. 双股 RNA　　C. 单股正链 RNA　　D. 单股 DNA　　E. 分节段负链 RNA
22. 具有"三致"作用的药物是
    A. 呋喃唑酮　　B. 头孢氨苄　　C. 林可霉素　　D. 黏杆菌素　　E. 吉他霉素

23. 按照国家动物疫病监测计划，对奶牛监测的疫病**不包括**
    A. 牛传染性鼻气管炎　B. 结核病
    C. 口蹄疫　D. 炭疽　E. 布鲁菌病
24. 鸡异刺线虫的寄生部位
    A. 肌胃　B. 腔上囊　C. 直肠
    D. 小肠　E. 盲肠
25. 难以培养的细菌，可采用的病原检测方法是
    A. 动物试验　B. PCR　C. 生化试验
    D. 血凝试验　E. 培养特性检查
26. 猪带绦虫寄生于终末宿主的
    A. 大脑　B. 小肠　C. 胃　D. 大肠　E. 肝脏
27. 半固体培养基常用于判定细菌的
    A. 鞭毛形成能力　B. 荚膜形成能力
    C. 菌毛形成能力　D. 菌落特征
    E. 芽孢形成能力
28. 对动物具有良好免疫原性的物质是
    A. 脂质　B. 青霉素　C. 蛋白质
    D. 多糖　E. 寡核苷酸
29. 用皮肤变态反应诊断牛结核病的原理基于
    A. 速发型变态反应　B. Ⅰ型变态反应
    C. Ⅲ型变态反应　D. Ⅱ型变态反应
    E. Ⅳ型变态反应
30. 圈舍地面和用具消毒时，氢氧化钠的常用浓度是
    A. 0.1%～0.2%　B. 15%～20%
    C. 5%～10%　D. 1%～2%
    E. 25%～30%
31. 影响动物传染病流行的自然因素**不包括**
    A. 地理位置　B. 地形地貌　C. 植被
    D. 科技　E. 季节
32. 典型小反刍兽疫常见的特征性病理变化是
    A. 食道有线状出血　B. 空肠有点状出血　C. 结肠与直肠结合处有线状或斑马条纹样出血　D. 回肠有枣核状出血
    E. 十二指肠有线状出血
33. 禽流感病毒分离鉴定时首先应测定分离病毒的
    A. 致病性　B. 血凝性　C. 颅内接种致病指数　D. 静脉内接种致病指数
    E. 半数致死量
34. 以下诊断动物传染病的实验室方法中，均为血清学试验的是
    A. 中和试验和凝集试验　B. 核酸探针和荧光抗体试验　C. 中和试验和核酸

探针　D. PCR和补体结合试验
    E. 免疫酶技术和PCR
35. 猪瘟病毒能一过性地在绵羊、山羊和黄牛体内增殖并可存活
    A. 1周　B. 8～10周　C. 5～6周
    D. 2～4周　E. 11～13周
36. 副结核杆菌感染后主要存在于
    A. 肺脏　B. 脾脏　C. 血液
    D. 肠绒毛　E. 肝脏
37. 用于检测炭疽杆菌的Ascoli试验属于
    A. 沉淀反应　B. 免疫标记技术
    C. 免疫印迹技术　D. 凝集反应
    E. 补体结合反应
38. 某湖中鱼类体内有机氯浓度为0.1mg/kg，食鱼鸟为10mg/kg，这种现象为
    A. 生物协同　B. 生物积累　C. 生物浓缩　D. 生物放大　E. 生物相加
39. PCR鉴定的病毒成分是
    A. 磷脂　B. 核酸　C. 固醇
    D. 蛋白质　E. 多糖
40. 鸭坦布苏病毒病的病料接种鸭胚的日龄多在
    A. 7d　B. 11d　C. 5d　D. 15d
    E. 3d
41. 急性型非洲猪瘟在发病后期最可能发生
    A. 融合性支气管炎　B. 出血性角膜炎
    C. 出血性肠炎　D. 化脓性关节炎
    E. 化脓性脑炎
42. 细菌外毒素的化学成分是
    A. 蛋白质　B. 磷脂　C. 类脂
    D. 多糖　E. 核酸
43. 纯化细菌应接种固体培养基以获得
    A. 菌苔　B. 菌环　C. 菌落
    D. 菌膜　E. 菌体
44. 可用HA-HI试验检测的病毒是
    A. 鸭瘟病毒　B. 鸡贫血病毒　C. 传染性法氏囊病毒　D. 马立克病病毒
    E. 产蛋下降综合征病毒
45. 消化道黏膜抗病毒免疫的主要抗体是
    A. sIgA　B. IgD　C. IgE
    D. IgM　E. IgG
46. 负责抗原递呈的细胞表面分子是
    A. CD4分子　B. CD8分子
    C. BCR分子　D. MHC分子
    E. TCR分子
47. 在犬恶丝虫病的流行区域，常用的预防药物是

A. 氨丙啉　　B. 甲硝唑　　C. 三氮脒
D. 吡喹酮　　E. 乙胺嗪

48. 剖检贝氏隐孢子虫感染的病鸡，病原检查可采集的病料是
    A. 皮肤　　B. 膀胱被膜　　C. 肝包膜
    D. 呼吸道黏膜　　E. 阴道黏膜

49. 可区分口蹄疫病毒感染和疫苗免疫的间接ELISA检测的是动物血清中的
    A. ID 抗体　　B. VP1 抗体　　C. 3ABC 抗体
    D. VP3 抗体　　E. VP2 抗体

50. 可产生颗粒酶的细胞是
    A. B 细胞　　B. 辅助性 T 细胞　　C. 红细胞
    D. 肥大细胞　　E. 细胞毒性 T 细胞

51. 可产生脂溶性色素的细菌是
    A. 布氏杆菌　　B. 金黄色葡萄球菌
    C. 猪链球菌　　D. 沙门氏菌
    E. 大肠杆菌

52. **不感染**口蹄疫病毒的动物是
    A. 绵羊　　B. 马　　C. 猪　　D. 牛
    E. 山羊

53. 兔的中型艾美尔球虫卵囊含有的孢子囊数为
    A. 10 个　　B. 4 个　　C. 2 个　　D. 6 个　　E. 8 个

54. 马传染性贫血最主要的传播媒介是
    A. 虱　　B. 蝇　　C. 虻　　D. 螨
    E. 蜱

55. 多头带绦虫的终末宿主是
    A. 猪　　B. 犬　　C. 羊　　D. 鸡
    E. 牛

56. 图示虫卵是

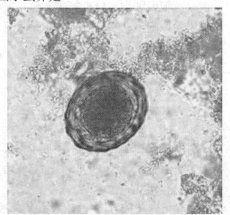

A. 球虫卵囊　　B. 绦虫卵　　C. 棘头虫卵
D. 吸虫卵　　E. 线虫卵

57. 病毒复制过程中可直接作为 mRNA 的核酸类型是
    A. 单股 DNA　　B. 双股 DNA
    C. 单股正链 RNA　　D. 单股负链 RNA
    E. 双股 RNA

二、B1 题型

题型说明：以下提供若干组考题，每组考题共用在考题前列出的 A、B、C、D、E 五个备选答案，请从中选择一个与问题最密切的答案，并在答题卡上将相应题号的相应字母所属的方框涂黑。某个备选答案可能被选择一次、多次或不被选择。

（58～60 题共用下列备选答案）
A. 螺　　B. 蜱　　C. 蚂蚁　　D. 蝇
E. 蚊

58. 鸡群，5 周龄，消化不良，食欲减退，腹泻，消瘦。剖检小肠发现虫体，长约 25cm，镜检见头节较小，有吸盘和顶突。顶突上有 1～3 行小钩；吸盘卵圆形，上有小钩，该虫体的中间宿主是

59. 鸡群，5 周龄，食欲减退，消化不良，腹泻，消瘦。剖检小肠发现虫体，长约 25cm，镜检见头节较小，有吸盘和顶突。顶突上有两行小钩；吸盘呈圆形，上有小钩，该虫体的中间宿主是

60. 鸡群，5 周龄，食欲减退，消化不良，腹泻，消瘦。剖检小肠发现虫体，长约 4cm，镜检见头节宽而厚，形似轮状，吸盘上无小钩。该虫体的中间宿主是

（61～63 题共用下列备选答案）
A. 蓝舌病病毒　　B. 口蹄疫病毒
C. 小反刍兽疫病毒　　D. 伪狂犬病病毒
E. 传染性脓疱病毒

61. 绵羊，发热，流涎，腹泻。剖检见皱胃糜烂出血，直肠黏膜有线状出血，淋巴结肿大，脾脏坏死。病料接种 Vero 细胞，分离出有囊膜的 RNA 病毒。该病最可能的病原是

62. 绵羊，流涎，口唇水肿，舌部发绀。剖检见消化道黏膜有出血点，脾脏肿大。病料接种鸡胚，分离出能凝集绵羊红细胞的病毒，该病最可能的病原是

63. 绵羊，流涎，蹄部、乳房皮肤有水疱；剖检见肠黏膜出血，心肌表面有灰白色条纹。病料接种 BHK21 细胞，分离出无囊膜的单股 RNA 病毒。该病最可能的病原是

（64～66 题共用下列备选答案）

A. 肝片吸虫　B. 阔盘吸虫　C. 东毕吸虫　D. 分体吸虫　E. 前后盘吸虫

64. 放牧羊群，消瘦、腹泻、贫血、颌下水肿。粪便检查，见有多量较大虫卵，呈椭圆形，淡灰色，卵黄细胞不充满整个虫卵，该病的病原是

65. 放牧羊群，消瘦、贫血、颌下水肿。粪便镜检，见多量黄棕色、小型椭圆形虫卵，两侧稍不对称，有卵盖，内含一个椭圆形毛蚴。该病的病原是

66. 放牧羊群，消瘦、贫血、腹下水肿。粪便水洗沉淀法检查，见有无卵盖虫卵，两端各有一个附属物，一端较尖，一端较圆钝。该病的病原是

（67～69题共用下列备选答案）

A. 炭疽　B. 猪丹毒　C. 猪肺疫　D. 猪支原体肺炎　E. 高致病性猪蓝耳病

67. 猪屠宰检疫发现，肺脏有不同程度肝变区，切面间质增宽，有形状不一的坏死灶，呈大理石样外观。肺胸膜有浆液性纤维素性炎症，胸腔有纤维素性积液；局部淋巴结肿大、切面多汁，有出血点。该病最可能的诊断是

68. 猪屠宰检疫发现，肺的尖叶、心叶、膈叶前半部呈肉样红色，无弹性，病变与周围组织界限明显，左右肺病变对称；支气管淋巴结肿大、多汁，呈黄白色。该病最可能的诊断是

69. 猪屠宰检疫发现，肺脏肿大、间质增宽；肺叶有肉样实变，切面呈鲜红色；肾脏呈土黄色，表面有少量大小不等的出血点；淋巴结水肿；肠道有出血点和出血斑。该病最可能的诊断是

（70～72题共用下列备选答案）

A. B型诺维梭菌　B. 腐败梭菌　C. B型产气荚膜梭菌　D. C型产气荚膜梭菌　E. D型产气荚膜梭菌

70. 3～7日龄羊群，精神沉郁，腹泻，粪恶臭，稀薄如水，后期血便。多数病羊1～2天内死亡，剖检见尸体脱水严重，皱胃内存在未消化的凝乳块。小肠黏膜充血发红，可见1～2mm的溃疡。分离出革兰阳性杆菌，该病的病原最有可能是

71. 5～10月龄羊群，膘情良好，突然发病，倒地，四肢强烈划动，急性死亡，心包积液，心内膜、外膜出血，肾脏软化似脑髓样。分离出革兰阳性杆菌，该病的病原最有可能是

72. 羊群，膘情良好，有的突然发病，卧地，痉挛，数小时内死亡，剖检见体腔积液，皱胃黏膜出血，十二指肠和空肠黏膜充血，病羊肝被膜触片镜检见革兰阳性杆菌，有的呈无关节的长丝状。该病的病原最有可能是

（73～75题共用下列备选答案）

A. 天然被动免疫　B. 人工被动免疫　C. 天然主动免疫　D. 人工主动免疫　E. 先天固有免疫

73. 某羊群接种小反刍兽疫疫苗后，获得抵抗小反刍兽疫病毒感染的能力。该羊群获得免疫力的方式为

74. 某鸡群发病，紧急注射法氏囊病病毒卵黄抗体后病情得到控制。该鸡群获得免疫力的方式为

75. 某犬感染犬细小病毒后，获得抵抗该病毒再感染的能力。该犬获得免疫力的方式是

（76、77题共用下列备选答案）

A. 全群扑杀、无害化处理　B. 注射干扰素　C. 注射青霉素　D. 扑杀病鸡　E. 口服磺胺类药物

76. 肉鸡，70日龄，突然发病，排黄绿色稀粪，头部肿胀，5天内死亡率90%。脚鳞发绀，腺胃乳头、胰腺、小肠、胸肌、腿肌出血，肾脏肿大，该病的正确处理措施是

77. 冬季，某90日龄鸡群发病，传播迅速。表现浆液性鼻漏，眼睑肿胀，化脓性结膜炎，呼吸困难，剖检见鼻窦和眶下窦有黄色干酪样凝块，气管卡他性炎。该病的有效处理措施是

（78～80题共用下列备选答案）

A. 猪链球菌　B. 副猪嗜血杆菌　C. 猪丹毒杆菌　D. 葡萄球菌　E. 多杀性巴氏杆菌

78. 2月龄猪，体温41℃，颈部红肿。剖检见颈部皮下出血、水肿，肺水肿、充血。病料触片，瑞氏染色见两极着色的球杆菌。该病原最可能是

79. 2月龄猪，体温41℃，体表有菱形疹块。剖检见肠黏膜出血，肾脏肿大。病原检查为革兰阳性的细杆菌。该病原最可能是

80. 2月龄猪，体温41℃，耳尖、腹下、四肢

皮肤有出血点、剖检见心肌有出血点，心包内有大量纤维蛋白渗出，肺有纤维素性出血性炎。病原检查为革兰阳性的球状细菌，该病原最可能是

（81～83题共用下列备选答案）

A. 注射庆大霉素　　B. 免疫接种
C. 隔离淘汰发病猪　D. 注射青霉素
E. 注射干扰素

81. 某猪场，7日龄仔猪发热、呕吐、腹泻、呼吸困难，呈腹式呼吸，发抖，共济失调，倒地，四肢划动。病死率80%。剖检见脑膜充血出血。病料接种家兔出现奇痒症状，控制该病最好的方法是

82. 夏季，5周龄猪群，发热，厌食，共济失调，角弓反张，呼吸困难。剖检见脑脊膜、淋巴结及充血，组织学变化为嗜中性粒细胞浸润，从死亡猪的实质器官中分离出 β-溶血细菌。治疗该病的有效方法是

83. 部分断乳仔猪突然发病，肌肉震颤，倒地，四肢泳动。病程短促，病死率可达90%。剖检见胃壁黏膜水肿，心包和胸腔、腹腔积液。治疗该病的有效方法是

三、A2 题型

题型说明：每一道考题是以一个小案例出现的，其下面都有A、B、C、D、E五个备选答案，请从中选择一个最佳答案，并在答题卡上将相应题号的相应字母所属的方框涂黑

84. 犬，5周龄，虚弱，呻吟，黏膜发绀，呼吸困难。剖检见左侧房室松弛，心肌上有灰色条纹和出血斑。组织切片见心肌细胞内有核内包涵体。该病的病原分离常用
A. BHK细胞　　B. PK细胞　　C. Hela细胞　　D. Vero细胞　　E. MDCK细胞

85. 3人聚餐后数小时相继出现急性胃肠炎症状。病初恶心、头痛、头晕，继而出现呕吐、寒战、面色苍白、全身无力、腹痛、腹泻，体温升高（38～40℃）。腹泻以黄色或黄绿色水样便为主，恶臭，从病人腹泻物及食用过的熟肉中检出了同一血清型病原菌。该病最可能的病原是
A. 肉毒梭菌　　B. 沙门氏菌　　C. 葡萄球菌　　D. 李斯特菌　　E. 副溶血性弧菌

86. 病猪表现干咳、气喘，逐渐消瘦，被毛粗乱。病死猪剖检变化见下图，该病最可能是

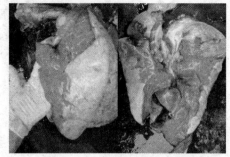

A. 猪结核病　　B. 猪支原体肺炎
C. 猪痢疾　　D. 猪肺疫　　E. 猪瘟

87. 母猪，厌食，早产，产木乃伊胎。采集病料接种 Mare-145 细胞，分离出单股RNA病毒。该病原最可能是
A. 伪狂犬病病毒　　B. 猪圆环病毒
C. 非洲猪瘟病毒　　D. 猪繁殖与呼吸综合征病毒　　E. 猪细小病毒

88. 奶牛，2岁，干咳、起卧、运动时咳嗽加剧，剖检可见肺脏和淋巴结有增生性炎症。该病最可能是
A. 牛病毒性腹泻-黏膜病　　B. 牛巴氏杆菌病　　C. 牛结核病　　D. 牛肺疫
E. 牛传染性鼻气管炎

89. 仔猪，消瘦，贫血，剖检见盲肠内有多量虫体，形似鞭子，细长的头部深埋在肠黏膜内。该病最可能的诊断是
A. 毛尾线虫病　　B. 食道口线虫病
C. 类圆线虫病　　D. 棘头虫病
E. 蛔虫病

90. 牛，消瘦，剖检见肝脏硬化，切面有大量虫卵结节，在肠系膜静脉和门静脉内可找到雌雄合抱的虫体，该病的诊断是
A. 华支睾吸虫病　　B. 前后盘吸虫病
C. 肝片吸虫病　　D. 日本分体吸虫病
E. 歧腔吸虫病

91. 犬，3月龄，体温呈双相热，咳嗽，眼睑肿胀，呈化脓性结膜炎。后期足垫表皮过度增生、角化。预防该病应接种的疫苗是
A. 犬细小病毒病疫苗　　B. 犬瘟热疫苗
C. 犬传染性肝炎疫苗　　D. 狂犬病疫苗
E. 犬副流感疫苗

92. 牛体温升高，兴奋不安，吼叫。然后变虚弱，食欲废绝，呼吸困难，先便秘后腹泻带血。取病料涂片，瑞氏染色镜检

见下图。该病是

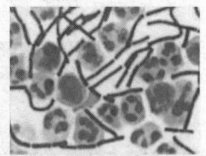

　　A. 结核病　　B. 气肿疽　　C. 牛出血性败血症　　D. 牛流行热　　E. 炭疽杆菌

93. 一蛋鸡群，13 周龄，部分鸡发病，初期精神委顿，步态不稳，随后不能行走，呈劈叉姿势，体重减少，严重者死亡。剖检见肝、脾有明显的大小不等的肿瘤。该病的最主要传播媒介是
　　A. 饮水　　B. 饲料　　C. 种蛋
　　D. 空气　　E. 用具

94. 羔羊，腹泻，粪便带血，很快死亡，剖检见回肠黏膜充血，内容物呈血色，病原检查为革兰阳性杆菌，接种牛乳培养基出现"暴烈发酵"。该病原最可能是
　　A. 布鲁氏菌　　B. 炭疽杆菌　　C. 大肠杆菌　　D. 产气荚膜梭菌　　E. 巴氏杆菌

四、A3/A4 题型

题型说明：以下提供若干个案例，每个案例下设若干道考题。请根据案例所提供的信息，在每一道考试题下面的 A、B、C、D、E 五个备选答案中选择一个最佳答案，并在答题卡上将相应题号的相应字母所属的方框涂黑。

（95～97 题共用以下题干）

妊娠 4 个月的初产羊出现流产，流产前精神、食欲下降，口渴，阴道流出黄色黏液，部分病羊出现乳腺炎和关节炎。同场种公羊出现睾丸炎和附睾炎。

95. 该病最可能是
　　A. 结核病　　B. 小反刍兽疫　　C. 布鲁菌病　　D. 破伤风　　E. 口蹄疫

96. 若该病由动物传至人，对人群致病性最强的病原来自
　　A. 鸡　　B. 羊　　C. 牛　　D. 猪
　　E. 鸭

97. 我国羊群预防该病主要使用
　　A. CE 培养物　　B. S2 菌苗　　C. C 卡介苗　　D. 羊三联四防疫苗　　E. K88、K99 基因工程疫苗

（98～100 题共用以下题干）

马，鬃部覆盖有浅黄色脂肪样的柔软痂皮，容易剥离。刮取皮屑显微镜检查，见长椭圆形微小虫体，口器圆锥形，足细长，均伸出体缘之外。

98. 该病原是
　　A. 痒螨　　B. 蜱　　C. 虱　　D. 蚤
　　E. 疥螨

99. 该病原寄生部位是
　　A. 体表　　B. 皮脂腺　　C. 皮下
　　D. 真皮层　　E. 毛囊

100. 治疗该病的药物是
　　A. 伊维菌素　　B. 吡喹酮　　C. 硝氯酚　　D. 三氮脒　　E. 氯硝柳胺

预防科目模拟试卷一参考答案

1	E	2	D	3	E	4	E	5	B	6	B	7	C	8	B	9	E	10	E
11	A	12	A	13	B	14	D	15	E	16	B	17	C	18	B	19	A	20	D
21	E	22	A	23	D	24	C	25	D	26	B	27	D	28	C	29	C	30	D
31	D	32	C	33	C	34	A	35	D	36	D	37	A	38	D	39	C	40	B
41	C	42	A	43	C	44	E	45	A	46	D	47	E	48	D	49	C	50	E
51	E	52	B	53	C	54	C	55	C	56	D	57	C	58	C	59	C	60	D
61	C	62	B	63	C	64	D	65	D	66	D	67	C	68	D	69	C	70	C
71	B	72	C	73	C	74	B	75	C	76	D	77	E	78	E	79	C	80	C
81	B	82	A	83	A	84	E	85	B	86	B	87	B	88	E	89	D	90	D
91	B	92	E	93	C	94	D	95	C	96	B	97	C	98	A	99	A	100	A

预防科目模拟试卷二

一、A1 题型

题型说明：每一道考试题下面有 A、B、C、D、E 五个备选答案，请从中选择一个最佳答案，并在答题卡上将相应题号的相应字母所属的方框涂黑。

1. 细菌染色体以外的遗传信息存在于
   A. 细胞壁　B. 细胞膜　C. 质粒
   D. 核糖体　E. 核体
2. 革兰氏阳性菌细胞壁特有的组分是
   A. 蛋白质　B. 脂质　C. 脂多糖
   D. 磷壁酸　E. 肽聚糖
3. 抗酸染色呈红色的细菌是
   A. 支气管败血波氏菌　B. 牛分支杆菌
   C. 鸭疫里氏杆菌　D. 产单核细胞李斯特菌　E. 鼻疽伯氏菌
4. 细菌生长繁殖过程中新繁殖的活菌数与死亡细菌数量大致平衡的时期是
   A. 对数期　B. 迟缓期　C. 稳定期
   D. 衰亡晚期　E. 衰亡早期
5. 大肠杆菌在麦康凯琼脂上生长可形成红色菌落，其原因是它分解
   A. 乳糖　B. 蔗糖　C. 葡萄糖
   D. 麦芽糖　E. 甘露醇
6. **不含**有内毒素的细菌是
   A. 葡萄球菌　B. 沙门氏菌　C. 巴氏杆菌　D. 变形杆菌　E. 嗜血杆菌
7. 猪肺疫的病原是
   A. 多杀性巴氏杆菌　B. 猪丹毒杆菌
   C. 副猪嗜血杆菌　D. 猪胸膜肺炎放线杆菌　E. 猪肺炎支原体
8. 乙醇消毒常用的浓度为
   A. 100%　B. 95%　C. 85%
   D. 75%　E. 65%
9. 自然条件下，只能通过皮肤创口才能感染的细菌是
   A. 大肠杆菌　B. 破伤风梭菌　C. 金黄色葡萄球菌　D. 沙门氏菌　E. 副猪嗜血杆菌
10. 检测雏鸡新城疫母源抗体效价最常用的方法是
    A. 免疫荧光技术　B. 血凝抑制试验
    C. 琼脂扩散试验　D. 中和试验
    E. 酶联免疫吸附试验
11. 朊病毒对动物的感染过程属于
    A. 急性感染　B. 潜伏感染　C. 慢性感染　D. 慢发病毒感染　E. 迟发性临诊症状的急性感染
12. 用于空斑试验进行病毒定量时应选用
    A. 鸡胚　B. 细胞　C. 实验动物
    D. 宿主动物　E. 合成培养基
13. 用鸡胚增殖禽流感病毒的最适接种部位是
    A. 胚脑　B. 羊膜腔　C. 尿囊腔
    D. 卵黄囊　E. 绒毛尿囊膜
14. 可引起禽类肿瘤性疾病的双股 DNA 病毒是
    A. 鸡痘病毒　B. 新城疫病毒　C. 禽流感病毒　D. 马立克病病毒　E. 传染性法氏囊病病毒
15. 经常发生疥螨的养殖场，控制发病的最有效措施是
    A. 加强通风　B. 药物预防　C. 通风干燥　D. 控制温度　E. 勤换垫料
16. 禽类特有的免疫器官是
    A. 骨髓　B. 法氏囊　C. 胸腺
    D. 扁桃体　E. 淋巴结
17. 与肥大细胞或嗜碱性粒细胞结合，并介导Ⅰ型变态反应的抗体类型是
    A. IgG　B. IgA　C. IgM　D. IgE
    E. IgD
18. 在抗真菌特异性免疫中发挥主要介导作用的物质是
    A. 皮肤分泌的脂肪酸　B. 致敏淋巴细胞释放的细胞因子　C. 血清中的补体
    D. 组织液中的溶菌酶　E. 组织液中的C-反应蛋白
19. 与活疫苗相比，灭活疫苗的优点是
    A. 安全性高　B. 用量少　C. 免疫期长　D. 免疫途径多样化　E. 主要产生细胞免疫
20. 抗原抗体反应的特异性主要取决于
    A. 抗原的分子量　B. 抗体所带电荷
    C. 抗体的独特型　D. 抗原的亲水性
    E. 抗原表位和抗体可变区构型
21. 诊断炭疽的 Ascoli 试验属于
    A. 直接凝集试验　B. 协同凝集试验
    C. 间接凝集试验　D. 环状沉淀试验
    E. 琼脂扩散试验
22. 属于标记抗体技术的是
    A. 琼脂扩散试验　B. 免疫电泳试验
    C. 玻片凝集试验　D. 酶联免疫吸附试

验　　E. 补体结合试验
23. 控制传染病时，对传播途径采取的措施是
　　A. 隔离　　B. 消毒　　C. 扑杀
　　D. 紧急接种　　E. 治疗
24. 针对破伤风病因的治疗措施是
　　A. 清创处　　B. 加强护理　　C. 解痉镇静　　D. 口服防风散　　E. 注射抗毒素
25. 仔猪黄痢多发于
　　A. 1～3 日龄　　B. 7～10 日龄
　　C. 11～15 日龄　　D. 16～25 日龄
　　E. 1 月龄
26. 决定漂白粉消毒效果的因素是
　　A. 剂型　　B. 有效氯含量　　C. 使用时间　　D. 储存容器　　E. 环境温度
27. 石灰乳用于地面消毒室的适宜浓度为
　　A. 1%～2%　　B. 3%～4%
　　C. 5%～6%　　D. 7%～8%
　　E. 10%～20%
28. 常用于畜舍熏蒸消毒的消毒剂是
　　A. 来苏儿　　B. 新洁尔灭　　C. 季铵盐
　　D. 福尔马林　　E. 氢氧化钠
29. 猪炭疽特征性病变**不包括**
　　A. 脾脏变性、肿大和出血　　B. 血凝不良　　C. 天然孔流出黑色血液　　D. 纤维素性胸膜炎　　E. 皮下、肌肉、浆膜下结缔组织水肿
30. 常用于诊断猪水疱病的实验动物是
　　A. 家兔　　B. 犬　　C. 大鼠　　D. 小鼠　　E. 豚鼠
31. 鸡白痢检疫最常用的方法是
　　A. ELISA　　B. 血凝抑制试验
　　C. PCR　　D. 琼脂扩散试验　　E. 全血平板凝集试验
32. 猪丹毒传播途径**不包括**
　　A. 饲料传播　　B. 饮水传播　　C. 伤口传播　　D. 土壤传播　　E. 胎盘传播
33. 牛流行热的临床症状表现类型**不包括**
　　A. 脑炎型　　B. 瘫痪型　　C. 胃肠型
　　D. 急性呼吸　　E. 最急性呼吸型
34. 小反刍兽疫是由（　　）引起的绵羊和山羊的一种急性接触性传染病
　　A. 病毒　　B. 细菌　　C. 真菌
　　D. 衣原体　　E. 支原体
35. 通过琼脂扩散试验检测羽髓中病毒抗原可作出诊断的疾病是
　　A. 禽流感　　B. 新城疫　　C. 禽白血病
　　D. 马立克氏病　　E. 传染性法氏囊病

36. 山羊关节炎-脑炎除了常见的脑脊髓炎型和关节炎型外，还有
　　A. 眼炎型　　B. 流产型　　C. 胃肠炎型
　　D. 生殖道型　　E. 间质性肺炎型
37. 牛传染性胸膜肺炎的病理变化多出现在呼吸道和
　　A. 大脑　　B. 消化道　　C. 生殖道
　　D. 关节　　E. 皮肤
38. 猪传染性萎缩性鼻炎病原分离常用的样品是
　　A. 咽拭子　　B. 血液　　C. 鼻拭子
　　D. 尿液　　E. 粪便
39. 蓝舌病具有示病意义的病理变化是
　　A. 肝脏点状坏死　　B. 肺动脉基部明显出血　　C. 脾脏边缘出血性梗死
　　D. 肾脏表面点状出血　　E. 胰腺点状坏死
40. 分离牛病毒性腹泻病毒常用的实验动物是
　　A. 幼犬　　B. 乳兔　　C. 雏鸭
　　D. 雏鸡　　E. 豚鼠
41. 螨的主要检查方法是
　　A. 粪便检查　　B. 血液检查　　C. 皮屑检查　　D. 抗原检查　　E. 抗体检查
42. 寄生虫的间接发育型是指寄生虫在发育过程中需要
　　A. 中间宿主　　B. 贮藏宿主　　C. 转运宿主　　D. 保虫宿主　　E. 带虫宿主
43. 弓形虫的终末宿主是
　　A. 犬　　B. 猫　　C. 狼
　　D. 牛和羊　　E. 鸡
44. 预防伊氏锥虫病最实用的措施为
　　A. 疫苗免疫　　B. 药物预防　　C. 淘汰病畜　　D. 搞好环境卫生　　E. 消灭媒介昆虫
45. 赖利绦虫终末宿主是
　　A. 猪、马　　B. 牛、羊　　C. 犬、猫
　　D. 兔、貂　　E. 鸡、火鸡
46. 确诊寄生虫病最可靠的方法是
　　A. 临床症状观察　　B. 流行病学调查
　　C. 病变观察　　D. 病原检查　　E. 血清学检验
47. 细粒棘球蚴寄生的主要动物是
　　A. 鸡　　B. 鸭　　C. 羊　　D. 犬
　　E. 猫
48. 治疗棘球蚴病的药物是
　　A. 硫双二氯酚　　B. 吡喹酮　　C. 阿维菌素　　D. 莫能菌素　　E. 三氮脒

49. 人畜粪便不经处理直接排入鱼塘可传播的寄生虫病是
   A. 疥螨病   B. 猪囊尾蚴病   C. 旋毛虫病   D. 巴贝斯虫病   E. 华支睾吸虫病

50. 经常发生疥螨的养殖场，控制发病的最有效措施是
   A. 加强通风   B. 药物预防   C. 通风干燥   D. 控制温度   E. 勤换垫料

51. 蚤对犬、猫的主要危害是
   A. 破坏被毛   B. 破坏红细胞   C. 破坏白细胞   D. 破坏免疫功能   E. 吸血和传播疾病

52. 犬猫钩虫病的病原**不包括**
   A. 犬钩口线虫   B. 巴西钩口线虫   C. 狭首弯口线虫   D. 美洲板口线虫   E. 长尖球首线虫

53. 牛羊的网尾线虫主要寄生于
   A. 肾   B. 气管   C. 小肠   D. 大肠   E. 肝

54. 鸡体内最大的绦虫是
   A. 棘沟赖利绦虫   B. 四角赖利绦虫   C. 有轮赖利绦虫   D. 节片赖利绦虫   E. 鸡膜壳绦虫

55. 鸡住白细胞虫病的特征性症状是
   A. 鸡冠与肉髯发绀，排大量血便
   B. 发生痉挛与昏迷，排大量血便
   C. 死前口流鲜血，鸡冠与肉垂苍白
   D. 有黏液性鼻液，发出"咯咯"的喘鸣声
   E. 口与鼻中流出混有泡沫的黏液，冠、髯发绀

56. 防控犬复孔绦虫病必须注意杀灭
   A. 蚤和虱   B. 疥螨   C. 伤口蛆   D. 蚊和蝇   E. 硬蜱

57. 马绦虫虫卵内含有
   A. 梨形器和六钩蚴   B. 多个卵细胞   C. 毛蚴   D. 棘头蚴   E. 孢子囊

二、B1 题型

题型说明：以下提供若干组考题，每组考题共用在考题前列出的 A、B、C、D、E 五个备选答案，请从中选择一个与问题最密切的答案，并在答题卡上将相应题号的相应字母所属的方框涂黑。某个备选答案可能被选择一次、多次或不被选择。

（58～60 题共用下列备选答案）
   A. 猪链球菌   B. 大肠杆菌   C. 沙门氏菌   D. 产气荚膜梭菌   E. 猪痢疾短螺旋体

58. 某猪场 3 日龄仔猪排红褐色稀粪。取病死猪肠黏膜接种血琼脂，厌氧培养后，生长出的菌落周围形成双层溶血环。该病例最可能的致病病原是

59. 某猪场 8 周龄猪排恶臭带有血液的粪便。取病死猪肠黏膜涂片，经姬姆萨染色可见两端尖锐，有 2～4 个弯曲的微生物。该病例最可能的致病病原是

60. 某猪场新生仔猪排黄色浆状稀粪，内含凝乳小片。取病死猪场黏膜接种麦康凯琼脂，可长出红色菌落，该病例最可能的致病病原是

（61～63 题共用下列备选答案）
   A. 禽流感病毒   B. 产蛋下降综合征病毒   C. 传染性支气管炎病毒   D. 新城疫病毒   E. 传染性喉气管炎病毒

61. 某 30 周龄蛋鸡群突发群体性产蛋量下降，产软壳蛋或无壳蛋，蛋壳颜色变淡。精神食欲正常，剖检未见明显病变。采集病鸡输卵管接种鸭胚可分离到病毒，该病毒对雏鸡无致病性。该病例最可能的致病病原是

62. 产蛋鸡轻微咳嗽，产蛋量下降，产软壳蛋、畸形蛋；剖检见卵泡充血、出血，输卵管发育不良。取病鸡输卵管接种鸡胚，导致胚体矮小。该病例最可能的致病病原是

63. 产蛋鸡张口呼吸，咳出带血黏液，眶下窦肿胀，产蛋量下降。剖检见气管黏膜出血、坏死，取分泌物接种鸡胚绒毛尿囊膜，4 天后膜上可见痘疱。该病例最可能的致病病原是

（64～66 题共用下列备选答案）
   A. 猪繁殖与呼吸综合征病毒   B. 猪瘟病毒   C. 日本脑炎病毒   D. 猪水疱病病毒   E. 猪圆环病毒 2 型

64. 怀孕母猪流产，体温 41℃，耳部发绀，产房仔猪呼吸困难，剖检见间质性肺炎，肺门淋巴结肿大、出血，未见其他病变，该病最可能的病原是

65. 某保育猪群，生长整齐度差，少数仔猪消瘦，皮肤苍白，眼睑水肿，腹泻，黄疸。剖检见间质性肺炎，淋巴结肿大，肾脏表面有白斑。该病最可能的病原是

66. 3 月龄猪，体温 41℃，全身皮肤有出血点，

死亡迅速。剖检见喉头有出血点，扁桃体有坏死灶，脾脏边缘有出血性梗死灶，肾脏见大小不一的出血点。该病最可能的病原是

(67～70题共用下列备选答案)
A. 犬细小病毒　　B. 犬瘟热病毒
C. 狂犬病病毒　　D. 伪狂犬病毒
E. 犬传染性肝炎病毒

67. 能致犬肠炎，属腺病毒科的病毒是
68. 能致犬肠炎，属副黏病毒科的病毒是
69. 能致犬肠炎，可引起双相热病征的病毒是
70. 能致犬肠炎，具血凝性的单股DNA病毒是

(71～74题共用下列备选答案)
A. 抗体　　B. 补体　　C. 抗菌肽
D. 穿孔素　　E. 干扰素

71. 介导体液免疫应答的免疫分子是
72. 能够作用于正常细胞使之产生抗病毒蛋白的免疫分子是
73. 由细胞毒性T细胞释放，能够溶解靶细胞的免疫分子是
74. 具有酶原活性，活化后可清除免疫复合物的免疫分子是

三、A2题型
题型说明：每一道考题是以一个小案例出现的，其下面都有A、B、C、D、E五个备选答案，请从中选择一个最佳答案，并在答题卡上将相应题号的相应字母所属的方框涂黑。

75. 奶牛发热、干咳、腹式呼吸、眼睑及鼻腔流出脓性分泌物。分泌物接种含10%马血清的马丁琼脂，7天长出"煎荷包蛋状"菌落。该牛感染的病原可能是
A. 产气荚膜梭菌　　B. 多杀性巴氏杆菌
C. 牛分支杆菌　　D. 牛支原体　　E. 产单核细胞李氏杆菌

76. 犬眼鼻流出脓性分泌物，体温升至41℃，持续2天恢复正常，之后体温再次升高并持续2周左右，3周后病犬出现抽搐症状。分泌物接种MDCK细胞可见合胞体病变。该犬感染的病原可能是
A. 狂犬病病毒　　B. 犬瘟热病毒
C. 犬副流感病毒　　D. 犬细小病毒
E. 犬传染性肝炎病毒

77. 某鸡群部分雏鸡拉灰白色稀粪。取病鸡肝、脾接种麦康凯培养基，长出无色透明小菌落，革兰氏染色见红色杆菌，穿刺培养只沿穿刺线生长。该鸡群最可能感染的病原菌是
A. 里氏杆菌　　B. 嗜血杆菌　　C. 巴氏杆菌　　D. 沙门氏菌　　E. 大肠杆菌

78. 9周龄鸡呈"劈叉"姿势，剖检见一侧坐骨神经肿大，羽毛囊上皮超薄切片，电镜观察可见有囊膜的病毒粒子。引起该病的病原可能是
A. 禽传染性支气管炎病毒　　B. 传染性法氏囊病毒　　C. 禽传染性喉气管炎病毒　　D. 马立克氏病病毒　　E. 产蛋下降综合征病毒

79. 病马一侧后肢发生浮肿，沿淋巴管出现念珠状结节，随后结节破溃，排出脓汁，长期不愈。该病可能是
A. 炭疽　　B. 结核病　　C. 马痘
D. 马鼻疽　　E. 马腺疫

80. 8日龄雏鸡，排稀薄、糊状粪便。病料接种麦康凯琼脂，长出无色透明的小菌落，菌落涂片革兰氏染色镜检见红色杆菌。该病最可能的病原是
A. 大肠杆菌　　B. 沙门氏菌　　C. 巴氏杆菌　　D. 李氏杆菌　　E. 布鲁氏菌

81. 2月龄兔，流黏脓性鼻液。鼻液接种麦康凯琼脂，长出蓝灰色菌落，周围有狭窄的红色环，培养基呈琥珀色，菌落涂片革兰氏染色镜检见红色杆菌。该病最可能的病原是
A. 支气管败血波氏菌　　B. 多杀性巴氏杆菌　　C. 产单核细胞李氏杆菌
D. 大肠杆菌　　E. 沙门氏菌

82. 3月龄鸡，呼吸困难，鸡冠、脚鳞出血，肛门拭子经抗生素处理后接种鸡胚，尿囊液有血凝性。为确定该病原是否为高致病力毒株，OIE规定的试验是
A. 雏鸡致病力试验　　B. 鸡胚致病力试验　　C. 细胞感染试验　　D. 空斑试验
E. 唾液酶水解试验

83. 1周龄鸭，全身抽搐、角弓反张、死亡。剖检见肝脏肿大、出血，病料接种9日龄鸡胚，3天后鸡胚死亡、胚液发绿。该病最可能的病原是
A. 禽流感病毒　　B. 鸭瘟病毒
C. 番鸭细小病毒　　D. 新城疫病毒
E. 鸭肝炎病毒

84. 某1000只肉鸡群，4周内发病500只，死亡300只。该病的病死率是
A. 20%　　B. 30%　　C. 40%

D. 50%　　E. 60%

85. 犬，3岁，精神沉郁，1周后逐渐对声音和光线刺激敏感，狂躁不安，攻击主人。病理组织学检查，见大脑海马角神经细胞浆内出现内基小体。该病最可能的诊断是
　　A. 伪狂犬病　　B. 狂犬病　　C. 犬瘟热
　　D. 犬细小病毒病　　E. 犬传染性肝炎

86. 某鸡场产蛋鸡突然发病，闭目昏睡，头面部水肿，脚部鳞片出血。剖检见皮下、黏膜及内脏广泛出血。病料悬经0.2μm滤膜过滤后，滤液接种鸡胚可致鸡胚死亡。鉴定该病原的方法是
　　A. 生化试验　　B. 细菌分离培养
　　C. 光学显微镜观察　　D. 脂溶剂敏感试验　　E. 血凝和血凝抑制试验

87. 一德国牧羊犬精神沉郁，食欲差，尿液发黄。病犬腹水在暗视野显微镜下可见蛇样运动的菌体；镀银染色镜检见S形着色菌体。该犬最可能感染的病原是
　　A. 大肠杆菌　　B. 布鲁菌　　C. 钩端螺旋体　　D. 空肠弯曲菌　　E. 多杀性巴氏杆菌

88. 某猪场30~40日龄保育猪发生以咳嗽和呼吸困难为主要症状的传染病，伴有关节肿大。剖检见心包炎，肺脏与胸壁粘连，腹腔组织器官表面覆盖纤维素性渗出物。此病可能是
　　A. 猪丹毒　　B. 猪支原体肺炎　　C. 副猪嗜血杆菌病　　D. 猪传染性萎缩性鼻炎　　E. 猪繁殖与呼吸综合征

89. 某猪场3日龄仔猪发病，表现精神沉郁，食欲废绝，排黄色水样稀粪，内含凝乳块，随后仔猪脱水昏迷死亡。剖检可见小肠黏膜充血、出血，胃内有凝乳块，肠系膜淋巴结充血、水肿。可能的疾病是
　　A. 猪痢疾　　B. 仔猪白痢　　C. 仔猪红痢　　D. 仔猪黄痢　　E. 仔猪副伤寒

90. 某放牧羊群发生以渐进性消瘦、贫血、回旋运动等神经症状为主的疾病。粪便检查发现有白色节片。该病可能是
　　A. 球虫病　　B. 片形吸虫病　　C. 莫尼茨绦虫病　　D. 捻转血矛线虫病
　　E. 日本分体吸虫病

四、A3/A4题型
题型说明：以下提供若干个案例，每个案例下设若干道考题。请根据案例所提供信息，在每一道考试题下面的A、B、C、D、E五个备选答案中选择一个最佳答案，并在答题卡上将相应题号的相应字母所属的方框涂黑。

（91~93题共用以下题干）
某15日龄鸡群发病，呼吸困难，下痢，粪便呈黄绿色，提起时流出腥臭的液体，部分病鸡出现神经症状，剖检见腺胃乳头出血，腺胃与食道交汇处呈带状出血。

91. 该病最可能是
　　A. 禽霍乱　　B. 新城疫　　C. 传染性支气管炎　　D. 传染性喉气管炎　　E. 大肠杆菌病

92. 确诊该病最可靠的方法是
　　A. 细菌分离鉴定　　B. 病毒分离鉴定　　C. ELISA抗体检测　　D. 病理组织学检查　　E. 血凝实验

93. 对受威胁鸡群应采取的最有效的措施是
　　A. 加强饲养管理　　B. 鸡舍消毒　　C. 抗病毒药物预防　　D. 疫苗紧急接种　　E. 注射卵黄抗体

（94、95题共用以下题干）
某群羊发病，口鼻有脓性分泌物，呼吸急促，剖检检查见胃黏膜糜烂，结肠和直肠结合处有条纹状出血，死亡率50%。

94. 该羊群发生什么病
　　A. 蓝舌病　　B. 小反刍兽疫　　C. 羊痘　　D. 羊快疫　　E. 口蹄疫

95. 该病由什么引起
　　A. 细菌　　B. 病毒　　C. 衣原体　　D. 朊病毒　　E. 立克次体

（96、97题共用以下题干）
早秋季节，6周龄地面平养鸡群表现精神委顿，食欲减少，消瘦，拉稀。病死鸡极度消瘦。小肠黏膜增厚，出血，肠腔内有大量黏液及多条长10cm左右、呈带状的虫体。

96. 治疗该病的药物是
　　A. 氨丙啉　　B. 吡喹酮　　C. 伊维菌素　　D. 相思豆　　E. 左旋咪唑

97. 该病原的中间宿主是
　　A. 地螨　　B. 蚯蚓　　C. 蚊虫　　D. 蚂蚁　　E. 蚤

（98~100题共用以下题干）
某个体养殖户饲养的成年猪表现营养不良、贫血、生长迟缓、逐渐消瘦等症状。剖检心肌、咬肌、四肢肌肉等部位有黄豆大小半透明的囊泡状虫体。

98. 该病可能是
　　A. 弓形虫病　　B. 猪球虫病　　C. 猪囊

尾蚴病　　D. 姜片吸虫病　　E. 细颈囊尾蚴病

99. 该病的感染来源是
   A. 犬　　B. 猫　　C. 昆虫　　D. 牛羊　　E. 猪带绦虫病人

100. 对该病有一定效果的药物是
   A. 青霉素　　B. 盐霉素　　C. 吡喹酮
   D. 左旋咪唑　　E. 磺胺嘧啶

预防科目模拟题二参考答案

1	C	2	D	3	B	4	C	5	A	6	A	7	A	8	D	9	B	10	B
11	D	12	B	13	C	14	D	15	B	16	B	17	D	18	B	19	A	20	E
21	D	22	D	23	B	24	E	25	A	26	B	27	E	28	D	29	D	30	D
31	E	32	E	33	E	34	B	35	D	36	D	37	D	38	D	39	D	40	B
41	C	42	A	43	D	44	B	45	E	46	D	47	D	48	B	49	E	50	D
51	E	52	E	53	E	54	B	55	C	56	D	57	A	58	D	59	D	60	B
61	B	62	C	63	E	64	B	65	D	66	D	67	B	68	B	69	B	70	A
71	A	72	E	73	E	74	B	75	D	76	D	77	B	78	D	79	B	80	D
81	B	82	A	83	E	84	B	85	B	86	D	87	B	88	E	89	D	90	D
91	B	92	B	93	D	94	B	95	B	96	D	97	D	98	E	99	E	100	C

预防科目模拟试卷三

一、A1 题型

题型说明：每一道考试题下面有 A、B、C、D、E 五个备选答案，请从中选择一个最佳答案，并在答题卡上将相应题号的相应字母所属的方框涂黑。

1. 属于真核细胞型的微生物是
   A. 螺旋体　　B. 放线菌　　C. 真菌
   D. 细菌　　E. 立克次体

2. G⁻菌细胞壁的主要成分是
   A. 肽聚糖　　B. 磷壁酸　　C. 蛋白质
   D. 脂多糖　　E. 磷脂

3. 芽孢与细菌生存有关的特性是
   A. 抗吞噬作用　　B. 产生毒素　　C. 耐热性　　D. 黏附于感染部位　　E. 侵袭力

4. 下列关于抗毒素的说法正确的是
   A. 为外毒素经甲醛处理后获得　　B. 可中和游离外毒素的毒性作用　　C. 其主要活性成分是一种抗体　　D. 可中和细菌内毒素的毒性作用　　E. 是一种抗生素

5. 关于高压蒸汽灭菌法不正确的是
   A. 灭菌效果最可靠，应用最广　　B. 适用于耐高温和潮湿的物品　　C. 可杀灭包括细菌芽孢在内的所有微生物
   D. 通常压力为 2.05kg/cm²　　E. 通常温度为 121.3℃

6. 关于乙醇的叙述，不正确的是
   A. 浓度在 70%～75% 时消毒效果好
   B. 易挥发，需加盖保存，定期调整浓度
   C. 经常用于皮肤消毒　　D. 用于体温计浸泡消毒　　E. 用于黏膜及创伤的消毒

7. 布氏杆菌中，对豚鼠致病力最强的是
   A. 马耳他布氏杆菌　　B. 猪布氏杆菌
   C. 沙林鼠布氏杆菌　　D. 流产布氏杆菌
   E. 绵羊布氏杆菌

8. 有关结核菌素试验，下述错误的是
   A. 属于皮肤迟发型超敏反应　　B. 可检测机体对结核杆菌的免疫状况　　C. 皮肤反应程度以局部红肿、硬结的直径为标准
   D. 可检测机体细胞免疫功能　　E. 12～18 小时观察结果

9. 与衣壳生物学意义无关的是
   A. 保护病毒核酸　　B. 介导病毒体吸附易感细胞受体　　C. 构成病毒特异性抗原
   D. 本身具有传染性　　E. 病毒分类、鉴定的依据

10. 控制病毒遗传变异的病毒成分是
    A. 染色体　　B. 衣壳　　C. 壳粒
    D. 核酸　　E. 包膜

11. 感染病毒的细胞在胞核或胞浆内存在可着色的斑块状结构称
    A. 包涵体　　B. 蚀斑　　C. 空斑
    D. 极体　　E. 异染颗粒

12. 有关病毒标本的采集和运送，不正确的方法是
    A. 发病早期或急性期采集标本　　B. 发病晚期采集标本　　C. 标本运送应放在带有冰块的保温箱中　　D. 标本采集后应立即送实验室检查　　E. 运输培养基中应含

有抗生素
13. 以下病毒病原为 DNA 虫媒病毒的是
    A. 非洲猪瘟病毒　B. 猪瘟病毒
    C. 乙型脑炎病毒　D. 口蹄疫病毒
    E. 蓝舌病病毒
14. 下列病毒**不属于**副黏病毒科的是
    A. 新城疫病毒　B. 小反刍兽疫病毒
    C. 禽流感病毒　D. 牛瘟病毒　E. 犬瘟热病毒
15. 免疫球蛋白的基本结构是
    A. 由两条相同多肽链组成　B. 由两对多肽链通过二硫键相连组成　C. 由四条相同多肽链组成　D. 由四条各不相同的多肽链组成　E. 由一对相同多肽链组成
16. T 细胞分化成熟的场所是
    A. 骨髓　B. 胸腺　C. 腔上囊
    D. 淋巴结　E. 脾
17. 半抗原的基本特点是
    A. 分子量小　B. 无免疫原性，无抗原性　C. 有免疫原性，无免疫反应性
    D. 无免疫原性，有抗原性　E. 以上都不是
18. 可形成多聚体的免疫球蛋白是
    A. IgM 和 IgG　B. IgA 和 IgD
    C. IgD 和 IgE　D. IgM 和 IgA　E. IgG 和 IgE
19. 动物来源的破伤风抗毒素对人而言是
    A. 半抗原　B. 抗体　C. 抗原
    D. 既是抗原又是抗体　E. 超抗原
20. B 细胞对 TD-Ag 应答的特点是
    A. 只产生 IgM　B. 不产生回忆反应
    C. 不依赖 Th 细胞　D. 必须依赖 Th 细胞辅助　E. 以上都不是
21. 关于 B 细胞，正确的说法是
    A. 可直接分泌产生免疫球蛋白　B. 参与细胞免疫应答　C. 在胸腺内发育、分化、成熟　D. 在体液免疫应答中，既是抗原呈递细胞，也是免疫应答细胞
    E. 不具有免疫记忆
22. 参与 I 型变态反应的细胞主要是嗜碱性粒细胞和（　）
    A. T 细胞　B. B 细胞　C. 单核细胞
    D. 肥大细胞　E. 嗜中性粒细胞
23. 寄生虫感染时明显水平升高的 Ig 是
    A. IgG　B. IgA　C. IgM
    D. IgD　E. IgE
24. 抗原的特异性取决于
    A. 抗原分子量的大小　B. 抗原表面的特殊化学基团　C. 抗原的种类
    D. 抗原进入机体的途径　E. 抗原的物理性状
25. 弱毒冻干苗保存条件是
    A. 4～8℃　B. −20℃以下　C. 0℃
    D. 室温　E. 井水
26. 反向间接血凝试验，如出现凝集，则反应
    A. 标本中不含待测抗原　B. 标本中含待测抗原　C. 标本中含待测抗体
    D. 标本中不含待测抗体　E. 标本中既含待测抗原又含待测抗体
27. **不属于**抗原—抗体反应的是
    A. 酶联免疫吸附试验（ELISA）　B. 中和试验　C. 血凝抑制试验　D. 放射免疫分析法（RIA）　E. E 花环试验
28. 传染源是指
    A. 被病原体污染的物体　B. 排出病原体的感染动物　C. 病原体的传播媒介　D. 病畜的分泌物与排泄物　E. 带毒的蚊蝇
29. 因某病死亡动物头数占同期患该病动物总头数的频率指标称为
    A. 患病率　B. 死亡率　C. 发病率
    D. 病死率　E. 罹患率
30. 对细菌、芽孢和病毒均有杀灭作用的化学消毒剂是
    A. 氢氧化钠　B. 漂白粉　C. 新洁尔灭　D. 酒精　E. 双链季铵盐
31. 引起高致病性禽流感的 A 型流感病毒属于以下哪个亚型
    A. H1 和 H3　B. H1 和 H5　C. H5 和 H7　D. H5 和 H9　E. H7 和 H9
32. 在细菌性食物中毒的病原中，沙门氏菌所占的比例为
    A. 10%～20%　B. 20%～30%
    C. 30%～40%　D. 40%～50%
    E. 50%～60%
33. 鸭瘟的防控措施之一是不从疫区引进种鸭、鸭苗或种蛋，购进的鸭隔离饲养
    A. 1 周　B. 2 周　C. 3 周　D. 4 周
    E. 5 周
34. 引起猪肺疫的病原是
    A. 大肠杆菌　B. 沙门氏菌　C. 巴氏杆菌　D. 肺炎支原体　E. 副猪嗜血杆菌
35. 我国分离的猪繁殖与呼吸综合征病毒株均

属于（　　）毒株
A. 泛亚洲型　　B. 欧洲型　　C. 亚洲型
D. 非洲型　　E. 美洲型

36. 猪传染性胸膜肺炎的病原是
A. 钩端螺旋体　B. 放线杆菌　C. 肺炎支原体　D. 魏氏梭菌C型　E. 胞内劳森氏菌

37. 奶牛结核病的主要检疫方法是
A. 琼脂扩散试验　　B. 结核菌素试验
C. 补体结合试验　　D. 平板凝集试验
E. 免疫荧光试验

38. 当前我国马鼻疽的防治措施是
A. 易感马接种疫苗　B. 发病马对症治疗　C. 敏感抗生素治疗　D. 抗病毒药物治疗　E. 消灭马鼻疽感染动物

39. 羊猝疽的病原是
A. 腐败梭菌　　B. B型魏氏梭菌
C. 诺维氏梭菌　D. C型魏氏梭菌
E. 布氏杆菌

40. 鸡慢性呼吸道病的病原是
A. 大肠杆菌　B. 鸡毒支原体　C. 副鸡嗜血杆菌　D. 巴氏杆菌　E. 布氏杆菌

41. 青年犬患犬细小病毒病的常见临床特征为
A. 出血性肠炎　B. 心肌炎　C. 鼻炎
D. 呼吸困难　　E. 便秘

42. 对阿留申病最易感水貂的毛色遗传类型是
A. 白色貂　B. 黑色貂　C. 蓝宝石貂
D. 黄色貂　E. 灰色貂

43. 日本分体吸虫可寄生于人和耕牛，从人类分体吸虫病流行病学的角度看，耕牛是日本分体吸虫的
A. 传播媒介　B. 带虫宿主　C. 保虫宿主　D. 中间宿主　E. 贮藏宿主

44. 莫尼次绦虫的中间宿主是
A. 蚂蚁　B. 蜗牛　C. 地螨
D. 蚯蚓　E. 田螺

45. 血液涂片与染色是寄生虫病诊断中常用的方法，对下列虫体的检测不可以用血液涂片染色检查的虫体是
A. 巴贝斯虫　B. 伊氏锥虫　C. 泰勒虫　D. 住白细胞原虫　E. 捻转血矛线虫

46. 宿主与侵入的寄生虫相互斗争，二者处于平衡状态时，宿主呈
A. 患寄生虫病　B. 进入的寄生虫全部被杀死　C. 大量虫体存活，但不造成明显危害　D. 少量虫体存活，不造成明显危害，不传播病原　E. 少量虫体存活，不造成明显危害，但可传播病原

47. 猪囊尾蚴病是一种重要的人畜共患病，其病原体猪囊尾蚴不寄生于人的
A. 脑部　B. 心脏　C. 小肠
D. 骨骼肌　E. 咀嚼肌

48. 下列症状中，不可能是硬蜱引起的是
A. 贫血，消瘦，发育不良，皮毛质量下降　B. 皮肤水肿、出血、胶原纤维溶解和中性粒细胞浸润的急性炎性反应　C. 轻度厌食、体重减轻和代谢障碍，急性上行性的肌萎缩　D. 巴贝斯虫病和泰勒虫病的传播媒介　E. 体温升高，呼吸急促、眼内出现浆性分泌物

49. 对于硬蜱和软蜱通过下列部位或方法不能区分的是
A. 盾板有无　B. 假头位置　C. 气门孔位置　D. 足的多少和节数　E. 须肢形态和运动性

50. 宿主与侵入的寄生虫相互斗争，二者处于平衡状态时，宿主呈
A. 患寄生虫病　B. 进入的寄生虫全部被杀死　C. 大量虫体存活，但不造成明显危害　D. 少量虫体存活，不造成明显危害，不传播病原　E. 少量虫体存活，不造成明显危害，但可传播病原

51. 黄曲霉毒素污染牛乳的途径主要是
A. 通过饲料污染　B. 牛乳放置过程中产生　C. 通过水体污染　D. 通过盛装容器污染　E. 人为添加

52. 生物富集作用指的是
A. 水中有机物分解的过程中溶解氧被消耗的同时，空气中的氧通过水面不断溶解于水中而补充水体的氧　B. 水中化学污染物经水中微生物作用成为毒性更大的新的化合物　C. 水中有机物过多水体变黑发臭　D. 中污染物吸收光能发生分解　E. 经食物链途径最终使生物体内污染物浓度大大超过环境中的浓度

53. 环境污染的特征是
A. 影响范围大，作用时间长　B. 环境污染一旦形成，消除很困难　C. 多为低剂量、高浓度、多种物质联合作用　D. 影响人群面广　E. 以上都是

54. 沙门氏菌食物中毒属于
   A. 细菌性食物中毒   B. 化学性食物中毒   C. 植物性食物中毒   D. 动物性食物中毒   E. 真菌性食物中毒
55. 水俣病是由于长期摄入被（　　）污染的食物引起的中毒
   A. 金属汞   B. 甲基汞   C. 铅   D. 砷   E. 镉

二、B1 型题

题型说明：以下提供若干组考题，每组考题共用在考题前列出的 A、B、C、D、E 五个备选答案，请从中选择一个与问题最密切的答案，并在答题卡上将相应题号的相应字母所属的方框涂黑。某个备选答案可能被选择 1 次、多次或不被选择。

（56～58 题共用下列备选答案）
   A. 有荚膜   B. 螺旋状菌   C. 葡萄球菌   D. 球杆菌   E. 链杆菌
56. 多杀性巴氏杆菌是
57. 肺炎链球菌是
58. 炭疽杆菌是

（59、60 题共用下列备选答案）
   A. 鸡痘病毒   B. 猪圆环病毒   C. 马传染性贫血病毒   D. 草鱼出血热病病毒   E. 口蹄疫病毒
59. 属于双股 DNA 病毒的是
60. 属于单股 DNA 病毒的是

（61～65 题共用下列备选答案）
   A. Ⅰ型变态反应   B. Ⅱ型变态反应   C. Ⅲ型变态反应   D. Ⅳ型变态反应   E. Ⅴ型变态反应
61. Arthus 反应
62. 荨麻疹
63. 类风湿性关节炎
64. 结核菌素反应
65. 支气管痉挛

（66～69 题共用下列备选答案）
   A. 仔猪黄痢   B. 仔猪白痢   C. 猪痢疾   D. 猪传染性胃肠炎   E. 仔猪红痢
66. 临床上主要发生于 10～30 日龄仔猪，临床上下白色糨糊样稀粪，死亡率低的病可能是
67. 临床上主要发生于断奶后的猪，拉黑色或红色稀粪，粪便恶臭呈胶冻样，剖解大肠有纤维素性坏死性肠炎的病可能是
68. 主要发生于 1 周龄以内的初生仔猪，拉黄色水样稀粪，死亡率高的病可能是
69. 主要发生于冬季，大小猪都可发生，呕吐，拉水样稀粪，粪便中含有未消化的饲料颗粒，肠内充满水样粪便，肠壁变薄呈半透明状，肠系膜淋巴结肿胀。该病可能是

（70～72 题共用下列备选答案）
   A. 尾蚴   B. 胞蚴   C. 囊蚴   D. 包囊   E. 卵囊
70. 日本分体吸虫的感染阶段是
71. 矛形歧腔吸虫的感染阶段是
72. 猪小袋纤毛虫的感染阶段是

（73、74 题共用下列备选答案）
   A. 注射高免血清   B. 注射敏感抗生素   C. 注射弱毒疫苗   D. 注射灭活疫苗   E. 补充葡萄糖生理盐水
73. 貂群发生貂病毒性肠炎时，正确的处理方式除了隔离患病貂、严格消毒环境、对病貂注射貂病毒性肠炎高免血清、配合对症和防止继发感染等综合性措施外，对受威胁的易感貂立即采取的措施是
74. 兔群发生兔病毒性出血症时，正确的处理方式除了隔离淘汰患病和死亡兔、严格消毒环境等措施外，对受威胁的临床健康易感兔立即采取的措施是

（75～77 题共用下列备选答案）
   A. 动物性食品、凉拌菜、水产品
   B. 淀粉类食品、剩米饭、奶制品
   C. 海产品、受海产品污染的咸菜
   D. 自制发酵食品、臭豆腐、面酱
   E. 动物性食品、病死畜肉、蛋类
75. 沙门氏菌食物中毒常见中毒食品为
76. 葡萄球菌食物中毒常见中毒食品为
77. 肉毒梭菌食物中毒常见中毒食品为

（78～80 题共用下列备选答案）
   A. 粪便学检查   B. 血液涂片检查   C. 肌肉压片检查   D. 生殖道黏膜涂片检查   E. 淋巴结穿刺检查
78. 双芽巴贝斯虫病可采取的检查方法是
79. 猪旋毛虫病可采取的检查方法是
80. 马媾疫病可采取的检查方法是

三、A2 题型

题型说明：每一道考题是以一个小案例出现的，其下面都有 A、B、C、D、E 五个备选答案，请从中选择一个最佳答案，并在答题卡上将相应题号的相应字母所属的方框

涂黑。
81. 如果某鸡场发生过新城疫，在以后的饲养过程中，应特别注意
   A. 选择优质消毒剂　B. 提高饲料质量
   C. 添加适量抗病毒药物　D. 监测新城疫抗体水平，制定合理免疫程序
   E. 制备适量高免新城疫抗体，防患于未然
82. 某猪场 38 日龄小猪，突然发生精神沉郁，食欲减少，但体温正常。眼睑、颈、胸、腹部皮下水肿，触之有波动感，四肢麻痹，继而卧地不起，四肢划动如游泳状。有的小猪反应过敏，共济失调，口吐白沫，叫声嘶哑，最后全身抽搐而死，病程 1～2 天。剖检可见胃壁及肠系膜水肿最为明显。该病最可能是
   A. 猪链球菌病　B. 猪脑心肌炎
   C. 仔猪伤寒　D. 狂犬病　E. 仔猪水肿病
83. 某农夫饲养的 20 头牛中突然有 2 头水牛病初发热 41～42℃，液状腹泻恶臭、混有黏液和血液，尿液红色；其一头牛 2 天后病死，剖检可见黏膜出血、淋巴结水肿、胸腹腔有大量渗出液。该牛病最可能是
   A. 牛流行热　B. 牛瘟　C. 牛出血性败血症　D. 牛肺疫　E. 牛结核病
84. 初春某牧场的绵羊发生一种疫病，表现为发热、结膜潮红，眼周围、唇、鼻和尾内侧等部位出现红斑，随后发展为水疱，有的为脓性，几天后结痂。部分妊娠母羊发生流产。该疫病应该是
   A. 蓝舌病　B. 口蹄疫　C. 羊口疮
   D. 绵羊痘　E. 水泡性口炎
85. 某兔场饲养兔 700 余只，2009 年 2 月 1 日出现疫情，患兔体温41℃以上，食欲不振，饮欲增加，精神委顿，死前出现挣扎、咬笼架等兴奋症状，随着病程发展，出现全身颤抖，身体侧卧，四肢乱蹬，惨叫而死。病兔死前肛门常松弛，流出附有淡黄色黏液的粪球，肛门周围的兔毛也被这种淡黄色黏液污染。部分病死兔鼻孔中流出泡沫状血液。对这起疫情的诊断，第一步需要进行的检查是
   A. 病毒分离鉴定　B. 细菌分离鉴定
   C. 采血进行血液学检查　D. 临床剖检
   E. 血清学方法检测抗原

86. 某患者生吃猪肉后，出现带血性腹泻，半月以后，出现发热和肌肉疼痛症状；同时出现吞咽、咀嚼、行走和呼吸困难；脸，特别是眼睑水肿，食欲不振，显著消瘦，该患者最可能感染了
   A. 肝片吸虫　B. 弓形虫　C. 旋毛虫
   D. 日本分体吸虫　E. 棘球蚴
87. 有牧羊犬看护的某羊场，部分绵羊出现消化障碍，营养失调，消瘦，被毛逆立、脱毛、咳嗽，倒地不起。死亡剖检，在病羊的肝脏和肺脏上见有囊状物，呈球形，直径 5～10cm。该病最可能的诊断是
   A. 多头蚴病　B. 细颈囊尾蚴病
   C. 羊囊尾蚴病　D. 棘球蚴病　E. 羊肺线虫病
88. 梅雨季节，断奶后幼兔发生一种腹围增大、贫血、黄疸、腹泻为主要特征的疾病，病兔肝区有痛感，后期有神经症状，如头后仰，四肢痉挛，做游泳状划动。死亡兔肝表面或肝实质有白色或淡黄色粟状大或豌豆大白色结节，沿小胆管分布。该病最可能的诊断是
   A. 豆状囊尾蚴病　B. 弓形虫病
   C. 兔球虫病　D. 兔脑原虫病　E. 卡氏肺孢子虫病

四、A3/A4 题型
   题型说明：以下提供若干个案例，每个案例下设若干道考题。请根据案例所提供信息，在每一道考试题下面的 A、B、C、D、E 五个备选答案中选择一个最佳答案，并在答题卡上将相应题号的相应字母所属的方框涂黑。

   (89～92 题共用以下题干)
   某鸡场突然发生疫情，主要表现为精神沉郁、羽毛松乱，腹泻、颤抖、极度虚弱并死亡，5 天内发病率80%，死亡率达40%。
89. 对该病进行诊断的第一步是
   A. 血清抗体检测　B. 细菌分离
   C. 病理剖检　D. 免疫组织化学检测
   E. PCR 检测
90. 【假定信息】病死鸡法氏囊肿大出血，肾脏尿酸盐沉积、腿肌和胸肌出血，肠道鼓气。最有可能的疫病是
   A. 禽流感　B. 新城疫　C. 传染性法氏囊病　D. 马立克氏病　E. 禽白血病

91. 如果进一步确诊，可以采取实验室诊断方法是
    A. 取发病鸡血清，进行 HA 和 HI 试验
    B. 取发病鸡血清，进行 RT-PCR
    C. 取法氏囊组织，进行电镜检查
    D. 取法氏囊组织，进行琼脂扩散试验
    E. 取肠道黏膜，进行细菌分离鉴定
92. 对上述疫病控制的最好方法是
    A. 血清抗体治疗   B. 中药治疗
    C. 抗生素治疗   D. 疫苗紧急接种
    E. 鸡舍彻底消毒

(93~95题共用以下题干)
某猪场3日龄新生仔猪发病，病猪主要表现精神沉郁，不吃奶，拉黄痢，粪大多呈黄色水样，内含凝乳小片，顺肛门流下，病仔猪脱水昏迷而死。剖检表现为肠黏膜肿胀、充血或出血；胃黏膜红肿；肠膜淋巴结充血肿大，切面多汁。

93. 最可能的疫病是
    A. 猪痢疾   B. 仔猪白痢   C. 仔猪红痢   D. 猪水肿病   E. 仔猪黄痢
94. 如果进行细菌分离培养，首选的培养基是
    A. 营养琼脂培养基   B. 营养肉汤
    C. 血液琼脂培养基   D. 麦康凯琼脂培养基   E. 血清琼脂培养基
95. 采集最佳的病料是
    A. 血液   B. 肛门拭子   C. 小肠前段内容物   D. 结肠内容物   E. 胃内容物

(96~98题共用以下题干)
在某次山羊实验中，发现其中一只羊消瘦、贫血、黏膜苍白，被毛粗乱，易脱落，眼睑、颌下及胸下水肿。剖检后发现肝脏病变及肝脏内虫体图如下。

96. 该山羊可能感染的寄生虫是
    A. 棘口吸虫   B. 肝片吸虫   C. 莫尼茨绦虫   D. 捻转血矛线虫   E. 巴贝斯虫
97. 当动物一次大量感染时，会导致动物急性死亡，其原因是
    A. 吸食血液引起贫血   B. 虫体带进其他微生物   C. 急性肝炎、内出血和腹膜炎   D. 虫体机械刺激和堵塞   E. 虫体代谢产物引起中毒
98. 在粪便病原学检查时，下列方法**不可**采用的是
    A. 直接涂片法   B. 水洗沉淀法
    C. 漂浮法   D. 锦纶筛兜集卵法
    E. 幼虫分离法

(99、100题共用以下题干)
犊牛出生2周后出现消化道症状，表现为消化失调，食欲不振和腹泻；肠黏膜受损，引起肠炎，排多量黏液或血便，有特殊臭味。亦有后肢无力，站立不稳和走路摇摆现象。

99. 该病最可能的诊断是
    A. 伊氏锥虫病   B. 环形泰勒虫病
    C. 牛弓首蛔虫病   D. 食道口线虫
    E. 双芽巴贝斯虫病
100. 为进一步确诊该病，应采取的方法是
    A. 病理剖检观察病变   B. 饱和盐水法检查粪便   C. 流行病学分析
    D. 诊断性驱虫   E. 以上都是

预防科目模拟试卷三参考答案

1	C	2	D	3	C	4	C	5	D	6	E	7	E	8	E	9	D	10	D
11	A	12	B	13	A	14	C	15	B	16	B	17	D	18	D	19	D	20	B
21	D	22	D	23	E	24	B	25	B	26	D	27	E	28	B	29	D	30	A
31	E	32	B	33	B	34	D	35	D	36	D	37	B	38	E	39	D	40	D
41	A	42	C	43	C	44	C	45	C	46	E	47	C	48	E	49	D	50	E
51	A	52	E	53	E	54	A	55	D	56	D	57	A	58	C	59	D	60	C
61	C	62	A	63	C	64	D	65	A	66	B	67	C	68	A	69	D	70	D
71	C	72	D	73	C	74	D	75	D	76	D	77	D	78	D	79	C	80	C
81	D	82	E	83	C	84	C	85	D	86	B	87	D	88	D	89	D	90	E
91	D	92	D	93	E	94	D	95	B	96	B	97	C	98	E	99	C	100	E

预防科目模拟试卷四

一、A1 题型

题型说明：每一道考试题下面有 A、B、C、D、E 五个备选答案，请从中选择一个最佳答案，并在答题卡上将相应题号的相应字母所属的方框涂黑。

1. 构成革兰阴性菌内毒素的物质是
   A. 肽聚糖   B. 磷壁酸   C. 脂多糖
   D. 外膜蛋白   E. 核心多糖
2. 由致育因子（F质粒）编码产生的细菌特殊结构是
   A. 荚膜   B. 性菌毛   C. 普通菌毛
   D. 鞭毛   E. 芽孢
3. 基于细胞壁结构与化学组成差异建立的细菌染色方法是
   A. 姬姆萨染色法   B. 美蓝染色法
   C. 革兰氏染色法   D. 瑞氏染色法
   E. 荚膜染色法
4. 由革兰阴性菌菌体裂解产生的物质是
   A. 内毒素   B. 外毒素   C. 抗毒素
   D. 类毒素   E. 黏附素
5. 属于细菌生化鉴定的方法是
   A. 基因测序   B. PCR   C. VP 实验
   D. 血凝试验   E. 沉淀试验
6. 手术敷料常用的灭菌方法是
   A. 电离辐射   B. 流通蒸汽灭菌
   C. 巴氏消毒   D. 热空气灭菌
   E. 高压蒸汽灭菌
7. 大肠杆菌在麦康凯培养基上形成的菌落颜色是
   A. 灰白色   B. 蓝色   C. 红色
   D. 黑色   E. 黄色
8. 在病毒学上，CPE 指的是
   A. 细胞病变   B. 细胞坏死   C. 细胞凋亡   D. 细胞自噬   E. 细胞焦亡
9. 可用血凝抑制试验检测的病毒是
   A. 新城疫病毒   B. 鹅细小病毒
   C. 禽白血病病毒   D. 传染性法氏囊病毒
   E. 鸭甲型肝炎病毒
10. 非洲猪瘟病毒的基因组是
    A. 双股 DNA   B. 单股 DNA   C. 双股 RNA   D. 单链正股 RNA   E. 单链负股 RNA
11. 导致幼猫小脑发育不全的病毒是
    A. 狂犬病毒   B. 猫嵌杯病毒
    C. 猫白血病病毒   D. 猫冠状病毒
    E. 猫泛白细胞减少症病毒
12. 引起猪繁殖障碍的 RNA 病毒是
    A. 非洲猪瘟病毒   B. 伪狂犬病毒
    C. 猪细小病毒   D. 日本脑炎病毒
    E. 猪圆环病毒
13. 下列免疫原性最强的物质是
    A. 多糖   B. 核酸   C. 蛋白质
    D. 类脂   E. 脂多糖
14. 禽类卵黄中特有的抗体类型是
    A. IgM   B. IgG   C. IgA
    D. IgY   E. IgE
15. 禽类特有的免疫器官是
    A. 脾脏   B. 淋巴结   C. 骨髓
    D. 法氏囊   E. 黏膜相关淋巴组织
16. 细胞免疫应答的主要效应细胞是
    A. 巨噬细胞   B. NK 细胞   C. B 细胞   D. T 细胞   E. 中性粒细胞
17. 不属于细胞因子的是
    A. 干扰素   B. 趋化因子   C. 主要组织相容性复合体   D. 肿瘤坏死因子
    E. 白细胞介素
18. 分泌抗体的细胞是
    A. 巨噬细胞   B. 浆细胞   C. 树突状细胞   D. T 细胞   E. NK 细胞
19. 机体再次免疫应答产生的主要抗体类型是
    A. IgM   B. IgG   C. IgA   D. IgD
    E. IgE
20. 介导过敏反应的抗体类型是
    A. IgG   B. IgM   C. IgA   D. IgE
    E. IgD
21. 正常组织和体液中存在的抗细菌物质是
    A. 脂多糖   B. 肠毒素   C. 干扰素
    D. 乙型溶素   E. 溶血素
22. 需通过细胞免疫方式才可清除的细菌是
    A. 嗜血杆菌   B. 分支杆菌   C. 大肠杆菌   D. 巴氏杆菌   E. 链球菌
23. 免疫血清学技术的原理主要基于抗原抗体反应的
    A. 疏水性   B. 阶段性   C. 特异性
    D. 可逆性   E. 可变性
24. 属于垂直传播的是
    A. 空气传播   B. 土壤传播   C. 咬伤传播   D. 胎盘传播   E. 饮水传播
25. 基因检测属于
    A. 临床学诊断   B. 流行病学诊断

C. 病理学诊断　D. 病原学诊断
E. 免疫学诊断
26. 导致免疫接种失败的动物因素指
A. 疫苗抗原性差　B. 疫苗株与流行株血清型不符　C. 母源抗体干扰
D. 疫苗保存不当　E. 疫苗稀释错误
27. 预防狂犬病的首选措施是对易感动物进行
A. 扑杀　B. 环境消毒　C. 免疫接种
D. 隔离　E. 药物预防
28. 可传染给水牛的猪传染病是
A. 猪蓝耳病　B. 猪瘟　C. 非洲猪瘟
D. 猪巴氏杆菌病　E. 猪水疱病
29. 新城疫病毒强化试验可用于诊断的动物传染病是
A. 非洲猪瘟　B. 猪瘟　C. 猪伪狂犬病　D. 猪繁殖与呼吸综合征　E. 猪细小病毒
30. 猪繁殖与呼吸综合征的主要病理变化是
A. 纤维素性肺炎　B. 纤维素性肝周炎
C. 纤维素性心包炎　D. 纤维素性胸膜炎　E. 弥漫性间质性肺炎
31. 急性牛传染性胸膜肺炎病例常见的临床症状是
A. 可视黏膜苍白　B. 双相热　C. 蹄部水疱　D. 浆液性鼻液　E. 顽固性腹泻
32. 马流感的主要病理变化发生在
A. 胃　B. 小肠　C. 大肠　D. 上呼吸道　E. 下呼吸道
33. 典型鸡新城疫的特征性病理变化是
A. 脚鳞出血　B. 腺胃乳头出血
C. 脾脏出血　D. 肾脏出血
E. 肝脏出血
34. 小鹅瘟的特征性病理变化是
A. 心冠脂肪散有多量出血点　B. 肝脏密集的坏死灶　C. 小肠纤维素性坏死性炎症　D. 肾脏尿酸盐沉积　E. 肺脏切面呈大理石样外观
35. 诊断犬瘟热常用的实验动物是
A. 小鼠　B. 豚鼠　C. 雪貂
D. 家兔　E. 仔猪
36. 母犬接种犬细小病毒疫苗的时机宜在产前
A. 1～2周　B. 7～8周　C. 3～4周
D. 9～10周　E. 5～6周
37. 应用血凝和血凝抑制试验诊断兔病毒性出血症时可选用
A. 鸡红细胞　B. 兔红细胞　C. 豚鼠红细胞　D. 大鼠红细胞　E. 绵羊红细胞
38. 仔貂接种水貂病毒性肠炎疫苗的时间一般在
A. 1周龄　B. 2～3周龄　C. 4～5周龄　D. 2～3月龄　E. 4～5月龄
39. 尚未见发生美洲幼虫腐臭病的蜜蜂是
A. 西班牙蜜蜂　B. 意大利蜜蜂　C. 印度蜜蜂　D. 中华蜜蜂　E. 秘鲁蜜蜂
40. 寄生虫成虫寄生的宿主是
A. 终末宿主　B. 中间宿主　C. 补充宿主　D. 贮藏宿主　E. 保虫宿主
41. 动物驱虫试验时驱净虫体的动物数/全部试验动物数×100%为
A. 虫卵减少率　B. 虫卵转阴率　C. 精计驱虫率　D. 粗计驱虫率　E. 驱净率
42. 细粒棘球绦虫寄生于终末宿主的
A. 大脑　B. 肝脏　C. 小肠
D. 胃　E. 大肠
43. 隐孢子虫卵囊含有的子孢子数为
A. 2　B. 4　C. 8　D. 12　E. 16
44. 软蜱发育过程中没有的阶段是
A. 虫卵　B. 幼虫　C. 若虫
D. 蛹　E. 成虫
45. 猪结肠小袋虫的主要临床症状是
A. 贫血　B. 高热　C. 水肿
D. 呼吸困难　E. 腹泻
46. 中点无卵黄腺绦虫孕卵节片中的虫卵被包裹在
A. 卵膜内　B. 副子宫器内　C. 梨形器内　D. 孢子囊内　E. 卵囊内
47. 我国北方马的胃蝇成蝇活动时间主要在
A. 1～2月　B. 3～4月　C. 5～9月
D. 10～11月　E. 12月
48. 动物小肠内容物沉淀集虫得到2～7毫米大小的虫体。镜下见虫体由头节和3～4片组成，头节上有个吸盘，顶突钩排成2行；孕节长度远大于宽度。该病原感染的宿主是
A. 牛　B. 羊　C. 猪　D. 猫
E. 犬
49. 治疗狮弓蛔虫病的药物是
A. 双碘喹啉　B. 氯丙啉　C. 双羟奈酸噻嘧啶　D. 硝氯酚　E. 六氯对二甲苯
50. 确诊犬蚤病的依据是发现
A. 虫卵　B. 幼虫　C. 若虫
D. 蛹　E. 成虫
51. 兔的梨形艾美尔球虫的寄生部位是

A. 肝脏和脾脏　　B. 肝脏和肺脏
C. 小肠和大肠　　D. 胃和脾脏
E. 胃和肝脏

52. 蜜蜂孢子虫病的发病高峰是
A. 春季　　B. 夏季　　C. 秋季
D. 冬季　　E. 全年

53. 属于环境要素分类的污染类型是
A. 生活污染　　B. 土壤污染　　C. 物理污染　　D. 化学污染　　E. 生物污染

54. 我国《生猪产地检疫规程》中规定的检疫对象不包括
A. 猪瘟　　B. 猪肺疫　　C. 猪丹毒
D. 口蹄疫　　E. 猪流行性腹泻

55. 我国《生猪屠宰检疫规程》中规定的检疫对象是
A. 猪肺疫　　B. 伪狂犬病　　C. 布鲁菌病
D. 猪细小病毒病　　E. 猪圆环病毒病

56. 牛乳中不属于化学污染物的是
A. 组胺　　B. 六六六　　C. 多氯联苯
D. 多环芳烃　　E. 三聚氰胺

57. 动物诊疗机构的医疗废弃物处理过程不包括
A. 收集　　B. 运送　　C. 贮存
D. 处置　　E. 利用

二、A2 题型

题型说明：每一道考题是以一个小案例出现的，其下面都有 A、B、C、D、E 五个备选答案，请从中选择一个最佳答案，并在答题卡上将相应题号的相应字母所属的方框涂黑。

58. 山羊，1岁，体温41℃，咳嗽，伴有浆液性鼻液，4天后鼻液转为脓性并呈现铁锈色。病料接种培养基长出"荷包蛋"状菌落。该病最可能的病原是
A. 钩端螺旋体　　B. 牛羊衣原体
C. 胸膜肺炎放线杆菌　　D. 多杀性巴氏杆菌　　E. 丝状支原体

59. 猫，1月龄，厌食，发热，腹胀，有大量腹水。腹水电镜观察见有囊膜及棒状纤突的球形病毒粒子。该病最可能的病原是
A. 猫传染性腹膜炎病毒　　B. 猫泛白细胞减少症病毒　　C. 猫疱疹病毒　　D. 猫白血病病毒　　E. 猫免疫缺陷病毒

60. 孕羊，3岁，流产，胎儿分泌物科兹洛夫染色，镜检见红色球杆菌。对该菌进一步鉴定的最适方法是
A. 琼脂扩散试验　　B. 凝集试验
C. 对流电泳试验　　D. 血凝试验
E. 玫瑰花环试验

61. 妊娠母猪，3岁，发热、精神不振、流产、产死胎、木乃伊胎，其中死胎为主。该病最可能是
A. 猪大肠杆菌病　　B. 猪沙门氏菌病
C. 猪伪狂犬病　　D. 猪流行性腹泻
E. 猪传染性胃肠炎

62. 育肥猪，6月龄，突然发病，高热。剖检可见淋巴结、肾脏点状出血，脾脏充血、肿胀为原来的6倍，呈黑紫色。该病传播媒介可能是
A. 蚊子　　B. 库蚊　　C. 蝇　　D. 螨
E. 钝缘蜱

63. 育肥猪，6周龄，呼吸困难、下痢、贫血、黄疸、消瘦、腹股沟淋巴结明显肿胀。剖检见全身淋巴结肿胀，肾脏肿大且皮质与髓质交界处出血，肺脏质地似橡皮。如果通过母体免疫为仔猪提供保护力，母猪接种疫苗的时间是
A. 产前1个月　　B. 产前3个月
C. 配种前1个月　　D. 配种后1个月
E. 配种后2个月

64. 雏鸭，厌食、昏睡、行动呆滞，全身抽搐、角弓反张。剖检见肝脏肿大、质脆、发黄、表面有大小不等出血斑点。该病诊断最可靠的方法是接种敏感雏鸭，其日龄应是
A. 1～7日龄　　B. 8～12日龄　　C. 15～20日龄　　D. 20～25日龄　　E. 25～30日龄

65. 猫，发热、咳嗽、流泪，眼鼻有浆液脓性分泌物，结膜炎、角膜炎，角膜出现树枝状溃疡，病原为疱疹病毒Ⅰ型。该猫所患疾病最可能是
A. 猫瘟热　　B. 猫白血病　　C. 猫病毒性鼻气管炎　　D. 猫杯状病　　E. 猫传染性腹膜炎

66. 仔猪，高热稽留，体表淋巴结肿大，腹下有瘀斑。组织图片瑞氏染色可见大量香蕉形速殖子。该病是
A. 弓形虫病　　B. 猪巴贝斯虫病　　C. 猪球虫病　　D. 猪小袋纤毛虫病　　E. 姜片吸虫病

67. 南方散养猪，10月龄，食欲减退、下痢水肿、轻度黄疸，粪便检查见黄褐色小型虫卵，一端有卵盖和肩峰，另一端有小突起，内含毛蚴。导致猪感染该虫体的原

因是
A. 食入蚯蚓　B. 食入野鼠　C. 食入螺蛳　D. 昆虫叮咬　E. 食入淡水虾

68. 奶牛，6岁，高热稽留，体温41℃，血液稀薄，可视黏膜黄染，尿液红色，体表发现微小牛蜱。血涂片镜检见红细胞内有梨籽形虫体。治疗该病的药物是
A. 阿苯达唑　B. 伊维菌素　C. 硫酸喹啉脲　D. 三氯苯唑　E. 氨丙啉

69. 母猪，3岁，皮肤和黏膜发黄，血尿，流产，见弱仔、死胎。确诊其是一种互源性人畜共患病，该病最可能是
A. 狂犬病　B. 结核病　C. 猪丹毒　D. 旋毛虫病　E. 钩端螺旋体病

70. 雏鸡群，2周龄，精神萎靡，羽毛松乱，不愿走动，排糊状粪便，肛门周围污染粪便、发炎、疼痛，发出尖叫声，因呼吸困难及心力衰竭死亡。进行带鸡消毒时应当选择的消毒剂是
A. 0.3%甲醛溶液　B. 0.3%漂白粉液　C. 0.3%氢氧化钠溶液　D. 0.3%高锰酸钾溶液　E. 0.3%次氯酸溶液

三、A3/A4题型
题型说明：以下提供若干个案例，每个案例下设若干道考题。请根据案例所提供信息，在每一道考试题下面的A、B、C、D、E五个备选答案中选择一个最佳答案，并在答题卡上将相应题号的相应字母所属的方框涂黑。

（71、72题共用以下题干）
肉牛，2岁，无明显全身反应，主要表现结膜充血、水肿并形成颗粒状灰色的坏死膜，角膜轻度浑浊但无溃疡，眼、鼻流出浆液性分泌物。

71. 该病最可能是
A. 狂犬病　B. 口蹄疫　C. 牛传染性鼻气管炎　D. 恶性卡他热　E. 牛流行热

72. 诊断该病的实验室检测方法不包括
A. 包涵体检查　B. 病毒分离　C. 聚合酶链反应　D. 中和试验　E. 变态反应

（73～75题共用以下题干）
仔猪群，30日龄，常在墙角、饲槽等处摩擦，病变处皮肤增厚、龟裂，有血水流出。刮取皮屑镜检，见龟形虫体，有4对足，前两对足伸出体缘，后两对足不伸出体缘之外。

73. 该病是
A. 虱感染　B. 蜱感染　C. 疥螨病　D. 皮刺螨病　E. 蚤感染

74. 治疗该病的药物是
A. 伊维菌素　B. 阿苯达唑　C. 三氮咪　D. 硝氯酚　E. 硫酸喹啉脲

75. 病原寄生于猪的
A. 皮肤表面　B. 毛囊　C. 皮下　D. 表皮层内　E. 皮脂腺内

四、B1题型
题型说明：以下提供若干组考题，每组考题共用在考题前列出的A、B、C、D、E五个备选答案，请从中选择一个与问题最密切的答案，并在答题卡上将相应题号的相应字母所属的方框涂黑。某个备选答案可能被选择一次、多次或不被选择。

（76～78题共用下列备选答案）
A. 血琼脂培养基　B. 含NAD培养基　C. 伊红-美蓝培养基　D. 麦康凯培养基　E. SS培养基

76. 猪，4月龄，体温41℃，咽喉部肿胀，呼吸困难，口吐白沫，耳根及颈部出血性红斑。病料触片美蓝染色见典型两极着色的球杆菌。分离病原常用的培养基是

77. 仔猪，3月龄，体温41℃，呼吸困难，口、鼻流出带血的红色泡沫。耳、四肢皮肤发绀。病料涂片美蓝染色镜检见小球杆菌，具有多形性。分离病原常用的培养基是

78. 仔猪，2月龄，体温40.5℃，呼吸困难，关节肿胀，消瘦。病料涂片美蓝染色镜检见多为短杆状，也有球形、杆状或长丝状等多形性菌体。分离病原常用的培养基是

（79～81题共用下列备选答案）
A. 鸭瘟病毒　B. 番鸭细小病毒　C. 鸭坦布苏病毒　D. 鸭甲型肝炎病毒　E. 减蛋综合征病毒

79. 蛋鸭，60周龄，流泪，眼睑水肿，头颈部肿大。剖检可见肝脏肿胀，食道和泄殖腔黏膜有黄色伪膜覆盖。病原检查为有囊膜、双股DNA的病毒。该病毒最可能的病原是

80. 蛋鸭，70周龄，产蛋急剧下降。剖检见肝脏肿胀发黄，卵泡变形，卵泡膜充血、出血。病原检查为有囊膜、单股RNA病毒。该病最可能的病原是

81. 雏鸭，2周龄，角弓反张，突然死亡。剖检见肝脏肿胀，有大量出血点。病原检查为无囊膜、单股RNA的病毒。该病最可

能的病原是

（82～85题共用下列备选答案）

A. 天然被动免疫　　B. 人工被动免疫
C. 天然主动免疫　　D. 人工主动免疫
E. 先天固有免疫

82. 猪场使用猪流行性腹泻灭活疫苗免疫母猪群，仔猪通过吸吮初乳获得抵抗流行性腹泻病毒感染的能力。仔猪获得免疫的方式是
83. 犬，体温升高，伴有腹泻，诊断为犬瘟热，注射抗犬瘟热病毒血清后症状缓解。该犬获得免疫力的方式是
84. 某鸡群感染减蛋综合征病毒后，经检测血清中含减蛋综合征病毒抗体。该鸡群获得免疫力的方式是
85. 某牛群免疫口蹄疫疫苗后，获得抵抗口蹄疫病毒感染的能力。该牛群获得免疫力的方式为

（86～88题共用下列备选答案）

A. 支气管肺炎　　B. 纤维素性胸膜肺炎
C. 大叶性肺炎　　D. 间质性肺炎
E. 干酪性肺炎

86. 猪，120日龄，食欲减退，体温升高，呼吸极度困难；剖检两侧肺呈紫红色；病原学检查见革兰阴性细菌；病料接种血平板，再挑取金黄色葡萄球菌划线培养，呈现"卫星生长"，并有β-溶血现象。该病最有可能的病理变化是
87. 种猪，3岁，呼吸困难，食欲减退，体温升高，流产；所产仔猪出现呼吸困难，腹泻，后肢麻痹；部分仔猪耳部发紫和躯体末端皮肤发绀。该病最有可能的病理变化是
88. 仔猪，30日龄，食欲减退，呼吸困难，咳嗽，体温升高（呈弛张热），肺部听诊可闻及湿性啰音，叩诊呈灶性浊音，其他无明显可见临床症状。该病最有可能的病理变化是

（89～91题共用下列备选答案）

A. 传染性法氏囊病　　B. 马立克病
C. 禽白血病　　D. 鸡传染性支气管炎
E. 新城疫

89. 1月龄肉鸡群突然发病，第2天起出现死亡，5～7天达死亡高峰。剖检见腿肌和胸肌出血，法氏囊肿大、有胶冻样渗出物，腺胃和肌胃交界处出血。该病最可能是
90. 蛋鸡，60日龄，消瘦死亡，心、肝、脾等组织器官出现肿瘤，部分鸡失明，瞳孔呈同心环状，组织学检查见肿瘤组织有大小不一的淋巴细胞浸润。该病最可能是
91. 蛋鸡，50日龄，出现轻微呼吸道症状，少量死亡；剖检见肾脏苍白、肿大和小叶突出，肾小管和输尿管扩张，充满尿酸盐；组织学检查可见肾间质水肿，并有淋巴细胞、浆细胞和巨噬细胞浸润。该病最可能是

（92～94题共用下列备选答案）

A. 牛新蛔虫　　B. 捻转血矛线虫
C. 哥伦比亚食道口线虫　　D. 牛仰口线虫
E. 指形长刺线虫

92. 犊牛，60日龄，消瘦，腹泻；剖检见小肠中出现粗壮、头端具有3片唇的线虫。该牛寄生的虫体是
93. 奶牛，4岁，贫血、消瘦、腹泻；剖检见皱胃中发现多量虫体；镜检见部分虫体有交合伞，交合伞具有道"Y"形背肋。该牛寄生的虫体是
94. 奶牛，4岁，贫血、消瘦、腹泻；剖检在结肠发现多量线状虫体，肠壁有大量绿豆大小结节；镜检见虫体头泡不甚膨大，颈乳突在颈沟的稍后方，其尖端突出于侧翼膜之外。该牛寄生的虫体是

（95～97题共用下列备选答案）

A. 柔嫩艾美尔球虫　　B. 毒害艾美尔球虫　　C. 巨型艾美尔球虫　　D. 毒害艾美尔球虫　　E. 和缓艾美尔球虫

95. 雏鸡群，3周龄，食欲减退，精神不振，血便，大量死亡。剖检见盲肠肿大，内含大量新鲜血液。刮取病变部位肠黏膜镜检，见有多量香蕉形虫体。该鸡群感染的虫体是
96. 育成鸡群，8周龄，食欲减退，精神不振，血便，大量死亡。剖检见小肠中1/3段高度肿胀，肠管显著充血、出血和坏死。刮取病变部位肠壁黏膜镜检见有多量香蕉形虫体。该鸡群感染的虫体是
97. 雏鸡群，3周龄，精神不振，下痢，饲料转化率明显下降。剖检见十二指肠黏膜变薄覆有横纹状白斑，呈梯状，肠道内含水样液体。刮取病变部位肠壁黏膜镜检，见有多量香蕉形虫体。该鸡群感染的虫体是

（98～100题共用下列备选答案）

A. 空肠弯曲菌食物中毒　　B. 链球菌食物中毒　　C. 产气荚膜梭菌食物中毒
D. 大肠杆菌毒素食物中毒　　E. 沙门菌食物中毒

98. 食用冷藏熟肉后，数人出现体温升高，

40℃，全身肌肉酸痛，脐部和上腹部绞痛；腹泻，初为水样，继而黏液血便。从所食用的熟肉和病人的腹泻物中分离得到一株革兰阴性细菌，菌体呈两端渐细的弧形，具有多形性。该病最可能的诊断是

99. 夏末，一家3人食用猪头肉后，出现呕吐、腹泻症状，呕吐比腹泻严重，1人头晕、低热、乏力。从所食用的猪肉和病人的腹泻物中分离到一株革兰阳性菌，菌体呈球形或卵圆形，无芽孢。该病最可能的诊断是

100. 夏季，5人食用熟肉2h后，出现下腹部剧烈疼痛，腹泻，便中带有血液和黏液；3人便中有黏膜碎片，伴有呕吐；1人抽搐、昏迷。从所食用的熟肉和病人的腹泻物中分离到一株革兰染色阳性的大杆菌，有芽孢。该病最可能的诊断是

预防科目模拟试卷四参考答案

1	C	2	B	3	C	4	A	5	C	6	E	7	C	8	A	9	A	10	A
11	E	12	D	13	C	14	D	15	D	16	D	17	C	18	B	19	B	20	D
21	D	22	B	23	C	24	D	25	D	26	C	27	C	28	D	29	B	30	E
31	D	32	D	33	B	34	C	35	C	36	C	37	A	38	C	39	C	40	A
41	E	42	C	43	C	44	B	45	E	46	B	47	C	48	B	49	C	50	E
51	C	52	A	53	C	54	B	55	C	56	A	57	E	58	C	59	C	60	B
61	C	62	E	63	C	64	A	65	C	66	A	67	C	68	C	69	C	70	E
71	C	72	E	73	C	74	C	75	C	76	D	77	B	78	C	79	B	80	C
81	D	82	A	83	C	84	C	85	C	86	B	87	D	88	C	89	C	90	B
91	D	92	C	93	C	94	C	95	C	96	C	97	D	98	A	99	B	100	C

第三节 临床科目执业兽医资格考试四套模拟试题

临床科目模拟试卷一

一、A1题型

题型说明：每一道考试题下面有A、B、C、D、E五个备选答案，请从中选择一个最佳答案，并在答题卡上将相应题号的相应字母所属的方框涂黑。

1. 该创伤组成结构示意图中，"3"所指的是

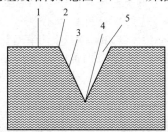

　A. 创壁　　B. 创底　　C. 创缘
　D. 创腔　　E. 创围

2. 与马比较，牛跛行诊断的特有方式是
　A. 运步视诊　B. 伫立视诊　C. 躺卧视诊
　D. 问诊　　E. 外周神经麻醉诊断

3. 用温热性药物治疗具有热象病症的治则属于
　A. 异治　B. 正治　C. 反治　D. 同治　E. 治标

4. 有补气壮阳、温中祛寒功能的药物是
　A. 独活　B. 肉桂　C. 羌活　D. 陈皮　E. 香附

5. 有行气止痛、健脾、安胎功能的药物是
　A. 杜仲　B. 黄芩　C. 杏仁　D. 桃仁　E. 砂仁

6. 止咳平喘药中，外用可杀虫灭虱的药物是
　A. 杏仁　B. 紫苑　C. 百部　D. 冬花　E. 白果

7. 可用于局部预防性止血的药物是
　A. 安络血　B. 对羧基苯胺敏　D. VK3　E. 盐酸肾上腺素

8. X线片如图所示，最可能的诊断是

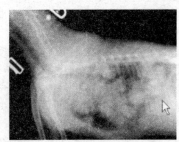

A. 肺肿瘤　　B. 大叶性肺炎　　C. 肺气肿　　D. 胸腔积液　　E. 异物性肺炎

9. 由于营养缺乏或过剩导致的不育属于
   A. 衰老性不育　　B. 繁殖技术性不育
   C. 环境气候性不育　　D. 管理性不育
   E. 先天性不育

10. 最急性型瘤胃酸中毒**不表现**
    A. 双目失明　　B. 体温降低　　C. 重度脱水　　D. 瘤胃液 pH 小于 5　　E. 瘤胃内纤毛虫数增多

11. 具有散风祛湿、消肿排脓、通窍止痛功能的是
    A. 石膏　　B. 白芷　　C. 薄荷　　D. 柴胡　　E. 蝉蜕

12. 犬脾脏检查部位是
    A. 左侧 9~10 肋间　　B. 右侧 9~10 肋间　　C. 左侧 11~12 肋间　　D. 右侧 11~12 肋间　　E. 左侧 7~8 肋间

13. 肺部各区域均可听到支气管呼吸音的健康动物是
    A. 犬　　B. 猪　　C. 羊　　D. 牛　　E. 马

14. 治疗青光眼的手术**不包括**
    A. 巩膜打孔结膜覆盖滤过术　　B. 小梁切除　　C. 晶状体摘除术　　D. 睫状体冷凝术　　E. 虹膜周边切除术

15. 牛创伤性心包炎的心电图特征是
    A. 窦性心动过速　　B. 高电压波型　　C. QRS 综合波正常　　D. 窦性心动过缓　　E. T 波正常

16. 浸润麻醉的方式**不包括**
    A. 神经干周围注射　　B. 菱形注射　　C. 扇形注射　　D. 直线注射　　E. 病灶基部注射

17. 隐性乳腺炎诊断的主要依据是
    A. 乳汁含血液　　B. 体细胞数　　C. 乳汁中可见絮状物　　D. 乳房出现红、肿、热、痛　　E. 乳上淋巴结肿胀

18. 治疗肠变位的原则**不包括**
    A. 补液　　B. 镇痛　　C. 减压　　D. 利尿　　E. 强心

19. 一般而言，发情持续时间较长且发情症状明显的动物是
    A. 山羊　　B. 绵羊　　C. 黄牛　　D. 猪　　E. 奶牛

20. 病犬不排尿，触诊膀胱增大、不敏感。按压有尿排出。提示
    A. 膀胱麻痹　　B. 膀胱破裂　　C. 尿道括约肌痉挛　　D. 膀胱炎　　E. 膀胱结石

21. 犬食道硫酸钡造影 X 线片（如下图），此处异常提示

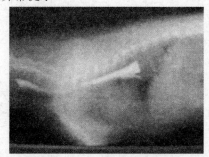

A. 食道憩室　　B. 食道阻塞　　C. 食道扩张　　D. 食道狭窄　　E. 食道麻痹

22. 马胎衣排出的正常时间是
    A. 3.5~4h　　B. 1.6~2h　　C. 5min~1.5h　　D. 2.5~3h　　E. 4.5~5h

23. 奶牛酮病的引发因素**不包括**
    A. 日粮营养不平衡　　B. 产前过度肥胖　　C. 低泌乳量　　D. 饲料碳水化合物不足　　E. 高泌乳量

24. 预防锌缺乏，最佳钙锌比例是
    A. 1∶100　　B. 1∶1　　C. 10∶1　　D. 100∶1　　E. 1∶10

25. 下列补钾方式**不正确的**是
    A. 静脉内推注氯化钾　　B. 使用呋塞米后，静脉内滴注氯化钾　　C. 长期使用地塞米松后，静脉内滴注氯化钾　　D. 口服氯化钾　　E. 10%氯化钾稀释后静脉内滴注

26. 皮肤颜色呈现苍白黄染的现象见于（　）
    A. 出血性贫血　　B. 再生障碍性贫血　　C. 溶血性贫血　　D. 亚硝酸盐中毒　　E. 一氧化碳中毒

27. 健康动物肺区边缘的正常叩诊音是（　）
    A. 清音　　B. 半浊音　　C. 浊音　　D. 鼓音　　E. 过清音

28. 目前兽医临床上常用的吸入麻醉药为
    A. 氧化亚氮　　B. 氟烷　　C. 乙醚　　D. 异氟烷　　E. 甲氧氟烷

29. 犬肝脏的触诊检查常用（　）
   A. 双手触诊法　　B. 浅部触诊法
   C. 切入式触诊法　D. 深压触诊法
   E. 冲击触诊法
30. 家畜病毒性脑膜炎的血常规检查结果是
   A. 淋巴细胞数正常　B. 白细胞总数升高　C. 嗜酸性粒细胞数升高　D. 白细胞总数降低　E. 嗜酸性粒细胞数升高
31. 动物侧卧、后肢保持松弛，叩诊槌叩击跟腱，正常表现为
   A. 跗关节屈曲、球关节屈曲　B. 跗关节伸展、球关节伸展　C. 跗关节屈曲、球关节伸展　D. 跗关节伸展、球关节屈曲　E. 跗关节不动、球关节屈曲
32. 图中所示犬Ⅱ导联心电图，箭头指示的波
   A. S 波　B. Q 波　C. T 波　D. R 波　E. P 波

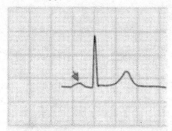

33. 易发蜂窝织炎的组织器官是
   A. 骨皮质　B. 皮肤　C. 内脏器官　D. 肌肉组织　E. 皮下疏松结缔组织
34. 发生蜂窝织炎时最常见的化脓性病原菌是
   A. 肺炎球菌　B. 棒状杆菌　C. 李斯特菌　D. 溶血性链球菌　E. 破伤风杆菌
35. 具有泻导滞、通便、利水功能的药物是
   A. 大青叶　B. 枇杷叶　C. 艾叶　D. 番泻叶　E. 荷叶
36. 阴道脱出较少见于
   A. 猪　B. 马　C. 绵羊　D. 山羊　E. 奶牛
37. 六淫中，具有重浊、趋下特性的病邪是
   A. 风　B. 暑　C. 湿　D. 寒　E. 燥
38. 治疗结膜炎的原则不包括
   A. 手术疗法　B. 遮挡光线　C. 除去病因　D. 对症治疗　E. 清洗患眼
39. 健康牛瘤胃蠕动次数（次/分）为
   A. 7～9　B. 4～6　C. 1～3　D. 10～12　E. <1
40. 家禽关节型痛风
   A. 关节周围有尿酸盐沉积　B. 关节周围肿胀　C. 血液尿酸浓度升高　D. 肾肿大　E. 血液尿酸浓度降低
41. 清热泻火作用强大，兼能外用治疗湿疹、烫伤的药物是
   A. 知母　B. 石膏　C. 芦根　D. 夏枯草　E. 栀子
42. 用于手术器械和用品的消毒方法不包括
   A. 煮沸灭菌法　B. 紫外线照射法　C. 高压蒸汽灭菌法　D. 流通蒸汽灭菌法　E. 碘酊浸泡法
43. 棉籽饼中毒的常见临床症状不包括
   A. 心功能障碍　B. 视力障碍　C. 呼吸困难　D. 被毛褪色　E. 尿结石
44. 猪精子在生殖道内维持受精能力的最长时间是
   A. 73～96h　B. 8～11h　C. 24～72h　D. 12～23h　E. 97～120h
45. 升浮药具有的功能包括
   A. 利尿　B. 熄风　C. 通便　D. 潜阳　E. 祛风
46. 属于低血容量性休克的是
   A. 中毒性休克　B. 心源性休克　C. 过敏性休克　D. 感染性休克　E. 失血性休克
47. 祛风湿药中，可作为后肢痹痛的引经药物是
   A. 羌活　B. 威灵仙　C. 独活　D. 木瓜　E. 秦艽
48. 牛羊 T-2 毒素中毒最可能出现的症状是
   A. 便秘　B. 饮欲增强　C. 体温偏高　D. 体温降低　E. 食欲增强
49. 急性尿道损伤的典型症状是
   A. 尿中带血　B. 尿闭　C. 体温升高　D. 阴囊肿大　E. 前列腺肿大
50. 诊断猫泌尿系统综合征的方法不包括
   A. 放射造影检查　B. 心电图检查　C. X 线检查　D. 导尿管探诊　E. B 型超声检查
51. 骨折的特有症状是
   A. 肿胀　B. 异常活动　C. 体温升高　D. 出血　E. 疼痛

二、B1 题型

题型说明：以下提供若干组考题，每组考题共用在考题前列出的 A、B、C、D、E 五个

备选答案，请从中选择一个与问题最密切的答案，并在答题卡上将相应题号的相应字母所属的方框涂黑。某个被选答案可能被选择一次、多次或不被选择。

（52～54题共用下列备选答案）
A. 晚幼中性粒细胞　　B. 杆状核中性粒细胞　　C. 分叶核中性粒细胞　　D. 淋巴细胞　　E. 单核细胞

52. 犬，血液学检查，细胞大小约为红细胞2倍。细胞浆呈粉红色，其中有粉红色或色微细颗粒。细胞核呈马蹄形或腊肠形，染色呈淡紫蓝色，核染色质细致。该类细胞是

53. 猫，血液学检查，细胞浆呈蓝色或粉红色，其中含有红色或蓝色颗粒。细胞核呈椭圆形，紫红色，染色质细致。该类细胞是

54. 猫，血液学检查，细胞如红细胞大小，细胞浆少，呈天蓝色，其中有少量嗜天青颗粒；细胞核呈圆形，核染色质致密。该类细胞是

（55～57题共用下列备选答案）
A. 角膜炎　　B. 结膜炎　　C. 虹膜炎　　D. 视网膜炎　　E. 青光眼

55. 混血马，8岁，骑乘后次日发现该马左眼半闭、流泪，角膜浑浊，结膜呈粉红色。该马病的诊断是

56. 金毛犬，2岁，两天前主人自行在家中用硫皂给犬清洗体表，次日右眼羞明流泪、眼睑轻度肿胀，结膜潮红、充血，虹膜纹理清晰可见。该犬病的诊断是

57. 黄牛，4岁，体温40.5℃，厌食、流涎、跛行；两眼羞明流泪，轻度肿胀，角膜及眼前房液浑浊，瞳孔缩小，虹膜纹理不清。该牛病的诊断是

（58～60题共用下列备选答案）
A. 食盐中毒　　B. 硒中毒　　C. 无机氟化物中毒　　D. 铜中毒　　E. 钼中毒

58. 牛，1岁，食欲减退、烦渴，大量饮水，腹泻，视力障碍，皮下水肿，多尿，该病最可能的诊断

59. 山羊群，2～3岁，更换饲料后许多羊剧烈腹痛，惨叫，体温正常或偏低，频频排出水样粪便，结膜苍白，尿淡红色。该病最可能的诊断是

60. 牛，4岁，背腰僵硬，跛行，颌骨、掌骨呈现对称性肥厚，牙而见有黄褐色斑点，同群及周围放牧牛多见类似病例。该病最可能的诊断是

（61～63题共用下列备选答案）
A. 胃切开术　　B. 肠侧壁切开术　　C. 脾脏摘除术　　D. 膈修补术　　E. 肠管切除术

61. 普通家猫，雄性，12岁。长期腹胀，排粪困难；腹后部触诊，发现结肠及直肠内有多量坚硬结粪蓄积，反复灌肠仍未能软化排出。对该猫的治疗措施是

62. 拉布拉多犬，7岁，呕吐、腹泻一周余，排暗黑色稀便，后经剖腹探查术发现空肠后段套叠，套叠处肠管呈暗紫色，相应的肠系膜血管无搏动。对该犬的治疗措施是

63. 泰迪犬，2岁，突遇车祸，检查后未见体表明显外伤，驻立时全身震颤，呼吸急促，可视黏膜苍白，腹部触诊敏感，B超检查脾脏结构紊乱不清。对该犬的治疗措施是

（64～66题共用下列备选答案）
A. 大肠俞　　B. 曲池　　C. 肩井　　D. 山根　　E. 肾堂

64. 犬，证见高热，粪便干小难下，腹痛，尿短赤，口津干燥，口色深红，苔黄厚，脉沉有力。针治宜选用的穴位是

65. 犬，暑热天发病。证见高热，精神沉郁，气促嘴粗，粪干尿少，口渴贪饮，舌红，脉象洪数。针治宜选用的穴位是

66. 犬，证见发热，精神沉郁，食欲减退，口渴多饮，泻粪腥臭，尿短赤，口色赤红，舌苔黄腻，脉象沉数。针治宜选用的穴位是

三、A2型题

题型说明：每一道考题是以一个小案例出现的，其下面都有A、B、C、D、E五个备选答案，请从中选择一个最佳答案，并在答题卡上将相应题号的相应字母所属的方框涂黑。

67. 牛，6岁，创伤性网胃心包炎需做经肋骨截除术的开胸手术，**不必要**分离的组织是
A. 皮肤　　B. 胸膜　　C. 肋间肌　　D. 胸深肌　　E. 肋骨骨膜

68. 犬，8岁，双侧视力障碍，检查发现双侧瞳孔发白。对该病应采取的治疗手术是
A. 瞬膜切除术　　B. 晶体置换术　　C. 角膜移植术　　D. 虹膜周边切除术　　E. 虹膜打孔术

69. 奶牛，直肠检查诊断为卵巢机能减退，治

疗该病的首选药物是
A. OT B. LH C. PGF2a D. E2 E. FSH

70. 奶牛，5岁，产后一周开始出现红尿，尿液暗红色，可视黏膜和皮肤苍白黄染，体温、呼吸与食欲无明显异常。该病的发病原因最可能是
A. 日粮钙不足 B. 维生素D缺乏
C. 维生素K缺乏 D. 日粮磷不足
E. 尿路感染

71. 某动物，因偷配怀孕90余天，用前列腺素类似物处理后，未发现其出现阴门肿胀、腹痛等流产症状，该动物最可能是
A. 黄牛 B. 绵羊 C. 山羊
D. 猪 E. 奶牛

72. 泰迪犬，8岁，饮食不规律，喜暴饮暴食，突发腹痛、腹胀、呕吐，发热，血清淀粉酶超过正常值5倍，该病最可能的诊断是
A. 肠梗阻 B. 急性肝炎 C. 胃肠炎
D. 胆囊炎 E. 急性胰腺炎

73. 奶牛，2岁，精神沉郁，消瘦，皮肤弹性降低，可视黏膜黄染，下腹部膨大，冲击式触诊有液体震荡音。为确定疾病性质，适宜的穿刺部位是
A. 右肷部 B. 右侧6~7肋间 C. 剑状软骨突起后缘 D. 脐-膝关节连线中点
E. 左肷部

74. 犬，10岁，采食障碍，咀嚼异常，发病6天后症状减轻并逐渐消失，以后齿根部骨质增生，形成骨赘。该病的诊断最可能为
A. 非化脓性齿槽骨膜炎 B. 牙周炎
C. 化脓性齿槽骨膜炎 D. 齿髓炎
E. 牙龈炎

75. 母猪，怀孕后期腹泻，近期卧地或排便后在肛门外出现香肠样肿物，色红，部分黏膜外翻，站立后不能回缩。在采用手术治疗前对其进行清洗，适宜的药物是
A. 5%戊二醛溶液 B. 1%明矾溶液
C. 5%碘酊溶液 D. 2%硫酸铜溶液
E. 75%酒精溶液

76. 驴，7岁，难产。检查发现胎儿下位、纵向，双侧肩部前置，且胎儿已死。对该驴首选的助产方法是
A. 矫正术 B. 翻转母体 C. 截胎术
D. 牵引术 E. 剖宫产术

77. 驴，6岁，突然发病，站立时后肢强直，呈向后伸直姿势，膝关节、跗关节完全伸直而不能屈曲。运动时以蹄尖着地拖曳前进，同时患肢高度外展，他动时患肢不能屈曲。该病最可能的诊断是
A. 跗关节炎 B. 髌骨内方脱位
C. 髌骨上方脱位 D. 膝关节炎
E. 髌骨外方脱位

78. 马，排尿困难，疼痛不安，尿中带血，尿色鲜红，口色红，舌苔黄，脉数。治疗该病宜选用的方剂是
A. 小蓟饮子 B. 草薢分清饮 C. 六味地黄丸 D. 补中益气汤 E. 八正散

79. 阿拉伯马，12岁，跛行，不愿运动，两后蹄蹄负重，步态紧张。蹄壁增温、敏感。X线检查显示，蹄骨背侧缘与蹄壁背侧缘不平行，彼此之间出现夹角，蹄骨转位，该病最可能的诊断是
A. 骨关节病 B. 蹄叶炎 C. 腐蹄病
D. 趾间蜂窝织炎 E. 蹄关节脱位

80. 警用德国牧羊犬，8岁，雄性，免疫驱虫正常，大强度训练时突然倒地，可视黏膜发绀、心跳停止。死前的心电图变化：除Q波异常外，S-T段与T段的变化最可能是
A. S-T段升高，T波倒置 B. S-T段降低，T波升高 C. S-T段降低，T波正常 D. S-T段降低，T波倒置 E. S-T段正常，T波倒置

81. 牛，异物呛肺后，症见发热咳嗽，痰黄臭、有脓血，口干舌红，苔黄腻，脉滑数。治疗方中可选用的药物是
A. 郁李仁 B. 酸枣仁 C. 柏子仁
D. 冬瓜仁 E. 火麻仁

82. 犬，5岁，体温40.5℃，呈明显的腹式呼吸，常取坐姿。胸腔穿刺见多量淡黄色、浑浊的液体，其中蛋白质含量和中性粒细胞数升高。治疗该病不宜采用
A. 抗菌消炎 B. 强心利尿 C. 解热镇痛 D. 大量补液 E. 穿刺放液

四、A3/A4题型

题型说明：以下提供若干个案例，每个案例下设若干道考题。请根据案例所提供的信息，在每一道考试题下面的A、B、C、D、E五个备选答案中选择一个最佳答案，并在答题卡上将相应题号的相应字母所属的方框涂黑。

(83~85题共用以下题干)

某奶牛场，近日有多头泌乳奶牛跛行，且日渐严重，体温升高，食欲减退，系部球节屈曲，以蹄尖着地，趾间隙及冠部肿胀，并有小裂口，恶臭气味。

83. 该奶牛所患的蹄病是
    A. 蹄底挫伤   B. 蹄裂   C. 腐蹄病
    D. 蹄叶炎   E. 趾间皮炎
84. 该病的主要病因是
    A. 营养不良   B. 营养过剩   C. 运动不足   D. 细菌感染   E. 运动过多
85. 治疗该病的主要原则是
    A. 改善饮食   B. 抗菌消炎   C. 装蹄绷带   D. 加强运动   E. 合理修蹄

（86~88题共用以下题干）
奶牛，6岁，怀孕285天，分娩预兆明显，持续努责未见胎儿露出；检查发现两侧阴唇不对称，产道向前逐渐狭窄，只能容纳一手臂进入子宫，其他未发现异常。

86. 对该病的诊断是
    A. 子宫捻转   B. 骨盆狭窄   C. 阴门狭窄   D. 阴道狭窄   E. 子宫颈狭窄
87. 对该病最有效的处理方法是
    A. 牵引术   B. 阴门切开术   C. 骨盆切开术   D. 产道扩张术   E. 翻转母体术
88. 与该病发生有关的因素是
    A. 首次妊娠   B. 急剧翻滚   C. 骨盆骨骨折   D. 运动不足   E. 产道发育不良

（89~91题共用以下题干）
圣伯纳犬，1岁，50kg，喜卧，卧时后肢常后伸，起立困难。运动后病情加重，后肢跛行，后躯摇摆。臀部被毛粗乱、大腿肌肉萎缩，他动运动疼痛明显。X线片显示股骨头与髋臼的间隙增大。

89. 该病最可能的诊断是
    A. 髋关节挫伤   B. 髋关节扭伤   C. 髋关节脱位   D. 髋关节发育不良   E. 髋关节创伤
90. X线检查时其重点投照方位是
    A. 左侧位   B. 斜位   C. 右侧位   D. 背腹位   E. 腹背位
91. 与该病发生有关的最密切因素是
    A. 骨盆软组织化学松弛作用   B. 肌肉强度缺乏   C. 遗传   D. 肥胖   E. 内收肌张力过大

（92~94题共用以下题干）
博美犬，雌性，4岁。近期精神状态、饮食欲及排粪排尿均无异常，偶有不明原因腹痛，触诊腹部紧张，拒绝触摸。仰卧时，左侧最后乳腺外侧见有一个3.0×4.5cm的肿物，触诊柔软，有压痛。

92. 该病最可能的诊断是
    A. 乳腺炎   B. 腹壁脓肿   C. 腹股沟疝   D. 乳腺肿瘤   E. 腹壁疝
93. 该病发生的原因可能是
    A. 血管破裂   B. 细菌感染   C. 组织增生   D. 腹压增高   E. 淋巴管破裂
94. 治疗该病的有效方法是
    A. 抗菌消炎   B. 促进吸收   C. 制止渗出   D. 疝修补术   E. 切除肿物

（95~97题共用以下题干）
奶牛，5岁，体温40.0℃，精神沉郁，消瘦，拱背站立，排粪时不敢怒责，站立时常取前高后低姿势，不愿走下坡路。

95. 该病最可能的诊断是
    A. 真胃积食   B. 瘤胃积食   C. 瘤胃酸中毒   D. 瓣胃阻塞   E. 创伤性网胃腹膜炎
96. 对该牛进行血液学检查，最可能升高的是
    A. 嗜碱性粒细胞数   B. 红细胞数   C. 中性粒细胞数   D. 嗜酸性粒细胞数   E. 淋巴细胞数
97. 该病的典型症状通常是
    A. 黄疸   B. 呼吸困难   C. 迷走神经性消化不良   D. 水肿   E. 共济失调

（98~100题共用以下题干）
猪，4岁，妊娠后期，两后肢站立不稳，交替负重，喜卧，无受伤史。神经反应性基本正常，X线侧位片未见明显异常。

98. 该病最可能的诊断是
    A. 产后截瘫   B. 腰荐椎间盘脱位   C. 坐骨神经麻痹   D. 孕畜截瘫   E. 生产瘫痪
99. 对该病的治疗方法是
    A. 口服泼尼松   B. 静脉注射葡萄糖注射液   C. 手术治疗   D. 静脉注射葡萄糖酸钙   E. 皮下注射硝酸士的宁
100. 该病的发病原因可排除
    A. 饲料单纯   B. 维生素缺乏   C. 营养不良   D. 钙磷缺乏   E. 神经损伤

临床科目模拟试卷一参考答案

1	A	2	C	3	C	4	B	5	E	6	C	7	E	8	A	9	D	10	E
11	B	12	C	13	A	14	C	15	A	16	A	17	E	18	D	19	D	20	A
21	B	22	C	23	C	24	D	25	A	26	C	27	B	28	D	29	C	30	D
31	D	32	E	33	E	34	E	35	D	36	B	37	E	38	C	39	E	40	E
41	B	42	E	43	D	44	E	45	E	46	E	47	D	48	E	49	A	50	B
51	E	52	B	53	A	54	D	55	D	56	D	57	C	58	A	59	D	60	C
61	B	62	E	63	C	64	A	65	D	66	A	67	C	68	B	69	E	70	D
71	E	72	E	73	D	74	D	75	D	76	B	77	C	78	E	79	E	80	A
81	D	82	D	83	E	84	E	85	E	86	B	87	E	88	B	89	D	90	D
91	C	92	E	93	C	94	B	95	D	96	C	97	C	98	D	99	C	100	E

临床科目模拟试卷二

一、A1 题型

题型说明：每一道考试题下面有 A、B、C、D、E 五个备选答案，请从中选择一个最佳答案，并在答题卡上将相应题号的相应字母所属的方框涂黑。

1. 眼结膜出现树枝状充血的原因是
    A. 角膜炎 B. 坏死 C. 营养不良
    D. 供氧不足 E. 血液循环障碍
2. 引起心外杂音的
    A. 心瓣膜肥厚 B. 纤维素性心包炎
    C. 严重贫血 D. 心瓣膜闭锁不全
    E. 心瓣膜狭窄
3. 牛脉搏的检查部位是
    A. 颌外动脉 B. 颈动脉 C. 股动脉
    D. 尾动脉 E. 肱动脉
4. 肺脏听诊时，开始部位宜在肺听诊区的
    A. 上 1/3 B. 中 1/3 C. 下 1/3
    D. 前 1/3 E. 后 1/3
5. 血小板减少且分布异常见于
    A. 骨折 B. 肝炎 C. 胰腺炎
    D. 白血病 E. 支气管炎
6. 动物血管内严重溶血时最易导致
    A. 高胆红素血症 B. 血小板凝集
    C. 高蛋白血症 D. 高脂血症 E. 高钠血症
7. 在心电向量环中，心室肌除极化是
    A. P-Q B. S-T C. T
    D. Q-T E. QRS
8. 犬胸部侧位 X 线片，心脏影像的前上部和前下部分别是
    A. 右心房和右心室 B. 左心房和左心室 C. 右心室和左心室 D. 左心房和右心室 E. 右心室和左心室
9. 对超声物理性质描述正确的是
    A. 频率越高，透入深度越大 B. 频率越高，穿透力越低 C. 频率越低，分辨力越高 D. 频率越高，显现力越低
    E. 频率越低，衰减越显著
10. 犬右侧最后肋骨后方，靠近第一腰椎处向腹侧作 B 超纵切面扫查时，见豆状实质的回声。其后带光滑的弧形回声光带下出现较大的液性暗区，提示
    A. 肾盂积水 B. 心包积液 C. 肝囊肿 D. 肝脓肿 E. 肾脓肿
11. 在心电图检查中，如果引导电极面向心电向量的方向，则记录为
    A. 电变化为正，波形向上 B. 电变化为正，波形向下 C. 电变化为负，波形向上 D. 电变化为负，波形向下
    E. 基线
12. 淋巴回流受阻易导致
    A. 出血 B. 瘀 C. 水肿 D. 脱水 E. 贫血
13. 黄疸的生化检验指标是
    A. 总胆红素 B. 血清白蛋白 C. 碱性磷酸酶 D. 谷氨酸氨基转移酶
    E. 天门冬氨酸氨基转移酶
14. 粪便潜血检查结果呈强阳性的疾病是
    A. 前胃弛缓 B. 瘤胃积食 C. 瘤胃臌气 D. 创伤性网胃炎 E. 瓣胃

阻塞
15. 触诊瓣胃阻塞病牛，能引起其疼痛不安的部位是
   A. 左侧4~6肋间与肩关节水平线交界上下 B. 左侧5~7肋间与肩关节水平线交界上下 C. 左侧7~9肋间与肩关节水平线交界上下 D. 右侧7~9肋间与肩关节水平线交界上下 E. 右侧5~7肋间与肩关节水平线交界上下
16. 尿道发炎时，可用于清洗尿道的药物是
   A. 10%氯化钠溶液 B. 10%葡萄糖酸钙溶液 C. 3%过氧化氢溶液 D. 2%戊二醛溶液 E. 0.1%高锰酸钾溶液
17. 动物脑膜脑炎出现狂躁不安时，首选的治疗药物是
   A. 东莨菪碱 B. 安溴注射液 C. 6-氨基己酸 D. 地塞米松 E. 樟脑磺酸钠
18. 牛发生骨软症血清生化检测可能降低的指标是
   A. 镁 B. 铜 C. 无机磷 D. 钙 E. 碱性磷酸酶
19. 牛产后血红蛋白尿病的主要临床病理学变化是
   A. 高磷酸盐血症 B. 低磷酸盐血症 C. 高钾血症 D. 低钾血症 E. 低钠血症
20. 鸭群发生皮下紫斑，缺乏的维生素是
   A. 维生素E B. 维生素B_1 C. 维生素K_3 D. 维生素D_3 E. 维生素A
21. 羔羊摆（晃）腰病的主要致病原因是日粮中缺乏
   A. 碘 B. 铜 C. 钼 D. 硒 E. 锌
22. 临床上可作为一般解毒剂的维生素是
   A. 维生素A B. 维生素B_1 C. 维生素D D. 维生素C E. 维生素E
23. **不属于**脊髓炎的临床特征是
   A. 昏迷 B. 肌肉萎缩 C. 运动机能障碍 D. 浅感觉机能障碍 E. 深感觉机能障碍
24. 治疗猫脂肪肝综合征的处方日粮特点是
   A. 低蛋白低脂肪 B. 高脂肪低蛋白 C. 高脂肪高蛋白 D. 高蛋白低脂肪 E. 正常蛋白与脂肪
25. 犬有机氟中毒的特效解毒药是
   A. 苯巴比妥 B. 抗坏血酸 C. 解磷定 D. 乙酰胺 E. 硫代硫酸钠
26. 犬库兴氏综合征血液检查可见
   A. 中性粒细胞减少 B. 淋巴细胞减少 C. 单核细胞减少 D. 淋巴细胞增多 E. 红细胞减少
27. 肌间蜂窝织炎，首先感染的组织是
   A. 肌纤维 B. 肌外膜 C. 肌间组织 D. 肌间动脉 E. 肌间神经干
28. 新鲜创的特点是损伤时间短，创内存有
   A. 脓汁 B. 血凝块 C. 肉芽组织 D. 血凝痂皮组织 E. 坏死组织
29. 一级冻伤主要特征是受伤组织发生
   A. 湿性坏疽 B. 干性坏疽 C. 水式溃疡 D. 弥漫性水肿 E. 疼痛性水肿
30. 手术切除恶性肿瘤的正确做法是
   A. 可以随意翻动肿瘤 B. 禁止损伤健康组织 C. 手术在健康组织内进行 D. 禁止使用高频电刀 E. 仅摘除肿瘤组织
31. 风湿性肉芽肿中央的特征性病变是
   A. 浆细胞浸润 B. 淋巴细胞浸润 C. 风湿细胞浸润 D. 纤维素性坏死 E. 中性粒细胞浸润
32. 兽医临床上常用的洗眼液是
   A. 2%煤酚皂 B. 2%过氧乙酸 C. 2%苯扎溴铵 D. 2%硼酸 E. 2%高锰酸钾
33. 颈静脉注射时，漏注可引起较严重颈静脉周围炎的注射液是
   A. 5%水合氯醛 B. 0.5%普鲁卡因 C. 5%葡萄糖溶液 D. 0.9%氯化钠溶液 E. 复方氯化钠注射液
34. 与动物腹压**无关**的疝为
   A. 脐疝 B. 脑疝 C. 会阴疝 D. 腹壁疝 E. 腹股沟阴囊疝
35. 肛门囊炎形成排泄瘘的时钟钟点位置通常是
   A. 3点和9点 B. 4点和8点 C. 5点和7点 D. 2点和10点 E. 1点和11点
36. 跛行诊断中确诊患肢的主要方法是
   A. 问诊 B. 触诊 C. 视诊 D. 听诊 E. 叩诊
37. 反映吸入麻醉药麻醉强度的指标是
   A. 血/气分配系数 B. 终末吸气浓度 C. 终末呼气浓度 D. 最低有效血液浓

度　　E. 最低有效肺泡浓度
38. 牛硬膜外麻醉注射部位多为
   A. 胸腰之间　　B. 荐尾之间　　C. 第一、二尾椎之间　　D. 倒数第一、二腰椎之间　　E. 倒数第二、三腰椎之间
39. 容易引起虹膜后粘连的眼病是
   A. 结膜炎　　B. 角膜炎　　C. 虹膜炎　　D. 青光眼　　E. 白内障
40. 下列物质中属于外源性毒物的是
   A. 黄曲霉毒素B_1　　B. 类脂 A
   C. 大肠菌素　　D. 绿脓菌素　　E. 脂多糖
41. 胸壁透创后的纵隔摆动主要出现在
   A. 血胸　　B. 脓胸　　C. 闭合性气胸　　D. 开放性气胸　　E. 活瓣性气胸
42. 兽医临床上孕酮常用于
   A. 治疗慢性子宫内膜炎　　B. 治疗胎衣不下　　C. 治疗卵巢功能不全　　D. 诱导分娩　　E. 保胎
43. 提示奶牛将于数小时至1d内分娩的特征征兆是
   A. 乳房膨胀　　B. 漏乳　　C. 精神不安　　D. 阴唇松弛　　E. 子宫颈松软
44. 母畜分娩时，正常的胎向和胎位是
   A. 纵向和下位　　B. 纵向和侧位　　C. 纵向和上位　　D. 横向和侧位　　E. 横向和上位
45. 猪新鲜精液液态保存的适宜保存温度为
   A. 0～4℃　　B. 5～14℃
   C. 10～14℃　　D. 15～20℃
   E. 21～25℃
46. 闭锁型犬子宫蓄脓的关键指征**不包括**
   A. 腹泻　　B. 呕吐　　C. 腹围增大　　D. 血液白细胞数升高　　E. B超检查子宫影响有暗区
47. 牛分娩时正常的胎位，胎向是
   A. 上位、纵向　　B. 下位、纵向　　C. 侧位、纵向　　D. 上位、横向　　E. 下位、横向
48. 最可能导致母牛难产的原因是
   A. 妊娠前半期正常使役　　B. 妊娠后期适当减少饲料蛋白质含量　　C. 产前1周开始转入产房饲养　　D. 分娩期进行产道检查　　E. 初情期配种受孕
49. 判定奶牛隐性乳腺炎的标准之一是每毫升乳汁中含有的体细胞数为
   A. 10万个以上　　B. 20万个以上

C. 30万个以上　　D. 40万个以上
E. 50万个以上
50. 五脏之中，开窍于口的是
   A. 心　　B. 肝　　C. 脾　　D. 肺　　E. 肾
51. 六淫之中，具有重浊、黏滞特性的邪气是
   A. 风　　B. 寒　　C. 暑　　D. 湿　　E. 火
52. 在治疗外感风寒表实证的方剂中，与麻黄相须为用，增强疗效的药物是
   A. 荆芥　　B. 防风　　C. 独活　　D. 桂枝　　E. 羌活
53. 中药五味是指
   A. 辛、甘、酸、苦、咸　　B. 实、虚、浮、沉、缓　　C. 辛、甘、酸、苦、辣　　D. 生、克、乘、侮、畏　　E. 寒、凉、温、热、虚
54. 下列哪一对药物属"十九畏"的配伍药物
   A. 乌头与瓜蒌　　B. 贝母与乌头　　C. 大戟与甘草　　D. 人参与五灵脂　　E. 芍药与藜芦
55. 具有软坚泻下作用的药物是
   A. 桔梗　　B. 杏仁　　C. 泽泻　　D. 芒硝　　E. 麝香
56. 具有清热化痰、宽中散结作用的药物是
   A. 黄芩　　B. 瓜蒌　　C. 麻黄　　D. 半夏　　E. 天南星
57. 陈皮的功效是
   A. 理气健脾、燥湿化痰　　B. 疏肝止痛、破气消积　　C. 行气燥湿、降逆平喘　　D. 破气消积、通便利膈　　E. 理气解郁、散结止痛
58. 具有收敛止血、消肿生肌作用的中药是
   A. 白及　　B. 白果　　C. 白芍　　D. 白芷　　E. 白前
59. 具有补血止血、滋阴润肺、安胎功效的药物是
   A. 当归　　B. 白芍　　C. 熟地黄　　D. 阿胶　　E. 丹参

二、B1 题型

题型说明：以下提供若干组考题，每组考题共用在考题前列出的 A、B、C、D、E 五个备选答案，请从中选择一个与问题最密切的答案，并在答题卡上将相应题号的相应字母所属的方框涂黑。某个备选答案可能被选择一次、多次或不被选择。

(60、61题共用下列备选答案)
   A. 肌酸激酶　　B. 白细胞计数

C. 红细胞计数　　D. 血液淀粉酶
E. 丙氨酸氨基转移酶

60. 犬，食欲降低，粪便稀软、恶臭，尿色黄，皮肤及结膜黄染，触诊肝区疼痛，叩诊肝浊音区扩大，实验室检查首选项目是

61. 犬，突然发病，食欲不振，反复呕吐，粪便中有少量未消化食物，色黄；触诊其腹部异常敏感，体温40.2℃，实验室检查首选项目是

（62、63题共用下列备选答案）
A. 虎斑心　　B. 绒毛心　　C. 盔甲心
D. 桑葚心　　E. 菜花心

62. 哺乳仔猪，表现呆滞，体温升高，口腔黏膜有小水泡，剖检见心脏稍扩张，散在分布灰黄色和条纹状病灶，沿心冠部横切有灰黄色条纹绕心脏呈环层状排列，该病的心脏病变为

63. 2月龄猪群，生长迅速，部分猪发病，听诊心率加快、心律不齐，有的突然死亡，血硒含量在 $0.04\mu g/mL$ 左右，该病的心脏病变为

（64、65题共用下列备选答案）
A. 硫胺素酶　　B. 长喙壳菌和茄病镰刀菌　　C. 游离棉酚　　D. 硫葡萄糖苷
E. 生氰糖苷

64. 动物出现黑斑病甘薯毒素中毒，是因为饲料中含有

65. 动物出现棉籽与棉籽饼粕中毒，是因为饲料中含有

（66、67题共用下列备选答案）
A. 坏疽　　B. 恶性水肿　　C. 蜂窝织炎　　D. 厌气性感染　　E. 腐败性感染

66. 马，全身症状加剧，大腿外侧皮下出现弥漫性大面积肿胀，并向周围急剧扩散，触诊疼痛明显，有捻发音，可能患的疾病是

67. 犬，被车撞后，后腿粉碎性骨折，数日前，精神沉郁，骨折下部组织糜烂，呈褐绿色黏泥样。黏膜和骨膜坏死及关节囊溶解。可能患的疾病是

（68、69题共用下列备选答案）
A. 开胸术　　B. 喉囊切开术　　C. 食管切开术　　D. 气管切开术　　E. 喉室切开术

68. 某牛在采食块状饲料时，突发食管梗阻，张口呼吸。急救应实施

69. 某犬在采食中突发吞咽障碍，流涎，干呕，烦躁不安；X线检查发现在胸腔入口前气管背侧有一不规则形状的高密度阴影。应实施

（70、71题共用下列备选答案）
A. 肝血虚　　B. 肝胆湿热　　C. 肝火上炎　　D. 肝阳化风　　E. 阴虚生风

70. 某牛，精神沉郁，食欲减退，眼结膜黄染，黄色鲜明如橘，粪便稀软，尿黄混浊，口色红黄、舌苔黄腻，脉弦数。该病可辩为

71. 某犬，眼目红肿，羞明流泪，视物不清，粪便干燥，口色鲜红，脉象弦数，该病可辩为

三、A2题型
题型说明：每一道考题是以一个小案例出现的，其下面都有 A、B、C、D、E 五个备选答案，请从中选择一个最佳答案，并在答题卡上将相应题号的相应字母所属的方框涂黑。

72. 京巴母犬，5岁，神情不安，不断呕吐，但未能吐出，伴有咳嗽；若进食，食物不能咽下，很快呕出。胃管探诊发现，胃管进入颈部后不能继续下送。经询问得知，该犬在吞食鸡骨头后出现症状。据此可以怀疑为
A. 食管炎　　B. 食管麻痹　　C. 咽炎
D. 食管阻塞　　E. 胃肠炎

73. 犬，13岁，饮食欲正常。最近发现，在门半闭时不能自行出入。初步检查四肢未见异常。进一步诊断需要检查的是
A. 三叉神经　　B. 面神经　　C. 迷走神经　　D. 视神经　　E. 听神经

74. 犬，股骨骨折3月后复诊，X线检查显示原骨折线增宽，骨断端光滑，骨髓腔闭合，骨密度增高，提示该骨折
A. 愈合　　B. 二次骨折　　C. 不愈合
D. 愈合延迟　　E. 骨质增生

75. 德国牧羊犬，8岁，雄性，近1周精神沉郁，食欲减退，频尿，排尿困难，血常规检查白细胞总数升高，尿液检查出现多量白细胞。可以排除的疾病是
A. 尿道炎　　B. 尿石症　　C. 肾病
D. 肾炎　　E. 膀胱炎

76. 某猪场4窝20日龄仔猪，近期出现精神沉郁、被毛粗乱、营养不良等症状。检查发现体温正常，可视黏膜苍白，血液稀薄、色淡，红细胞和血红蛋白减少。最可能的诊断是
A. 仔猪低血糖　　B. 猪瘟　　C. 感冒
D. 缺铁性贫血　　E. 消化不良

77. 某奶牛场部分奶牛产犊1周后，只采食少量

粗饲料，病初粪干，后腹泻，迅速消瘦，乳汁呈浅黄色，易起泡沫；奶、尿液和呼出气有烂苹果味。病牛血液生化检测可能出现
　A. 血糖含量升高　　B. 血酮含量升高
　C. 血酮含量降低　　D. 血清尿酸含量升高
　E. 血清非蛋白氮含量升高

78. 某犬，车撞后1h，体温、脉搏、呼吸及运动均无异常，仅见胸侧壁有一椭圆形肿胀，触诊有波动感及轻度压痛感。该犬最有可能出现
　A. 疝　B. 气肿　C. 脓肿　D. 血肿　E. 淋巴外渗

79. 牛，发热，精神沉郁，叩诊胸部敏感，听诊胸部有摩擦音，胸腔穿刺液含有大量纤维蛋白。该牛可诊断为
　A. 大叶性肺炎　　B. 小叶性肺炎
　C. 肺充血　　D. 胸膜炎　　E. 肺泡气肿

80. 犬，7岁，雄性，近日在肛门旁出现无热、无痛、界限明显、柔软肿胀物，大小便不畅。该病最可能的诊断是
　A. 会阴部肿瘤　　B. 会阴疝　　C. 淋巴外渗　　D. 肛门腺炎　　E. 肛周蜂窝织炎

81. 奶牛，已妊娠245天，近日出现烦躁不安，乳房肿大等症状。临床检查心率90次/分，呼吸30次/分，阴唇稍肿，阴门有清亮黏液流出。治疗该病首选的药物是
　A. 雌激素　B. 垂体后叶素　C. 孕酮
　D. 前列腺素　　E. 促卵泡素

82. 奶牛，已到预产期，表现拱腰、烦躁不安；产道检查发现不能触及子宫颈，阴道壁紧张、深部皱褶明显。最可能发生的是
　A. 胎势异常　　B. 子宫捻转　　C. 子宫破裂　　D. 胎儿过大　　E. 阵缩与努责微弱

四、A3/A4题型

题型说明：以下提供若干个案例，每个案例下设若干道考题。请根据案例所提供的信息，在每一道考试题下面的A、B、C、D、E五个备选答案中选择一个最佳答案，并在答题卡上将相应题号的相应字母所属的方框涂黑。

（83~85题共用以下题干）

奶牛，产后加喂多量精料，随后出现食欲废绝，运动失调，眼结膜充血发紫，中度脱水，瘤胃胀满，冲击式触诊可听到震荡音，排稀软酸臭粪便，尿少色浓，体温正常。

83. 该病初步诊断为
　A. 瘤胃酸中毒　　B. 前胃弛缓　　C. 奶牛酮酸　　D. 胃肠炎　　E. 生产性瘫痪

84. 进一步诊断，最有意义的检测指标是
　A. 叩诊瘤胃　　B. 听诊瘤胃蠕动音　　C. 观察反刍和嗳气　　D. 检查肠道和粪便　　E. 测定瘤胃液pH

85. 可能升高的血液指标是
　A. pH　　B. HCO_3^-　　C. CO_2结合力
　D. 乳酸　　E. 白细胞数

（86~88题共用以下题干）

马，站立时肩关节过度伸展，肘关节下沉，腕节呈钝角，球节呈掌屈状态，肌肉无力，皮肤对疼痛刺激反应减弱。

86. 该病最可能的诊断是
　A. 肌肉风湿　　B. 肩关节脱位　　C. 肘关节脱位　　D. 桡神经麻痹　　E. 臂三头肌断裂

87. 为促进机能恢复，提高肌肉张力可采用的治疗措施是
　A. 按摩+涂擦鱼石脂软膏　　B. 按摩+醋酸铅冷敷　　C. 抗风湿　　D. 抗炎　　E. 冷疗

88. 为防止瘢痕形成和组织粘连可局部注射
　A. 链激酶　　B. 尿激酶　　C. 辅酶A　　D. ATP　　E. 酯酶

（89~91题共用以下题干）

某小型猪场，部分猪出现极度口渴、黏膜潮红、呕吐、兴奋不安、转圈、肌肉痉挛、全身震颤等症状，这些神经症状周期性发作。此外，病猪呈犬坐姿势，后期四肢瘫痪，昏迷不醒，有的衰竭而死。

89. 本病最可能是
　A. 硒中毒　　B. 无机氟化物中毒　　C. 汞中毒　　D. 食盐中毒　　E. 钼中毒

90. 抽搐发作时，病猪体温
　A. 没有变化　　B. 轻度降低　　C. 轻度升高　　D. 高热不退　　E. 快速下降

91. 病猪的嗜酸性粒细胞数为
　A. 2%~3%　　B. 3%~4%
　C. 5%~6%　　D. 6%~10%
　E. 10%~12%

（92~94题共用以下题干）

成年牛滑倒后不能起立，强行站立后患后肢不能负重，比健肢缩短，抬举困难，以蹄尖拖地行走。髋关节他动运动，有时可听到捻发音。

92. 最可能的诊断是
　A. 髋骨骨折　　B. 股骨骨折　　C. 髂骨

体骨折　D. 髋关节脱位　E. 髋结节上方移位

93. 进一步确诊的最佳方法是
　　A. 抽屉试验　B. 患部视诊　C. X 线检查　D. 长骨叩诊　E. 测量患处长度
94. 若直肠检查在闭孔内摸到股骨头，该病牛可诊断为
　　A. 前方脱位　B. 后方脱位　C. 内方脱位　D. 上方脱位　E. 下方脱位

（95~97题共用以下题干）

奶牛右后肢跗关节外侧创伤，从伤口流出透明的黏稠滑液和少量血液，轻度跛行。

95. 正确的治疗方法是
　　A. 经伤口冲洗创腔　B. 经关节腔穿刺冲洗创腔　C. 手指探查创腔　D. 开放疗法　E. 纱布条引流
96. 该创伤缝合的方法是
　　A. 仅做肌层、皮下和皮肤缝合　B. 仅缝合关节囊　C. 仅做皮肤、皮下缝合　D. 全层间断缝合　E. 全层连续缝合
97. 若从创口流出脓汁，正确的治疗方法是
　　A. 清创后密闭缝合　B. 清创后部分缝合　C. 清创后包扎伤口　D. 魏氏流膏纱布条引流　E. 福尔马林酒精纱布条引流

（98~100题共用以下题干）

奶牛，正常妊娠至8个月时，腹部不再继续增大，超出预产期45天仍无分娩预兆。阴道检查子宫颈口关闭，临床上无明显症状。

98. 该牛最可能发生的是
　　A. 胎儿干尸化　B. 子宫破裂　C. 胎儿气肿　D. 胎儿浸溶　E. 子宫捻转
99. 确诊该病需要进行
　　A. 血常规检查　B. 血液生化检查　C. 直肠检查　D. 阴道检查　E. 孕酮检查
100. 治疗该病时，首先应注射
　　A. 黄体酮与催产素　B. 前列腺素与黄体酮　C. 黄体酮与钙剂　D. 前列腺素与雌激素　E. 催产素与雌激素

临床科目模拟题二参考答案

1	E	2	B	3	D	4	B	5	D	6	A	7	E	8	A	9	B	10	D
11	A	12	C	13	A	14	D	15	D	16	E	17	B	18	C	19	C	20	C
21	B	22	D	23	A	24	D	25	D	26	D	27	A	28	B	29	A	30	C
31	D	32	D	33	D	34	A	35	D	36	C	37	D	38	C	39	C	40	A
41	D	42	E	43	B	44	D	45	D	46	A	47	A	48	E	49	E	50	D
51	D	52	D	53	D	54	D	55	D	56	D	57	D	58	A	59	D	60	E
61	D	62	A	63	D	64	D	65	C	66	D	67	A	68	C	69	C	70	D
71	C	72	D	73	D	74	D	75	D	76	D	77	B	78	D	79	D	80	D
81	A	82	B	83	D	84	D	85	D	86	D	87	B	88	A	89	D	90	C
91	D	92	D	93	C	94	D	95	B	96	D	97	D	98	A	99	D	100	D

临床科目模拟试卷三

一、A1 题型

题型说明：每一道考试题下面有 A、B、C、D、E 五个备选答案，请从中选择一个最佳答案，并在答题卡上将相应题号的相应字母所属的方框涂黑。

1. 浅触诊主要用于检查
　　A. 肾脏大小　B. 体表温度　C. 肠内容物　D. 腹腔包块　E. 肝脏边缘
2. 检查浅表淋巴结活动性的基本方法是
　　A. 视诊　B. 触诊　C. 叩诊　D. 听诊　E. 嗅诊
3. 叩诊时，引起心浊音区缩小的疾病是

　　A. 心包积液　B. 心扩张　C. 心肥大　D. 肺气肿　E. 肺炎
4. 毕欧特氏呼吸的特点是
　　A. 间断性呼气或吸气　B. 呼气和吸气均费力，时间延长　C. 深大呼吸与暂停交替出现　D. 呼吸深大而慢，但无暂停　E. 由浅到深再至浅，经暂停后复始
5. 过渡型中性粒细胞是指
　　A. 原粒细胞　B. 中幼粒细胞　C. 杆状核粒细胞　D. 3叶核粒细胞　E. 5叶核粒细胞
6. 动物血管内严重溶血时最易导致

A. 高胆红素血症　B. 血小板聚集
C. 高蛋白血症　D. 高脂血症　E. 高钠血症
7. 健康草食动物尿液常呈
   A. 强碱性　B. 弱碱性　C. 强酸性
   D. 弱酸性　E. 中性
8. 支气管肺炎的X线影征是
   A. 黑色阴影　B. 密度均匀的阴影
   C. 大小不一的云絮状阴影　D. 边缘整齐的大块状阴影　E. 整个肺野出现高密度阴影
9. 对动物做肝脏B超探查时，出现局限性液性暗区，其中有散在的光点或小光团，提示
   A. 肝结节　B. 肝硬化　C. 肝肿瘤
   D. 肝脓肿　E. 肝坏死
10. 心电图中的T波反映
    A. 心房肌去极化　B. 心房肌复极化
    C. 心室肌去极化　D. 心室肌复极化
    E. 窦房结激动
11. 由注册的执业兽医师和执业助理兽医师和诊疗活动中为患病动物开具的、作为患病动物处治凭证的医疗文书是
    A. 医嘱　B. 处方　C. 诊断建议书
    D. 病情通知书　E. 病危通知书
12. 血液中还原血红蛋白减少时，动物可视黏膜常表现为
    A. 红色　B. 紫色　C. 黄色
    D. 黄白色　E. 苍白色
13. 兽医临床上牛瓣胃穿刺的正确部位是
    A. 左侧第7肋间　B. 左侧第8肋间
    C. 右侧第6肋间　D. 右侧第7肋间
    E. 右侧第8肋间
14. 治疗口炎常用的口腔清洗液为
    A. 双氧水　B. 生理盐水　C. 来苏儿
    D. 10%氯化钠溶液　E. 20%硫酸钠溶液
15. 牛瓣胃阻塞时其临床症状**不包括**
    A. 反刍缓慢　B. 轻度腹痛　C. 食欲减退　D. 触诊左腹壁敏感　E. 瘤胃蠕动音减弱
16. 尿道发炎时，可用于清洗尿道的药物是
    A. 10%氯化钠溶液　B. 10%葡萄糖酸钙溶液　C. 3%过氧化氢溶液
    D. 2%戊二醛溶液　E. 0.1%高锰酸钾溶液
17. 中暑的临床特征除体温急剧升高外，还有
    A. 多尿　B. 黄疸　C. 碱中毒

D. 发病缓慢　E. 心肺机能障碍
18. 预防奶牛骨软症。饲料中最适的钙磷比例为
    A. 1：1　B. 1.5：1（乳牛）
    C. 2.5：1（黄牛）　D. 1：1.5
    E. 1：2
19. 母牛倒地不起综合征的病因
    A. 骨折　B. 蛋白质缺乏　C. 神经损伤　D. 关节脱臼　E. 矿物质代谢紊乱
20. **不能**对动物造成血液性、化学性、临诊或病理性改变等损害作用的最大剂量称为
    A. 半数致死量　B. 最高无毒剂量
    C. 绝对致死量　D. 最小致死量
    E. 无作用剂量
21. 牛慢性蕨中毒的典型症状是
    A. 腹泻　B. 血尿　C. 皮下水肿
    D. 共济失调　E. 黏膜发绀
22. 黄曲霉毒素经动物胃肠吸收后主要毒害的器官是
    A. 肝脏　B. 肾脏　C. 肺脏
    D. 胰脏　E. 心脏
23. 引起牛黑斑病甘薯中毒的甘薯酮是
    A. 肝脏毒　B. 肺脏毒　C. 肾脏毒
    D. 心脏毒　E. 脾脏毒
24. 猪食盐中毒的发作期应
    A. 大量饮水　B. 少量饮水　C. 禁止饮水　D. 多次饮水　E. 自由饮水
25. 肉鸡腹水综合征的特征是
    A. 肺动脉低压　B. 主动脉高压
    C. 主动脉低压　D. 右心衰竭　E. 左心衰竭
26. 犬库兴氏综合征血液检查可见
    A. 中性粒细胞减少　B. 淋巴细胞减少
    C. 单核细胞减少　D. 淋巴细胞增多
    E. 红细胞减少
27. 下列关于大叶性肺炎的临床症状的描述哪一项是**不恰当的**
    A. 高热稽留　B. 不定型热　C. 叩诊肺部有广泛浊音　D. 腹式呼吸
    E. 铁锈色鼻液
28. 心肌炎发生后，实验室检查血象和酶，通常可见
    A. WBC减少　B. WBC不变　C. WBC减少和肌酸激酶升高　D. WBC不变和肌酸激酶降低　E. WBC增多和肌酸激酶升高

29. 下列有关肾炎的临床特征的描述哪个是**错误**的
   A. 肾区敏感和疼痛　B. 尿量增加
   C. 尿量减少　D. 蛋白尿　E. 高血压
30. 杂色曲霉毒素中毒，在羊动物被称为
   A. 黄肝病　B. 红皮白毛病　C. 黄染病　D. 雌激素过多症　E. 皮肤角化症
31. 黄曲霉毒素 B_1 在 365nm 紫外线照射下，呈现（　）荧光
   A. 黄绿色　B. 黄色　C. 红色
   D. 蓝紫色　E. 黄白色
32. 氢氰酸中毒时，使用（　）解毒
   A. 阿托品　B. 亚硝酸盐+硫代硫酸钠
   C. 美蓝　D. 葡萄糖　E. 活性炭
33. 下列物质中属于内源性毒物的是
   A. 黄曲霉毒素 B_1　B. 亚硝酸盐
   C. 氢氰酸　D. 脂多糖　E. 氟中毒
34. LH 的主要生理作用**错误**的是
   A. 与 FSH 协同作用，促进卵泡成熟
   B. 达到峰值时促进排卵　C. 刺激睾酮的产生　D. 促进精子生成充分完成
   E. 促进 OT 的产生
35. 可用于催情的激素是
   A. ECG　B. P_4　C. OT　D. LH
   E. hCG
36. 绵羊发情周期一般为
   A. 7天　B. 15天　C. 17天
   D. 21天　E. 28天
37. 属于内皮绒毛膜型胎盘的动物是
   A. 马　B. 牛　C. 兔　D. 犬
   E. 猴
38. **不**可用于妊娠诊断的方法是
   A. 直肠检查　B. 外部检查　C. 阴道检查　D. 超声检查　E. 血液常规检查
39. 可引起自发性流产的传染病是
   A. 马传染性贫血　B. 钩端螺旋体病
   C. 口蹄疫　D. 猪乙肝　E. 布鲁氏杆菌病
40. 下列属于疾病性不育的是
   A. 睾丸发育不全　B. XXY 综合征
   C. XX 雄性综合征　D. XO 综合征
   E. 精囊腺炎综合征
41. 我国现存最早的较完整的一部中兽医学古籍和最早的兽医学教科书是
   A.《黄帝内经》　B.《司牧安骥集》
   C.《神农本草经》　D.《齐民要术》
   E.《猪经大全》
42. 就生成和作用而言，气主要分成四种，下列**不**属于这种分类的是
   A. 元气　B. 宗气　C. 脾气
   D. 营气　E. 卫气
43. 同属感冒，因为所处的疾病发展阶段不一样而采用不同的治疗方法，称为
   A. 正治　B. 反治　C. 同治
   D. 异治　E. 从治
44. 下列药物**不**属于清热燥湿药的是
   A. 黄连　B. 黄芩　C. 黄柏
   D. 苦参　E. 麻黄
45. 白虎汤主要用于
   A. 气分热盛证　B. 热入血分证
   C. 热入营分证　D. 三焦热盛证
   E. 气血两燔证
46. 桃花散主治
   A. 疥癣　B. 烧烫伤　C. 云翳遮睛
   D. 舌疮　E. 创伤出血
47. 下列穴位中，能治疗后躯风湿病的是
   A. 百会　B. 抢风　C. 太阳
   D. 蹄头　E. 脾俞

二、B1 题型

题型说明：以下提供若干组考题，每组考题共用在考题前列出的 A、B、C、D、E 五个备选答案，请从中选择一个与问题最密切的答案，并在答题卡上将相应题号的相应字母所属的方框涂黑。某个备选答案可能被选择 1 次、多次或不被选择。

（48、49题共用下列备选答案）
   A. 清音　B. 浊音　C. 鼓音
   D. 实音　E. 过清音
48. 健康动物肺脏的叩诊音为
49. 牛瘤胃臌气时，瘤胃上部的叩诊音为

（50、51题共用下列备选答案）
   A. 铁缺乏　B. 铜缺乏　C. 钴缺乏
   D. 硒缺乏　E. 叶酸缺乏
50. 仔猪，20日龄，高床保育，精神沉郁，食欲减退，被毛粗乱，生长发育停滞，皮肤和可视黏膜苍白，稍加运动则喘息不止。该病最可能的致病原因是
51. 牛，草地放牧 6 个月后发病，表现消瘦、贫血，被毛由黑色变棕黄色，尿液中甲基丙氨酸和亚胺甲基谷氨酸含量升高。该病最可能的致病原因是

（52~55题共用下列备选答案）

A. 桑葚心　　B. 胎衣不下　　C. 肌红蛋白尿　　D. 胰腺纤维化　　E. 幼驹腹泻
52. 猪缺硒和维生素 E 时表现为
53. 牛缺硒和维生素 E 时表现为
54. 幼驹缺硒和维生素 E 时表现为
55. 雏禽缺硒和维生素 E 时表现为
　　(56~58 题共用下列备选答案)
　　A. 新生仔畜窒息　　B. 新生仔畜低糖血症　　C. 新生仔畜溶血症　　D. 新生仔畜缺铁性贫血　　E. 新生仔畜孱弱
56. 一猪崽出生后软弱无力、可视黏膜发绀，舌脱出口外，口腔和鼻孔充满黏液；张口呼吸，心跳快而弱。该病是
57. 一马驹吃母乳 3 天后出现贫血、黄疸、血红蛋白尿等症状，该病是
58. 一窝仔犬出生 2 天，先后出现精神萎靡、食欲消失、全身水肿，随后卧地不起，四肢无力，部分仔犬四肢划水状或抽搐，口吐少量白沫，体温降至 36℃，对外界事物反应。该病是
　　(59~61 题共用下列备选答案)
　　A. 麻黄汤　　B. 桂枝汤　　C. 白虎汤　　D. 黄连解毒汤　　E. 大承气汤
59. 外感风寒表实证选用
60. 阳明经热盛或气分实热选用
61. 结症一般选用
　　(62~64 题共用下列备选答案)
　　A. 命门、安肾　　B. 百会、后海　　C. 阳明、滴明　　D. 肛脱、后海　　E. 胸堂、通关
62. 治疗牛腰胯痛、尿闭宜选
63. 治疗牛奶黄、尿闭宜选
64. 治疗奶牛不孕宜选

三、A2 题型
　　题型说明：每一道考题是以一个小案例出现的，其下面都有 A、B、C、D、E 五个备选答案，请从中选择一个最佳答案，并在答题卡上将相应题号的相应字母所属的方框涂黑。

65. 西班牙斗牛犬，心区触诊发现心搏动增强，叩诊心脏浊音区扩大，听诊时心音增强，尤其是第二心音高朗。B 超检查发现心脏左心室增厚，左心房扩张。若本病应用心电图机检查，最可能出现的变化是
　　A. P 波增大变窄　　B. P 波减小增宽　　C. QRS 波综合波缺失　　D. QRS 综合波畸形　　E. P 波和 QRS 综合波增大增宽
66. 绵羊，卧地不起，呼唤不应，全身肌肉松弛，意识完全丧失，腹壁反射和角膜反射均无反应，粪尿失禁。兽医检查后发现心跳和呼吸缓慢，节律不齐。建议畜主实施安乐死，说明此绵羊患病后
　　A. 预后良好　　B. 预后不良　　C. 预后佳良　　D. 预后慎重　　E. 预后可疑
67. 牛，采食过程中突然发病，停止采食，惊恐不安，出现头颈伸展，吞咽障碍，大量流涎等临床症状，该病进一步诊断可结合
　　A. 直肠检查　　B. 心电图　　C. 血液检验　　D. 食管探诊　　E. 听诊
68. 马，头面部出现皮下浮肿，且外形严重改变，如典型的河马头状，据此可诊断该马匹患有
　　A. 血斑病　　B. 骨软症　　C. 面部神经麻痹　　D. 脑水肿　　E. 脑炎
69. 犬，4 周龄未免疫，体温 40℃，呻吟，可视黏膜发绀，心杂音。心跳加快，心电图检查出现冠状 T 波。血液生化检查，活性升高的酶最可能是
　　A. 脂肪酶　　B. 碱性磷酸酶　　C. 胆碱酯酶　　D. 肌酸激酶　　E. γ-谷氨酰转移酶
70. 牛，发热，精神沉郁，叩诊胸部敏感，听诊胸部有摩擦音，胸腔穿刺液含有大量纤维蛋白。该牛可诊断为
　　A. 大叶性肺炎　　B. 小叶性肺炎　　C. 肺充血　　D. 胸膜炎　　E. 肺泡气肿
71. 某猪群，饲喂焖煮的菜叶后不久发病，临床表现为呼吸困难，心跳加快，全身发绀。剖检见血液呈黑褐色，凝固不良。治疗该病的特效药物是
　　A. 亚硝酸盐　　B. 硫代硫酸钠　　C. 阿托品　　D. 亚甲蓝　　E. 硫酸镁
72. 牧羊犬，雄性，5 岁。左后肢外伤 12 小时，伤口有分泌物，骨折断端外露，小腿成角畸形，正确的处理方法是
　　A. 石膏固定　　B. 夹板固定　　C. 髓内针内固定　　D. 钢板内固定　　E. 清创缝合术
73. 猫，雌，2 岁，体温 39.6℃，前天主人外出，食盘内加了放了数条小鱼，昨天回家发现猫不吃，烦躁不安，不停嘶叫，弓腰竖毛，粪便黏腻腥臭。鼻镜干

燥、口色赤红、舌苔干黄、脉象洪数。该证属于
A. 湿热泻　　B. 寒泻　　C. 疫毒痢
D. 脾虚泻　　E. 肾虚泻

74. 犬，7岁，食欲不佳，精神倦怠，毛发焦枯无光，体形消瘦，喜卧懒动；粪便清稀，内中常夹杂少量未消化完全的肉块；口色淡白，脉象沉细无力。该证属于
A. 肺气虚　　B. 脾气虚　　C. 心血虚
D. 肾阳虚　　E. 肺阴虚

75. 奶牛，6岁。证见精神短少，蜷腰卧地，食欲、反刍减少，鼻镜干燥，弓腰努责，里急后重，下痢稀糊，呈白色胶冻状，口红脉数。该病可首选针刺
A. 通关、百会、尾尖　　B. 后海、百会、尾本　　C. 脾俞、肷俞、关元俞
D. 带脉、蹄头、三江　　E. 带脉、后三里、后海

四、A3/A4 题型

题型说明：以下提供若干个案例，每个案例下设若干道考题。请根据案例所提供的信息，在每一道考试题下面的A、B、C、D、E五个备选答案中选择一个最佳答案，并在答题卡上将相应题号的相应字母所属的方框涂黑。

（76～78题共用以下题干）

3周龄蛋雏鸡，病鸡锁颈眼闭，嗜睡，羽毛松乱，两翅下垂，食欲不振或废绝，气喘。甩鼻，眼结膜和鼻腔带有浆液性分泌物。部分鸡腹部膨大下垂，行动迟缓，严重者呈企鹅状，腹部触诊有液体波动。

76. 若要进一步确定此鸡的发病部位，需要使用的诊断方法是
A. 血象检验　　B. 病鸡剖检　　C. B超扫描　　D. 分子检测　　E. 免疫生化检测

77.【假设信息】如果该病是大肠杆菌感染，那腹腔中的液体是
A. 淡黄色透明　　B. 鲜红色　　C. 浑浊含纤维素　　D. 浑浊无纤维素
E. 淡红色含纤维素

78. 若某一兽医在进行一系列的检查后发现病鸡存在诊断本病为浆膜炎，若要快速确定本病的病原，需要采取的措施是
A. 取粪样进行寄生虫检查
B. 取粪样进行细菌学检查
C. 采血进行血象检查
D. 取腹腔液进行涂片染色镜检
E. 采血进行细菌分离鉴定

（79～81题共用以下题干）

某年冬季，一只1岁雄性京巴犬，于2天前洗澡后出现发热，早晚体温一般在39.6℃左右，午后体温可高达40.8℃，食欲减退乃至不食、咳嗽、流卡他性鼻液，来门诊就诊时，检查呼吸次数增加，肺部听诊有明显的支气管啰音和粗砺的肺泡呼吸音，通过监测当天的早中晚体温变动，发现体温差超过1℃，但始终不能降回到正常体温。

79. 最可能的诊断是
A. 肺结核　　B. 喉炎　　C. 胸膜炎
D. 小叶性肺炎　　E. 鼻炎

80. 该病犬肺部叩诊可能出现
A. 拍水音　　B. 金属音　　C. 散在浊音
D. 鼓音　　E. 过清音

81. 如要进一步确诊，还需要做的检查是
A. 血象检查和X线检查　　B. 心电图检查　　C. 血清AST检测　　D. 电解质检查　　E. 尿液检测

（82～85题共用以下题干）

某头已经产4胎的奶牛，在春季产犊后1周出现食欲降低，特别是厌食精料，便秘，精神沉郁，嗜睡，迅速消瘦，产出的奶和排出的尿有烂苹果的味道，产奶量降低等症状，经问诊产前该牛体况属于正常，并不肥胖。

82. 最可能的初步诊断是
A. 奶牛肥胖综合征　　B. 瘤胃食滞
C. 真胃变位　　D. 奶牛酮病　　E. 生产瘫痪

83. 为进一步确诊，首先应选择的检查方法是
A. 血常规检查　　B. 穿刺检查　　C. 饲料饮水检查　　D. 粪便检查　　E. 血液生化检查

84. 实验室检查结果：血糖30mg/dL（正常45～75mg/dL），血液中酮体50mg/dL（正常在10mg/dL以下），血钙9mg/dL（正常8.82～11.14mg/dL），而肝功能的几个指标基本正常，根据上述结果，进一步确诊为
A. 奶牛肥胖综合征　　B. 瘤胃食滞
C. 真胃变位　　D. 奶牛酮病　　E. 生产瘫痪

85. 根据上述诊断结果，请选择最佳的治疗方案

A. 50%葡萄糖溶液静脉注射1次
B. 使用糖皮质激素
C. 5%的葡萄糖盐水静脉注射，多次
D. 静脉注射50%葡萄糖溶液，反复几次，配合使用糖皮质激素
E. 50%葡萄糖溶液静脉注射，反复几次

（86～88题共用以下题干）

松狮犬，雄性，2岁。随主人散步时被汽车撞伤前腹部，入院观察，第1天，该犬用力咳嗽后，腹痛加剧，鸣叫不安。检查：触诊腹部柔软，叩诊脾区疼痛，心率136次/分。

86. 此时首先行哪项检查
 A. 血常规　　　B. 尿常规＋淀粉酶
 C. 腹部X光片　D. 腹腔穿刺
 E. 胃液潜血试验

87. 最可能的诊断是
 A. 肋骨骨折　B. 脾破裂　C. 胃破裂
 D. 胰腺损伤　E. 结肠损伤

88. 进一步确诊，应做哪项检查
 A. 腹腔穿刺液常规化验　B. 腹腔穿刺液细菌培养　C. 腹部B超　D. 血清淀粉酶测定　E. 胃镜检查

（89、90题共用以下题干）
 A. 疼痛　　B. 发热　　C. 恶心、呕吐
 D. 腹胀　　E. 呃逆

89. 外科手术后最常见的是
90. 术后麻醉反应的是

（91～93题共用以下题干）

大丹犬，雄性，4岁。洗澡时发现右腹股沟肿物，无疼痛，触压后肿物消失，腹壁无明显缺损。

91. 该犬应首先怀疑为
 A. 腹股沟淋巴结肿大　B. 脐疝
 C. 腹股沟疝　D. 睾丸鞘膜积液
 E. 隐睾

92. 检查最重要的是
 A. 肿物的形状　B. 肿物还纳后，压住内环是否复出　C. 肿物穿刺　D. 腹部有压痛及肿物　E. 下肢有无感染性病灶

93. 最适宜的治疗方法是
 A. 抗炎治疗　B. 继续观察　C. 注射止痛剂　D. 手术治疗　E. 减少活动

（94～97题共用以下题干）

一吉娃娃，8.5岁，妊娠65天出现分娩预兆，8小时后仍未见胎水、胎儿排出，产道检查，子宫颈开张较好，可触及胎儿前置部位。

94. 该病例处理错误的是
 A. 注射催产素　B. 注射葡萄糖
 C. 注射葡萄糖酸钙　D. 注射孕酮
 E. 行牵引术

95. 如经保守治疗失败，行剖宫术，其最佳切口位置在
 A. 右侧胁部　B. 耻骨与脐之间的腹中线右侧　C. 左侧胁部　D. 耻骨与脐之间的腹中线左侧　E. 耻骨与脐之间的腹中线

96. 取胎儿时，子宫切口位置应选择在
 A. 子宫角背侧　B. 子宫角腹侧
 C. 子宫体背侧　D. 子宫体腹侧
 E. 子宫颈腹侧

97. 子宫的缝合方式正确的是
 A. 全层连续缝合＋康奈尔缝合
 B. 康奈尔缝合＋全层连续缝合
 C. 全层连续缝合＋库兴氏缝合
 D. 轮勃特缝合＋康奈尔缝合
 E. 全层连续缝合＋全层结节缝合

（98～100题共用以下题干）

4月10日，气温14～24.5℃，兽医院接诊一病马，体温38.9℃。主诉该马一直采用当地的采割的杂草为主饲喂，精料以玉米粉为主；最近总是刨蹄，常卧地四肢伸直，精神越来越差，粪便干硬，今晨屡现起卧症状，不吃料草。临检发现该马体况一般，耳鼻四肢温热，举尾呈现排粪姿势，蹲腰努责，但未见粪便排出，腹部膨胀、触诊有痛感，口内干燥，舌苔黄厚，脉象沉实。

98. 该病最可能诊断为
 A. 阴寒腹痛　B. 湿热腹痛　C. 粪结腹痛　D. 食滞腹痛　E. 肝旺腹痛

99. 如采用针灸治疗，可选用下述哪组穴为主穴
 A. 血针三江、姜牙
 B. 白针天门、脾俞
 C. 白针抢风、大椎
 D. 白针后海、百会
 E. 血针带脉、血堂

100. 如采用中药治疗，可以选用下列哪个方剂为主进行加减
 A. 郁金散　B. 大承气汤　C. 生化汤　D. 曲蘖散　E. 理中汤

临床科目模拟试卷三参考答案

1	B	2	B	3	D	4	C	5	D	6	D	7	B	8	C	9	D	10	D
11	B	12	B	13	E	14	B	15	D	16	E	17	E	18	D	19	D	20	B
21	B	22	A	23	B	24	C	25	D	26	B	27	D	28	C	29	D	30	C
31	D	32	D	33	D	34	D	35	A	36	C	37	D	38	E	39	E	40	E
41	B	42	B	43	C	44	D	45	E	46	D	47	C	48	A	49	C	50	A
51	B	52	B	53	E	54	E	55	D	56	A	57	C	58	B	59	A	60	C
61	D	62	A	63	C	64	B	65	E	66	B	67	C	68	B	69	D	70	D
71	D	72	B	73	C	74	B	75	C	76	D	77	C	78	D	79	B	80	C
81	A	82	D	83	E	84	D	85	D	86	D	87	B	88	C	89	D	90	C
91	C	92	B	93	D	94	D	95	E	96	C	97	C	98	D	99	A	100	B

临床科目模拟试卷四

一、A1 题型

题型说明：每一道考试题下面有 A、B、C、D、E 五个备选答案，请从中选择一个最佳答案，并在答题卡上将相应题号的相应字母所属的方框涂黑。

1. 关于视诊检查，表述错误的是
   A. 先群体后个体　B. 先静态后动态
   C. 先整体后局部　D. 先保定后检查
   E. 按一定顺序检查

2. 瘤胃蠕动的听诊音是
   A. 夫夫音　B. 流水音　C. 钢管音
   D. 雷鸣音　E. 捻发音

3. 能够引起脉搏频率减少的疾病是
   A. 发热性疾病　B. 疼痛性疾病
   C. 贫血　D. 颅内压增高
   E. 应激性疾病

4. 无股前淋巴结的动物是
   A. 猪　B. 马　C. 牛　D. 羊
   E. 犬

5. 引起心脏浊音区增大的疾病是
   A. 肺水肿　B. 肺萎缩　C. 间质性肺气肿　D. 肺泡气肿　E. 胸膜炎

6. 腹下神经抑制，反射地引起
   A. 腹直肌收缩　B. 逼尿肌松弛　C. 括约肌收缩　D. 括约肌松弛　E. 腹横肌松弛

7. 不属于牛阴道损伤的临床症状是
   A. 尾根高举　B. 骚动不安　C. 左肷窝隆起　D. 拱背　E. 频频努责

8. 支配眼球运动的神经是
   A. 视神经　B. 滑车神经　C. 三叉神经　D. 面神经　E. 副神经

9. 不引起血清氯离子降低的原因是
   A. 肾衰竭　B. 心力衰竭　C. 大量出汗　D. 严重呕吐　E. 严重腹泻

10. X线检查时，为了使得被检器官的内腔或周围形成密度差异，从而显示其影像，常常需要
    A. 注入造影剂　B. 空腹检查　C. 加大千伏（kV）　D. 加大毫安（mA）
    E. 提高显影温度

11. 心电图检查采用的 aVL 是指加压单极
    A. 左前肢导联　B. 左后肢导联　C. 右前肢导联　D. 右后肢导联　E. 双后肢导联

12. 引起实质性黄疸的疾病是
    A. 胆管结石　B. 胆囊结石　C. 胆管狭窄　D. 胆囊炎　E. 肝炎

13. 食道阻塞的发病特征是
    A. 黏膜发绀　B. 咀嚼障碍　C. 精神沉郁　D. 突然发生　E. 口腔溃疡

14. 继发瘤胃臌气的疾病不包括
    A. 瘤胃酸中毒　B. 瓣胃阻塞　C. 食道阻塞　D. 皱胃变位　E. 创伤性网胃炎

15. 皱胃左方变位的首选疗法是
    A. 镇痛解痉　B. 洗胃　C. 接种健康牛瘤胃液　D. 滚转法　E. 催吐

16. 犬胃扩张-扭转综合征的临床特征是
    A. 腹围增大　B. 腹泻　C. 血便　D. 脾后移　E. 脾肿大

17. 犬急性肝炎的实验室检查出现的变化是
    A. 天冬氨酸氨基转移酶活性升高
    B. 血浆白蛋白升高　C. 血脂降低
    D. ATP 增多　E. 维生素 K 增加

18. 母犬的膀胱结石主要成分一般为
    A. 碳酸盐　B. 尿酸盐　C. 胱氨酸
    D. 硅酸盐　E. 磷酸盐

19. **不引起**贫血的营养因素是
    A. 叶酸　　B. 钴　　C. 铜　　D. 钙
    E. 维生素 B_6
20. 公牛的尿道结石多发于
    A. 肾盂　　B. 输尿管　　C. 膀胱
    D. 乙状弯曲部　　E. 尿道的盆骨中部
21. 马肌红蛋白尿症最可能出现的症状是
    A. 犬坐样姿势　　B. 共济失调　　C. 强直痉挛　　D. 血红蛋白尿　　E. 血尿
22. 在维生素 A 缺乏症的早期，**不易**表现夜盲症的动物是
    A. 犊牛　　B. 仔猪　　C. 幼犬
    D. 羔羊　　E. 马驹
23. 体内与有机磷农药化学结构相似的物质是
    A. 肾上腺素　　B. 乙酰胆碱　　C. 胆碱酯酶　　D. 细胞色素　　E. 磷酸腺苷
24. 关于腐败性感染表述**错误的**是
    A. 局部坏死，发生腐败性分解
    B. 内源性腐败性感染可见于肠管损伤时
    C. 初期创伤周围出现水肿和剧痛
    D. 病灶不用广泛切开
    E. 尽可能地切除坏死组织
25. 适用于初期缝合的创伤特征是
    A. 创伤严重污染　　B. 创伤已经感染
    C. 创伤尚未感染　　D. 创内异物尚未取出　　E. 创内出血尚未制止
26. 关于 I 度烧伤的**错误**表述是
    A. 皮肤表皮层损伤　　B. 生发层健在
    C. 有再生能力　　D. 真皮层大部损伤
    E. 伤部被毛烧焦
27. 青光眼的主要症状是
    A. 眼内压升高　　B. 眼房液浑浊
    C. 晶状体浑浊　　D. 角膜混浊
    E. 泪液增多
28. **不**属于牙周炎症状的是
    A. 牙龈红肿　　B. 牙周袋增大　　C. 牙周溢脓　　D. 牙齿松动　　E. 咀嚼不停
29. 犬前列腺增生的首选治疗方法是
    A. 前列腺摘除术　　B. 给予雌激素
    C. 化疗放疗　　D. 抗菌消炎　　E. 去势术
30. **不能**促使马跛行症状典型化的方法是
    A. 圆周运动　　B. 乘挽运动　　C. 软硬地运动　　D. 上下坡运动　　E. 起卧运动
31. 关于骨折修复延迟愈合表述**错误的**是
    A. 骨折愈合速度比正常缓慢　　B. 局部无肿痛及异常活动　　C. 整复不良延迟愈合　　D. 局部感染化脓延迟愈合
    E. 局部血肿和神经损伤延迟愈合
32. 用酒精浸泡消毒器械的最适浓度是
    A. 50%　　B. 60%　　C. 70%
    D. 90%　　E. 95%
33. 表面麻醉是利用麻醉药的渗透作用，使其透过黏膜而阻滞
    A. 深在的神经末梢　　B. 浅在的神经末梢
    C. 脊神经　　D. 中枢神经　　E. 神经干
34. 为了防止呕吐，全身麻醉时采取的措施**错误的**是
    A. 充分的禁食　　B. 减轻胃肠胀气
    C. 应用止吐药　　D. 未将舌头拉出口腔
    E. 将动物颈基部垫高
35. 关于压迫止血表述**错误的**是
    A. 毛细血管渗血时，压迫片刻即可止血
    B. 小血管出血时，压迫片刻即可止血
    C. 大动脉出血时，压迫片刻即可止血
    D. 必须是按压止血，不可擦拭
    E. 用纱布压迫出血的部位
36. 关于缝合的基本原则，表述**错误的**是
    A. 严格遵守无菌操作　　B. 缝合前必须彻底止血　　C. 缝合的创伤感染后不用拆除部分缝线　　D. 缝合前必须彻底清除凝血块　　E. 缝合前必须彻底清除异物
37. 牛断角术最常见的麻醉方法是
    A. 局部浸润麻醉　　B. 传导麻醉
    C. 硬膜外麻醉　　D. 表面麻醉
    E. 全身麻醉
38. 可诱导产后乏情母牛发情的激素是
    A. GnRH　　B. PRL　　C. LH
    D. OT　　E. P4
39. 光照对发情活动影响最敏感的动物是
    A. 马　　B. 犬　　C. 骆驼　　D. 牛
    E. 猪
40. 受精过程中，与皮质反应**无关的**是
    A. 完成第二次减数分裂　　B. 透明带性质发生改变　　C. 卵质膜表面微绒毛伸长　　D. 卵质膜结构重组　　E. 皮质颗粒排入卵周隙中
41. 对母畜分娩易产生不利影响的是
    A. 骨盆入口大而圆　　B. 荐坐韧带较宽
    C. 骨盆底较宽　　D. 坐骨结节较低
    E. 骨盆入口倾斜度小
42. **不**属于畜群损伤性和管理性流产原因的是
    A. 抢食　　B. 拥挤　　C. 喝冷水

D. 使役过重　　E. 踢伤

43. 马、牛发生力性难产时，首选的助产手术是
   A. 牵引术　　B. 截胎术　　C. 矫正术
   D. 剖宫产术　　E. 药物助产术

44. 营养物质（阴）的必然要耗用能量（阳）的生理过程体现的阴阳关系是
   A. 阴消阳长　　B. 阳消阴长　　C. 阳损及阴
   D. 阴盛阳虚　　E. 阳盛阴虚

45. 心脏的生理功能是
   A. 主宣发　　B. 主运化　　C. 主纳气
   D. 主血脉　　E. 主疏泄

46. 主痛证的口色为
   A. 白色　　B. 赤色　　C. 青色
   D. 黄色　　E. 黑色

47. 具有起病急、病程短、病位浅特点的病证是
   A. 表证　　B. 里证　　C. 寒证
   D. 热证　　E. 虚证

48. 与贝母、瓜蒌相反的药物是
   A. 乌梅　　B. 乌头　　C. 乌药
   D. 乌梢蛇　　E. 何首乌

49. 味辛性凉、善于疏散上部风热的药物是
   A. 薄荷　　B. 麻黄　　C. 防风
   D. 紫苏　　E. 白芷

50. 具有消食健胃作用，尤以消化谷积见长的药物是
   A. 神曲　　B. 山楂　　C. 蜂蜜
   D. 大黄　　E. 芒硝

51. 平胃散的方药组成，除了厚朴、陈皮、甘草、生姜、大枣外，还有
   A. 茯苓　　B. 猪苓　　C. 泽泻
   D. 白术　　E. 苍术

52. 具有涩肠、敛肺作用的药物是
   A. 白术　　B. 苍术　　C. 诃子
   D. 桔梗　　E. 郁金

53. 治疗脾胃气虚首选的方剂是
   A. 四物汤　　B. 四逆汤　　C. 四君子汤
   D. 白头翁汤　　E. 大乘气汤

二、A2 题型

题型说明：每一道考题是以一个小案例出现的，其下面都有 A、B、C、D、E 五个备选答案，请从中选择一个最佳答案，并在答题卡上将相应题号的相应字母所属的方框涂黑。

54. 猫，12 岁，突发尿量增多，不食，精神委顿，四肢无力，血清生化检查可见
   A. 钠升高　　B. 钾升高　　C. 氯升高
   D. 钾降低　　E. 钙降低

55. 德国牧羊犬，3 岁，训练后突发呼吸困难，结膜发绀，胸腹部 X 线侧位片可见肋弓前后大面积圆形低密度影，后腔静脉狭窄；正位片可见膈后大面积横梨形低密度影，肠管后移。该犬的初步诊断是
   A. 肠套叠　　B. 肠梗阻　　C. 胃内异物
   D. 胃幽门阻塞　　E. 胃扩张-胃扭转

56. 犬，体重 5kg，治疗过程中突然出现异常，呼吸数 70 次/分，脉搏 140 次/分，眼结膜血管呈树枝状充盈，且发绀，胸部听诊呈广泛性啰音，该病最可能的病因是
   A. 静脉输液 0.9% 生理盐水 1000ml
   B. 肌内注射庆大霉素 2ml
   C. 肌内注射地塞米松 1ml
   D. 静脉缓慢推注 25% 葡萄糖注射液 10ml
   E. 静脉输液 5% 葡萄糖注射液 100ml

57. 马，3 岁，异嗜，喜啃树皮，消化紊乱，跛行，拱背，有吐草团现象，鼻甲骨隆起，下颌间隙狭窄，尿液澄清、透明，同时还出现
   A. 骨组织软骨化　　B. 骨小梁增多
   C. 骨组织纤维化　　D. 骨基质钙化过度
   E. 骨质密度升高

58. 犬，4 岁，常规免疫，体温正常，饲喂商品犬粮；近月余食欲减退，消瘦，间歇性腹泻，粪便带血，黏膜黄染，贫血，血凝时间延长，血清 ALT 活性升高，为预防该病，应定期监测犬粮中
   A. 黄曲霉毒素水平　　B. 锌水平
   C. 维生素 A 含量　　D. 硒含量
   E. 铜含量

59. 牛，4 岁，眼部角膜表面有白色斑点，稍突出表面，逐渐变大形成疣状物；眼睑见乳头状瘤样肿块，表面破溃出血。该牛眼睑瘤样物很可能是
   A. 纤维肉瘤　　B. 鳞状细胞癌　　C. 腺癌
   D. 纤维瘤　　E. 组织细胞瘤

60. 母猪，3 岁，精神沉郁，食欲减退，肛门处见有圆球形、暗红色肿胀物，该疾病不会出现的症状是
   A. 直肠黏膜水肿　　B. 直肠黏膜出血
   C. 频繁努责　　D. 饮欲增加　　E. 里急后重

61. 骡，3 岁，因跌倒致左跗关节皮肤破裂，从伤口流出黏稠、透明、淡黄色液体，并混有少量血液。该病最可能的诊断是

A. 关节非透创　　B. 慢性脊髓炎
C. 类风湿关节炎　　D. 关节透创
E. 慢性肌炎

62. 白色比熊犬，3岁，初期在鼻梁，继而在肘关节与膝关节周围以上部位脱毛，呈对称性；皮肤色素沉着，无明显瘙痒症状，触摸皮温较低。该病实验室诊断应选择的项目是
A. 血清总蛋白＋ALT
B. 血清总蛋白＋AST
C. 皮肤病理检查＋TT4
D. 尿蛋白＋ALP
E. 血糖＋CK

63. 奶牛，3岁，发情配种后1个月未见返情，直检发现右侧子宫角略有增大。要确认是否妊娠，此时具有诊断价值的样本和检测项目分别是
A. 血液、E2　　B. 奶液、P4
C. 血液、P4　　D. 血液、eCG
E. 尿液、eCG

64. 奶牛，10岁，产后持续强烈怒责，导致子宫脱出，悬吊于阴门之外，呈
A. 长囊状　　B. 圆球状　　C. 菜花状
D. 肠管状　　E. 粗棒状

65. 同窝新生仔猪，8只，均于吮乳后10h突然发病。表现震颤、畏寒，运步后躯摇摆，体温无显著变化，眼结膜和齿龈黄染。该窝仔猪所患的是
A. 新生仔畜低血糖症　　B. 新生仔畜溶血性贫血病　　C. 胎粪秘结　　D. 仔猪营养不良性贫血病　　E. 新生仔畜低血钙症

66. 马，证见无汗畏寒，皮毛紧乍，鼻涕清稀，轻度咳喘，口腔滑利，舌苔薄白，脉浮紧。治疗方中可选的药物是
A. 红花　　B. 菊花　　C. 金银花
D. 旋覆花　　E. 密蒙花

67. 牛，贪吃精料后发病。证见食欲废绝，反刍停止，嗳气酸臭，粪稀且有未消化的饲料，口色红，脉洪数。该病的治法是
A. 温中散寒，涩肠止泻　　B. 清热燥湿，解毒止痢　　C. 消积导滞，调和脾胃　　D. 健脾化湿，利水消肿　　E. 破气消胀，宽肠通便

三、A3/A4题型

题型说明：以下提供若干个案例，每个案例下设若干道考题。请根据案例所提供的信息，在每一道考试题下面的A、B、C、D、E五个备选答案中选择一个最佳答案，并在答题卡上将相应题号的相应字母所属的方框涂黑。

(68～70题共用以下题干)

犬，雌性，2岁，已免疫。主人家正值装修。患犬精神沉郁，食欲下降，频繁打喷嚏，大量流鼻液，摇头，摩擦鼻部。

68. 对患犬鼻液的最佳检查方法是
A. 生化检查　　B. 视诊＋显微镜检查
C. 嗅诊　　D. 嗅诊＋显微镜检查
E. 视诊

69. 患犬初期流出无色透明、稀薄如水的鼻液性质可能是
A. 浆液性鼻液　　B. 黏液性鼻液
C. 黏脓性鼻液　　D. 腐败性鼻液
E. 血性鼻液

70. 治疗时，首先应采取的措施是
A. 保温　　B. 增加饮水　　C. 凡士林涂鼻镜　　D. 改变饲养环境　　E. 抗生素治疗

(71～73题共用以下题干)

母犬，4岁，营养状态良好，偷食油炸鸡后，剧烈呕吐，精神沉郁，食欲废绝，腹泻，呻吟，呈祈祷姿势，腹壁触诊高度敏感；血清学检查淀粉酶升高。

71. 该病最可能的诊断是
A. 胰腺炎　　B. 脑炎　　C. 肝炎
D. 肠炎　　E. 胃肠炎

72. 确诊需进一步进行
A. 超声检查　　B. X线检查　　C. 脂肪酶检测　　D. 碱性磷酸酶检测　　E. 内窥镜检查

73. 预防该病，**不宜**
A. 暴饮暴食　　B. 禁食　　C. 高脂饮食
D. 低蛋白饮食　　E. 低盐饮食

(74～76题共用以下题干)

公猪，3月龄，去势手术后，阴囊切口愈合良好；该猪阴囊突然膨大，触诊柔软有弹性，无热无痛；听诊有肠蠕动音。

74. 该病最可能的诊断是
A. 会阴疝　　B. 腹壁疝　　C. 阴囊积水
D. 腹股沟阴囊疝　　E. 肠套叠

75. 对该病应采取的措施是
A. 加强管理　　B. 手术治疗　　C. 绷带压迫　　D. 夹板固定　　E. 按压送回

76. 【假设信息】若采取手术治疗，其缝合方法是

A. 结节缝合　　B. 单纯连续缝合
C. 水平褥式缝合　D. 垂直褥式缝合
E. 荷包缝合

(77～79题共用以下题干)
马，前肢蹄底发生白线裂，表现轻度支跛。
77. 该病最不可能的病因是
A. 白线处切削过多　B. 白线角质脆弱
C. 钉伤　D. 蹄壁倾斜　E. 蹄壁粗糙
78. 该病最多发生于
A. 马后蹄前壁　B. 马前蹄侧壁
C. 牛后蹄前壁　D. 牛前蹄侧壁
E. 骡后蹄前壁
79. 该病向深部发展最可能引起
A. 化脓性蹄真皮炎　B. 冠骨骨折
C. 系骨骨折　D. 系关节脱位　E. 掌骨骨折

(80～82题共用以下题干)
奶牛，4岁，产后5d，精神沉郁，食欲减退，产奶量下降，体温40.2℃。从阴道内排出棕红色臭味分泌物，卧地时排出量较多。
80. 该病初步诊断是
A. 产后阴道炎　B. 产后子宫内膜炎
C. 慢性子宫内膜炎　D. 产后阴门炎
E. 胎衣不下
81. 不属于该病发生诱因的是
A. 子宫迟缓　B. 布鲁菌感染　C. 胎衣不下　D. 体表外伤　E. 胎儿浸溶
82. 【假设信息】若未及时治疗，体温升高至41℃，且连续几天不退，精神极度沉郁，全身症状明显。该病最可能的诊断是
A. 子宫蓄脓　B. 慢性子宫内膜炎
C. 产后败血症　D. 产后菌血症
E. 生产瘫痪

四、B1题型

题型说明：以下提供若干组考题，每组考题共用在考题前列出的A、B、C、D、E五个备选答案，请从中选择一个与问题最密切的答案，并在答题卡上将相应题号的相应字母所属的方框涂黑。某个备选答案可能被选择一次、多次或不被选择。

(83～85题共用下列备选答案)
A. 圆块状　B. 叠饼状　C. 水样便
D. 稠粥样　E. 圆柱状
83. 马，4岁，常规免疫，体温38℃，头、耳灵活，目光明亮有神，行动敏捷，采食量未见异常，该动物粪便的形状是
84. 奶牛，3岁，常规免疫、驱虫。正值春季，饲喂新鲜青草，该动物粪便的形状是
85. 金毛犬，4岁，常规免疫驱虫，体温38.5℃，喂食犬粮和碎骨。该犬最可能的粪便形状是

(86～88题共用下列备选答案)
A. 维生素A缺乏症　B. 维生素B_2缺乏症　C. 维生素C缺乏症　D. 维生素D缺乏症　E. 泛酸缺乏症
86. 猪，主要喂甜菜渣，病猪出现生长缓慢，食欲减退，腹泻，皮肤粗糙，运动障碍，呈痉挛性鹅步。母猪所产仔猪出现畸形。最可能的疾病是
87. 蛋鸡群，200日龄，在产蛋高峰期时，突然产蛋量下降，蛋白稀薄，孵化率低下，病鸡呈现生长缓慢，腹泻，不能走路，趾爪向内弯曲。最可能的疾病是
88. 犊牛，3月龄，夜晚行走时易碰撞障碍物，眼角膜增厚，有云雾状形成，皮肤有鱼鳞样痂块，出现阵发性惊厥。最可能的疾病是

(89～91题共用下列备选答案)
A. 卡他性结膜炎　B. 化脓性结膜炎
C. 浅表性角膜炎　D. 深层角膜炎
E. 溃疡性角膜炎
89. 使役公牛，3岁，结膜充血，角膜水肿，浅表性血管增生，增生部位浑浊，表面粗糙，且随病程延长而出现色素沉着。该眼病最可能的诊断为
90. 使役公牛，4岁，角膜急性浑浊，深层和浅层血管增生，随病程延长，角膜出现瘢痕。该眼病最可能诊断为
91. 使役公牛，5岁，眼有黏性分泌物，荧光素检查角膜有不规则局限性浅表缺损，无血管生长。该眼病最可能诊断为

(92～94题共用下列备选答案)
A. 左肷部切口　B. 右肷部切口
C. 右侧肋弓下斜切口　D. 脐后腹中线切口　E. 脐前腹中线切口
92. 拉布拉多犬，雄性，3岁，X线检查直肠内有较多高密度阴影，经灌肠治疗无效后决定手术治疗。该手术通路是
93. 奶牛，2岁，采食后反刍减少，呻吟，喜站少卧，步态拘谨，X线检查网胃内有短小棒状高密度阴影。对该牛施行剖腹探查的手术通路是
94. 斗牛犬，雌性，3岁，怀孕62天仍不见胎儿产出，X线检查见犬腹腔内有多只胎儿存在，胎儿头部直径大于母体骨盆直径。该手术通路是

(95～97题共用下列备选答案)
A. 子宫积液　　B. 子宫积脓
C. 产后子宫内膜炎　D. 子宫颈炎
E. 慢性子宫内膜炎

95. 奶牛，6岁，屡配不孕，体温升高，子宫内积有脓性液体，该病最可能继发的疾病是

96. 奶牛，阴道中有清亮、黏稠液体排出，尾根有结痂，直肠检查发现子宫体积明显增大，有波动感，两侧子宫角相似。该病最可能的诊断是

97. 奶牛，屡配不孕，但并无明显可见临床异常表现，发情周期基本正常，子宫冲洗液可见絮状物，该病最可能的诊断是

(98～100题共用下列备选答案)
A. 阴俞　　B. 肺俞　　C. 脾俞
D. 肷俞　　E. 肾俞

98. 奶牛，4岁，临近生产，食欲减退，精神倦怠，卧地时可见阴门处有一红色翼状物突出，起立时恢复正常，口色淡白，脉细弱。针治宜选用的穴位是

99. 奶牛，4岁，临近生产，食欲减退，反刍减少，精神倦怠，行走无力，瘤胃蠕动缓慢，粪便稀软，其中夹杂有未消化的饲料，口色淡白，脉细弱。针治宜选用的穴位是

100. 奶牛，4岁，生产过后，食欲减退，精神倦怠，发热恶寒，鼻流清涕，偶见咳嗽，口色青白，舌苔薄白，脉浮紧。针治宜选用的穴位是

临床科目模拟试卷四参考答案

1	D	2	D	3	D	4	E	5	B	6	D	7	C	8	B	9	B	10	A
11	A	12	E	13	C	14	A	15	D	16	A	17	A	18	E	19	D	20	D
21	A	22	B	23	C	24	D	25	C	26	D	27	A	28	E	29	E	30	D
31	B	32	C	33	B	34	D	35	C	36	C	37	B	38	A	39	C	40	D
41	E	42	C	43	A	44	B	45	D	46	D	47	C	48	B	49	A	50	A
51	A	52	C	53	C	54	D	55	D	56	A	57	C	58	A	59	D	60	C
61	C	62	C	63	C	64	C	65	D	66	D	67	C	68	B	69	A	70	D
71	C	72	C	73	C	74	C	75	D	76	C	77	C	78	B	79	C	80	C
81	D	82	C	83	B	84	B	85	D	86	D	87	B	88	A	89	C	90	A
91	C	92	D	93	A	94	D	95	B	96	C	97	E	98	A	99	C	100	B

第四节　综合科目执业兽医资格考试四套模拟试题

综合科目模拟试卷一

A3/A4题型

题型说明：以下提供若干个案例，每个案例下设若干道考题。请根据案例所提供的信息，在每一道考试题下面的A、B、C、D、E五个备选答案中选择一个最佳答案，并在答题卡上将相应题号的相应字母所属的方框涂黑。

(1～3题共用以下题干)

巴哥犬，雄性，8岁，体重9.5kg，左眼球向外突出，指压有坚硬感，眼前房变深，瞳孔散大，对光反射消失；虹膜纹理清晰可见，晶状体透明。

1. 该病最可能的诊断是
　A. 结膜炎　　B. 白内障　　C. 角膜炎
　D. 青光眼　　E. 眼睑炎

2. 确诊该病的检查方法首选
　A. 眼压计检查　　B. 检眼镜检查
　C. 眼底照相机检查　　D. 裂隙灯检查
　E. 角膜镜检查

3. 治疗该病不宜采用的药物是
　A. 甘露醇　　B. 地塞米松　　C. 乙酰唑胺　　D. 肾上腺素　　E. 毛果芸香碱

(4～7题共用以下题干)

炎热夏天，1周龄犊牛大量饮水，1天后出现眼睑水肿，精神沉郁，共济失调，呼吸困难，从口鼻流出血红色泡沫状液体，排出暗红色尿液及水样粪便。

4. 该病最可能的诊断是
　A. 水中毒　　B. 肾炎　　C. 肺炎

D. 尿道炎　　E. 结膜炎
5. 该病牛犊排出的暗红色尿液属于
   A. 睾丸出血　B. 肾出血　C. 血红蛋白尿　D. 尿道出血　E. 膀胱出血
6. 该病犊出现中枢神经机能和呼吸机能障碍的原因是
   A. 脑部感染　B. 肺部感染　C. 肺泡破裂　D. 细菌毒素中毒　E. 脑水肿和肺水肿
7. 治疗病犊牛最有效的方法是
   A. 静注5%葡萄糖注射液　B. 给予非甾体类抗炎药　C. 肌注或静注大量抗生素　D. 给予解热镇痛剂　E. 静注5%氯化钠和25%甘露醇注射液

（8~10题共用以下题干）
牛群误入即将成熟的亚麻（胡麻）地并大量采食，很快出现呼吸喘促、流涎及瘤胃膨胀等症状，全身抽搐，有两头牛当场倒地、死亡。病牛可视黏膜初期呈樱桃红色，呼吸停止后变为青紫色。病死牛剖检，见血液凝固不良。
8. 该病最可能的诊断是
   A. 氢氰酸中毒　B. 双香豆素中毒　C. 有机磷中毒　D. 亚硝酸盐中毒　E. 有机氯中毒
9. 该病的致病毒物是
   A. 霉菌毒素　B. 不饱和挥发性脂肪酸　C. 杂醇油　D. 氰苷　E. 硝酸盐
10. 该病的特效解毒药是
    A. 亚硝酸钠　B. 钙剂　C. 中枢兴奋剂　D. 镇静剂　E. 维生素A

（11、12题共用以下题干）
英国短毛猫，雌性，已绝育，8岁，体重7kg，体态肥硕。食欲废绝，偶尔呕吐，精神沉郁，虚弱无力，运步摇摆。听诊心率加快，呼吸急促。采血检查，血清混浊呈牛奶样。
11. 该病最可能的诊断是
    A. 高钠血症　B. 低磷血症　C. 低钙血症　D. 高血脂症　E. 高钾血症
12. 确诊该病的检查项目是
    A. 尿沉渣检查　B. 血液生化检查　C. X线检查　D. 血常规检查　E. 尿常规检查

（13~15题共用以下题干）
某屠宰场，生猪体温正常，未见明显的临床症状。宰后检验发现，个别猪舌部有黄豆大小的囊状结节。
13. 该病最可能的诊断是
    A. 似囊尾蚴病　B. 棘球蚴病　C. 猪囊尾蚴病　D. 弓形虫病　E. 细颈囊尾蚴病
14. 该病呈现的囊状结节还常见于
    A. 肌肉　B. 肠黏膜　C. 肺脏　D. 淋巴结　E. 皮肤
15. 该病原的终末宿主是
    A. 牛　B. 羊　C. 犬　D. 人　E. 猪

（16、17题共用以下题干）
某养殖场，白羽肉鸡发病，表现生长迟缓、反应迟钝、呼吸困难、体温正常。腹部触诊有波动感。剖检见心脏肥大，肾肿大出血，肺呈弥漫性充血。
16. 该病最可能的诊断是
    A. 食盐中毒　B. 衣原体病　C. 维生素A缺乏症　D. 新城疫　E. 肉鸡腹水综合征
17. 该病的主要病理变化是
    A. 右心肥大　B. 左心缩小　C. 左心肥大　D. 心冠脂肪出血　E. 左心房扩张

（18~20题共用以下题干）
罗威纳犬，雄性，3岁，饱食后半小时，腹围快速增大，口吐白沫，呼吸困难，腹痛不安。触诊腹部膨胀，有震水音，听诊心率快而弱。
18. 根据临床症状，首先排除的疾病是
    A. 急性胃扩张　B. 食物中毒　C. 胃扩张-扭转综合征　D. 肠梗阻　E. 肠痉挛
19. 右侧位X线检查，胃部出现大面积低密度阴影，在阴影中上部横有一中密度折痕，幽门向前背侧移位，脾脏向右移位。正确的治疗方法是
    A. 灌肠、洗胃　B. 实施胃切开术　C. 注射阿托品　D. 实施胃固定术　E. 静注20%甘露醇
20. 【假设信息】若胃导管探查顺利插入，腹胀迅速减轻，且症状得到缓解，病犬逐渐康复。该病的诊断是
    A. 食道狭窄　B. 急性胃扩张　C. 肠梗阻　D. 食道阻塞　E. 胃扩张-扭转综合征

（21~23题共用以下题干）
赛马，7岁，雄性，近1个多月来在右前

肢肘头部逐渐形成一隆起，无热无痛，初期软，后期变硬，轻度跛行，其余未见异常。

21. 该隆起最可能的诊断是
    A. 黏液囊炎   B. 肿瘤   C. 淋巴外渗
    D. 脓肿   E. 血肿
22. 姑息疗法时，患部穿刺放液后宜注入
    A. 氯丙嗪＋普鲁卡因   B. 利多卡因＋氯丙嗪   C. 自家血＋可的松   D. 普鲁卡因＋自家血   E. 可的松＋普鲁卡因
23. 手术治疗时皮肤切口的最佳位置应在隆起部的
    A. 正上方   B. 正下方   C. 正前方
    D. 正后方   E. 后外侧

（24、25题共用以下题干）
马，5岁，采食大量大麦后发病，食欲废绝，精神沉郁，眼结膜发绀，嗳气、腹痛、直肠检查在左侧最后肋骨后方可摸到脾脏后缘。

24. 该病最可能的诊断是
    A. 骨盆曲阻塞   B. 盲肠臌气   C. 急性胃扩张   D. 肠痉挛   E. 盲肠变位
25. 该病马可能发生
    A. 呼吸性碱中毒   B. 呼吸性酸中毒
    C. 代谢性碱中毒   D. 代谢性酸中毒
    E. 混合性酸中毒

（26～28题共用以下题干）
某养鸭场雏鸭发病，眼周围羽毛黏结形成"眼圈"，排黄白色或绿色稀粪，病鸭脚软无力，不愿走动，伏卧。特征病理变化是广泛性纤维素性渗出性炎症。

26. 该病的病原是
    A. 禽副黏病毒   B. 鸭疫里默氏杆菌
    C. 巴氏杆菌   D. 沙门氏菌   E. 禽细小病毒
27. 确诊该病的主要依据是
    A. 病原分离鉴定   B. 染色镜检
    C. 琼脂扩散试验   D. 间接血凝试验
    E. 玻板凝集试验
28. 该病对雏鸭危害最严重的周龄是
    A. ＜1周龄   B. 2～3周龄   C. 6～7周龄   D. 8～9周龄   E. 4～5周龄

（29～31题共用以下题干）
某种猪场，猪群体温、食欲正常；初产母猪相继出现流产、产死胎、弱胎、木乃伊胎；经产母猪未见异常。

29. 该病最可能的诊断是
    A. 猪细小病毒病   B. 猪肺疫   C. 猪繁殖与呼吸综合征   D. 猪瘟   E. 猪丹毒
30. 取死胎检查，确诊该病的实验室检查方法是
    A. 剖检观察   B. 组织病理学观察
    C. PCR   D. 血液涂片镜检   E. 细菌分离鉴定
31. 该病的主要预防措施是
    A. 灭鼠   B. 圈舍保温   C. 注射疫苗
    D. 环境消毒   E. 注射抗生素

（32～34题共用以下题干）
雪纳瑞犬，3岁，近一周内逐渐出现共济失调，神态烦躁，对外界刺激敏感，进而全身抽搐、痉挛、身体衰弱无力，心动过速。抽搐期间一过性体温升高。

32. 该病最可能的诊断是
    A. 脊髓炎   B. 甲状旁腺机能减退症
    C. 脑膜脑炎   D. 低血糖   E. 甲状旁腺机能亢进症
33. 确诊该病应做的血清检测项目是
    A. GH   B. T3/T4   C. ACTH
    D. FSH   E. PTH
34. 治疗该病的首选药物是
    A. 甲状旁腺激素   B. 可的松   C. 胰岛素   D. 左旋甲状腺素   E. 磷酸二氢钠

（35～37题共用以下题干）
公水牛，长期饲喂添加棉籽饼的精料，近期频频出现拱腰、举尾并有排尿动作，但未见尿液排出或仅排出少量尿液。直肠检查见膀胱充盈。

35. 该病最可能的诊断是
    A. 尿道结石   B. 尿道炎   C. 肾衰竭
    D. 急性肾炎   E. 心力衰竭
36. 该病发生的病理机制是
    A. 心肌炎症   B. 血管通透性增加
    C. 变态反应   D. 维生素A缺乏
    E. 尿路上皮细胞变性
37. 该水牛还易继发
    A. 心包积液   B. 酮血症   C. 甲状腺机能减退   D. 甲状腺机能亢进
    E. 夜盲症

（38～40题共用以下题干）
绵羊，头部脱毛、皮肤增厚、局部出现小结节，有液体渗出，形成痂皮。取健康与病变交界处皮屑镜检，见有多量如下图所示虫体。

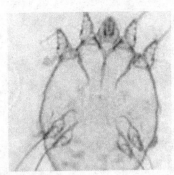

38. 该病的病原是
   A. 虱　　B. 疥螨　　C. 硬蜱　　D. 痒螨　　E. 软蜱
39. 防治该病的药物是
   A. 吡喹酮　B. 伊维菌素　C. 莫能菌素　D. 左旋咪唑　E. 阿苯达唑
40. 该病的传播方式是
   A. 交配　B. 昆虫叮咬　C. 直接接触　D. 消化道　E. 胎盘

（41～43题共用以下题干）
猪，6月龄，叫声嘶哑，咀嚼障碍。横纹肌组织切片染色后见如图所示虫体。

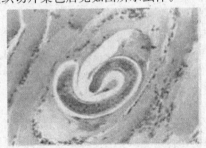

41. 该病最可能的诊断
   A. 弓形虫病　B. 捻转血矛线虫病　C. 肉孢子虫病　D. 旋毛虫病　E. 毛尾线虫病
42. 成虫的寄生部位是
   A. 心脏　B. 肠道　C. 肝脏　D. 脾脏　E. 肺脏
43. 该病的有效预防措施是
   A. 环境卫生　B. 灭蚊　C. 灭蜱　D. 消毒　E. 灭鼠

（44～46题共用以下题干）
奶牛，10～15日龄，体温突然升高，数小时后开始腹泻，粪便呈水样、灰白色，混有血丝和未消化的凝乳块，有酸臭味。
44. 确诊该病的检查项目应首选
   A. 粪便蛔虫虫卵检查　B. 粪便片形吸虫虫卵检查　C. 瘤胃纤毛虫检查　D. 尿液检查　E. 细菌学检查

45. 治疗该病应选用的药物是
   A. 氨苄西林　B. 林可霉素　C. 阿苯达唑　D. 吡喹酮　E. 杆菌肽
46. 该病最可能出现的病理变化是
   A. 肾坏死　B. 脾梗死　C. 皱胃充血、水肿　D. 肝肿大、黄染　E. 心肌肥大、苍白

（47～49题共用以下题干）
8月，牛群少数牛在病初出现眼睑痉挛，流泪，结膜充血。后期有脓性分泌物，角膜混浊，严重者角膜溃疡、穿孔，且很快有更多牛出现类似症状。
47. 该牛群发生的疾病最可能是
   A. 传染性鼻气管炎　B. 传染性角膜结膜炎　C. 维生素B_1缺乏症　D. 牛吸吮线虫病　E. 青光眼
48. 该病的诱因**不包括**
   A. 发情　B. 灰尘　C. 刮风　D. 家蝇　E. 强光
49. 治疗该病宜采用
   A. 用1%甲醛溶液洗眼　B. 口服阿苯达唑　C. 用2%碘酊洗眼　D. 用3%硼酸水洗眼　E. 肌注伊维菌素

（50～52题共用以下题干）
25日龄AA肉鸡群，发病率为90%，病死率为20%，排绿色稀粪，食欲废绝。剖检见肺脏、肝脏出血，肌胃、肠道有大量积血，胸肌、腿肌、心肌、肝和脾上有突出于组织表面的白色小结节。
50. 该病最可能的诊断是
   A. 组织滴虫病　B. 禽流感　C. 球虫病　D. 新城疫　E. 住白细胞虫病
51. 诊断该病常采集的病料是
   A. 嗉囊液　B. 血液　C. 粪便　D. 唾液　E. 羽毛囊
52. 治疗该病应选用的药物是
   A. 红霉素　B. 氟苯尼考　C. 阿莫西林　D. 磺胺喹恶啉　E. 链霉素

（53、54题共用以下题干）
某猪场，部分母猪屡配不孕，妊娠母猪有流产、早产现象。仔猪表现顽固性腹泻，并见有皮下水肿、黄疸，部分1月龄左右的仔猪有急性猝死现象，剖检可见"桑葚心"典型病理变化。
53. 该病最可能的诊断是
   A. 维生素B_1缺乏症　B. 铜中毒　C. 铅中毒　D. 维生素E和硒缺乏症

E. 硒中毒

54. 治疗该病的有效措施是
A. 肌注维生素E＋亚硒酸钠   B. 口服硫酸镁   C. 静注葡萄糖酸钙   D. 肌注维生素B_1 E. 口服维生素A

（55～57题共用以下题干）

某蛋鸭群突然发病，发病率为80%，病死率为70%，体温达43℃，畏光流泪，眼睑水肿。剖检见食管黏膜点状出血、条状坏死，肠道有环状出血带。

55. 该病最可能的诊断是
A. 禽流感   B. 鸭病毒性肝炎   C. 坦布苏病毒感染   D. 鸭瘟   E. 圆环病毒感染

56. 诊断该病常用的血清学方法是
A. ELISA   B. 鸡胚干扰试验   C. 凝集试验   D. 血凝试验   E. 血凝抑制试验

57. 该病的主要防控措施是
A. 注射高兔血清   B. 接种弱毒疫苗   C. 扑杀全群   D. 减少鸭群密度   E. 减少应激

（58～60题共用以下题干）

绵羊，妊娠138天，离群呆立，视力下降，反应淡漠，2天后出现衰竭、卧地不起。后期发生昏迷，呼出气体有烂苹果味。

58. 确诊该病的方法首选
A. 鼻液检查   B. 血液生化检查   C. 阴道检查   D. 血常规检查   E. 直肠检查

59. 病死羊典型的剖检病变是
A. 肾脏变小、变硬   B. 肝脏肿大，呈土黄色   C. 肾上腺变小、变硬   D. 肺脏肿大、出血   E. 心冠脂肪出血、心包积液

60. 该病的特征性表现**不包括**
A. 高血脂   B. 酮尿症   C. 酮血症   D. 高血糖   E. 低血糖

（61～63题共用以下题干）

京巴犬，雄性，1岁，体重3.5kg，体温37.5℃，精神沉郁，不耐运动，眼结膜发绀，湿性咳嗽，呼吸困难，肺部听诊有啰音，未见全身浮肿，血常规检查无异常。

61. 该病发生的器官系统应考虑
A. 生殖系统   B. 心血管系统   C. 泌尿系统   D. 消化系统   E. 神经系统

62. 治疗该病**不宜**采用的方法是
A. 限制食盐摄入   B. 输血   C. 输氧   D. 强心   E. 利尿

63. 确诊该病的检查方法首选
A. 脑电图检查   B. X线检查   C. 气管镜检查   D. 胃镜检查   E. 心脏超声检查

（64～66题共用以下题干）

鸡，3月龄，生长发育迟缓，精神萎靡，羽毛松乱，鸡冠和可视黏膜苍白，消化机能障碍，下痢便秘交替。剖检见肠管内有乳白色、绿豆芽形虫体。

64. 该病最可能的诊断是
A. 住白细胞虫病   B. 鸡球虫病   C. 棘口吸虫病   D. 鸡蛔虫病   E. 组织滴虫病

65. 该病的活体诊断方法
A. 血液生化检查   B. 粪便检查幼虫   C. ELISA   D. 血液涂片检查   E. 粪便检查虫卵

66. 防控该病可用的药物是
A. 阿苯达唑   B. 磺胺嘧啶   C. 右旋糖酐铁   D. 恩诺沙星   E. 青霉素

（67、68题共用以下题干）

马，发病月余，证见精神倦怠，眼干，视力减退，四肢震颤，蹄甲干枯，口色淡白，脉弦细。

67. 该病可辨证为
A. 肺阴虚   B. 肝血虚   C. 胃阴虚   D. 心血虚   E. 肾阴虚

68. 治疗该病的方剂首选
A. 八珍汤   B. 六味地黄汤   C. 养胃汤   D. 百合固金汤   E. 归脾汤

（69～71题共用以下题干）

2月龄猪，体温、精神、食欲正常，近期部分猪表现打喷嚏，颜面部变形，眼角有泪斑。

69. 该病最可能的诊断是
A. 猪肺疫   B. 副猪嗜血杆菌病   C. 猪传染性胸膜肺炎   D. 猪传染性萎缩性鼻炎   E. 猪支原体肺炎

70. 病猪鼻拭子纯培养物染色镜检见有鞭毛的革兰阴性球杆菌，该菌最可能是
A. 副猪嗜血杆菌   B. 沙门氏菌   C. 放线杆菌   D. 丹毒杆菌   E. 波氏杆菌

71. 该病的预防措施**不包括**
A. 全群扑杀   B. 药物防控   C. 改善

饲养管理　　D. 免疫接种　　E. 淘汰阳
性猪
（72～74 题共用以下题干）
　　泰迪犬，雄性，3 岁，突然发病，右后肢
小腿内旋，跗关节屈曲；右后肢可以拉直，恢
复运步，但运动后不久再次出现上述现象；膝
关节处微疼痛敏感，但无明显肿胀。
72. 该病最可能的诊断是
　　A. 髌骨内方脱位　　B. 膝关节炎
　　C. 膝关节前十字韧带断裂　　D. 膝关节
后十字韧带断裂　　E. 髌骨上方脱位
73. 手术治疗该病的常用麻醉方法是
　　A. 全身麻醉　　B. 浸润麻醉　　C. 传导
麻醉　　D. 诱导麻醉　　E. 表面麻醉
74. 治疗该病的手术通路位于
　　A. 内侧滑车嵴　　B. 膝直韧带上方
　　C. 胫骨嵴内侧方　　D. 胫骨嵴下方
　　E. 外侧滑车嵴
（75～77 题共用以下题干）
　　某猪场，断奶仔猪发病，表现发热、咳
嗽、呼吸困难、关节肿大、跛行，病死率约
35%。剖检可见胸腔、腹腔等多处浆膜面有纤
维素性渗出物。
75. 该病最可能的诊断是
　　A. 猪肺疫　　B. 猪传染性胸膜肺炎
　　C. 副猪嗜血杆菌病　　D. 猪支原体肺炎
　　E. 猪丹毒
76. 该病的病原特征是
　　A. 厌氧性　　B. 典型的"卫星生长"现
象　　C. 革兰氏阳性　　D. 无荚膜
　　E. 仅有一个血清型
77. 该病常见的病理变化**不包括**
　　A. 心包炎　　B. 疣状心内膜炎　　C. 腹
膜炎　　D. 关节炎　　E. 胸膜炎
（78～80 题共用以下题干）
　　5 日龄仔猪，呕吐，相继出现黄色水样
便，内含白色乳凝块；数日内蔓延全群，日龄
越小病死率越高。
78. 该病最可能的诊断是
　　A. 猪传染性胃肠炎　　B. 猪梭菌性肠炎
　　C. 猪瘟　　D. 猪痢疾　　E. 仔猪白痢
79. 严重病例常见的出血部位是
　　A. 脑膜　　B. 肺心叶　　C. 肾脏
　　D. 肝脏　　E. 胃底部
80. 确诊该病的常用方法是
　　A. gE-ELISA　　B. 血涂片检查
　　C. 细菌分离　　D. RT-PCR　　E. 肠毒
素试验
（81、82 题共用以下题干）
　　美短猫，雌性，5 月龄，体重 3.0kg，突
发抽搐，肌肉震颤，腹痛，呕吐物伴有蒜臭
味，且在暗室观察可见发光。
81. 该猫最可能的中毒是
　　A. 磷化锌中毒　　B. 杀鼠灵中毒
　　C. 毒鼠强中毒　　D. 安妥中毒　　E. 敌
鼠钠中毒
82. 该毒物进入消化道后，促进毒性作用发挥
的是
　　A. 胃酸　　B. 脂肪酶　　C. 胃蛋白酶
　　D. 胰蛋白酶　　E. 胆汁
（83～85 题共用以下题干）
　　法国斗牛犬，雄性，2 岁，努责频繁，剧
烈，外阴肿胀，胎膜与胎水部分逸出，烦躁不
安，呼吸急促；已经持续 5h。产道检查发现
硬产道通畅，子宫颈口开张完全，内壁水肿，
在耻骨前缘可触及胎儿头顶部。
83. 引起该犬难产最可能的原因是
　　A. 子宫弛缓　　B. 骨盆狭窄　　C. 胎儿
过大　　D. 产力不足　　E. 子宫捻转
84. 判定胎儿是否死亡的最佳方法是
　　A. 内窥镜检查　　B. B 超检查　　C. 腹
部触诊　　D. 生殖道触诊　　E. X 线
检查
85. 治疗该病的首选方法是
　　A. 截胎术　　B. 矫正术　　C. 剖宫产术
　　D. 外阴切开术　　E. 牵引术
（86～88 题共用以下题干）
　　德国牧羊犬，野外训练半个月后，有多只
犬发病，尿液呈深红色至酱油色，逐渐消瘦，
精神沉郁，喜卧，运动后喘息，间歇性发热，
体温 40～41℃，可视黏膜苍白、黄染。在病
犬耳郭、颈部发现多个蜱虫。
86. 该病最可能的诊断是
　　A. 洋葱中毒　　B. 巴贝斯虫病　　C. 弓
形虫病　　D. 膀胱炎　　E. 肾炎
87. 确诊该病的检查方法是
　　A. B 超检查　　B. 血涂片镜检　　C. 血
液生化检查　　D. 尿常规检查　　E. 血
常规检查
88. 该病红尿类型属于
　　A. 药物性红尿　　B. 肌红蛋白尿
　　C. 血尿　　D. 血红蛋白尿　　E. 卟啉尿
（89～91 题共用以下题干）
　　某猪场断奶仔猪，饲喂自配料，生长较快

的猪发生运动障碍、顽固性腹泻、心率快、心律不齐、眼睑明显水肿等症状，剖检骨骼肌色淡，呈煮肉状。

89. 该猪场仔猪所患疾病可能是
    A. 硒缺乏症   B. 碘缺乏症   C. 锌缺乏症   D. 铜缺乏症   E. 铁缺乏症
90. 剖检还可见到的病理变化是
    A. 血液凝固不良   B. 桑葚心   C. 甲状腺肿   D. 管状骨弯曲   E. 皮肤角化不全
91. 治疗该病首选的药物是
    A. 碘化钾   B. 亚硒酸钠   C. 葡萄糖铁   D. 甘氨酸铜   E. 硫酸亚铁

（92～94题共用以下题干）

奶牛，已妊娠7个月。近期发现精神沉郁，弓背，努责，阴门流出红褐色难闻黏稠液体。阴道检查发现子宫颈口开张，阴道及子宫颈黏膜红肿。

92. 该牛最可能发生的疾病是
    A. 胎儿干尸化   B. 胎儿浸溶   C. 子宫积脓   D. 子宫内膜炎   E. 胎盘脱落
93. 进行直肠检查，卵巢上可能
    A. 既有妊娠黄体存在，又有卵泡发育
    B. 有妊娠黄体存在，无卵泡发育
    C. 无妊娠黄体存在，有卵泡发育
    D. 无妊娠黄体存在，无卵泡发育
    E. 有囊肿黄体
94. 最理想的处理方法是
    A. 剖宫产   B. 注射黄体酮   C. 通过产道取出胎儿   D. 注射前列腺素   E. 注射催产素

（95～97题共用以下题干）

4月10日，气温14～24.5℃，兽医院接诊一病马，体温38.9℃。主诉该马一直采用当地的采割的杂草为主饲喂，精料以玉米粉为主；最近总是刨蹄，常卧地四肢伸直，精神越来越差，粪便干硬，今晨屡现起卧症状，不吃料草。临检发现该马体况一般，耳鼻四肢温热，举尾呈现排粪姿势，蹲腰努责，但未见粪便排出，腹部膨胀，触诊有痛感，口内干燥，舌苔黄厚，脉象沉实。

95. 该病最可能诊断为
    A. 阴寒腹痛   B. 湿热腹痛   C. 粪结腹痛   D. 食滞腹痛   E. 肝旺腹痛
96. 如采用针灸治疗，可选用下述哪组穴为主穴
    A. 血针三江、姜牙   B. 白针天门、脾俞   C. 白针抢风、大椎   D. 白针后海、百会   E. 血针带脉、血堂
97. 如采用中药治疗，可以选用下列哪个方剂为主进行加减
    A. 郁金散   B. 大承气汤   C. 生化汤   D. 曲蘖散   E. 理中汤

（98～100题共用以下题干）

20日龄黄羽肉鸡，突然发病，张口呼吸、咳嗽、呼吸啰音，2日内波及全群，食欲废绝、扎堆，剖检见支气管有纤维素性分泌物，呈干酪样；肾脏肿大，尿酸盐沉积。

98. 该病最可能的诊断是
    A. 新城疫   B. 禽流感   C. 传染性法氏囊病   D. 鸡毒支原体感染   E. 传染性支气管炎
99. 该病用干扰试验诊断时，鸡胚50%以上的血凝效价应低于
    A. 1∶50   B. 1∶30   C. 1∶10   D. 1∶40   E. 1∶20
100. 目前对该病的防制措施是免疫接种
    A. 1次灭活疫苗   B. 1次弱毒疫苗+1次灭活疫苗   C. 1次弱毒疫苗   D. 2次弱毒疫苗   E. 2次弱毒疫苗+1次灭活疫苗

综合科目模拟试卷一参考答案

1	D	2	A	3	B	4	A	5	C	6	E	7	E	8	A	9	D	10	A
11	D	12	B	13	C	14	A	15	D	16	E	17	A	18	E	19	D	20	B
21	A	22	E	23	C	24	C	25	C	26	B	27	A	28	E	29	A	30	C
31	C	32	B	33	C	34	C	35	A	36	E	37	C	38	E	39	B	40	C
41	D	42	B	43	C	44	B	45	A	46	C	47	D	48	E	49	B	50	E
51	B	52	D	53	C	54	C	55	D	56	A	57	D	58	E	59	B	60	D
61	B	62	B	63	B	64	C	65	D	66	A	67	D	68	E	69	B	70	E
71	A	72	A	73	A	74	C	75	C	76	B	77	C	78	E	79	C	80	D
81	A	82	A	83	C	84	A	85	C	86	A	87	B	88	B	89	A	90	D
91	B	92	A	93	C	94	C	95	C	96	A	97	B	98	E	99	E	100	D

综合科目模拟试卷二

一、A1 题型

题型说明：每一道考试题下面有 A、B、C、D、E 五个备选答案，请从中选择一个最佳答案，并在答题卡上将相应题号的相应字母所属的方框涂黑。

1. 当生猪发生猪瘟时，下列哪种病理变化最具有猪瘟诊断意义
   A. 麻雀蛋肾　　B. 回盲瓣口出现纽扣状溃疡　　C. 淋巴结出血　　D. 脾梗死
   E. 喉头出血
2. 触诊胸部皮下水肿与皮下气肿的感觉依次是
   A. 捏粉样、波动　　B. 捻发样、坚实
   C. 坚实、捻粉样　　D. 捏粉样、捻发样
   E. 捻发样、捏粉样
3. 肉食动物尿液常呈
   A. 中性　　B. 强碱性　　C. 弱碱性
   D. 强酸性　　E. 弱酸性
4. 犬猫间接性动脉血压的最佳测定部位是
   A. 颈动脉　　B. 股动脉　　C. 颌外动脉
   D. 髂内动脉　　E. 髂外动脉
5. 笼养蛋鸡疲劳综合征的病因**不包括**
   A. 缺乏运动　　B. 维生素 D 缺乏
   C. 维生素 C 缺乏　　D. 饲料中钙缺乏
   E. 钙磷比例不当
6. 犬维生素 A 缺乏时可引起
   A. "干眼病"　　B. 蓝眼病　　C. 白内障　　D. 青光眼　　E. 虹膜炎
7. （　　）是由淋巴细胞增生引起的肿瘤性疾病
   A. 鸡白痢　　B. 鸡马立克氏病　　C. 鸡新城疫　　D. 鸡霍乱　　E. 鸡法氏囊病
8. 鸡痘的接种途径是
   A. 饮水　　B. 点眼或滴鼻　　C. 肌内注射　　D. 气雾　　E. 皮肤刺种
9. 鸡群沙门氏菌病的检测方法常用
   A. 全血平板凝集反应　　B. 血清平板凝集反应　　C. 全血琼脂扩散反应　　D. 血清琼脂扩散反应　　E. 试管凝集反应
10. 鸡慢性呼吸道病的病原是
    A. 巴氏杆菌　　B. 副鸡嗜血杆菌
    C. 鸡败血支原体　　D. 呼肠孤病毒
    E. 副黏病毒
11. 下列疾病可引起产蛋突然下降的是
    A. 禽脑脊髓炎　　B. 禽流感　　C. 鸡新城疫　　D. A+B　　E. A+B+C
12. 禽患（　　）病时须作扑杀销毁
    A. 白痢　　B. 鸭瘟　　C. 小鹅瘟
    D. 鸡瘟　　E. 马立克氏病
13. 我国流行的副鸡嗜血杆菌，其血清型以（　　）为主
    A. A 型　　B. B 型　　C. C 型　　D. D 型
    E. E 型
14. 鸡球虫病诊断常用
    A. 革兰氏染色法　　B. 瑞氏染色法
    C. HA 试验　　D. HI 试验　　E. 饱和盐水漂浮法
15. 鸡住白细胞虫病的传播过程需要（　　）为传播媒介
    A. 饲料　　B. 水　　C. 工具　　D. 人员　　E. 吸血昆虫
16. 犬瘟热的快速、简便和特异的诊断方法是
    A. 病理剖检　　B. 免疫学试验　　C. 根据临床症状　　D. 流行病学调查
    E. 病毒分离鉴定
17. 犬细小病毒病的临床分型有
    A. 肠炎型和脑炎型　　B. 肠炎型和皮肤型　　C. 肠炎型和呼吸型　　D. 肠炎型和关节炎型　　E. 肠炎型和心肌炎型
18. 犬巴贝斯虫病的典型临床症状是
    A. 高热、呕吐、贫血　　B. 高热、贫血、黄疸　　C. 贫血、血便、咳嗽　　D. 呕吐、腹泻、呼吸困难　　E. 呕吐、腹泻、贫血
19. 犬急性洋葱中毒的典型症状有
    A. 呕吐　　B. 腹泻　　C. 尿血
    D. 鼻镜干燥　　E. 眼结膜苍白
20. 母犬通过胎盘感染胎儿的线虫是
    A. 狮弓首蛔虫　　B. 犬弓首蛔虫
    C. 猫弓首蛔虫　　D. 猫圆线虫　　E. 毛尾线虫
21. 犬、猫Ⅰ型糖尿病的根本原因是
    A. 葡萄糖摄入过多　　B. 胰岛素分泌不足　　C. 甲状腺功能亢进　　D. 高脂血症　　E. 肾上腺皮质机能亢进
22. 暗室内用伍氏灯照射犬病变区可使感染的毛发发出绿色荧光的真菌是
    A. 石膏样小孢子菌　　B. 毛癣菌
    C. 犬小孢子菌　　D. 马拉色菌　　E. 白色念珠菌

23. 犬尿道结石完全阻塞尿道时的**错误**治疗方法是
    A. 水压冲洗　B. 尿道切开　C. 尿道造口　D. 注射速尿　E. 服用尿石通
24. 启动牛羊母畜分娩决定因素是
    A. 机械因素　B. 神经因素　C. 免疫因素　D. 胎儿内分泌变化　E. 母体内分泌变化
25. 牛产后排出恶露正常时间范围是
    A. 12～14 天　B. 4～6 天　C. 7～9 天　D. 2～3 天　E. 15 天以上
26. 下列哪项病变能反映山羊小叶性肺炎的本质
    A. 浆液性炎　B. 纤维蛋白性炎　C. 化脓性炎　D. 坏死性炎　E. 出血性炎
27. 绵羊新月形肾小球肾炎的主要病变是
    A. 肾小球囊脏层上皮细胞增生　B. 毛细血管纤维蛋白样坏死　C. 单核细胞渗出于肾球囊内　D. 中性粒细胞渗出于肾球囊内　E. 肾球囊壁层上皮细胞增生
28. 引起马传染性贫血的病原为
    A. 马传贫病毒　B. 马传贫细菌　C. 钩端螺旋体　D. 伊氏锥虫　E. 马巴贝斯虫
29. 治疗牛急性瘤胃臌气的穴位为
    A. 百会　B. 脾俞　C. 肷俞　D. 六脉　E. 肾俞

二、B1 题型

题型说明：以下提供若干组考题，每组考题共用在考题前列出的 A、B、C、D、E 五个备选答案，请从中选择一个与问题最密切的答案，并在答题卡上将相应题号的相应字母所属的方框涂黑。某个备选答案可能被选择 1 次、多次或不被选择。

(30～33 题共用下列备选答案)
    A. 仔猪白痢　B. 仔猪黄痢　C. 仔猪红痢　D. 猪痢疾　E. 猪回肠炎
30. 1～3 日龄仔猪排血样稀粪
31. 10 日龄以内仔猪排黄色水样粪
32. 10～20 日龄仔猪排白色糊状粪
33. 7～12 周龄幼猪排黄色柔软或血样血粪

(34～37 题共用下列备选答案)
    A. 前列腺素　B. 促卵泡素　C. 促黄体素/人绒毛膜促性腺激素　D. 孕激素　E. 孕马血清促性腺激素
34. 母畜不发情，卵巢上无生长卵泡的催情
35. 母畜长期不发情，卵巢上有黄体的处理
36. 母畜发情不明显，卵巢上有中小卵泡发育
37. 母畜表现出强烈持续发情，发情期延长、间情期缩短，检查卵巢上有 1 个或数个壁很薄的壁紧张比正常卵泡大的囊泡处理

(38～40 题共用下列备选答案)
    A. 粪便学检查　B. 血液涂片检查　C. 肌肉压片检查　D. 生殖道黏膜涂片检查　E. 淋巴结穿刺检查
38. 双芽巴贝斯虫病可采取的检查方法是
39. 猪旋毛虫病可采取的检查方法是
40. 马媾疫病可采取的检查方法是

(41～44 题共用下列备选答案)
    A. 猪瘟　B. 猪繁殖与呼吸综合征　C. 猪圆环病毒病　D. 猪伪狂犬病　E. 非洲猪瘟
41. 脾脏边缘有突出于表面的黑色梗死的病是
42. 脾脏明显肿大，切开后脾髓呈紫黑色的病是
43. 肺肿大坚硬如橡皮，淋巴结水肿，淡黄色，肿大 2～4 倍，皮肤有大小不一的出血性丘疹的病可能是
44. 临床上具有脑脊髓炎症状，剖解可见肺、肝、脾、肾等实质脏器白色坏死灶的病可能是

(45、46 题共用下列备选答案)
    A. 大肠俞　B. 脾俞　C. 肝俞　D. 肺俞　E. 膀胱俞
45. 治疗马膀胱湿热宜选
46. 治疗马结症、肚胀、肠黄、冷肠泄泻宜选

三、A2 题型

题型说明：每一道考题是以一个小案例出现的，其下面都有 A、B、C、D、E 五个备选答案，请从中选择一个最佳答案，并在答题卡上将相应题号的相应字母所属的方框涂黑。

47. 小母猪，4 月龄，子宫脱出与直肠同时脱出；乳腺增大，乳头潮红，子宫扩大，增重相对增快，发病率高，死亡率低；发情周期紊乱，青春前期呈发情征兆。最可能的诊断是
    A. 栎树叶中毒　B. 蕨中毒　C. 黄曲霉毒素中毒　D. 玉米赤霉烯酮中毒　E. 氢氰酸中毒
48. 羊，7 岁，沉郁，步态强拘，食欲减退或废绝；触摸肾区，肾肿大有疼痛感；具排尿姿势，轻度血尿、细菌尿、脓尿

等。最可能的诊断是
A. 肾结石　　B. 输尿管结　　C. 膀胱结石　　D. 尿道结石　　E. 急性肾炎

49. 3月龄牛，连续数日体温42.1～42.5℃，反复咳嗽，呼吸困难。胸部叩诊出现大片音区。该病最可能患的疾病是
A. 肺结核　　B. 支气管炎　　C. 大叶性肺炎　　D. 小叶性肺炎　　E. 肺充血和肺水肿

50. 猪，采食腐烂的小白菜1小时后出现精神沉郁、口吐白沫、部分惊厥死亡等症状，病猪可视黏膜颜色最可能是
A. 粉红　　B. 潮红　　C. 蓝紫　　D. 深黄　　E. 苍白

51. 9岁北京犬，精神高度沉郁，每天呕吐数次，可视黏膜黄染。临床生化检验可出现
A. 高血钠　　B. 高血糖　　C. 高血磷　　D. 高胆红素　　E. 高胆固醇

52. 猪，长期采食含有酱渣的饲料。身体震颤，不断咀嚼，口渴，口角挂少量白色泡沫，该病猪最可能的表现是
A. 兴奋　　B. 沉郁　　C. 昏睡　　D. 昏迷　　E. 正常

53. 乳牛，食欲减少，口腔干臭，鼻镜干燥，反刍停止。肠蠕动音减弱，排粪停止。两后肢交替踏地或踢腹，该牛所患的疾病是
A. 肠炎　　B. 口炎　　C. 酮病　　D. 肠便秘　　E. 前胃弛缓

54. 某鸡场25日龄仔鸡，出现甲侧或双侧跗关节以下扭转，向外屈曲，跗关节肿大、变形，长骨和跖骨短粗，腓肠肌腱脱出，可能的疾病是
A. 锰缺乏症　　B. 锌缺乏症　　C. 胆碱缺乏症　　D. 盐酸缺乏症　　E. 维生素D缺乏症

55. 南方某鸭场，7月陆续发病，病鸭食欲废绝，腹泻，可视黏膜黄染，步态不稳，角弓反张。剖检见肝肿大，广泛性出血和坏死，病死率达87％。该病可能是
A. T-2毒素中毒　　B. F-2毒素中毒　　C. 黄曲霉毒素中毒　　D. 青霉素类中毒　　E. 杂色曲霉素中毒

56. 有一鸡场饲养3000只蛋鸡，日粮中钙含量为1％，钙磷比例为3：1。在鸡群中最可能出现具有诊断意义的症状是
A. 腹泻　　B. 呼吸增快　　C. 体温升高　　D. 鸡冠苍白　　E. 产软壳蛋

57. 在一腹泻犊牛群中，伴有体温升高现象，37～39℃。粪便直接涂片经抗酸染色后可见卵囊为玫瑰红色，圆形或椭圆形，大小约4～5μm，背景为蓝绿色。卵囊着色深浅不一，染色深者内部可见4个月牙形的子孢子，多数卵囊外有一晕圈状结构。该病最有可能是
A. 隐孢子虫病　　B. 球虫病　　C. 小袋虫病　　D. 焦虫病　　E. 肾虫病

58. 患牛，稽留热，胸部叩诊有广泛的浊音区。精神沉郁，食欲废绝，心率加快，呼吸困难。其呼吸困难的类型属于
A. 肺源性　　B. 心源性　　C. 血原性　　D. 中毒性　　E. 中枢性

四、A3/A4题型

题型说明：以下提供若干个案例，每个案例下设若干道考题。请根据案例所提供的信息，在每一道考试题下面的A、B、C、D、E五个备选答案中选择一个最佳答案，并在答题卡上将相应题号的相应字母所属的方框涂黑。

(59～61题共用以下题干)

某养殖场发生疫情，主要表现为产蛋鸡产蛋急剧下降，部分鸡死亡，剖检发现腺胃乳头出血，直肠出血，肠道黏膜出血等。

59. 该病最可能是
A. 传染性支气管炎　　B. 禽流感　　C. 新城疫　　D. 产蛋下降综合征　　E. 鸡败血性支原体

60. 分离病毒选用的鸡胚日龄是
A. 5～6　　B. 9～11　　C. 16～18　　D. 大于14　　E. 所有日龄

61. 对鸡胚分离的病毒用什么方法鉴定病毒
A. 血凝试血凝试验和血凝抑制试验　　B. 血凝试验　　C. 血凝抑制试验　　D. 扫描电镜　　E. 抗原抗体反应

(62～65题共用以下题干)

4周龄北京鸭发病，病鸭食欲减少，喜卧，拉稀，排暗红色粪便，羽毛蓬松，发病几天后有零星死亡。剖检病死鸭发现，小肠弥漫性出血、肠壁肿胀、出血，肠黏膜粗糙，覆盖一层糠麸样或奶酪样或胶冻样黏液。

62. 对该鸭病的诊断还需进行的有意义的检查是
A. 心血触片　　B. 病毒的分离鉴定　　C. 细菌的分离鉴定　　D. 粪便检查　　E. 血象检查

63. 本病的重要传染源是

A. 饲料　B. 土壤　C. 节肢动物　D. 带虫种鸭　E. 饮水

64. 以下哪种药物可作为治疗药物
A. 氯丙嗪　B. 氟哌酸　C. 头孢类抗生素　D. 氟苯尼考　E. 恩诺沙星

65. 引起该病的主要致病种是
A. 毁灭泰泽球虫　B. 柯氏艾美耳球虫　C. 柔嫩艾美耳球虫　D. 毒害艾美耳球虫　E. 鹅艾美耳球虫

（66~68题共用以下题干）
3岁母猫，近日精神沉郁。脉搏强硬，食欲减退。偶有体温升高，腰部拱起，步态拘谨，不愿行走，触压腹部可感知肾脏肿大且疼痛明显。

66. 如作尿沉渣检查，可能出现的异常物质是
A. 碳酸钙结晶　B. 磷酸钙结晶　C. 草酸钙结晶　D. 硫酸钙结晶　E. 尿酸结晶

67. 该猫如排尿异常，最可能的临床表现是
A. 频尿、尿量增多　B. 频尿、尿量减少　C. 频尿、尿量未见异常　D. 排尿次数未见异常、尿量增多　E. 排尿次数未见异常、尿量未见异常

68. 如作尿液化学检查，最可能出现异常的指标是
A. pH值　B. 肌酐　C. 酮体　D. 蛋白质　E. 葡萄糖

（69~71题共用以下题干）
某猪场断奶仔猪，饲喂自配料，生长较快的猪发生运动障碍，顽固性腹泻、心率快、心律不齐、眼睑明显水肿等症状，剖检骨骼肌色淡，呈煮肉状。

69. 该猪场仔猪所患疾病可能是
A. 硒缺乏症　B. 碘缺乏症　C. 锌缺乏症　D. 铜缺乏症　E. 铁缺乏症

70. 剖检还可见到的病理变化是
A. 血液凝固不良　B. 桑葚心　C. 甲状腺肿　D. 管状骨弯曲　E. 皮肤角化不全

71. 治疗该病首先的药物是
A. 碘化钾　B. 亚硒酸钠　C. 葡萄糖铁　D. J甘氨酸铜　E. 硫酸亚铁

（72~75题共用以下题干）
某新建猪场猪饲养密度较大，2009年11月陆续发现肥猪和后备猪发病，病猪体温正常，食欲和精神状况正常。感染后张口喘气，腹式呼吸，次数增多，有的呈犬坐姿势，严重时出现连续性咳嗽，咳嗽时站立不动拱背，后期采食下降，偶尔出现死亡。严重的精神萎靡，食欲减退，体温升高，继发感染其他呼吸道病原，出现死亡。

72. 该病可能是
A. 猪肺疫　B. 猪丹毒　C. 猪传染性胸膜肺炎　D. 副猪嗜血杆菌病　E. 猪支原体肺炎

73. 剖解病死猪特征性病变是
A. 肺充血出血　B. 肺有白色的纤维素性假膜　C. 肺有胰脏样肉变　D. 肺有对称性胰脏样肉变　E. 肺有脓肿

74. 对本病的诊断有重要价值的是
A. X线检测　B. 荧光抗体检测　C. PCR检测　D. 细菌分离　E. ELISA

75. 常用的治疗药物是
A. 磺胺药　B. 青霉素　C. 泰妙菌素　D. 泰乐菌素　E. 土霉素

（76~78题共用以下题干）
3岁波尔种公羊，发病近1个月，最初食欲减退，经常在放牧时阵发性转圈，逐渐消瘦，以后转圈次数逐渐增多，每次转圈时总是转向右侧，经用多种抗菌消炎药物无效。最近经常出现阵发性倒地惊叫，四肢游泳状划动。

76. 该羊最可能患的是
A. 脑炎　B. 中暑　C. 脑多头蚴病　D. 脑外伤　E. 脑肿瘤

77. 进一步确诊可采用
A. 粪便寄生虫检查　B. 血液寄生虫检查　C. 抽取脑脊液做病毒分离　D. 眼结膜变态反应试验　E. X线透视/摄片检查

78. 该病的首选治疗方法为
A. 驱虫　B. 抗菌消炎　C. 抗病毒，消除脑水肿　D. 手术摘除多头蚴　E. 针灸治疗

（79~81题共用以下题干）
某地8月中旬有一群绵羊相继发病，体温升高达42℃左右，精神沉郁，食欲废绝。鼻镜、口腔黏膜发热，齿龈、舌及唇边缘出现烂斑，颜色呈青紫色；鼻孔内积脓性黏稠鼻液，干固后结痂覆盖其表面。有的下痢、有的跛行、蹄冠及趾间皮肤充血、发红。有的怀孕母羊发生流产。

79. 该羊群所患疾病可能是
A. 口蹄疫　B. 牛瘟　C. 布鲁氏菌病

D. 牛传染性鼻气管炎　　E. 蓝舌病

80. 该病的主要传播媒介是
A. 库蠓　　B. 长脚蚊　　C. 犬
D. 蜱　　E. 猪

81. 该病常用的实验室诊断方法是
A. 细菌培养　　B. 血常规检查　　C. 血液生化试验　　D. 琼扩试验　　E. B超检查

（82~84题共用以下题干）
一羊场陆续发生以母羊流产、关节炎、公羊睾丸炎为主的疾病。母羊流产后常发生胎衣不下。

82. 该羊场最可能发生疾病是
A. 食物中毒　　B. 乙型脑炎　　C. 布鲁氏菌病　　D. 巴氏杆菌病　　E. 结核病

83. 进一步的确诊的方法是
A. 取病料分离细菌进行鉴定　　B. PCR检查　　C. 血常规检查　　D. 血液生化试验　　E. 胎衣检查

84. 对于尚未发出现临床症状的羊，判断其是否感染的方法是
A. 结核菌素点眼观察　　B. 布鲁氏菌素皮内注射观察　　C. B超检查　　D. X线检查　　E. 直肠检查

（85~87题共用以下题干）
有一奶牛，分娩后第2天突然发病，最初兴奋不安，食欲废绝，反刍停止，四肢肌肉震颤，站立不稳，舌伸出口外，磨牙，行走时步态踉跄，后肢僵硬，左右摇晃。很快倒地，四肢屈曲于躯干之下，头转向胸侧，强行拉直，松手后又弯向原侧；以后闭目昏睡，瞳孔散大，反射消失，体温下降。

85. 该牛可能患的是
A. 产后败血症　　B. 脑炎　　C. 中毒　　D. 低糖血症　　E. 生产瘫痪

86. 如果进行实验室检查确诊，最必要的检查内容是
A. X光片检查　　B. 血象检查　　C. 心电图检查　　D. 电解质检查（血钙检测）　　E. 血糖检测

87. 该病最有效的治疗方法是
A. 抗菌消炎，防止败血　　B. 补糖补钙，乳房送风　　C. 输血输氧，补充能量　　D. 利尿，消除脑水肿　　E. 解痉镇静，消除肌肉痉挛

（88~90题共用以下题干）
有一奶牛场的奶牛在某年冬季陆续发病，体温升高达41℃以上，精神极度沉郁，拒食，流泪，咳嗽，流鼻液，呈黏稠脓性，鼻黏膜高度充血，有浅溃疡，鼻翼及鼻镜高度炎性充血、潮红，呈红色。炎性渗出物阻塞鼻腔而呼吸困难。病牛常张口呼吸，呼气中常有臭味。有的病牛出现带血的下痢。有的病牛眼睑肿胀，结膜充血。产奶乳牛产乳量大减或完全停止。

88. 最可能的诊断是
A. 胃肠炎　　B. 口蹄疫　　C. 牛传染性鼻气管炎　　D. 牛病毒性腹泻/黏膜病　　E. 牛流行热

89. 要进一步确诊，需要
A. 采集病料做病毒分离鉴定　　B. 采取血液做生化试验　　C. 采取血液做细菌培养　　D. 采取血液做血常规检查　　E. X光检查

90. 发现本病后，最好的防控措施是
A. 隔离封锁，捕杀病牛，对所有牛接种弱毒疫苗　　B. 紧急预防接种，积极治疗病牛，减少经济损失　　C. 隔离封锁，捕杀病牛，对孕牛以外的所有牛接种弱毒疫苗　　D. 对发病场周围3千米内的所有牛全部实行宰杀　　E. 隔离封锁，捕杀病牛

（91~94题共用以下题干）
某兔场饲养兔700余只，2009年2月1日出现疫情，患兔体温41℃以上，食欲不振，饮欲增加，精神委顿，死前出现挣扎、咬笼架等兴奋症状，随着病程发展，出现全身颤抖，身体侧卧，四肢乱蹬，惨叫而死。病兔死前肛门常松弛，流出附有淡黄色黏液的粪球，肛门周围的兔毛也被这种淡黄色黏液污染。部分病死兔鼻孔中流出泡沫状血液。

91. 对这起疫情的诊断，第一步需要进行的检查是
A. 病毒分离鉴定　　B. 细菌分离鉴定　　C. 采血进行血液学检查　　D. 临床剖检　　E. 血清学方法检测抗原

92. 在诊断过程中如果观察到病死兔气管和支气管内有泡沫状血液，鼻腔、喉头和气管黏膜瘀血和出血；肺严重充血、出血，切开肺时流出大量红色泡沫状液体。肝瘀血、肿大、质脆，表面呈淡黄或灰白色条纹，切面粗糙，流出多量暗红色血液。进一步的调查发现，发病兔是刚购进场的93只种兔，而场内原有的600余只兔没有发病（这些兔在2008年12月进行过兔瘟灭

活疫苗的注射)。发病兔对抗生素治疗无效。作为临床兽医,你认为
    A. 需要进一步进行病毒分离鉴定,才能作出初步诊断   B. 需要进一步进行细菌分离鉴定,才能作出初步诊断   C. 需要进一步进行血清学方法检测抗体,才能作出初步诊断   D. 根据已经获得的病理变化、流行病学和治疗结果等资料,可以作出初步诊断   E. 需要进一步进行血清学方法检测抗原,才能作出初步诊断
93. 【假设信息】如果这起疾病是兔瘟,下列哪种措施是控制疫情最为合理的办法
    A. 严格封锁、消毒,所有兔紧急接种兔瘟灭活疫苗   B. 严格封锁、消毒,所有兔紧急注射青霉素   C. 严格封锁、消毒,所有兔紧急注射链霉素   D. 严格封锁、消毒,隔离和淘汰有临床症状兔   E. 严格封锁、消毒,隔离临床症状兔,临床健康兔紧急接种兔瘟灭活疫苗
94. 如果该兔场附近就是某高校,实验室设备和兔病诊断试剂齐全,当采集刚病死兔的新鲜肝脏后,下列哪种方法能够最快获得实验结果
    A. 血凝和血凝抑制试验   B. 琼扩试验   C. 免疫组化技术   D. 酶联免疫吸附试验   E. RT-PCR

(95~97题共用以下题干)
2011年7月10日,气温29~35.5℃,兽医院接诊一病猪,体温39.8℃。主诉该猪昨晚吃食正常,今天早上发现不食,精神较差,躺卧不动,不时饮水,未见小便。临床检查发现该猪呼吸急促,鼻盘煽动,肋肷部不停煽动,鼻流大量略稠鼻液,时而咳嗽;口色赤红,舌苔黄染,脉象洪数。
95. 该病最可能诊断为
    A. 风寒咳嗽   B. 湿痰咳嗽   C. 阴虚咳嗽   D. 肺虚喘   E. 肺热气喘
96. 如用中药治疗,治疗原则为
    A. 疏风散寒止咳平喘   B. 燥湿化痰止咳平喘   C. 滋阴生津润肺止咳   D. 补气降逆平喘   E. 宣肺泄热止咳平喘
97. 如采用中药治疗,可以选用下列哪个方剂进行加减
    A. 荆防败毒散   B. 二陈汤   C. 百合固金汤   D. 四君子汤和止咳散   E. 麻杏石甘汤

综合科目模拟试卷二参考答案

1	D	2	D	3	E	4	B	5	C	6	A	7	B	8	E	9	A	10	C
11	E	12	D	13	A	14	E	15	E	16	B	17	E	18	B	19	C	20	B
21	B	22	B	23	D	24	D	25	A	26	A	27	C	28	D	29	C	30	C
31	B	32	A	33	D	34	B	35	A	36	E	37	D	38	D	39	B	40	D
41	A	42	E	43	C	44	B	45	C	46	A	47	C	48	E	49	C	50	C
51	D	52	A	53	D	54	E	55	C	56	E	57	C	58	A	59	C	60	D
61	A	62	B	63	C	64	D	65	A	66	D	67	B	68	E	69	B	70	B
71	B	72	E	73	C	74	A	75	D	76	C	77	D	78	D	79	E	80	A
81	D	82	C	83	B	84	B	85	D	86	D	87	B	88	C	89	A	90	E
91	D	92	D	93	E	94	E	95	E	96	E	97	E						

综合科目模拟试卷三

一、A1 题型
题型说明:每一道考试题下面有 A、B、C、D、E 五个备选答案,请从中选择一个最佳答案,并在答题卡上将相应题号的相应字母所属的方框涂黑。
1. 口蹄疫病毒的贮存畜主是
    A. 牛   B. 羊   C. 猪   D. 骆驼   E. 马
2. 我国分离的猪繁殖与呼吸综合征病毒株均属于( )毒株。
    A. 泛亚洲型   B. 欧洲型   C. 亚洲型   D. 非洲型   E. 美洲型
3. 我国 2006 年爆发的猪高热病的主要病原是
    A. 蓝耳病病毒   B. 高致病性的蓝耳病病毒   C. 变异的蓝耳病病毒   D. 欧洲型蓝耳病病毒   E. 美洲型蓝耳病病毒
4. 急性猪链球菌病在临床和剖解上主要表现为

A. 关节炎　B. 胸膜炎　C. 败血症及纤维性渗出　D. 神经症状　E. 下颌脓肿

5. 口蹄疫病毒的主要传播途径是
A. 呼吸道　B. 生殖道　C. 消化道　D. 外源性感染　E. 内源性感染

6. 在回盲瓣处形成纽扣状溃疡的病是
A. 非洲猪瘟　B. 猪肺疫　C. 猪丹毒　D. 猪瘟　E. 猪圆环病毒病

7. 在消灭传染源，控制猪伪狂犬疫病，消灭（　）对猪场预防该病有重要意义。
A. 鼠　B. 犬　C. 猫　D. 鸟　E. 蚊

8. 猪气喘病的病原是
A. 猪链球菌　B. 猪流感病毒　C. 猪胸膜肺炎放线杆菌　D. 猪肺炎支原体　E. 巴氏杆菌

9. 引起猪的一种慢性呼吸道病，主要症状为咳嗽和气喘，病理特征是肺脏呈现双侧对称性实变，该传染病为
A. 猪肺疫　B. 传染性胸膜肺炎　C. 传染性萎缩性鼻炎　D. 猪支原体病　E. 副结核病

10. 在冬季流行的一种猪传染病，其特征是水样腹泻，病程一周左右，传播快，发病率高，死亡率低，这种传染病首先怀疑为
A. 猪传染性胃肠炎　B. 猪流行性腹泻　C. 猪痢疾　D. 仔猪白痢　E. 猪轮状病毒

11. 我国对高致病性禽流感实行强制免疫制度，免疫密度必须达到100%，抗体合格率超过
A. 30%　B. 40%　C. 50%　D. 60%　E. 70%

12. 典型鸭霍乱的肝脏病变特征是
A. 肝肿大，表面广泛分布针尖大小、灰白色的坏死点　B. 肝表面有大小不等的灰白色坏死灶，在坏死灶周围有环形出血带　C. 肝肿大、质脆，表面有大小不等的出血点　D. 肝脏表面覆盖一层灰白色的纤维素性膜　E. 肝肿大，出现呈圆形或不规则形状、中央稍凹陷、边缘稍隆起、淡黄色的坏死灶

13. 鹅新城疫最明显的和最常见的大体病理变化在
A. 呼吸道　B. 消化道　C. 生殖道　D. 实质脏器　E. 体表

14. 以下病变**不属于**鸭传染性浆膜炎的是
A. 心包炎　B. 心肌炎　C. 脑膜炎　D. 肝周炎　E. 关节炎

15. 鸭和鹅球虫的中间宿主为
A. 不需要中间宿主　B. 异刺线虫　C. 蚂蚁　D. 蛞蝓和蜗牛　E. 剑水蚤

16. 布氏艾美耳球虫的病变主要发生于
A. 小肠　B. 小肠至直肠　C. 结肠　D. 盲肠　E. 直肠

17. 诊断鸡新城疫的血清学试验检疫最常用的方法是
A. 琼脂扩散试验　B. 血凝抑制试验　C. 病毒中和试验　D. 鸡胚接种试验　E. 荧光抗体试验

18. 目前，报道的传染性支气管炎有
A. 1个血清　B. 5个血清型　C. 7个血清型　D. 11个血清型　E. 27个血清型

19. 鸡发生法氏囊病后用于治疗的首选药物是
A. 抗生素　B. 磺胺类药物　C. 鸡法氏囊高免卵黄抗体　D. 维生素　E. 抗生素

20. 下列哪个因素可导致鸡脑软化
A. 猪瘟　B. 链球菌　C. 猪乙型脑炎　D. 鸡大肠杆菌　E. 鸡维生素E缺乏

21. 我国目前用于防治绵羊痘和山羊痘的疫苗是
A. 羊痘鸡胚化弱毒疫苗　B. 羊痘鸭胚化弱毒疫苗　C. 羊痘鸡胚化灭活疫苗　D. 羊痘鸭胚化灭活疫苗　E. 羊痘油乳剂疫苗

22. 羊猝疽的病原
A. C型魏氏梭菌　B. D型魏氏梭菌　C. B型魏氏梭菌　D. E型魏氏梭菌　E. A型魏氏梭菌

23. 对羊黑疫病死羊进行病理剖检时常会发现肝脏
A. 有脓肿　B. 大面积出血　C. 大面积液化性坏死　D. 有界限清晰的凝固性坏死灶　E. 破裂

24. 犬脓皮病的正确治疗方案
A. 注射伊维菌素5～7次　B. 局部涂抹皮炎平3～4周　C. 全身和局部抗生素治疗4～6周　D. 全身和局部抗真菌药治疗4～6周　E. 全身和局部抗病毒药治疗3～4周

25. 传染性肝炎病犬在康复期可能出现的眼部

病变有
A. 脓性结膜炎　B. 角膜蓝白色浑浊
C. 角膜溃疡　D. 卡他性结膜炎
E. 滤泡性结膜炎

26. 犬尿石症准确诊断方法是
A. 尿道探诊　B. 尿液检查　C. X射线和超声波　D. 血液常规　E. 腹下部扣诊

27. 公猫去势时，切口应该在阴囊的
A. 颈部　B. 底部　C. 左侧
D. 右侧　E. 阴囊前方

28. 治疗小叶性肺炎，常选用
A. 银翘散　B. 犀角地黄汤　C. 白虎汤　D. 麻杏石甘汤　E. 大承气汤

29. 治疗犬呕吐首选针刺
A. 百会　B. 后三里　C. 水沟
D. 前三里　E. 指间

二、B1题型

题型说明：以下提供若干组考题，每组考题共用在考题前列出的A、B、C、D、E五个备选答案，请从中选择一个与问题最密切的答案，并在答题卡上将相应题号的相应字母所属的方框涂黑。某个备选答案可能被选择一次、多次或不被选择。

（30~32题共用下列备选答案）
A. 整个肠道特别是小肠有枣核样坏死
B. 嗉囊内充满酸臭液体及气体　C. 肾脏肿大、出血，内有白色尿酸盐，呈"花斑肾"　D. 法氏囊肿大、出血，外观呈紫葡萄色　E. 在疾病早期，感染细胞的胞核内见有包涵体

30. 传染性法氏囊病的病变是
31. 新城疫的病变是
32. 传染性喉气管炎的病变是

（33、34题共用下列备选答案）
A. 箭毒过量中毒解救　B. 有机磷中毒解救　C. 心脏骤停急救　D. 抗心律失常
E. 支气管痉挛

33. 阿托品可用于
34. 异丙肾上腺素

（35~38题共用下列备选答案）
A. 圆环病毒Ⅱ型　B. 胸膜肺炎放线杆菌　C. 密螺旋体　D. 巴氏杆菌
E. 溶血性大肠杆菌

35. 猪痢疾的病原是
36. 猪肺疫的病原是
37. 猪圆环病毒病的病原是
38. 猪水肿病的病原是

（39~41题共用下列备选答案）
A. 棘球蚴　B. 羊鼻蝇蛆　C. 食道口线虫　D. 脑多头蚴　E. 莫尼茨绦虫

39. 某羊场几只绵羊出现回旋样的神经症状，其中一只羔羊食欲降低，腹泻，粪便中混有煮熟米粒状物，粪检可见大量的三角形虫卵，则该羔羊最可能感染了

40. 某羊场几只绵羊出现回旋样的神经症状，其中一只羊出现打喷嚏、摇头、甩鼻子、磨牙、磨鼻、眼睑浮肿、流泪等症状，则该羊最可能感染了

41. 某羊场几只绵羊出现回旋样的神经症状，其中一只羊体温升高，经常头部低垂，前进时高举前肢或向前猛冲，遇到障碍物后倒地或静止不动，把头抵在障碍物上呆立，用吡喹酮治疗后症状有所减轻，粪检查未见任何虫卵或孕节，则该羊最可能感染了

（42~44题共用下列备选答案）
A. 阿托品　B. 氯解磷定　C. 乙酰胺　D. 美蓝　E. 依低酸钙钠

42. 有机磷酸酯类中毒的对症治疗药是
43. 亚硝酸盐中毒的特异解毒药是
44. 有机氟化物中毒的特异解毒药是

（45、46题共用下列备选答案）
A. 四物汤　B. 四君子汤　C. 金锁固精丸　D. 玉屏风散　E. 六味地黄汤

45. 血虚诸证一般选用
46. 肝肾阴虚一般选用

三、A2题型

题型说明：每一道考题是以一个小案例出现的，其下面都有A、B、C、D、E五个备选答案，请从中选择一个最佳答案，并在答题卡上将相应题号的相应字母所属的方框涂黑。

47. 一幼犬精神萎靡，食欲不振，在其腹部稀毛区出现非毛囊炎性脓疱。破溃的脓疱会出现小的淡黄色结痂或环状皮屑，出现瘙痒。本病最可能的诊断是
A. 犬脓皮症　B. 真菌性皮肤病
C. 瘙痒症　D. 湿疹　E. 犬过敏性皮炎

48. 犬传染性肝炎在恢复初期往往有角膜浑浊，1~2天内迅速出现白色乃至蓝白色的
A. 角膜炎　B. 角膜水肿　C. 结膜炎

D. 结膜水肿　　E. 角膜瓣

49. 猫瘟热的临床症状是突然高烧、呕吐、腹泻、严重脱水、白细胞严重减少，康复猫的粪便仍能排毒数周至（　　）以上
A. 半年　　B. 3个月　　C. 8个月
D. 10个月　　E. 1年

50. 博美犬，5岁，近5天经常磨蹭和舔舐肛门。临床检查发现肛门部肿大，肛门下方两侧破溃，流脓性分泌物，触诊敏感。根据上述症状，**错误的**疗法是
A. 烧烙疗法　　B. 手术治疗　　C. 冲洗治疗　　D. 缝合破溃口　　E. 用抗生素治疗

51. 6岁猫，施卵巢子宫切除术，用非吸入麻醉，其首选麻醉药是
A. 丙泊酚　　B. 氯胺酮　　C. 硫喷妥钠
D. 戊巴比妥钠　　E. 安定

52. 一只5月龄猫，食欲废绝，呕吐，体温40.5℃，24小时后降至正常，经2天后在上升，同时临床症状加剧。血常规检查白细胞总数减少，最可能的诊断是
A. 猫胃炎　　B. 猫瘟热　　C. 猫肠炎
D. 猫胰腺炎　　E. 猫免疫缺陷症

53. 博尔美犬，2岁，雄性，体温39.5℃，精神沉郁，背腰拱起，少尿，尿中带血，第二心音增强。最可能诊断是
A. 腹膜炎　　B. 肾病　　C. 胰腺炎
D. 膀胱炎　　E. 肾炎

54. 某规模化猪场中100头90日龄以上猪，部分猪突然发生咳嗽，呼吸困难，体温达41℃以上，急性死亡，死亡率为15%。死前口鼻流出带有血色的液体，剖检见肺与胸壁粘连，肺充血、出血、坏死，用巧克力琼脂培养基从患猪病料中分离出了病原菌，最可能的疾病是
A. 猪肺疫　　B. 猪支原体肺炎　　C. 猪Ⅱ型链球菌病　　D. 副猪嗜血杆菌病
E. 猪传染性胸膜肺炎

55. 某猪场少数母猪发现不孕，后肢麻痹及跛行，短暂发热或无热，没有死亡。个别母猪流产发生在妊娠中后期，有时阴道流出灰白色或灰色黏性分泌物；同时发现有些公猪发生睾丸炎和附睾炎。该病可能是
A. 丹毒杆菌　　B. 巴氏杆菌　　C. 沙门氏菌　　D. 布鲁氏菌　　E. 2型链球菌病

56. 某猪场怀孕母猪发生繁殖障碍，即使产出活仔，也发现浑身震颤。剖检弱仔后，发现内脏器官有不同程度的出血。全身淋巴结肿大、多汁、充血、出血等。脾脏表面和边缘可见出血性梗死。喉头、会厌软骨、膀胱黏膜以及心外膜等也出现出血点或出血斑。该病可能是
A. 猪丹毒　　B. 猪瘟　　C. 猪繁殖与呼吸综合征　　D. 猪伪狂犬病　　E. 猪圆环病毒

57. 某猪场7日龄哺乳仔猪发病，病初呕吐，继而水样腹泻，粪便内含有未消化的凝乳块，病死率达90%；取病猪粪便经处理后电镜观察，可见表面具有放射状纤突的病毒。该猪群感染的病原可能是
A. 猪瘟病毒　　B. 猪传染性胃肠炎病毒
C. 猪圆环病毒　　D. 猪水疱病病毒
E. 猪细小病毒

58. 蛋鸭发病，体温升高，流泪，病初为浆液性分泌物，沾湿周围羽毛，之后变黏脓性，粘住上下眼睑不能张开。病鸭下痢，排灰白色或绿色稀粪，肛门周围的羽毛沾污并结块，泄殖腔黏膜可因水肿而外翻，发病后期体温下降，病鸭极度衰竭死亡。剖检见败血症变化，皮下有黄色胶样浸润，食道黏膜有纵行排列的灰黄色假膜覆盖，假膜易剥离，剥离后为鲜红色、不规则形态的浅溃疡斑；泄殖腔黏膜亦为结痂覆盖，颜色为灰褐色或绿色，不易剥离。该病最可能是
A. 大肠杆菌病　　B. 禽流感　　C. 禽霍乱　　D. 鹅传染性浆膜炎　　E. 鸭瘟

59. 7日龄鹅发病，发病率高达40%，病鹅腹泻，排出大量黄色或淡黄绿色水样稀粪，常突然倒地抽搐后不久而死亡，死亡鹅剖检见肠道外观瘀血肿胀，肠道黏膜出血，小肠的中、后段整片肠黏膜坏死脱落与纤维素性渗出物凝固形成特征性栓子或假膜，包裹在肠内容物表面，状如腊肠，质地坚硬，堵塞肠腔。该病最可能是
A. 大肠杆菌病　　B. 小鹅瘟　　C. 禽霍乱　　D. 鹅传染性浆膜炎　　E. 鸭瘟

60. 牛2天内表现兴奋不安、大声嗷叫、追逐或趴跨其他牛，阴唇略有充血水肿，阴道内有透明黏性很强的黏液排出，直肠检查卵巢上有1~2个表面光滑、壁紧张、有波动感、1~2cm左右的小泡状，略突出于卵巢表面这是
A. 持久黄体　　B. 黄体囊肿　　C. 正常

发情卵泡　　D. 卵泡囊肿　　E. 卵巢炎症

61. 病牛突然发生剧烈腹痛，后肢踢腹或两后肢频频下蹲，甚至不断呻叫，应用镇静剂也不能安静。病至后期，当肠管发生坏死时，病畜转为安静，腹痛似乎消失，但精神委顿，出现虚脱症状。体温正常，当发生肠管坏死和腹膜炎时体温升高，脉搏增数，呼吸浅表，有喘气现象。反刍停止，瘤胃收缩无力，蠕动音减弱或停止；肠蠕动音减弱或废绝。有些患畜，病初排少量粪便，很快排粪停止，仅随努责排出黏液或纤维素块，有的混有松馏油样物质等临床症状的疾病是
　　A. 肠套叠　　B. 肠扭转　　C. 肠痉挛
　　D. 肠变位　　E. 肠弛缓

62. 马，枣红色，4 岁，近段时间食欲减少，逐渐消瘦，精神沉郁，低头耷耳，站立不动，可视黏膜黄白；四肢下部、胸前、腹下、包皮等处浮肿。该病最可能诊断为
　　A. 马传染性贫血　　B. 马流行性淋巴管炎　　C. 马鼻疽　　D. 非洲马瘟
　　E. 钩端螺旋体病

63. 某羊群发病，2009 年 3 月份以来陆续出现羔羊咳嗽，已陆续死亡 12 只。观察整群羊发现患羊大多被毛粗乱、消瘦、贫血，频繁咳嗽、流鼻涕，呼吸困难。剖检病变死亡羊只，切开肺脏、气管与支气管，内有大量成团的白色细线状虫体并伴有大量血丝状脓性分泌物，经测虫体大的长约 30～110mm。该病最有可能是
　　A. 肺线虫病　　B. 结节虫病　　C. 圆线虫病　　D. 鞭虫病　　E. 肾虫病

四、A3/A4 题型

题型说明：以下提供若干个案例，每个案例下设若干道考题。请根据案例所提供的信息，在每一道考试题下面的 A、B、C、D、E 五个备选答案中选择一个最佳答案，并在答题卡上将相应题号的相应字母所属的方框涂黑。

（64～66 题共用以下题干）

某鸡场 40 日龄鸡只突然出现死亡，水样下痢，胸翅及腿部下有斑点出血，胸腹部、大腿和翅膀内侧、头部、下颌部和趾部可见皮肤湿润、肿胀，相应部位羽毛潮湿易掉，皮肤呈青紫色或深紫红色，皮下疏松组织较多的部位触之有波动感，皮下潴留渗出液。

64. 最可能的疫病是

A. 禽霍乱　　B. 沙门氏菌病　　C. 大肠杆菌病　　D. 坏死杆菌病　　E. 葡萄球菌病

65. 如果进一步确诊，最简单的方法是
　　A. 普通显微镜检查　　B. 电镜检查
　　C. 血清学试验　　D. 细菌分离培养
　　E. 病毒分离培养

66. 如果进行细菌分离培养，首选的培养基是
　　A. 营养琼脂培养基　　B. 高盐甘露醇培养基　　C. 血液琼脂培养基　　D. 麦康凯琼脂培养基　　E. 血清琼脂培养基

（67～71 题共用以下题干）

3 周龄鸭发病，发病率约为 3%，病鸭咳嗽、打喷嚏，眼鼻分泌物增多，眼眶周围的羽毛粘连，鼻内流出浆液性或黏液性分泌物，分泌物凝固后堵塞鼻孔而使病鸭呼吸困难，下白色粪便。鸭群有死亡，但数量不多。

67. 对该鸭病的诊断首先需进行的检查是
　　A. 心血触片　　B. 病毒的分离鉴定
　　C. 细菌的分离鉴定　　D. 临床剖检
　　E. 取病鸭血清做 HA 和 HI 试验

68. 如检查发现心外膜与胸骨相连，心包膜增厚，肝脏表面覆盖一层灰白色或淡黄色的纤维素性薄膜。你认为可能的诊断是
　　A. 禽流感　　B. 鸭传染性浆膜炎
　　C. 鸭霍乱　　D. 鸭沙门氏菌病　　E. 鸭肝炎

69. 如果从该病例的病料中分离到细菌，纯培养后需进行鉴定，最简单可行的方法是
　　A. 血凝试验　　B. 凝集试验　　C. RT-PCR 鉴定　　D. 中和试验　　E. PCR 鉴定

70. 对该病的预防，重点包括环境生物安全措施和疫苗预防，以下**不属于**环境生物安全措施的是
　　A. 减少各种应激因素　　B. 及时清除粪便　　C. 对鸭舍、场地及各种用具定期进行严格的清洗和消毒　　D. 必要时添加敏感药物　　E. 肌内注射敏感药物

71. 对该病的预防，重点包括环境生物安全措施和疫苗预防，目前我国有批准文号的疫苗是
　　A. 弱毒苗　　B. 灭活苗　　C. 亚单位疫苗　　D. 基因工程苗　　E. 没有批准文号的疫苗供选择

（72～74 题共用以下题干）

莎摩耶犬，3 月龄，2 日前突发呕吐、不

食、少饮，昨日上午开始大便稀薄、下午便血。昨晚至今日上午呕吐7次，腹泻6次。体温38.9℃，血液检查：白细胞 $11.8×10^9$ 个/L，红细胞 $8.6×10^{12}$ 个/L，血红蛋白浓度 179g/L，血小板 $241×10^9$ 个/L，二氧化碳结合力 20mmol/L。

72. 血常规检查还发现该犬红细胞比容还增至 61.3%，其原因可能是
   A. 脾血进入血液循环 B. 红细胞产生增加 C. 出血 D. 水肿 E. 脱水

73. 矫正该犬水、电解质、酸碱平衡紊乱，静脉输液最适宜的液体组方是
   A. 10%葡萄糖，5%葡萄糖 B. 5%葡萄糖，5%碳酸氢钠 C. 10%葡萄糖，5%碳酸氢钠 D. 5%葡萄糖，5%葡萄糖氯化钠 E. 5%葡萄糖氯化钠，复方氯化钠

74. 判断体液平衡恢复的最佳血常规指标是
   A. 红细胞比容 B. 白细胞总数 C. 红细胞总数 D. 血小板总数 E. 血红蛋白浓度

（75、76题共用以下题干）
一只7岁的公猫，出现多尿、多饮、多食和体重减轻，尿比重加大，疾病后期出现昏迷和白内障。

75. 对该病最可能的诊断是
   A. 尿崩症 B. 库兴氏综合征 C. 糖尿病 D. 阿迪森氏综合征 E. 垂体性侏儒

76. 该病常用的治疗药物是
   A. 生长激素 B. 抗利尿激素 C. 左旋甲状腺素 D. 胰岛素 E. 糖皮质激素

（77～79题共用以下题干）
一只8月龄的母猫，出现精神和食欲不振，体温很快升到40℃以上，持续1天后降到常温，经2～3天后体温再度上升到40℃以上，呈"双相热"体温。患病猫有呕吐和腹泻症状，粪便呈水样混有血液，迅速脱水、消瘦。

77. 该病最可能诊断是
   A. 猫传染性腹膜炎 B. 猫泛白细胞减少症 C. 猫呼肠孤病毒感染 D. 猫白血病 E. 猫艾滋病

78. 如果需要对该病采取治疗措施，最好是
   A. 注射革兰氏阳性菌敏感的抗生素，配合对症治疗的综合性措施 B. 注射革兰氏阴性菌敏感的抗生素，配合对症治疗的综合性措施 C. 注射高免血清，配合对症和防止继发感染治疗的综合性措施 D. 口服革兰氏阳性菌敏感的抗生素，配合对症治疗的综合性措施 E. 口服革兰氏阴性菌敏感的抗生素，配合对症治疗的综合性措施

79. 如果需要进一步确诊，快速、简便的方法是
   A. 从粪便进行细菌分离鉴定 B. 从粪便进行病毒分离鉴定 C. 从口腔拭子进行细菌分离鉴定 D. 从口腔拭子进行病毒分离鉴定 E. 粪便处理后进行血凝和血凝抑制试验

（80～82题共用以下题干）
某规模化猪场5～8周龄的保育仔猪出现发病，病猪发热、食欲减退；呼吸困难、咳嗽；关节肿胀、跛行、颤抖；共济失调、可视黏膜发绀，严重者死亡。临死前侧卧或四肢呈划水样。剖检可见多发性纤维素性或浆液性脑膜炎、胸膜炎、心肌炎、腹膜炎、关节炎、间质性肺炎、心包炎，形成"绒毛心"典型症状（病程较长时），胸腔和腹腔内分别含有大量黄色胶冻状积液。

80. 该病可能是
   A. 猪肺疫 B. 猪丹毒 C. 猪传染性胸膜肺炎 D. 副猪嗜血杆菌病 E. 猪圆环病毒病

81. 采集病料进行
   A. 实验室检查 B. 病毒分离鉴定 C. 细菌分离鉴定 D. 免疫学诊断 E. 变态反应诊断

82. 临床上治疗药物是
   A. 磺胺药 B. 头孢类 C. 恩诺沙星 D. 林可菌素 E. 壮观霉素

（83～87题共用以下题干）
某猪场断奶仔猪突然发病，体温40～41.5℃，病猪表现精神萎靡、咳嗽、采食停止、呕吐、呼吸困难，有少部分猪擦圈舍墙壁，病程长的猪两后肢不能站立，两前肢正常，有的四肢都不能站立，倒地后四肢痉挛，死亡前四肢呈游泳状动作，死亡率高，抗生素治疗效果差。

83. 该病可能是
   A. 猪瘟 B. 猪肺疫 C. 猪伪狂犬病 D. 猪链球菌病 E. 猪高热病

84. 剖解病变可能有

A. 脾脏边缘有出血性梗死　B. 肾脏肿大有出血点　C. 真胃和大小肠黏膜可见出血性炎症　D. 肺充血出血
E. 肝脾肺肾等有白色坏死灶

85. 预防常用
A. 自家组织灭活苗　B. 弱毒苗
C. 灭活油乳剂苗　D. 基因工程苗
E. 亚单位苗

86. 实验室诊断接种的动物是
A. 小白鼠　B. 猪　C. 兔　D. 金黄地鼠　E. 鸽

87. 控制消灭（　　）动物后，有助于预防该病。
A. 鼠　B. 猫　C. 兔　D. 犬
E. 鸡

（88~91题共用以下题干）
2011年5月某猪场50日龄左右仔猪突然发病，轻微发热，厌食，精神沉郁，喜卧，打堆。临床表现为生长不良或停滞消瘦、被毛粗乱、皮肤苍白和呼吸困难，有时腹泻和黄疸等。剖检可见淋巴结肿大2~5倍。个别猪皮肤出现圆形或不规则形状的隆起，呈现周围红色或紫色而中央为黑色的病灶。

88. 该病可能是
A. 猪瘟　B. 猪肺疫　C. 猪附红细胞体　D. 猪链球菌病　E. 猪圆环病毒病

89. 该病原不可以引起的疾病有
A. 新生仔猪先天性震颤　B. 间质性肺炎　C. 繁殖障碍　D. 关节肿大
E. 皮炎和肾炎

90. 病理剖检病变可能有
A. 脾脏边缘有出血性梗死　B. 肾脏肿大有出血点　C. 胃溃疡　D. 肺小叶有虾肉样病变　E. 胸腹腔渗出液增多，有白色纤维素渗出

91. 临床上常用的治疗药物是
A. 头孢类药物　B. 氨乃近　C. 增加抵抗力干扰素等　D. 青霉素　E. 磺胺类

（92~94题共用以下题干）
一群8月龄羊，放牧过程中陆续出现有的羊突然死亡，有的羊离群独处，卧地，不愿走动；强迫行走时表现虚弱和运动失调。腹部膨胀，有鸣叫、回头顾腹表现。体温正常或升高至41.5℃左右，迅速衰竭，昏迷，大多在几小时至一天内死亡，极少数病例可达2~3天，罕有痊愈者。

92. 对该群羊病的诊断首先应进行的检查是
A. 血常规分析　B. 血液涂片检查
C. 病理剖检　D. 病毒分离鉴定
E. 血清学检测

93. 【假设信息】如果该群羊发生的是羊肠毒血症，采集膀胱内积尿化验时，常会出现
A. 尿中发现葡萄糖　B. 尿中有大量上皮细胞　C. 尿中有大量脓细胞
D. 尿中有大量蛋白质　E. 尿中有大量脂肪

94. 【假设信息】如果该病是羊快疫，应采取的防控措施是
A. 定期注射羊快疫、猝疽二联苗或羊快疫、猝疽、肠毒血症三联苗
B. 全群投服大剂量广谱抗菌药物
C. 停止喂食，全群输液
D. 停止放牧，全群投服精料
E. 转移草场，全群注射羊快疫、猝疽二联苗或羊快疫、猝疽、肠毒血症三联苗

（95~97题共用以下题干）
有一母牛，产后8天发病，体温升高达41℃，食欲减退，精神不振，呼吸增快，泌乳量减少，弓背努责，不断作排尿姿势；不时从阴门流出脓性恶臭分泌物，尾部被毛被污染。

95. 该病最可能是
A. 产后败血症　B. 急性子宫内膜炎
C. 慢性子宫内膜炎　D. 肺炎　E. 胎衣不下

96. 为确定具体的患病部位，进一步的临床检查是
A. 血液涂片镜检　B. 瘤胃听诊
C. 瓣胃叩诊　D. 通过直肠检查子宫
E. 乳房触诊检查

97. 对该病的正确治疗方法是
A. 肌内或静脉注射广谱抗菌药物，子宫内投放抗生素
B. 用0.9%的盐水进行子宫灌注或冲洗
C. 0.1%~0.2%雷佛努尔液进行子宫灌注或冲洗
D. 0.1%高锰酸钾液进行子宫灌注或冲洗
E. 0.1%高锰酸钾液进行子宫灌注或冲洗，并肌内注射抗菌药物

（98~100题共用以下题干）
犬，3月龄，体温39.8℃，鼻流清涕，偶尔咳嗽，咳声洪亮，口色青白，舌苔淡白，脉

象浮紧。
98. 该犬的证候属于
    A. 外感风寒 B. 外感风热 C. 外感暑湿 D. 热结胃肠 E. 内伤发热
99. 若该犬因延误治疗，体温一直在39.5℃左右，出现时寒时热症候，精神时好时坏。有时腰背拱起，被毛乍立，出现寒战；有时寒战消失，四肢末端和鼻端发热。则该证属于
    A. 外感风寒 B. 外感风热 C. 外感暑湿 D. 血分受热 E. 半表半里发热
100. 若采用中药治疗，宜以下列哪种原则为主
    A. 清热泻下 B. 清热凉血 C. 和解少阳 D. 清热解暑 E. 辛温解表

综合科目模拟试卷三参考答案

1	A	2	B	3	B	4	C	5	C	6	D	7	A	8	D	9	D	10	A
11	E	12	A	13	B	14	B	15	A	16	A	17	B	18	E	19	C	20	E
21	A	22	A	23	C	24	C	25	B	26	C	27	B	28	D	29	B	30	D
31	B	32	E	33	C	34	C	35	C	36	D	37	D	38	C	39	C	40	C
41	D	42	A	43	D	44	C	45	A	46	B	47	A	48	E	49	E	50	D
51	A	52	B	53	C	54	C	55	D	56	D	57	B	58	C	59	C	60	D
61	D	62	A	63	C	64	D	65	D	66	D	67	D	68	B	69	D	70	D
71	B	72	E	73	C	74	A	75	C	76	D	77	B	78	C	79	C	80	C
81	A	82	C	83	C	84	C	85	D	86	C	87	A	88	E	89	C	90	C
91	C	92	C	93	A	94	B	95	C	96	D	97	A	98	A	99	E	100	C

综合科目模拟试卷四

【A3/A4题型】

题型说明：以下提供若干个案例，每个案例下设若干道考题。请根据案例所提供的信息，在每一道考试题下面的A、B、C、D、E五个备选答案中选择一个最佳答案，并在答题卡上将相应题号的相应字母所属的方框涂黑。

（1～3题共用以下题干）
夏季，某猪场，妊娠母猪群突发流产，体温40.5℃以上；流产后体温、食欲恢复正常；部分母猪流产后从阴道流出红褐色液体；同场配种公猪可见一侧睾丸肿大。

1. 引发流产最可能的原因是
    A. 热应激 B. 乙型脑炎病毒感染
    C. 猪细小病毒感染 D. 伪狂犬病毒感染
    E. 猪繁殖与呼吸综合征病毒感染

2. 具有临床诊断意义的流行病学特点是
    A. 因发生于初产母猪 B. 多发生于蚊虫滋生季节 C. 常与弓形虫的感染相关
    D. 仅发生于经产母猪 E. 猪是唯一的易感动物

3. 预防该病最有效的措施是
    A. 防暑降温 B. 种猪接种疫苗
    C. 病猪隔离 D. 饲料添加抗生素
    E. 灭鼠

（4～6题共用以下题干）
育肥猪，3月龄，口、鼻流白色泡沫，颈部发红肿胀，张口呼吸，常作犬坐姿势，急性死亡。剖检见颈部皮下呈胶冻状，肺脏水肿、出血。

4. 该病病原可能是
    A. 巴氏杆菌 B. 大肠杆菌 C. 沙门氏菌 D. 副猪嗜血杆菌 E. 支原体

5. 颈部肿胀的原因是
    A. 激素性水肿 B. 神经性水肿
    C. 淤血性水肿 D. 炎性水肿
    E. 营养不良性水肿

6. 预防该病的措施是
    A. 疫苗免疫 B. 使用抗生素
    C. 使用抗血清 D. 加强营养
    E. 禁猫

（7～9题共用以下题干）
断奶仔猪群，30日龄，突然倒地死亡，体温正常，眼睑水肿，有神经症状；剖检可见颈部皮下水肿，脑充血、水肿。

7. 该病最可能的诊断是
   A. 猪水肿病　　B. 猪链球菌病
   C. 猪李斯特菌病　　D. 猪伪狂犬病
   E. 猪乙型脑炎
8. 该病特征性的病理变化是
   A. 肝脏坏死点　　B. 扁桃体溃疡
   C. 淋巴结肿大出血　　D. 胃壁水肿
   E. 绒毛心
9. 下列关于该病描述**不正确的**是
   A. 发病率不高，病死率高　　B. 是一种肠毒血症　　C. 病死猪脱水严重　　D. 与饲料和饲养方法有关　　E. 有些病例无水肿变化

（10、11题共用以下题干）

某个体养猪户，泔水煮后喂猪约半小时，猪突然发病，食欲旺盛者更为严重。表现为呼吸困难，全身发绀，肌肉震颤等症状，体温正常。

10. 该病最可能的诊断是
    A. 食盐中毒　　B. 亚硝酸盐中毒
    C. 铅中毒　　D. 汞中毒　　E. 败血症
11. 治疗该病的首选药物是
    A. 亚硝酸钠　　B. 美蓝　　C. 解磷定
    D. 二巯基丙磺酸钠　　E. 抗生素

（12～14题共用以下题干）

仔猪群，1月龄，眼结膜泛黄，头颈部水肿，排红棕色尿液，粪便干硬有腥臭味。发病初期体温升高，后期恢复正常。

12. 该病最可能的诊断是
    A. 钩端螺旋体病　　B. 猪瘟　　C. 猪肺疫　　D. 副猪嗜血杆菌病　　E. 猪圆环病毒病
13. 实验室检查可能呈现的结果是
    A. 尿液血红蛋白试验阳性　　B. 尿液含有大量尿酸盐　　C. 尿液硫酸铵盐析试验阳性　　D. 尿液荧光照射呈红色
    E. 尿液呈云雾状
14. 治疗该病的首选药物是
    A. 盐霉素　　B. 庆大霉素　　C. 青霉素G　　D. 莫能菌素　　E. 核黄素

（15～17题共用以下题干）

仔猪群，5月龄，突然发病，高热，呼吸困难，病程1～2天；死前口吐白色或血色泡沫。剖检见纤维素性出血性肺炎，胸腔内有纤维素性渗出物。

15. 该病最可能的诊断是
    A. 猪传染性胸膜肺炎　　B. 副猪嗜血杆菌病　　C. 猪流感　　D. 猪圆环病毒病
    E. 猪支原体肺炎
16. 早期治疗的首选药物是
    A. 干扰素　　B. 氟苯尼考　　C. 泰妙菌素　　D. 盐霉素　　E. 莫能菌素
17. 预防该病最有效的方法是
    A. 免疫接种　　B. 使用抗生素　　C. 使用干扰素　　D. 使用抗血清　　E. 加强饲养管理

（18～20题共用以下题干）

仔猪群，2月龄，排黄色稀便，表面附有条状黏液。2天后粪便充满血液和黏液，恶臭，逐渐消瘦死亡，死亡前体温降至常温以下。

18. 该病最可能的诊断是
    A. 巴氏杆菌病　　B. 猪痢疾　　C. 大肠杆菌病　　D. 猪传染性胃肠炎　　E. 猪流行性腹泻
19. 剖检的典型病变位于
    A. 胃　　B. 脾　　C. 肾　　D. 小肠
    E. 大肠
20. 用于该病快速检测的方法是
    A. 暗视野显微镜检查　　B. 麦康凯琼脂分离　　C. 空斑试验　　D. 血凝试验
    E. 平板凝集试验

（21～23题共用以下题干）

晚春季节，以放养为主的3周龄雏鸭群，少数雏鸭绒毛卷曲，不愿走动，强迫走动时步态不稳，有的转圈，呈阵发性发作；最后倒地抽搐呈角弓反张死亡。病死鸭剖检未见肝肿大。

21. 该病最可能的诊断是
    A. 鸭瘟　　B. 鸭病毒性肝炎　　C. 中暑
    D. 维生素B_1缺乏症　　E. 维生素E缺乏症
22. 鸭群发生该病可能的原因是
    A. 采食大量的水生植物　　B. 采食大量的鱼虾　　C. 暴露阳光下时间太长
    D. 疫苗免疫失败　　E. 强毒株侵袭
23. 对发病雏鸭最宜采取的措施是
    A. 紧急接种鸭瘟弱毒疫苗　　B. 注射鸭病毒性肝炎高免卵黄抗体　　C. 加强鸭舍通风和降温　　D. 饲料中添加硫胺素
    E. 饲料中补充生育酚

（24～26题共用以下题干）

三黄鸡群，30日龄，夏季，地面平养，部分鸡精神委顿，排黄褐色稀便。剖检见两侧

盲肠肿胀，充满血性分泌物，肝肿大，出现黄绿色下陷的坏死灶。

24. 该病最可能诊断是
　A. 肝片吸虫病　B. 禽霍乱　C. 球虫病　D. 组织滴虫病　E. 马立克病

25. 该病的治疗药物是
　A. 多西环素　B. 马杜霉素　C. 阿苯达唑　D. 二甲硝咪唑　E. 氨丙啉

26. 可传播该病的寄生虫是
　A. 鸡蛔虫　B. 鸡异刺线虫　C. 赖利绦虫　D. 羽虱　E. 膝螨

（27~29题共用以下题干）

秋季，2月龄鸭群，精神沉郁，水中游走无力，食欲减退，消瘦，贫血；剖检病死鸭见胆汁中有前尖后圆的柳叶状虫体，腹吸盘小于口吸盘，位于虫体的前1/5；睾丸分叶。

27. 该鸭群感染的寄生虫是
　A. 双腔吸虫　B. 肝片形吸虫　C. 次睾吸虫　D. 对体吸虫　E. 前殖吸虫

28. 该虫引起的病变主要发生在
　A. 腺胃　B. 小肠　C. 盲肠　D. 肾脏　E. 肝脏

29. 该病的治疗药物是
　A. 环磷酰胺　B. 多西环素　C. 甲硝唑　D. 盐霉素　E. 吡喹酮

（30~32题共用以下题干）

120日龄鸡群，呼吸困难，有湿性啰音，咳出带血黏液，有的病鸡死于窒息。病理组织学检查，在气管、喉头上皮细胞内见嗜酸性包涵体。发病率为70%，病死率为15%。

30. 该病最可能的诊断是
　A. 新城疫　B. 马立克病　C. 传染性喉气管炎　D. 传染性支气管炎　E. 禽流感

31. 该病的病原潜伏感染的主要部位是
　A. 口腔　B. 气管　C. 肠道　D. 三叉神经节　E. 肝脏

32. 防治该病的最常用疫苗是
　A. 弱毒疫苗　B. 强毒疫苗　C. 灭活疫苗　D. 基因缺失苗　E. 核酸疫苗

（33、34题共用以下题干）

肉鸡群，30日龄，精神沉郁，羽毛松乱，排水样稀粪，粪中带血，死亡率达15%。剖检见盲肠肿大2~3倍，肠腔内充满凝固的暗红色血块，盲肠黏膜上皮变厚、坏死、脱落。

33. 该病最可能的诊断是
　A. 球虫病　B. 新城疫　C. 禽流感　D. 鸡白痢　E. 马立克病

34. 确诊该病的方法是
　A. 刮取肠道病变处黏膜镜检　B. 血清ELISA检测　C. 血清琼脂扩散试验　D. 血清生化鉴定　E. 全血平板凝集试验

（35~37题共用以下题干）

180日龄种鸡群，5%的鸡出现虚弱，消瘦，腹泻，羽毛囊出血。冠苍白、皱缩，腹部增大。剖检见多组织大小不一的肿瘤。脾脏肿瘤呈大理石状。

35. 该病最可能的诊断是
　A. 白血病　B. 马立克病　C. 网状内皮组织增殖病　D. 鸡传染性贫血　E. 传染性法氏囊病

36. 分离该病原常选用的冰料**不包括**
　A. 血浆　B. 血清　C. 刚产蛋的蛋清　D. 肿瘤病灶　E. 刚产蛋的蛋黄

37. 防治该病最有效的措施是
　A. 弱毒疫苗免疫接种　B. 灭活疫苗免疫接种　C. 药物治疗　D. 种群净化　E. 种群消毒

（38~40题共用以下题干）

商品鸡群，50日龄，流泪，呼吸困难，叫声沙哑。发病后期死亡的鸡头部肿胀，鸡冠、肉髯出血、坏死、发绀，头颈震颤，胫骨鳞片出血。剖检见多器官出血、坏死，尤其是肌胃、腺胃。

38. 该病最可能的诊断是
　A. 高致病性禽流感　B. 新城疫　C. 禽霍乱　D. 传染性喉气管炎　E. 禽脑脊髓炎

39. 诊断该病最常用的血清学方法是
　A. IFA试验　B. 血凝和血凝抑制试验　C. 全血平板凝集试验　D. 琼脂扩散试验　E. 血清中和试验

40. 防治该病最有效的措施是
　A. 接种疫苗　B. 注射干扰素　C. 饲喂抗生素　D. 注射高免血清　E. 加强消毒

（41~43题共用以下题干）

犊牛，8月龄，发热，厌食，腹泻，流鼻液，脱水。剖检见整个消化道黏膜出现糜烂或溃疡，特别是食道黏膜出现线状排列的溃疡。怀孕母牛流产或产弱犊。

41. 该病最可能的诊断是
　A. 牛流行热　B. 口蹄疫　C. 牛恶性

卡他热　D. 牛传染性鼻气管炎
E. 牛病毒性腹泻/黏膜病
42. 与该病病原有抗原性交叉的病毒是
A. 犬瘟热病毒　B. 猪瘟病毒　C. 新城疫病毒　D. 马传贫病毒　E. 鸭肝炎病毒
43. 除牛外，还可能成为该病传染源的动物是
A. 鸡　B. 猪　C. 马　D. 犬
E. 鸭

（44～46题共用以下题干）
奶牛，6岁，体温39.0℃，食欲减退，心率98次/分，呼吸35次/分，眼结膜苍白；粪便稀软，呈棕黑色，直肠检查粪便有油腻感；产奶量下降，体重减轻。
44. 进一步检查，最可能出现的是
A. 触诊右侧真胃区无反应　B. 触诊右侧真胃区敏感　C. 右侧腹部听-叩诊有鼓音　D. 右侧腹部听-叩诊有钢管音　E. 右侧真胃穿刺有大量气体
45. 适宜的治疗方法是
A. 实施真胃固定术　B. 口服氟苯尼考与土霉素　C. 静注10%葡萄糖溶液与地塞米松　D. 口服西咪替丁与维生素K　E. 注射阿莫西林与地塞米松
46. 【假设信息】粪便潜血试验呈阳性，该病最可能的诊断是
A. 真胃溃疡　B. 真胃变位　C. 结肠炎　D. 酮病　E. 贫血

（47、48题共用以下题干）
牛，5岁，分娩后2周，食欲减退，兴奋不安，前胃弛缓，产奶量减少，渐进性消瘦，呼出气有烂苹果味。
47. 该病最可能的诊断是
A. 生产瘫痪　B. 酮病　C. 真胃变位
D. 前胃弛缓　E. 创伤性网胃炎
48. 该病在放牧牛中的发生率远低于舍饲牛，原因是干草在瘤胃中能产生更多的
A. 甲酸　B. 乙酸　C. 丙酸
D. 丁酸　E. 戊酸

（49～51题共用以下题干）
初冬，牛群出现跛行病例，发病牛数量迅速增加。病牛口、舌、鼻、蹄部黏膜和皮肤上出现蚕豆大小的水疱；孕牛流产。附近猪群亦发病，以蹄部皮肤水疱病变为主。
49. 该病最可能的诊断是
A. 牛痘　B. 牛病毒性腹泻/黏膜病
C. 大肠杆菌病　D. 坏死杆菌病

E. 口蹄疫
50. 该病特征性病理变化是
A. 大红肾　B. 珍珠病　C. 大红脾
D. 红肠子　E. 虎斑心
51. 采集送检样本的常用保存液是
A. 生理盐水　B. pH7.6的PBS液
C. pH6.8的PBS液　D. pH7.6的甘油缓冲液　E. pH6.8的甘油缓冲液

（52～54题共用以下题干）
7月份，某牛场出生两周后的犊牛普遍发病，体温升高，拒食，卧地，排灰黄色混有黏液和血丝的稀粪。采集病料进行培养，在麦康凯琼脂上形成无色菌落。
52. 该病最可能的诊断是
A. 大肠杆菌病　B. 沙门菌病　C. 巴氏杆菌病　D. 结核病　E. 弯曲菌病
53. 该病病原的特点是
A. 革兰阳性杆菌、无芽孢、无荚膜
B. 革兰阴性杆菌、无芽孢、无荚膜
C. 革兰阴性杆菌、有芽孢、有荚膜
D. 革兰阴性杆菌、无芽孢、有荚膜
E. 革兰阳性杆菌、有芽孢、有荚膜
54. 人类感染该病的临床症状最常见的是
A. 关节炎型　B. 肺炎型　C. 胃肠炎型　D. 肾炎型　E. 肝炎型

（55、56题共用以下题干）
羔羊群，3日龄，腹泻，粪便土黄色，状如面糊。病羔虚弱，脱水。剖检见心内膜出血点，回肠内充满血色内容物，外观如红肠子。
55. 该病最可能的诊断是
A. 大肠杆菌病　B. 巴氏杆菌病
C. 弯曲菌病　D. 羔羊痢疾
E. 链球菌病
56. 预防该病最有效的措施是
A. 免疫母羊　B. 免疫羔羊　C. 注射抗生素　D. 注射干扰素　E. 加强管理

（57～59题共用以下题干）
山羊，2岁，体温41℃以上，流脓性鼻液，咳嗽，呼吸困难，水样腹泻。发病率和病死率均高。剖检见口鼻黏膜糜烂坏死，结肠近端和直肠黏膜有斑马纹样出血。
57. 该病最可能的诊断是
A. 蓝舌病　B. 山羊痘　C. 小反刍兽疫　D. 羊肠毒血症　E. 坏死杆菌病
58. 该病病原属于
A. 正黏病毒　B. 副黏病毒　C. 弹状病毒　D. 朊病毒　E. 革兰阴性杆菌

59. 防控该病的正确方法是
    A. 抗病毒药物预防　　B. 免疫调节剂预防　　C. 隔离治疗　　D. 扑杀患病羊　　E. 扑杀疫点内所有易感动物

(60~62题共用以下题干)

初夏，南方某绵羊群发病，以1岁左右多发。病羊精神沉郁，体温41℃左右，流涎，口腔黏膜充血、发绀，呈青紫色，重症病例口腔、唇、齿龈和舌黏膜糜烂。部分病羊发生蹄叶炎。

60. 该病最可能的诊断是
    A. 小反刍兽疫　　B. 蓝舌病　　C. 羊痘　　D. 羊口疮　　E. 巴氏杆菌病

61. 该病最易感的动物种类是
    A. 山羊　　B. 绵羊　　C. 奶牛　　D. 黄牛　　E. 水牛

62. 病早期，病羊血常规检查最可能出现的结果是
    A. 白细胞总数增加　　B. 白细胞总数减少　　C. 红细胞总数增加　　D. 嗜酸性细胞总数增加　　E. 血红蛋白含量升高

(63~65题共用以下题干)

妊娠母羊群零星发病，主要表现为怀孕3~4个月发生流产，阴道持续排出黏液或脓液。取病料染色镜检，可见革兰阴性球杆菌，姬姆萨染色呈紫色。

63. 该病最可能的诊断是
    A. 衣原体病　　B. 大肠杆菌病　　C. 沙门菌病　　D. 布鲁菌病　　E. 弯曲菌病

64. 公畜感染该病原后，常发生的是
    A. 肺炎　　B. 胃肠炎　　C. 肝炎　　D. 睾丸炎　　E. 鼻气管炎

65. 现场检测该病的常用方法是
    A. 对流免疫电泳　　B. 虎红平板凝集试验　　C. 酶联免疫吸附试验　　D. 聚合酶链反应　　E. 实验动物接种

(66、67题共用以下题干)

家养犬，主人喂食巧克力后，表现不安、烦渴、呕吐，并有腹胀和腹泻。隔天排尿增多，肌肉震颤，共济失调，兴奋不安；检查体温40.6℃，心率150次/分，心律不齐，呼吸48次/分。

66. 治疗该犬首先要采取的措施是给予
    A. 兴奋剂　　B. 止泻剂　　C. 镇静剂　　D. 强心剂　　E. 利尿剂

67. 病情缓解后**不宜**采取的措施是
    A. 诱导呕吐　　B. 调节体温　　C. 内服吸附剂　　D. 兴奋中枢神经　　E. 纠正酸碱和电解质异常

(68~70题共用以下题干)

猫，3岁，饮食欲废绝，流涎，呕吐，消瘦，抽搐；四肢无力，不愿活动；皮肤松弛缺乏弹性。B超检查肝脏肿大，表面有凸起；腹腔内有腹水。

68. 该猫可视黏膜颜色可能是
    A. 淡红色　　B. 深红色　　C. 淡白色　　D. 淡黄色　　E. 淡紫色

69. 该病的血液生化检查结果最可能会出现
    A. 肌酸激酶活性升高　　B. α-淀粉酶活性升高　　C. 尿酸浓度升高　　D. 丙氨酸氨基转移酶活性升高　　E. 肌酐浓度升高

70. 有助于确诊本病的检查方法是
    A. 胃导管探诊　　B. 内窥镜检查　　C. 肝脏穿刺检查　　D. 心电图检查　　E. 血气分析

(71~73题共用以下题干)

拉布拉多犬，5岁；被轿车撞伤，右后肢悬垂，不能负重；视诊股部和膝关节肿胀，触诊敏感。

71. 该病应首先进行的检查项目是
    A. B超　　B. X线　　C. 粪便　　D. 尿常规　　E. 血常规

72. 【假设信息】若为股骨干长斜骨折，最佳治疗方案是
    A. 髓内针+钢丝内固定　　B. 单纯夹板外固定　　C. 卷轴绷带外固定　　D. 石膏绷带外固定　　E. 髓内针内固定

73. 【假设信息】若为髌骨外方脱位，其手术切口应选在
    A. 胫骨嵴外侧方　　B. 膝直韧带上方　　C. 外侧滑车嵴外方　　D. 内侧滑车嵴内方　　E. 内侧滑车嵴外方

(74~76题共用以下题干)

德国牧羊犬，8月龄，发病1周，左后肢跛行，行走后躯摇摆，跑步两后肢合拢呈"兔跳"步态；被动运动髋关节疼痛。

74. 该病最可能的诊断是
    A. 髋关节发育不良　　B. 股骨头坏死　　C. 圆韧带断裂　　D. 股骨颈骨折　　E. 骨盆骨折

75. 进行X线检查时正确的保定方法是
    A. 仰卧保定，两后肢屈曲、外展
    B. 俯卧保定，两后肢屈曲、外展

C. 俯卧保定，两后肢向后拉直、外旋
D. 仰卧保定，两后肢向后拉直、内旋
E. 侧卧保定，患肢在下，健肢在上，向后拉直

76. 该病进一步发展可导致
    A. 全骨炎   B. 骨肿瘤   C. 滑膜炎
    D. 骨软骨炎   E. 退行性关节病

(77~79题共用以下题干)

牧羊犬，6岁，髋关节发育不良，长期服用阿司匹林；精神沉郁，眼球凹陷，频繁呕吐，呕吐物中带血；触诊腹壁紧张，前腹部敏感。

77. 该病最可能的诊断是
    A. 胃炎   B. 肝炎   C. 食道炎
    D. 胆囊炎   E. 胰腺炎

78. 确诊该病的检查项目是
    A. B超   B. X线   C. 内窥镜
    D. 血清生化   E. 病原分离

79. 该犬持续性呕吐可导致
    A. 血钾升高   B. 血钾降低   C. 血磷升高   D. 血磷降低   E. 血钠降低

(80~82题共用以下题干)

博美犬，不久前产仔犬5只；检查体温40.5℃，突发呼吸急促，流涎，步态不稳，难以站立；血清钙浓度1.5mmol/L。

80. 该病最可能的诊断是
    A. 中暑   B. 肺水肿   C. 急性肺炎
    D. 脑膜脑炎   E. 产后低钙血症

81. 与该病发生无关的因素是
    A. 日粮中钙缺乏   B. 日粮中锌缺乏
    C. 日粮中维生素D缺乏   D. 多胎吸收大量母体钙   E. 血钙随泌乳大量流失

82. 治疗该病的首选药物是
    A. 安乃近   B. 硫酸镁   C. 氨苄西林
    D. 葡萄糖酸钙   E. 肾上腺皮质激素

(83~85题共用以下题干)

病犬，证见发热，口渴贪饮，腹痛不安，泻痢腥臭，粪中混有脓血，尿液短赤，口腔干燥，口色红黄，苔厚腻，脉滑数。

83. 该病可辨证为
    A. 大肠湿热   B. 膀胱湿热   C. 肝胆湿热   D. 热入阳明   E. 热结肠道

84. 该病的治法是
    A. 清热解毒，燥湿止泻   B. 清热利湿，活血止痛   C. 清热燥湿，疏肝利胆
    D. 清气泄热，生津止渴   E. 攻下通便，滋阴清热

85. 治疗该病首选的方剂是
    A. 郁金散   B. 八正散   C. 茵陈蒿汤
    D. 白虎汤   E. 增液承气汤

(86、87题共用以下题干)

贵宾犬，雄性，8岁；躯干对称性脱毛，皮肤变薄、松弛且色素过度沉着；多饮、多尿、多食，腹围增大，运动不耐受；睾丸萎缩，阴囊皮肤变黑。血液生化胆固醇与碱性磷酸酶均升高，尿比重低于正常范围。

86. 该病最可能的诊断是
    A. 肾上腺皮质机能减退症   B. 肾上腺皮质机能亢进   C. 甲状旁腺机能亢进
    D. 甲状旁腺机能减退   E. 左-埃二氏综合征

87. 该病不适宜的诊断方法是
    A. 腹部超声诊断   B. 脑部磁共振检查
    C. ACTH刺激试验   D. 地塞米松抑制试验   E. 泌尿系统阳性造影

(88~90题共用以下题干)

中华田园犬，雄性，3岁，体重10kg；已输液2天，共计1300ml，无尿；呼吸急促，呕吐；血清生化检查肌酐、尿素氮、磷酸盐增高，血钾浓度9.0mmol/L；B超检查见双肾被膜光滑，体积增大，皮质与髓质结构清晰，肾盂未见明显积液，膀胱轻度充盈，腹腔内未见积液。

88. 该犬最可能的诊断是有
    A. 急性肾功能衰竭   B. 慢性肾功能衰竭   C. 输尿管异位症   D. 膀胱破裂
    E. 糖尿病

89. 该病犬心电图特征最可能是
    A. P波消失   B. QRS波群变窄
    C. P-R间期缩短   D. T波基底变宽
    E. T波低

90. 治疗该病不宜采用的方法是
    A. 利尿   B. 静滴25%葡萄糖，加胰岛素   C. 静滴10%葡萄糖酸钙
    D. 静滴复方氯化钠   E. 腹膜透析

(91~93题共用以下题干)

马，体温40.5℃，发病5d，精神沉郁，呼吸急促，脉搏数增加，流大量鼻液，肺部叩诊有大片浊音区。X线检查肺有大片均匀致密影。

91. 患马流出特征性鼻液的颜色是
    A. 无色   B. 白色   C. 黄色
    D. 绿色   E. 铁锈色

92. 患马流出的特征性鼻液性质属于

A. 浆液性鼻液　　B. 黏液性鼻液
C. 黏脓性鼻液　　D. 腐败性鼻液
E. 血性鼻液

93. 临床可做出的初步诊断是
A. 小叶性肺炎　　B. 大叶性肺炎
C. 吸入性肺炎　　D. 慢性阻塞性肺病
E. 胸腔积液

（94、95题共用以下题干）

马，4岁，精神沉郁，食欲减退，体温升高，后肢全蹄冠呈圆枕状肿胀，热痛反应明显，患肢重度支跛。

94. 该病最可能的诊断是
A. 蹄冠蜂窝织炎　　B. 蹄叶炎　　C. 蹄叉腐烂　　D. 蹄底白线裂　　E. 蹄关节脱位

95. 与该病发生**无关**的因素是
A. 蹄冠表皮外伤　　B. 附近组织化脓坏死　　C. 蹄冠长时间在粪尿中浸泡
D. 坏死杆菌浸入　　E. 舍中过于干爽，软草过多

（96~98题共用以下题干）

病马，证见食欲废绝，耳鼻发凉，肠鸣如雷，泻粪如水，尿清长，前蹄刨地，后肢踢腹，不时起卧、滚转，口色青黄，口津滑利，舌苔白滑，脉象沉迟。

96. 该病的病因可能是
A. 过饥暴食　　B. 热结肠道　　C. 脾气虚弱　　D. 内伤阴冷　　E. 粪结肠道

97. 该病可辨证为
A. 大肠湿热　　B. 大肠冷泻　　C. 食积大肠　　D. 大肠液亏　　E. 脾虚不运

98. 该病的治则为
A. 益气健脾，消积导滞　　B. 泻下通便，行气止痛　　C. 润肠通便，和胃止痛　　D. 温中散寒，渗湿利水　　E. 清热利湿，调和气血

（99、100题共用以下题干）

蜜蜂繁殖季节，部分刚出房幼蜂肢体、翅残缺不全，检查巢脾脾面，发现封盖房房盖有针孔大小的穿孔。

99. 该病的病原是
A. 蜂螨　　B. 原虫　　C. 细菌　　D. 真菌　　E. 病毒

100. 防治该病应选用
A. 柠檬酸　　B. 酒石酸　　C. 水杨酸　　D. 甲酸　　E. 乙酸

综合科目模拟试卷四参考答案

1	B	2	B	3	B	4	A	5	D	6	A	7	A	8	D	9	C	10	B
11	B	12	A	13	B	14	B	15	A	16	B	17	A	18	B	19	E	20	A
21	D	22	B	23	D	24	D	25	D	26	B	27	C	28	E	29	E	30	C
31	D	32	A	33	A	34	A	35	A	36	E	37	D	38	A	39	B	40	A
41	E	42	B	43	D	44	B	45	D	46	A	47	B	48	B	49	E	50	E
51	D	52	B	53	D	54	C	55	D	56	A	57	C	58	D	59	D	60	C
61	B	62	B	63	D	64	D	65	D	66	C	67	D	68	D	69	D	70	C
71	B	72	B	73	D	74	B	75	D	76	B	77	A	78	C	79	D	80	C
81	B	82	D	83	D	84	B	85	A	86	B	87	B	88	A	89	D	90	A
91	E	92	E	93	B	94	A	95	E	96	D	97	B	98	D	99	A	100	D

附 录

Ⅰ．全国执业兽医资格考试委员会公告

全国执业兽医资格考试委员会公告（第1号）

为推进执业兽医制度建设，农业部决定2009年在吉林、河南、广西、重庆、宁夏5省（自治区、直辖市）开展执业兽医资格考试试点工作。依据《中华人民共和国动物防疫法》《执业兽医管理办法》和《执业兽医资格考试管理暂行办法》规定，现就2009年全国执业兽医资格考试有关事项公告如下。

一、报名

（一）考生范围

考生户籍2009年5月13日前在吉林省、河南省、广西壮族自治区、重庆市和宁夏回族自治区的，可以报名参加考试。

（二）报名条件

符合下列条件之一的人员，可以报名参加考试：

1. 具有国务院教育行政部门认可的兽医、畜牧兽医或中兽医（民族兽医）专业大学专科以上学历的；

2. 不具有兽医、畜牧兽医或中兽医（民族兽医）专业大学专科以上学历，但在2009年1月1日前取得兽医师以上专业技术职称的；

3. 2009年兽医、畜牧兽医或中兽医（民族兽医）专业应届大学专科以上毕业生。

（三）报名方式、时间与地点

1. 2009年全国执业兽医资格考试采取现场报名的方式进行。

2. 2009年全国执业兽医资格考试现场报名时间为6月15日至7月3日。

3. 考生应当在规定的报名时间内，到户籍所在省（自治区、直辖市）辖区内县级畜牧兽医（农业）主管部门指定的报名点报名。

（四）报名材料

考生报名时，应当提交以下材料：

1. 执业兽医资格考试报名申请表一式三份（可从中国兽医网 www.cadc.gov.cn 下载）；

2. 居民身份证原件及三份复印件；

3. 毕业证书原件及三份复印件；不具有兽医、畜牧兽医或中兽医（民族兽医）专业大学专科以上学历，但在2009年1月1日前取得兽医师以上专业技术职称申请参加执业兽医资格考试的，提供专业技术职称证书原件及三份复印件；2009年兽医、畜牧兽医或中兽医（民族兽医）专业应届大学专科以上毕业生提供所在院校出具的证明（证明格式可在中国兽医网 www.cadc.gov.cn 下载）三份；

4. 小二寸正面同底免冠近照三张和电子照片（电子照片尺寸为33mm×48mm，宽390像

素×高567像素，分辨率不低于300dpi，jpg格式，24位RGB真彩色，文件大小不超过40KB)。

上述报名材料应当真实、齐全。

（五）准考证发放

符合报名条件的，应当发给准考证。考生应在9月21日—9月30日期间，到报名点领取准考证。

（六）报名费

考生报名费缴纳时间和标准另行通知。

二、考试

（一）考试时间

2009年全国执业兽医资格考试时间为10月17日。具体安排为：

试卷一：10月17日08:30-10:00，考试时间90分钟。

试卷二：10月17日10:00-11:30，考试时间90分钟。

试卷三：10月17日14:00-15:30，考试时间90分钟。

试卷四：10月17日15:30-17:00，考试时间90分钟。

（二）考试内容、方式和科目

全国执业兽医资格考试实行全国统一命题，命题范围以全国执业兽医资格考试委员会制定并公布的《2009年全国执业兽医资格考试大纲》为准。

2009年全国执业兽医资格考试采用闭卷、笔试的方式。考试分为四张试卷，每张试卷100道题，每张试卷分值为100分，四卷总分为400分。四张试卷均为机读式选择题。各卷的具体科目为：

试卷一：基础科目。包括动物解剖学、组织学与胚胎学、动物生理学、动物生物化学、兽医病理学、兽医药理学和兽医相关法律法规；

试卷二：预防科目。包括兽医微生物与免疫学、兽医传染病学、兽医寄生虫学和兽医公共卫生学；

试卷三：临床科目。包括兽医临床诊断学、兽医内科学、兽医外科与外科手术学、兽医产科学和中兽医学；

试卷四：综合应用科目。包括猪、牛、羊、鸡、犬、猫和其他动物疫病在临床上的应用。

（三）考试纪律

考生应认真阅读《执业兽医资格考试违纪行为处理暂行办法》《执业兽医资格考试考生指导手册》和《执业兽医资格考试考场规则》（可在中国兽医网www.cadc.gov.cn上查阅）。报名即视为全部认同上述文件，应当自觉遵守。

三、考试成绩与资格授予

全国执业兽医资格考试实行全国统一评卷。评卷工作结束后，考试成绩由农业部执业兽医管理办公室发布。

根据《执业兽医管理办法》和《执业兽医资格考试管理暂行办法》的规定，2009年全国执业兽医资格考试合格分数线，待考试结束后，由全国执业兽医资格考试委员会确定并公布。

通过全国执业兽医资格考试的人员，由农业部统一颁发执业兽医资格证书。参加全国执业兽医资格考试成绩合格的2009年应届毕业生，领取执业兽医资格证书时应当提供毕业证书原件；未取得毕业证的，不予颁发执业兽医资格证书。

四、考试复习与辅导

根据《执业兽医管理办法》和《执业兽医资格考试管理暂行办法》规定，农业部已制定出版《2009年全国执业兽医资格考试大纲》，考生可依据该大纲进行复习、备考。

农业部不举办考前培训班，也不委托任何单位进行 2009 年全国执业兽医资格考试考前培训辅导。

特此公告

农 业 部
二〇〇九年五月十三日

注：2010 年以后每年所发布的全国执业兽医资格考试委员会公告的主要内容与以上公告的内容一致，只是在考生范围、考试时间等方面略有变化，请考生关注每年五月份由全国执业兽医资格考试委员会发布的最新公告。

全国执业兽医资格考试委员会公告（第 2 号）

按照《执业兽医管理办法》有关规定，现就 2009 年全国执业兽医资格考试成绩、合格分数线及执业兽医师资格证书等事项公告如下：

一、成绩公布与查询

2009 年全国执业兽医资格考试成绩于 2009 年 12 月 1 日公布，考生从 12 月 1 日上午 8 时起可登录中国兽医网（www.cadc.gov.cn）查询本人成绩。农业部委托吉林、河南、广西、重庆、宁夏等 5 个试点省（区、市）兽医部门向辖区内考生发放考试成绩。

二、合格分数线

按照《执业兽医管理办法》第十一条的规定，全国执业兽医资格考试委员会决定，2009 年执业兽医师合格分数线为 240 分，执业助理兽医师合格分数线为 200 分。

三、资格证书的颁发

考试成绩达到合格分数线标准的考生，请于 2010 年 1 月 20 日—30 日，持本人居民身份证及考试成绩单到报名所在地兽医部门领取《中华人民共和国执业兽医师资格证书》或《中华人民共和国执业助理兽医师资格证书》。普通高等学校 2009 年应届毕业生还应当向报名地兽医部门提交毕业证书原件和复印件。

特此公告

二〇〇九年十一月三十日

注：2010 年以后每年所发布的有关全国执业兽医资格考试成绩、合格分数线及职业兽医师资格证书等事项的公告的主要内容与以上公告的内容一致，只是在成绩查询时间等方面略有变化，请考生关注每年十二月份由全国执业兽医资格考试委员会发布的最新公告。

Ⅱ. 执业兽医资格考试报名申请表

执业兽医资格考试报名申请表

报名编号	考区		考点		县(区)		年度		序列号		考生近期免冠小二寸照片

姓名：	性别：	证件类型：	
证件编码：			
毕业院校：		毕业年月： 年 月	
所学专业：动物医学/兽医□ 畜牧兽医□ 中兽医/民族兽医□			
已取得以上相关专业最高学历：专科以下□ 专科□ 本科□ 硕士研究生□ 博士研究生□			
兽医专业技术职称：高级□ 中级□ 其他□		取得兽医专业技术职称时间： 年 月	
考卷文字类别：汉文□ 蒙古文□ 藏文□ 维吾尔文□ 朝鲜文□		是否异地报名：是□ 否□	
职业类别：兽医工作机构□ 诊疗机构□ 养殖场□ 兽药生产经营□ 学生□ 其他□			
工作单位：	联系电话：	手机：	
通信地址：	邮政编码：		
请考生确认信息填写无误，保证信息准确真实，并签字：		年 月 日	

县、区审查意见：
经办人签名： 县、区负责人签名： 县、区畜牧兽医主管部门盖章
年 月 日

考点办公室审核意见：	考区办公室复核意见：
经办人签名：	
考点办公室盖章	考区办公室盖章
年 月 日	年 月 日

Ⅲ. 大学生在校证明

20　年_____大学（学院）
在校生证明

（报考执业兽医资格考试专用）

_____同学

性别：_____
学号：_____
身份证号：_____

系我校_____院（系）_____专业应届本科（专科）生，经审查，现无 20　年到期不予毕业的情形，同意其报考参加执业兽医资格考试。

特此证明

院系印章（盖章）

20　年　月　日

Ⅳ. 执业兽医资格考试答题卡

20　　年全国执业兽医资格考试试卷
（上/下午卷）答题卡（示例）

考生信息	填涂要求	考试单元	准考证号	考场记录

考生信息：
- 姓名：
- 身份证号：
- 考试地点：
- 考场编号：
- 考生单位：

填涂要求：
1. 填涂时用2B铅笔将选中项涂满涂黑即可。
2. 修改时用塑料橡皮擦除干净。
3. 保持答题卡整洁，不要折叠、弄破。
4. 注意题号顺序。

正确填涂样例 ▬
错误填涂样例 ✓ ✗ ╱ ◯ ▭ ▭

考试单元：上午卷 □　下午卷 □

准考证号：[0]–[9]（共9列）

考场记录：
- 缺考 □
- 传抄 □
- 夹带 □
- 替考 □
- 其他 □
- 已取消资格 □

违纪

此栏由监考人员填涂

请考生认真填涂并检查以上信息，凡错误填涂者均不予阅卡评分

```
1  [A][B][C][D][E]   21 [A][B][C][D][E]   41 [A][B][C][D][E]   61 [A][B][C][D][E]   81 [A][B][C][D][E]
2  [A][B][C][D][E]   22 [A][B][C][D][E]   42 [A][B][C][D][E]   62 [A][B][C][D][E]   82 [A][B][C][D][E]
3  [A][B][C][D][E]   23 [A][B][C][D][E]   43 [A][B][C][D][E]   63 [A][B][C][D][E]   83 [A][B][C][D][E]
4  [A][B][C][D][E]   24 [A][B][C][D][E]   44 [A][B][C][D][E]   64 [A][B][C][D][E]   84 [A][B][C][D][E]
5  [A][B][C][D][E]   25 [A][B][C][D][E]   45 [A][B][C][D][E]   65 [A][B][C][D][E]   85 [A][B][C][D][E]

6  [A][B][C][D][E]   26 [A][B][C][D][E]   46 [A][B][C][D][E]   66 [A][B][C][D][E]   86 [A][B][C][D][E]
7  [A][B][C][D][E]   27 [A][B][C][D][E]   47 [A][B][C][D][E]   67 [A][B][C][D][E]   87 [A][B][C][D][E]
8  [A][B][C][D][E]   28 [A][B][C][D][E]   48 [A][B][C][D][E]   68 [A][B][C][D][E]   88 [A][B][C][D][E]
9  [A][B][C][D][E]   29 [A][B][C][D][E]   49 [A][B][C][D][E]   69 [A][B][C][D][E]   89 [A][B][C][D][E]
10 [A][B][C][D][E]   30 [A][B][C][D][E]   50 [A][B][C][D][E]   70 [A][B][C][D][E]   90 [A][B][C][D][E]

11 [A][B][C][D][E]   31 [A][B][C][D][E]   51 [A][B][C][D][E]   71 [A][B][C][D][E]   91 [A][B][C][D][E]
12 [A][B][C][D][E]   32 [A][B][C][D][E]   52 [A][B][C][D][E]   72 [A][B][C][D][E]   92 [A][B][C][D][E]
13 [A][B][C][D][E]   33 [A][B][C][D][E]   53 [A][B][C][D][E]   73 [A][B][C][D][E]   93 [A][B][C][D][E]
14 [A][B][C][D][E]   34 [A][B][C][D][E]   54 [A][B][C][D][E]   74 [A][B][C][D][E]   94 [A][B][C][D][E]
15 [A][B][C][D][E]   35 [A][B][C][D][E]   55 [A][B][C][D][E]   75 [A][B][C][D][E]   95 [A][B][C][D][E]

16 [A][B][C][D][E]   36 [A][B][C][D][E]   56 [A][B][C][D][E]   76 [A][B][C][D][E]   96 [A][B][C][D][E]
17 [A][B][C][D][E]   37 [A][B][C][D][E]   57 [A][B][C][D][E]   77 [A][B][C][D][E]   97 [A][B][C][D][E]
18 [A][B][C][D][E]   38 [A][B][C][D][E]   58 [A][B][C][D][E]   78 [A][B][C][D][E]   98 [A][B][C][D][E]
19 [A][B][C][D][E]   39 [A][B][C][D][E]   59 [A][B][C][D][E]   79 [A][B][C][D][E]   99 [A][B][C][D][E]
20 [A][B][C][D][E]   40 [A][B][C][D][E]   60 [A][B][C][D][E]   80 [A][B][C][D][E]  100 [A][B][C][D][E]
```

参 考 文 献

[1] 中国兽医协会. 2021年执业兽医资格考试应试指南. 北京：中国农业出版社，2021.
[2] 全国执业兽医资格考试委员会. 2021年全国执业兽医资格考试大纲. http：//www.cvma.org.cn 或 http：//www.zgzysy.com.
[3] 陈耀星. 畜禽解剖学（第三版）. 北京：中国农业大学出版社，2010.
[4] 董常生. 家畜解剖学（第四版）. 北京：中国农业出版社，2012.
[5] 杨银凤. 家畜解剖学及组织胚胎学（第四版）. 北京：中国农业出版社，2011.
[6] 滕可导. 家畜解剖学与组织胚胎学. 北京：高等教育出版社，2006.
[7] 赵茹茜. 动物生理学（第五版）. 北京：中国农业出版社，2011.
[8] 陈守良. 动物生理学（第四版）. 北京：北京大学出版社，2012.
[9] 杨秀平，肖向红. 动物生理学（第二版）. 北京：高等教育出版社，2009.
[10] 邹思湘. 动物生物化学（第四版）. 北京：中国农业出版社，2011.
[11] 胡兰. 动物生物化学. 北京：中国农业大学出版社，2007.
[12] 周顺伍. 动物生物化学. 北京：化学工业出版社，2008.
[13] 佘锐萍. 动物病理学. 北京：中国农业出版社，2007.
[14] 赵德明. 兽医病理学（第三版）. 北京：中国农业大学出版社，2012.
[15] 马学恩. 家畜病理学（第四版）. 北京：中国农业出版社，2008.
[16] 郑世民. 动物病理学. 北京：高等教育出版社，2009.
[17] 王雯慧. 兽医病理学. 北京：科学出版社，2012.
[18] 陈怀涛，赵德明. 兽医病理学（第二版）. 北京：中国农业出版社，2013.
[19] 张书霞. 兽医病理生理学（第四版）. 北京：中国农业出版社，2011.
[20] 杨鸣琦. 兽医病理生理学（第四版）. 北京：科学出版社，2010.
[21] 陈杖榴. 兽医药理学（第三版）. 北京：中国农业出版社，2011.
[22] 沈建忠，谢联金. 兽医药理学. 北京：中国农业大学出版社，2000.
[23] 陆承平. 兽医微生物学（第四版）. 北京：中国农业出版社，2010.
[24] 李一经. 兽医微生物学. 北京：高等教育出版社，2011.
[25] 杨汉春. 动物免疫学（第二版）. 北京：中国农业大学出版社，2003.
[26] 崔治中，崔保安. 兽医免疫学. 北京：中国农业出版社，2004.
[27] 陈溥言. 兽医传染病学（第五版）. 北京：中国农业出版社，2010.
[28] 吴清民. 兽医传染病学. 北京：中国农业大学出版社，2002.
[29] 童光志. 动物传染病学. 北京：中国农业出版社，2008.
[30] 李清艳. 新编动物传染病学. 北京：中国农业科技技术出版社，2012.
[31] 汪明. 兽医寄生虫学（第三版）. 北京：中国农业出版社，2006.
[32] 李国清. 兽医寄生虫学. 北京：中国农业大学出版社，2011.
[33] 宋铭忻，张龙现. 兽医寄生虫学. 北京：科学出版社，2009.
[34] 孔繁瑶. 家畜寄生虫学. 北京：中国农业大学出版社，1997.
[35] 张彦明. 兽医公共卫生学（第二版）. 北京：中国农业出版社，2011.
[36] 柳增善. 兽医公共卫生学. 北京：中国轻工业出版社，2010.
[37] 舌锐萍，高洪. 兽医公共卫生与健康. 北京：中国农业大学出版社，2011.
[38] 邓干臻. 兽医临床诊断学. 北京：科学出版社，2009.
[39] 王俊东，刘宗平. 兽医临床诊断学（第二版）. 北京：中国农业出版社，2010.
[40] 东北农业大学. 兽医临床诊断学（第三版）. 北京：中国农业出版社，2009.
[41] 韩博. 动物疾病诊断学（第二版）. 北京：中国农业大学出版社，2011.
[42] 王哲，姜玉富. 兽医诊断学. 北京：高等教育出版社，2010.
[43] 郭定宗. 兽医内科学（第二版）. 北京：高等教育出版社，2010.
[44] 徐世文，唐兆新. 兽医内科学. 北京：科学出版社，2010.
[45] 王建华. 家畜内科学（第四版）. 北京：中国农业出版社，2010.
[46] 王小龙. 兽医内科学. 北京：中国农业大学出版社，2004.
[47] 王洪斌. 兽医外科学（第五版）. 北京：中国农业出版社，2012.
[48] 林德贵. 兽医外科手术学（第五版）. 北京：中国农业出版社，2012.
[49] 彭广能. 兽医外科与外科手术学. 北京：中国农业大学出版社，2009.
[50] 张海彬，夏兆飞，林德贵主译. 小动物外科学. 北京：中国农业大学出版社，2008.
[51] 侯加法. 小动物疾病学. 北京：中国农业出版社，2002.
[52] 韩博. 犬猫疾病学（第三版）. 北京：中国农业大学出版社，2011.

[53] 陈北亨，王建辰. 兽医产科学. 北京：中国农业出版社，2001.
[54] 赵兴绪. 兽医产科学（第四版）. 北京：中国农业出版社，2010.
[55] 侯振中，田文儒. 兽医产科学. 北京：科学出版社，2011.
[56] 刘钟杰，许剑琴. 中兽医学（第四版）. 北京：中国农业出版社，2012.
[57] 胡元亮. 中兽医学. 北京：科学出版社，2013.
[58] 陈向前，汪明. 动物卫生法学. 北京：中国农业大学出版社，2002.
[59] 邓干臻，陈向前. 动物卫生法学. 北京：科学出版社，2011.
[60] 中国动物疫病预防控制中心编. 执业兽医资格考试宣传手册. 北京：中国农业出版社，2009.
[61] 中国执业兽医网（http：//www.zgzysy.com）.
[62] 中国兽医网（http：//www.cadc.gov.cn）.
[63] 中国兽医协会（http：//www.cvma.org.cn）.